含能材料

Energetic Materials

Particle Processing and Characterization

［德］ **Ulrich Teipel** 主编

欧育湘 主译

国防工业出版社

·北京·

著作权合同登记　图字:军－2007－065 号

图书在版编目(CIP)数据

含能材料/(德)泰皮(Teipel,U)主编;欧育湘主译.
北京:国防工业出版社,2009.2
书名原文:Engergetic Materials
ISBN 978-7-118-06058-4

Ⅰ.含… Ⅱ.①泰…②欧… Ⅲ.功能材料
Ⅵ.TB34

中国版本图书馆 CIP 数据核字(2008)第 181742 号

Originally published in the English language by WILEY－VCH Verlag GmbH & Co. KGaA, BoschstraBe 12, D－69469 Weinheim, Federal Republic of Germany, under the title "Energetic Materials. Particle Processing and Characterization". Copyright 2005 by WILEY－VCH Verlag GmbH & Co. KGaA.

本书中文简体版由德国 WILEY－VCH Verlag GmbH & Co. KGaA 授权国防工业出版社独家出版发行。
版权所有,侵权必究。

※

国防工业出版社 出版发行

(北京市海淀区紫竹院南路 23 号　邮政编码 100048)
北京奥鑫印刷厂印刷
新华书店经售
*
开本 710×960　1/16　印张 35　字数 620 千字
2009 年 2 月第 1 版第 1 次印刷　印数 1—3000 册　定价 86.00 元

(本书如有印装错误,我社负责调换)

国防书店:(010)68428422　　　发行邮购:(010)68414474
发行传真:(010)68411535　　　发行业务:(010)68472764

序

　　德国 Fraunhofer 化工研究所（ICT）Ulrich Teipel 博士主编、Wiley – VCH 出版社 2005 年出版的 Energetic Materials《含能材料》一书，系统而全面地论述了含能材料粒子的现代加工工艺（包括粉碎、结晶、压缩空气结晶（超临界溶液）、粒子的混合、微胶囊化、纳米化及它们的数学－物理模型），含能材料粒子的特征、微观结构及其分析和表征等。上述内容对提高含能材料的关键性能和保证含能材料的质量稳定是十分重要的，但它们在中国以前出版的含能材料专著中，甚为少见，或者是不够系统，所以本书的翻译出版一定会受到中国含能材料领域同仁的欢迎，也预期能对中国含能材料的科研和教学提供有价值的参考和借鉴。

　　《含能材料》一书的 40 名作者，来自美国、俄罗斯、德国、英国、法国、意大利、荷兰、匈牙利、韩国 9 个国家，他们均系国际含能材料学科知名的学者，书中不仅有他们对学科基础理论精湛而严谨的论述，而且有他们多年从事含能材料研究的实践成果，所以该书既有很高的学术水平，又有很强的新颖性和实用性，理论与实践相得益彰。我相信，阅读该书的读者一定能从书中领略含能材料粒子现代加工工艺和粒子微观结构的精髓，并获得匪浅的收益。

　　《含能材料》一书由欧育湘教授主译。他著述经验丰富，文字水平上乘，译文规范、流畅，忠实原文，可读性强。

　　我以非常高兴的心情，期待《含能材料》中译本的问世。

中国工程院院士

2008 年 10 月

译 者 前 言

由德国 Fraunhofer 化工研究所(ICT)Ulrich Teipel 主编的《含能材料》(Energetic Materials)一书系统地论述了粒状含能材料的加工工艺及性能表征。

本书分两大部分。第一部分包括粉碎、结晶、分散、混合、包覆及微胶囊化等加工工艺，及其工艺参数对粒子质量和性能的影响；第二部分包括粒状含能材料的微观结构、晶型、粒度、润湿型、流变性、化学性能、热性能及爆炸性能等的理论分析和测定方法。书中还对有关加工工艺及性能预测的仿真和模型进行了精辟的述评。此外，书中还专门论述了含能纳米粒子，扼要介绍了近 20 年出现的几种新的含能化合物，如 CL－20(六硝基六氮杂异伍尔兹烷)、ONC(八硝基立方烷)、TNAZ(1,3,3－三硝基氮杂环丁烷)、ADN(二硝酰胺铵)、FOX－7(1,1－二氨基－2,2－二硝基乙烷)等。

全书由 40 位全球含能材料领域的知名专家撰写，他们来自美、英、法、德、俄罗斯、意大利、荷兰、韩国及匈牙利。这些作者在书中阐述了他们对粒状含能材料加工工艺及性能表征的卓越的科学见解、精湛的理论知识和丰富的实践经验，还结合了他们自身多年的科学研究成果。此书反映了含能材料某些领域理论和实践的现代水平，是一本能提供指导和非常实用的含能材料专著。

为扩大和加强与国外学者的技术交流，在总装备部"国防科技图书出版基金"的资助下，在国防工业出版社的指导、支持和帮助下，经德国 Wiley－VCH 的许可和授权，我们组织翻译了此书，现以中文版出版。我们希望读者能从书中发现含能材料的精彩世界，以轻松而愉快的心情阅读此书，并从中获益。

此书第 1、3、5、10 章及第 13 章的 13.1～13.3 节由欧育湘译、校；第 2、4、12 及第 13 章的 13.4～13.5 节由韩廷解译，李战雄及欧育湘校；第 6、7 章由赵毅译，欧育湘及韩廷解校；第 9 章由孟征译，欧育湘校；第 8、11 章由李战雄译，欧育湘校。全书由欧育湘审定，韩廷解及赵毅整理。

值此书中译本出版之际，作为主译，我在此首先要感谢全书的译者和校者，感谢他们两年来所付出的艰辛劳动和始终如一的热情；其次要感谢总装备部"国防科技图书出版基金"评审委员会的专家们，感谢他们热心的帮助、中肯的指导和厚爱；

最后要感谢国防工业出版社的领导和同仁，感谢他们为出版此书所作的努力和与译、校者和谐的合作。

限于译、校者的水平，加上书中内容涉及的知识面广而新，译文中不妥甚至错误之处势难避免，期望读者斧正。

欧育湘
2008 年 5 月于北京阳春光华家园

原书前言

当前使用的推进剂、炸药及烟火药剂主要是由粒状含能材料组成的。优化这些粒状含能材料的能量水平、燃烧行为、稳定性、爆轰性能、加工特性等的方法，特别是降低含能系统感度的技术途径，具有很重要的意义，且正日益受到重视。通过改变这些含能材料的特征外形，产品设计可提供一些新型的粒状组分，特别是适于某些还在讨论中的应用场所的新组分。一些为人熟知的形成固体的工艺和操作，如结晶、沉淀、粉碎或细化等，也常用于制备含能材料粒子。尽管对于粒状材料的合成或加工，已有一定的信息可资借鉴，但在某些方面，目前人们还缺乏对其详细的了解，而对于如何充分控制粒子的形成过程或者使用户能对其使用的粒状含能材料所需的性能进行可靠的预测，这种对粒子的详细了解则是完全必要的。对粒状含能材料的制造工艺，仍未解决的十分重要的问题和任务是，粒状组分的综合性能表征、粒子形成过程动力学的实验测定方法、材料制造过程对粒子一些重要特性（如粒度分布、晶型（形态）和多晶型）的影响、粒子形成过程和粒状含能材料的仿真和模拟，以及低缺陷粒子的制造（考虑到低感度推进剂和炸药的需要）等。本书的读者群是有关工厂的工程技术人员、政府官员、研发人员以及涉足含能材料或其他特殊材料领域的人员。希望本书能反映和综述现有的含能材料知识水平。

本书系以含能材料导论开始（第 1 章），而导论的重点则是新的含能材料。本书的主要论题之一是含能材料的生产，它在书中第 2 章至第 4 章叙述，其内容首先是简述用于粉碎（减少粒径）含能材料的工艺，接着是结晶工艺的详细描述。在结晶工艺中，除了某些基本原理外，更主要的是采用结晶工艺设计含能材料 RDX、HMX、CL－20、NTO（3－硝基－1,2,4－三唑－5－酮）、AN（硝酸铵）、ADN（二硝酰胺铵）的可能性。此外，对近期研发的压缩空气下结晶的模拟和应用可能性也给予了适当叙述。本书随后的内容是分散系统的混合过程，该过程对粒子的加工也是相当重要的，所以第 5 章整章都是有关粒状含能材料微胶囊化和包覆的产品设计。本书接着论述的是纳米粒子，这种粒子正日益显现其重要性。本书其他各章涉及的是本书的第二个主要课题，即粒子特性的表征，其内容包括粒子粒度分析的方法及其局限性，粒子的微观结构，粒子的晶型和多晶性，以及粒子化学性能、热性能及润湿性的分析技术。由含能材料粒子及有关粘结材料组成的分散系统的流变行为以及固体的流变行为,则是在本书第 12 章分开讨论的。本书的这一部分旨在让读者对含能材料的行为(包括粒径对反应的影响,晶体缺陷对含能材料配方感度的影响、冲击波和燃烧过程的诊断技术)有一个基本的了解。

　　本书的作者在书中引述了他们对有关含能材料粒子制造工艺的卓越的科学见解、精湛的理论知识和丰富的实践经验。本书有很多知名的同行专家作为作者,这一点对本书是极为重要的。作为本书的主编,首先我要感谢本书所有的作者,感谢他们和我一起为出版本书所进行的工作。其次,我还要感谢那些以不同方式在后台配合各位作者和主编工作的同仁。还有,特别值得我衷心感谢的是 Ulrich Förfer-Barth,Hartmut Kröber 及 Irma Mikonsaari,感谢他们为本书的筹划及出版,为本书手稿的评阅、加工和订正所做的坚持不懈的各种支持。最后,我还要感谢 Wiley-VCH 出版社的同仁,感谢他们在出版本书的整个过程中自始至终与我愉快而有成效的合作。

Ulrich Teipel

2004 年 9 月于德国 Pfinztal

原书主编及作者

主 编

Prof. Dr.-Ing. Ulrich Teipel

Fraunhofer 化工研究院(ICT)

含能材料部

粒子工艺部

Joseph-von-Fraunhofer-Strasse 7

76327 Pfinztal, Germany

作 者

Prof. Dr. A. Yu Babushkin

Krasnoyarsk 国立工业大学

26, Kirensky St.

Krasnoyarsk 660074, Russia

(第 7 章)

M. Sc. Julie K. Bremser

材料表征实验室

Los Alamos 国家实验室

P. O. Box 1663, MS G770

Los Alamos, NM 87545, USA

(第 8 章)

Dr. Yuri A. Biryukov

Tomsk 国立大学

创新技术科教中心

36, Lenin

Tomsk 634050, Russia

(第 7 章)

Dr. G. A. Chiganova

Krasnoyarsk 国立工业大学

26, Kirensky St.

Krasnoyarsk 660074, Russia

(第 10 章)

Dr. Lionel Borne

法-德 Saint-Louis 研究院(ISL)

5 Rue Du General Cassagnou

P. O. Box 34

68301 Saint-Louis, France

(第 9、13 章)

Dr. Helmut Ciezki

德国航天中心

Raumfahrtantriebe Lampoldshausen

72439 Hardthausen, Germany

(第 13 章)

Dr. Norbert Eosenreich

Fraunhofer 化工研究院(ICT)

含能材料部

粒子工艺部

Joseph-von-Fraunhofer-Strasse 7

76327 Pfinztal, Germany

(第 13 章)

Dr. D. Mark Hoffman

California 大学

Lawrence Livermore 国家实验室
P.O.Box 808，L-282
Livermore；CA 94551，USA
（第 12 章）

Dr. Jerry W. Forbes
California 大学
Lawrence Livermore 国家实验室
P.O.Box 808，L-282
Livermore；CA 94551，USA
（第 13 章）

Ing. Aat C. Hordijk
TNO Prins Maurits 实验室
烟火及含能材料研究室
Lange Kleiweg 137，P.O.Box 45
2280 AA Rijswijk，The Netherlands
（第 6、12 章）

Dipl.-Ing. Ulrich Förter-Barth
Fraunhofer 化工研究院（ICT）
含能材料部
粒子工艺部
Joseph-von-Fraunhofer-Strasse 7
76327 Pfinztal，Germany
（第 12 章）

Dr.-Ing. Christof Hübner
Fraunhofer 化工研究院（ICT）
含能材料部
粒子工艺部
Joseph-von-Fraunhofer-Strasse 7
76327 Pfinztal，Germany
（第 12 章）

Dr. Alexander E. Gash
California 大学
Lawrence Livermore 国家实验室
P.O.Box 808，L-282
Livermore；CA 94551，USA
（第 7 章）

Dr. Manfred Kaiser
Wehrwissenschaftliches 研究院炸药及
推进剂厂
Außenstelle Swisttal-Heimerzheim
Großes Cent
53913 Swisttal，Germany
（第 10 章）

Dipl.-Ing. Thomas Heintz
Fraunhofer 化工研究院（ICT）
含能材料部
粒子工艺部
Joseph-von-Fraunhofer-Strasse 7
76327 Pfinztal，Germany
（第 5 章）

Dr. John Kendrick
ICI 技术部
Wilton 研究中心
P.O.Box 90
Wilton，Middlesbrough
Cleveland TS 90 8JE，UK
（第 3 章）

Dr. Michael Herrmann
Fraunhofer 化工研究院（ICT）
含能材料部
粒子工艺部

Joseph-von-Fraunhofer-Strasse 7
76327 Pfinztal, Germany
(第 9 章)

Prof. Dr. Kwang -Joo Kim
韩国化学工艺研究所
化学工程部
P. O. Box 107, Yuseong
Taejon 305-600, Korea
(第 3 章)

Dipl. -ING. Irma Mikonsaari
Fraunhofer 化工研究院(ICT)
含能材料部
粒子工艺部
Joseph-von-Fraunhofer-Strasse 7
76327 Pfinztal, Germany
(第 2、11 章)

Dr. Horst Krause
Fraunhofer 化工研究院(ICT)
含能材料部
粒子工艺部
Joseph-von-Fraunhofer-Strasse 7
76327 Pfinztal, Germany
(第 1 章)

Dr. Rudolf Nastke
Fraunhofer 聚合物应用研究所(IAP)
GeiselbergstraBe 69
14476 Golm, Germany
(第 5 章)

Dipl. -Ing. Hartmut Kröber
Fraunhofer 化工研究院(ICT)
含能材料部

粒子工艺部
Joseph-von-Fraunhofer-Strasse 7
76327 Pfinztal, Germany
(第 3、4 章)

M. Sc. Kirk E. Newman
含能材料和技术部
海军面武器中心
Indiana 总部
Bldg 457, Manley Road
Yorktown, VA 23691-0160, USA
(第 12 章)

Dr. Ronald S. Lee
California 大学
Lawrence Livermore 国家实验室
P. O. Box 808, L-282
Livermore; CA 94551, USA
(第 13 章)

Dr. Michael Niehaus
德国 Orica 公司
Kaiserstr.
53840 Troisdorf, Germany
(第 5 章)

Dr. Stefan Löbbecke
Fraunhofer 化工研究院(ICT)
含能材料部
粒子工艺部
Joseph-von-Fraunhofer-Strasse 7
76327 Pfinztal, Germany
(第 10 章)

Prof. Dr. Ernesto Reverchon

X

食品工程系
Salemo 大学
Via Ponte Don Melillo
84084 Fisciano(SA), Italy
(第 4 章)

Dr. Alexey I. Lyamkin
Krasnoyarsk 国立工业大学
26, Kirensky St.
Krasnoyarsk 660074, Russia
(第 7 章)

Prof. Dr. Eberhard Schmidt
Bergische 大学 Wuppertal 安全技术与
环境保护分院
Rainer-Gruenter-Strasse21
42119 Wuppertal, Germany
(第 5 章)

Dr. Ferenc Simon
化学和化工过程研究院
Kaposvár/Campus Veszprém 大学
Egyetem u. 2, P. O. Box 125
8200 Veszprém, Hungary
(第 3 章)

Dr. Simon Torry
未来系统技术部, QinetiQ
Fort Halstead
Sevenoaks
Kent, TN 14 7BP, UK
(第 11 章)

Dr. Randall C. Simpson
California 大学
Lawrence Livermore 国家实验室

P. O. Box 808, L-282
Livermore; CA 94551, USA
(第 7 章)

Prof. Dr. Victor Valtsifer
技术化学研究院
俄罗斯科学院
13, Lenin
Perm 614600, Russia
(第 12 章)

M. Sc. Cary B. Skidmore
猛炸药科学技术研究部
Los Alamos 国家实验室
P. O. Box 1663, MS C936
Los Alamos, NM 87545, USA
(第 9 章)

Dr. Antoine E. D. M. van der Heijden
TNO Prins Maurits 实验室
烟火及含能材料研究室
Lange Kleiweg 137, P. O. Box 45
2280 AA Rijswijk, The Netherlands
(第 3、6 章)

Prof. Dr. -Ing. Ulrich Teipel
Fraunhofer 化工研究院(ICT)
含能材料部
粒子工艺部
Joseph-von-Fraunhofer-Strasse 7
76327 Pfinztal, Germany
(第 2、3、4、5、8、11、12 章)

Prof. Dr. Alexander Vorozhtsov
Tomsk 国立大学

54, Belinsky
Tomsk 634050, Russia
（第 7 章）

M. Sc. Fred Tepper
Argonide 公司
291 Power Court
Sanford, Florida 32771, USA
（第 7 章）

Prof. Vladimir E. Zarko
化学动力学和燃烧研究院
俄罗斯科学院
Siberian 分院
Nowosibirsk 630090, Russia
（第 7 章）

Dr. Joop ter Horst
Delft 工业大学
化工过程设备实验室
Leeghwaterstraat 44
2628 CA Delft, The Netherlands
（第 3 章）

目　录

第1章 新含能材料

Horst H. Krause

欧育湘　译、校

1.1　导论

多年来,人们对军用含能材料的研发和讨论不多,但自冷战结束后,人们对这类材料又表现出了极大的关注,特别是近 10 年来,文献已报道了若干新的合成含能材料,并引起了很多讨论。一些最有意义的新研发的含能材料有下述几种:

- TNAZ(1,3,3 - 三硝基氮杂环丁烷);
- HNIW(六硝基六氮杂异伍尔兹烷,CL - 20);
- ONC(八硝基立方烷);
- FOX - 7(1,1 - 二氨基 - 2,2 - 二硝基乙烯);
- ADN(二硝酰胺铵)。

对上述新一代炸药,人们提出了一系列的问题:

- 与现用炸药相比,这些新炸药的确有明显的优点吗?
- 这些新炸药有可能应用于哪些含能材料领域?
- 这些新炸药的性能已为人们充分了解吗? 对它们的研制已经成熟吗?
- 这些新炸药的加工和制造存在相容性和安全性问题吗?
- 这些新炸药的化学稳定性和老化性能能使其配方具有适当和足够的服役期吗?

为了评价一个新研发的含能材料的应用可能性,必须将它们的性能特征与现用的含能材料比较。一些含能材料的某些重要性能,如密度、生成能、氧平衡的指标列于表 1.1。

由表 1.1 可看出现用含能材料与新含能材料的性能上的一些差别。现用的含能材料已有很多种,它们中的一些曾经过几十年的研制。 表 1.1 还列出了当今最

表 1.1　一些现用的和新的含能材料的性能

缩写	化学名称	应用领域	密度 /g·cm^{-3}	氧平衡 /%	生成能 /kJ·mol^{-1}
现用含能材料					
TNT	2,4,6-三硝基甲苯	HX	1.65	-74.0	-45.4
RDX	环三亚甲基三硝胺	HX,RP,GP	1.81	-21.6	92.6
HMX(β)	环四亚甲基四硝胺	HX,RP,GP	1.96	-21.6	104.8
PETN	季戊四醇四硝酸酯	HX	1.76	-10.1	-502.8
NTO	3-硝基-1,2,4-三唑-5-酮	HX	1.92	-24.6	-96.7
NG	硝化甘油	RP,GP	1.59	3.5	-351.5
NC	硝化棉(13%N)	RP,GP	1.66	-31.8	-669.8
AN	硝酸铵	HX,RP	1.72	20.0	-354.6
AP	高氯酸铵	RP,HX	1.95	34.0	-283.1
新含能材料					
TNAZ	1,3,3-三硝基氮杂环丁烷	HX,RP,GP	1.84	-16.7	26.1
CL-20(HNIW)	六硝基六氮杂异伍尔兹烷	HX,RP,GP	2.04	-11.0	460.0
FOX-7	1,1-二氨基-2,2-二硝基乙烯	HX,RP,GP	1.89	-21.6	-118.9
ONC	八硝基立方烷	HX	1.98	0.0	465.3
ADN	二硝酰胺铵	RP,HX,GP	1.81	25.8	-125.3

注:HX—炸药;RP—固体火箭推进剂;GP—发射药

重要的含能材料的主要应用领域(下述的一种、两种或三种):炸药、固体推进剂及发射药。

硝化棉仍然是发射药配方中的最主要组分,单基发射药和双基发射药的一个区别是,前者用的是单一的硝化棉,而后者同时采用硝化棉及高能增塑剂。三基发射药还采用第三个组分,它是固体含能材料,例如硝基胍(NIGU)。

大多数的固体火箭推进剂属于下述两类:一类是双基(NC/NG)的,即所谓的复合推进剂,它含有的燃料和氧化剂(如铝和高氯酸铵)粘结于聚合物基质上。固体推进剂可用的氧化剂是有限的,因为它们必须具备推进剂所需要的一系列性能(包括正氧平衡)。所以在推进剂发展进程中,对氧化剂性能的考虑是至关重要的。示于表 1.1 的数据指出,对替代固体推进中的氧化剂高氯酸铵,可能唯一有希望的候选者是 ADN,因而它具有很好的发展前景。

作为一个优异的炸药,最重要的性能是密度。ε-CL-20(HNIW)在表 1.1

所列有机含能材料中密度最高,达 2.04g·cm^{-3}。CL－20 也具有很高的生成能,这是由于 CL－20 的环状笼型结构分子的键张力能较高之故。

八硝基立方烷也与 CL－20 相同,属于笼型结构化合物。八硝基立方烷是近年才合成的,其实测密度仅 1.979g·cm^{-3},此值远低于根据模拟计算的预期值。

1.2　应用要求

在表 1.1 所列含能材料中,有可能作为未来高性能含能材料的是 ADN、TNAZ 和 CL－20。FOX－7 的能量水平与 RDX 相当,但它的感度很低,故也是一个有发展前景的含能材料。除了以 NC 为基的配方外,聚合物粘结剂也用为含能材料的基质。新近研制的一些含能粘结剂有可能提高含能系统的能量水平。为了发展具有多种用途的含能系统,固体材料和粘结剂的最佳组合是一个关键性的问题。

基于分子的化学结构,无论是作为炸药、固体推进剂,还是发射药的配方组分,CL－20、TNAZ 和 ADN 都是有应用前景的,因为它们具有能量上的优势。但是,对于实际应用,能量不是衡量含能材料是否适用的唯一标准,还有下述一系列重要因素也是必须考虑的。

* 来源和价格;
* 热感度和机械感度(不敏感弹药(IM)性能);
* 加工性;
* 相容性;
* 化学安全性和热安全性;
* 机械性能与温度的关系;
* 燃速特性(对固体火箭推进剂和发射药)。

而且,对不同的应用领域,对含能材料都有特殊的应用要求,是不能一概而论的。

1.2.1　炸药

对高能炸药,材料的密度显然有着重要的作用。例如,密度与爆速及配方的 Gurney 能量与密度直接有关,其关系可用 Kamlet－Jacobs 公式表述[1.1],见式 (1.1) 及式 (1.2):

$$D = A \cdot [N \cdot M^{0.5} \cdot (-\Delta H_d^\circ)^{0.5}]^{0.5} \cdot (1 + B \cdot \rho_0) \tag{1.1}$$

$$P_{CJ} = K \cdot \rho_0^2 \cdot [N \cdot M^{0.5} \cdot (-\Delta H_d^\circ)^{0.5}] \tag{1.2}$$

式中　　D——爆速,mm·μs^{-1};

　　　　$A = 1.01$;

　　　　$B = 1.3$;

$K = 15.85$；

N——每克炸药生成的气体量，$\text{mol} \cdot \text{g}^{-1}$；

M——气体平均分子量，$\text{g} \cdot \text{mol}^{-1}$；

$\Delta H^{\circ}_{\text{d}}$——爆热，$\text{cal} \cdot \text{g}^{-1}$；

ρ_0——炸药密度，$\text{g} \cdot \text{cm}^{-3}$；

P_{CJ}——爆压，kbar。

除了力求高密度外，在研制炸药时应考虑的其他重要因素还有加工性和低感度特征。能否制得不敏感弹药，实际不仅取决于弹药中所用的组分，而且取决于整个弹药系统。但是，人们常能根据弹药组分的性能，例如热感度、摩擦感度和撞击感度，很好地预测整体弹药的不敏感性。最后，在设计弹药配方时，人们必须寻求化学构造的最佳平衡，因为一般而言，含能材料的能量水平增高，其感度也增加。不过，对某些化学组合系统，尽管其能量水平高，其感度也相对较低。

还有，很重要的一点是要区别个别组分的感度和最后配方系统的感度。例如，纯 CL-20 的撞击感度和摩擦感度均较高，但它作为组分形成的 PBX 炸药的感度则仅略高于以 HMX 为基的相应配方的感度。而以 CL-20 为基的配方的高能量则使它成为某些应用领域为人感兴趣的选用对象。

实际上，研发不敏感含能材料也不一定要采用新组分，某些为人熟知的现有含能材料的感度，也可通过各种改性而予以降低。例如，改善结晶质量，减少结晶或分子缺陷，消除结晶内的空隙，降低或消除结晶中的化学杂质和多相性等，都可降低含能材料的感度或提高其不敏感程度。不敏感弹药的优点如下：

- 无自动催化分解；
- 球形结晶结构形态；
- 对粘结基质良好的粘结性；
- 结晶中不存在溶剂和气泡可进入的空隙；
- 化学纯度高；
- 相纯度高。

各种单质炸药及某些 PBX 炸药的性能（包括感度）分别示于表 1.2 及表 1.3。

表 1.2　一些单质炸药及某些 PBX 炸药的爆炸性能

炸 药	ΔH_{f} /kcal·kg^{-1}	ρ_0 /g·cm^{-3}	D_{calc} /m·s^{-1}	P_{CJ} /GPa	$\Delta E(V/V_0=6.5)$ /kJ·cm^{-3}	$V_{\text{gas}}(1\text{bar})$ /cm^3·g^{-1}
TNT	−70.5	1.654	6881	19.53	−5.53	738
RDX	72.0	1.816	8977	35.17	−8.91	903
HMX	60.5	1.910	9320	39.63	−9.57	886

（续）

炸　药	ΔH_f /kcal·kg^{-1}	ρ_0 /g·cm^{-3}	D_{calc} /m·s^{-1}	P_{CJ} /GPa	$\Delta E(V/V_0=6.5)$ /kJ·cm^{-3}	V_{gas}(1bar) /cm^3·g^{-1}
PETN	−407.4	1.778	8564	31.39	−8.43	852
TATB	−129.38	1.937	8114	31.15	−6.94	737
HNS	41.53	1.745	7241	23.40	−6.30	709
NTO	−237.8	1.930	8558	31.12	−6.63	768
TNAZ	45.29	1.840	9006	36.37	−9.39	877
CL−20	220.0	2.044	10065	48.23	−11.22	827
FOX−7	−85.77	1.885	9044	36.05	−8.60	873
ADN	−288.5	1.812	8074	23.72	−4.91	987
LX−14(95%HMX/5%estane)	10.07	1.853	8838	35.11	−8.67	880
LX−19(95%CL−20/5%estane)	161.6	1.972	9453	42.46	−10.07	827
B炸药						
60%RDX/40%TNT	9.55	1.726	7936	27.07	−7.23	840
60%RDX/40%TNAZ	55.4	1.801	8827	34.16	−8.81	894
Octol炸药						
75%HMX/25%TNT	27.76	1.839	8604	33.54	−8.41	850
75%HMX/25%TNAZ	56.73	1.892	9237	38.69	−9.52	883

ΔH_f—生成焓；ρ_0—密度；TMD—理论最大密度；D_{calc}—计算爆速；P_{CJ}—计算爆压；$V/V_0=6.5$ 时的 ΔE—膨胀比为6.5时的计算Gurney能；V_{gas}—1bar下1g炸药生成的气体量/cm^3·g^{-1}

表1.3　现有的和新的含能材料的感度

炸　药	摩擦感度/N	撞击感度/N·m	闪点/℃
TNT	353	15	300
RDX	120	7.4	230
HMX	120	7.4	287
CL−20	54	4	228
TNAZ	324	6	>240
TATB	353	50	>325
FOX−7	216	15~40	>240

含能材料的起始热分解温度仅仅是影响材料不敏感性的一个因素，另一个同样重要的影响因素是材料分解时的释热量，此热量可引起材料自加热和加速材料

的分解。绝热加速量热仪(ARC)可用于测定材料的自加热温度和自加热速率,借此可比较不同含能材料的这些性能。图 1.1 所列的是几种纯炸药的自加热速率,敏感的含能材料具有低的热分解温度,且在试验全部温度区间,其自加热速率均快速增长。

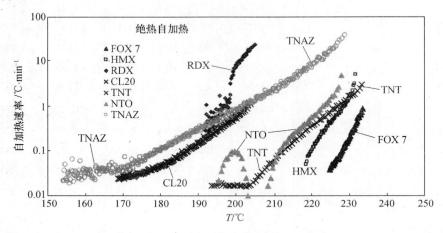

图 1.1　几种单质炸药的绝热自加热速率曲线

　　区别粗含能材料和最后精品含能材料的感度是不可忽视的。现代炸药加工方法的目的之一是大幅度降低复配炸药的感度,使之低于单个组分的感度。B 炸药和 Octol 炸药中的铸装 TNT 或多或少是一种粘结剂,而塑料粘结炸药(PBX)则含有聚合粘结剂,后者系作为固态含能填料的基体。在含能材料中采用某些特殊的添加剂,巧妙地复配的混合炸药,可满足某些专门用途的需要。对于研制不敏感的高能炸药(IHE),NTO 是一个很重要的组分。在某些高能混合炸药中加入 NTO,可使其感度大为下降,而能量仅略有降低。不过,现用的大多数混合炸药,仍是以人们熟知的含能组分(如 TNT、PETN,RDX 及 HMX)为基的。一些常见的混合炸药如下。

- B 炸药(60% RDX/40% TNT);
- Octol 炸药(75% HMX/25% TNT);
- C4 炸药(91% RDX/ 9% 聚异丁烯——增塑剂);
- A5 炸药(99% RDX/1% 硬脂酸);
- LX – 14 炸药(95% HMX/5% estane)。

　　固态含能材料填料含量高的硝胺炸药/蜡和硝胺炸药/estane 型混合炸药常用于空心装药。

　　对于炸药,高密度的含能化合物是很吸引人的,因为爆速和最大爆压均与密度十分有关。在现有含能化合物中,CL – 20 的密度最高,所以爆速也最高[1.2]。由于 CL-20 这一笼形分子的能含量高,其爆速和 Gurney 能也很高,几乎为 TNT 的两倍。TNAZ 的大多数爆炸性能介于 RDX 和 HMX 之间,但有意义的是,TNAZ 的熔点低,仅 101℃,即接近 TNT 的熔点(80.8℃),这说明有可能在熔铸混合炸药中以 TNAZ 代替 TNT,而赋予混合炸药以更高的能量水平。

ADN 是一种氧化剂。在现有很多诈药装药中[1.3],特别是用于水下爆破的装药中,常以铝粉为燃料和以 AP 为氧化剂。但一般来说,AP 降低混合炸药的爆速,因为它不是一个理想的爆炸物质。以 ADN 代替 AP,能提高相应混合炸药的能量水平。

FOX-7 的能量水平与 RDX 相近,但它的感度低,所以作为不敏感炸药是十分有价值的。合成 FOX-7 的过程复杂,因而价格高昂,目前仅能少量供应。FOX-7 作为未来的不敏感装药的一个组分,肯定有很好的发展前景。近年来,炸药的不敏感性受到人们特别的重视,即使损失能量也要保证炸药的低感度,因此 FOX-7 这一性能优良的低感炸药正受到人们愈来愈多的关注。

1.2.2　固体火箭推进剂

固体火箭发动机最重要的应用性能是比冲(I_{SP})和燃速特征,比冲的表述式见式(1.3):

$$I_{SP} = k_1 \cdot (T_C N)^{0.5} = k_2 \cdot (T_C/M)^{0.5} \tag{1.3}$$

式中　T_C——燃烧室中的温度;

　　　N——单位质量推进剂的物质的量,mol·g^{-1};

　　　M——燃气平均分子质量;

　　　k_1, k_2——常数。

比冲与下述因素有关:

- 反应热愈大,比冲愈高;
- 燃烧产物的火焰温度愈高,比冲愈大;
- 燃烧产物的分子量愈小,比冲愈大。

除了比冲外,固体火箭推进剂其他重要的性能参数还有燃速及压力指数。在理想情况下,燃速与压力无关,即 $n = 0$,为平台燃烧。但在一般情况下,固体火箭推进剂的燃速随输入系统能量的增加而增大。如压力指数过高,例如当 $n > 0.7$ 时,推进剂将不能实际使用,即使其能量水平很诱人。加入专门的燃速改性剂(此类改性剂通常对燃烧过程有催化作用),能够改变固体火箭推进剂的燃速及压力指数,使之符合实际应用的要求。

燃速与压力指数的关系见式(1.4):

$$r = a \cdot p^n \tag{1.4}$$

式中　r——燃速；

　　　a——常数；

　　　p——压力；

　　　n——压力指数。

但上式只在很小的压力范围内成立，故一般不能应用。固体火箭推进剂的一些性能数据示于表1.4。

表 1.4　固体火箭推进剂的某些性能数据(7MPa)

推进剂类型	I_{SP} /N·s·kg^{-1}	r /mm·s^{-1}	n	信号	状况
复合推进剂：AP/Al/HTPB/硝胺	2500~2600	6~40	0.3~0.5	高	已有
低烟复合推进剂：AP/HTPB/硝胺	2400~2500	6~40	0.3~0.5	较低	已有
DB RP：NC/NG	2100~2300	10~25	0~0.3	低	已有
AN RP：GAP/AN/硝胺/增塑剂	2200~2350	5~10	0.4~0.6	低	研发试验中
硝胺 RP：GAP/硝胺/AP/增塑剂	2300~2450	10~30	0.4~0.6	低	研发试验中
ADN RP：GAP/ADN/硝胺/增塑剂	2400~2600			低	研发的新型推进剂
ADN/Al RP：GAP/Al/ADN/硝胺/增塑剂	2500~2700			低	研发的新型推进剂

固体火箭推进剂的比冲一般在燃烧时压力为 7MPa 下进行比较；7MPa 相当于英制的 1000psi(磅·吋$^{-2}$)，更准确地说，6.894MPa＝1000psi。不同类型固体火箭推进剂的不同特点综述如下。

双基(DB)固体火箭推进剂主要含硝化甘油及硝化棉，同时含有加工助剂及燃速调节剂，此类推进剂已广泛使用，其比冲为 2100N·s·kg^{-1}～2300N·s·kg^{-1}，燃速低到中等，为 10mm·s^{-1}～25mm·s^{-1}，在 7MPa 下的压力指数为 0～0.3。此型推进剂特征信号低，但对爆轰较敏感，低温下处理困难。

复合推进剂的主要组分是高氯酸铵、铝粉和 HTPB(端羟聚丁二烯)，它是仅次于双基固体火箭推进剂的第二类广泛使用的推进剂。此型推进剂的能量水平远高于双基推进剂，以铝粉为基的配方的比冲可达 2500N·s·kg^{-1}～2600N·s·kg^{-1}，不含铝粉的低烟配方的比冲为 2400N·s·kg^{-1}～2500N·s·kg^{-1}，7MPa 下的燃速为 6mm·s^{-1}～40mm·s^{-1}，压力指数为 0.3～0.5。复合推进剂的缺点是产生一级和二级信号，且摩擦和撞击感度较高。另外，因为它含有高氯酸铵，故燃烧尾气中含氯化氢(盐酸)。复合推进剂的优点是爆轰感度较低，且 HTPB 配方的力学性能通常甚佳。高能的复合推进剂一般以铝粉为燃料(由于铝粉的燃烧热值高)和以高氯酸铵为氧化剂，故其燃烧产物中含炽热的 Al$_2$O$_3$ 微粒及 HCl，这种尾气能吸收所有相关波长的辐射,因而很容易被对方侦破。另外,火箭自身带有的雷达和激光制导系统也会为很强的尾气信号所干扰。而且,从环保而言,放出危害环境的大量的氯化氢气体也是很不希望的,甚至是不允许的[1.4]。

研制无烟、低信号、能量水平相当于现用 AP/Al 复合配方(比冲约 2600 N·s·kg^{-1})的固体火箭推进剂是当代含能材料工业的主要目标之一。达到这一目标的一个技术途径是采用如 RDX 或 HMX 这类硝胺氧化剂,以减少复合推进剂中的 AP 含量。CL-20 更是高能硝胺氧化剂一个吸引人的 AP 的替代物。事实上,采用 CL-20 的配方有可能制得 AP 含量甚低或不含 AP 的高能固体火箭推进剂。第二个可能代替 AP 的氧化剂是 ADN,ADN 也不含氯,以它为基的推进剂燃烧产生的尾气是环境所兼容的[1.5]。

为了制得能量超过现有 AP/Al 配方的固体火箭推进剂,需要采用 Al 或 AlH$_3$ 为燃料和以 ADN 为氧化剂。不过这类配方的推进剂燃烧尾气中仍含有 Al$_2$O$_3$,所以仍发射特征信号。但它们的能量会超过以前研制的任何固体火箭推进剂。

总之,ADN 是一个可用于替代 AP 的氧化剂,而 CL-20 与含能粘结剂相配合则可能制得能量水平较高的无烟固体火箭推进剂。但这类以新组分为基的推进剂的燃速和压力指数是否处于可实际使用的范围,仍有待实验研究。

1.2.3　发射药

对发射药,常以比能量(火药力 E_S)比较不同配方的能量水平,E_S 以式(1.5)表示:

$$E_S = N_G \cdot R_0 \cdot T_{EX} \tag{1.5}$$

式中　N_G——气体摩尔数;

　　　R_0——气体常数;

　　　T_{EX}——火焰温度。

表 1.5 还列有发射药的其他一些性能参数,包括燃烧温度和反应气体的摩尔平均分子质量(MM)。在美国进行的研究通常以爆热来比较不同配方的发射药。

表 1.5　一些发射药的性能参数(装药密度 0.1,以 ICT 程序计算)

发射药配方	E_S /J·g^{-1}	Q_{ex} /J·g^{-1}	T_{EX} /K	MM /g·mol^{-1}
常规发射药				
单基药 A5020:92%NC(13.2%N)	1011	3759	2916	23.98
双基药 JA-2:59.5%NC/15%NG/25%DGDN	1141	4622	3397	24.76
三基药 M30:28%NC/22.5%NG/47.5%NIGU	1073	3980	2996	23.20

（续）

发 射 药 配 方	E_S /J·g^{-1}	Q_{ex} /J·g^{-1}	T_{EX} /K	MM /g·mol^{-1}
HTPB 发射药				
30% HTPB/70% RDX	874	3702	2046	17.16
30% HTPB/70% HMX	867	3668	2034	17.19
30% HTPB/70% CL-20	930	4008	2286	17.99
30% HTPB/70% TNAZ	926	4020	2184	17.57
30% HTPB/70% ADN	915	3329	1935	17.58
半硝胺发射药				
30% NC/30% NG/40% RDX	1248	5700	3921	26.11
30% NC/30% NG/40% HMX	1246	5681	3914	26.12
30% NC/30% NG/40% CL-20	1224	5972	4042	27.46
30% NC/30% NG/40% TNAZ	1239	5984	4016	26.95
GAP 发射药				
30% GAP/70% RDX	1190	4116	2838	19.83
30% GAP/70% HMX	1181	4082	2816	19.83
30% GAP/70% CL-20	1280	4409	3332	21.64
30% GAP/70% TNAZ	1272	4420	3204	20.94
30% GAP/70% ADN	1294	5454	3604	23.15

　　发射药的燃烧温度越低,由燃烧产物引起的炮膛及喷嘴的腐蚀越低。当燃烧温度超过 3500K 时,燃烧室内的腐蚀特别严重。燃烧温度低于 3000K 时,腐蚀一般可忽略。燃烧尾气平均分子质量低的发射药具有较好的燃烧效率。

　　双基发射药 JA-2 的比能可达 1141 J·g^{-1},此值是衡量常规发射药的一个尺度。JA-2 配方含有 59.5% NC、15% NG 及 25% DGDN,它的能量水平已接近由纯 NC 和硝酸酯增塑剂配方所能达到的最佳值。但是,可以采用各种技术手段制得更高能量水平的发射药。例如,所谓的半硝胺发射药,系以 NC 为粘结基质,以硝胺炸药为固体填料制得的,其能量水平即高于 JA-2 双基发射药。但半硝胺发射药的燃烧温度较高,可达约 4000K。不过,在半硝胺发射药中加入适当的增塑剂,可降低其燃烧温度。除了常规的硝胺炸药 RDX 及 HMX 外,CL-20 及 FOX-7 也可用为半硝胺发射药的固体填料。

　　以惰性粘结剂 HTPB 和含能材料(如 RDX 及 HMX)组成的配方,当固含量小于 70% 时,其能量水平较低,E_S<1000 J·g^{-1}。进一步增加这类发射药的固含量,将导致发射药的爆轰感度很高。提高发射药能量水平的另一条技术途径是采用含

能粘结剂,比如 GAP。以 GAP 和硝胺炸药组成的配方,固含量达 70% 时,其 E_S 值可高于 JA-2 配方。尽管 GAP/硝胺发射药的能量水平较高,但其燃烧温度仍只为 2800K～3000K。特别应指出的是,对 GAP/TNAZ 及 GAP/CL-20 配方,其 E_S 值相当高,可达 $1270J \cdot g^{-1} \sim 1280J \cdot g^{-1}$(固含量 70% 时),而其燃烧温度仍处于可实际应用的范围。这说明,采用这类配方,有可能大大提高发射药的能量水平。

除了 GAP 以外,还有很多其他含能粘结剂,它们均可与新的含能材料配合,组成新的发射药配方,而这些配方对发展未来的高能发射药具有很好的前景。不过,与固体火箭推进剂相似,这类新配方的燃速特征仍很难预测,必须通过进一步的试验研究确定。

1.3 新含能材料

新的含能材料为提高实际应用的含能系统(如炸药、固体火箭推进剂及发射药)的能量水平和其他性能提供了前提。研制有吸引力的和可实用的含能系统的配方,有赖于这些新含能材料的供应情况、加工性、相容性和其他各项性能是否能满足需要。本节将讨论这些新含能材料的各项性能。

1.3.1 CL-20

CL-20(HNIW)是位于加州中国湖的美国海军表面武器中心的 A. Nielsen 于 1986 年在实验室首次合成的[1.6~1.7]。这个笼形化合物的分子结构见图 1.2。

1.3.1.1 CL-20 的合成及供应

CL-20 是迄今为止已知的能量水平最高的单质炸药,且在已知的有机化合物中,其密度也最高。美国的 Thiokol 公司改进了 Nielsen 发明的最初合成 CL-20 的方法[1.8~1.10],并建立了小规模生产的中试装置。现在,CL-20 已能以公斤级在市场供应。法国的

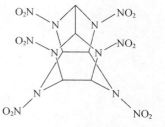

图 1.2 CL-20,六硝基六氮杂异伍兹烷(HNIW)

SNPE 公司也能供应不同粒度的 CL-20,但 SNPE 生产 CL-20 的路线与 Thiokol 公司不同[1.11]。

CL-20 现以间断法生产,批量 50kg～100kg。CL-20 系以多种晶型存在,其中密度最高的是 ε-晶型。目前还不能合成纯的单一晶型的 CL-20。合成的 CL-20 需在适当的溶剂中重结晶以得到 ε-CL-20。改变重结晶的工艺条件,可得到合乎需要的具不同粒度及粒度分布的 CL-20。目前市场能供应下述粒度的 CL-20:

$$120\mu m < x_{50.3} < 160\mu m$$

$$20\mu m < x_{50.3} < 40\mu m$$

$$x_{50.3} < 5\mu m$$

粗粒 CL−20 可通过重结晶直接制得,但细粒 CL−20 系研磨粗粒品得到。

法国 SNPE 公司和美国 Thiokol 公司供应的 CL−20 的纯度分别为 98% 和 96%[1.12]。工业 CL−20 中的杂质包括残留的溶剂和未完全硝解的基质,后者带有苄基、乙酰基或甲酰基。至于这些杂质对 CL−20 感度、相转变或其他性能的影响,目前人们知之不多。

CL−20 的市场价格甚高,每千克超过 1000 欧元,单是考虑价格这一点,CL−20 的实际应用还不具备吸引力。

1.3.1.2　CL−20 的化学性能和热性能

CL−20 为白色结晶,起始分解温度为 215℃。图 1.3 是 CL−20 的 DSC 图[1.13]。

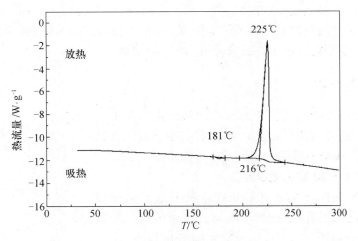

图 1.3　CL−20 的 DSC 图

CL−20 溶于丙酮、酯类和醚类,不溶于水、芳香烃及卤代烃。CL−20 与大多数固体和粘结剂(如 RDX、HMX、AP、PETN、硝酸酯、异氰酸酯、GAP 及 HTPB)相容,与碱、胺及碱金属氰化物(如 NaCN)不相容。

法国 SNPE 公司所提供的 CL−20 的某些性能数据如下:

• 爆燃温度:220℃~225℃;

• 分解温度:213℃;

• 最大分解温度:249℃;

• 分解热:2300 J·g^{-1};

- 爆速:9650m·s^{-1}(实验值);
- 100℃、193h 真空安全性:0.4cm^3·g^{-1}。

1.3.1.3　CL-20 的感度及晶型

CL-20 的撞击感度与 PETN 相似,因此加工和处理 CL-20 时需要特别注意安全。也是基于这个原因,目前国际上进行的很多有关 CL-20 的研究均旨在降低 CL-20 的感度,其技术途径有改善结晶条件以生产无结晶缺陷的 CL-20 和采用适当的惰性包覆层等。

已有的数据表明,粒度越小的 CL-20 越敏感,所以重结晶直接得到的 CL-20 不如磨细的 CL-20 感度高。CL-20 存在四种晶型,即 α、β、γ 及 ε(见表 1.6),ε-CL-20 的密度最高,因此是人们感兴趣的晶型。CL-20 其他三种晶型的密度都低于 ε-晶型。α-CL-20 可为半水合物,能在水存在下结晶。CL-20 不同的晶型可通过红外光谱或 X 射线衍射鉴别。

表 1.6　四种晶型 CL-20 的某些性能

晶型 性能	γ-CL-20	α-CL-20	β-CL-20	ε-CL-20	HMX
密度/g·cm^{-3}	1.92	1.97	1.99	2.04	1.91
爆速/m·s^{-1}	9380	9380	9380	9660	9100
相变温度/℃	260	170	163	167	280

1.3.2　八硝基立方烷

早在 2000 年,美国芝加哥大学的 Mao-Xi Zhang 和 Philip E. Eaton 与美国华盛顿海军研究实验室的 Richard Gilardi 合作,成功地合成了八硝基立方烷(ONC)[1.14],它是一个带硝基的立方形分子。立方烷的每个角上均带有一个硝基(见图 1.4)。ONC 的分子式是 C$_8$(NO$_2$)$_8$,其碳原子上的 8 个硝基,使其环状结构具有很高的张力,因而分子的能含量高。ONC 分子的立方形迫使其上碳原子彼此的键角约 90°。

或许有人会说,ONC 只是一个在纸面上构想的炸药,它的爆炸性能甚至在它的母体合成出来以前很多年即为人预测过。采用各种理论计算方法,计得的 ONC 的密度为 1.9g·cm^{-3}～2.2g·cm^{-3}。其他硝基立方烷的密度示于表1.7。

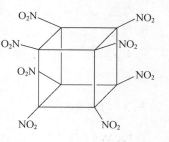

图 1.4　八硝基立方烷

表 1.7　硝基立方烷的密度[1.15]

分　子	计算密度/$g \cdot cm^{-3}$	实测密度/$g \cdot cm^{-3}$	DSC 起始分解温度/℃
立方烷	1.29	1.29	
1,4-二硝基立方烷	1.66	1.66	257
1,3,5-三硝基立方烷	1.77	1.76	267
1,3,5,7-四硝基立方烷	1.86	1.81	277
1,2,3,5,7-五硝基立方烷	1.93	1.96	—
八硝基立方烷	2.13	1.98	—

与其他常规炸药(如 TNT、RDX 和 HMX)相比,即使在较低密度下,ONC 的能量也可与 HMX 比肩。如果 ONC 的密度能达到其最大的理论计算值,即 $2.2g \cdot cm^{-3}$,则它的能量水平会超过现在已知的能量水平最高的炸药 CL-20。

十多年前,合成化学家即致力于将硝基引入碳基的立方烷分子。1997 年,在这方面取得了一个里程碑式的进展,合成了含 4 个硝基的立方烷,即四硝基立方烷,它的爆炸性能相当于 RDX。从化学发展的角度而言,是 Philip E. Eaton 领导的研究小组在合成领域做出的卓越贡献使 ONC 的合成最后得以成功,这代表了一个里程碑式的成就。人们由文献可以看到,几乎每一年都往立方烷中引入了一个新的硝基。近年合成的 ONC 是相当复杂和困难的,需要经过很多的中间步骤,包括制备四硝基立方烷作为中间体(见表 1.7)。直至今日,ONC 还只能供应实验室制得的微量产品,其价格高于黄金。

现在来回答人们长期等待答案的问题:ONC 是否能达到理论预测的、含能材料领域所期待的高密度呢? 答案是也许能,也许不能。ONC 的实测密度是 $1.979g \cdot cm^{-3}$,这一密度值也算是高的,但只接近理论计算值得下限。因此,ONC 并未能破含能化合物高密度的纪录。目前,ε-CL-20 的密度仍居新合成的有机化合物之首。

当然,也有可能与 CL-20 相似,ONC 也存在不同晶型,而现在得到的是 ONC 的水合物。未来的关于 ONC 的研究工作肯定会集中于寻找 ONC 的其他晶型。ONC 仍然是一个待了解化合物,它的理论计算最高密度可达 $2.123g \cdot cm^{-3} \sim 2.135g \cdot cm^{-3}$。

1.3.3　TNAZ

TNAZ(1,3,3-三硝基氮杂环丁烷)[1.16]的能量水平介于 RDX 和 HMX 之间,它是美国加州 Asuza 氟化学所的 K. Baum 和 T. Archibald 首先合成的,其结构示于图 1.5。

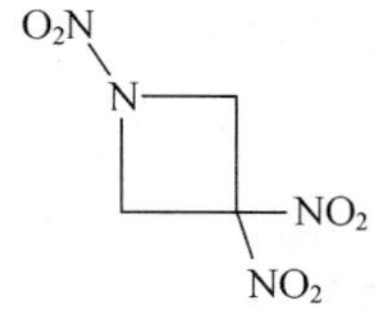

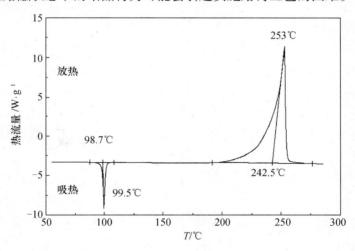

图 1.5　TNAZ(1,3,3-三硝基氮杂环丁烷)

1.3.3.1　TNAZ 的化学性质和热性质

　　由于四元环分子间的张力,其生成熔达 26.1kJ·mol^{-1},故其能含量较高。TNAZ 的密度为 1.84g·cm^{-3},热稳定性优异,起始热分解温度超过 240℃(见图 1.6)[1.17]。TNAZ 一个特别吸引人的性质是它的熔点低,约 100℃。因此,TNAZ 有可能用于一些目前使用 TNT 的熔铸炸药中。TNAZ 与铝、钢、黄铜及玻璃均相容,且不吸湿。

　　人们对 TNAZ 的低共熔混合物进行过很多研究[1.18],结果指出,TNAZ 与 RDX 或 HMX 的混合物,其熔点仅略有降低(1%～5%)。目前还没有什么研究成果能可靠估计 TNAZ 是否适于熔铸工艺。不过可以明显看出的是,TNAZ 的高蒸汽压和它在熔融状态下的结晶行为可能会引起实施熔铸工艺的困难。

图 1.6　TNAZ 的 DSC 图

1.3.3.2　TNAZ 的合成和供应

　　TNAZ 目前还没有产品供应。在 1983 年实现的最原始的 TNAZ 的合成,步骤过多,且得率过低(<5%),因而那时根本不能使 TNAZ 商品化。后来,美国的研究者发展了一条比较简单的合成 TNAZ 的路线,且得率提高到了 70%。目前,TNAZ 只能以约 50kg 级的规模批量生产。但由于生产 TNAZ 所需催化剂的价格

过高,所以现在 TNAZ 的生产成本仍高于 1000 欧元/千克[1.19]。

1.3.4 ADN

除上述的 CL-20 及 TNAZ 外,第三个最有可能应用的新合成组分是 ADN,即二硝酰胺铵,$NH_4N(NO_2)_2$。ADN 最令人感兴趣的一点是作为固体推进剂的氧化剂,特别是用它替代高氯酸铵的可能性。

1.3.4.1 ADN 的合成及供应

ADN 是俄罗斯 Tartakowsky 教授于 1993 年在 ICT 年会上首先公开的[1.20]。同年,美国的 Pak 建议将 ADN 作为固体推进剂的新氧化剂[1.21]。

ADN 是莫斯科的 Zilinsky 研究院合成和研制的,用作战术火箭的固体火箭推进剂,且俄罗斯为此曾以吨级规模生产。但据推测,目前俄罗斯生产 ADN 的设备已经破损或者拆除,总之,肯定是不再存在了。除俄罗斯外,ADN 曾长期不为外界所知。很长一个时期,西方世界既不知道大规模生产 ADN 的设备,也不知道 ADN 在战术火箭中的应用。自 ADN 被公开后,西方研究者曾致力于重复俄罗斯有关 ADN 的研制工作,和生产可实际应用的产品。

现在至少有 20 种不同的合成路线,可成功地生产 ADN,但其中只有两种被证明是有工业化前景的,第一种是所谓异氰酸酯合成路线:

$$C_2H_5O_2C—NH_2 + HNO_3 \longrightarrow C_2H_5O_2C—NHNO_2 + H_2O$$
$$C_2H_5O_2C—NHNO_2 + NH_3 \longrightarrow C_2H_5O_2C—NNO_2NH_4$$
$$C_2H_5O_2C—NNO_2NH_4 + N_2O_5 \longrightarrow C_2H_5O_2C—N(NO_2)_2 + NH_4NO_3$$
$$C_2H_5O_2C—N(NO_2)_2 + 2NH_3 \longrightarrow C_2H_5O_2C—NH_2 + NH_4N(NO_2)_2$$

此合成需四步,得率可达 60%。实现此路线的工艺并不困难,三废量也较少。所用的异氰酸酯可净化和循环使用。

第二种合成方法是以氨基磺酸盐为原料:

$$KO_3S—NH_2 + 2HNO_3 \longrightarrow KHSO_4 + NH_4N(NO_2)_2 + H_2O$$

氨基磺酸盐的硝化可以不需采用溶剂,但必须采用强酸介质,而后者能引起二硝酰胺铵分解。此法合成出的 ADN 必须精制。氨基磺酸盐法已为 FOI 和 Nexplo[1.22]广泛研究,今天已成为工业上制备 ADN 的方法之一。

制造可用于实际含能材料配方的 ADN,需要一系列的步骤。呈杆状或片状结晶的 ADN 用于含能材料时不适宜进一步加工,因此,ADN 粗产品必须研磨成所需粒度的球形颗粒(见本书 3.2.7)。ADN 还必须稳定化,以便保证实用含能材料所需的服役期限。

1.3.4.2 ADN 的热行为

ADN 的熔点为 91.5℃～93.5℃(见图 1.7)。文献中报道的 ADN 的实际熔点为 83℃ ~95℃ ,之所以有这样大的熔点差别,主要是来源不同的 ADN 的纯度不同。ADN 中的某些杂质,即使浓度甚低时对其熔点也有很大影响。例如,残留于 ADN 中的水,特别是硝酸铵,会明显降低 ADN 的熔点。硝酸铵不仅是合成 ADN 中的一个副产物,而且是 ADN 的一个首选代用氧化剂。ADN 中硝酸铵的含量对 ADN 的长贮稳定性具有关键作用。

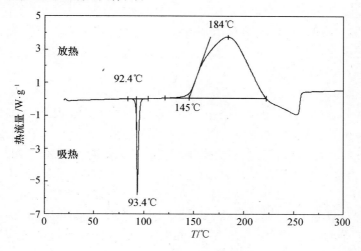

图 1.7 ADN 的 DSC 图

进一步加热熔融 ADN,它发生放热分解,此分解系由于氨和游离二硝酰胺 $(HN(NO_2)_2)$ 的分解所引发的[1.23]。受热时,$HN(NO_2)_2$ 可很快分解为 N_2O 和 HNO_3,后者又与 NH_3 反应形成硝酸铵,硝酸铵又进行分解,放出 N_2O 和水。除此之外,ADN 的分解还有其他一系列副反应,并形成 NO,NO_2,N_2 和 O_2。由于其引发分解步骤,ADN 的分解是一个酸催化过程。ADN 不仅对热不稳定,对光也敏感。

1.3.4.3 ADN 的长贮稳定性

(1)水的影响。如上文所述,ADN 中的少量杂质也能明显影响其长贮稳定性。一般而言,ADN 中的水含量减少,其稳定性增加,但完全无水的 ADN 也是不稳定的。业已发现,ADN 中的水含量由 0.1% 增至 0.5% 时,其热稳定性不会恶化。ADN 吸湿,故必须在干燥环境中贮存和加工。

(2)硝酸铵的影响。ADN 中的硝酸铵杂质会引起一系列的问题,因为 ADN 含一定量硝酸铵时,会形成低共熔物。硝酸铵是一个较弱碱和强酸形成的盐,能导致 ADN 的酸催化分解。但 ADN 中的硝酸铵含量低于 0.5% 时,似乎不会引起什么问题。

(3)有机杂质的影响。因为 ADN 是一种氧化剂,所以其中所含的有机杂质

（如残留的有机溶剂）是很有害的，这类有机化合物显然会参与可促进 ADN 分解的氧化还原反应。相反，长链有机化合物则可降低 ADN 的感度。因此，短链有机溶剂绝不可用于精制 ADN。

（4）ADN 的稳定化。作为 ADN 的稳定剂必须具备两个基本的功能：抑制 ADN 的酸催化分解和除去 ADN 中可能存在的游离酸（作为自由基捕获剂）。只有能起到上述两个作用的物质才能使 ADN 稳定化。对于实际应用来说，无论是稳定剂种类的选择还是将稳定剂加入 ADN 颗粒中的方法，都必须仔细优化。这方面一个可行的技术途径是在重结晶精制 ADN 过程中将稳定剂加入粗制 ADN 中。

1.3.4.4 ADN 的加工性

由于 ADN 的强氧化性，它具有氧化有机物质的倾向，但一般说来，ADN 并不进攻 C—H 单键及 C—C 单键，具有 C═C 的化合物也能与 ADN 很好的相容。不过，ADN 与异氰酸酯是不相容的，在有异氰酸酯存在的场合，ADN 会与它立即反应并发生分解。这意味着有很多由聚氨酯键合的高聚物是不能与 ADN 共同使用的，至少是当这类高聚物以通常形态存在时是如此。所以，当采用 ADN 为氧化剂时，不可能采用由异氰酸酯作为固化剂的 HTPB 或 GAP 类粘结剂。因为用于固体推进剂的常规聚合物粘结剂不能与 ADN 配伍使用，所以将来研制以 ADN 为基的固体推进剂时应选用合适的粘结剂，这就使 ADN 固体推进剂的应用受到一定的限制。

目前，采用 PCP（聚己酸内酯聚合物）作为 ADN 的粘结剂已取得了很好的研究结果[1.4,1.24,1.25]。ADN 为基的固体推进剂以 PCP 为粘结剂时，也表现了很好的长贮稳定性。不过，尽管这方面已取得了令人鼓舞的初步结果，但要肯定这类推进剂系统能否实际应用，还需要对这类复杂配方的长贮稳定性及老化性机理进行全面和深入的研究。

1.3.4.5 ADN 的安全性能

关于 ADN 的撞击感度和摩擦感度，已测得了不少结果。尽管这些结果彼此有所差别，但能说明，ADN 的这两种感度都远高于纯高氯酸铵（见表 1.8）。且总的说来，ADN 也是一个比 RDX 更敏感的化合物。仅仅是比较纯物质的感度可能会引起误导，因为对于实际应用的固体推进剂而言，配方的感度更能反映其实用的可能性。但目前尚缺乏以 ADN 为基的固体推进剂配方的感度数据。

表 1.8 ADN、AP 及 RDX 撞击感度及摩擦感度的比较

化 合 物	摩擦感度/N	撞击感度/N·m
RDX	120	7.4
AP	>320	15~25
ADN	64~72	3~5

1.3.5　FOX-7（1,1-二氨基-2,2-二硝基乙烯）

这种化合物是炸药领域内一个较新的成员,它是在 1998 年由美国的 FOI 推出的[1.26,1.27]。FOX-7 的合成已经知道有三条路线[1.28~1.30],三者都涉及杂环化合物的硝化及水解,其中最有希望的反应路线示于图 1.8。

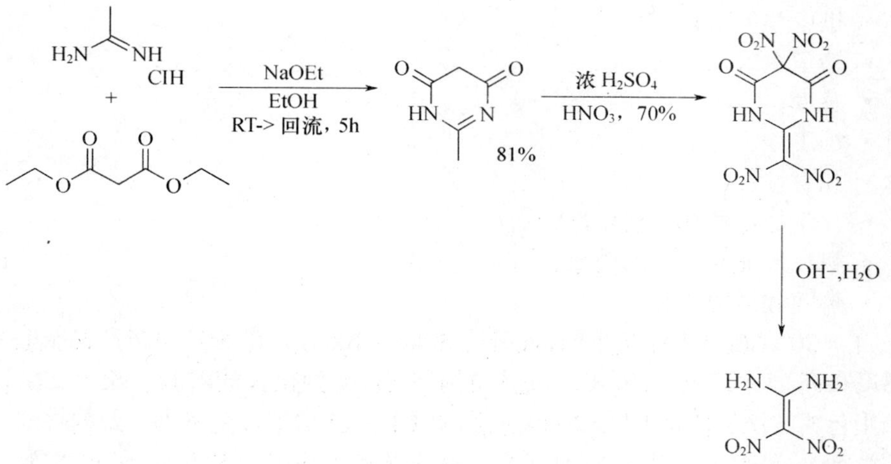

图 1.8　FOX-7（1,1-二氨基-2,2-二硝基乙烯）的合成

FOX-7 已有商品供应,但其价格高于 3000 欧元/千克,目前要将其实际应用是不现实的。

FOX-7 的能量水平与 RDX 相近。但比 RDX 不敏感的多。关于 FOX-7 的加工性及它与其他物质的相容性知之甚少,这肯定是以后研究的内容。FOX-7 的某些特性(计算值)及其与 RDX 的比较见表 1.9。由理论所估测的 FOX-7 的较高能量水平仍有待试验验证。对发展和改善不敏感弹药,FOX-7 有可能会做出贡献。

表 1.9　FOX-7 的某些性能(Cheetah 1.40 计算)[1.23]及其与 RDX 的比较

性　能	FOX-7	RDX	性　能	FOX-7	RDX
BAM 撞击感度/N·m	>15	7.4	生成能(计算值)/$kJ·mol^{-1}$	-118.9	92.6
Petri 摩擦感度/N	>200	120	爆速(计算值)/$m·s^{-1}$	9040	8930
爆燃点/℃	>240	230	爆压(计算值)/GPa	36.04	35.64
密度/$g·cm^{-3}$	1.885	1.816			

1.4　结论

　　必须强调指出,上文所讨论的新含能化合物,如 TNAZ、CL－20、ONC、ADN 和 FOX－7,仍都在实验研究中,在它们能在新的或现存的武器系统中获得应用前,这些新含能化合物的性能仍需进一步研究和改善。

　　当评估这些新含能化合物能否得到实际应用时,下述因素是必须考虑的。

- 供应和价格;
- 能量水平;
- 感度;
- 加工性;
- 相容性;
- 化学稳定性和热稳定性;
- 机械性能与温度的关系;
- 燃速和压力指数。

　　CL－20 现在已工业化生产,批量达 50kg～100kg。作为一个粗产品,CL－20 的感度很高,大概与 PETN 相当,这从加工来看,受到很大的限制。改善结晶过程或采用包覆方法以降低 CL－20 的感度,对 CL－20 供应商是一个主要的挑战。当在粘结剂基质中加工 CL－20 时,CL－20 为基的配方并不比相似的 RDX 配方或 HMX 配方的感度高很多。

　　CL－20 的密度可达 $2.04g \cdot cm^{-3}$,是现有任何有机炸药不能企及的。CL－20 这一硝胺类炸药的化学稳定性和热稳定性也很好,且与大多数粘结剂及增塑剂系统相容。总之,CL－20 具有所有三类含能材料(炸药、推进剂及发射药)所必备的性能。

　　在炸药配方中以 CL－20 代替 HMX,配方的能量水平可提高 10%～15%。将 CL－20 与含能粘结剂组合,所得固体推进剂配方低烟,而其能量可达到常规 HTPB/AP 配方的水平。CL－20 高的正氧平衡是一大优点。但相对于其他硝胺为基的含能材料而言,CL－20 为基的配方的压力指数偏高,必须加入燃速改性剂以降低。

　　由于高的能含量和有利的氧平衡,CL－20 也可用作发射药的含能配方。如果在发射药中以 CL－20 代替传统的氧化剂,发射药的能量可提高 10%～15%。

　　与 CL－20 不同,TNAZ 尚未商品供应。按现在采用的合成 TNAZ 的路线,它的价格过高,以致即使在应用性实验中检测 TNAZ 的性能也难于实现。改善制造 TNAZ 的方法,以使其保持合理的价格,是 TNAZ 研究中一个主要的任务。

　　TNAZ 的能量水平介乎 RDX 及 HMX 之间,它令人特别感兴趣的性能是低的熔点(101℃)。在熔铸炸药中,TNAZ 有可能作为"高能 TNT"使用。所有通过熔融工艺制造的炸药(如 B 炸药及 Octol)均有可能在配方中以 TNAZ 取代 TNT,而制得能量水平高得多的配方,但采用的制造工艺可基本相同。

ADN 已有商品供应,但如最终产品的纯度不理想,则它的稳定性是一大问题。ADN 系结晶为杆状结构,因而必须将其研磨,才能符合实用的要求。现在已有将 ADN 研磨成球形颗粒以使 ADN 稳定化的技术,但这类技术必须与 ADN 的生产工艺相结合。经合理稳定化处理的 ADN 的老化行为并不次于硝化棉。

由于 ADN 的强氧化性,它只与有限的其他系统相容。例如,ADN 与异氰酸酯是不相容的,而异氰酸酯是含能材料粘结基质常用的一种固化剂。ADN 与某些预聚物相容,但需要特殊的固化剂。解决有关 ADN 相容性的问题,还有待更多的研究。

ADN 的首要用途是在固体火箭推进剂中,特别是用于替代高氯酸铵,但又保持高氯酸铵配方中的高能量水平。将 ADN 与含能粘结剂配合,有可能将推进剂的比冲提高至2600N·s·kg^{-1},达到现代空间助推器用推进剂的水平。如在 ADN 与含能推进剂配方中加入金属燃料,例如 Al 或 AlH$_3$,则配方比冲可达2700N·s·kg^{-1}~2800N·s·kg^{-1},ADN 为基的配方所能达到的高比冲,使它能用于远程火箭系统。

对发射药及炸药领域,ADN 似乎只能获得一些不重要的和特殊的用途。

FOX-7 的能量水平与 RDX 相近,但比 RDX 不敏感得多。因此它极有可能在现在采用 RDX 的配方中代替 RDX。FOX-7 在炸药、发射药及固体火箭推进剂中都是可能应用的。

但现在以商品供应的 FOX-7 的价格奇高。为了能在新配方中检测 FOX-7,下一步的主要任务是降低 FOX-7 的价格和改善 FOX-7 的产品质量。只有这样,才能确定是否可利用 FOX-7 的低感特性将它制成能满足实用要求的不敏感弹药。

总之,现在已有的新含能化合物似乎有可能在含能材料的主要应用领域大大提高含能材料的能量水平,因此,充分研究这些新含能化合物是至关重要的。

1.5 感谢

作者感谢 ICT 的所有同仁,特别是 Helmut Bathelt, Indra Fuhr, Peter Gerber, Thomas Heintz, Thomas Keicher, Hartmut Kröber, Stefan Löbbecks, Klaus Menke, Heike Pontius, Dirk Röseling 和 Heike Schuppler,在完成书稿方面所给予的帮助和卓有成效的讨论。

1.6 参考文献

1.1 Cooper PW (1996) *Explosives Engineering*, Wiley-VCH, Weinheim.

1.2 Bircher HR, Mäder P, Mathieu J (1998) Properties of CL-20 based high explosives, In: *Proc. 29th Int. Annual Conference of ICT*, Karlsruhe, p. 94.

1.3 Doherty RM, Forbes JW, Lawrence GW, Deiter JS, Baker RN, Ashwell KD, Sutherland GT (2000) Detonation velocity of melt-cast ADN and ADN/nano diamond cylinders. Proc. AIP Conference "Shock Compression of condensed Matter" American Inst. of Physics, 833–836.

1.4 DeMay S, Braun JD, (1994) Use of new oxidizers and binders to meet clean air requirements. In: *AGARD Conf. Proc. 559, Propulsion and Energetics Panel (PEP) 84th Symp.*, Aalesund, Norway, pp. 9–6-9–8.

1.5 Fogelzang E, Sinditskii VP, Rgorshev VY, Levshenkov AI, Serushkin VV, Kolesov VI (1997) Combustion behavior and flame structure of ammonium dinitramide. In: *Proc. 28th Int. Annual Conference of ICT*, Karlsruhe, p. 99.

1.6 Nielsen AT, Nissan RA, Vanderah DJ, Coon CL, Gilardi RD, George CF, Flippen-Anderson J (1990) *J. Org. Chem.* 55, 1459–1466.

1.7 Nielsen AT (1997) Caged polynitramine compound, *US Patent* 5 693 794.

1.8 Wardle RB, Hinshaw JC, Braithwaite P, Johnstone G, Jones R, Poush K, Lyon VA, Collignon S (1994) Development of the caged nitramine hexanitrohexaazaisowurtzitane. In: *Proc. Int. Symp. Energetic Materials Technology*, American Defense Preparedness Association.

1.9 Wardle RB, Edwards WW (1998) Hydrogenolysis of 2,4,6,8,10,12-hexabenzyl-2,4,6,8,10,12-hexaazatetracyclododecane, *US Patent* 5 739 325.

1.10 Braithwaite PC, Hatch RL, Lee K, Wardle RB, Metzger M, Nicolich S (1998) Development of high performance CL-20 explosive formulations. In: *Proc. 29th Int. Annual Conference of ICT*, Karlsruhe, p. 4.

1.11 Golfier M, Graindorge H, Longvialle Y, Mace H (1998) New energetic molecules and their application in energetic materials. In: *Proc. 29th Int. Annual Conference of ICT*, Karlsruhe, p. 3.

1.12 Bunte G, Pontius H, Kaiser M (1998) Characterization of impurities in new energetic materials. In: *Proc. 29th Int. Annual Conference of ICT*, Karlsruhe, p. 148.

1.13 Löbbecke S, Bohn MA, Pfeil A, Krause H (1998) Thermal behavior and stability of HNIW (CL-20). In: *Proc. 29th Int. Annual Conference of ICT*, Karlsruhe, p. 145.

1.14 Zhang M-X, Eaton PE, Gilardi RD (2000) *Angew. Chem.* 112, 422–426.

1.15 Iyer S, personal communication.

1.16 Archibald TG, Gilardi RD, Baum K, George CF (1990) *J. Org. Chem.* 55, 2920.

1.17 Oxley J, Smith J, Zheng W, Rogers E, Coburn M (1997) *J. Phys Chem A* 101, 4375–4383.

1.18 Chapman RD, Fronabarger JW, Sanborn WB, Burr G, Knueppel S (1994) *Phase Behavior in TNAZ-based and Other Explosive Formulations*, DAAA21–93-C-0017, *USA Gov. Rep.*

1.19 Bottaro JC (1996) Recent advances in explosives and solid propellants, *Chem. Ind. (London)* 7, 249–252.

1.20 Tartakovsky VA, Luk'yanov OA (1994) Synthesis of dinitramide salts. In: *Proc. 25th Int. Annual Conference of ICT*, Karlsruhe, p. 13.

1.21 Pak Z (1993) Some ways to higher environmental safety of solid rocket propellant application. In: *Proc. AIAA/SAE/ASMEASEE 29th Joint Propulsion Conf. and Exhibition*, Monterey, CA, USA.

1.22 Langlet A, Ostmark H, Wingborg N (1997) Method of preparing dinitramidic acid and salts thereof, *Int. Patent Appl.* PCT/SE/96/00976.

1.23 Löbbecke S, Krause H, Pfeil A (1997) *Propell. Explos. Pyrotech.* 22, 184–188.

1.24 Chan ML, Turner A (1996) Challenges in combustion and propellants 100 years after Nobel. In: Kuo K (ed.), *Proc. Int. Symp. on Special Topics in Chemical Propulsion*, Stockholm, pp. 627–635.

1.25 Chan ML, DeMay SC (1994) Development of environmentally acceptable propellants, In: *AGARD Conf. Proc. 559, Propulsion and Energetics Panel (PEP) 84th Symp.*, Aalesund, Norway.

1.26 Langlet A, Wingborg N, Ostmark H (1996) Challenges in combustion and propellants 100 years after Nobel. In: Kuo K (ed.), *Proc. Int. Symp. on Special Topics in Chemical Propulsion*, Stockholm, pp. 616–626.

1.27 Ostmark H, Langlet A, Bergman H, Wellmar U, Bemm U (1998) In: *Proc. 11th Detonation Symp.*, Snowmass, CO, pp.18–21.

1.28 Latypov NV, Langlet A, Wellmar U (1999) New chemical compound suitable for use as an explosive, intermediate and method for preparing the compound, *World Patent* WO99/03818.

1.29 Latypov NV, Bergman J, Langlet A, Wellmar U, Bemm U (1998) *Tetrahedron* 54, 11 525–11 536.

1.30 Östmark H, Bergman H, Bemm U, Goede P, Holmgren E, Johansson M, Langlet A, Latypov NV, Pettersson A, Pettersson M-L, Wingborg N, Vörde C, Stenmark H, Karlsson L, Hihkiö M (2001) 2,2-Dinitroethene-1,1-diamine (FOX-7) – properties, analysis and scale-up. In: *Proc. 32nd Int. Conference of ICT*, Karlsruhe, p. 26.

第 2 章　粉　碎

U. Teipel, I. Mikonsaari

韩廷解　译,欧育湘、李战雄　校

2.1　粉碎的基本原理

　　粉碎效能与固体材料的性能十分有关。为使固体粒子粉碎成更小的粒子,线形断裂必须遍布固体粒子。为使粒子产生线形断裂,必须用研磨工具或者依靠临近粒子在粒子表面施加载荷。这种外力在粒子内部产生应力场,从而导致粒子变形。晶体缺陷,诸如晶格结构不完整性等缺陷使得断裂更容易形成[2.1]。

2.1.1　材料性质和断裂行为

　　固体材料性质可用线弹性、可塑性或者黏弹性描述(见本书第 12 章)。

　　对线弹性材料而言,应力与应变是成比例的。应力应变比例系数称为材料弹性模量,它是材料的特性,是个常数,见式(2.1):

$$\sigma = E \cdot \varepsilon \tag{2.1}$$

式中　　σ——拉伸应力;

　　　　ε——伸长率。

　　施加外力时,弹性模量值大的材料在断裂前变形很小,这类材料归为“脆性材料”(见图 2.1 中的 a)。如果材料的弹性模量小,即使很小的应力也可以产生很大的变形,这类材料被称为“橡胶 - 弹性材料”(见图 2.1 中的 b)。图 2.1 直观地表示了这种性质。曲线下方的面积正比于粉碎工艺所需要输入的能量(每单位体积)。众所周知,粉碎脆性材料需要的总能量比粉碎弹性物质的总能量要少得多,尽管脆性材料所谓的断裂应力 σ_B 要高。因此,脆性材料用比弹性材料较少的能量即可研碎。实际上,材料的行为受加工工艺参数的影响,正如在低温下粉碎橡胶 - 弹性材料更有效。

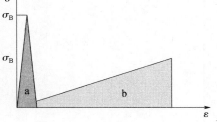

图 2.1　线弹性材料的性质

　　随着粒子尺寸降低(如约 1μm 的石英粒子),材料出现了从弹性性质到塑性性质的转变。在这个转变过程中,用研磨方法不可能使粒子的尺寸无限减小,因为粒子的可塑性随着粒子破碎几率的降低而增大。

　　原子和分子水平的构筑方式决定了固体材料的弹性和与之对应的材料性质。大多数的含能材料具有晶体结构。晶体材料相邻原子间的距离是相当精确的,由此形成晶格点阵。氯化钠晶格由 Na^+ 和 Cl^- 组成,其晶格如图 2.2 所示,每个离子被六个反电荷离子包围。

　　晶格中离子间的力包括异性离子间的引力和同性离子间的斥力。这些力的总的作用为离子间距离的函数,如图 2.3 所示。

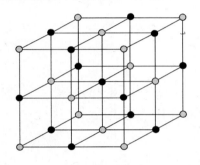

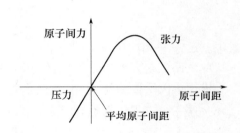

图 2.2　氯化钠晶格　　　　　　　图 2.3　晶格中力的相关性

　　如果离子间的引力和斥力已知,那么可以计算晶格的强度。该晶格的碎裂过程如图 2.4 所示[2.2]。

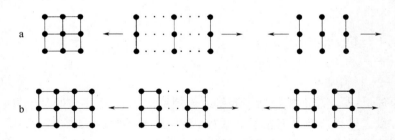

图 2.4　晶格的破裂

　　· 晶体平面上垂直于外力的所有离子键被拉伸,直到这些离子键同时断裂,在此情形下,碎裂所需要的理论能量值远高于实际值。

　　· 假设只有处于断裂晶体平面中的离子键被拉伸,碎裂所需要的理论能量值远低于实际值。

　　真正的固体是不均匀的,如存在着晶体缺陷、裂纹、空隙或者含有杂质。在这些部位,结合力较小,可能出现局部的应力。起源于这些部位的能量使裂纹扩展。

2.1.2　粉碎能量

可以用来表征粉碎工艺的参数很多,包括:粉碎能(单位质量粉碎能和单位面积粉碎能)、能量利用率、能量效率和粉碎比例。

单位质量粉碎能 W_M 如式(2.2)表示:

$$W_M = \frac{W}{m} \tag{2.2}$$

式中　W——机器施加的能量;

　　　m——被粉碎材料的质量。

单位面积粉碎能 W_A 如式(2.3)表示:

$$W_A = \frac{W}{\Delta A} \tag{2.3}$$

式中　ΔA——增加的面积。

单位面积粉碎能建立了粒子获得的附加能量与粒度粉碎之间的关系。

描述单位质量粉碎能 W_M 的三个最重要的方程式为式(2.4)、式(2.5)及式(2.6),这三个方程式都是幂级为 α 的方程式[2.3]:

$$\frac{1}{m} \cdot \frac{\mathrm{d}W}{\mathrm{d}x} = -\kappa \cdot d^\alpha \tag{2.4}$$

式中　x——粉碎产物的粒度。

1867 年,Rittinger 提出的是式(2.5)。

$$\frac{W}{m} = \kappa \cdot \left(\frac{1}{x_0} - \frac{1}{x_w} \right) \tag{2.5}$$

式中　x_0——粒子的原始尺寸;

　　　x_w——粉碎产物的粒度;

　　　κ——材料常数。

其原理是:粉碎总面积与粉碎能量的比例是常量,与之相应的是单位面积粉碎能保持常量。只有当外力施加于尽可能小的空间粉碎时,例如施加于裂纹上,前述粉碎原理才是正确的。实际需要的粉碎能是单位面积粉碎能的 200 倍～3000 倍。因此,实际上单位面积粉碎能并非保持恒定,至少对于较大粒子粉碎所需单位面积粉碎能是如此[2.1]。

1885 年提出的 Kick 方程见式(2.6):

$$\frac{W}{m} = \kappa \cdot (\ln x_w - \ln x_0) \tag{2.6}$$

Kick 方程假设了粒子的体积在粉碎前后存在着比例关系[2.1]。但是,该方程式预测将 $10\mu m$ 的粒子粉碎成 $1\mu m$ 粒子所需粉碎能和将 $100cm$ 的固体粉碎成

10cm 固体所需粉碎能是一样的,这在实际工艺中是不可能的。因此,该方程式在实际中只能用来表征粒度非常大的固体粉碎。

1952 年,Bond 提出了式(2.7):

$$\frac{W}{m} = 2 \cdot \kappa \cdot \left(\frac{1}{x_0^{0.5}} - \frac{1}{x_w^{0.5}} \right) \tag{2.7}$$

该方程式基于工业生产中的经验数据,提出了粒子初始尺寸和最终尺寸的关系,经常用来解决实际生产中的问题。因此,基于该方程式人们获得了材料的大量经验数据。Rittinger 方程常用于小的粒子,Bond 方程式常用于中等粒度的粒子,Kick 方程式则常用于大粒度的固体。图 2.5 给出了特性能量与平均粒度、粉碎能函数之间的函数关系。用于粉碎固体粒子的不同类型的外力见表 2.1[2.4]。

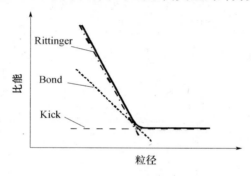

图 2.5　Rittinger,Bond 和 Kick 方程中粉碎能的定性描述

表 2.1　粒子粉碎中的外力

粒子在两个固体表面之间受力	通过压力、摩擦力产生应力
粒子对固体表面的反作用力	通过压力、摩擦力产生应力
剪切外力	通过压力、剪切力产生应力

（续）

流体介质施加的外力 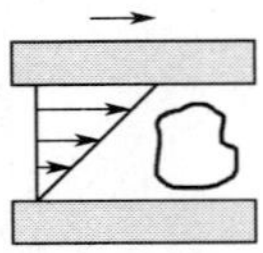	通过剪切力、压力(穴蚀)产生的应力
非机械能输入产生的外力 	通过热应力、电磁应力 化学感应应力产生外力

2.1.3 选择粉碎工艺的原则

选择粉碎工艺最需要考虑的因素是原材料的性质。不同类型的外力适合不同类型的材料,见表2.2。

表 2.2 材料性能和外力类型

材料性能	冲 击	压 力	剪 切	研 磨	切 削
硬	++	++	−	−	−
脆	++	++	−	++	−
中等硬度	++	++	+	++	−
软	+	+	++	++	++
弹性	−	−	−	+	++
坚硬	−	−	−	++	++
纤维性	+	−	+	+	++
热敏性	−	−	−	++	+

为含能材料选择粉碎工艺时,必须考虑特殊要求。同时必须考虑材料的特性,诸如摩擦感度和冲击感度等。RDX,HMX 和 CL-20 等高感度含能材料应该用湿法粉碎,利用悬浮液中的连续相使材料稳定。

另一个必须考虑的因素是,这些高感度含能材料分散在水中时,浓度超过20wt%(质量)的分散体对爆轰敏感。其他不敏感材料,如高氯酸铵(AP)或者高氯酸钾,则可以用干法研磨(如喷射研磨法)。

"粉碎效率"也是选择最实用粉碎工艺的标准之一,但很难对粉碎效率完全量化[2.5]。因此,通常考虑将本体材料粉碎成一定细度粉体所需的能量输入,并将其与将单一粒子粉碎到同样细度所需能量进行比较。由于研磨本体粒子比研磨单一粒子难,所以只能将两者进行粗略比较。基于这一粉碎效果评价,研磨粗糙颗粒(如轧碎)效率高,而将细颗粒粉体进一步粉碎(如流体粉碎和喷射研磨)则显得效率低。

2.2 粉碎工艺

2.2.1 销式圆盘研磨机

销式圆盘研磨机的两个圆盘导向销产生应力。通常情况下,其中的一个圆盘为转子,另一圆盘为定子;但是在某些情况下两个圆盘反向旋转。旋转圆盘轴水平安装,因此可以将原料投料到机器正中间并以放射状卸料。大部分设备中,不能根据最终粒度将产品分类。产品的最终粒度决定于圆盘设计、圆盘数目、转速和产能。转子的直径范围为 100mm ~ 900mm,转子的线性速率范围为 60m·s^{-1} ~ 200m·s^{-1},这种类型的研磨机应用在化学工业、制药工业以及食品工业中的软、脆和润滑材料的精细研磨工艺中[2.6],也可用于含能材料的粉碎。

Hosokawa Alpine 公司生产的圆盘研磨机 Type Kolloplex 160z,用于研磨各种相对不敏感含能材料,这类研磨机的转速在 9000r·min^{-1} ~ 14000r·min^{-1} 之间。表 2.3 列出了在 9000r·min^{-1} 和 14000r·min^{-1} 两种转速下研磨高氯酸铵的典型结果;分布系数 ξ 表征了粒子粒度分布 (见第 8 章);其他材料的研究结果见表 2.4。

表 2.3　AP 在圆盘研磨机的研磨结果

	转速/r·min^{-1}	平均粒度/μm	ξ
AP	9000	10.3	0.72
AP	12000	7.1	0.84

表 2.4　不同材料在圆盘研磨机的研磨结果

材 料	平均粒度/μm	材 料	平均粒度/μm
高氯酸铵	7	三氨基胍	10
氯酸铵	38	硝酸钠	4
硝酸铵	20	硝酸钾	6
硝基胍	4~12		

2.2.2 喷射研磨机

当粒度要求比圆盘研磨机所得粒子粒度要小时,可以采用空气喷射研磨机进行精细研磨。这类研磨机用于生产诸如颜料和石墨等非常精细的粒子,产能范围为 1kg·h^{-1} ~ 1000kg·h^{-1}。市场上有许多类型的喷射研磨机,其中扁平喷射研磨机和流化床喷射研磨机最常用[2.7]。

　　扁平喷射研磨机粉碎特殊材料是基于冲击研磨机理。喷嘴设计以及与之对应的研磨室流动模式对有效粉碎粒子极其重要,因为粒子必须加速成自由流束,自由流束中粒子－粒子之间或者粒子－室壁之间的撞击可以获得需要的粉碎效果。扁平喷射研磨机的研磨室形状为扁平圆柱形,喷嘴环绕研磨室。

　　扁平喷射研磨机示意图见图2.7。本体固体通过注射器5进入扁平圆柱形研磨室7。研磨室配备了固定数量的注射喷嘴,研磨气体通过这些注射喷嘴进入研磨室,并使本体固体围绕着研磨室形成旋流,粒子被加速成不同的相对速率并互相撞击,最终粉碎。

图2.6　扁平喷射研磨机

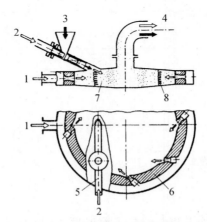

图2.7　扁平喷射研磨机示意图

1—研磨气体;2—注射气体;3—进料固体;4—研磨产品;
5—注射器;6—研磨喷嘴环;7—研磨室;8—粉碎区。

　　注射嘴的设计决定了研磨气体的速率并因此对研磨结果有决定性的影响。通过 Laval 喷嘴可以获得超声速流($Ma > 1$)，喷射研磨机可利用锐角的 Laval 喷嘴，从而获得高离心速率[2.8]，在此工艺过程中，气流将投入研磨室内的物料离心旋转并按照尺寸分离。流体扰动旋转气流并在流体背面边沿形成高速点，流体中相对速率不同的粒子与刚加入的物料引起了粒子与粒子间的有效碰撞，以致于可通过惯性力进行选择性的粉碎。粗糙的粒子在离心力的作用下沿研磨室连续转动，而精细粒子则随旋流迁移到研磨室中央，并最终进入到离心收集器中。大粒子在流体中的承载情况相对较差，因此其碰撞频率相对较小。与此相反，流体中携带小粒子多，导致这些粒子之间的相对速率差别小，因而其碰撞的概率也小。因此，喷射研磨机最佳研磨效率依赖于粒子粒度。

　　空气喷射研磨机具备很多优点和特性，因此适合粉碎含能材料：

- 载气具有自冷却效果，阻止了被粉碎材料的温升。
- 由于粒子在研磨过程中按照粒度分类，材料的内聚被有效消除。
- 研磨室和产物的尺寸可以非常小，同时研磨过程所用的时间非常短。
- 生产超精细粒子需要的高粉碎能和表面能通过研磨气体的动能间接提供。
- 空气喷射研磨机无活动部件，如转轴和轴承。
- 设备的磨损非常小。

　　流化床喷射研磨机从圆柱形研磨室的下方给料。两股或多股气流直接喷射到研磨室中央形成流动层致使粒子高速碰撞。研磨气体将粒子托举到研磨室的顶部，在这里，小粒子通过一个综合分离器，而大粒子则在离心力的作用下重新回到研磨室。通常使用带有附属过滤器的离心收集器将研磨气体带出的精细粒子进行沉降收集[2.6]。

　　使用 Hoskawa Alpine 公司生产的 200AS 型喷射研磨机粉碎研磨高氯酸铵（AP）和高氯酸钾[2.9]。该设备的批次处理量在喷射气体压力达 12bar 时大于 5kg。从该设备中获得的产品的情况见图 2.8，喷射气体压力约 11bar，批次处理量为 5kg，

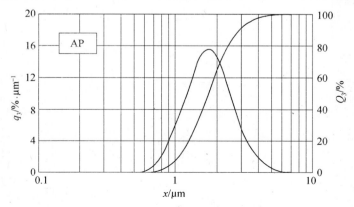

图 2.8　AP 在扁平喷射研磨机中的研磨

粒子平均粒径为 1.7μm,且粒径分布很窄,几乎为均一粒径。

2.2.3　胶体磨

　　胶体磨示意图见图 2.9,常用于均化、团聚解散以及生产浆体、悬浮液和乳液,并用于大多数软的非摩擦物料的预粉碎。它们属于湿研磨机械,由高速、异型、圆盘状的转子组成,在高压下使悬浮液通过一窄缝进入研磨室[2.1]。由于圆锥状的转子和定子的表面锥度间存在微小差异,导致在流动方向上形成环状通道。饲给的物料在圆锥状研磨片表面间的液压作用下被研磨粉碎。摩擦力、加速力和高频压力波和气穴现象致使剪切力和横断力升高,得到产品的平均粒径一般约为 100nm。

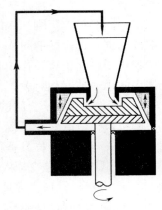

　　Fraunhofer ICT 研究了 RDX 在胶体磨中的粉碎。

图 2.9　胶体磨示意图

Probst&Glass 公司生产的 PUC0/100 型胶体磨的产能达 100kg·h^{-1}~2500kg·h^{-1},转子的直径为 100mm,转速为 3000r·min^{-1},窄缝尺寸可变化,其最小为 0.04mm[2.10]。

　　研究了 RDX 在 PUC0/100 型胶体磨中粉碎预处理,以便进入精细研磨(如球磨)。图 2.10 显示了投入的物料粉碎前后粒径分布,粉碎后的平均粒径为 177μm。

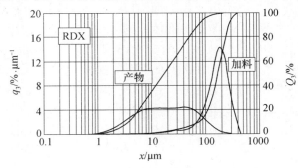

图 2.10　胶体研磨前后 RDX 的粒径分布

　　图 2.11 揭示了胶体研磨平均粒径与粉碎时间之间的函数关系。粉碎过程的前 10min 粉碎效率最好,最终粒子的平均粒径约为 20μm。如图 2.10 所示,最终产品的粒径分布较宽。图 2.12 列出了 RDX 粉碎前后的扫描电子显微镜(SEM)图。

　　Kleinschmidt[2.11]报导了 HMX 和 RDX 在胶体磨的粉碎情况,在报告中只叙述其使用了锯齿胶体磨,而无更多的有关机器参数的信息。RDX 和 HMX 的研磨

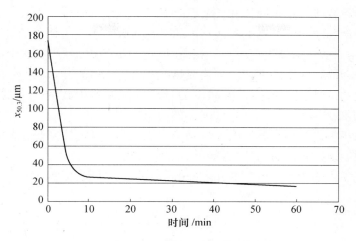

图 2.11 胶体研磨的粒径 - 时间函数

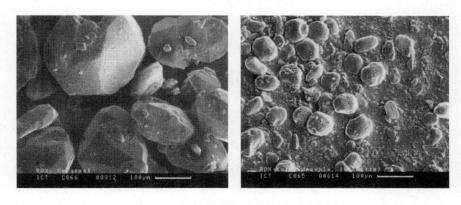

图 2.12 胶体研磨前后 RDX 的 SEM 图

分两个阶段,第一个阶段是物料从 $300\mu m$ 下降到 $100\mu m$,第二个阶段是从 $100\mu m$ 下降到 $30\mu m$。

2.2.4 超声波研磨

声学原理中,超声波被定义为超过可听见声音的频率,如音频超过 20kHz[2.12]。与可听见的音频相比,必须考虑超声波可能的危害,其能产生高达几千瓦的能量,因此可用于零部件的清洗、焊接和加工。

普通的磁致振动和压电转换可产生超声波,它们将电子振荡转换为同频率的机械振动,然后偶合到介质上。有几种不同途径可将超声波能量传输到流体上,例如,将导角浸入流体中传输能量,或者通过流体中的导管壁传递给流体,在后一种情况中(如超声波清洗浴),超声波能量传递到相对大的区域,这使能量变弱。

通过超声波能量粉碎固体和乳液是利用了气穴效应[2.13~2.16]，气穴效应是声波压力在所谓的超声波振荡的吸入相内的变化所致。由于流体内的真空形成了小空隙，压力相内的空隙爆裂形成吸入相，在爆裂的瞬间内，可产生非常高的速率并迅速消失。动能在很小的体积内转换成热能和势能(如压力)，这导致了流体受热，并以球面波的形式振动传播。振动波的量级是声波所引致的压力的数倍，可达10000bar，此外，局部热点可产生5000K的高温[2.17]。

在含水相中进行超声波研磨非常适合处理含能材料，特别是，含能材料在粉碎区不受限制地短暂停留，这对含能材料非常有利。

气穴现象可通过托马数(Thoma Number)进行如式(2.8)的表征[2.18]：

$$Th = \frac{p_i - p_V}{\dfrac{\rho}{2} \cdot u_i^2} \tag{2.8}$$

式中　　p_i——流体压力；

　　　　p_V——流体的蒸汽压；

　　　　ρ——流体密度；

　　　　u_i——流体流速。

产生气穴现象的必要条件是 $Th \leqslant 0$。

超声波处理的能量密度 E_m 可由式(2.9)确定：

$$E_m = \frac{E}{m_{Susp.}} = \frac{1}{2} \cdot \omega^2 \cdot \hat{\gamma}^2 \tag{2.9}$$

式中　　ω——超声波的角度频率；

　　　　$\hat{\gamma}$——超声波振幅[2.19]。

为进一步表征输入液相的超声波能量，超声波设备的单位有效出口面积的强度 I 定义见式(2.10)：

$$I = \frac{P}{A_{Son}} \tag{2.10}$$

式中　　P——输入的电功率；

　　　　A_{Son}——超声波声效口装置的有效出口面积。

图 2.13 给出了超声波粉碎的实验装置结构，它包括一个双壳导管、一个温度调节器以及一个超声波装置[2.10]。Fraunhofer ICT 利用图 2.13 所示的装备对 HMX、RDX、NTO、AN 和 HNS 的超声波粉碎进行了研究。

图 2.14 给出了以强度 28.2W·mm⁻²进行研磨后的结果，由图可知，除了硝酸铵和氯化钠外所有的

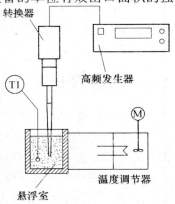

图 2.13　超声波粉碎装备示意图

材料具备相近的粉碎特性,这些材料在中等能量输入下,可被研磨成约 $60\mu m$ 的粒子。

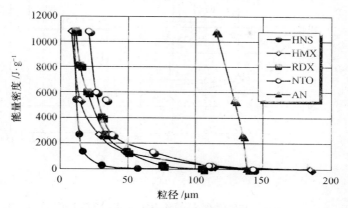

图 2.14　超声波粉碎所需能量

　　以 RDX 的研磨为例,基于式(2.11)将数据模拟成曲线,进而确定式(2.4)中的系数 κ 和 α,得到 $\kappa = 92896$ 和 $\alpha = -1.87$。图 2.15 给出了研磨 RDX 的拟合曲线所对应的能量需求($I = 28.2 \ W \cdot mm^{-2}$)。

$$\frac{\dfrac{E}{J}}{\dfrac{m_{Susp.}}{g}} = -\kappa \cdot \frac{1}{\alpha + 1} \cdot \left[\left(\frac{\chi}{\mu m} \right)^{\alpha + 1} - \left(\frac{\chi_0}{\mu m} \right)^{\alpha + 1} \right] \qquad (2.11)$$

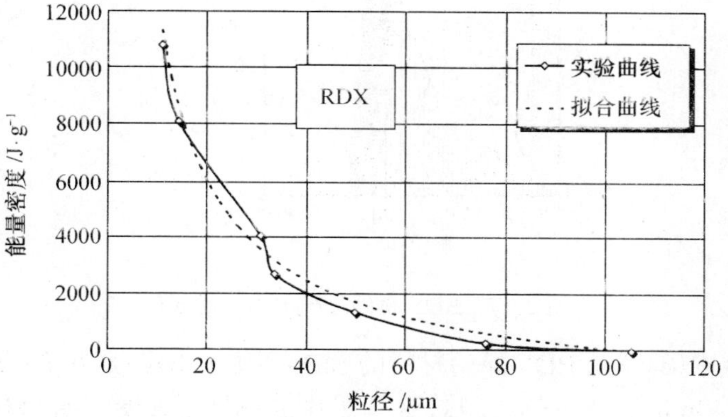

图 2.15　粉碎所需能量的计算值和实验值

　　将超声波强度从 $4.8 W \cdot mm^{-2}$ 增加为 $64.5 W \cdot mm^{-2}$ 时发现,所得产品的粒径与超声波强度为 $28.8 \ W \cdot mm^{-2}$ 时没有发生明显区别。图 2.16 表明了 RDX 在三种不同强度下水中粉碎的粒径和能量密度关系,作为超声波强度的函数,粒径和能量密度的结果没有观察到明显变化。

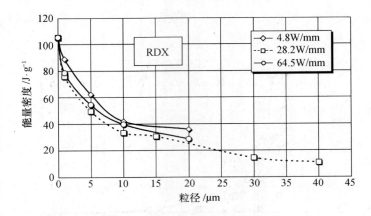

图 2.16　RDX 的粉碎

RDX 在 28.2 W·mm^{-2}的强度下粉碎 40min 后的粒径分布见图 2.17,随时间增加,粒径分布宽度明显增加,图 2.18 给出了这种分布的分布特征。

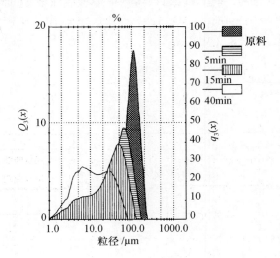

图 2.17　RDX 粉碎过程中的粒径分布

图 2.19 中(a)图是 RDX 原始材料的 SEM 照片,(b)图是在 28.2 W·mm^{-2}的强度下粉碎 40min 后的 SEM 照片,这些照片也明显地证明了研磨材料的宽粒径分布。

　　上述结果表明,粉碎产品的平均粒径依赖于超声波强度,后者则与声效口装置的有效出口面积有关。用目测的方法研究了超声波能量向液相的传播,不同强度的超声波引起液相不同的气穴行为,因此而产生不同的粉碎特性。图 2.20 和图 2.21 分别给出了在水和石蜡油中不同强度的超声波喷射的情形。

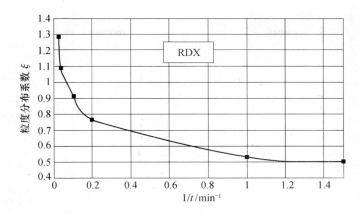

图 2.18　RDX 粉碎过程中粒径分布 ξ 的变化

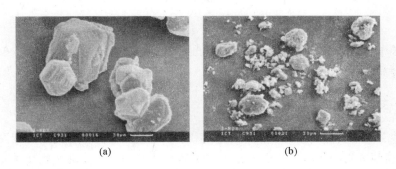

图 2.19　原料 RDX 的 SEM 照片及 RDX
在 28.2 W·mm^{-2} 强度下粉碎 40min 后的 SEM 照片

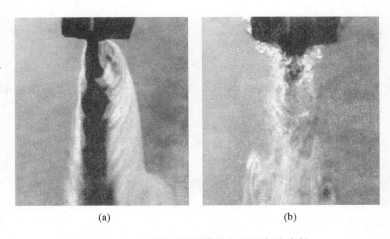

图 2.20　石蜡油中不同强度的超声波喷射
（a）超声波强度 $I = 1$W·mm^{-2}；（b）$I = 4.8$W·mm^{-2}。

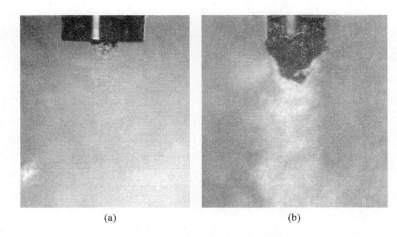

(a)　　　　　　　　　　　　　(b)

图 2.21　水中不同强度的超声波喷射

(a) 超声波强度 $I = 1\text{W}\cdot\text{mm}^{-2}$；(b) $I = 28.2\text{W}\cdot\text{mm}^{-2}$。

实验温度保持恒定，因此悬浮液的本体黏度也保持不变。虽然如此，但在液体内部形成热点引起局部黏度发生变化。

2.2.5　转子－定子分散系统

齿轮分散系统是一种高速转子－定子系统(见图 2.22)。同轴向的圆筒具有放射状齿，这些圆筒的几何形状依工业应用不同而不同。悬浮液进入到转子－定子系

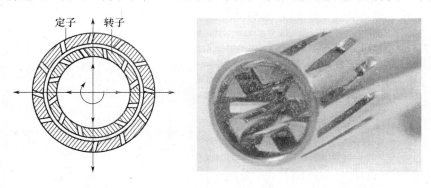

图 2.22　转子－定子分散系统

统并在分散区由放射方向排出。当饲给的悬浮液从转子的锯齿处排出时产生径向加速度，在转子和定子间的空隙处受到剪切，并进入定子的空隙，最终径向速度减为零。粉碎在齿轮分散系统的湍流剪切区域发生[2.20~2.22]。Wiedmann[2.20,2.21]的研究表明此种粉碎的机理并非气穴所致，而是归因于湍流剪切，当继续加工时，粉碎效率决

定于施加给系统的能量密度以及物料在粉碎区的停留时间。Pedrocchi 和 Wid-
mer[2.22]还揭示了该种粉碎特征与物料进入转子 − 定子之间空隙时的湍性流动过
程和转子 − 定子之间空隙的几何特性之间的关系。

　　根据所使用的设备尺寸,在转子的转速为 $1000r \cdot min^{-1} \sim 20000r \cdot min^{-1}$ 时可
获得高达 $50m \cdot s^{-1}$ 的线性转速。空隙宽度范围为 $0.1mm \sim 1.0mm$。很多制造商
提供的齿轮分散系统为多个转子 − 定子对定位于一个轴上,以此保证悬浮液经受
多步粉碎工艺。由于转子的旋转,流体加速了离心、齿轮分散系统可自投料。因
此,只有高黏度物料才需要由泵饲给原料。齿轮分散系统可用于间歇式工艺,也可
在连续式工艺中使用;但是,间歇式工艺常常用于转子 − 定子分散系统,该工艺的
示意图见图 2.23,悬浮液在双层容器中间,该容器的温度在加工过程中是可控的。

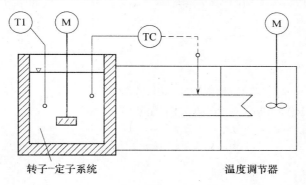

图 2.23 转子 − 定子分散工艺

　　齿轮分散系统也可用于结晶性含能材料的粉碎[2.10,2.23]。使用了两种不同的
规模,分别是作为预先研究的实验室规模(1L 每批次)和小规模试验(20L 每批
次)。图 2.24 和图 2.25 分别表征了在实验室规模下的 RDX 和 CL − 20 在粉碎时

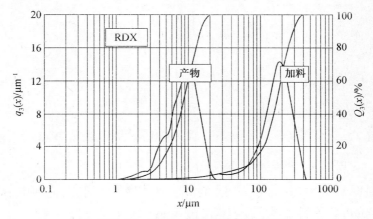

图 2.24 转子 − 定子系统粉碎 RDX

间及设备参数相同的情况下的粉碎情况,表2.5给出了对应的平均粒度和分布系数。结果表明,RDX的粒径分布比CL-20窄,但CL-20的平均粒度则比RDX要小。

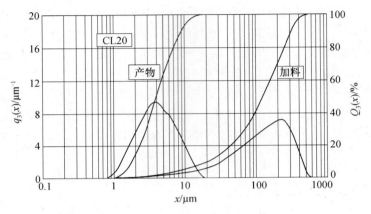

图 2.25　转子-定子系统粉碎 CL-20

图 2.26 是 RDX 和 CL-20 研磨前后的 SEM 相片。

图 2.26　转子-定子系统粉碎的 RDX 及 CL-20 的 SEM 图

Hommel[2.24]也对 RDX 和 HMX 的湿法研磨进行了研究,他利用平均粒径为 $100\mu m \sim 300\mu m$ 的原料制得了平均粒度为 $5\mu m \sim 10\mu m$ 的粒子。

2.2.6 搅拌球磨机

搅拌球磨机是一种最大的固体研磨设备,当大体积的固体颗粒自由碰撞研磨室内运动的搅拌球时,材料被粉碎。搅拌球磨机在湿法研磨时常常单独使用,如粒子的悬浮液在研磨室中的搅拌研磨过程。这种研磨机也用于油漆和涂料工业的胶体研磨,以及用于制药工业和其他化学工业。投入的物料粒度小于 $100\mu m$,最终产品的粒度小于 $5\mu m$。

研磨室常常由圆柱状容器组成,但是也有研磨室由两个旋转球体间空隙形成的特殊情况。搅拌介质通常为球形。当本体固体受到研磨球或研磨室壁的撞击,或者在研磨球之间受到撞击时,载荷传输给被粉碎材料。负载的类型包括撞击、压缩和剪切。使球运动的能量可通过以下方式输入,如扰动研磨室及扰动整个设备,也可扰动容器内的物料(或者在剪切球磨机的情况下,扰动转子–定子之间的空隙)。由于大多数的能量转化为热量,在加工过程中必须冷却研磨室。图 2.27 所示的是传统的搅拌球磨机(a)和剪切球磨机(b)。

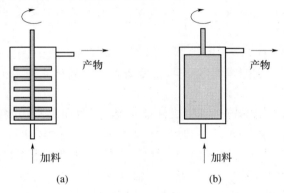

图 2.27 搅拌球磨机(a)与剪切球磨机(b)示意图

搅拌球可由不同材料制成,甚至可用与被研磨本体固体相同的材料制成;对相对软的本体固体而言,搅拌球可用玻璃类简单、经济的材料制成。然而对较硬的固体而言,必须用陶瓷之类的材料制成研磨球,从而可以避免磨耗。搅拌球的大小要与被研磨的材料匹配,精细产品需使用体积小的搅拌球,在这种研磨机中要获得最精细的粒子,常常可使用直径为 $1\mu m \sim 1mm$ 的搅拌球。搅拌球占据球磨机的研磨室 65%～90% 的空间,这些搅拌球被分离装置(如筛等)隔开。

搅拌器是多种多样的,这取决于生产商。搅拌器可以是平滑的、穿孔的、开槽的、凹槽的、齿状的或带棱的甚或带动叶片的。剪切球磨机的转子是一简单平滑的圆筒,搅拌器速度旋转速度高达 $4m \cdot s^{-1} \sim 20m \cdot s^{-1}$,离心加速度大于 $50g$。搅拌球在搅拌器附近被加速到接近搅拌器速度,当它们撞击到研磨室壁的时候就减速。

为了最大程度的研磨,应该使搅拌球在最大的面积范围内与尽可能多的研磨材料粒子发生碰撞。

搅拌球磨机和剪切球磨机所需要的能量可用牛顿数定量描述,如式(2.12)[2.25]:

$$Ne = \frac{P}{\rho_s \cdot n^3 \cdot d^5} \tag{2.12}$$

式中　P——所需能量;

　　　ρ_s——悬浮液密度;

　　　n——搅拌器转速;

　　　d——搅拌器的外径。

球磨机在高雷诺数和湍流情况下,牛顿数是常量,对粉碎装置而言,这一常数是有用的无量纲数;例如,实验室研磨机所需能量可用来计算实际生产机器所需要的能量。

其他重要的参数有研磨球的硬度及尺寸。产能不依赖于其他工艺参数,当搅拌球的流动压力阻止悬浮液排出,导致不希望发生的压缩,或者使搅拌球自身粉碎时,产能达到最大极限。

使用剪切球磨机时,由于搅拌球封闭于一非常窄的空隙中,因此需要小心操作。研磨球不能大于空隙宽度的 1/4,否则研磨球容易楔入空隙内,但是研磨球也不能太小,否则就会损失研磨效率。

剪切球磨机比传统的搅拌球磨机性能优越,因为加工所需要的能谱窄及研磨材料相对窄的停留时间分布。故利用剪切球磨机可以获得粒度分布非常窄的粉体产品。此外,研磨室体积与辐射面的比例较佳,因此非常适于不耐热物质的加工。

利用环形空隙研磨机对 RDX 进行了粉碎,如图 2.28 所示。使用的研磨球为氧化锆。粉碎与研磨时间之间的函数关系见图 2.29。投入的物料平均粒径为 $18\mu m$,粉碎效率最高的阶段是前 10min,最终产品的粒度为 $4\mu m$,其粒度分布比投入的物料还窄,见图 2.30。图 2.31 是 RDX 粉碎前后的 SEM 照片。

在最近的研究工作中,有人提出了含能材料二步粉碎法。将 RDX 在胶体磨内先预研磨,可获得平均粒径为 $170\mu m$、分布较宽的 RDX 粒子,该粒子适于在剪切球磨机内进一步研磨;第二步获得的 RDX 粒子粒径分布很窄,其平均粒径达亚微米级。

Kleinschmidt[2.11]以环形空隙研磨机对 HMX、RDX 和 AP 粉碎进行了研究。他使用的环形空隙

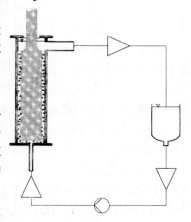

图 2.28　环形空隙研磨机

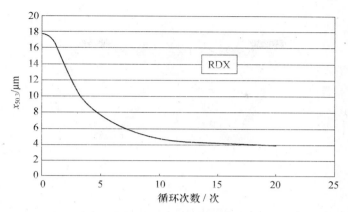

图 2.29　环形空隙研磨机粉碎的 RDX

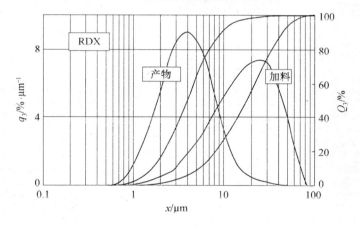

图 2.30　环形空隙研磨机粉碎的 RDX

图 2.31　环形空隙研磨机处理前后的 RDX SEM 照片

研磨机由圆锥形转子和定子组成,具有多种几何形状,该研磨机的示意图见图 2.32。Kleinschmidt 由此得到了平均粒径为 $1\mu m\sim20\mu m$ 的粒子。

要确定适于含能材料的单一最佳粉碎工艺是不可能的,根据某种特定材料选

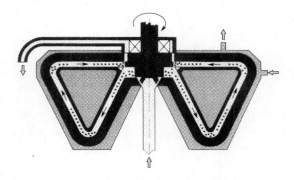

图 2.32   环形空隙研磨机

择最佳工艺取决于各种因素,其中最重要的是原料的基本性能及产品的期望性能。关于这一主题有一些出版物进行了专门叙述[2.26,2.27]。

2.3   参考文献

2.1 Prior MH (1990) Size reduction. In: Rhodes M (ed.), *Principles of Powder Technology*, Wiley, Chichester, pp. 227–297.

2.2 Rhodes M (1998) *Introduction to Particle Technology*, Wiley, Chichester.

2.3 Vauck W, Müller H (1994) *Grundoperationen chemischer Verfahrenstechnik*, Deutscher Verlag für Grundstoffindustrie, Leipzig.

2.4 Rumpf H (1965) Die Einzelkornzerkleinerung als Grundlage einer technischen Zerkleinerungswissenschaft, *Chem.-Ing.-Tech.* 37, 3.

2.5 Stairmand CJ (1975) The energy efficiency of milling processes. In: *4. Eur. Symp. Zerkleinern, Nürnberg*.

2.6 Stiess M (1994) *Mechanische Verfahrenstechnik 2*, Springer-Verlag, Berlin.

2.7 Zogg M (1993) *Einführung in die Mechanische Verfahrenstechnik*, Teubner, Stuttgart.

2.8 Eskin D, Kalman H (2002) Engineering model of friction of gas-solid flow in a jet mill nozzle, *Chem. Eng. Technol.* 25, 1.

2.9 Teipel U (1999) Production of particles of explosives, *propellants, explosives, Pyrotechnics* 24, 134–139.

2.10 Mikonsaari I, Teipel U (2001) Zerkleinerung Energetischer Materialien in

wäßrigen Lösungen. In: *Proc. 32nd Int. Annual Conference of ICT, Karlsruhe*.

2.11 Kleinschmidt E (1998) Mahlen von Explosivstoffen. In: *29th Int. Annual Conference of ICT, Karlsruhe*.

2.12 Bergmann L (1956) *Der Ultraschall und seine Anwendung in Wissenschaft und Technik*, Hirzel Verlag, Stuttgart.

2.13 Baram AA (1965) Mechanism of emulsification in an acoustic field, *Sov. Phys. Acoust.* 10, 343–346.

2.14 Neduzhii SA (1962) Investigation of emulsification brought by sonic and ultrasonic oscillations, *Sov. Phys. Acoust.* 7, 221–235.

2.15 Lauterborn W, Ohl C-D (1997) Cavitation bubble dynamics, *Ultrason. Sonochem.* 4, 65–75.

2.16 Mason TJ (1992) Industrial sonochemistry: potential and practicality, *Ultrasonics* 30, 192–196.

2.17 Briggs H-B, Johnson JB, Mason WP (1947) Properties of liquids at high sound pressure, *J. Acoust. Soc. Am.* 19, 664–677.

2.18 Spurk J (1992) *Dimensionsanalyse in der Strömungslehre*, Springer-Verlag, Berlin.

2.19 Suslik KS (1986) Ultrasound in synthesis. In: Scheffold R (ed.), *Modern Synthetic Methods*, Vol. 4, Springer-Verlag, Berlin, pp. 1–60.

2.20 Wiedmann WM (1975) Wirkungsweise von Rotor-Stator-Dispergiermaschienen, PhD Thesis, University of Stuttgart.

2.21 Wiedmann WM, Blenke H (1976) Dispergieren im gradienten Impulsverfahren, *CAV Chemie-Anlagen+Verfahren*, **4**, 82–90.

2.22 Pedrocchi L, Widmer F (1989) Emulsionsherstellung im turbulenten Scherfeld, *Chem.-Ing.-Tech.* **61**, 82–83.

2.23 Gerber P, Zilly B, Teipel U (1998) Feinzerkleinerung von Explosivstoffen. In: *Proc. 29th Int. Annual Conference of ICT, Karlsruhe.*

2.24 Hommel H (1981) Probleme der Feinstkornherstellung von Explosivstoffen. In: *Proc. Int. Annual Conference of ICT, Karlsruhe.*

2.25 *Skript, Zerkleinern und Dispergieren mit Rührwerkskugelmühlen, Forschung und Anwendung* (1999) TU Braunschweig.

2.26 Imholte R (2000) Eight time- and money-saving steps to choosing a size reduction machine, *Powder Bulk Eng.* **3**, 11.

2.27 Miranda S, Yaeger S (1998) Homing in on the best size reduction method, *Chem. Eng.* 11.

第 3 章 结 晶

A.v.d.Heijden, J.ter Horst, J.Kendrick, K.-J.
Kim, H.Kröber, F. Simon, U. Teipel

欧育湘 译、校

3.1 结晶基本原理

3.1.1 热力学和动力学

结晶是一种或几种物质从液态或气态转变为结晶态的过程。结晶是以一种精巧的方法来改善物质的物理性能和形态。同时,结晶是一种从溶液、熔融态或气相中浓缩和制备纯物质的方法。最常用的结晶工艺是从溶液中结晶,但也有从熔融态或气相中结晶的。根据溶液的过饱和度,从溶液中结晶可分为:冷却结晶,蒸发结晶,真空冷却结晶,沉淀结晶及反应结晶。沉淀是一种特殊的结晶,在此结晶过程中,由于溶液的过饱和度很高,有大量晶核生成,所以结晶过程进行很快。一般而言,这种高过饱和度只有沉淀结晶和反应结晶时才能产生,所以在文献中,沉淀结晶常常是上述两类结晶的同义词。

为了控制结晶过程,需要对溶液(溶质及溶剂)有全面的了解,特别是必需研究溶解度曲线。图 3.1 所示的是几种物质的溶解度与温度的关系曲线。根据溶解度曲线的类型,可决定采用适宜的结晶工艺。如果一物质的溶解度与温度的关系不大,即溶解度曲线几乎是水平线,则不可能采用冷却结晶工艺。氯化钠水溶液即是这种类型,所以氯化钠只能采用蒸发结晶,而不能采用冷却结晶。

结晶包括晶核的形成和生长。晶核形成和结晶生长的动力学过程都需要溶液过饱和。这些过程的推动力是由于溶质在溶液中的化学位和溶质处于固态时的化学位不同所提供的。溶质 i 在溶剂中的化学位

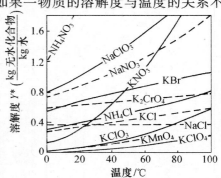

图 3.1 几种物质的溶解度曲线[3.1]

见式(3.1)：

$$u_{i,Sol} = u_{0,i} + RT\ln a_i \tag{3.1}$$

平衡时，溶质在溶液中的化学位，见式(3.2)：

$$u_{i,Sol} = u_{0,i} + RT\ln a_i^* = u_{i,s} \tag{3.2}$$

结晶推动力见式(3.3)：

$$\Delta u_i = u_{i,Sol} - u_{i,s} = RT\ln\frac{a_i}{a_i^*} = RT\ln S = RT\ln\frac{c_i}{c_i^*} = RT\ln\left(\frac{c_i - c_i^*}{c_i^*} + 1\right)$$
$$\tag{3.3}$$

式中　α_i——组分 i 的活度；

　　　S——过饱和度；

　　　c_i——组分 i 的浓度。

一个过程和系统总是力图通过生成晶核和晶核成长以达到热力学平衡。如果一种溶液中既不含固态的外部杂质，又不含溶质结晶，则只有通过均相成核才能生成晶核。如果溶液中含有外部粒子(如未溶解的杂质)，则成核可以加速，而此过程则称为非均相成核。在无溶质本身结晶存在下的均相成核及非均相成核，两者通称为初级成核。当溶液有一定的过饱和度，所谓亚稳态过饱和度，则可发生初级成核。但在工业结晶中，即使溶液的过饱和度很低，但溶液中存在溶质本身的结晶时(例如，往溶液中加入晶种或微细碎片)，也能发生成核，这叫次级成核。图 3.2 所示是几种成核过程的亚稳态过饱和度与溶解度的关系。

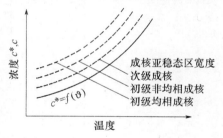

图 3.2　几种成核过程的亚稳态过饱和度与浓度的关系

过饱和溶液中结晶的生长是一个很复杂的过程，至今人们尚未完全了解。其原因是，过饱和溶液是由多种物系单元组成的，具有一定的结构，但是对溶液中各种物种的结构，人们仍知之不多。根据 Berthoud[3.2] 和 Valeton[3.3] 模型，结晶表面生长时，过饱和流体中的物系单元首先通过扩散和对流转移(第一步)，然后整合为结晶结构(第二步)，而推动力则是溶液的过饱和度。这种结晶的整合优先发生于结晶表面的扭接处，因为这些地方与结晶表面孤立的阶台处相比，由于能在生长单元与结晶表面间形成较多的黏合，因而结晶生长时一般释出的能量最大。

晶核整合过程包括生长单元表面扩散至晶体表面扭接处。根据结晶系统、流动状态(如搅拌速度、搅拌器几何形状)及溶液过饱和度，第一步(扩散和对流)和第二步(整合为结晶结构)能决定整个结晶过程或这两步能控制晶体生长速度(见图

3.3)。这两步一般能用下述动力学描述,见式(3.4)~式(3.6)。

$$r_D = k_D \cdot (c_\infty - c_i) = \frac{D}{\delta} \cdot (c_\infty - c_i) \tag{3.4}$$

和

$$r_t = k_t \cdot (c_i - c^*)^n \tag{3.5}$$

当 $n = 1$ 时,总动力学方程式可写成下式:

$$r_{tot} = k_{tot} \cdot (c_\infty - c^*) = \left(\frac{1}{k_D} + \frac{1}{k_t}\right)^{-1} \cdot (c_\infty - c) \tag{3.6}$$

式中　　D——扩散系数;

　　　　δ——扩散层厚度;

　　　　c_∞——溶液浓度;

　　　　c_i——结晶－溶液界面浓度;

　　　　c^*——平衡浓度(见图3.3)。

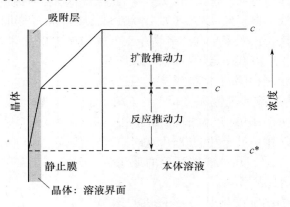

图3.3　从溶液中结晶时的浓度推动力

　　当溶液过饱和浓度较低时,系统接近热力学平衡,以致结晶表面很平滑和均一。此时,结晶表面的位错较少,结晶整合步受阻,结晶生长受结晶整合步限制。当溶液过饱和程度较高时,结晶表面粗糙,且位错较多,结晶发生在结晶单元有利于整合的结晶表面处,结晶生长受传递(扩散和对流)过程受限制。

　　上述的两步模型是实际结晶过程(包括结晶生长)的高度简化。Elwell 和 Scheel 将结晶生长过程分为 9 步[3.4]。

　　近年发展了几个结晶生长模型,它们系基于结晶表面成核,随后单层扩散的理论。单层生长又可再分为两种机理,二维生长机理和螺旋式生长机理。二维生长机理系以下述事实表征的,二维的晶核岛在结晶表面侧面展开,且在新的二维晶核岛新一层的顶部生成前,即将结晶表面完全覆盖。更直观而实际的理解是,晶核岛是同时形成的,新形成晶核岛顶部也是如此。这类模型被称为"生长 + 展开"(B + S)模型或"多晶核生长模型"。按照这类模型,晶体生长从表面生成晶核开始,这可以发生在边缘、角落和晶体面上。当晶核通过晶体面铺开时,在单层晶核上还能形成更多的表面晶核。由(B + S)模型可导出下述的晶体面增长速度与溶液过饱和浓度的关系,见式(3.7):

$$v = A_1 \cdot \sigma^{5/6} \cdot \exp\left(\frac{A_2}{\sigma}\right) \tag{3.7}$$

式中 A_1 和 A_2 ——与系统有关的常数;

$$\sigma = \frac{c - c^*}{c^*}$$

上述类型的晶体层增长只有当溶液过饱和度相对较高时才能发生,因而形成二维晶核岛的成晶壁垒较低。二维晶核的形成与三维晶核的形成是类似的。因此,对二维晶核的形成,在晶核能增加前,也必须形成一临界晶核,而此临界晶核的半径则取决于溶液的过饱和度。

当结晶表面具有螺形位错时,结晶表面可按螺旋生长机理,一层一层生长。螺形错位可再出现该错位的晶核表面,提供永久性的成长阶梯,因为阶梯是生长单元整合至晶体结构上优先的地点,这种阶梯可在结晶表面的顶部螺旋式地发展。上述螺旋式晶体生长机理的基本概念是由 Burton 等建立的,所以也称为 BCF 模型[3.5]。

成核速率与生长速率的比率决定结晶过程最后的结晶产物的粒度分布。过饱和程度高时,成核速度高。因此,几乎在所有的情况下,形成大量的晶核和只有较低的晶体生长速率,使过饱和度降低。小晶粒的生成和极细晶粒三维团聚,对产品质量具有决定性的影响。如果成核速度低,且生成大结晶,则晶体的磨损和二级成核会对产品的质量产生重要的作用。控制冷却和蒸发速度可以调节结晶系统的过饱和度。

为了保证工业生产中结晶产品质量的再现性,常保持结晶系统的过饱和度较低,且大多在溶液中加入晶种以引发晶核的生成。

3.1.2 结晶设备和结晶工艺

上节已说明了晶核生成和晶体生长的一些基本原理,本节将论述几种结晶技术和结晶设备,但重点是常用于含能材料结晶的。

只要生产的材料具有相当的市场需要,通常是采用连续结晶工艺。但为了满足客户对产品粒径及粒度分布的要求,间断结晶更具弹性。因为间断工艺与连续工艺相比,前者较易于改变工艺条件,从而易于改变产品特征。间断法的一个缺点是,即使严格而仔细地控制工艺过程,也难于保证各批的结晶条件完全一样,因而难于使各批产品质量完全相同。

大多数用于含能材料的结晶工艺是从溶液中结晶而不是熔体结晶。当然,也有例外的情况,像 TNT、AN 及 ADN 的结晶过程就采用了熔体结晶。对于一个特定的产品,选择一个最适宜用于生产的结晶过程,除了其他因素外,最重要的考虑因素是该产品在溶液中的溶解度和对最终产品的质量要求。还有一个重要的问题是,一般含能材料的热稳定性较低,因而应避免在结晶过程中采用高温。含能材料最常用的结晶技术将在下文描述。表 3.1 汇集了一般应用的结晶工艺。

表 3.1 常用结晶工艺特点

结晶工艺	特 点
冷却结晶	被结晶物质具有高的溶解度,溶解度随温度而有较大改变,低的过饱和度,晶体生长控制晶核生成,结晶产品的平均粒径较大,得率中等,可间断或连续操作
蒸发结晶	被结晶物质的溶解度高到中等,溶解度与温度关系不大,低过饱和度(沸腾区除外),晶体生长控制晶核生长,结晶产品平均粒径较大,中等得率,可间断或连续操作
沉淀结晶	低溶解度,高过饱和度,晶核生成控制晶体生长,高得率,一般溶剂用量大,通常采用间断操作,可发生晶粒聚集、混合

3.1.2.1 熔融结晶

从熔体中结晶可采用悬浮晶体生长技术或层晶体生长技术。对悬浮晶体生长技术,熔体系过冷,然后生成晶核。对层结晶生长技术,熔体系于壁上固化,然后将晶体从壁上刮下,或将晶体重新熔化以从壁上流下。熔融结晶技术多用于纯化物质而或对结晶无特殊要求的场合。图 3.4 所示为一种工业上采用的层熔结晶设备。

一种专门的熔融结晶技术可简述如下:熔滴喷雾于一塔中,随后熔滴开始下落,在下落过程中冷却和固化,这样可形成多少有些球状的晶粒。此方法将在 ADN 结晶及硝铵的相稳定处理时(PSAN)详细论述。

3.1.2.2 冷却结晶

如果一种物质在某些溶剂中的溶解度很大,且溶解度随温度而明显变化,则最适用的结晶方法就是冷却结晶。因为冷却结晶时,溶液中含有大量的晶体成长单位,所以能形成足够的结晶,晶粒的平均直径可达到毫米级。因为冷却结晶时过饱和度相当低,所以它为次级成核而不是一级成核所控制。

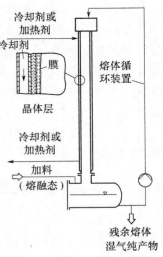

冷却剂或加热剂
冷却剂
膜
熔体循环装置
晶体层
冷却剂或加热剂
加料
(熔融态)
残余熔体
湿气纯产物

图 3.4 湿壁结晶器
(Sulzer – MWB)[3.1]

冷却结晶可变的工艺条件有冷却速度或冷却速度分布、搅拌速度、搅拌器形式、起始温度和最后温度、是否采用晶种以引发成核等。对间断冷却结晶,简单的操作是以恒定的冷却速度使溶液冷却。但这种操作不是最佳的,因为在起始冷却溶液时,溶液中没有晶种表面,即使加入晶种后,可用的晶种表面也很小,因而使溶液过饱和度很高,引起随后的大量成核。而在冷却末期,晶体表面可有大的表面,但由于此时溶液的过饱和度较低,故晶体生长速度很慢。因此,应当调节冷却溶液的速度,以使冷却过程中,溶液的过饱和度保持几乎恒定。

当固体物质由结晶器中从溶液中重结晶时,形成的悬浮液必须充分混合,以防止沉淀积聚。在工业生产中,通常采用三种结晶器,三者所用的循环装置不同,而循环装置是为了防止结晶沉淀的。这三种结晶器是(见图 3.5):

- 流化床(FB)结晶器;
- 强制循环(FC)结晶器;
- 槽式搅拌(STR)结晶器。

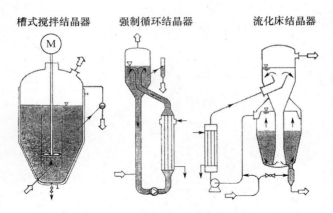

图 3.5　典型的工业结晶器[3.1]

非常重要的一点是,必须了解冷却结晶过程中需要循环的悬浮液是含有粗粒结晶,还是只含有粒径小于某一特定值(如 $100\mu m$)的结晶。如果溶液含有粗粒结晶,则会产生比较强的晶粒磨损,特别是对大颗粒。晶粒磨损形成的碎片可作为有效的二次晶核,所以这种磨损过程对结晶产品的粒度分布及晶体质量具有很重要的作用。流化床结晶器与其他两种结晶器的不同之处在于,前者的循环泵运输的悬浮液只含有小晶粒,所以流化床结晶器与强制循环结晶器及槽式搅拌结晶器比较,前者适用于生产粒径较大的产品。流化床结晶器及强制循环结晶器优于槽式搅拌器之处在于,对前两者,它们的热交换面积与结晶器容积之比能够保持较恒定,因为当这两种结晶器的生产规模加大时,它们可改变(采用)外部热交换器。

3.1.2.3 蒸发结晶

当一种物质在一些溶剂中的溶解度仅与温度有不大的关系时,例如氯化钠在水中溶解时,则不能采用冷却结晶以有效地实现结晶操作,这时蒸发结晶则有效得多。对热稳定性不高的物质,则可采用减压蒸发溶剂。工业上蒸发结晶用的设备,在原则上与冷却结晶用的设备相似。

3.1.2.4 沉淀和反应结晶

沉淀结晶也称为沉淀结晶或盐析结晶,沉淀结晶系基于物质在某些溶剂中的溶解度可由于往溶液中加入非溶剂或反溶剂而下降。当物质的溶解度降低时,溶液过饱和,于是得以形成晶核。结晶时所选用的非溶剂或反溶剂,必须与原来的溶剂良好互溶。沉淀结晶常用于那些溶解度较高或中等的物质的结晶。由于这种结晶工艺能在室温下进行,所以特别适用于对热敏感的物质,且结晶得率很高(>90%)。此法的缺点是必须采用大量的溶剂,如果不循环利用,则溶剂的耗用很大。

为了设计沉淀结晶过程,必须了解三元系统的相行为,这种相行为比图 3.1 所示的二元系统的溶解度曲线更复杂。图 3.6 所示是硫酸钠、水和甲醇三元系统的三角图。此图中还包括了该系统 40℃时的溶解度曲线。

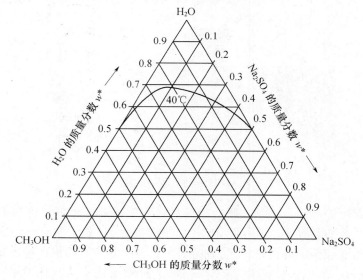

图 3.6 NaSO$_4$—H$_2$O—CH$_3$OH 三元系统溶解度[3.1]

因为在沉淀结晶过程中,两种加料被混合,局部的过饱和度可能很高,这会导致一级成核。为了控制这种成核,强烈混合溶液是必须的。同样,仔细选择加料地点(例如相对于搅拌器的位置)和采用多点加料,也有助于很好地改善和控制结晶过程。

对均相反应结晶,系一种或多种反应物在液相中与另一种或多种组分反应,当溶液中两种反应物不能完全溶解而过量时,结晶会立即发生。反应结晶常用于难溶物质的结晶,为达到足够高的结晶得率,高过饱和度是必须的。因此,一级成核是主要的成核机理。由于反应过饱和度高,因而与蒸发结晶或冷却结晶相比,生成的晶核量多,故能成长为足够细的结晶。反应结晶过程中,反应物首先必须宏观混合,然后进行分子分散级的微观混合,但微观混合时间通常比宏观混合时间要短。对很快速的反应,反应速度快,因而产物生成速度取决于混合时间,而对很慢的反应,则反应产物的生成速度取决于反应时间。

用于沉淀结晶及反应结晶的结晶器,至少必须加入一种反应物或一种沉淀试剂。原则上,这种结晶器可间断操作,也可连续操作。对间断结晶器,一种反应物不时加入反应器,而反应器已事先加有另一种反应物或溶液,也可以同时往反应器中加入两种反应物,对连续操作的结晶器,通常采用这种加料方式,而将混合产物或分类产物移出。图 3.7 所示是用于工业沉淀反应器的两种不同混合装置。首先,反应物必须宏观混合和微观混合。在槽式反应器中,宏观混合时间主要取决于搅拌器速度,而微观混合过程则与局部输入比能量十分有关。在分子级混合后,化学反应即进行。

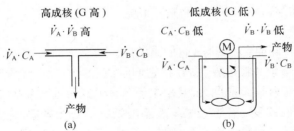

图 3.7 不同的混合装置

(a) T 形混合器;(b) 槽式搅拌结晶器[3.1]。

T 形混合器能产生高的过饱和度,此时化学反应已经完毕,但成核尚未发生。在槽式搅拌反应器中,由于对微观和宏观混合过程不敏感,故过饱和度低。关于对沉淀结晶的宏观混合和微观混合过程的研究结果,可见参考文献[3.6]。

3.1.3 结晶缺陷

一个真实的结晶,其晶核中总存在一些缺陷。这类缺陷可分下述三种:

- 化学杂质;
- 结晶缺陷;
- 电子缺陷。

结晶中存在边晶位错的缺陷是不可避免的,因为这样可形成一些由结晶构建组分形成的扭结,而这从能量上说有利于结晶成长。但必须看到,晶格中的缺陷会增高晶格的能态。因此,对结晶炸药组分,晶格中缺陷与未受损的结晶区域相比,其所需能量(由外部引发爆轰所需提供的能量)会降低。根据缺陷的类型,产生晶格缺陷的原因是不同的。

电子缺陷由于丢失或过剩电子所引起。如在结晶上具有的自由电子多于或少于正常原子的外来原子,则晶格可形成这种电子缺陷。生产半导体时,通过直接加入外来原子,即可产生这种效应。化学杂质对结晶结构有不同的影响。那些具有与正常结晶构建成分类似化学结构的外来原子,仅会引起很小的影响。否则,会导致形成混晶或结晶簇(产生空隙),从而引起晶格结构的变形和应力。

结晶缺陷系在结晶成长时直接形成。按结晶缺陷的大小,可分成四类。

• 点缺陷,也称零尺寸误差,它们是晶格位错。它们系由空隙或外来原子或分子(填充晶格位置或间隙)引起。

• 线位错。又有螺旋位错及边缘位错,两者是有区别的。前者是由后者在90°方向组叠而成的,而后者则系由于结晶的强剪切应力产生的。如上文所述,结晶成长可在这些位错上进行,因为能够插入晶格的结晶构建单元系由已处于"扭结"位置的多至三个等同的邻居所环绕的。而要整集于一个平的结晶表面上,只有其中的一个邻居可以利用,因为相对于"扭结"位置而言,这是一个能量上有利的状态。

• 二维位错,即面结晶缺陷,它们是某些位错叠加而成的。除了相界表面外,二维位错还包括小角晶粒边界(晶界),它们是由边缘位错有规则排列形成的。边界表面不仅存在于不同结晶间,而且存在于气体间或液态夹杂物之间。

• 三维(立体)缺陷,诸如气体或液态夹杂物即三维缺陷,它们是由结晶无规成长形成的。如果表面积延缓或终止结晶成长,而它们的相邻区域则进一步生长,则导致形成夹杂物,这类夹杂物在位错线上得以强化。

为了检测上述各类晶体缺陷,已有多种方法。现代的一些分析装置不仅可检测所有各类晶体缺陷的存在,而且可对它们量化。例如,高分辨率的电子显微镜甚至可以检测点缺陷。但是,这类高灵敏度的方法是相当复杂和昂贵的,且很少适用于连续研究。同时,这类方法大多数是用于单晶研究的,很难甚至不可能用于研究大宗晶体,这时晶体缺陷的分析大多只是定性的。至于检测晶体中的化学杂质,问题相对少一些,因为可采用化学分析方法。此外,气相色谱、液相色谱和光谱也能用于检测晶体的纯度。这些方法各具物质特征,且可相对于一定标准而定量表征。

对检测晶体中的气体及液态夹杂物,有两种方法可供采用。在透明晶体中,其中的夹杂物可用光学显微镜观察,但这种方法只能用于少数晶体。为了定量测定晶体中的夹杂物,可进行密度测定。如果被测晶体的密度与纯结晶有差别,则对很多晶体而言,可认为其中含有夹杂物。

晶界,即面缺陷,可用显微镜法证明,但制备试样很复杂。X射线反射或衍射法提供晶格结构方面的信息,从中能得出关于结晶改性,也可能得出关于晶格变形的结论。

为了在含能材料中形成"热点",晶体中必须存在最小尺寸为 $5\mu m$ 的缺陷。因此,这时缺陷表征可限于体积缺陷,如夹杂物和晶簇。上述的其他晶体缺陷的体积通常要小得多,故这时可以忽略。

在工业结晶中,夹杂物是经常引起多种问题的原因之一。如晶体破裂时其中的液体渗出,可导致晶体在贮存时结块。含能材料的晶体夹杂物可增高材料的冲击波感度和快速加热的热感度,因此,尽量减少含能材料结晶中的夹杂物是具有很大意义的。

晶体夹杂物可分为一级夹杂物(晶体生长时形成的)和次级夹杂物(后来形成的)两种。一级流体夹杂物组成晶体在其中成长的流体试样,次级夹杂物通常是由于晶体生长时形成的内部应力使晶体破裂而形成的,晶体破裂时原来由于毛细管作用被晶体吸附的母液得以释出。所以次级夹杂物的形成包含有后来环境因素的影响。在一个遭受溶剂侵蚀的结晶中,很容易形成夹杂物。由于在部分圆形的表面上结晶快速生长,因而截流母液。遭受侵蚀晶体的快速愈合也会引起上述同样的情况,即在晶体中截流母液而形成夹杂物。这些次级夹杂物通常位于前一晶体的边缘,是由晶种长成的晶体特征。

一般说来,溶剂常结合入结晶结构内作为夹杂物或"口袋"。由于结晶碰撞而引起的晶体磨损和聚集,也能促进夹杂物的形成。结晶聚集体中各结晶之间的空隙可截流溶剂。由于与其他晶体的碰撞或结晶器中硬件的运动,可使晶体部分磨损,这会导致晶体破坏,而在随后的晶体生长中,晶体破坏部分又可愈合。在此愈合过程中,通常在晶体中形成夹杂物[3.7]。因此,为了得到纯度足够的结晶产品,有时必须将粗结晶进一步纯化。

当结晶生长遭受干扰时,一般会形成夹杂物。Brooks 等人认为,ADN 和 Na-ClO$_4$ 结晶中夹杂物的形成,溶液过饱和度突然改变可能是原因之一[3.8]。他们得出结论,结晶中任何地点夹杂物的形成和发展,是由该地点的局部条件所控制的。曾有人提出过一个临界阶梯高度的概念,并认为超过这一高度时,结晶就可能截流溶液层。

大的结晶和结晶生成过速,都会增加形成夹杂物的可能性。Denbigh 和 White 发现,对乌洛托品,当形成的结晶较小时,它们能有规则地成长,但当结晶大于 $70\mu m$ 后,就开始在片中心形成孔隙,且这些孔隙随后会封闭,在结晶中形成夹杂物[3.9]。但只有当结晶达到某一临界尺寸,且结晶速度超过一定值时,孔隙似乎才会形成。对于高氯酸铵[3.10]和对苯二甲酸[3.11],也发现过存在上述临界尺寸和临界生长速度的情况。

3.2 含能材料结晶

3.2.1 导言

所有物质(包括含能材料)的结晶,都对其结晶产品提出了日益严格的要求,如粒度分布、晶形、纯度、可过滤性、流散性和长贮性及与其他化学物质的相容性等。这些性能中的大多数,都受所采用的结晶工艺的影响。同时,结晶所用的溶剂也会影响上述性能。因此,正确设计和改善结晶工艺及设备,以使结晶产品满足应用要求,乃是十分重要的。

关于含能材料另一个重要的问题是,决定一个新合成的含能材料是否有进一步研发的必要,要根据它的热稳定性和热感度。但评估含能材料的这些性能时,所用的试样通常不是在晶形、平均粒径及纯度等方面已经优化了的,而这就会影响被评价含能材料的热安全性及热感度的测试结果,进而会影响所做出的该含能材料是否宜于进一步研发的决定[3.12,3.13]。因此,确定一个结晶工艺是否正确(结晶通常是制造含能材料的最后一个工序),不仅对进一步改进现有的含能材料产品,而且对所研发的含能材料,都具有重要意义。

与材料的粉碎相比(粉碎时材料结晶承受很高的机械应力),采用结晶过程制备具有适当尺寸的炸药晶粒具有很大的优越性。结晶时,晶体系慢慢地生长,不受外界应力,且产品具有肯定的晶形和晶态。

3.2.2 结晶和产品质量

本节讨论结晶工艺对所得产品质量的影响,具体内容是:首先,阐明了"产品质量"所包含的产品特性,以及这些特性怎样受与生产有关的工艺影响、干扰甚至抵触;其次,讨论含能材料的不同产品质量方面,以及结晶条件和结晶技术对产品质量的影响;最后,为了说明上述诸问题而给出了实例和参考文献。

3.2.2.1 产品质量的含义

"产品质量"可定义为表征一个产品的物理－化学方面的性能,同时也考虑了产品的应用。产品应用显然是应包括的,因为产品质量通常决定产品的应用范围。对于一种含能材料,"产品质量"这一名称所包含的特征产品性能列于表 3.2。表中所列的大部分性能受生产工艺条件影响和控制。例如,产品的晶形受结晶所用溶剂和/或结晶生长动力学所影响[3.14]。有一些含能材料的性能,像机械感度、热稳定性和相容性,可以认为或多或少是含能材料本身的本征特性,但有时候,像晶体的平均粒径和晶形,也会影响含能材料的撞击感度和摩擦感度[3.13,3.15~3.17]。

表 3.2　决定含能材料总"产品质量"的特性

性能	加 工 性	最 后 应 用	备　注
结晶粒度分布	流变性,安全性,加工技术	固含量,冲击波感度,弹道性能,力学性能	平均粒径,粒径分布宽度,单峰/多峰分布
晶形	粒子破损,流变性,安全性	固含量,冲击波感度,弹道性能,力学性能	针状,杆状,球状,片状,聚集
化学纯度	安全性,反应性	热稳定性,相容性,安全性,长贮性(适用性)	残留溶剂,合成副产物
晶体缺陷	粒子破损,安全性	冲击波感度	结构缺陷,如夹杂物,位错,晶界
过滤性	生产后的固-液分离,结晶沾附的溶剂量最小		
流散性	粉尘,结块,静电积累,安全性		
长贮性	适用期,结块,吸湿	适用期,吸湿性	结块,吸湿
安全性	生产过程的安全性	感度	撞击/摩擦感度
热稳定性	生产过程条件(如加工和固化温度)	长贮性,老化	T_m, T_{Dec}, AIT
相容性	加工时的化学反应性	热稳定性,长贮性(适用期),安全性	与其他物质的化学反应性

注:对每一种特性,都举出了几个例子,同时认为,含能材料系已加工成配方产品,如 PBX 或推进剂。通常,这些配方产品固含量高,含有预聚物,所以还要加入某些化学品以使预聚物固化

相应于这些产品性能的技术标准是由对产品的要求决定的,即在很大程度上是由产品的应用所决定的,不仅对像加工性这样的产品特性是这样的,而且对最终产品的一些特征(如弹道性能、力学性能、冲击引爆感度)也是这样。对于一些特殊的含能材料,它们常用于制备塑料粘结炸药(PBX)、爆发器炸药、推进剂、发射药、气体发生器等,这时,在含能材料中要加入高聚物粘结剂以得到高黏度的固-液混合物,或加入蜡造粒以得到粒状材料。根据所得混合物的性能,可采用铸装、压装或挤出装药,以得到最后形状的产品。

一般而言,任何一种材料的加工制造,都会增加产品的价值,因为通过加工要满足该产品应用所必需的一定要求。含能材料的大部分质量要求已汇集于表 3.2 中,这些质量要求可首先通过生产具有合适性能的含能材料原料(一般为结晶)来满足或予以控制。因此,对生产结晶含能材料,十分重视选择最适当的生产工艺、设备和所用溶剂,同时优化工艺条件,乃是极端重要的。如果结晶过程不能满足要

求,则结晶后的产品还必须后处理,以达到所需技术标准。除了上述诸点外,还有一个经济性问题,即所采用的生产工艺必须在成本/效果比上是较低的,这样才能对其他工艺(如果有的话)具有竞争力。

3.2.2.2　工艺问题和产品质量

如上节已指出的,对产品的要求一般是由产品最后应用所必须符合的技术标准所决定的,有了合格的原材料(产品)还应配以适当的加工工艺(铸装、压装、挤出),才能制备出在配方或组成及性能上均符合所需的含能材料制品。某一特定含能材料的生产过程通常是受到各种因素的限制的,例如,产品的粒径范围和最后产品的纯度只有采用特定的生产工艺才能实现。

本节所叙的实例将说明,只有选择正确的结晶工艺和/或优化结晶过程的工艺条件,部分所需产品特性才能实现。但有时候,产品最后应用的要求会干扰有利于结晶过程的条件,甚至彼此矛盾,而为了满足最后产品的质量要求,必须采用其他的结晶用溶剂。例如,对于结晶过程中的过滤操作,晶体的平均粒径和晶形很有影响,而具有良好过滤性的晶粒性能则又可能与特定产品的所需其他性能相矛盾。因而,对晶粒的某些性能要求可能导致较差的过滤性和较长的过滤时间,造成产品纯度降低。

通过采用适当的结晶技术和正确的结晶条件,一般能控制诸如结晶粒度分布和晶形这类参数。正确结晶技术(如冷却结晶、蒸发结晶或沉淀/反应结晶)的选择取决于被结晶材料在所用溶剂中的溶解度。关于这方面更详细的内容,可见参考文献[3.1,3.12,3.14]。进而言之,所用溶剂又与所得结晶形状及结晶生长动力学十分有关[3.14,3.18~3.21]。为了得到干产品,结晶完成后必须进行固－液分离。这可通过将含有结晶和溶剂(已为结晶所饱和)的浆状物过滤实现。另外,过滤后晶体上所残留的为结晶过饱和的溶剂还必须从晶体上洗去,以防止在结晶表面又形成无控制的结晶。而所用的洗涤液体则必须与母液互溶。

如需制得很细的产品,一种方法是设计和优化结晶过程,直接生成所需平均粒径的晶体;另一种方法是将结晶产品磨细和筛分,以制得所需粒径范围的最后产品。图 3.8 所示为粒径范围约为 $0.5\mu m \sim 1.5\mu m$ 的六硝蒎(HNS)结晶产品。该产品是由一个特殊设计的结晶过程直接生产的,不需要经任何后处理即可使晶粒达到很细的要求[3.22]。

图 3.8 所示的 HNS 产品的技术规格能满足 HNS－Ⅳ 的标准规范,即比表面积为 $5m^2 \cdot g^{-1} \sim 25m^2 \cdot g^{-1}$。

还有一些粗粒产品,其中不允许存在细结晶。这种产品可通过筛分或其他分离方法(如沉淀或分离)制备。但这需要增加生产工序,如果能采用特定的结晶工艺一步直接生产这种符合所需粒径的粗粒产品,则可避免上述增加生产工序的麻烦。这种特定的结晶工艺,只要条件和设备优化得当,则结晶过程中生成的细粒产

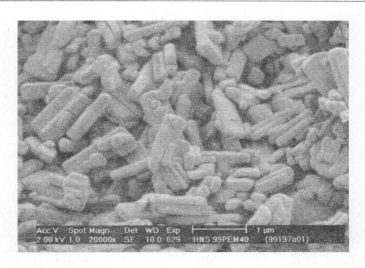

图 3.8　粒径为 $0.5\mu m \sim 1.5\mu m$ 的 HNS‐Ⅳ结晶的 SEM 照片

(该产品由结晶过程直接制得,未经任何进一步处理)[3.22]

品可自动分出。这种结晶过程是这样实现的:在连续化的工业结晶器中,由于特殊的流体动力学条件,在结晶器的某些区域,细粒结晶量与粗粒结晶量相比,前者要多,而细粒结晶能从过程中移走且溶解,溶解所得的清液重新返回结晶器。这样,产品经结晶生成后就不必附加处理,即可满足使用要求。关于结晶技术和结晶器设计更进一步的资料可见文献[3.14,3.23]。

3.2.2.3　含能材料的产品质量

本节的重点是某些含能材料的结晶及结晶与各种产品质量的关系。如上文已指出的,结晶技术和条件可能对产品质量(如粒度分布、晶形、化学纯度、晶体缺陷等)具有重要的影响。

现在,利用分子模型计算机程序[3.24],已能预测某些结晶材料的粒子形状。简单言之,此法系基于分子结构中原子间、粒子间及分子间的键强度[3.12,3.25]。原则上,这能预测真空下和平衡条件下结晶的形状(见 3.3 节)。但实际上,从溶液中或熔体中生长晶体,是在非平衡条件下进行的,而这就可能形成不同的晶形(取决于所用溶剂和主要的晶体生长动力学)[3.18~3.21,3.26~3.30]。

图 3.9 所示是分别由 γ‐丁内酯、丙酮和环己酮/水中所得的 RDX 结晶的晶形。图 3.10 是由四种不同醇类(甲醇、乙醇、1‐丙醇、2‐丙醇)中所得 HNF 结晶的晶形[3.15]。在更接近实际的条件下来理论预测结晶的晶形是一个十分困难的研究课题。

最近,在含能材料领域内,发表了一篇有关理论预测 RDX 结晶的论文[3.29]。除结晶技术及结晶条件外,值得提及的是,采用所谓的晶疵改性剂也能影响结晶的

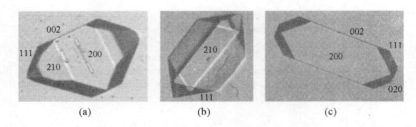

图 3.9　RDX 结晶的晶形(表示晶形与结晶所用溶剂的关系)[3.27~3.29]
(a) 从丙酮所得结晶；(b) 从 γ - 丁内酯所得结晶；(c) 从环己酮所得结晶。

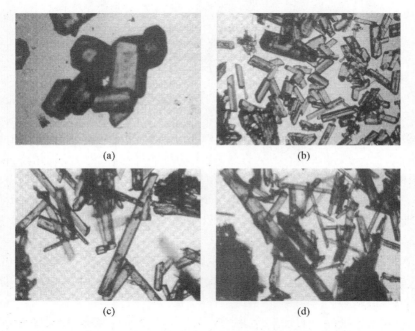

图 3.10　由四种醇类所得的 HNF 结晶的晶形
(a) 甲醇(结晶平均长宽比 2 - 3)；(b) 乙醇(结晶平均长宽比 5 - 10)；
(c) 1 - 丙醇(结晶平均长宽比 5 - 10)；(d) 2 - 丙醇(结晶平均长宽比 5 - 10)。[3.15]

晶形。原则上,这种晶疵改性剂(特别的添加剂)只需加入 ppm 级的量,即有足够的活性。晶疵改性剂的作用机理是它们或多或少可阻止某些晶面的生长,而有利另一些晶面的生长。例如,如针形结晶的顶面生长速度能降低或其生长被阻断,则可形成另一种同形结晶。采用晶疵改性剂是一个很有意义的措施,但这方面的研发工作一般是有专门针对性的,取决于所要改变结晶习性的特定材料。

在结晶过程中采用超声技术(声波结晶)是含能材料领域内的一项新技术[3.17,3.31]。通过超声波效应,可对结晶过程产生多种影响,如改变结晶粒度分布和改善产品的其他一些特性。但详细讨论声波结晶不是本书的内容范围,故在此只举几个这方面的实例供读者参考。例如,超声可以诱发一级成核,以保持溶液较低的过饱和度,这相当于将超声技术作为某种"晶种"。另外,超声也可用于阻断晶格的生长,以降低晶粒的平均粒径,但这种应用的超声波应有适当的超声场强度。

超声结晶已用于 HNF 的结晶[3.17]。一个有意义的发现是,超声结晶的 HNF 与不用超声的结晶相比(其他结晶条件相同),前者的热稳定性有所改善,更详细的信息可见文献[3.15～3.17]。在过去十年中,已经开发了一些降低 HNF 结晶长宽比的新技术和优化技术,而这些结晶技术所得的 HNF 可提高聚合物粘结剂中的固含量。采用粒度分布为单峰分布的 HNF,HTPB 粘结剂中 HNF 的固含量可提高至约 80%[3.32]。

众所周知,采用很好平衡的双峰分布的结晶,推进剂中的固含量可大大提高。因此,进一步改善 HNF 的晶形,采用双峰分布的 HNF 并加入铝粉,可使推进剂中的固含量达 85%～88%,而根据理论计算,固含量达 85%～88% 的 HNF/Al/HTPB 推进剂的能量水平可达目前的最大值[3.22～3.33]。Kröber 和 Teiper 研究了NTO(3-硝基-1,2,4-三唑-5-酮)从水溶液中的超声结晶[3.31]。它们比较了NTO 的超声结晶与非超声结晶的差别。业已发现,超声结晶的成核比非超声结晶较早,前者为 $\Delta T = 6.5$K,后者为 $\Delta T = 12$K。图 3.11 所示是超声结晶所得 NTO与非超声结晶所得的 NTO 的粒度分布曲线,实线为超声结晶的,虚线为非超声结晶的。

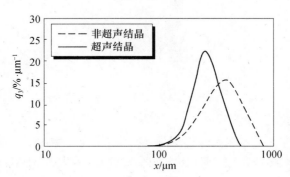

图 3.11　NTO 结晶的粒度分布曲线(表示超声对成核的影响)

超声结晶的 NTO 粒度分布较窄,平均粒径较小,$x_{50.3} = 254\mu m$,而一般情况下结晶的 NTO,其 $x_{50.3} = 354\mu m$。同时,超声结晶的 NTO 与冷却结晶的 NTO 相比,前者的结晶形状规整得多(见图 3.12)。

对用于 PBX 中的结晶含能材料(如 RDX 及 HMX),其所需的结晶应当是同晶形的或圆形的。像图 3.13 所示的结晶是不符合要求的,该图所示的是一种 HMX的孪晶,它是由环己烷中结晶构建的[3.34]。如果对一个晶格的正在生长的构建单

(a)   (b)

图 3.12　NTO 结晶的显微照片

(a) 超声结晶；(b) 冷却结晶。

元在其某一晶体平面中，存在两个在能量上几乎相同的生长位置，则孪晶即可自发生成。这时，晶体在一个位置上正常连续生长，而另一个位置则在新的结晶方向上发展，于是变成孪晶。

图 3.13　HMX 孪晶(从环己酮中结晶析出)

(此孪晶照片系光学显微镜照片[3.34]。在结晶中心，能看到结晶缺陷，如裂纹和夹杂物)

另一种形式的孪晶被称为转移孪晶，它是相转变时生成的。当相转变时，结晶结构的一个对称元素(如镜面或双折叠或多折叠轴)丢失，于是形成孪晶以补偿，因为孪晶平面和/或轴与丢失的对称元素相符合。尽管 HMX 有四种晶型结构(α、β、γ 和 δ)，其中只有 α - 晶型及 β - 晶型在室温下是稳定的，但只有 β - 晶型的 HMX 能在一般条件下形成[3.35]。因此，HMX 的孪晶只能按上述第一种机理(自发形成)生成。结晶时的过饱和度增高，晶体生长速度加大，这就增大了按自发机理形成孪晶的可能性。还有，杂质和结晶所用溶剂也有可能通过加速生长机理影响孪晶的形成。按加速生长机理，没有什么时间来纠正能量上不利的孪晶生长位置。但业已发现，当 HMX 采用 γ - 丁内酯/丙酮混合溶剂结晶时，与采用单一环己酮或环己酮/γ - 丁内酯混合溶剂相比，前者中 HMX 孪晶的形成可被抑制[3.36]。

　　一般来说,结晶可认为是一个物质的纯化过程,因为结晶过程本身是很具选择性的,杂质不易进入结晶中。结晶时,结晶和溶解系重复进行的,这样也使产品得以进一步精制。然而,结晶中的杂质是不能完全避免的,最后的结晶产品中总会含少量污染物。

　　结晶物质的纯度通常以所要求的化学组分的质量百分数表示。所有含于结晶中的其他物质都被认为是杂质或污染物。当合成时或将合成所得的粗品结晶时,会有一些杂质(如合成副产物、溶剂)进入结晶晶格中。根据杂质的大小与价数(电荷),它们在结晶中可以存在于间隙中(如原子间、离子间或分子中的空间),也可以是夹杂物。有些合成中的副产物,它们的结构与结晶的主成分相差很小,所以常作为结晶的组成进入结晶中。这种合成副产物在结晶中可引起结晶改性[3.29]。对于以逐层生长机理形成的结晶,如果在结晶生长过程中进入杂质,则有可能导致晶层的剥落(大梯段),进而在结晶中引入夹杂物。

　　当 RDX 从含水或不含水环己酮中结晶时,曾发现过一种奇怪的现象,就是从含水环己酮中生长的 RDX 结晶与从不含水环己酮中生长的不同,前者结晶疵病要小。

　　图 3.14 所示是从不含水环己酮中生长的 RDX 结晶,而图 3.9(c)所示是从含水环己酮中生长的 RDX 结晶。在含水环己酮中令 RDX 结晶时,可以避免或抑制结晶中大梯段和夹杂物(见图 3.14(a))的形成,也可消除或减少在原始结晶侧面生成新结晶的现象(见图 3.14(b))。造成上述结晶疵病(结晶中的大梯段,晶侧结晶等)的原因很可能与 RDX 中存在少量合成副产物有关,因为这类副产物可与环己酮发生缩合反应而生成杂质,而这种杂质就很可能是在 RDX 结晶时产生图3.14 所示的一些不良影响(结晶形成大梯段,晶侧结晶等)的原因。但是,RDX 合成副产物与环己酮的缩合反应是一个平衡反应,而水可使该平衡移向合成副产物与环己酮一边,就减少了缩合反应产物的生成。所以,在 RDX 结晶用环己酮中加入适量水,可以防止或抑制杂质的生成,进而可改善结晶的形状(见图 3.9(c))。关于这方面更详细的情况可见文献[3.29]。

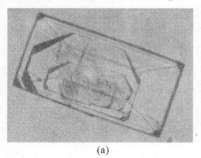 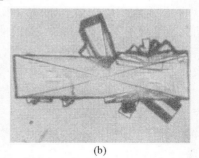

(a)　　　　　　　　　　　　　(b)

图 3.14　由无水环己酮中生长的 RDX 结晶(光学显微照片)

(a)结晶中形成有大梯段和含有夹杂物；(b)结晶溶液过饱和度高,
具次级结晶生长效应,从原始结晶的几个结晶方向长出有新的小结晶。

　　结晶生长条件,特别是,结晶溶液的过饱和度较高(增加结晶生长速度)和"苛刻的"流体动力学条件也会促进结晶结构缺陷的产生,这些结晶缺陷可以是结晶生长过程中形成的,也可以是由于晶粒间碰撞,或晶粒与结晶器硬件(如搅拌器、结晶器等)碰撞而发生晶粒的机械破损,而在这些破损部分的愈合过程中形成的[3.7]。结晶缺陷会影响含有炸药晶粒的 PBX 的冲击波感度[3.37,3.38]。令结晶在比较温和的条件(包括过饱和度和流体动力学)下生长,可减少结晶缺陷量。

　　结晶中夹杂物(溶剂)的大小可以是几十或几百微米(直径)的大夹杂物,也可以是微米级的小夹杂物,大夹杂物易于用光学显微镜观察[3.36,3.39~3.41],而小夹杂物则需采用更复杂的光学技术(CSLM)或扫描电镜(SEM)技术才能看到[3.42]。图 3.15 是采用 CSLM 技术摄取的 HMX 结晶。结晶面积为 $139.6\mu m \times 93.0\mu m$,厚为 $15\mu m$。黑点说明该局部区域的折射率与周围区域的不同。采用 SEM 技术,可鉴别这些黑点为微米级的夹杂物,其平均大小约 $2\mu m$。

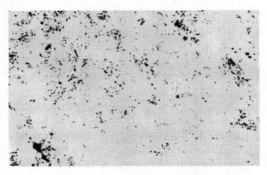

图 3.15　$15\mu m$ 厚的 HMX 结晶片(CSLM)

(图中小黑点说明该局部区域的折射率与周围区域不同。
SEM 技术可鉴别这些黑点为结晶中微米级的空隙[3.42])

　　如果结晶中存在夹杂物,会使结晶的密度降低,这种降低虽然很小,但一般可以测出。因为不论空隙中填充的是溶液还是气体,它们的密度都比固态物质低。因此,结晶密度可视为其内部结构完整性的一个度量,结晶密度越接近最大理论密度,其结晶结构越完美。例如,对 HMX,业已发现,其平均结晶密度与其冲击引发压力间有明显的关系[3.37,3.38,3.43]。一个实例示于图 3.16[3.37,3.43]。当 HMX 密度增加时,以 HMX 为基的 PBX 引发爆轰的压力由约 4GPa(参考批)提高至约 6GPa(结晶 HMX),这对冲击波感度是一个明显的改善。对含悬浮有 HMX 的液体混合物的试样(图 3.16 试样的 PBX 炸药)也进行了冲击引发试验,且得到了类似的结果[3.38]。

　　制备上述的悬浮有 HMX 的液体混合物时,系使其密度与 HMX 结晶的密度相匹配,这样就可避免采用标准 PBX 时密度差对冲击引发的可能影响。液体混合

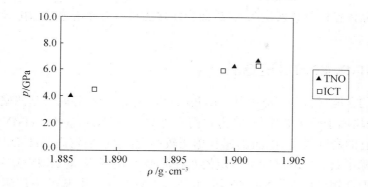

图 3.16　PBX 的冲击引发压力与其所用 HMX 结晶密度的关系
(PBX 为 HMX/HTPB, HMX 含量为 70%)[3.37,3.43]
(图中数据为水间隙(water gap)试验结果, 由荷兰 Prins Maurits
实验室(TNO－PML)及德国 Institute für Chemischo Technologie(ICT)
分别独立进行实验。HMX 的理论结晶密度为 1.903g·cm^{-3})

物试验采用的是飞片冲击装置。对结晶 HMX 的细筛部分的悬浮液, 其引发爆轰的冲击压力为 11GPa 和 12GPa, 而对参数试样为 7GPa[3.38]。引发冲击压力这种明显的差别可能与所用 HMX 结晶的内部质量不同有关。

图 13.3 所示为 HMX 孪晶, 在结晶中心可看到裂纹。在图 3.17 所示的 HMX 结晶中, 也能观察到这类结晶缺陷。图 3.17 的 HMX 是实验室规模结晶得到的。孪晶一般具有一个或几个内部裂纹, 或者位于沿结晶平面对角线的其他结晶疵病。可能是, 在孪晶两个方向相遇的结晶平面或靠近边界处具有内机械应力, 而形成裂纹则可能是释放靠近边界平面应力的一种方式[3.36]。

结晶内的夹杂物和裂纹一般也会降低结晶的机械强度, 使结晶在遭受机械载荷时更易破裂。而这又会导致一些人们不希望的变化, 例如在加工和处理材料时,

图 3.17　浸入液体中的 HMX 结晶的光学显微镜照片
(该液体的平均折射率与 HMX 基本相同。由照片中可清楚看到结晶缺陷(黑点表示))

使晶形及晶体粒度分布发生改变,进而会使含能材料的冲击感度恶化,这点已在上面论述了。

3.2.3 HMX 和 RDX 的结晶

重要的含能材料环三亚甲基三硝胺(RDX,黑索今)和环四甲基四硝胺(HMX,奥克托今)均属于硝胺类炸药,因为它们含有 C—N—NO$_2$ 基团。HMX 优于 RDX 之处在于它的密度较高,因而爆速和爆压较高,能量水平较高。HMX 与 RDX 不同,HMX 除了具有已为实验室鉴定的四种晶型外,还有大量 HMX 分子与溶剂分子形成的加合物的结晶结构。例如 HMX – NMP(N – 甲基吡咯烷酮)、HMX – DMF(二甲基甲酰胺)等,有关这类 HMX 溶剂加合物的结晶数据可见文献[3.44,3.45]。

有几个研究组都研究过结晶溶剂对 HMX 及 RDX 晶型的影响,但 RDX 或 HMX 在不同溶剂中的动力学数据则仅有少数研究报告。

Xijun 等发表了用微量热量计测得的 RDX 及 HMX 的结晶动力学数据[3.46],他们得出结论,用微量热量计可测定 HMX 及 RDX 结晶过程的释出热量及释热速率,从而可决定结晶生长动力学。RDX 和 HMX 在二甲基亚砜(DMSO)和环己酮中结晶时的动力学能用 BCF 位错理论模型表示。不过,在结晶溶液中加入 RDX 晶种,与不加晶种溶液相比,加晶种溶液中晶核数增多。

Duverneuil 等研究了 HMX 从 DMSO 及环己酮中的结晶[3.47]。他们的结论是,在环己酮中结晶时,扩散是晶体生长的控制步骤;而在 DMSO 中结晶时,晶体生长单位整集至结晶结构上这一步控制晶体生长速率。他们还研究了结晶用溶剂对生成结晶的形态的影响,研究表明,HMX 从环己酮中结晶时,晶体或多或少为球形和生成孪晶;而且,在环己酮存在下,在某些结晶中含有夹杂物。相反,HMX 从 DMSO 或 DMSO/丙酮中结晶时,生成的晶体十分规整和对称,且不含任何夹杂物。本书作者认为,这是由于溶剂 – 溶质的相互作用不同引起的,这可由计算表面熵系数证明,熵系数定义见式(3.8):

$$\alpha_s = \frac{4\sigma_s \cdot h_c \cdot l_c}{k_b \cdot T} \tag{3.8}$$

式中 h_c 和 l_c——分别为单分子生长层的高度和宽度;

σ_s——表面能;

k_b——Boltzmann 常数;

T——热力学温度。

计算表明,环己酮和 DMSO 的表面熵系数是不同的,环己酮为 0.6,DMSO 为 2.6。这说明,这两种溶液都缺乏理想性,而 DMSO 更明显。

Svensson 等人研究了 HMX 在 γ - 丁内酯中的冷却结晶及沉淀结晶[3.48]。他们发现，HMX 从 γ - 丁内酯中可生成所需的 β - HMX，且其中不含任何可检出量的 α - HMX。同时，结晶的形状也很好，且形成交叉结晶和其他无规结晶的倾向也较低。他们在结晶时采用了多种冷却程序，当自然冷却时（这意味开始冷却速率快），形成结晶的平均粒径比较一致，约 $150\mu m$。如采用更有效的冷却系统，可制得平均粒径为 $60\mu m \sim 70\mu m$ 的 HMX 结晶。

如采用较长的结晶时间，可制得粗粒 HMX 晶体。冷却时间为 6h 时，HMX 晶体平均粒径可达约 $500\mu m$；冷却时间为 3h 时，平均粒径约 $320\mu m$。往结晶溶液中加入晶种，可改变粗粒 HMX 的平均粒径，使之达 $900\mu m$。

HMX 从 γ - 丁内酯中沉淀结晶时（往结晶溶液中加入水），可制得很细的 HMX 结晶。令结晶溶液与水混合时，可采用静态混合器，也可直接在结晶器中进行。沉淀结晶产品的平均粒径，一般在 $5\mu m \sim 35\mu m$ 间，而与所用结晶条件有关。令 RDX 从 γ - 丁内酯中结晶，也可得到与 HMX 相似的结果。

Ruijun 等[3.49]曾提出了一种生产超细 RDX 结晶的方法，该法系采用溶剂/非溶剂技术，所得产品平均粒径约 $0.2\mu m$。具体做法是将 RDX 溶于 DMF 中，而以水为非溶剂。他们研究了两种工艺，得到了不同平均粒径的 RDX 产品。两种工艺的区别是溶液与水的混合方式。第一种方式是将 RDX 溶液加入水中，这造成很快的分散和很快的成晶速率（由于高的过饱和度），这种方式得到的 RDX 产品很细，粒度分布很窄，BET 法测得的比表面积约 $6m^2 \cdot g^{-1}$。第二种方式将水加入 RDX 溶液中，这样得到的 RDX 产品较粗，BET 法测得的比表面积约 $4m^2 \cdot g^{-1}$。因为这种加料方式造成的溶液的过饱和度较低，成核速率也较低。结晶时的搅拌速率对产品粒径也有很大的影响，当搅拌速率由 $300r/min$ 提高至 $1300r/min$ 时，所得 RDX 晶体的平均粒径由 $20\mu m$ 降至 $1\mu m$，且晶粒能更好分散和防止集聚。如水的温度尽可能的低，可得到较满意的结晶结果，因为晶体生长动力系随温度升高而增高。结晶溶液温度也影响 RDX 晶粒的形状，低温（15℃）时形成类针状晶体，而高温（60℃～70℃）时形成球状晶体；中等温度（介乎最低温度与最高温度间）时形成类片状结晶。

Kröber 等也研究了 HMX 在各种溶剂中的结晶[3.43]，他们研究的目的是想了解结晶用溶剂及结晶条件是否与结晶中的缺陷量有关（关于结晶缺陷见上一节）。他们的实验系采用容积为 1L 的间断结晶器，并通过一恒温箱以线性冷却速率操作。实验采用了五种不同的溶剂。在实验前，还必须测定这些双元系统的溶解度曲线。根据他们的研究结果，式(3.9)可用以表达各溶剂的溶解度：

$$\frac{X^*}{g_{HMX}/g_{solvent}} = a + b \cdot \frac{\vartheta}{℃} + c \cdot \left(\frac{\vartheta}{℃}\right)^2 \qquad (3.9)$$

式中　a、b 及 c——各溶剂的特定常数，见表 3.3。

由于在低温下,HMX 在丙酮中的溶解度甚低,而在 DMSO 中的溶解度甚高,所以对这两者而言,间断冷却结晶不是可优选的技术,所以没有用它们进行实验。其他溶剂的实验结果分述如下。

表 3.3　式(3.9)中各溶剂的 a、b 及 c 值

溶　剂	a	b	c
丙酮	-6.0×10^{-5}	1.0×10^{-5}	0
N-甲基吡咯烷酮	5.8×10^{-3}	-9.0×10^{-4}	7.0×10^{-5}
N,N-二甲基甲酰胺	1.9×10^{-2}	-2.0×10^{-4}	2.0×10^{-5}
碳酸亚丙酯	-1.6×10^{-2}	1.8×10^{-3}	0
二甲基亚砜	0.5	3.7×10^{-3}	0
环己酮	4.0×10^{-3}	7.0×10^{-4}	0

1) 环己酮

HMX 从环己酮中结晶时,结晶得率甚低。从理论上说,如果结晶溶液从 80℃ 冷却至 5℃,90% 的 HMX 可结晶析出。但实际上,实验中能达到的结晶得率仅 15%。这是因为成核动力学被强烈抑制所致。实验时,没有采用往溶液中加入晶种的技术,因为晶种会降低最后产品的质量(例如晶种的夹杂物有可能会影响最后产品的感度)。因此,对环己酮进行了一些蒸发结晶实验,这比冷却结晶的得率略高,即由冷却结晶的 15% 提高至蒸发结晶的 30%。但蒸发结晶时,晶形很差,所以没有对环己酮进行进一步的实验。图 3.18 所示是由环己酮中结晶得到的一些 HMX 结晶的形状,它们很不整齐,且没有明显的晶型。

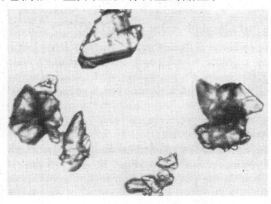

图 3.18　由环己酮中析出的 HMX 结晶

2) N-甲基吡咯烷酮(NMP)

HMX 从 NMP 中结晶时,所得晶体质量欠佳。结晶表面很粗糙,但晶形规整

（见图 3.19）。晶体质量不会由于降低冷却速率而提高，但在一般情况下，降低冷却速率可延缓晶体生长速率而得到外形更规则的结晶。

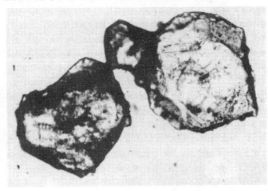

图 3.19　由 NMP 中析出的 HMX 结晶

HMX 在 NMP 中结晶时降低冷却速率，可增大晶体的平均粒径，而使某些晶体变得不透明，这可能是结晶中含有溶剂夹杂物之故，这可通过测定晶体密度予以验证。实验表明，上述不透明结晶 HMX 的密度仅 $1.602g \cdot cm^{-3}$，这大大低于 HMX 的理论密度 $1.903g \cdot cm^{-3}$，也远低于用于结晶的 HMX 原料的密度 $1.871g \cdot cm^{-3}$。结晶密度可定量表明结晶中的夹杂物量，因为 HMX 结晶的密度高于溶剂或气体的密度。不过，材料低的密度也可能是在结晶过程中形成了 HMX - NMP 加合物。

3）$N, N -$ 二甲基甲酰胺（DMF）

用冷却结晶方法由 DMF 中得到的 HMX 晶体呈球形，表面光滑（见图 3.20）。曾研究了搅拌速率对晶体平均粒径的影响。实验表明，提高搅拌速度，结晶的平均粒径略有增加，但粒度分布变宽。这是因为，较高的搅拌速率有利于晶体生长单元

图 3.20　由 DMF 中析出的 HMX 结晶

迁移至晶体表面,而这会提高晶体生长速率。另一方面,当搅拌速率提高时,结晶与搅拌器的碰撞得以强化,因而由于磨损增大而促进了细结晶的形成。冷却速率对结晶平均粒径的影响甚微。

尽管以 DMF 为 HMX 重结晶的溶剂,能改善结晶产品的晶形及表面质量,但也没有进行更多的实验,因为在结晶过程中会生成 HMX-DMF 加合物,而这种加合物的密度比 HMX 的理论密度低得多,仅 $1.612\mathrm{g\cdot cm^{-3}}$。将从 DMF 中重结晶的产品进行 GAP 实验时,它的冲击感度比用于重结晶的原料 HMX 高得多。

4) 碳酸亚丙酯

将从碳酸亚丙酯中重结晶得到的 HMX 制备的 PBX,其冲击感度有所改善(见图 3.16)。就这一点而言,用碳酸亚丙酯作为 HMX 的重结晶溶剂是成功的。但在结晶过程中,起始的成核速率很难控制,溶液过饱和度甚高,这就造成了大量细结晶。因此,实验时在过饱和溶液中加入少量水,以便能在一定过饱和度($S=1.26$)下引发晶核的形成(沉析效应)。这样得到的结晶产品很密实,晶形规则(见图3.21(a))。

(a) (b)

图 3.21　从碳酸亚丙酯中析出的 HMX 结晶

(a)密实结晶;(b)孪晶。

但是,也形成了某些孪晶,它们在沿结晶平面对角线方向上,显示一个或几个内部裂纹和其他晶体缺陷(见图 3.21(b))。孪晶两个生长方向相交的结晶平面有可能会导致边界上或靠近边界处产生内部机械应力。从碳酸亚丙酯中得到的HMX 晶体基本上是透明的,这说明结晶中的内部夹杂物量甚少,这也为结晶密度所证实。从碳酸亚丙酯中析出的 HMX 结晶的密度高达 $1.895\mathrm{g\cdot cm^{-3}}$,很接近HMX 结晶的理论密度,且远高于用于结晶的 HMX 原料的密度。提高搅拌速率会增加 HMX 结晶的平均粒径,这是因为由整体向结晶表面的传质情况得以改善所致。降低冷却时间,即提高冷却速率,可大大降低晶体的平均粒径,且使结晶表面粗糙,这是由于高的过饱和度而引起晶体呈树枝状生长(产生枝晶)的一个表征。

3.2.4 CL－20 的结晶

CL－20(2,4,6,8,10,12－六硝基－2,4,6,8,10,12－六氮杂异伍兹烷,HNIW)是 Nielsen 研究组于 1989 年首先合成的[3.50]。CL－20 的高密度、高爆速及高爆压使它成 HMX 的最佳替代物而作为高能、冲击不敏感的炸药,用于破甲弹头装药或作为推进剂的含能组分。CL－20 至少存在四种晶型,其中 ε－型为优选晶型,因为它的密度最高,在室温下稳定。CL－20 的化学纯度、所含杂质的性质、晶型纯度及结晶质量均会影响其感度。因此,重结晶是提高 CL－20 质量的可用手段,特别是降低其感度以使 CL－20 能安全处理和加工,重结晶更是适宜的。

Von Holtz 等人测定了 CL－20 在各种溶剂中的溶解度[3.51]。CL－20 易溶于含羰基的溶剂,如丙酮、酯和酰胺。对不含羰基的溶剂,如醇、醚和硝基烷烃,CL－20 的溶解度甚低。CL－20 不溶于烃、卤代烃及水。表 3.4 汇总了 CL－20 在六种溶剂中的溶解度。

表 3.4 CL－20 在各种溶剂中的溶解度[3.51]

溶剂	溶解度 $/g \cdot (100mL)^{-1} = f(T,℃)$	R^2	溶剂	溶解度 $/g \cdot (100mL)^{-1} = f(T,℃)$	R^2
丙酮	74.8		乙二醇	$1.30 - 0.027T + 0.0005T^2$	0.9873
乙醇	$0.778 - 0.021T + 0.0004T^2$	0.9955	二氯甲烷	0.043	
乙酸乙酯	40.6		水	<0.005	

von Holtz 等所研究的溶剂,有的对 CL－20 的溶解度很高,另一些则很低,但没有发现对 CL－20 具中等溶解度的溶剂。CL－20 在丙酮及乙酸乙酯中的溶解度与温度无关。因此,如采用这类溶剂使 CL－20 重结晶,则不能进行冷却结晶操作。由于这类溶剂对 CL－20 的溶解度很高,所以采用蒸发结晶或沉淀结晶(用加入非溶剂的方法)则是适宜的。用非溶剂法使 CL－20 沉淀结晶的一个优点是可在低温下进行,这样可避免或延缓 CL－20 由 ε－晶型转变为 γ－晶型。但是,沉淀结晶的晶核生成速率很高,因而有利于生成在动力学上最不稳定的 β－CL－20,这是所不希望的。

Wardle 等[3.52]论述了旨在提高 CL－20 产品质量的结晶过程。CL－20 粗产品通常是多晶型的,粒度分布较宽,且晶体含有某些内部缺陷,晶体表面也很粗糙,又具有较尖的棱角。另外,合成所得的 CL－20 还含有较可观量的残酸。因而,这种 CL－20 粗品的感度很高。重结晶后的 CL－20 不再是多晶型物结晶,边缘圆滑,为 ε－晶型,且重结晶过程能再现。但是,Wardle 等的文献中没有说明重结所用溶剂和所采用的结晶技术。

在 ICT，实验过大量的用于 CL-20 重结晶的溶剂[3.53]。CL-20 以蒸发技术重结晶时，系将 CL-20 在玻璃容器中用溶剂溶解，然后加温蒸发溶剂使 CL-20 重结晶时析出。这些实验表明，这样很难得到纯的 ε-CL-20。随所用溶剂不同，会生成或多或少的其他晶型的 CL-20。例如，用丙酮为溶剂蒸发结晶时，得到 ε-CL-20 及 β-CL-20 的混合物，二者之比为 52/48。以醋酸为溶剂蒸发结晶时，得到的 ε-CL-20 及 γ-CL-20 的混合物，二者之比为 87/13。以甲基异丁基酮为溶剂蒸发结晶时，得到 α-、β-、ε- 及 γ-CL-20 混合物，四者之比为 13/20/35/32。图 3.22 是重结晶所得的 CL-20 的 TEM 照片，表明了溶剂对晶型的影响。

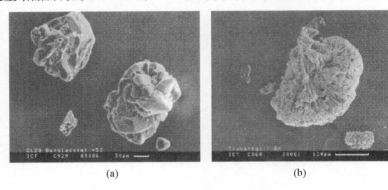

(a)   (b)

图 3.22   CL-20 结晶的 TEM 照片
(a) 从醋酸中结晶；(b) 从甲基异丁基酮中结晶。

图 3.22 所示两种 CL-20 结晶的晶型差别是显而易见的，从醋酸中析出的结晶密实，表面覆盖有很多小晶体（表面成核）；而从甲基异丁基酮中析出的结晶含有很多针状结晶，并成长为球形聚集体。

一般说来，α- 和 β-CL-20 是类片状结晶，而 ε- 和 γ-CL-20 是密实结晶，带有或多或少的尖锐边缘。CL-20 四种晶型在结构上的差别是由于结晶中具有不同的空间群所导致的，α- 和 β- 结晶为正交晶系，而 ε- 和 γ- 结晶是单斜对称晶系。

3.2.5   NTO 的结晶

3-硝基-1,2,4-三唑-5-酮（NTO）不敏感，稳定[3.54~3.56]。就这一方面而言，它是一个很具吸引力的炸药。直接由反应制得的 NTO 的结晶为典型的锯齿状的类杆状晶形，且易于聚集。最后的聚集 NTO 结晶（见图 3.23）对突然的冲击敏感。

一个降低 NTO 对突然冲击感度的方法是控制其晶形为球形。NTO 通常是从

图 3.23 直接由反应制得的粗 NTO 结晶

水和酯类等溶剂中重结晶的[3.57~3.59]，由这类溶剂中析出的 NTO 具有类针状或类片状晶形，且常聚集(见图 3.24)。这种不规则的结晶密度低，且易破裂，这使得含 NTO 的混合炸药极黏，难于加工和倾出。因此，用于可加工的混合炸药的 NTO 量有限，而且这类混合炸药的能量水平降低，且对不经意的撞击很敏感。

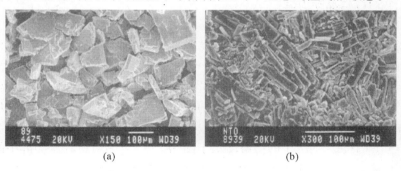

(a)　　　　　　　　　　　　　　(b)

图 3.24 在溶剂中重结晶得到的 NTO 晶体
(a) 从水中重结晶；(b) 从甲醇中重结晶。

　　另外，制造 NTO 的母液含有化学反应中的其他组分，特别是甲酸、硝酸、硫酸及 1,2,4 - 三唑 - 5 - 酮[3.55,3.59]，其中的某些为 NTO 结晶所截留，即使洗涤也不能除去[3.55,3.59]。为了除去这些杂质，NTO 必须纯制，纯制的方法之一是用适当的溶剂令 NTO 重结晶。重结晶后的 NTO 结晶具有可接受的粒径和晶形，且粒度分布窄。只要选择正确的结晶过程和条件，NTO 的上述性能指标均可优化。

　　球形的 NTO 结晶能改善对突然冲击的感度、能量水平、加工性及装填密度。球形 NTO 晶体与类杆状晶体相比，前者感度低得多，而松装密度则高得多，单位装药体积的爆炸能量输出也较高。

　　NTO 的球形结晶可以是聚集体，也可以是球晶。聚集结晶是一级成核后小的一级粒子的联合体,聚集技术是在结晶过程中将细晶体直接转移至已密实的结晶中。与真正的结晶相比,聚集体的密度及硬度均较低[3.60]。因此,通过聚集形成炸药的球状结晶不是人们所希望的。炸药所要求的形状是球晶。采用蒸发溶剂法,冷却重结晶可制得球晶。对此结晶技术,控制晶形和晶粒尺寸、冷却速率和共溶剂的组成是十分关键的因素[3.61~3.63]。在大多数情况下,结晶生长是一个正常的一级晶核生长为一个具有分散结晶方向的晶粒。一般而言,这种生长会连续进行至成为单晶,直至它生长至外部边界,或者是来自邻近晶核长成的相似结晶。然而,对于一些特殊的结晶系统,也具有这样的特性,即一个晶核可引发形成多晶聚集体,但此聚集或多或少具有径向对称性,这种类型的结晶称为球晶。就结晶定向而言,球晶与聚集的结晶是很不相同的。Keith 和 Padden[3.64]报道过这种球晶结晶现象,他们发现,结晶系统高的黏度和存在杂质对形成球晶是具有重要影响。密实的球晶具有与真结晶相近的密度和硬度。因此,人们所希望得到的炸药结晶是球晶,而不是聚集体。尽管文献中有很多关于形成各种化合物的球晶的报道[3.65~3.68],但未见有炸药球晶的报道。下面叙述 NTO 球晶的制备,包括从形成机理到结晶器的设计,都有所涉及。

3.2.5.1　NTO 结晶动力学

1) NTO 在溶剂中的溶解度

在炸药制造过程中,在有机溶剂或混合溶剂中将炸药重结晶是常用的操作。溶剂的组成决定了物质的溶解度,因此溶剂与选择形成溶液过饱和的方法十分有关。而且,溶剂的组成可能对成核速率和晶体生长速率,进而对晶粒形状及粒度分布都会产生影响。对 NTO 溶解度大于 30% 的溶剂有 NMP、DMSO 及 DMF 等,小于 10% 的有水、乙醇、丙酮等[3.60]。

NTO 在 C_1—C_7 伯醇中的溶解度示于图 3.25[3.57]。NTO 在这类醇中的溶解

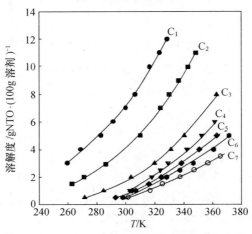

图 3.25　NTO 在 C_1—C_7 伯醇中的溶解度

度随温度升高而增大,但随醇中碳原子的增多而降低。这说明,NTO 在这类醇中的溶解度随醇的极性增大而增高。

NTO 在水、NMP 及水－NMP 混合溶剂中不同温度的溶解度见文献[3.59,3.61]及图 3.26。NTO 在 NTO－水－NMP 三元系统中于 20℃～100℃ 内的溶解度可由示于图 3.27 的相图决定。NTO 在此三元系统中的溶解度随温度降低及 NMP 含量减少而增大。比较 NTO 在 NMP、水及 NMP－水混合溶剂中的溶解度可知,在三元系统中加入水,降低 NTO 的溶解度,但溶解度对温度的依赖关系则随水含量的增加而加剧。

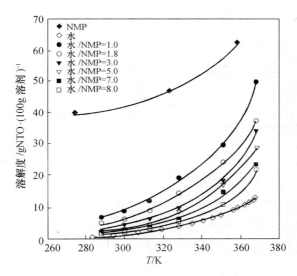

图 3.26　NTO 在水－NMP 混合溶剂中溶解度

为计算 NTO 结晶溶于溶剂中的溶解焓,溶剂与溶质的相互作用可用式(3.10)表示[3.68]:

$$\ln x = \frac{-\Delta H_{sol}}{R}\left(\frac{1}{T} - \frac{1}{T_m}\right) \tag{3.10}$$

式中　　x——溶质摩尔分数;

　　　　ΔH_{sol}——NTO 的溶解焓;

　　　　T——平衡温度。

对理想系统,有:$\Delta H_{sol} = \Delta H_{fus}$;对非理想系统,有:$\Delta H_{sol} = \Delta H_{fus} + \Delta H_{mix}$。

上式中的混合焓 ΔH_{mix} 是溶质－溶剂相互作用的度量,而溶化焓 ΔH_{fus} 则与溶剂无关。如已有溶解度曲线,且已知 ΔH_{fus},则可求得 ΔH_{sol} 及 ΔH_{mix}。溶化焓系以最小二乘法由 $\ln x$ 与 $1/T$ 的关系计算,然后可计算溶剂的混合焓 ΔH_{mix}。溶剂的混合焓随溶剂而异,在 $-61.2 \text{kJ} \cdot \text{mol}^{-1}$ 至 $-90.4 \text{kJ} \cdot \text{mol}^{-1}$。混合溶剂的混合焓随

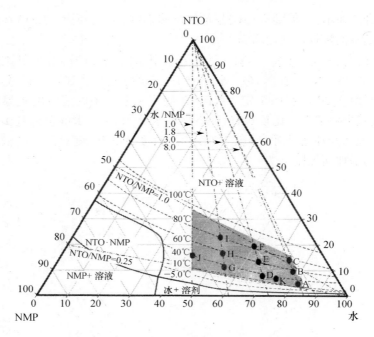

图 3.27　NTO－水－NMP 的三元固－液相图

溶剂中水含量增加而降低[3.62]，这说明水能减弱 NTO 与溶剂间的相互作用。不过，水－NMP 混合溶剂与溶剂化的 NTO 间的相互作用甚强，这种强的作用可能对晶形会有很大的影响，因为，H_2O－NMP 系统与一定结晶表面相互作用的差别也会很大。

2）介稳区的宽度和成核动力学

溶液中结晶的成核参数是由介稳区的宽度决定的，而此宽度宏观地表征了结晶操作条件（如冷却速率和溶液组成）的效应[3.68,3.69]。成核动力学[3.14,3.70]可由式（3.11）描述：

$$B_m = k_n \Delta c^n \tag{3.11}$$

式中　k_n——成核速率常数；

　　　n——表观成核级数。

最大过饱和度 Δc_{max} 可由介稳区宽度 ΔT_{mac} 按式（3.12）表示：

$$\Delta c_{max} = \Delta T_{max} \left(\frac{dc^*}{dT} \right) \tag{3.12}$$

Nyvlt 认为，介稳区宽度 ΔT_{max} 与溶液冷却速率（冷却速率恒定时）间的关系可用式（3.13）表示[3.70]：

$$\lg T = \lg k_n + (n-1)\lg\left(\frac{\mathrm{d}c^*}{\mathrm{d}T}\right) + n\lg\Delta T_{\max} \qquad (3.13)$$

式中 $\frac{\mathrm{d}c^*}{\mathrm{d}T}$ 可由图 3.26 中的溶解度曲线计得。

最大的允许过冷 $\Delta T_{\max}$ 可作为平衡温度与每一特定冷却速率下能检测出晶核的温度的差值。

用冷却速率对饱和温度最大允许过冷 $\Delta T_{\max}$ 做图(自然对数)可得直线,直线的梯度为 n(见图 3.28,图中包括有三种溶剂 $H_2O/NMP = 1.8,3.0$ 及 8.0 的图)。这些研究结果说明,NTO 溶液介稳区的宽度随冷却速率的增大而增加,也随混合溶剂中 H_2O/NMP 比的降低而增加。$\Delta T_{\max}$ 与 H_2O/NMP 比的相反关系说明了为什么成核的概率随 H_2O/NMP 混合溶剂中水含量增加而增高的原因(水系作为反溶剂),这也可以认为是水这一反溶剂对促进成核的贡献。成核速率级数 n 和成核速率常数 k_n 可分别由图 3.28 所示直线的斜率及截距估计。成核速率级数 $n = 1.6\sim2.8$,且似乎与溶液的饱和温度及溶剂组成有关[3.62,3.63]。此外,可以得出这样的结论:在搅拌强度恒定时,溶剂组成可明显影响成核速率常数 k_n 及图 3.28 中直线的斜率。在所研究的较窄的饱和温度范围内,在饱和温度的最大区间(35K)内,k_n 增高至约 3 倍。

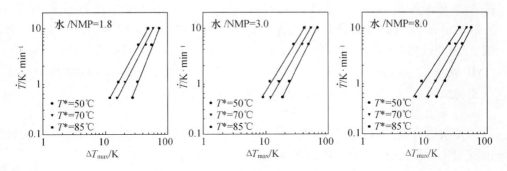

图 3.28 在不同溶剂中,形成球晶的 $\Delta T_{\max}$ 与 b 的关系曲线

3) 成核行为

为了说明 NTO 球晶的结晶行为,应考虑无量纲介亚稳过饱和与无量纲溶解度之间的关系。Mersmann 等[3.71,3.72]曾导出一个适用于各种成核过程的介稳区宽度 $\Delta c_{\max}$ 与溶解度 c^* 之间的理论关系,这可见图 3.29。

基于固体结晶密度 c_c 的无量纲介稳区宽度 $\Delta c_{\max}/c_c$ 对无量纲的溶解度 c^*/c_c 做图,可得无量纲的成核速率常数 $B_{\mathrm{prim}}/D_{\mathrm{AB}}(N_A \cdot c_c)^{5/3} = 10^{-20}$。根据上文提及的理论关系[3.1,3.73],对 $D_{\mathrm{AB}} = 1.58\times10^{-9}\mathrm{m}^2\cdot\mathrm{s}^{-1}$ 和 $c_c = 20 = 20\mathrm{kmol}\cdot\mathrm{m}^{-3}$(一般有机物通常为 $5\ \mathrm{kmol}\cdot\mathrm{m}^{-3} < c_c < 30\ \mathrm{kmol}\cdot\mathrm{m}^{-3}$)的情况,$\Delta c_{\max}/c_c$ 对 c^*/c_c 做图所

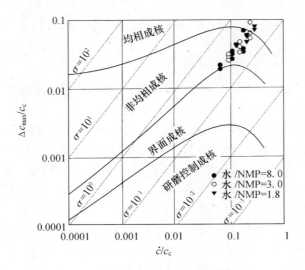

图 3.29   Mersmann 的成核标准

得的曲线（图 3.29）是有效的。有机系统的扩散性大约是 $D_{AB} = 10^{-9} \mathrm{m^2 \cdot s^{-1}}$。
NTO 在 $H_2O - NMP$ 混合溶液中的 $D_{AB} = 1.36 \times 10^{-9} \mathrm{m^2 \cdot s^{-1}}$[3.59]。对非离解系统，
图 3.29 的曲线是适用的。在所研究的溶剂中，NTO 的溶解度是 $0.14 \mathrm{kmol \cdot m^{-3}} \sim$
$2.3 \mathrm{kmol \cdot m^{-3}}$，它的无量纲溶解度 $c^*/c_c = 0.01 \sim 0.2 (c_c = 14.9 \mathrm{kmol \cdot m^{-3}})$。由
图 3.29，可得到非均相成核的近似标准。35 次实验数据表明，对 $NTO - H_2O -$
NMP 系统，当 $0.06 < c^*/c < 0.25$ 时，在平均过饱和为 $0.1 < \sigma < 1$ 时成核。由这
些实验结果可知，这相应于一级成核（包括均相和非均相成核）。

4）界面能

界面能可由经典一级成核理论求得。如认为形成标准核的概率相应于最大自
由能变化，则经典的一级成核速率可用式（3.14）表示[3.14]。

$$J = A\exp\left[\frac{-16\pi\gamma^3 v^2}{3\kappa^3 T^3 (\ln S)^2}\right] \tag{3.14}$$

表征结晶过程通常采用的一个参数是诱导期 t_{ind}，即在某一系统中达到溶液
过饱和（或过冷）至生成可检测量晶核之间的时间[3.74,3.75]。t_{ind} 可根据介稳区宽
度和冷却速率按式（3.15）计算：

$$t_{ind} = \frac{\Delta T_{max}}{T} \tag{3.15}$$

诱导期可认为与成核速率成反比[3.14]，见式（3.16）及式（3.17）：

$$\ln t_{ind} = \ln A + \frac{B}{T^3 (\ln S)^2} \tag{3.16}$$

式中
$$B = \frac{16\pi\gamma^3 v^2}{3\kappa^3}$$
(3.17)

用 t_{ind} 对函数 $T^3(\ln S)^{-2}$ 做图(半自然对数图),再对实验数据进行线形回归分析,则对三种 H_2O－NMP 系统(H_2O 与 NMP 的比例不同),均可得表面能和饱和温度的直线关系[3.62](见图 3.30)。如果实验数据能用经典成核理论表示[3.14],则表面能可直接由成核实验,即由式(3.17)所定义的热动力学参数 B 估算。在本例计算中,NTO 的分子体积为 $1.12 \times 10^{-28} m^3$/分子[3.59],表面能的计算结果(对 H_2O/NMP 比不同的混合溶剂)见图 3.30,对图中所有三种 H_2O/NMP 混合溶剂表面能与温度均呈良好的线形关系。由图 3.30 可看出,温度增高及 H_2O/NMP 比增高,表面能均下降。当温度为 50℃～85℃,H_2O/NMP 比为 1.8～8.0 时,表面能为 $3.1 mJ \cdot m^{-2}$～$5.8 mJ \cdot m^{-2}$。H_2O/NMP 混合溶剂中的水含量增加使表面能下降这一事实说明,混合溶剂中的水可能促进聚集簇状球晶的成核,而这又是由于介稳区宽度减小造成的。同样,最大允许过冷增加,和 H_2O/NMP 混合溶剂中 NMP 含量增加,均使表面能增高。

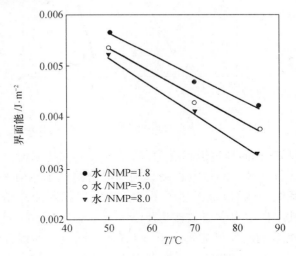

图 3.30　温度和 H_2O/NMP 比对界面能的影响

5) 结晶生长动力学

总结晶生长速率可用式(3.18)(式中包括温度效应)表示[3.14]:

$$R_G = k_G \Delta c^g = k_g \exp\left(-\frac{E}{RT}\right)\Delta c^g$$
(3.18)

式中　R_G——总生长速率;

　　　K_G——总生长速率常数;

　　　k_g——结晶生长速率常数;

E——结晶生长活化能；

g——结晶过程级数(对过饱和度 Δc)。

在决定结晶生长速率上,溶液的过饱和度是一个重要的参数。图 3.31 所示为在 303K 下结晶生长速率与过饱和度的关系(图中包括三种不同 H_2O/NMP 的混合溶剂)[3.76]。由图 3.31 直线的斜率和截距可分别求得生长速率级数 g 及总生长速率常数 K_G。对 H_2O/NMP 比分别为 1.8、3.0 及 8.0 的混合溶剂,总生长级数(对过饱和度)相应分别为 3.62、2.67 及 2.04。

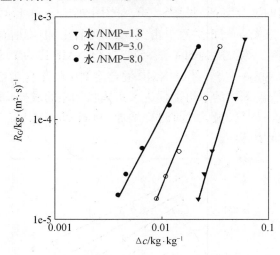

图 3.31　30℃下过饱和度对结晶生长速率的影响

由图 3.31 可知,在同样过饱和度下,结晶生长速率随 H_2O/NMP 混合溶剂中水含量的增加而明显增快,但总生长级数则随混合溶剂中 NMP 含量的增加而增高。这说明,水系作为 NTO 球晶生长的加速剂。以间断冷却结晶操作,令 NTO 在水中结晶时,其生长动力学级数接近 1.3[3.77]。混合溶剂的 H_2O/NMP 比值改变时,结晶生长级数的改变可能是由于 NTO 在不同组成的混合溶剂中溶解度不同所致[3.61,3.62]。同样,上述实验结果也说明,NTO 球晶在 H_2O/NMP 混合溶剂中生长时,水是 NTO 结晶生长的加速剂。当 NMP 浓度在混合溶剂中不断降低,即 $NTO-H_2O-NMP$ 三元系统愈接近 H_2O-NTO 系统时,水作为 NTO 球晶生长加速剂的作用愈会逐步增强。

式(3.18)的 Arrhenius 公式包含了温度对结晶生长速度的影响。图 3.32 表明,对三种 H_2O/NMP 比分别为 1.8、3.0 及 8.0 的混合溶剂,以 $\ln\left(\dfrac{R_G}{\Delta c^g}\right)$ 对 $1/T$ 做图,均可得到直线。从图中直线的斜率及截距可分别求得活化能 E 和结晶生长速率常数 k_g。NTO 在上述三种混合溶剂中总生长的活化能 E 分别为 77.5kJ·mol^{-1}

（H_2O/NMP 比为 1.8）、61.0 kJ·mol^{-1}（H_2O/NMP 比为 3.0）及 51.5 kJ·mol^{-1}（H_2O/NMP 比为 8.0）。这说明，生成 NTO 结晶的活化能随混合溶剂中水含量的增加而降低。上述活化能的差别也说明，NTO 在 H_2O/NMP 混合溶剂中生成球晶时，水是一种加速剂。

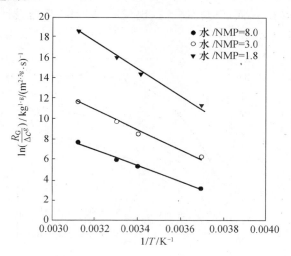

图 3.32　$\ln\left(\dfrac{R_G}{\Delta c^g}\right)$ 与 $1/T$ 的相关直线

应当注意，对扩散控制过程，活化能一般为 8kJ·mol^{-1}～25kJ·mol^{-1}，而对集成控制过程，活化能一般大于 40kJ·mol^{-1}[3.78]。NTO 球晶生长的活化能，在扩散控制过程活化能范围之外，故此过程不应属于扩散控制过程，而很可能是，溶质集成生长至结晶晶格上，这一步是 NTO 球晶生长过程的速控步骤。当 H_2O/NMP 混合溶剂中 NMP 含量增高时，NTO 结晶生长速率的降低，这可能是由于集成至结晶上的分子的阻隔效应所致。

在过饱和溶液中水含量增高，NTO 结晶生长速率增快，但此时 NTO 结晶结构则未发现改变，在三元系统中仍形成球晶。溶液中水含量增加使 NTO 结晶速率增快这一事实说明系统的物理化学性质及传递性质也是有所改变的。可以得出结论，水不仅增快溶质在系统中的扩散，而且也使结晶单元能更快地集成至结晶结构上。NTO 球晶的生长过程很可能系由 NTO 结晶单元的集成所控制。

3.2.5.2　重结晶时晶体大小及晶形的控制

结晶时生成的晶体大小主要取决于成核及晶体生长的动力学，而动力学又是结晶过程中一系列变量（如搅拌速率、加料组成和生产率）的函数。这些函数最终将影响溶液的过饱和度。过饱和度是控制结晶生长速率和成核速率的主要因素。

图 3.33 所示是当 NTO/NMP 比为 0.3～0.8 时，溶液（NTO 在 H_2O/NMP 混

合溶剂中结晶)组成对 NTO 球晶晶体大小的影响。NTO 球晶的晶体平均大小随 NTO/NMP 比的增高而增加。往 NMP 中加入水,NTO 在 NTO－H_2O－NMP 三元系统中的溶解度下降。晶粒大小主要是结晶动力学决定的。据报道,H_2O/NMP 混合溶剂中的水含量增加,成核速率降低。这说明,晶粒大小可通过调节混合溶剂的 H_2O/NMP 比而加以控制。这也说明,扩大结晶器设计时取决于混合溶剂的组成,而与生产规模无关[3.78]。

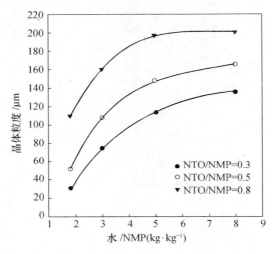

图 3.33   溶剂组成对球晶的晶粒大小的影响

图 3.34 所示是搅拌速率对晶粒大小的影响(图中包括三种不同 H_2O/NMP 比的混合溶剂的实验结果)。实验采用的是不加晶种的冷却结晶过程,冷却速率为 $10K \cdot min^{-1}$,NTO/NMP 比为 0.8。结果表明,搅拌速率提高,晶粒尺寸下降。当混合溶剂的 H_2O/NMP 恒定为 0.8 时,搅拌速率增至 5 倍,晶粒大小降低 40%。当搅拌速率恒定为 $500r \cdot min^{-1}$ 时,混合溶剂的 H_2O/NMP 比由 1.8 增至 8.0,晶粒大小降低约 50%。搅拌速率较高时,混合溶剂的 H_2O/NMP 比对晶粒大小的影响降低。当搅拌速率高至 $1000r \cdot min^{-1}$ 时,H_2O/NMP 比对晶粒大小的影响甚微,此时晶粒大小仅为搅拌条件所支配。同样,当 H_2O/NMP 比甚低时,搅拌对晶粒大小也没有什么影响。

1) 冷却速率对结晶形态的影响

在 H_2O/NMP 混合溶剂中,以快速冷却令 NTO 结晶,可得到几乎完美的具光滑表面的球晶,此球晶系在所有方向上三维生长形成的。在此球晶的表面,可看到具有规整矩形末端的针形结晶,它们是球晶的组成部分。图 3.35 是 NTO 球晶的扫描电镜(SEM)照片。此球晶是在各种冷却速率下以冷却结晶法在 H_2O/NMP 中制得的,进料组成为:NTO6.8%,NMP21.9%,H_2O72.3%,此组成相当于图

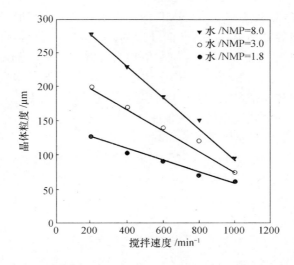

图 3.34　不同 H_2O/NMP 比时,搅拌速度对晶粒大小的影响

3.27 中的 K 点。对图 3.35 中(a)所示结晶,结晶时的冷却速率为 $10K \cdot min^{-1}$,所得为 NTO 球晶,它由针状结晶阵组成,由中心从径向向外排列。对图 3.35(b)所示结晶,结晶时冷却速率为 $5K \cdot min^{-1}$,所得为 NTO 球晶,但表面上存在很多微孔。这说明,结晶生长连续进行时,有些杆状结晶逐渐包围结晶中心的两边区域,因而形成微孔。图 3.35(b)的电子显微镜照片表示了球晶外部的尖端,即针杆状结晶在球晶外排列的情况。此球晶系以冷却速率为 $5K \cdot min^{-1}$ 时生成的。图 3.35(c)所示的 NTO 结晶是冷却速率为 $1K \cdot min^{-1}$ 时形成的,此球晶的晶形不规则,有一伸长的主轴,在主轴的两边,外部有针状扇形的结晶,这使球晶具有类束状外表。由图 3.35(c)可以看到,晶体呈球晶形状,它由针状结晶排阵组成,由结晶中心沿径向向外排列。当 NTO 在 H_2O/NMP 混合溶剂中冷却结晶时,提高冷却速率可增加 NTO 结晶的密实性及球形度。一般说来,冷却速率增高,成核速率提高[3.58,3.59]。这说明,球晶的成核主要影响晶体的形态。

图 3.35　NTO 结晶的扫描电镜(SEM)照片

(a) 冷却速率 $10K \cdot min^{-1}$;(b) 冷却速率 $5K \cdot min^{-1}$;(c) 冷却速率 $1K \cdot min^{-1}$。

最后，NTO球晶从含 H_2O 及 NMP 的三元系统结晶析出时，球晶由针状杆晶组成，后者由共同的结晶中心沿径向向外排列，杆晶具有大约恒定的厚度，沿径向方向有一优先生长的晶轴。降低冷却速率和增高混合溶剂的 H_2O/NMP 比，增加杆晶的厚度。同时，业已发现，在较高冷却速率下结晶析出的 NTO 晶体具有较好的球形，而高的冷却速率可增加介温区的宽度。这证明，要想形成更密实和更球形化的结晶，增加介稳区宽度以提高成核速率，乃是必须的。

2）结晶系统组成对晶体形态的影响

图 3.36 所示为一些 NTO 结晶的扫描电镜（SEM）照片，这些结晶是在各种不同组成的三元系统中以冷却速率 $10K \cdot min^{-1}$ 制得的[3.61]。结晶时所用三元系统的组成均可见图 3.27。图 3.36(a)、(b)、(c)、(d)中的 NTO 结晶生成，所用结晶系统的组成分别相应于图 3.27 的 B、E、F 及 J 点。

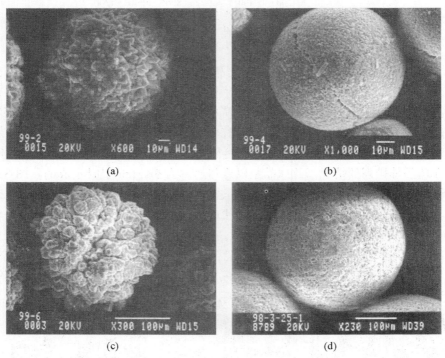

图 3.36　在不同组成的 H_2O-NTO-NMP 三元系统中得出的 NTO 结晶

(a) 三元系统组成为图 3.27 中的 B 点；(b) 三元系统组成为图 3.27 中的 E 点；
(c) 三元系统组成为图 3.27 中的 F 点；(d) 三元系统组成为图 3.27 中的 J 点。

结晶所用三元系统的组成会影响所得结晶的形态，因为溶质和溶剂间的相互作用与溶液的组成有关[3.79]。图 3.36 所示的 NTO 结晶都是球晶。当混合溶剂的 H_2O/NMP 比恒定时，增高 NTO/NMP 比，会降低球晶的密实性。当 NTO/

NMP 比恒定时,增高 H_2O/NMP 比,会增大球晶的晶体尺寸。采用图 3.27 中 D、E、G、H 和 J 点组成的三元系统,可形成 NTO 球晶。通过结晶系统组成与结晶形态关系的进一步研究发现,当 NTO/NMP 比为 0.2~0.6,H_2O/NMP 比为 1.0~4.8,且冷却速率为 $10K\cdot min^{-1}$ 时,可得到 NTO 球晶。如结晶溶剂的 H_2O/NMP<1.0,则不能形成 NTO 结晶,而只能形成 NTO-NMP 加合物。这由图 3.27 所示的三元相图也是可以预料到的。当结晶溶剂的 H_2O/NMP>4.8,即增加三元系统中的水含量,NTO 结晶形态不会有很大的改变,但晶形变成类雪球状。在 H_2O/NMP=3.0 溶液中得出的 NTO 结晶(见图 3.36(b))与在 H_2O/NMP=1.8 溶液中得出的 NTO 结晶(见图 3.36(a))相比,前者的表面要密实得多,且更球形化。

在 H_2O/NMP>0.6 溶液中得出的 NTO 结晶(见图 3.36(a)),其形状也似雪球,表面不规则。在组成相应于图 3.27E 及 H 点的三元系统中得出的 NTO 结晶,表面可观察到裂纹。这些裂纹是由于 NTO 球晶在三维生长过程中被扭曲和拉伸所造成的。对其他有机化合物的球晶,也报道过有相似的情况[3.36]。当球晶不能承受高应变时即会产生裂纹。

研究表明,冷却速率和结晶系统的组成主要影响球晶的形态。图 3.37 所示的是以冷却速率 $10K\cdot min^{-1}$ 时从不同组成的结晶系统中所得 NTO 结晶的形态,图

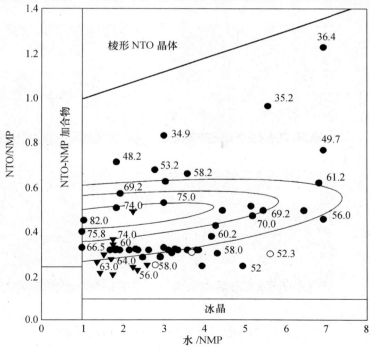

图 3.37　组成不同的结晶系统的介稳区宽度

3.37 的横坐标是 H_2O/NMP 比,纵坐标是 NTO/NMP 比。当冷却速率相同而结晶三元系统的组成改变时,NTO 结晶的形态发生变化,这是由于介稳区宽度不同而使成核行为有异所致。

3.2.5.3　加晶种的冷却结晶

从水溶液(即 $NTO-H_2O$ 系统)中得到的 NTO 结晶为立方晶系,这可见图 3.23[3.59,3.80]。NTO 在二元溶液中总是生长为立方晶体,而在三元溶液($NTO-H_2O-NMP$)则生长为球晶。图 3.38 是一些 NTO 结晶的扫描电镜(SEM)照片,这些 NTO 结晶是在 H_2O-NMP 溶液中同时加入球晶为晶种得到的。图 3.38 中的(a)、(b)及(c)三个照片,所示的 NTO 结晶均在 H_2O-NMP 溶液中以球状结晶

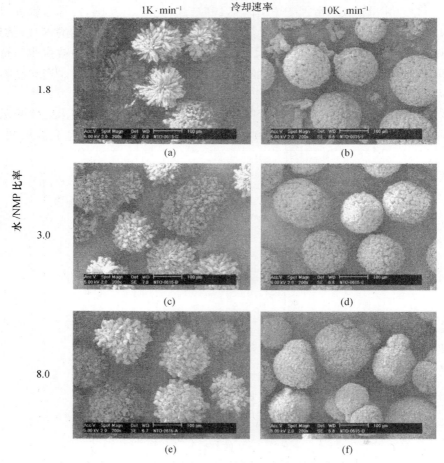

图 3.38　以不同的冷却速率从 H_2O/NMP 比不同的
溶液中加入晶种得到的 NTO 结晶的 SEM 照片

为晶种时生成,但所用的三种溶液的 H_2O/NMP 比不同,分别相应为 1.8、3.0 及 8.0,三者的结晶温度为 293K,冷却速率为 $1K\cdot min^{-1}$。图 3.38 中的(d)、(e)及(f)三个照片所示的 NTO 结晶,其结晶条件分别相应于(a)、(b)及(c),唯冷却速率是 $10K\cdot min^{-1}$。业已发现,当球晶生长时,总从其中心开始,因此其结晶形态为球状。

图 3.39 为以冷却速率分别为 $1K\cdot min^{-1}$ 和 $10K\cdot min^{-1}$ 从水溶液中得到的 NTO 结晶的 SEM 照片,这种结晶表面覆盖有较大的立方晶体,而立方晶体的边缘上又有大量无规则的针状结晶,后者没有规则的方向。业已发现,在水溶液中得到的 NTO 晶体不是球晶,而是聚集体。当水溶液中的 NMP 含量增加时,黏附于晶面及晶角针状结晶增多。在径向形成聚集体的倾向与溶液中 NMP 含量是相应的。比较在两种冷却速率下所得 NTO 结晶的晶态可知,提高冷却结晶时的冷却速率,可增加 NTO 晶体的密实性及球形化程度。降低冷却速率和增加结晶溶剂中的水含量,则可增大聚集于晶种晶体的类针状结晶的厚度。

(a)   (b)

图 3.39　加入晶种在水中得到的 NTO 结晶的 SEM 照片

(a) 冷却速率 $1K\cdot min^{-1}$;(b) 冷却速率 $10K\cdot min^{-1}$。

在成核研究中发现[3.59,3.62],NMP 的存在可增大 NTO－H_2O 系统的介稳区的宽度,延缓溶质的沉析和降低成核速率,有助于形成具有光滑表面的球晶。由图 3.38 可见,在 H_2O/NMP 比较低的系统中生长的 NTO 结晶,具有更密实和更球形化的特性。这十分清楚地说明,球晶的形成实际上取决于成核过程,而球晶生长速率能为聚集速率所控制。在 $H_2O－NMP－NTO$ 系统中,NTO 球晶的形成和生长,为几种因素(如所用溶剂的浓度和类别)所影响。溶剂化、选择性溶剂及溶质的结合,也具有影响。从 NTO 结晶在 $NTO－H_2O－NMP$ 系统中生长的行为来看,水作为一个加速剂,通过加快 NTO 晶体的生长,可促进 NTO 结晶的球形晶态的形成。

3.2.5.4　结晶器的扩大

1. 理论

晶体的平均大小(L)可表示为晶体总生长速率(G)、质量成核速率(B_m)和晶

体悬浮密度(φ_s)的函数[3.72,3.81],见式(3.19):

$$L = f\left(\frac{G\varphi_s}{B_m}\right) \tag{3.19}$$

式(3.19)系根据下述实验结果得出的,即晶体的平均大小随晶体生长速度的增快和成核速率的降低而增加。

晶体总的生长速率可表示为过饱和度的幂函数,见式(3.20):

$$G = k_G \Delta c^g \tag{3.20}$$

式中　G——晶体总生长速率;

　　　k_G——晶体总生长速率常数;

　　　g——结晶过程对过饱和度的级数;

　　　Δc——过饱和度。

质量成核速率 B_m 可用与式(3.20)相似的下式幂函数表示,而该幂函数可用于成核动力学方程,见式(3.21):

$$B_m = k_n \Delta c^n \tag{3.21}$$

合并式(3.19)、式(3.20)及式(3.21),可得到表示晶体大小 L 的一个简单关系式,见式(3.22):

$$L = K_N \varphi_s \Delta c^{g-n} \tag{3.22}$$

式中

$$K_N = \frac{k k_G}{k_n} \tag{3.23}$$

式(3.22)~式(3.23)中的 K_N 是一个系统函数,它包含有结晶动力学参数,如 k_g 和 k_n。由于式(3.23)中的速率常数系 k_n 和 k_G 分别处于式中的分母和分子项,且此两者随温度和其他参数的变化规律是类似的,因此相对而言,k_N 对温度、物料混合强度及其他参数的变化均不是很灵敏的。所以,当改变结晶器的规模时,设计计算中适于采用 k_N 这一系统参数。

2. 结晶器的设计

实验室的带夹套的结晶器(容积 300mL,内径 90mm,高 120mm)是用 Pyrex 玻璃制造的,装有不锈钢船用螺旋桨式搅拌器(SUS304)和温度敏感元件。结晶器装有吸(吸入、吸出)料管和四个挡板。搅拌速率固定为 600min^{-1}(搅拌叶末端线速率为 1.9m·s^{-1}),以保证结晶器中的悬浮液能良好搅拌。

放大的带夹套结晶器容积为 50L,内径 0.4m,高 0.5m,由不锈钢(SUS304)制造,装有几何形状与实验室结晶所用搅拌器相似的船用螺旋桨式搅拌器,(SUS304),搅拌器直径 0.12m,桨叶宽 0.035m,桨角 25°。结晶器还装有温度敏感元件、吸料管(内径 0.27m,高 0.27m)、四个内挡板(长 0.23m,宽 0.12m)及四个外挡板(长 0.34m,宽 0.037m)。搅拌器转速固定为 300min^{-1},以保证结晶器内的悬浮液得以良好混合。为了严格评估放大结晶器规模对结晶大小的影响,放大的结晶器所用的操作条件与实验室结晶器所用者基本相同。用于放大结晶器的无量纲参数系基于实验室结晶器的操作计算的,Newton 数 0.5,Flow 数 0.4,Reynolds 数 90000,Froude 数 0.81,相应的泵流量为 $0.031m^3 \cdot s^{-1}$,搅拌器桨末端线速率为 1.9 $m \cdot s^{-1[3.1]}$。

3. 模型

结晶的晶粒大小和粒度分布对炸药性能而言是很重要的参数,它们与炸药的装填密度及真密度均十分有关。晶体大小和粒度分布是成核速率和结晶生长速度的复杂函数,而成核速率及结晶生长速率与结晶过程的一系列操作条件(如搅拌速率,结晶溶液的组成及生产率等)有关。在共溶液中使 NTO 结晶时,共溶剂的组成和温度在决定球晶大小及其粒度分布上也是重要的因素。

如图 3.33 所示,是实验室规模研究所得的 NTO 球晶的大小与溶剂中 H_2O/NMP 比的关系(图中有三条曲线,分别为不同的 NTO/NMP 比的情况)。由图可知,H_2O/NMP 比增大或 NTO/NMP 比增大,均可导致 NTO 晶体尺寸增加。增加溶剂中的水含量,NTO 晶体尺寸增大。调节结晶三元系统(H_2O – NMP – NTO)的组成,在保持冷却速率和搅拌速率恒定的情况下,可控制 NTO 球晶的平均直径在 $20\mu m \sim 210\mu m$ 范围内。

由式(3.22)可知,NTO 结晶的尺寸能由过饱和度、结晶动力学和悬浮液密度之间的关系估计。结晶尺寸对结晶生长动力学指数 g 和成核动力学指数 n 两者的差值$(g - n)$相当敏感。为了估计应用式(3.22)的结果,对每一个实验,应知道其 φ_s、Δc 以及$(g - n)$。

悬浮液的密度 φ_s 可由结晶器的物料衡算计算,对 H_2O/NMP 比为 1.8、3.0 及 8.0 的三个结晶系统,其 φ_s 值分别为 0.1、0.048 及 0.031[3.82]。结晶生长动力学级数 g 与成核动力学级数 n 之差$(g - n)$,可将式(3.22)改写成式(3.24)以计算:

$$\frac{\mathrm{d}\ln L}{\mathrm{d}\ln \Delta c} = g - n \tag{3.24}$$

过饱和度 Δc 主要取决于冷却结晶时的冷却速率,前人的研究指出,当结晶系统中的 H_2O/NMP 比为 $1.0 \sim 8.0$,NTO/NMP 比为 $0.25 \sim 1$,而冷却速率大于 $10K \cdot min^{-1}$ 时,可得到球状的 NTO 结晶[3.61]。在同样的冷却速率及混合条件下,溶液组成影响过饱和度。

图 3.40 所示为对不同 H_2O/NMP 比系统,其过饱和度与系统中 NMP/NTO 比的关系。增大系统的 NMP/NTO 比,系统饱和度呈线性增加;而增大系统的 H_2O/NMP 比,则过饱和度降低。它们之间的关系可表示如式(3.25):

$$\Delta c = 1.346X^{-0.87}Y^{1.0} \tag{3.25}$$

式中　　X——NTO/NMP 比；

　　　　Y——H_2O/NMP 比。

由式(3.25)所得计算结果示于图 3.41。

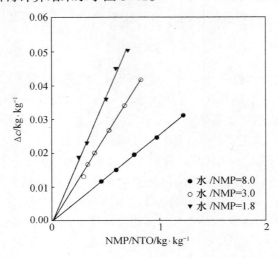

图 3.40　对不同的 H_2O/NMP 系统,过饱和度与 NTO/NMP 的关系

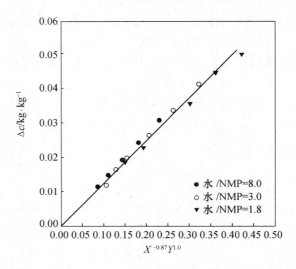

图 3.41　过饱和度与 NTO/NMP(X)及 H_2O/NMP 比(Y)的关系

　　测定的过饱和度与用式(3.25)计算所得的过饱和度相比,相对标准偏差为 $0.00008kg \cdot kg^{-1}$,平均绝对偏差为 $0.00006kg \cdot kg^{-1[3.82]}$。因此,可以认为,对本书所述冷却结晶器,当以恒定冷却速率搅拌时,对所用的结晶溶液,式(3.25)所示的过饱和度是可以接受的。

当结晶系统中的 H_2O/NMP 比恒定时,合并式(3.22)及式(3.25),则得式(3.26):

$$\frac{\mathrm{d}\ln L}{\mathrm{d}\ln Y} = g - n \tag{3.26}$$

这就是说,在恒定的 H_2O/NMP 比下,级数差 $(g-n)$ 可用式(3.26)计算。

图 3.42 表示 L 与 Y 的关系,而级数差 $(g-n)$ 可由 $L-Y$ 相关直线的斜率求得。对 H_2O/NMP 分别为 1.8、3.0 及 8.0 的三种结晶系统,相应的 $(g-n)$ 值分别为 0.828、0.581 及 0.438。这些值较由文献[3.82]测定的成核动力学及晶体生长动力学计算所得的相应计算值较低。

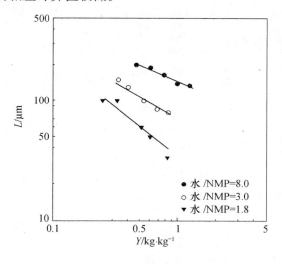

图 3.42　$L-Y$ 关系图

对每一个实验,式(3.22)中的系统常数 K_N,可由 L 对 $\varphi_s \Delta c^{g-n}$ 做图所得直线的斜率计算得到。在 H_2O-NMP 混合物中令 NTO 冷却结晶,对 H_2O/NMP 比分别为 1.8、3.0 及 8.0 的系统,相应的 K_N 值分别为 4889、1539 及 342。

尽管数据比较分散,但仍可以看出,在上述三种 H_2O/NMP 比不同的系统中,所有的 L 对 $\varphi_s \Delta c^{g-n}$ 做图所得的直线都有不同的适当的斜率。L 与 $\varphi_s \Delta c^{g-n}$ 的关系式可汇总如下。

对 $H_2O/NMP = 1.8$ 的系统,见式(3.27):

$$L = 324\varphi_s \Delta c^{-0.828} \tag{3.27}$$

对 $H_2O/NMP = 3.0$ 的系统,见式(3.28):

$$L = 1539\varphi_s \Delta c^{-0.581} \tag{3.28}$$

对 $H_2O/NMP = 8.0$ 的系统,见式(3.29):

$$L = 4889\varphi_s\Delta c^{-0.438} \tag{3.29}$$

对于各实验条件下的所得 NTO 结晶的平均直径,已由式(3.27)及式(3.28)计算,并与实测值进行了比较。图 3.43 所示是由实验室结晶器及放大结晶器所得NTO 结晶平均直径计算值及实测值的比较。由图 3.43 可明显看到,实测结果与由式(3.22)计算的结果相当接近。这些结果表明,尽管实验室结晶器与放大结晶器的容积在数量上相差二个数量级,但包括有参数 K_N 及$(g-n)$ 的式(3.22),用于这两种结晶器都是令人满意的。可以得出这样的结论,即基于上述各计算式将结晶进一步扩大,也是足够可靠的,这为结晶器的设计打下了良好的开端。

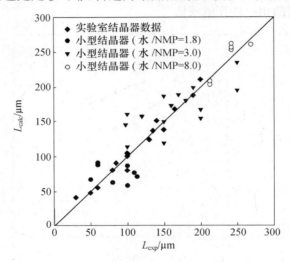

图 3.43　NTO 平均粒径实测值和计算值的比较(包括实验结晶器及小型结晶器)

3.2.6　相稳定化硝酸铵(PSAN)

3.2.6.1　引言

硝酸铵(AN)在固体推进剂、炸药及气体发生器系统中作为氧化剂。AN 的缺点是能量水平低,燃速低,且能发生影响材料性能的晶型转变。在 20 世纪 60 年代及 70 年代,人们对将 AN 用于固体推进剂的兴趣下降,这一方面是由于 AN 本身的缺点,另一方面是由于含高氯酸铵(AP)复合含能材料的发展。当对推进剂提出无烟、低感和对生态环境无害的要求后,人们对 AN 的兴趣又开始增加,因为含 AP的复合含能材料由于燃烧时放出氯化氢而不能满足上述环境要求。

3.2.6.2　AN 的相变及其测定

AN 结晶存在 5 种晶型。将干燥的 AN 由熔融态冷却时,它经过有序—无序的转变,可出现 4 种与结构有关的晶型,即 Ⅰ、Ⅱ、Ⅳ 及 Ⅴ。只有在水存在下,AN

才会出现一种与结构无关的晶型Ⅲ,因为水能促进晶型Ⅲ的成核[3.83,3.84]。AN 的相变示于图 3.44。

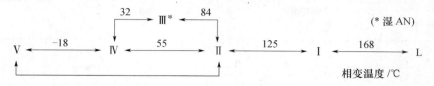

图 3.44　AN 的相变

　　由于 AN 存在几种晶型,且它们能在较窄的温度范围内转变,另外,水的存在又使情况更加复杂化,所以,用经典的热分析方法(如 DSC 和 TMA)研究 AN 的相行为就很难得出十分肯定的结果,因为这类方法只是测定热效应,而不能鉴定是否发生了相变。要鉴定相变,必须基于晶体的结构特征,如采用 X 射线衍射(见本书第 9 章)才能实现。

　　面临上述问题,Engel 和 Charbit 于 1978 年首次对 AN 进行了温度 - 分辨的 X 射线衍射实验,阐述了 AN 在加热和冷却过程中发生的相变[3.85]。今天,借助现代的测定和评估技术,X 射线衍射方法已成为热分析领域[3.86]十分有用的工具,并广泛用于含能材料相行为的研究。

3.2.6.3　AN 的相行为的改善

　　对 AN 用于含能材料的兴趣促进了人们对改善它的相行为的研究。1899 年,Müller[3.87]就报道了硝酸钾对 AN 相变的影响。1946 年,Campbell[3.88]提出,在硝酸钾及 AN 的固体溶液中,可抑制 AN 的相变。Coats 和 Woodard[3.89]采用 X 射线衍射研究了此固体溶液,Holden 和 Dickinson[3.90]还发表了它的结晶结构。这种方法可使 AN 的晶型Ⅲ得以稳定,但不能在 - 30℃ 以下使 AN 的相变稳定。

　　如果在 AN 晶格中加入铯以代替钾,AN 的相变也会受到影响,且能使 AN 的相稳定范围扩大到晶型Ⅱ及晶型Ⅴ[3.91,3.92]。但由于铯不易得到,所以在 AN 中加入铯的方法没有多大的实用价值。

　　另一个使 AN 稳定的方法是由德国的 ICT 研发的,该法是在 AN 中加入镍、铜或锌的二氨化配合物[3.93],这种材料系将金属氧化物与 AN 的熔融混合物通过固态反应合成的。曾采用温度 - 分辨的 X 射线衍射[3.94]研究这种材料,并已将其用于气体发生器[3.95]及固体推进剂中[3.96]。图 3.45 所示的是干 AN 和一些 PSAN(由 AN 与 5% ~6% 的金属氧化物合成)的相变行为,该图系引用 Engel 等[3.97]发表的数据制得。

　　研究表明,在 AN 晶格中加入 Ni(Ⅱ)的二氨化物,可使室温晶型Ⅳ稳定。与纯 AN 相比,加有 Ni(Ⅱ)二元氨化物的 AN 在较高温度下才转变为晶型Ⅱ。该 PSAN 的晶型Ⅳ在 - 70℃,甚至更低的温度下也是稳定的。用这种 PSAN 制得的

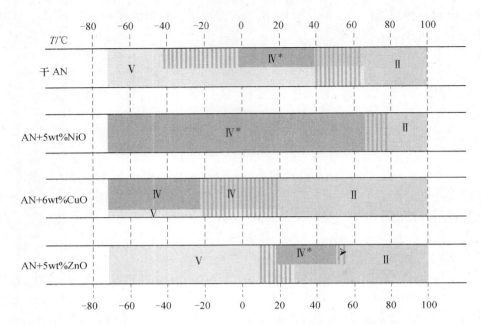

图 3.45　干 AN 及一些 PSAN 相稳定范围(与添加剂及温度有关)[3.97]

＊—开始时 100％为晶型Ⅳ；➤—不可逆(所有测定均从室温时开始,然后加热)。

推进剂具有良好的耐受温度循环的性能。但应注意的是,Ni(Ⅱ)和它的化合物可能有碍人的身体健康。

在 AN 晶格中加入 Cu(Ⅱ)的二氨化物可稳定晶型Ⅱ。当 AN 中铜含量大于8％时,晶型Ⅳ被抑制,所以在 – 70℃ ～ 150℃ 内,这种 PSAN 是稳定的。由于 AN 这两种晶型(Ⅱ及Ⅳ)很相似,所以由晶型Ⅱ转变为晶型Ⅳ没有明显的体积变化。另外,这种 PSAN 在贮存 10 年间都保持良好的性能,没有发生结块。

含硝酸锌二氨化物的 AN 与含 Cu(Ⅱ)二氨化物的 AN 类似,晶型Ⅱ的稳定性得以延伸;但冷却时,出现晶型Ⅴ而不是晶型Ⅳ。这种 PSAN 在制得后,在室温下即观察到晶型Ⅴ;如在室温下贮存 1 个～2 个星期后,即观察到晶型Ⅳ。对这种 PSAN,在生产和处理过程中,必须严格除水。如果不需要催化活性(如含铜的 AN 的情况),采用这种 PSAN 是可取的。

3.2.6.4　AN(及 PSAN)的生产过程

在 ICT,系将熔融物以喷雾法生产 AN,此法可制得特别适用于推进剂的球状AN。图 3.46 是 AN 喷雾结晶法的装置示意图。

上述装置操作时,在可加热的反应器中,熔化 40kg 粗 AN。如果需要,可往AN 中加入相稳定添加剂(金属氧化物),然后再在喷雾前,将添加剂与熔态 AN 搅拌均匀。喷化系采用可加热的双流喷嘴,以压缩气体为工作气。经雾化的熔滴螺

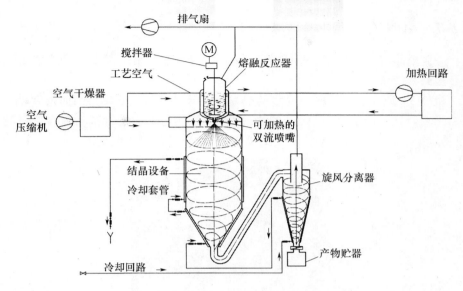

图 3.46　AN 的喷雾结晶装置

旋式通过结晶设备,并在此过程中结晶。随后,球状结晶产品经过旋风分离器分离。

所得 AN 结晶的粒径为 $20\mu m \sim 400\mu m$,生产的标准产品的平均粒径有 $300\mu m$、$160\mu m$、$50\mu m$ 及 $20\mu m$ 几种(见图 3.47),可按照用途加以选用。

图 3.47　喷雾法生产的球形硝酸铵结晶

作为 AN 相稳定添加剂的铜、镍或锌氧化物,用量为 $1\% \sim 6\%$。为了避免 AN 结块,可采用约 1% 的二氧化硅(SiO_2)或磷酸三钙(TCP)作为抗结块剂。

3.2.7　ADN 的结晶

　　二硝酰胺铵(ADN)是一种高效、无卤氧化剂,它对推进剂及炸药两者都可能明显提高其能量水平[3.98,3.99]。

　　粗 ADN 通常含有一些不规整的晶粒及聚集体(见图 3.48),因而使含能材料的加工复杂化。为了改善 ADN 的物理性能(如使之适用于制造含聚合物的含能材料)、燃烧特性及纯度,对合成出的 ADN 进行重结晶是必要的。

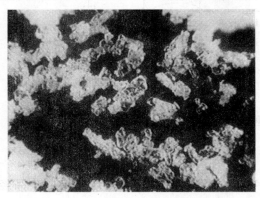

500μm

图 3.48　合成的粗 ADN 结晶

　　一般说来,为了纯制低熔点物质组成的二相系统,可采用乳液结晶,即冷却乳液以结晶。主要物质结晶后留于乳液中以共熔混合物存在的杂质,通过进一步冷却乳液,还可加以回收[3.14]。Espitalier 等[3.100]曾叙述了一个乳液结晶过程,系将作为分散相的固体溶于有机溶剂中,而连续相则必须与此溶液不混溶。通过传质和传热,使乳滴达到有限的过饱和状态,以令产品结晶。与此不同,ADN 的结晶系由熔融 ADN 中析出的,而熔融 ADN 系分散于非极性的连续相中。McClements 等[3.101]研究了分散熔滴在烃－水乳液中的结晶行为。研究表明,如果存在同种物质的固体颗粒,结晶是在微滴中诱发的。当过冷乳液中的固体颗粒与微滴碰撞时,即发生结晶。在 ADN 乳液结晶过程中也存在这种结晶机理。

　　现在,已研发了两种形成 ADN 球形颗粒的工艺,其中之一是 Highsmith 等[3.102]所研发的造粒工艺,该工艺系令 ADN 熔滴通过自身重力在一个流动有惰性冷却气体的塔中下落。另一种工艺是 ADN 乳液结晶工艺[3.103,3.104],该工艺通过下述两步生产球形 ADN 结晶。

　　(1) 以液态 ADN 为分散相,石蜡油为连续相制备 W/O 型乳液。此乳液的制备系在一间断操作的搅拌器中进行。搅拌器的几何形状及速率适应所处理的物料系统。

（2）ADN 微滴结晶为球形固体颗粒。由于液态 ADN 有强烈过冷倾向，所以除了将液态 ADN 冷却至熔点以下外，还必须输入机械能或通过颗粒间的相互作用以引发结晶，但为了避免微滴变形，输入的机械能必须低于一定阈值。

当结晶完成和晶液分离后，将所得结晶洗涤和干燥，用乳液结晶法以间断操作生产 ADN 的装置流程图示于图 3.49。

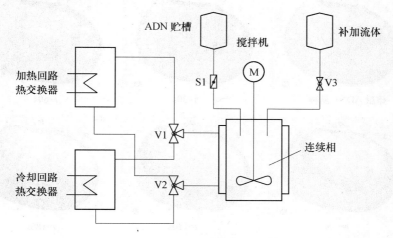

图 3.49 乳液结晶法流程图

采用该流程时，将连续相首先加入温度控制的容器中，当温度达到过程所要求的值后，由中间贮槽将粗 ADN 通过推进器 S1 加入容器中，令 ADN 熔化，再借搅拌将其分散成所需大小的微滴。随后开启冷却回路的三通阀 V1 及 V2，使系统冷却而产生温度梯度，于是结晶得以开始。

图 3.50 所示是上述乳液结晶系统所得的球形 ADN 颗粒的 SEM 照片。该系统可生产平均粒径在 $20\mu m$ 至 $500\mu m$ 的 ADN 结晶[3.105]。

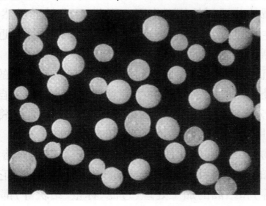

图 3.50 乳液结晶法生产的 ADN 结晶

分散 ADN 微滴的结晶可借搅拌能、超声能、连续相的流变行为或加入结晶晶种以引发。在晶种存在下,熔融 ADN 的晶核生成过程见图 3.51。当存在晶种时,在 180s 内,ADN 微滴可完全固化。在不加晶种的相应的实验中,即使温度降至 20℃,也没有晶核形成。

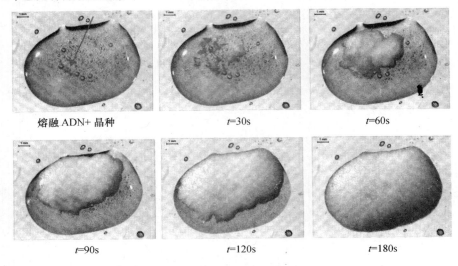

图 3.51　晶种引发的熔融 ADN 结晶过程示意图

3.3　模拟

3.3.1　导言

在结晶器中结晶的生长过程系在结晶与溶液的界面,即结晶表面进行的。结晶的生长决定于该区域的分子间的相互作用。因此,工业结晶虽然是大规模的,但结晶器中实际的晶体生长过程仍然是以分子规模进行的。所以,近来人们越来越重视能用于解释和预测工业结晶行为的分子模型。

分子模型是计算机模拟技术的集成,借助它能研究分子规模的过程。本节的重点是应用分子模型处理结晶过程中的一些问题,这些问题系来自对结晶产品的质量要求(如晶体粒度分布、晶形、晶体纯度等)。在本节中,首先将对分子模型予以简介,随后将讨论采用模型研究结晶过程问题的有效性。

因为结晶是一个物质分离和纯化的过程,母液中一般除含有溶质外,还含有其他的化合物,这些外来的化合物可分为溶剂、添加剂和杂质几类,它们对结晶的质量(晶形、夹杂物含量等)和结晶的加工处理(过滤、称量、结块等)都有很大的影响。分子模型对研究结晶中外来杂质对结晶的某些影响是一个有力的工具。

要想了解含能材料的化学,自然要研究含能材料所涉及的分子的结构及相对能量。由于含能材料的基本属性,它们具有一些不寻常的特征。例如,含能材料经常含有像硝基、硝胺基这类化学基团,而这些基团在一些更传统的课题,例如生物化学、药物或材料科学课题中涉及的物质中一般是不易遇到的。对这一类传统的课题,计算化学是很常用的。还有另一种情况,就是有些含能材料的分子是环状结构,这些含能材料可用的能量有一部分还来自环状结构的内部张力。计算化学提供了一系列的工具,可用于探索含能材料这类环状分子的分子结构,用于探索它们的构象稳定性,也可用于探索分子相互作用以形成结晶的方式。

含能结晶产品的一个质量指标可能是要求结晶具有一定的形状,例如,对RDX,即要求它为圆形的立方晶形,以使产品具有较大的结晶装填密度。

3.3.2 含能材料的分子模型

3.3.2.1 含能材料的分子结构

计算任何分子电子结构的起点是用量子化学软件包(如 MOPAC[3.106~3.108]、GAMESS - UK[3.109]或 Gaussian[3.110])求解 Schrödinger's 方程。对这类软件的输入数据通常是分子几何结构最优化的原始数据,而输出数据则是能量及与其相关的分子几何结构,还有电子的波函数。由此可计算分子的各项性能。上述各种计算方法的基本情况在一些有关的著作[3.111,3.112]中均有叙述,本书在这里就不详细讨论了。

下面对用于求解量子力学分子电子结构问题的各种算法予以简要说明。量子力学仅限于一些大的问题, 因为求解方程所需的计算规模日益快速增长。分子力学和动力学是要选择适用于这类系统的方法, 这里对这些方法也进行简单的介绍。

1)半经验方法

半经验方法,像 MOPAC 程序中采用的那些方法,是忽略了很多因素的简化方程,但又引进了一些参数加以补偿,以使计算结果尽量与实验所得的一些数据(例如,生成热)相符。只要进行一些近似处理,则参数所拟合的分子性能和用于拟合的分子可定义一个 Homiltonian 模型,而最常用的是 AMI 及 PM3 Homiltonian 模型,它们可在 MOPAC 中找到。半经验方法的最大优点是计算快速。几百个原子组成的分子也可用半经验方法处理。但半经验方法的准确性则取决于包含于拟合程序中的数群。

2)从头算法

从头算法一般以求解 Hartree - Fock 方程开始,此方程假定,电子的波函数可写成分子轨道的单一的行列式,而分子轨道以原子函数的基组描述,计算的可靠性通常取决于所用基组的质量。现在已研发了一些新的基组,用它们计算不仅能得到可靠的结果,而且可最大限度节省计算费用。例如,一些双ζ基组,如3-21G[3.113]、4-31G[3.114]和6-31G[3.115]等,它们以单核1s函数和双函数(因而名叫双ζ基组)描述分子中的每一个原子(对价键s和p函数)。当计算中有误差需删除时,通常采用双ζ基组,有时它们预测的结果相当准确。

Hartree-Fock方法忽略了电子间的瞬时相关性,而这可能包含于各种算法中,其中包括构型相互作用(CI)、多构型自洽场(MCSF)和Møller-Plesset二级微扰理论。采用Hartree-Fock方法进行准确计算时,需要包括极化函数基组s。现在已有适用于标准基组的极化函数(例如,对第一行原子的d-函数),并常属于双ζ基组,如6-31G**[3.116]。这里的**是指p-函数已计入氢元素中,d-函数则已计入其他元素中。上述计算方法用于计算能量、分子几何构型及振动频率,都可得到很准确的结果。现在,已普遍采用很大的基组,在本书中,采用的三ζ价加上极化基组(TZVP)[117]对原子核区及外围价键区的计算具有更大的适用性。

从原则上说,从头计算法用于计算能量及分子几何构型,可得到任何所需的准确度。但实际上,准确度更高的计算方法要求更大的基组,这就大大增加了计算费用。所以只能根据可能承担的计算费用来确定所要达到的计算准确度。

3) 密度泛函方法

密度泛函方法(DFT)是计算化学领域的新秀。该法不是计算波函数,而是直接计算电子密度。尽管计算设备大多是相似的,但密度泛函法不应认为是与Hartree-Fock法相关,甚至不应认为与后Hartree-Fock法相关的。密度泛函法的理论基础是Kohn与Sham[3.118]提供的,该法假定了一个电子密度对电子相关和电子能量贡献的函数式。此函数可以是定域的(定域密度近似函数),这对它仅取决于空间电子密度值。最近,提出了一个更为准确的非定域函数,此函数不仅与电子密度值有关,且与其一阶导数(梯度修正函数)有关。下文所述将采用B3LYP梯度修正函数,即采用Becke的非定域梯度修正,准确交换采用Beche的三参数交换函数[3.119~3.122]和Lee、Yang及Parr的非定域修正函数[3.123]。DFT法的计算效率可赶上Hartree-Fock法,计算结果的准确性可媲美某些后Hartree-Fock法(如MP2法)。根据所选用的基组s,DFT法可满足化学准确性的要求[3.124]。

4) 准谐振近似

只要有可能,就应了解所用最小化程序转折点的类型,这一点是很重要的。最小化经常是以完全对称约束进行的,但所得结果有可能不是真正的最小值。对原子配位能量的质-重二阶导数进行对角矩阵化,可提供最小值性质的信息。一个真正的最小值所有的本征值应均为正,而一个过渡态则可能有一个或多个负的本征值。

除了能提供转折点性质的信息外,二阶衍生矩阵也能用于准谐振近似,以估测总能量对振动的贡献,提供所谓的热修正。

5) 分子力学

分子力学方法能表示一个具有一些简单分析函数的分子系统的总能量,而这些分析函数表征键合原子间与非键合原子间的相互作用。键合原子的相互作用通常裂分为键伸缩、键弯曲和扭曲等。非键合原子的相互作用有三项主要贡献。一项是短距离的排斥作用,这阻碍原子重叠,在 Lennard – Jones 位能面中,它经常由 r^{-12} 项表示。不过也常采用 r 的其他指数关系式表示。非键合原子相互作用的其他两项贡献是较长距离性质的,其中第一项是范德华力相互作用,它具有 r^{-6} 的关系,且通常包括在上述的排斥项中,此项为一简单的函数。另一项是静电相互作用,它通常为 r^{-1} 的关系(有时,也采用一个与距离有关的介电常数,以降低相互作用的范围至 r^{-2})。这些函数(力场)的参数化代表了所涉及物种的化学。已经衍生了各种力场,但本书在这里所用的力场只是 CERIUS^2 软件包中所提供的[3.125]。特别是 Dreiding 力场[3.126],此力场能够修正。静电相互作用由集中于原子的电荷间的相互作用表示。CERIUS^2 软件包的一个特点是在周期系统内处理静电相互作用。采用 Euald 方法[3.127],CERIUS^2 软件包可准确地计算静电的相互作用,这可保证无限晶格的无限总和的收敛。为了可靠地预测晶体包络,对原子集中电荷值进行微分很有必要。在本书中,作者采用位能 – 衍生电荷法(petential – derived charge, PDC)[3.128]指认适当的电荷。在 PDC 法中,系分析初始波函数以得到围绕分子范德华力表面的静电势能面。此方法系优化原子中心的电荷,以使之适合静电势能面,而通过约束电荷以再造分子的整偶数极矩。此程序可保证长距离(偶极 – 偶极)相互作用合理化,同时也保证能很好表示靠近分子范德华力表面电荷群间的局部相互作用。采用 Hartree – Fock 法计算电荷,似乎可有效修正误差,这一点是很有意义的。然而,众所周知,与实验所得气相结果比较,只有较大的基组才有可能预测大的偶极矩。不过,人们认为,当进一步的电荷分离似乎有可能提高分子的稳定性时,Hartree – Fock 法对于固态分子也许是更合适的。

分子力学计算的可靠性完全在于所用力场的正确性和范围。对某些实例(见本书)的实验结果和从头计算法的结果,力场本身是有效的。由于分子力学计算的相对速率,采用此法来计算结晶及其表面和计算某些不能以从头计算法进行的项目是可行的。最近发表了一些采用固态 Fartree – Fock 法计算 RDX 及有关含能分子的研究报告[3.129~3.131],报告采用 3D 周期边界条件解决电子结构问题。

6) 分子动力学

上文讨论的方法一般仅限于分子的几何构型优化。引入分子动力学可使计算化学包括模拟的温度和振动效应。分子动力学方法在本质上是集成了系统中每一个原子的牛顿运动定律,而此系统是沿分子力学力场所定义的势能表面移动的。分子动力学的计算可采用多种系统进行,包括 NVT(常数,体积和温度)和 NPT(常数,压力和温度)。下述的计算系以 CERIUS^2 分子动力学软件包中的 NPT 系统进行的。一般而言,计算开始系根据温度和 Maxwell 分布指认每一个原子速率。在为平均化收集信息前,应让系统平衡一段时间(正常约 20ps)。

7) 结晶习性的计算

有几个计算方法,可用于计算生长晶体的预期形状,其中最简单的是 Bravais - Friedel 和 Donnay - Harker(BFDH)法[3.132],此法仅根据结晶对称性即可预测结晶形态。此法认为,结晶平面间的结合能与平面间的空间成反比。因为低指数晶面(low index face)的平面间空间最大,所以该法预测它们对结晶形态最为重要。这样一来,只要根据结晶空间群、结晶晶胞大小和原子的位置即可预测结晶形态。实际上,此法经常能提供一种在生长晶体中筛选重要势能面的有用方法。

通过计算一个新的单元进入生长晶体所释出的能量,附着能量法[3.133]可预测每一个晶面的相对生长速率。此计算包括计算新单元进入结晶表面的能量 E_{slice} 及晶格能 E_{latt}。附着能 $E_{att} = E_{latt} - E_{slice}$。附着能低的晶面是最慢生长的晶面,因而可能具有最大的表面积。对生长表面由动力学控制的系统的结晶习性,可用附着能法预测。表面能法[3.134]能决定具有最小总表面积的结晶的形态。表面能应采用 Ewald 法计算,以保证收敛长距离 Coulomb 势能项。对于一个表面,通过修正初始的 3D 法,以考虑一个方向周期性的损失,或者通过采用 3D 周期性保留的超晶胞法(晶胞含有结晶片),均可做到这点。只要晶片的各表面相距足够远,且晶片足够厚,表面能法就可得出收敛良好的能量值。当结晶慢速生长而接近平衡时,对预测结晶的最后形状,表面能法是最可靠的。

另一个有价值的方法是 Hartman - Perdok 法[3.135],此法通过考察分子间强相互作用网络以计算结晶形态。同时,只要结晶形态已被预测,重要的结晶生长面已被鉴定,则即使在添加剂和溶剂存在下,也能进一步分析这些表面。

3.3.2.2　二甲基硝胺的分子模型

对于任何一个计算,一个可行的程序是首先进行一组基准计算,这些基准计算可用于估计一个计算方法的误差和建立对其的可信度。现在已实测了二甲基硝胺(DMN)的结晶结构[3.136~3.138],它可用来验证所用计算方法和用于进一步计算硝胺系统的基组的可靠性和有效性。报道的实验测定的 DMN 的结晶结构的空间群位为 P21/m,属单斜晶系。由于 DMN 的分子较小,所以可能对气相中孤立的 DMN 分子采用十分准确的从头计算法。由已进行的这类计算可更好地了解硝胺基的性质,并有可能将这些研究用于下面将讨论的 RDX 和 HMX 分子。下面介绍从头计算法。

人们已研究过,示于图 3.52 的 DMN 分子的几种构象体,构象体 DMN1 到 DMN4 中硝胺基团的各原子均位于一个平面内,但构象体 DMN1 到 DMN3 中甲基的定向不同。人们还研究了 DMN 的另一个构象体 DMN5,DMN5 是基于 DMN3 形成的,但不存在硝胺基团的平面约束。

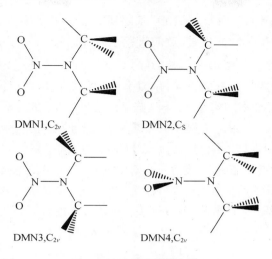

图 3.52 DMN 的构象体

对 DMN 构象体,采用 B3LYP 函数(双 zeta 6 - 31G,6 - 31G** 和三 zeta 价加极化(TZVP))进行了从头计算 Hartree - Fock、MP2 和 DFT 计算。所得几何构型最优化后的 DMN 分子的绝对能量和相对能量分别示于表 3.5 及表 3.6。

表 3.5 DMN 的绝对能量

构象	总能量/hartree(1 hartree＝2625kJ·mol^{-1})			
	SCF/6 - 31G**	MP2/6 - 31G**	MP2/TZVP	DFT/TZVP
DMN1	- 337.518739	- 338.731985	- 338.976906	- 339.779191
DMN2	- 337.519765	- 338.732717	- 338.977873	- 339.779584
DMN3	- 337.521364	- 338.734766	- 338.979572	- 339.780610
DMN4	- 337.486253	- 338.697742	- 338.947606	- 339.745663
DMN5	- 337.521364	- 338.736557	- 338.982694	- 339.781328

表 3.6 DMN 的相对能量

构象	总能量/ kcal·mol^{-1}(1 kcal·mol^{-1}＝4.187kJ·mol^{-1})				热修正/kcal·mol^{-1}
	SCF/6 - 31G**	MP2/6 - 31G**	MP2/TZVP	DFT/TZVP	
DMN1	1.6	1.7	1.7	0.9	64.0
DMN2	1.0	1.3	1.1	0.6	64.1
DMN3	0.0	0.0	0.0	0.0	64.4
DMN4	22.0	23.2	20.0	21.9	63.1
DMN5	0.00	- 1.12	- 2.00	- 0.45	64.6

Hartree－Fock 计算预测,N—NO₂ 基团所有原子处于同一平面的 DMN 构象体是最稳定的。由于—NO₂ 旋转,致使氧原子所在的平面与分子中其他原子所在的平面相互垂直,这在能量上是不利的(高 22.7 kcal·mol⁻¹)。这说明,围绕 N—N 键的旋转是很慢的。另一方面,—CH₃ 似乎可相当自由旋转。没有计算过旋转的能垒,但对 DMN 三种不同构象(由于这些基团旋转造成)的计算表明,它们彼此的能量差在 2kcal·mol⁻¹ 以内。DMN 中与碳原子及氮原子相连的中心氮原子可能是棱锥形的,但迄今的计算不能说明这一点,因为它们保持高的起始对称性(除非分子最初的几何构型有碍于此)。因而,系对低对称性(C_S)的 DMN5 构象体进行计算。采用 6－31G 基组的 Hartree－Fock 计算可收敛至具更对称结构的 DMN3 构象体(带平面硝胺基)。尽管 6－31G 基组 s 对这方面的计算不甚理想,但它预测的 DMN 的几何构型与实测值则相当吻合,这可见表 3.7。

表 3.7　　DMN 分子几何构型的计算值和实测值(键长单位为 Å,键角单位为(°))

分子几何构型	计 算 值				实测值
	SCF/6－31G	MP2/6－31G**	MP2/TZVP	DFT/TZVP	
N—O	1.24	1.24	1.24	1.23	1.23
N—N	1.32	1.36	1.36	1.36	1.33
N—C	1.46	1.45	1.45	1.46	1.44
C—C	2.59	2.58	2.58	2.59	2.56
O—N—O	124.5	126.5	126.2	125.9	124.2
O—N—N	118.0	116.7	116.9	117.0	117.9
N—N—C	117.7	116.8	117.1	117.4	117.7
C—N—C	124.6	126.4	125.8	125.2	124.2

众所周知,6－31G 基组用于平面氮构象体比用于棱锥构象体要好,所以又采用 6－31G** 基组进行了重复计算,并通过 Mφller－Plesset 二阶微扰理论基组包括校正效应。这种常规的计算比标准的 Hartree－Fock 计算的费用大得多,但由于采用了足够大的基组,所以可得出更准确的键长和键角数据。有意义的是,按此计算方法的预测,具棱锥形氮结构的 DMN 构象是最稳定的(能量约低 1.1 kcal·mol⁻¹)。因此,可以预估,DMN 具有相当柔顺的结构,它的平均几何构型是平面的,但其最小平衡结构显示棱锥形中心氮原子。

采用 TZV P 基组,又重复了 MP2 计算,所得结果的主要差别是非平面结构的 DMN5 构象体的深度(depth)增至 2 kcal·mol⁻¹,N—NO₂ 的旋转能垒略有降低。DFT 计算(采用最大的基组)结果未发生可观的变化,不过非平面构象体的深度降至仅 0.45 kcal·mol⁻¹。计算 Hartree－Fock 6－31G** 最低能量的每一个结构的力常数矩阵,可阐明最低能量构象的本质。正如所预期的那样,DMN5 是唯一具有真最小能量结构而无负本征值的构象体。对能量的热修正计算表明,在 25℃下,热修正并不改变各最小值得顺序。

表 3.7 所示为 DMN 几何构型的计算和实测结构参数。表中比较的是 MP2/TZV PDMN3 结构而不是具最小能量的 MP2 结构的参数。由该表可看出,对所有涉及的理论,它们的计算参数均与实测值一般吻合良好,主要差别是 N—N 键长,从头计算法所得的该键长要长 0.03Å,但引起的原因尚不清楚。而计算表明,非平面性的偏差会增长 N—N 键长,而不是缩短 N—N 键长。晶胞内相邻分子间的相互作用也许能解释上述键长的变化,但变化的幅度则是反常的。

3.3.2.3　RDX 的分子模型

RDX 是在环状结构上带硝胺基的最简单分子之一,因而除了可得到有关 RDX 分子的大量实验数据外,人们还进行了 RDX 分子模型的研究。

如图 3.53 所示,RDX 是一个六元环分子,在环上相间位置上均带有硝胺基。环本身以椅式或船式构象存在,同时硝胺基上的硝基也能以相对于环呈平伏或直立定向。后一特征说明,RDX 分子中的中心氮原子在本质上是棱锥形的,这一点由 DMN 分子的实验数据还不能完全证实,但为大多数准确计算所支持。根据 RDX 分子中环上氮原子采取直立定向还是平伏定向,RDX 分子可有下述可能的构象体:AAA,AEE,EAA 和 EEE,E 表示直立定向,A 表示平伏方向。

气相中的电子衍射实验[3.139]表明,RDX 分子有一个椅式 AAA 构象,C_{3v}结构。固相 RDX 有两种晶型,其中的 α - RDX 在室温下是稳定的[3.140],其空间群为 Phca,属正交晶系。六元环的 RDX 采取椅式 EAA 结构。RDX 的一个硝胺基相对于环为平伏式,N—N—C—N 扭角为 145.6°,其他两个硝胺基在环上为直立式,扭角接近 90°。β - RDX 在室温下是极不稳定的,但红外研究指出[3.141],β - RDX 与 α - RDX 相比,前者的分子对称性较高。

晶胞效应也明显影响分子所能采取的构象。与四亚甲基砜共结晶[3.142],可使 RDX 能采取 AEE 构型。在 RDX 环上引入取代基,也可改变六元环的构型。例如,RDX 环上亚甲基(—CH₂—)中的一个氢原子为甲基取代时生成的 2,

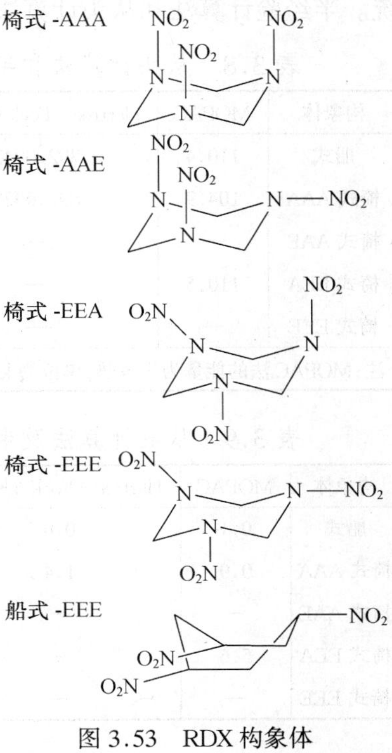

图 3.53　RDX 构象体

4,6－三甲基－1,3,5－三硝基六氢－1,3,5－三嗪[3.143]所采取的构型是一个直立硝胺基和两个平伏硝胺基。RDX 环的羰基化对构型也能产生相似的效应,如 1,3,5－三硝基－2－氧－1,3,5－三氮杂环己烷[3.143]也具有一个直立硝胺基和两个平伏硝胺基。

Rice 和 Chabalowski[3.144]曾采用 MP2 和 DFT/B3LYP 计算过 RDX 的 AAA、EEE 及 AAE 椅式构象的构象能,他们发现,AAE 构象是最稳定的,而 EEE 构象的能量最高。Harris 和 Lammertsma[3.145]曾采用 6－31G* 和 6－311G* 基组计算得出五种构象能最小的构象体,即船式,椅式 AAA,椅式 AAE,椅式 AEE,它们在能量上比较接近,以椅式 AAE 的能量最低,这与前述的 Rice 及 Chabalowski 的结论[3.144]是一致的。但 Harris 等未得出椅式 EEE 构象体为能量最小的稳定构象体,他们还指出,RDX 结晶中 N—N 键较短可能是由于晶胞效应所致。对 RDX 分子进行的其他理论工作研究[3.146]了 RDX 的各种降解机理,还提出了一个涉及消除 HONO 的新的 RDX 降解途径。

1) 从头计算法和半经验计算法

对孤立的 RDX 分子,曾采用 6－31G 和 6－31G** 基组,以半经验计算法和从头计算法中的 Hartree－Fock 计算法进行过研究。半经验计算法极其快速,也能成功地模拟 RDX 分子。这说明。这种半经验计算法可能适于硝胺基的大分子系统。半经验计算法和从头计算法的结果示于表 3.8 及表 3.9。

表 3.8　从头计算法和半经验计算法求得的 RDX 分子的绝对能量

构象体	MOPAC	Hartree－Fock 6－31G	Hartree－Fock 6－31G**	DFT6－31G**
船式	110.4	－892.004317	－892.516079	－897.4158556
椅式 AAA	104.9	－892.002137	－892.514955	－897.4165954
椅式 AAE	—	—	－892.516608	－897.4175467
椅式 EEA	110.5	—	－892.516425	－897.4153407
椅式 EEE	—	—	－892.510037	－897.408835

注:MOPAC 法的能量为生成热,单位为 kcal·mol^{-1}。Hartree－Fock 法的能量单位为 Hartree

表 3.9　从头计算法及半经验计算法求得的 RDX 分子的相对能量

构象体	MOPAC	Hartree－Fock 6－31G	Hartree－Fock 6－31G**	DFT6－31G**	热修正
船式	0.1	0.0	0.3	1.1	107.1
椅式 AAA	0.0	1.4	1.3	0.6	106.3
椅式 AAE	—	—	0.0	0.0	106.4
椅式 EEA	5.6	—	0.1	1.4	106.5
椅式 EEE	—	—	4.1	5.5	106.3

半经验计算法不能区分硝胺基的直立和平伏性,这就使得该法不能描述中心氮原子的棱锥构型,所以用半经验法只求得了一个简单的椅式构象和一个简单的船式构象。在半经验计算法中,通常只有直立的硝胺基团能被很好描述,而平伏的硝胺基团构象则不能求得。以半经验计算法所得的船式构象的能量比椅式构象的高 6 kcal·mol^{-1}。

采用 6-31G 基组的从头计算的 Hartree-Fock 法在很多方面与半经验计算法的结果相似,它们也不能区别直立构象与平伏构象。经最优化的船式构象都收敛于同样的结构,而这种结构可能只能用 EEA 式构象予以最好描述。椅式构象也收敛于同样的结构,即 AAA 式。这些计算预测,船式构象比椅式构象稍稳定,前者的能量比后者约低 1.4kcal·mol^{-1}。

在这方面,研究 DMN 取得的经验证明是有用的,因为大家知道,为了表示氮原子的棱锥结构的性质,是需要极化函数的。采用 6-31G** 基组对 RDX 分子进行的计算的确能区分椅式构象中的直立氮和平伏氮。在这个水平上的计算预测,RDX 只有一个船式构象。计算所得的总能量最低的结构是实验所观察到的晶体结构中的椅式 EEA 构象,不过 EEA 构象的能量只比第二个最稳定的 EEA 椅式构象低 0.1 kcal·mol^{-1}。计算结果与实验观察到的晶体结构的结果相吻合,有可能是偶然性的巧合,因为还有一些能量低的构象体存在,且未考虑晶胞能量。

采用 6-31G** 进行的 DFT 计算,其结果也与上述没有根本性的变化,只不过较高能量构象体的次序有所不同,和各构象体之间的能量略有增大而已。表 3.9 也给出了由于热振动而引起的准谐振动估计修正值,相对于能量最低的构象而言,船式构象的能量又高约 0.7 kcal·mol^{-1},这使船式构象进一步不稳定化。

2) 晶胞的分子力学预测

以采用 6-31G** 基组计算得出的 AAE 构象为例,静电势用于衍生 PDC 电荷,而此电荷又用于三维周期结晶的分子力学的最小化。图 3.54 所示的是由从头

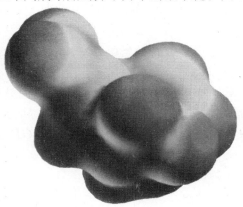

图 3.54　围绕 RDX 椅式 AAE 构象的静电势

计算法处理围绕分子的电子密度等高线所得出的静电势,图中有的区域为负静电势,有的区域为零静电势。小部分区域为正静电势。此图清楚地说明了对于控制结晶中晶胞的能量,围绕氧原子的静电势的重要性。

晶格能的最小化并不保持系统空间群的对称性,但可使晶格参数和原子位置调节至使系统的总能量最低。还有另一种方法,可使分子保持刚性,且敛集系统可被调节至总能量最小化,而又保持系统空间群的对称性。相对于晶格参数和分子间的相互作用而言,这种方法可使系统能量最佳化。上述两种方法的计算结果示于表3.10,且与实验测定的X射线数据进行了比较。后一种方法(对刚性分子)预测的RDX的密度过低,所有晶格尺寸似乎都有所增大。充分最小化可导致较低的能量和较高的密度。上述计算结果与实验测得的晶格参数的误差在3%以为,这与所预期的计算准确性是相吻合的。对于处理一个具有可转移势能硝胺基的刚性系统,本书这里所述的研究结果与一些近期进行的类似研究结果在很多方面是一致的[3.147]也包括了可解释膨胀系数的分子动力学。

表 3.10　RDX 结晶结构参数的计算值与实测值的比较

	实测值	计 算 值			
		敛集的	优化的	优化修正力场	MD300K 修正力场
a/Å	13.18	13.63	13.41	13.43	13.29
b/Å	11.57	11.89	11.78	11.46	11.83
c/Å	10.71	10.82	10.74	10.22	10.71
ρ/g·ml^{-1}	1.81	1.68	1.74	1.88	1.75

为了改善预测结晶参数的准确性,曾试图对力场进行过各种修正,但保持从头计算法结果与气相分子力学几何构型间合理的吻合性。这类修正涉及与 O—N—N—C 键相关的扭曲势能的不大的修正,以及采用指数 - 6(exponential - 6)非键势能,而不是采用有缺陷的 Lennard Jones 12 - 6 势能。对力场的这些修正所产生的结果可见表3.10。对非键势能变化的影响是很明显的。经修正后力场所预测的晶体密度值大于实测值,而单元晶胞的参数 a 及 c 则显著减小。

曾采用分子动力学(恒定 NPT)计算过 $2 \times 2 \times 2$ 的超结晶晶胞。对于这种计算,需要较大的模拟晶胞,因为小单元晶胞会引起单元晶胞参数的周期振荡。平衡20ps后,在10ps内收集平均参数。300K 下的模拟结果表明,所得数据与实测数据令人满意地相符。

3.3.2.4　HNIW(CL - 20)的分子模型

CL - 20(或称 HNIW)是一个笼形分子,由于它的高密度,因而具有特别的吸引力。CL - 20 分子似乎能结晶为多种形式,但在公开文献中,关于 CL - 20 分子构象的信息甚少。

    HNIW 可能具有的一些分子构象如图 3.55 所示。这些构象基本上含有一个简单的六元环(六元环上的 1,4 - 位置带有两个硝胺基)、两个七元环(七元环上含三个硝胺基)及两个五元环(五元环上含两个硝胺基)。硝胺基采用直立构象还是平伏构象,可导致 CL - 20 很多的构象体。对这些构象体,人们不仅已实验研究过了,还采用从头计算的量子力学及分子力学方法研究过。由于 CL - 20 的分子较大,所以很难像 DMN 和 RDX 那样对它进行准确的计算。这里没有报道密度泛函法或 MP2 计算法。

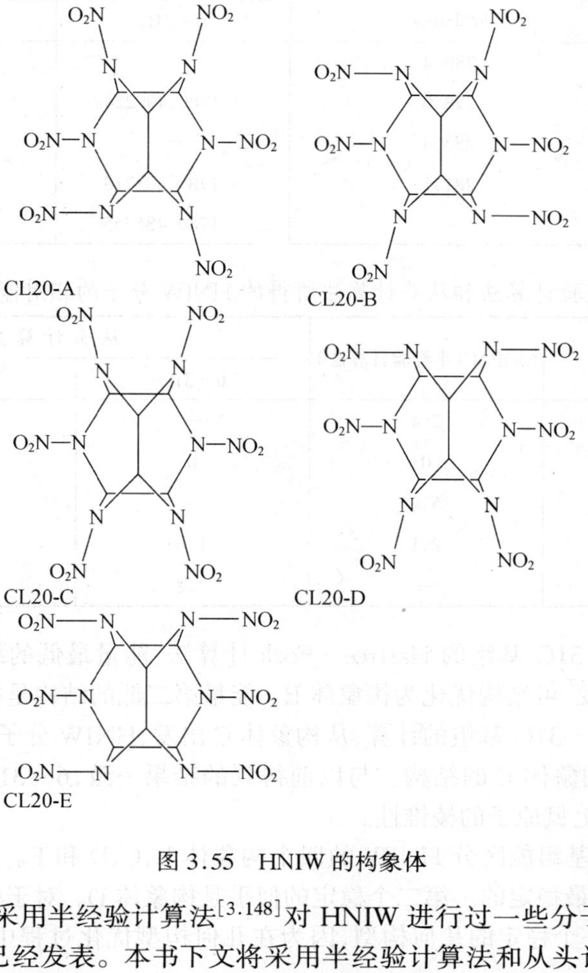

图 3.55   HNIW 的构象体

    Pivina 等曾采用半经验计算法[3.148]对 HNIW 进行过一些分子模型方面的研究工作,其成果已经发表。本书下文将采用半经验计算法和从头计算法探索气相 HNIW 分子的各种构象异构体。其他要涉及的计算还包括有关 HNIW 结晶性能的一些刚性系统的分子动力学计算[3.149,3.150]。

1) HNIW 的构象研究

曾采用半经验计算法(MOPAC 计算程序[3.106])和从头计算法(GAMESS-UK 程序[3.109])计算过 HNIW 构象体。在从头计算法中,采用的基组包括 STO3G,6-31G 和 6-31G**,且尽可能采用对称性以提高计算速率。为了得到几何构型优化的适当起点,采用的是最小的基组。这里不叙述采用较大基组的情况。表 3.11 及表 3.12 所示为计算所得的 HNIW 分子的绝对能量和相对能量。

表 3.11　半经验计算法和从头计算法所得的 HNIW 分子的绝对能量

HNIW 构象体	MOPAC(半经验计算法) / kcal·mol^{-1}	从头计算法/Hartree	
		6-31G	6-31G**
A	280.4	—	—
B	278.0	-1780.490224	-1781.516381
C	283.4	—	-1781.506509
D	281.1	-1780.488718	-1781.513639
E	—	-1780.486755	-1781.502572

表 3.12　半经验计算法和从头计算法所得的 HNIW 分子的相对能量(kcal·mol^{-1})

HNIW 构象体	MOPAC(半经验计算法)	从头计算法	
		6-31G	6-31G**
A	2.4	—	—
B	0	0	0
C	5.4	—	6.2
D	2.1	1.0	1.7
E	—	2.2	8.7

对采用 6-31G 基组的 Hartree-Fock 计算法,能量最低的结构是构象体 B。由构象体 A 出发,可结构优化为构象体 B。能量第二低的结构是构象体 D,再其次是 E。对采用 6-31G 基组的计算,从构象体 C 出发,HNIW 分子的能量可最小化得到一个类似构象体 E 的结构。与以前得到的结果一致,6-31G 基组不能很好描述 HNIW 环上氮原子的棱锥性。

6-31G** 基组能区分 HNIW 的四个构象体 B、C、D 和 E。所有的方法都证明,构象体 B 是最稳定的。第二个稳定的似乎是构象体 D。对于构象体 A,从头计算法不能找到一个稳定的几何构型,因为在几何构型优化过程中,构象体 A 转变为构象体 B。

2) 结晶 HNIW

HNIW 至少存在五种晶型,其中一些晶型的实验 X 射线结构鉴定数据已发表于系列论文中[3.151~3.154]。此外,人们还采用可转换硝胺势能和刚性体系分子动力学对 HNIW 的结晶结构进行过一些理论研究[3.149,3.150],这包括 Gilardi 研究小组对 HNIW 单晶的研究,有关此工作的参考文献见[3.155]。在文献[3.156]中,Gilardi 研究小组还报道了 HNIW 及其相关分子的合成以及某些单晶结构测定的结果。此外,他们还指认了不同晶型 HNIW 的一些不同的分子构象。含水 α - HNIW、ε - HNIW、β - HNIW 及 γ - HNIW 在常温常压下都是稳定的。含水 α - HNIW 属正交晶系,具 pbca 对称性,每一晶胞中含 8 个 HNIW 分子及 1 个~4 个分子水。含水 α - HNIW 的分子构象与 γ - HNIW 是相同的,即构象 A。ζ - HNIW 只在高压下存在,尚未得到它的结晶结构。HNIW 的几种晶型的结晶结构数据,包括空间群、晶格大小及构象示于表 3.13。

表 3.13　HNIW 的结晶结构参数[3.157,3.158]

晶胞参数	β - HNIW	γ - HNIW	ε - HNIW
	Pb2$_1$a 正交	P2$_1$/n 单斜	P2$_1$/n 单斜
	$Z=4$	$Z=4$	$Z=4$
$A/\text{Å}$	9.6764	13.2310	8.8278
$B/\text{Å}$	13.0063	8.1700	12.5166
$C/\text{Å}$	11.6493	14.8760	13.3499
$\gamma/(°)$	90.000	109.170	106.752
分子构象	B	A	D

3) HNIW 结晶结构预测

一旦已知结晶结构,即可得到关于力场可靠性的十分有用的基准。下面重点讨论 ε - HNIW。首先,我们将采用前文提及的用于描叙 RDX 的含硝胺基环状分子的力场,该力场中的静电项是由几何构型优化分子中的原子中心电势衍生的电荷(采用 6 - 31G** 基组计算得到)提供的。

图 3.56 所示为 ε - HNIW 的计算静电势。分子的定向系以五元环位于分子顶部及底部,与底部五元环相连的两个硝胺基为平伏式,而与顶部五元环相连的两个硝胺基则为直立式。HNIW 具有负静电势的外壳(由于氮上的氧原子)和正静电势内核。

先讨论单元晶胞的实测数据,结晶结构对晶胞参数及所有的原子参数在能量上均已最小化。最小化采用的是 Ewald 方法,以保证能收敛长距离的库仑势能总和。能量最小化后,在 300K 下进行分子动力学计算,以建立温度对结构的影响。由能量最小化的结构组成了含 $2 \times 2 \times 2$ 结晶单元晶胞的大单元晶胞,并进行了 NPT(恒定数目、温度和压力)计算。计算包括 20ps 的平衡,随后是 10ps 的模拟,在模拟期间计算单元晶胞参数的平均值。计算结果示于表 3.14。

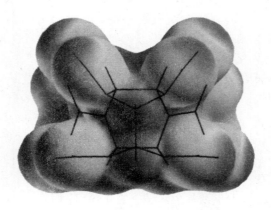

图 3.56　ε-HNIW 的分子静电势

表 3.14　HNIW 结晶的分子力学计算及分子动力学计算结果与实测值间比较

晶格参数	实测值	分子力学计算结果(最小化)	300K 的分子动力学计算结果
a/Å	8.83	8.79	8.81
b/Å	12.52	12.38	12.54
c/Å	13.35	13.53	13.55
γ/(°)	106.75	106.77	106.64
ρ/g·ml^{-1}	2.06	2.11	2.03

比较分子力学计算结果(最小化)与实测值可知,前者得出的单元晶胞过小,以致密度过高。特别是,晶胞参数 b 似乎过小。分子动力学计算结果与实测值的吻合性则要好得多。晶格参数 a 和 c 略有增大,但 b 似乎对与温度有关的振动最为敏感。分子动力学计算所得的 HNIW 的最后密度比实测值略低。此结果表明,力场运行良好,能适应所需的要求。

4) HNIW 晶型预测

ε-HNIW 的晶型已由 BFDH 法[3.132]预测,这可见上文所述。此方法虽然不能绝对准确预估结晶的形状,但似乎能预测对结晶看来是重要的那些表面。BFDH 法预测的 HNIW 结晶形态示于图 3.57。预测了对控制结晶形状可能重要的几个表面群,特别是对{011},{002},{101}及{110}几个表面,进行了详细的研究,计算了它们的表面能。

5) HNIW 的结晶表面能

在上述 HNIW 结晶形态预测的基础上,可知有几个对最后结晶形状具有重要性的表面,因此计算了这几个表面的表面能,此计算系以已知晶格能的大体积结晶进行的,并将此大结晶劈开以形成两个结晶表面,但保持晶格 3D 的周期性,而沿垂直于表面方向则留下足够大的空隙,以便平表面不致相互作用。

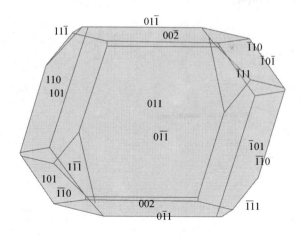

图 3.57 预测的 ε‐HNIW 的 BFDH 晶态

　　表面能计算所得结果示于表 3.15,表中同时给出了松弛表面及未松弛表面两者的表面能。计算未松弛表面能时,涉及劈开结晶的过程,但分子的位置仍然与大结晶相同。计算松弛表面能时,则系分子适于存在的表面。表 3.15 的数据说明,不论是松弛前还是松弛后,{002}表面似乎是稳定的,且预计此表面可决定结晶的形态。第二个稳定的表面是{101}表面。{110}表面表现最大的松弛性,但其重要性可能不如其他表面。

表 3.15　计算的 HNIW 的表面能

表面	面积 / Å²	表面能 / kcal·(mol·Å²)⁻¹	
		未 松 弛	松 弛
011	155.4	0.35	0.31
002	107.6	0.25	0.24
101	169.9	0.34	0.30
110	200.0	0.40	0.34

3.3.2.5　加工助剂的分子模型

　　各种加工助剂系添加于粘结剂和含能填料系统中,用以降低系统的黏度和增加填料的允许含量。为了有助于从分子水平上,了解加工助剂的工作原理,采用分子模型对几个加工助剂进行了研究,以探索加工助剂与 RDX 表面相互作用的本质。下文叙述的是以 CERIUS² 分子模型软件包研究键合剂卵磷脂所取得的一些结果。研究时,系以电荷平衡法[3.158]确定围绕键合剂的静电势,且采用通用力场 UFF[3.157]。电势衍生电荷技术未被应用于卵磷脂,因为研究的目的是将所用的方法能推广应用至其他键合剂,且对极大分子的波函数计算会由于费用巨大而难于进行。

卵磷脂是一种磷酸甘油酯,它具有一个不溶于水的非极性部分及一个溶于水的极性部分。一个有代表性的卵磷脂的结构示于图 3.58。

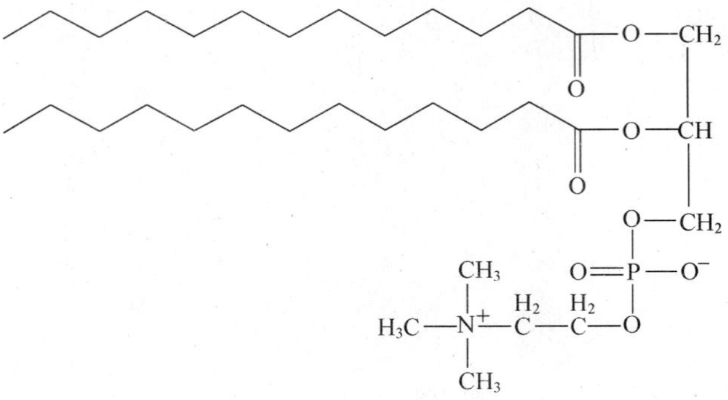

图 3.58　卵磷脂的结构

卵磷脂的结构使它能作为一种表面活性剂,能稳定油/水界面。为了更好地了解卵磷脂这类材料与含能材料表面可能的化学相互作用,模拟了一个卵磷脂在 RDX｛111｝表面的情况,此表面系将 RDX 单元晶胞沿｛111｝方向切开以建立一个表面晶胞而形成的。将单元晶胞切开系这样操作的,即表面上不留下悬空键,而仅是整个分子上留下悬空键。上述形成的表面晶胞则用于建立表面｛111｝的面板,且此面板在表面平面上应足够宽,以使卵磷脂分子在表面切掉 8Å 时也不会触及表面的边缘。固体的深度应当是 6 倍分子厚度。这个厚度对定量研究还不是足够厚,但对定性了解表面键则是足够了。

相继进行分子动力学及分子力学计算,以探索分子的构象空间及表面的各种位置,则可确定卵磷脂在 RDX 表面上的位置。卵磷脂这一加工助剂能量最低的结构示于图 3.59。该图也表示了分子范德华力平面上的静电势(图上部的浅灰色区域)。

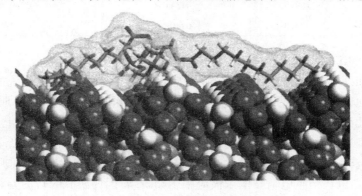

图 3.59　吸附在 RDX｛111｝表面上的卵磷脂

卵磷脂分子中心的高极性核似乎被强烈吸附于 RDX 的极性表面上,但卵磷脂的烷基键对 RDX 表面的键合则不十分紧密,且可能易于被系统中存在的溶剂分子置换。卵磷脂分子中烷基键的作用似乎系作为填料颗粒之间的润滑剂,这种润滑作用系来自熵垒,后者能阻碍填料颗粒彼此靠近。彼此靠近的烷基键的重叠能大幅度损失链的构象自由度,因而形成阻碍填料颗粒靠近的壁垒。

上述讨论仅仅是定性的。如果考虑不同的加工助剂,且比较它们被含能材料结晶表面吸附的强度,则可使上述讨论更为深入。但这样一种单一的分子方法不能使人们对加工助剂这类复杂系统有全面的了解,而这只有将分子方法与中间(mesoscale)方法相结合才能做到。

3.3.2.6　结晶表面

单元晶胞是结晶的最小重复单元,它含有一定数目的分子或离子,具有一定的对称性。图 3.60 所示是 RDX 的一个 2×2 单元晶胞。结晶由一些不同的结晶面连结而成,结晶面可由 Miller 指数指认。Miller 指数可确定某一结晶面相对于结晶单元晶胞的定向。

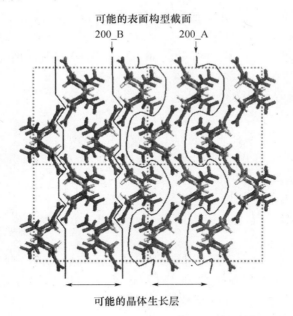

图 3.60　RDX 的 2×2 单元晶胞,对 Miller 指数(200)可能有的两个表面构型
(200＿A 或 200＿B)及(200)结晶生长层

根据一组 Miller 指数(如(200))确定分子在结晶生长层(此层由结晶表面组成)中的方向,仍然有几个可供选择的答案,而每一个可能的定向被称为表面构型。对于 RDX,Miller 指数为(200)的结晶生长层有两个可能的表面构型,因为对图

3.60 所示的单元晶胞,在(200)定向上,可切成两个不同高度(见图 3.60)。结晶表面层可为 200 _ A 或 200 _ B 表面构型。

当结晶构筑单元加成至结晶表面的结晶生长层时,结晶表面即发生生长。结晶生长层厚度示于图 3.60。对 RDX,由于单元晶胞空间群的对称性,在 200 _ A 或 200 _ B 结晶生长层二侧的分子定向是相同的。

强调结晶表面构型的概念是必要的,因为结晶构筑单元和外来杂质的相互作用与此构型有关。分子定向在两个(200)表面构型上是不同的,因此外来杂质(还包括结晶构筑单元)与这两个表面构型发生不同的相互作用,这种相互作用决定结晶构型表面的生长速度,而这又决定结晶产品的质量参数,如结晶形状和加工性能(如过滤性)。因此,设计分子模型很重要的一步是确定表面构型,以及由此而产生的对结晶形态有重要影响的结晶表面。

3.3.2.7　结晶形态

结晶形态或结晶形状的几何构型可由定向{hkl}结晶平面求得,此类结晶平面距结晶原点有一定距离,而此距离与结晶生长速度成比例。由一组结晶平面所包围的中心体积是生长型的,生长速率大的一面远离结晶原点,表面积较小。相反,生长速率小的一面则较靠近结晶原点,表面积较大(图 3.61)。这说明,结晶形态取决于生长速率最慢的{hkl}面,因此,如果已知所有{hkl}面的相对生长速率,则可预测结晶形态。

图 3.61 还能显示阻碍结晶生长速率的外来杂质的影响。在一个结晶表面生长前,表面上被吸附的外来杂质必须除去,而这消耗了能量,因而使结晶速率延缓。当外来杂质相互作用的能量与结晶表面特征有关时,该类外来杂质对结晶生长速率的延缓作用因表面而异。当某一外来杂质只与一个结晶表面有较大的相互作用时,则相对结晶生长速率的变化示于图 3.61(面 3)。

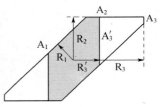

图 3.61　不同结晶面的生长速率决定结晶形态

下文叙述研究结晶形态及外来杂质对结晶形态影响的一般程序。由上文可知,这样一种研究方法中应包括外来杂质与结晶表面相互作用的能量计算,以便能在结晶形态预测中考虑这方面的因素。

3.3.2.8　分子模型模拟程序

决定外来杂质(如溶剂)对结晶形态影响的程序可分成四部分。第一部分是测定结晶的真空形态,它能提供势能表面的信息;第二部分是决定能用分子模型模拟的表面构型;第三部分是选择用于计算外来杂质与表面构型相互作用的技术;第四部分是采用一个物理模型,以便将由模拟得到的分子水平的结果揭示表面构型的相对生长速率。下面分别讨论这几部分内容。

1) 真空结晶形态

对于结晶的真空形态,现在已有几种通用的预测方法。这里的所谓真空结晶形态是指未考虑溶剂影响的形态。Donnay 和 Harker 定律认为,结晶面的重要性随平面间的距离 d_{hkl} 增大而降低[3.132]。如果假定平面间的距离与相应结晶面的相对生长速率成反比,则可预测结晶形态。一个考虑了结晶单元晶胞各相异性能量的预测方法是附加能量法[3.159]。附加能量是指一个厚度为 d_{hkl} 的表面层加至相应结晶表面时每生长单元释出的能量。附加能量与相应结晶表面的相对生长速率呈线性比率的假定使人们能预测结晶形态。

2) 表面构型

为了确定哪个表面构型适用于分子模型模拟,有两点是必须考虑的。第一个问题是所选的表面构型应该能够存在。上面所讨论的真空结晶形态的预测对这一点是不能确定的。如果要确定一个表面构型是否的确能建立,可以采用周期键链(PBC)分析[3.160~3.162]的方法。

PBC 分析能验证一个表面层是否含有连结网络。对晶格中生长单元间的强键,PBC 是一个不受干涉的链。至于晶格的周期性,则系基于单元晶胞的参数及其对称性,而它们相对于单元晶胞含量而言,则是化学计量的。两组交叉的 PBC 可构成连结网络。如果一个表面层不含连结网络,则相应的表面构型的生长不能按层增长机理进行,因而变得粗糙。粗糙的表面一般生长快速,且不出现在结晶形状中。这说明,相应于含生长单元未连结链表面层的表面构型不必模拟。

对无边界层影响(例如溶剂与表面结构的相互作用)系统的结晶生长,PBC 分析能确定对结晶形态具重要性的结晶表面构型。图 3.62 所示为 RDX(200)结晶表面两个可能的表面构型的连接网络的俯视图。

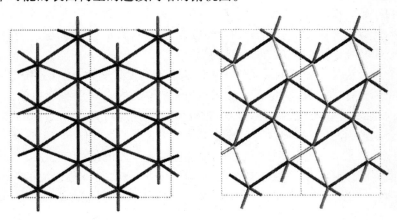

图 3.62　(200)RDX 结晶表面两个可能的表面构型(200_A 或 200_B),
每一条交叉线表示切片内 RDX 分子的质量中心

第二个问题是采用哪些表面构型用于分子模型模拟,采用者不需考虑所有的表面构型和它们的能量。例如,显然不需要模拟那些对结晶形态没有重要作用的表面构型的相互作用,即使它们与外来杂质的相互作用很大也是没有必要的。如果上述两个问题处理得当,则可减少模拟的数目,与在每一模拟中采用为数极多的分子相比,减少模拟数目可节省大量时间。

3) 模拟技术的选择

分子模拟[3.163]是一种计算机模拟技术,它们系以量子化学和经验力场模型为基础的,且有助于深入了解分子系统的性能。至于在分子模型模拟中应采用哪种模拟技术,则取决于所研究的系统。在分子模型中,量子力学模拟技术显然涉及分子的电子结构。根据此技术,可衍生出与分子电子分布有关的分子性能。这类技术能用于研究化学反应,因为在化学反应中,发生旧键的断裂和新键的形成。量子化学方法与经验力场模型是不相同的,后者将电子与核运动分离(Born – Oppenheimer 近似)。由于与原子核的质量相比,电子的质量小得多,所以电子能很快适应在核位置中的任何变化。这说明,基态能可以认为是仅仅是核配位的函数,在经验力场中,能确定电子的行为。尽管经验力场模型不能提供与分子中电子分布有关的物质的性能,但它们与量子力学模型相比,能处理含更多分子的系统。某些通用的经验力场模型系以分子力学(MM)、分子动力学(MD)或 Monte Carlo(MC)模拟方法为基础的。

MM 是一个根据系统内各种过程贡献的相互作用的简单模型建立的,这些过程包括键的伸缩,键角的开闭,围绕单键的旋转,非键静电作用和范德华力相互作用等。

对于分子动力学(MD),系根据牛顿运动定律建立的系统的连续构型。在每一时阶的起始,计算系统内原子上的力,随后令原子在此时阶内运动,这种运动考虑了上述计算的原子力。由分子动力学模拟所得结果是一条轨迹,它说明系统中原子的位置及速率随时间的改变的情况。

一个 MC 模拟通过无规变化(例如分子位置的无规变化)建立系统的构型。采用基于能量变化的演算,构型可能被接受,或者被拒绝。如果有能量收益,则构型被接受;如果有能量损耗,则构型有可能被拒绝。在经过建立一系列的构型后,构型能量会收敛,且此系统被认为是出于平衡。

对计算外来杂质分子在这些表面结构上相互作用的能量,现在市售的软件包已有一系列的工具可供采用[3.164~3.166]。因为外来杂质与结晶表面的相互作用过程并不涉及分子键的断裂和建立,采用分子模型工具(例如 MM、MD 和 MC)是适合的。

4) 物理模型

根据模拟,可以得出表面构型和外来杂质间分子水平相互作用的能量。但这必须能用来解释相应构型表面的生长速率。如设计一个能关联某一表面构型生长速率与某一化合物与该特定表面构型相应作用能量(计算值)的物理模型,则能做到这一点。

能用上述关联的模型通常系基于下述假定,即外来杂质与表面构型的相互作用降低结晶生长速率。这是因为,首先,在结晶面能生长前,外来杂质必须从表面除去,而这会消耗能量,因而会使结晶速率减缓。对于真空附着能 E_a,可引入一个能量修正项 E_s,E_s 是外来杂质与结晶表面构型相互作用的函数[3.28]。对不同的外来杂质和不同的表面构型,E_s 值是不同的。对于一个溶剂,E_s 代表表面构型的特殊溶剂效应,见式(3.30)。

$$R \propto E'_a = E_a - E_s \tag{3.30}$$

式中　R——一定结晶表面构型的生长速率;

　　　E'_a——对外来杂质效应修正后的一定表面构型的附着能;

　　　E_a——一定表面构型的真空附着能;

　　　E_s——外来杂质效应引起的附着能的变化。

因为 E_a 是一个附着能,故外来杂质的影响也必须表示为某种附着能。由于能量符号的定义曾引起很多混乱,所以在本节中,能量系定义为键断裂的能量,即相互作用越强,能量越高。

5) 分子模型过程

本章最后几节系用于解释分子模型过程,这些过程能用来研究外来杂质对结晶形态的影响。下一节以溶剂对 RDX 结晶形态的影响作为一个案例进行研究。该节首先是一个简短的引言,随后讨论由不同溶剂中所得 RDX 结晶形态的实验测定结果,案例研究的细节则安排在分子模型过程导则的后面。

3.3.2.9　案例研究:RDX 结晶形态

含能材料的用户要求含能化合物具有所需的结晶质量。对 RDX 而言,用户要求其具有一定的结晶形状和较高的装填密度。当 RDX 的结晶为球形而不是针状或类片状时,较小体积的 RDX 即能获得较大的能量。球形结晶的所有结晶表面对结晶形态具有同等的重要性。

研究化合物重结晶的溶剂对所形成的结晶的形态具有很大的影响[3.1]。一个预估溶剂对结晶形态影响的实用而可靠的方法,对选择或寻找合适的结晶溶剂是非常有用的。为此,人们应当确定来自结晶表面与溶液间的界面区域的一些具有决定意义的参数,以便掌握溶剂效应。这些参数可用于预估溶剂对结晶形态的影响。

通常采用的预估结晶形态的方法不适用于评估溶剂的影响,因为这些方法系基于结晶整体的性质,例如,平面间的距离和附着能。为了预估溶剂对结晶形态的影响,必须引入其他参数。结晶生长的实际系统包含三个区域:结晶整体、溶液中涉及结晶与溶液间的边界(含有界面)。因为结晶形态是由界面特性决定的,而有关结晶形态的信息不能仅由计算结晶整体效能得到。因此,预估溶剂对结晶形态影响的方法必须包括有边界层的参数。为了研究这些边界层参数,人们研究了一系列溶剂与结晶表面构型关系的模拟技术。

1) 实验:溶剂效应

因为溶剂对有机化合物 RDX 结晶形态有很大的影响[3.20],所以在这里以 RDX(环三亚甲基三硝胺)为模型化合物研究溶剂效应。由三种溶剂丙酮、环己酮及 γ-丁内酯中生长的 RDX 结晶形态示于图 3.63,这些结晶是以小规模原位结晶实验制得的。

 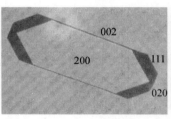 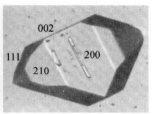

图 3.63　由三种溶剂 γ-丁内酯(BL)、
环己酮(CH)及丙酮(AC)中生长的 RDX 结晶的形态

由丙酮中生长的 RDX 结晶是相当等轴(立方)的,其结晶形态由结晶面(200)、(002)、(111)及(210)所决定,这些结晶面对结晶形态具有同等重要性,但(020)面的重要性较低。

由环己酮中生长的 RDX 结晶形态由(200)结晶面主宰,但结晶面(020)、(002)及(111)对结晶形态也很重要。有时候,也可见(210)结晶面。

由 γ-丁内酯中生长的 RDX 结晶,结晶面(210)及(111)对其形态具重要作用,而结晶面(002)的作用较小。如图 3.63 所示,有时候结晶面(002)根本不可见。由 γ-丁内酯结晶的 RDX,不能见到结晶面(200)及结晶面(020)。在真空晶型及实验晶型中,均存在结晶面(210),而从 γ-丁内酯中结晶的实验晶型,不存在结晶面(200)。但从其他溶剂(例如丙酮和环己酮)中结晶的 RDX,可形成结晶面(200)[3.29]。

2) 模拟

RDX 结晶为正交晶系,空间群 pbca,$a = 13.182$Å,$b = 11.574$Å,$c = 10.709$Å,每一结晶单元含 8 个分子[3.141]。

3) 真空晶型

对预测真空晶型,可采用相对直接的方法计算结晶表面的附着能。图 3.64 所示为 RDX 的真空晶型,其计算晶格能为 $25.8\text{kcal}\cdot\text{mol}^{-1}$,文献
[3.167]报道的 RDX 的升华能为 $30.1\text{kcal}\cdot\text{mol}^{-1}$。图 3.64 的
RDX 真空晶型表明,对从溶剂中结晶出的 RDX 晶体,能形成
结晶面(111)、(200)、(020)、(210)和(002),而且估计这些结晶
面可能对 RDX 的晶型具有重要作用。

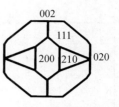

图 3.64　基于附着
能计算得出的
RDX 的真空晶型

将 RDX 的真空晶型与从 γ - 丁内酯结晶所得的 RDX 实
验晶型相比,说明 γ - 丁内酯与结晶表面(210)的相互作用很
强,而与结晶表面(200)的相互作用较弱。

4) 表面构型

对 RDX 进行 PBC 分析,可得出 RDX 很多可能的表面构型。根据 RDX 真空
晶型的计算,可认为结晶面(111)、(200)、(020)、(210)及(002)的表面构型对 RDX
的晶型是相当重要的。这些结晶面的表面构型都包含两个连结网络,这说明,它们
都可能形成两个表面构型。

为了正确预测某些溶剂对 RDX 晶型的影响,应当计算溶剂与所有表面构型的
相互作用。较准确的模拟涉及大量的溶剂分子,使得这种模拟相当费时。下文选
用两种模拟方法。首先讨论的是一种简单、快速但较粗的方法,只计算一个溶剂分
子与所有表面构型的相互作用。随后讨论的是较大系统的模拟结果。

5) 计算溶剂效应的简单工具

一个分子在{hkl}结晶面上的吸附能可用 Monte Carlo 模拟法计算。分子在平
衡位置时的能量能作为该吸附剂的吸附能。此吸附能是表面构型上溶剂效应的度
量。溶剂吸附能越高,溶剂效应越强,则在该溶剂中,此表面构型对晶型越重要。

表 3.16 列出了丙酮(AC)、环己酮(CH)、及 γ - 丁内酯(BL)的一个溶剂分子与
结晶面(200)、(020)、(002)、(210)及(111)所有表面构型的吸附能。该表还说明了各
表面构型对 RDX 晶型的重要性。一个结晶面的两个表面构型以 A 及 B 表示,但以
吸附能最大的作为决定结晶生长速度的表面构型,且从该溶剂结晶出的 RDX,其晶
型也由该表面构型决定。例如,对结晶面(111),表面构型 111 _ A 的吸附能最大,所
以从 γ - 丁内酯中析出 RDX 时,其结晶生长速度和结晶形态都由此构型决定。

表 3.16　溶剂分子在 RDX 结晶表面构型的吸附能

(表中的 020 _ B 表示(020)结晶面的第二种表面构型。表中

还给出了由吸附能所推导出的各结晶面表面构型对晶型的重要程度(MI))

表面{hkl}	丙酮 / $\text{kcal}\cdot\text{mol}^{-1}$	MI	环己酮 / $\text{kcal}\cdot\text{mol}^{-1}$	MI	γ - 丁内酯 / $\text{kcal}\cdot\text{mol}^{-1}$	MI
200 _ A	11.92	5	15.23	2	16.58	2
200 _ B	11.00		13.15		17.22	
020 _ A	12.98	1	14.76	4	17.22	3

（续）

表面{hkl}	丙酮 / kcal·mol⁻¹	MI	环己酮 / kcal·mol⁻¹	MI	γ - 丁内酯 / kcal·mol⁻¹	MI
020 _ B	10.28		12.99		14.92	
002 _ A	11.05	3	13.15	1	13.10	5
002 _ B	12.38		15.67		15.55	
210 _ A	10.73	4	12.84	5	16.71	4
210 _ B	12.33		14.70		15.74	
111 _ A	12.70	2	15.09	3	17.76	1
111 _ B	9.57		13.51		13.93	

将模拟结果与实验晶型比较时,表明上述的简单、快速方法不能得出准确的答案,这显然是预料之中的结果。对环己酮,似乎能较正确预测对晶型具重要性的结晶面;而对丙酮及 γ - 丁内酯,要预估对晶型重要性的因素则正确性较低。而且这个简单、快速的方法只适于预测哪些溶剂与表面构型相互作用十分强烈的情况。如果几种不同表面构型对某一溶剂的吸附能很大,则在结晶过程中会形成不希望得到的晶型,如针状结晶或片状结晶。

6) 表面诱导势能变化

下文讨论含大量分子系统的 MD 模拟。之所以选用 MD,是因为相当大的模型系统是需要的。这类模型能提供有关界面层溶剂分子位置和能量的信息。

对所有可能的结晶表面计算溶剂效应是不可行的,因为这需要长的模拟时间。所以下面只计算结晶面(200)及(210)表面构型的 γ - 丁内酯的溶剂效应。

对结晶面(200)及(210)各表面构型的附着能量示于表 3.17[3.30]。表面构型(200)_ A、(200)_ B 及(210)_ A 的附着能量(E_a)值相近,但(210)_ B 表面构型的附着能则较高。根据式(3.30),为了使表面构型(210)_ B 转变为对晶型具有决定性作用的构型,溶剂效应应当是很高的,而这种高的溶剂效应几乎是不可能的。因此,下文只模拟表面构型(200)_ A、(200)_ B 及(210)_ A 与溶剂的相互作用,而不模拟表面构型(210)_ B 的溶剂效应,因为(210)_ B 不可能是对晶型的决定性构型。

表 3.17　真空晶型的附着能 E_a(表中 A_{hkl} 为结晶片表面积,N 为结晶片
RDX 的分子数,E_1^s 为计算表面诱导势能变化,E_s 为溶剂层的
附着能,E'_a 为修正后附着能,R_r 为结晶面相对生长速率)

{hkl}	E_a/ kcal·mol⁻¹	A_{hkl}/ Å²	N	E_1^s/ kcal·mol⁻¹	E_s/ kcal·mol⁻¹	E'_a/ kcal·mol⁻¹	R_r/%
200 _ A	10.76			9.30	1.73	9.03	125
200 _ B	11.04	123.9	4	12.75	2.38	8.67	120
210 _ A	11.12			18.22	3.91	7.20	100
210 _ B	13.32	285.3	8				

让我们考虑一个无限的溶剂体积及一个无限的结晶体积。作为一级近似,在这里只考虑溶剂而不是溶液。当溶剂和结晶被切成两半,而形成的表面堆叠在一起,则由于结晶表面与溶剂的相互作用,结晶表面及溶剂界面区两者都会产生松弛,这种松弛产生表面诱导势能变化 E_1。由于存在界面,总的势能变化是增加 E。能量变化 E_1 可分成两部分,一部分是溶剂区部分 E_1^s,另一部分是结晶表面部分 E_1^{cr}。在图 3.65 的左边,是溶剂层引起的结晶表面松弛产生的结晶表面的势能变化 E_1^{cr},在图 3.65 的右边,是结晶表面诱导的溶剂势能变化 E_1^s。

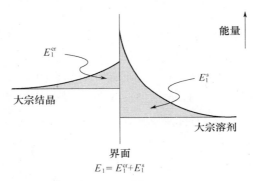

$$E_1 = E_1^{cr} + E_1^s$$

图 3.65　结晶界面势能图

左—溶剂层引起的结晶表面松弛产生的结晶表面势能变化 E_1^{cr},

右—结晶表面诱导的溶剂势能变化 E_1^s。

在下文中,假定结晶表面势能变化 E_1^{cr} 比溶剂界面区溶剂势能变化 E_1^s 小得多。此假定成立的第一点解释是,没有溶剂效应时,像 RDX 这类小的、刚性分子,相对于真空的松弛将是很小的。对此的第二点解释是,在相当大的程度上,溶剂的相互作用将取代结晶表面配对物的相互作用。这样,由于溶剂相互作用引起的结晶表面松弛(这种松弛本身已很小)估计甚至比真空中的结晶表面松弛会更小。

与上述情况相反,界面区的溶剂分子与结晶表面将会存在相当可观的相互作用。结晶表面在溶剂界面层诱导的势能超过在溶剂本体中诱导的势能。这种表面诱导势能变化跟溶剂与表面的相互作用能量有关,溶剂与表面的相互作用越强,E_1^s 将是一个越大的正值。这可见式(3.31):

$$E_a' = E_a - E_s = E_a - E_1^s A_{hkl} \frac{N_{Av}}{N} \tag{3.31}$$

式中　E_a'——修正溶剂效应后的附着能;

　　　E_s——溶剂效应(溶剂层附着能);

　　　E_1^s——溶剂层每单位面积的势能变化;

　　　A_{hkl}——从晶胞上切下的结晶片的面积;

N_{Av}——Avogadro 常数；

N——三维模拟箱中的溶剂分子数。

根据模拟，可以确定溶剂层中单位表面积的表面诱导势能变化 E_i^s。将模拟箱中所有溶剂分子 N_s 势能变化的总和以模拟箱中总结晶表面积除之，即为 E_i^s。

为了求得真空晶型附着能 E_a 的修正值 E_s，必须将表面诱导势能变化 E_i^s 换变为适当的单位，而这应引入晶片(hkl)的表面积，晶片中 RDX 分子数 N 和 Avogadro 常数 N_{Av}。溶剂效应 E_s 系定义为，将溶剂本体吸着于结晶表面由于松弛而在溶剂层中每摩尔结晶(RDX)释出的能量，单位为 kcal·mol^{-1}(RDX)。

对表面构型(200)_ A 及(200)_ B，势能变化 E_i^s 分别为 9.30mcal·m^{-2} 和 12.75 mcal·m^{-2}；对表面构型(210)，E_i^s 为 18.22 mcal·m^{-2}。这说明，γ - 丁内酯溶剂与结晶表面(210)的相互作用较强，所以此结晶表面对结晶形态具有更大的重要性。对于 γ - 丁内酯，可借助式(3.31)采用 E_i^s 修正由于溶剂相互作用引起的附着能的变化。修正后的附着能 E_a' 见表 3.17。因为(210)结晶面的修正附着能 E_a' 比(200)结晶面较小，所以(210)结晶面的晶体生长速率较低，因而此结晶面对晶型的重要性则较大。由于(210)结晶面的晶体生长速率较低，故而(210)结晶面的表面积增大，(200)结晶面的表面积减小。采用晶胞参数可以算出，当(200)结晶面的生长速率超过(210)结晶面生长速率的 115% 时，(200)结晶面从晶型中消失。计算的(200)结晶面的相对生长速率大于 115%，所以预测(200)结晶面不会存在于晶型中。这与实验 RDX 晶型是十分相符的，在实验晶型中，不存在(200)结晶面，而(210)结晶面有较大的结晶表面积。

为了比较各种溶剂对晶型的影响，每单位面积的势能变化 E_i^s 似乎是一个适当的尺度。

7) 案例研究结论

建立分子模型模拟基础的程序应当是，首先应充分了解晶型和对晶型具有重要性的结晶化合物的表面构型，其次应选择一个适当的模拟技术，再后是借助于物理模型模拟所得结果从分子水平转换至晶型水平。

对本书所涉及的案例研究，采用了两种不同的模拟技术，一种是比较粗的快速方法，另一种是比较准确的但费时的方法。至于宜选用哪种方法，取决于为解决这一问题所能提供的费用和时间。从本书这一案例研究可明显看出，分子模型能用于确定溶剂效应，因而也能借助分子模型研究结晶现象。

3.3.2.10 其他现象模拟

分子模型除了可作为预测溶剂影响晶型的工具外，它还有其他应用。例如，分子模型也可计算包覆于炸药上的键合剂的效率。键合剂的作用是连接包覆物与结晶的。这说明，键合剂分子必须与包覆物及结晶表面均有很强的相互作用。借助分子模型,可计算键合剂与结晶表面的相互作用能。

存在于溶液中极少量(ppm级)杂质或添加剂的作用,不能用它们对整体溶液参数(如溶解度)的影响来解释。这些杂质或添加剂必须在结晶表面的生长过程发挥作用。被结晶所吸附的化合物会延缓结晶表面的生长速率。

如果一个杂质或一个添加剂与结晶表面有很强的相互作用,则这类杂质或添加剂可阻断结晶表面的生长。其效果之一可能是晶核的长成要较长的时间,这就是杂质或添加剂的减速所致,这也说明诱导期(即从开始至可检测出晶核所需的时间)增长。分子模型计算的添加剂与结晶表面间的相互作用可用于设计那些对诱导期具有强烈影响的添加剂。

被吸附的添加剂或杂质与结晶表面间的相互作用可能具有面特征。只有很特征的面才能使结晶生长速率有较大的降低。因为结晶表面的生长速率决定晶型,因而使晶型改变。生长速率被延缓的结晶表面对晶型更为重要。借助分子模型,能计算杂质或添加剂对结晶速率的延缓效应。另外,为了得到所希望的晶型,可根据分子模型的计算结果设计专用的添加剂。

一种物质能形成不同结晶结构但相同化学组成晶体的现象被称为多晶性。一个能形成多晶型的最普通的化合物是水。在常压下,水于0℃结冰,这时冰的密度比水低,因而冰浮于水面。在高压下,水能结晶为密度比水大的冰的多晶型体,它沉于水底。能形成多晶型的普通含能化合物是HMX(环四亚甲基四硝胺)和CL-20(六硝基六氮杂异伍兹烷)。

在药物工业中,人们有时非常需要控制多晶型物的结晶,因为晶型影响药物的疗效和致死剂量。某些多晶型物的结晶过程是为专利保护的。在不同的结晶条件下可得到不同的晶型。但对一些复杂的有机化合物(如药物),这些条件有可能是几乎相同的。例如,有时可能只是某一特定的溶剂就影响某一特殊晶型的生长。

为了预测一种化合物是否具有多晶型性,现在有很多计算机模拟技术可资运用。但这类技术常仅考虑晶胞内部的相互作用,而忽略了表面过程,因而这类技术是被简化了的。实际上,生长的表面及表面与母液的相互作用,对形成多晶型体的动力学过程是一些很重要的因素。为了确定溶剂对形成多晶型体的影响,可以采用与上述RDX案例研究中计算表面诱导势能变化的相似的方法。

3.3.3　结晶过程的模拟

在设计和分析含固体或固-液分散相物流的过程时,过程模拟的作用现在还不像在经典化学过程和烃类有机产品加工工业中那样有重大的意义。其原因是常规过程的过程模拟见解、模型及计算技术还不能完全用于分散系统中。对于处理固相的单元操作,特别是固相的粒度分布发生变化的过程,需要特殊的模型。而且,含分散相的物流的自由度增加,需要表征固体粒度的一整套物理性能数据。直到现在,只有少数的商业模拟器能以正确和可信的方式解决这类问题(如 ASPEN、PLUS[3.168]、PRO/II[3.169])。

在此,作者试图以一个新的解决途径用于固相粒度分布变化过程(如所有各种结晶过程)的稳态模拟,并叙述如下。

3.3.3.1　计算程序

自 20 世纪 80 年代早期,即有几种两水平模拟方法(即同时模拟质量及能量平衡的计算方法)用于过程工程[3.170,3.171]。这类两水平过程的主要特征如下:

此计算涉及两部分:即过程的线性和非线性解。第一部分是简化了的模拟,它包括组分平衡方程,性能方程和表征单元操作的特性。在第二部分中,单元模型是区域的和非线性的。输入表征本质单元操作(如拆分的分离过程)的性能参数,可使模型线性化。在第一部分中,对组分流的速率(从进入流程图的物流开始)和给出性能参数的估算,可同时解出线性方程组。随后,在第二部分中,采用由第一部分所得出的组分流的速率,单元的区域模型可使这些参数得到修正。上述两步应交替进行,直至达到全面收敛。此计算程序的优点是:
- 比顺序模型解能更快实现全面收敛;
- 能更容易地解出循环回路和设计特征。

3.3.3.2　结晶生长过程模拟

结晶生长过程的模型系基于此过程是通过结晶溶液冷却和成粒使粒子生长。结晶生长过程的流程图(示出物流符号及单元模型)见图 3.66。

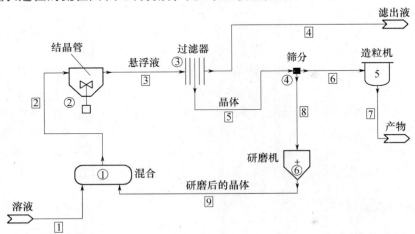

图 3.66　结晶生长过程的计算流程图

结晶过程的目的是生产具有一定粒度的结晶物质。结晶过程的独立操作变量是结晶温度和循环比,后者可控制结晶器中作为起始结晶核的量。在最后成粒器中,结晶的磨细度和聚集度认为是恒定的。

首先,应求得全套具一定粒度分布的结晶的常规物理性能。由 Blickle、Lakatos 和 Nirnsee 所建立的三参数双曲线正切(th)粒度分布函数可用式(3.32)表示,业已证明,此式对描述粒度特征是适合的[3.172]:

$$y = th^2[b(L - Lm)]^a \tag{3.32}$$

1) 结晶过程的线性化模拟

让我们考虑结晶过程的物流,并将其视为溶剂和溶质两组分形成的二元混合物。于是,表征上述物料平衡方程、性能方程和特征的线性化模型可用式(3.33)表示:

$$\underline{A} \cdot \underline{m} = \underline{b} \tag{3.33}$$

式(3.33)中的系数 $\underline{A}$ 如下:

	1	2	3	4	5	6	7	8	9	
混合	1	−1	0	0	0	0	0	0	1	0
结晶	0	1	−1	0	0	0	0	0	0	δ
过滤	0	0	1	−1	−1	0	0	0	0	0
筛分	0	0	0	1	−1	0	−1	0	0	0
研磨	0	0	0	0	0	0	0	1	−1	0
选粒	0	0	0	0	0	1	−1	0	0	0
过滤	0	0	σ	−1	0	0	0	0	0	0
筛分	0	0	0	R	0	0	−1	0	0	0
特殊过程	1	0	0	0	0	0	0	0	0	m_1

2) 操作单元的非线性模型

在上述计算的第二部分中,采用了单元的区域模型。过程每一单元的关键性相关性(为了说明,部分表示为函数形式)可由式(3.34)～式(3.47)表示:

(1) 结晶。传质及传热:

$$T_{out} = h(Q) \tag{3.34}$$

$$c_\infty = f(T_\infty) \tag{3.35}$$

$$\Phi_{cryst} = \frac{c_{in} - c_{out}}{c_{in} - c_\infty} \tag{3.36}$$

(2) 结晶生长:

$$\alpha = \frac{1}{1 - R} \tag{3.37}$$

$$\alpha_{out} = \alpha_{in} \tag{3.38}$$

$$b_{out} = \frac{b_m}{\alpha} \tag{3.39}$$

$$Lm_{out} = Lm_{in}\alpha + \frac{(\alpha - 1)}{d} \tag{3.40}$$

(3) 过滤。传质：

$$\Phi_{filt} = \frac{c_{in} - c_{out}}{c_{in} - c_t} \tag{3.41}$$

(4) 磨细(球磨机)。粒子分散：

$$\alpha_{out} = 1.3 \tag{3.42}$$

$$b_{out} = \left(\frac{f_1}{Lm_{in}^k} + f_2\right)^{\frac{1}{k}} \tag{3.43}$$

$$Lm_{out} = 0 \tag{3.44}$$

(5) 粒化(转鼓造粒机)。粒子聚集：

$$\alpha_{out} = 1.5 \tag{3.45}$$

$$b_{out} = 1 \tag{3.46}$$

$$Lm_{out} = Lm_{in} \cdot \exp(g_1) + g_2 \tag{3.47}$$

3) 流程计算解

此模拟的目的是预测能生成一定平均粒径结晶产品的操作参数。如令结晶温度及晶粒的磨细度和聚集度为恒定值，则循环比将是唯一的操作参数。

如组分平衡及设计特性对设计特性对整个流程都较适合，则可达到全部收敛。这说明，必须求解式(3.48)~式(3.57)所代表的非线性系统。

$$Lav_7^{calc} - Lav_7^{spec} = 0 \tag{3.48}$$

$$\delta^{new} - \delta^{old} = 0 \tag{3.49}$$

$$\sigma^{new} - \sigma^{old} = 0 \tag{3.50}$$

式(3.48)~式(3.50)中：

$$Lav_7^{calc} = f_1(T_3, R) \tag{3.51}$$

$$\delta^{new} = f_2(\delta^{old}, T_3, R) \tag{3.52}$$

$$\sigma^{new} = f_3(\sigma^{old}, T_3, R) \tag{3.53}$$

$$T_3 = T_3^{spec} \tag{3.54}$$

应迭代的独立变量是 R, δ 及 σ，它们可用式(3.55)~式(3.57)表示：

$$R = \frac{m_8}{m_5} \tag{3.55}$$

$$\delta = m_3(T_3) - m_4(\Phi_{\text{filt}}) \tag{3.56}$$

$$\sigma = \frac{m_4(\Phi_{\text{filt}})}{m_3(T_3)} \tag{3.57}$$

根据上述相关性,模拟过程示于图 3.67。

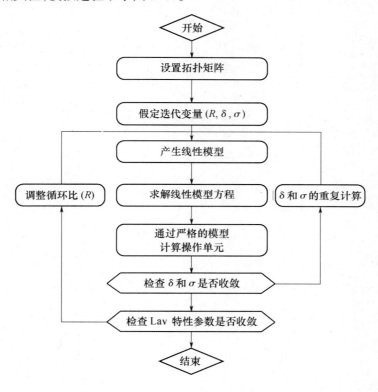

图 3.67　模拟过程

3.3.3.3　结果和结论

简述如上的模拟方案已经过程序包的初步框架得到证明,且拟进一步研究。单元操作的区域模型已在其简化形式中得到应用,而以维生素 C 水溶液为模型物。

由此研究所得的粒度分布曲线示于图 3.68。对操作单元的曲线,是由操作单元的出口物流得到的,故应考虑在操作过程中会改变物料的粒径。对产品的粒度分布曲线,其粒度分布与循环比有关。在所研究的两种情况下(单元操作及产品),此模拟似乎对结晶操作中的独立变量相当敏感。

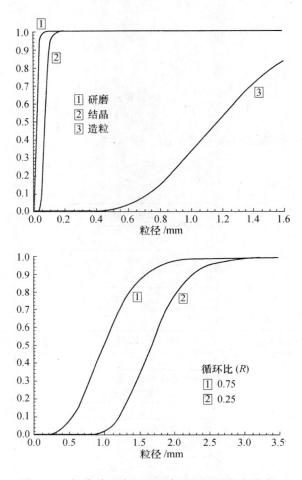

图 3.68　操作单元中(左)和产品(右)的粒度分布

3.4　参考文献

3.1 Mersmann A (ed.) (1995) *Crystallization Technology Handbook*, Marcel Dekker, New York.

3.2 Berthoud A (1912) Theorie de la formation des faces d'un crystal, *J. Chim. Phys.* 10, 624.

3.3 Valeton JJP (1924) Wachstum und Auflösung der Kristalle, *Z. Kristallogr.* 60, 1.

3.4 Elwell D, Scheel HƗ (1975) *Crystal Growth from High-temperature Solution*, Academic Press, London.

3.5 Burton WK, Cabrera N, Frank FC (1951) The growth of crystals and the equilibrium structure of their surface, *Philos. Trans. R. Soc. London*, **243**, 299–358.

3.6 Garside J, Tavare NS (1985) Mixing reaction and precipitation: limits of micromixing in a MSMPR crystallizer, *Chem. Eng. Sci.* **40**, 1085–1093.

3.7 ÓMeadhra R, van der Heijden AEDM, van Rosmalen GM (1993) Mosaic spread in and growth history of ammonium sulfate crystals. In: *Proc. Annual Meeting on Crystallization, Freiberg.*

3.8 Brooks R, Horton AT, Torgesen JL (1968) Occlusion of mother liquor in solution-growth crystals, *J. Cryst. Growth* 2, 279–283.

3.9 Denbigh KG, White ET (1966) Studies on liquid inclusions in crystals, *Chem. Eng. Sci.* 21, 739–754.

3.10 Williams AJ (1981) Explosives Research Establishment, Waltham Abbey, personal communication.

3.11 Myerson AS, Saska M (1984) Formation of solvent inclusions in terephthalic acid crystals, *AIChE J.* 30, 865–867.

3.12 van der Heijden AEDM (1998) Crystallization and characterization of energetic materials. In: *Trends in Chemical Engineering, Research Trends, Poojopura, India.*

3.13 Meulenbrugge JJ, van der Steen AC, van der Heijden AEDM (1995) Crystallization of energetic materials; the effect on stability, sensitivity and processing properties. In: *Proc. Int. Symp. on Energetic Materials Technology, Phoenix, AZ.*

3.14 Mullin JW (1993) *Crystallization*, 3rd edn, Butterworth-Heineman, Oxford.

3.15 Veltmans WHM, van der Heijden AEDM, Rodgers MI, Geertman RM (1999) Improvement of hydrazinium nitroformate product characteristics. In: *Proc. 30th Int. Annual Conference of ICT, Karlsruhe.*

3.16 Veltmans WHM, van der Heijden AEDM, Bellerby JM, Rodgers MI (2000) The effect of different crystallization techniques on morphology and stability of HNF. In: *Proc. 31st Int. Annual Conference of ICT, Karlsruhe,* p. 22.

3.17 Veltmans WHM, van der Heijden AEDM (1999) Sonocrystallization of hydrazinium nitroformate to improve product characteristics, In: *Proc. 14th Int. Symp. on Industrial Crystallization (IChemE), Cambridge*; Mersmann A (ed.) (1995) *Crystallization Technology Handbook*, Marcel Dekker, New York.

3.18 Geertman RM, van der Heijden AEDM (1992) *J. Cryst. Growth* 125, 363.

3.19 van der Heijden AEDM, Geertman RM, Bennema P (1991) *J. Phys. D: Appl. Phys.* 24, 123.

3.20 ter Horst JH, Geertman RM, van der Heijden AEDM, van Rosmalen GM (1999) The influence of a solvent on the crystal morphology of RDX, *J. Cryst. Growth* 198/199, 773–779.

3.21 ter Horst JH, Geertman RM, van der Heijden AEDM, van Rosmalen GM (1997) A solvent influenced morphology prediction of RDX. In: *Proc. 4th Int. Workshop on Crystal Growth of Organic Materials, Germany,* p. 94.

3.22 van Driel CA, van Gijzel AEA, van der Heijden AEDM, unpublished results.

3.23 van der Heijden AEDM, van Rosmalen GM (1994) In: Hurle DTJ (ed.), *Handbook of Crystal Growth*, Vol. 2, Part A, Elsevier, Amsterdam, p. 315.

3.24 Grimbergen RFP (1998) From Crystal Structure to Morphology, PhD Thesis, University of Nijmegen.

3.25 Bennema P (1994) In: Hurle DTJ (ed.), *Handbook of Crystal Growth*, Vol. 2, Part A, Elsevier, Amsterdam, p. 477.

3.26 Jetten LAMJ, van der Hoek B, van Enckevort WJP (1983) *J. Cryst. Growth* 62, 603.

3.27 Elwenspoek M, Bennema P, van der Eerden JP (1987) *J. Cryst. Growth* 83, 297.

3.28 ter Horst JH, Geertman RM, van der Heijden AEDM, van Rosmalen GM (1999) A molecular modeling study on the solvent effect on the crystal morphology of RDX. In: *Proc. 14th Int. Symp. on Industrial Crystallization, Cambridge.*

3.29 ter Horst JH, Geertman RM, van der Heijden AEDM, van Rosmalen GM (1999) Crystal growth rate and impurity effect during RDX crystallization. In: *Proc. 30th Int. Annual Conference of ICT, Karlsruhe,* p. 42.

3.30 ter Horst JH (2000) Molecular Modeling and Crystallization. Morphology, Solvent Effect and Adsorption, PhD Thesis, Delft University of Technology, Universal Press Science Publishers, Veenendaal.

3.31 Kröber H, Teipel U (1998) Untersuchungen zur Kristallization von Explosivstoffen und zum Einfluß von Ultraschall auf die Keimbildung. In: *Proc. 29th Int. Annual Conference of ICT, Karlsruhe,* p. 17.

3.32 van der Heijden AEDM, Keizers HLJ,

Veltmans WHM (2000) HNF/HTPB based composite propellants. In: *Proc. 5-ISICP, Stresa.*

3.33 Veltmans WHM, van der Heijden AEDM, Louwers J, Keizers HLJ, van den Berg RP, Schöyer HFR (2000) An overview of the development of HNF propellants. In: *Proc. 36th AIAA/ASME/ SAE/ASEE Joint Propulsion Conference, USA.*

3.34 ter Horst JH, unpublished results.

3.35 Boggs TL, The thermal behavior of cyclotrimethylene trinitramine (RDX) and cyclotetramethylene tetranitramine (HMX), In: Kuo KK, Summerfield M (eds.), Fundamentals of Solid-Propellant Combustion, Progress in Astronautics and Aeronautics, Vol. 90, AIAA, Washington, DC, 1984, Chapter 1, 121–175.

3.36 van der Heijden AEDM, Duvalois W (1996) Characterization of the internal quality of HMX crystals. In: *Proc. 27th Int. Annual Conference of ICT, Karlsruhe.*

3.37 van der Heijden AEDM, Bouma RHB (1998) Shock sensitivity of HMX/HTPB PBXs: relation with HMX crystal density. In: *Proc. 29th Int. Annual Conference of ICT, Karlsruhe,* p. 65.

3.38 van der Heijden AEDM, Bouma RHB, van Esveld RJ (2000) Shock sensitivity of HMX based compositions. In: *Proc. 31st Int. Annual Conference of ICT, Karlsruhe,* p. 69.

3.39 Borne L (1993) Influence of intragranular cavities of RDX particles batches on the sensitivity of cast wax bonded explosives. In: *Proc. 10th Int. Detonation Symp., Boston,* pp. 286–293.

3.40 Borne L (1993) In: *Proc. 5th Congrès International de Pyrotechnie, EUROPYRO 93, Strasbourg,* p. 155.

3.41 Mang JT, Skidmore CB, Kramer JF, Phillips DS (2000) Quantitative morphological characterization of high explosive crystal grains by light diffraction and microscopy. In: *Proc. 31st Int. Annual Conference of ICT, Karlsruhe,* p. 20.

3.42 van der Heijden AEDM, Duvalois W, van der Wulp CJM (1999) Micro-inclusions in HMX crystals. In: *Proc. 30th Int. Annual Conference of ICT, Karlsruhe,* p. 41.

3.43 Kröber H, Teipel U, Leisinger K, Krause H (1998) Herstellung fehlstellenarmer Oktogenkristalle durch Rekristallization aus Lösungen. In: *Proc. 29th Int. Annual Conference of ICT, Karlsruhe,* p. 66.

3.44 Haller TM, Rheingold AL, Brill TB (1983) The structure of the complex between octahydro-1,3,5,7-tetranitro-1,3,5,7-tetrazocine (HMX) and N,N-dimethylformamide (DMF), $C_4H_8N_8O_8.C_3H_7NO$. A second polymorph, *Acta Crystallogr., Sect. C* **39**, 1559–1563.

3.45 Haller TM, Rheingold AL, Brill TB (1985) Structure of the 1/1 complex between octahydro-1,3,5,7-tetranitro-1,3,5,7-tetrazocine (HMX), $C_4H_8N_8O_8$ and N-methyl-2-pyrrolidone (NMP), C_5H_9NO, *Acta Crystallogr., Sect. C* **41**, 963–965.

3.46 Xijun C, Zhibin L, Rongzu H (1990) Investigation of the crystallization kinetics of cyclotrimethylenetrinitramine and cyclotetramethylenetetranitramine by microcalorimetry, *Thermochim. Acta* **173**, 193–198.

3.47 Duverneuil P, Hiquily N, Laguerie C, Ousset R (1989) A comparison of the effects of some solvents on the growth of HMX (octogene) crystals from solutions, *Process Tech. Proceeding* **6**, 525–528.

3.48 Svensson L, Nyqvist J-O, Westlin L (1986) Crystallization of HMX from γ-butyrolactone, *J. Hazard. Mater.* **13**, 103–108.

3.49 Ruijun G, Jinglin Z, Baocheng H (1997) A study on the preparation of superfine RDX, *Theory Pract. Energ. Mater.* **2**, 37–40.

3.50 Nielsen A (1991) Polycyclic amine chemestry. In: Olah GA, Squire DR (eds), *Chemistry of Energetic Materials,* Academic Press, San Diego, pp. 95–124.

3.51 von Holtz E, Ornellas D, Foltz MF, Clarkson JE (1994) The solubility of ε-CL-20 in selected materials, *Propell. Explos. Pyrotech.* **19**, 206–212.

3.52 Wardle RB, Hinshaw JC, Braithwait P, Rose M (1996) Synthesis of the caged nitramine HNIW (CL-20). In: *Proc. 27th Int. Annual Conf of ICT, Karlsruhe,* p. 27.

3.53 Thome V (2002) unpublished results.

3.54 Becuwe A, Delclos A (1993) Low-sensitivity explosive compounds for low vulnerability warheads, *Propell. Explos. Pyrotech.* **18**, 1–10.

3.55 Lee K-Y, Coburn MD (1985) 3-Nitro-1,2,4-triazol-5-one, a less sensitive explosives, *Los Alamos Natl. Lab. Report,* LA-10302-MS.

3.56 Yi X, Rongzu H, Tonglai Z, Fuping L (1993) Preparation and mechanism of thermal decomposition of alkali metal (Li, Na and K) salts of 3-nitro-1,2,4-triazol-5-one, *J. Thermal Anal.* **39,** 827–847.

3.57 Kim KJ, Kim MJ, Lee JM, Kim HS, Kim SH, Park BS (1998) Experimental solubility and density for 3-nitro-1,2,4-triazol-5-one + C1 to C7 1-alkanols, *Fluid Phase Equil.* **146,** 261–268.

3.58 Kim KJ, Kim MJ, Lee JM, Kim HS, Kim SH, Park BS (1998) Solubility, density and metastable zone width of the 3-nitro-1,2,4-triazol-5-one + water system, *J. Chem. Eng. Data* **43,** 65–68.

3.59 Kim KJ, Kim MJ, Lee JM (1998) Development of process for controlling morphology of NTO crystals, *KRICT Report,* Taejeon, 1998.

3.60 Kawashima Y. Naito M, Lin S-Y, Takenaka H (1983) An experimental study of the kinetics of the spherical crystallization of sodium theophylline monohydrate, *Powder Technol.* **34,** 255–260.

3.61 Kim KJ (2000) Spherulitic crystallization of 3-nitro-1,2,4-triazol-5-one in water-N-methyl-2-pyrrolidone, *J. Cryst. Growth* **208,** 569–578.

3.62 Kim KJ (in press) Nucleation kinetics in spherulitic crystallization of explosive compound: 3-nitro-1,2,4-triazol-5-one, *Powder Technol.*

3.63 Kim KJ, Kim MJ (1999) Spherulitic crystallization of explosives: NTO, In: *Proc. 7th Int. Workshop on Industrial Crystallization, Halle,* pp. 73–79.

3.64 Keith HD, Padden FJ (1962) A phenomenological theory of spherulitic crystallization, *J. Appl. Phys.* **34,** 2409–2421.

3.65 Carr SM, Subramanian KN (1982) Spherulitic crystal growth in P_2O_5-nucleated lead silicate glasses, *J. Cryst. Growth* 307–312.

3.66 Matsuno T, Koishi M (1985) Spherulitic crystal growth of $CaSO_3.0.5H_2O$ in gel, *J. Cryst. Growth* **71,** 263–268.

3.67 Ewing RC (1974) Spherulitic recrystallization of metamict polycrase, *Science* **184,** 561–562.

3.68 Kim KJ, Lee CH, Ryu SK (1994) Kinetic study on thiourea adduction with cyclohexane-methylcyclopentane system. 1. Equilibrium study, *Ind. Eng. Chem. Res.* **33,** 118–124.

3.69 Kim KJ, Ryu SK (1997) Nucleation of thiourea adduct crystals with cyclohexane-methylcyclopentane system, *Chem. Eng. Commun.* **159,** 51–66.

3.70 Nyvlt J (1968) Kinetics of nucleation in solutions, *J. Cryst. Growth* 377–383.

3.71 Mersmann A (1996) Supersaturation and nucleation, *Chem. Eng. Res. Des.* **74,** 812–820.

3.72 Mersmann A, Angerhofer M, Gutwald T, Sangl R, Wang S (1992) General prediction of median crystal size, *Sep. Technol.* **2,** 85–97.

3.73 Mersmann A (1995) General prediction of statistically mean growth rates of crystal collective, *J. Cryst. Growth* **147,** 181-193.

3.74 Mersmann A, Bartosch K (1997) How to predict the metastable zone width, *J. Cryst. Growth* **183,** 240–251.

3.75 Kim KJ, Mersmann A (2001) Estimation of metastable zone width in different nucleation processes, *Chem. Eng. Sci.* **56,** 2315–2324.

3.76 Kim KJ, Kim KM (2002) Growth kinetics in seeded cooling crystallization of 3-nitro-1,2,4-triazol-5-one in water-N-methylpyrrolidone, *Powder Technol.* **122,** 46–53.

3.77 Kim KJ, Kim MJ, Yeom CK, Lee JM, Choi HS, Kim HS, Park BS (1998) Crystallization kinetics of NTO in a batch cooling crystallization, *J Korean Ind. Eng. Chem.* **9,** 974–978.

3.78 Garside J, Mersmann A, Nyvlt J (1990) *Measurement of Crystal Growth Rates,* European Federation of Chem. Eng., Working Party on Crystallization, Druckhaus Deutsch, Munich.

3.79 Kim KJ, Kim KM, Lee JM, Kim HS, Park BS (2000) Scale-up of crystallizer for producing spherical NTO crystals. In: *Proc. 31st Int. Annual Conference of ICT, Karlsruhe,* p. 121.

3.80 Kim KJ, Kim MJ, Lee JM, Kim HS, Kim SH, Park BS (1997) Control of size and

134 含 能 材 料

shape of NTO crystals by cooling crystallization. In: *Proc. Int. Symp. CGOM, Bremen*, pp. 169–174.

3.81 Mersmann A (1995) General prediction of statistically mean growth rates of crystal collective, *J. Cryst. Growth* **147**, 181-193.

3.82 Kim KJ (submitted) Scale-up study on cooling crystallization of NTO in co-solvent, *Chem. Eng. J.*

3.83 Hendricks SB, Posnjak E, Kracek FC (1932) The variation of ammonium nitrate with temperature, *J. Am. Chem. Soc.* **54**, 2766.

3.84 Bowen NL (1926) Properties of ammonium nitrate, *J. Phys. Chem.* **39**, 721.

3.85 Engel W, Charbit P (1978) Thermal analysis of ammonium nitrate by energy-dispersive X-ray diffraction, *J. Thermal Anal.* **13**, 275–281.

3.86 Engel W, Eisenreich N, Herrmann M, Kolarik V (1997) Temperature resolved X-ray diffraction as a tool of thermal analysis, *J. Thermal Anal.* **49**, 1025–1037.

3.87 Müller W (1899) Über die Änderung des Umwandlungspunktes von Ammoniumnitrat bei 32 °C durch Zusatz von Kaliumnitrat, *Z. Phys. Chem.* **31**, 354–359.

3.88 Campbell AN, Campbell JR (1946) The effect of a foreign substance on the transition NH₄NO₃ IV – NH₄NO₃ III, *Can. J. Res. B* **24**, 93–108.

3.89 Coates RV, Woodard GD (1965) An X-ray diffractometric study of the ammonium nitrate-potassium nitrate system, *J. Chem. Soc.* 2135–2140.

3.90 Holden JR, Dickinson CW (1975) Crystal structures of three solid solution phases of ammonium nitrate and potassium nitrate, *J. Phys. Chem.* **79**, 249–256.

3.91 Engel W, Eisenreich N (1985) Thermal analysis of the system NH₄NO₃/CsNO₃ by means of X-ray diffraction, *Thermochim. Acta* **85**, 35–38.

3.92 Deimling A, Engel W, Eisenreich N (1992) Phase transitions of ammonium nitrate doped with alkali nitrates studied with fast X-ray diffraction, *J. Thermal Anal.* **38**, 843–853.

3.93 Engel W (1973) Beitrag zur Phasenstabilisierung von Ammoniumnitrat, *Explosivstoffe* **21**, 9–13.

3.94 Choi CS, Prask HJ (1980) Phase transitions in ammonium nitrate, *J. Appl. Crystallogr.* **13**, 403–409.

3.95 Helmy AM (1987) GAP propellant for gas generator application. In: *23rd Joint Propulsion Conference, San Diego*, AIAA-Paper 87, p. 1725.

3.96 Engel W, Menke K (1996) Development of propellants containing ammonium nitrate, *Defence Sci. J.* **46**, 311–318.

3.97 Engel W, Eisenreich N, Deimling A, Herrmann M, Juez-Lorenzo M, Kolarik V (1993) Ammonium nitrate: a less polluting oxidizer. In: *Proc. 24th Int. Annual Conference of ICT, Karlsruhe*, p. 3.

3.98 Chan ML, Turner A, Merwin L, Ostrom G, Mead C, Wood S (1996) ADN propellant technology. In: Kuo KK (ed.), *Challenges in Propellants and Combustion*, Begell House, Wallingford, NY, pp. 627–635.

3.99 Ramaswamy AL (2000) Study of the thermal initiation of ammonium dinitramide (ADN) crystals and prills, *J. Energ. Mater.* **18**, 39–60.

3.100 Espitalier F, Biscans B, Authelin J-R, Laguerie C (1997) Modeling of the mechanism of formation of spherical grains obtained by the quasi-emulsion crystallization process, *Trans IChemE* **75**, Part A, 257–267.

3.101 McClements DJ, Dickinson E, Povey MJW (1990) Crystallization in hydrocarbon-in-water emulsions containing a mixture of solid and liquid droplets, *Chem. Phys. Lett.* **172**, 449–452.

3.102 Highsmith TK, Mcleod C, Wardle RB (1998) ADN manufacturing technology. In: *Proc. 29th Int. Annual Conf of ICT, Karlsruhe*, p. 20.

3.103 Teipel U, Heintz T, Krause H (2000) Crystallization of spherical ammonium dinitramide (ADN) particles, *Propell. Explos. Pyrotech.* **25**, 1–5.

3.104 Langlet A, Wingborg N, Östmark H (1996) ADN: a new high performance oxidizer for solid propellants. In: Kuo KK (ed.), *Challenges in Propellants and Combustion*, Begell House, Wallingford, NY, pp. 616–626.

3.105 Teipel U, Heintz T, Leisinger K, Krause H (1999) Crystallization of spherical ammonium dinitramide (ADN) particles from emulsions. In: *Proc. 14th Int. Symp. Ind. Crystallization, Cambridge*, p. 167.

3.106 Stewart JJP (1990) MOPAC: a semi-empirical molecular orbital program, *Comput.-Aided Mol. Des.* **4**, 1.

3.107 Stewart JJP, *MOPAC Program, Ver. 5.0*, Quantum Chemistry Program Exchange, University of Indiana, Blomington, IN.

3.108 Stewart JJP (1990) Semi-empirical molecular orbital methods. In: Lipkowitz KB, Boyd DB (eds), *Reviews in Computational Chemistry*, VCH, New York, chapter 2, p. 45.

3.109 Dupuis M, Sprangler D, Wendoloski JJ (NRCC, USA), extended and modified by Guest MF, van Lenthe JH, Kendrick J, Schoffel K, Sherwood P, Harrison RJ, with contributions from Amos RD, Buenker RJ, Dupuis M, Handy NC, Hillier IH, Knowles PJ, Bonacic-Koutecky V, von Niessen W, Saunders VR, Stone AJ, *GAMESS–UK 6.2*, distributed by Computing for Science (CFS), Daresbury Laboratory, under licence.

3.110 Frisch MJ, Trucks GW, Schlegel HB, Scuseria GE, Robb MA, Cheeseman JR, Zakrzewski VG, Montgomery JA, Stratmann RE, Burant JC, Dapprich S, Millam JM, Daniels AD, Kudin KN, Strain MC, Farkas O, Tomasi J, Barone V, Cossi M, Cammi R, Mennucci B, Pomelli C, Adamo C, Clifford S, Ochterski J, Petersson GA, Ayala PY, Cui Q, Morokuma K, Malick DK, Rabuck AD, Raghavachari K, Foresman JB, Cioslowski J, Ortiz JV, Baboul AG, Stefanov BB, Liu G, Liashenko A, Piskorz P, Komaromi I, Gomperts R, Martin RL, Fox DJ, Keith T, Al-Laham MA, Peng CY, Nanayakkara A, Gonzalez C, Challacombe M, Gill PMW, Johnson B, Chen W, Wong MW, Andres JL, Gonzalez C, Head-Gordon M, Replogle ES, Pople JA (1998) *Gaussian 98*, Gaussian, Pittsburgh.

3.111 Cook DB (1998) *Handbook of Computational Quantum Chemistry*, Oxford University Press, Oxford.

3.112 Veszpremi T, Fehrer M (1999) *Quantum Chemistry, Fundamentals to Applications*, Kluwer, Dordrecht.

3.113 Binkley JS, Pople JA, Hehre WJ (1980) Self-consistent molecular orbital methods. XXI. Small split-valence basis sets for first-row elements, *J. Am. Chem.*

Soc. **102**, 939.

3.114 Ditchfield FR, Hehre WJ, Pople JA (1971) Self-consistent molecular orbital methods. IX. An extended Gaussiantype basis for molecular orbital studies of organic molecules, *J. Chem. Phys.* **54**, 724.

3.115 Hehre WJ, Ditchfield R, Pople JA (1972) Self-consistent molecular orbital methods. XII. Further extensions of Gaussian-type basis sets for use in molccular orbital studies of organic molecules, *J. Chem. Phys.* **56**, 2257.

3.116 Hariharan PC, Pople JA (1973) The influence of polarization functions on molecular orbital hydrogenation energies, *Theor. Chim. Acta* **28**, 213.

3.117 Dunning TH (1971) Gaussian basis functions for use in molecular calculations, *J. Chem. Phys.* **55**, 716.

3.118 Kohn W, Sham LJ (1965) Self-consistent equations including exchange and correlation effects, *Phys. Rev.* **140**, A1133.

3.119 Becke AD (1993) Density-functional thermochemistry. III. The role of exact exchange, *J. Chem. Phys.* **98**, 5648.

3.120 Becke AD (1993) A new mixing of Hartree-Fock and local density-functional theories, *J. Chem. Phys.* **98**, 1372.

3.121 Becke AD (1992) Density-functional thermochemistry. I. The effect of the exchange-oniy gradient correction, *J. Chem. Phys.* **96**, 2155.

3.122 Becke AD (1992) Density-functional thermochemistry. II. The effect of the Perdew-Wang generalized-gradient correlation correction, *J. Chem. Phys.* **97**, 9173.

3.123 Lee C, Yang W, Parr RG (1988) Development of the Colle-Salvetti correlation-energy formula into a functional of the electron density, *Phys. Rev.* **37**, 785.

3.124 Wu CJ, Fried LE (1997) *Ab initio* study of RDX decomposition mechanisms, *Phys. Chem. A* **101**, 8675.

3.125 The results published were generated using the program Cerius2, developed by Accelrys.

3.126 Mayo SL, Olafson BD, Goddard WA III (1990) DREIDING: a generic force field for molecular simulations, *J. Phys. Chem.* **94**, 8897–8909.

3.127 Ewald PP (1921) Die berechnung op-

tischer und elektrostatischer gitterpo-
tentiale, *Ann. Phys.* **64**, 253.

3.128 Kendrick J, Fox M (1991) Calculation of
electrostatic potentials, *J. Mol. Graph.
Soc.* **9**, 182.

3.129 Kuklja MM, Kunz AB (1999) *Ab initio*
simulation of defects in energetic mate-
rials. Part I. Molecular vacancy struc-
ture in RDX crystal, *J. Phys. Chem.
Solids* **61**, 35–44.

3.130 Kuklja MM, Kunz AB (1999) *Ab initio*
simulation of defects in energetic mate-
rials: hydrostatic compression of cyclo-
trimethylene trinitramine, *J. Appl. Phys.*
86, 4428–4434.

3.131 Kunz AB (1996) *Ab initio* investigation
of the structure and electronic proper-
ties of the energetic solids TATB and
RDX, *Phys. Rev. B: Condens. Matter* **53**,
9733–9738.

3.132 Donnay JDH, Harker D (1937) A new
law of crystal morphology extending the
law of Bravais, *Am. Mineral.* **22**, 446

3.133 Hartman P, Bennema P (1980) The at-
tachment energy as a habit controlling
factor, I. Theoretical considerations, *J.
Cryst. Growth* **49**, 145

3.134 Gibbs JW (1928) *Collected Works*, Long-
man, New York.

3.135 Bennema P (1996) On the crystallo-
graphic and statistical mechanical foun-
dations of the forty-year old Hartman-
Perdok theory, *J. Cryst. Growth* **166**, 17.

3.136 Costain W, Cox EG (1947) Structure of
dimethylnitramine, *Nature* **160**, 826.

3.137 Krebs B, Mandt J, Cobbledick RE, Small
RWH (1979) The structure of N,N-di-
methylnitramine, *Acta Crystallogr., Sect.
B* **25**, 402.

3.138 Filhol A, Bravic G, Rey-Lafon M, Tho-
mas M (1980) X-ray and neutron stud-
ies of a displacive phase transition in
N,N-dimethylnitramine (DMN), *Acta
Crystallogr., Sect. B* **26**, 575.

3.139 Shishkov IF, El'fimova TL, Vilkov LV
(1992) Molecular structure of hexahy-
dro-1,3,5-trinitrotriazine in the gas
phase, *Zh. Strukt. Khim.* **33**, 41.

3.140 Choi CS, Prince E (1972) Crystal struc-
ture of cyclotrimethylenetrinitramine,
Acta Crystallogr., Sect. B **28**, 2857–2862.

3.141 Karpowicz RJ, Brill TB (1984) Com-
parison of the molecular structure of
hexahydro-1,3,5-trinitro-s-triazine in the

vapor, solution and solid phases, *J.
Phys. Chem.* **88**, 348.

3.142 Rerat B, Berthou J, Laurent A, Rerat C
(1968) Structure cristalline du complexe
hexogene-sulfolane, *C. R. Acad. Sci., Ser.
C* **267**, 760.

3.143 Gilardi R, Flippen-Anderson JL, George
C (1990) Structures of 1,3,5-trinitro-
2-oxo-1,3,5-triazacyclohexane (I) and
1,4-dinitro-2,5-dioxo-1,4-diazacyclohex-
ane (II), *Acta Crystallogr., Sect. C* **46**,
706.

3.144 Rice BM, Chabalowski CF (1997) *Ab-
initio* and nonlocal density functional
study of 1,3,5-trinitro-s-triazine (RDX)
conformers, *J. Phys. Chem. A* **101**,
8720–8726.

3.145 Harris NJ, Lammertsma K (1997) *Ab
initio* density functional computations
of conformations and bond dissociation
energies for hexahydro-1,3,5-trinitro-
1,3,5-triazine, *J. Am. Chem. Soc.* **119**,
6583–6589.

3.146 Chakraborty D, Muller RP, Dasgupta S,
Goddard WA III (2000) The mecha-
nism for unimolecular decomposition
of RDX (1,3,5-trinitro-1,3,5-triazine), an
ab initio study, *J. Phys. Chem. A* **104**,
2261.

3.147 Sorescu DC, Rice BM, Thompson DL
(1998) A transferable intermolecular po-
tential for nitramine crystals, *J. Phys.
Chem. A* **102**, 8386–8392.

3.148 Pivina TS, Arnautova EA (1996) Com-
puter modeling of possible polymorphic
transformations in HNIW (CL-20). In:
*Proc. 27th Int. Annual Conference of ICT,
Karlsruhe*, p. 39.

3.149 Sorescu DC, Rice BM, Thompson DL
(1999) Theoretical studies of the hydro-
static compression of RDX, HMX,
HNIW and PETN crystals, *J. Phys.
Chem. B* **103**, 6783–6790.

3.150 Sorescu DC, Rice BM, Thompson DL
(1998) Molecular packing and NPT-mo-
lecular dynamics investigation of the
transferability of the RDX intermolecu-
lar potential to 2,4,6,8,10,12-hexanitro-
hexaazaisowurtzitane, *J. Phys. Chem. B*
102, 948–952.

3.151 Ou Y-H, Jia H-P, Chen B, Xu Y, Zhang
J, Liu Y (1999) Crystal structure of al-
pha-hexanitrohexaazaisowurtzitane, *Bei-
jing Ligong Daxue Xuebao* **19**, 631–636.

3.152 Ou Y, Jia H-P, Chen B-R, Xu Y-J, Wang C, Pan Z-L (1999) Crystal structure of gamma-hexanitrohexaazaisowurtzitane, *Huaxue Xuebao* **57**, 431–436.

3.153 Ou Y-H, Jia H-P, Chen B, Xu Y, Pan Z, Chen J, Zheng F (1998) Structure of four polymorphs of hexanitrohexaazai- sowurtzitane explosives, *Huozhayao Xuebao* **21**, 41–43.

3.154 Zhao X, Shi N (1996) Crystal and mo- lecular structures of.epsilon-HNIW, *Chin. Sci. Bull.* **41**, 574–576.

3.155 Chan ML, Carpenter P, Hollins R, Nadler M, Nielsen AT, Nissan R, Vanderah DJ, Yee R, Gilardi RD (1995) *CPIA-PUB-625. 17P.* CPIA Abstract No. X95–07119, AD D606 761. Availability: distribution authorized to the Depart- ment of Defense and DoD contractors only: Critical Technology: March 17, 1995. Other requests should be referred to the Naval Air Warfare Center Weap- ons Division (4740001), China Lake. CA 93 555–6001. This document contains export-controlled technical data.

3.156 Nielsen AT, Chafin AP, Christian SL, Moore DW, Nadler MP, Nissan RA, Vanderah DJ, Gilardi RD, George CF, Flippen-Anderson JL (1998) Synthesis of polyazapolycyclic caged polynitra- mines, *Tetrahedron* **54**, 11 793–11 812.

3.157 Rappé AK, Casewit CJ, Colwell KS, Goddard WA, Skiff WM (1992) UFF, a full periodic table force field for molec- ular mechanics and molecular dynam- ics simulations, *J. Am. Chem. Soc.* **114**, 10 024.

3.158 Rappé AK, Goddard WA (1991) Charge equilibration for molecular dynamics simulations, *J. Phys. Chem.* **95**, 3358.

3.159 Hartman P, Bennema P (1980) The at- tachment energy as a habit controlling factor, *J. Cryst. Growth* **49**, 145–156.

3.160 Hartman P, Perdok WG (1955) On the relations between structure and mor- phology of crystals. I, *Acta Crystallogr.* **8**, 49–52.

3.161 Hartman P, Perdok WG (1955) On the relations between structure and mor- phology of crystals. II, *Acta Crystallogr.* **8**, 521–524.

3.162 Hartman P, Perdok WG (1955) On the relations between structure and mor- phology of crystals. III, *Acta Crystallogr.* **8**, 525–529

3.163 Leach AR (1996) *Molecular Modeling: Principles and Applications*, Addison Wesley Longman, Harlow.

3.164 Myerson AS (1999) *Molecular Modeling Applications in Crystallization*, Cam- bridge University Press, Cambridge.

3.165 Allen MD, Tildesley DJ (1987) *Computer Simulation of Liquids*, Clarendon Press, Oxford.

3.166 Frenkel D, Smit B (1996) *Understanding Molecular Simulation*, Academic Press, New York.

3.167 Hannun, JAE (1986) Hazards of chemical Rockets and Propellents Vol 2: Solid propellents and ingredients Report chem. Popul. Inf Agency John Hopkins Univ. Laurel, MD, USA.

3.168 Aspen Technology (1985) *ASPEN PLUS Solids Manual*, Aspen Technology, Cam- bridge, MA.

3.169 Simulation Sciences (1991) *PRO/II Process Simulator Technical Informa- tion*, Simulation Sciences, Fullerton, CA.

3.170 Westerberg AW, Hutchison HP, Motard RL, Winter P (1979) *Process Flowsheet- ing*, Cambridge University Press, Cam- bridge.

3.171 Timar L, Simon F, Csermely Z, Siklós J, Bácskai B, Édes J (1984) Useful combi- nation of the sequential and simultane- ous modular strategy in a flowsheeting programme, *Comput. Chem. Eng.* **8**, 185–194.

3.172 Blickle T, Lakatos BG, Nirnsee BB (1993) Characterization of crystal size distribution by hyperbolic tangent dis- tribution functions. In: *Proc. 12th Symp. on Ind. Crystallization, Warsaw.*

第4章 压缩气体结晶

E. Reverchon, H. Kröber, U. Teipel

韩廷解 译, 欧育湘、李战雄 校

4.1 导论

许多适于工业应用的产品,其性能可以通过改变粉末的粒度和粒度分布来进行调整,这对聚合物、药品和无机物粉末等许多领域都适用。

提高固体炸药和固体推进剂的燃烧性能的原理之一就是将它们制成更小的粒子,实际上,固体炸药爆炸的最高能量与材料的粒度关系重大。

在工业上,研磨和从溶液中结晶是大量运用的微粉化工艺,这在前面的章节中已做了论述。然而,这些工艺存在着诸多限制:如很难控制粒子的粒度及粒度分布,尤其是非常小的粒子(微米级);液体结晶时沉淀物(含晶体)还会遭受溶剂污染;喷射研磨不适于对冲击敏感的材料加工。

作为传统方法的改进,最近人们发明了多种超临界流体沉析工艺。这些技术克服了前面所述的传统微粉化工艺的局限性。超临界流体是压缩空气在温度和压力高于临界点时形成的,在其临界点,液相-气相分界线消失,表面张力趋于零。在临界点附近,即使外压稍微增加,也能导致超临界流体的密度急剧上升,同时其溶解能力也急剧上升。超临界流体的性能兼具液体和类气体特性(见表4.1)。

表 4.1 气体、液体和压缩气体的某些物理性能数据

	$\rho / \mathrm{kg \cdot m^{-3}}$	$\eta / 10^3 \mathrm{Pa \cdot s}$	$D / \mathrm{m^2 \cdot s^{-1}}$
气体:			
$0.1\mathrm{MPa}, g = 25℃$	0.6~2.0	0.01~0.03	$(1~4) \times 10^{-5}$
超临界流体:			
T_C, p_c	200~500	0.01~0.03	7×10^{-8}
$T_C, 4 \times p_c$	400~900	0.03~0.06	2×10^{-8}
液体:			
$g = 25℃$	600~1600	0.2~3.0	$(0.2~2) \times 10^{-9}$

压缩空气的密度与有机液体的密度处于同一范围,而其黏度接近气体;由于扩散系数大于液体,超临界流体具有增强传质的特性,这使它们非常适合萃取工艺,尤其是在食品加工行业。正是因为这些特殊的物理性能,可用超临界流体对固体粒子进行加工处理。原则上,超临界流体不会发生溶剂污染,因为解压时它们可完全从溶液中逸出。

CO_2 由于具有相对低的临界参数($g = 25℃$, $p_c = 7.38MPa$),且无毒、不燃烧,价格低,因此选择其作为超临界流体。超临界流体的工艺条件通常是温和的,这样才不会给加工"敏感"材料带来问题。此外,通过连续调整工艺条件,也可相对简单地控制亚微粉化材料的粒子粒度及粒度分布。

人们提出了多种利用超临界流体沉析的加工工艺,Jung 和 Perrut 总结了这些技术的实验工作和理论研究,并对利用这些技术工艺加工的物质进行了综述[4.1]。本章节将讨论这些技术工艺的特性。

4.2　超临界溶液的快速膨胀(RESS)

超临界溶液的快速膨胀(RESS)[4.2~4.4]是最早提出的基于超临界流体的微粉化工艺。超临界流体流经被处理的初始材料粒子形成的固定床时,作为溶剂用于溶解这些被处理化合物。然后,在雾化喷管中将形成的溶液压力降到大气压以下;超临界流体的快速膨胀使溶剂的溶解能力降低到几乎为零,最终溶液在膨胀室内沉淀。图 4.1 是一典型的实验装置的流程示意图,有关更详细描述可查阅相关文献[4.5~4.7]。

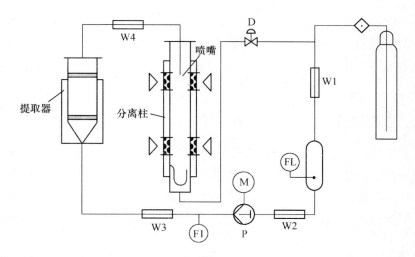

图 4.1　实验装置流程图

W—热交换器;P—隔膜泵;Fl—质量流量仪器;FL—液体 CO_2 贮槽池;D—压力控制器。

利用该技术,有可能获得很高的过饱和溶液,从而可生产超细粒子。一些有关RESS的研究工作致力于确定能控制粒子沉淀的工艺参数[4.4]。控制RESS工艺的主要参数是预膨胀温度、预膨胀压力以及膨胀室的温度和压力。

由于观察到的粒子形态和粒度多种多样,以及实验方法不同,很难系统地描述所研究物质和RESS制得的物质形态。此外,研究了很多不同的物质(有机物或无机物,聚合物、生物高聚物和生物降解材料),这些物质的物理性能和化学性能是如此的不同,以致于难于对比这些工艺。Kröber等人将苯甲酸和异辛甾烯醇作为药品的模拟物质在不同的工艺条件下进行微粉化[4.8]。与其他研究团队不同的是,他们使用的喷管比正常喷管大3倍,目的是更好的模拟实际工业应用。最早的理论指出了该技术的复杂性,但仅仅对实验结果进行了粗糙、定性的描述。Türk则计算出了各种实验条件下的温度、压力和过饱和曲线,前者为毛细管长度的函数[4.6]。

4.2.1 预膨胀的压力、温度和浓度对 RESS 的影响

预膨胀的压力和温度决定了喷管中的膨胀途径,即可以通过改变预膨胀条件来影响过饱和及晶核形成速率。但是,就预膨胀条件对粒子粒度和粒子形态的影响而言,有不同的作者报告了与之相反的结果[4.3,4.9~4.13]。Mohamed等人研究了CO_2 - 萘系统,发现产物平均粒度随预膨胀温度的升高而增高,但压力对此则没有明显的影响[4.3,4.9]。另一方面,使用不同的萘进行RESS实验时,升高预膨胀温度时粒子粒度反而降低[4.14]。

Alessi等人研究了超临界溶液的浓度对产品品质的影响[4.15],对CO_2 - 黄体酮体系的研究表明,浓度的增加使产物平均粒度略微增大。Reverchon等人研究CO_2 - 水杨酸体系时得到了与之相反的结果,浓度增高而粒度变小[4.4,4.16]。Kröber等人[4.5]则发现以RESS工艺微粉化异辛甾烯醇时,粒度受溶液浓度影响不大。

4.2.2 后膨胀压力及温度对 RESS 的影响

膨胀室的条件能影响喷嘴后喷管的喷射工艺和在膨胀室的凝结和团聚。由于这些过程对产品品质相对重要,后膨胀条件和膨胀室的设计对粒子的粒度和形态有显著影响。但是,已有的研究没有发现膨胀室条件对粒子的粒度和形态影响的一致性的描述。不少研究者发现,后膨胀温度升高可使粒子粒度增大,后膨胀压力高可改变粒子形态,使之成为树枝状结构[4.15]。与上述结果相反的是,Reverchon等人的描述是后膨胀温度是最重要的工艺参数,其可影响粒子的形态[4.10],他们发现在较低的后膨胀温度下形成球形粒子,而在较高的后膨胀温度下形成针状粒

子。Kröber 等人则指出当后膨胀压力从 2MPa 增大到 5MPa 时,粒子的比表面积增大。膨胀室内较高的压力提供了一种经济的循环利用 CO_2 方法,从而使 RESS 的工业应用变得更加可行。

4.2.3　喷管形状和尺寸对 RESS 的影响

几个研究团队研究了喷管对 RESS 的影响。通常,主要有两种不同的喷管:一种是不同长径比的毛细管喷管,一种是不同直径的拉瓦尔喷管(Laval Nozzle,收敛扩散喷管)。Berends 等人的研究发现喷管的直径对 CO_2 − 苯甲酸体系的产品品质没有任何影响[4.17]。Kröber 等人则比较了拉瓦尔喷管和毛细管喷管,再次证明,喷管对产品品质没有系统性的影响。Domingo 等人改进了一种玻璃喷管(烧结金属板)以模拟多组并行毛细管,与利用正常毛细管喷管相比,利用这种改进的喷管制得的粒子粒度显著降低[4.18~4.19]。

4.2.4　RESS 模型

Lele 和 Shine[4.20]利用 Navior − Stokes 方程描述了毛细管喷管内的纯流体的流动场。他们认为毛细管内的膨胀是一维、轴向和稳态的理想气体流动;他们没有对毛细管后的自由射流工艺进行研究。定量计算了毛细管内的压力和温度,它们是不同预膨胀条件的函数,也是毛细管长度的函数(但是没有结合晶核形成和晶核成长动力学进行研究)。

Debenedetti[4.21]将渐缩喷嘴的流动模式和粒子形成动力学结合起来进行计算,同样没有实现喷管后的自由射流的模拟工艺。由于在喷管内的停留时间非常短,凝结没有被视为粒子形成的重要工艺。喷管内的粒子动力学被描述为晶核形成和浓缩。该模型使得计算在 CO_2 气氛下、在不同的萃取温度和预膨胀温度下的产物粒度成为可能。预膨胀温度升高导致了粒子粒度变大,但是萃取温度升高导致粒子粒度变小。利用该模型计算的最大粒子粒度是 60nm,比实验测量的粒子粒度($2\mu m \sim 7\mu m$)小了一个数量级。

Türk 等人计算了毛细管喷管内的流动模式和在喷管后的自由射流的流动模式[4.22,4.23],此外,不同物质的饱和度和晶核形成速率已经被模拟成毛细管长度的函数,基于此,完成了 Peng − Robinson 公式修正,以及粒子形成工艺(晶核形成、浓缩和凝结)的模型。将理想气体流动与粒子形成动力学结合,利用该复杂模型可描述粒子的形成。同样,粒子的粒度计算结果远远低于实验结果。

计算值与实验数据差异的原因是膨胀室内的工艺,对这些工艺并未完全了解,且模型并不完善。

RESS 的主要局限性与溶质在超临界溶剂的有限溶解度有关,对此,进行萃取时在超临界流体中加入少量改性剂(如,丙酮)可提高溶解度(改进的 RESS)。该工艺的另一局限性来自于实验结果的分析。由于微粒在沉淀室的高速率,且粒子几何形状主要是针状,粒子带上了静电电荷。制得的粒子粒度没有预测的粒子小,原因是预测是基于可以制得非常高的过饱和比的假设的基础上。有规律的是,制得的粒子粒度范围为几百纳米~几微米。

除 RESS 之外,人们在超临界流体的基础上还提出了其他一些微粉化技术。例如,从气体饱和溶液制备粒子(PGSS)[4.24~4.26],该技术工艺是超临界流体消溶于液体、液体悬浮液或溶液,然后混合物通过喷管快速减压,由此形成了固体微粒。

Sievers 和合作者提出了与 PGSS 具有相同特征的另一技术工艺[4.27~4.28],该工艺适用于水溶液。在该工艺中,超临界 CO_2 消溶于水溶液,或者与水溶液混合。非均相的混合物通过毛细管快速减压,形成非常小的微滴,从而产生微粒。

4.3 超临界反溶剂沉淀(SAS)

超临界反溶剂沉淀(SAS)可生产可控的微粉化粒子和亚微粉化粒子,是最有发展前途的超临界技术[4.29]。解释该技术必须关联到液体结晶,后者与超临界形态类似。在 SAS 过程中,超临界流体替代液体反溶剂,并促使溶质从主要溶剂形成的溶液中沉淀。因此,完成 SAS 的首要条件是在温度和压力条件下,主要溶剂与超临界反溶剂共存并完全混合。超临界流体一个与众不同的特征是其扩散率比液体高两个数量级。因此,超临界流体在液体溶剂中的扩散可使溶解在液体中的溶质形成快速过饱和现象,于是这些溶质以微粉化粒子沉淀。

已利用不同的加工装置和仪器实现 SAS 加工。由于结果受加工装置的影响大,因此主要叙述其中的两个重要的关键技术。在容器中装入定量的液体溶液后,当达到最终压力时加入超临界反溶剂,则完成批量的反溶剂沉淀。该加工方式可称为液体间断加入法或气体反溶剂法(GAS 工艺),也可以在装有反溶剂的沉淀室装料,然后完成液体溶液的间断注射。该工艺模式可称为气体间断加入法。上述两种加工方式的区别在于:第一种加工方式沉淀发生在液体富集相,而第二种加工方式沉淀发生在超临界流体富集相。液体溶剂在沉淀室连续喷射,并且超临界 CO_2 从另外的入口喷射进入沉淀室,从而实现半连续 SAS 工艺。在文献中,该加工方式又称为 PCA 工艺(压缩流体反溶剂沉淀法)。图 4.2 是典型的实验装置示意图。

文献已详细叙述了该装置[4.29,4.30]。利用注射装置间断喷射液体,以形成小的微滴,这些微滴在沉淀器内膨胀。研究者提出了多种注射装置。Yeo 等人建议采用喷管并测试了多种直径范围 $5\mu m \sim 50\mu m$ 的喷管[4.31],而其他研究人员则使用小内径毛细管[4.32,4.33]或者振动筛[4.32]。振动筛通过叠加筛口的液体喷嘴高频

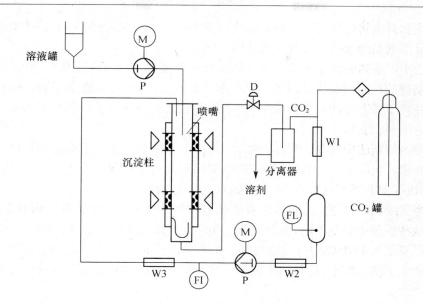

图 4.2　实验装置流程图

W—热交换器；P—隔膜泵；FI—质量流量仪器；FL—液体 CO_2 贮槽池；D—压力控制器。

振动产生喷流。也有人提出使用同轴装置，即两个同轴的毛细管连续地输送液体溶剂和超临界反溶剂[4.34,4.35]。在此情况下，依赖于两股流体的湍动混合形成微滴。也对由多于两只毛细管形成的复杂几何形状以及液体和超临界流体(内部－外部)不同的排列进行了测试[4.34]。

沉淀工艺后期使用纯超临界反溶剂进行清洗。无论是间断法或者是半连续工艺，原则上应避免液相浓缩，否则，浓缩液相会喷洒至沉淀粉末上并改变其特性。

SAS 沉淀工艺中，液体溶剂的体积膨胀以及对特定溶液的修饰起到了关键的作用。膨胀是由于大量的超临界反溶剂在液相中分散。几个研究团队研究了多种溶剂－超临界反溶剂的体积膨胀等温线[4.36]。体积膨胀百分率 $\Delta V\%$ 可以定义如下：

$$\Delta V\% = \frac{V_{(p,T)} - V_0}{V_0} \times 100\%$$

式中　$V_{(p,T)}$——加入反溶剂的液相的体积；

V_0——在 1atm 下纯液相的体积。

但是，有人基于液相摩尔体积的行为，提出了另一种定义[4.37]。在 SAS 实验条件下研究一种溶液时，也需要考虑浓度对膨胀行为的影响。事实上，可通过加入溶液来改变溶剂－反溶剂二元系统的行为：可形成一种或多种液相和流体相的三元系统，产生非常复杂的蒸汽－液体平衡(VLE)图。最近完成的关于 SAS 微粉化某些生物高聚物的研究工作确认为成功微粉化,该工艺必须在 VLE 图中液体－超临界反溶剂系统维持二元行为的范围内完成。

由于观察到的粒子形态千变万化,且实验条件各不相同,因此,系统地论述 SAS 制得的产品形态非常困难。但在连续加工工艺中,有人提出了液体体积膨胀与某些粒子形态之间有紧密联系[4.38,4.39],例如,不同的粒子形态可解释为产生粒子时的溶剂膨胀水平不同。

SAS 间断法中,超临界反溶剂的加入速率是控制固体粒子形态和粒度的一个重要参数。实际上,不同的研究者试图应用不同的加压图[4.40~4.43]。一个普遍结论是,沉淀器的增压速度越快,制得的粒子粒度越小。

半连续 SAS 工艺,当液体溶液膨胀到中等水平时,可以观察到膨胀微滴(气球),这些膨胀微滴是干的,由溶质的空壳形成。图 4.3 中 SEM 照片所示的是乙酸钇球形粒子从 DMSO 中沉淀的场景。在膨胀水平很大时(完全混合),球形粒子的破裂产生了纳米粒子,这些纳米粒子非常小(100nm～200nm),并且粒度分布通常很窄[4.38]。

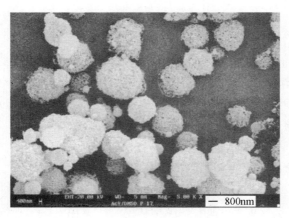

图 4.3　SEM 照片(乙酸钇粒子以 SAS 方法从 DMSO 中沉淀。12MPa,50℃,
1mL DMSO 含 15g 溶质。可以观测到膨胀很大(高达 $20\mu m$)的微滴(球形)[4.38])

也观察到了其他可用于描述微滴膨胀/爆炸的机理,微滴膨胀和爆炸可使粒子产生更复杂的几何形状。最初是纳米粒子的聚结,聚结有两种形式。第一种聚结可定义为物理聚结,其特性是粒子与粒子互相作用,例如在沉淀过程中的互相碰撞,这种聚结可用声波降解法或其他方法分离。第二种聚结本质上是化学聚结,在这种情况下,粒子可以与液体溶剂互相作用,导致纳米粒子溶合、成团,粒子团中不再表现出单个粒子的特性。

半连续 SAS 工艺与传统的喷射－烘干技术类似,主要差异是,半连续工艺将溶液喷射到压缩气体中,而非喷射到外相的热空气中。压缩 CO_2 在超临界条件下与有机溶剂混合,但是压缩 CO_2 对溶液而言是非溶剂。粒子的粒度和形态依赖于很多因素,诸如:射流的破碎、微滴和反溶剂相之间的传质速率、晶核形成动力和粒子增长速度。特别是,与平常的空气喷射工艺的射流破碎不同,射流破碎系发生在压缩空气相中。Czerwonatis 等人研究了液体在致密气体中的破裂[4.44],他们使用了水和植物油作为液相,使用 CO_2 和 N_2 作为高压气体。随着注射速率提高,可以观察到三种截然不同的破碎形式:瑞利分散(Rayleigh breakup)、蜿蜒波浪形分散(sinuous wave breakup)和雾化(见图 4.4)。

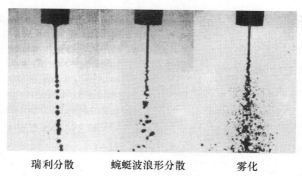

瑞利分散　　　蜿蜒波浪形分散　　　雾化

图 4.4　水在 21.6MPa、25℃ 的高压 N_2 中的分散[4.44]

瑞利分散与蜿蜒波浪形分散之间的界面,以及蜿蜒波浪形分散与雾化之间的界面随着压力的增大(或者是密度的增大)而变化。随着气体密度增大,界面移动到较低的雷诺数区域。与发生在大气压力下、气体中的蜿蜒波浪形分散和雾化相比,高压气体中的蜿蜒波浪形分散和雾化发生在更低出口速率的喷射中。

Kröber 和 Teipel 测量了乙醇在压缩 CO_2 中雾化的微滴尺寸[4.45]。微滴尺寸对喷管出口的注射速率相对不敏感,但是随压力的增高而增大(也即随气体的密度增大而增大)。在离喷管喷嘴后的两个不同距离处(10mm 和 40mm)测量了微滴尺寸,可据此判定传质性能。结果显示:在第一个测量点的微滴尺寸不受雾化的液体的影响(除了二甲基甲酰胺的微滴明显变小之外)。在第二个测量点,甲苯的微滴明显比丙酮和乙醇的微滴小。在微滴尺寸方面,二甲基甲酰胺被雾化时微滴尺寸最小。

这些研究结果对理解连续 SAS 工艺有重要意义。连续 SAS 工艺可以分成两部分描述,即第一部分为微滴的形成,第二部分为微滴内的固体粒子的沉淀。这两部分都对微粒粒度有影响。

4.3.1　压力和温度对 SAS 的影响

液体间断法中,增压速率是控制粒子粒度和形态的最重要参数[4.41]。对于连续操作中,压力对粒度的影响研究,不同的研究人员得到了不同的结果[4.30~4.33,4.46,4.47]。例如,有的研究者发现粒子的粒度随沉淀压力的下降而变小[4.47],而有的研究者发现此沉淀压力参数对工艺影响不明显[4.31],甚至还有一些研究者发现粒子的粒度随沉淀压力的下降而增大[4.30]。研究沉淀温度与粒子粒度的影响关系时,也发现了相同的现象。有人发现粒度随温度降低而变小[4.32],有人发现温度降低对粒度没有影响[4.31],也有人发现粒度随温度降低而变大的现象[4.47]。

4.3.2 液体溶液的浓度对 SAS 的影响

一些研究者认为,加工时粒子粒度对溶液的浓度相对不敏感[4.31,4.32]。有的研究者则认为高浓度诱导合成纤维的形成[4.33,4.46]。

Reverchon 在研究钇、钐和钕的醋酸盐 SAS 沉淀时,观察到粒子粒度显著增大及 PSD 放大[4.38]。图 4.5 中(a)和(b)能很好地解释这个结果,图中给出了钕醋酸盐在相同的压力和温度、浓度分别为 5mg·mL^{-1}和 65 mg·mL^{-1}的条件下从 DMSO 中的沉淀。SEM 照片进一步证实了钕醋酸盐的粒度增大,特别是为粒度分布增大提供了有力的证明。

(a)　　　　　　　　　　　　(b)

图 4.5　SEM 照片:液体溶液的浓度对钕醋酸盐纳米粒子的粒度及粒度分布的影响[4.38]

(a) 5mg·mL^{-1}; (b) 65 mg·mL^{-1}(醋酸钕/DMSO)。

4.3.3 液体溶剂和溶质的化学成分对 SAS 的影响

通过改变液体溶剂可以获得不同特性的 SAS。例如,羟氨苄青霉素(amoxicillin)和四环素从 DMSO 和 NMP 中沉淀时,DMSO 用于 SAS 工艺时彻底失败了,因为 DMSO 可将两种抗生素从沉淀室萃取出来,而从 NMP 中则成功地沉淀出抗生素纳米粒子[4.48]。Kröber 和 Teipel 研究了不同溶剂对酒石酸沉淀的影响[4.49],选用丙酮作为主要溶剂制得的粒子粒度比用甲醇或乙醇作为主要溶剂制得的粒子粒度要小,见图 4.6。

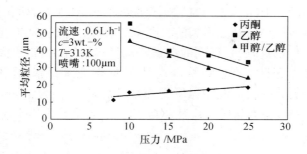

图 4.6　酒石酸从不同溶剂中的沉淀,其平均粒度受沉淀压力的影响[4.49]

4.3.4　SAS 模型

Kikic 等人首次提出了间断工艺和半连续工艺中超临界沉淀传质机理的模型[4.50~4.52]。该模型以流体力学、传质和热力学等为基础,假设微滴的初始直径等于喷管喷嘴的直径,建立了两相组成、微滴直径、气体和液体流速以及导管轴方向沉淀产品量与温度、压力之间的函数。

Rantakyla 等人在将超临界反溶剂沉淀工艺模型化时,假设微滴的尺寸为对数正态分布[4.53]。用气溶胶方程描述微滴中的粒子,该方程式描述了粒子粒度分布随时间的变化情况。有如下两点假设(基于实验数据):(a)在每个微滴中只形成一个团聚微粒;(b) 微滴的尺寸由实验所得粒子粒度分布计算而得。因此,粒子的粒度是常数,而粒子的液体含量随时间而降低。

Werling 和 Debenedetti 则侧重研究了有机溶剂的单个微滴与超临界反溶剂之间的传质[4.54]。他们认为向微滴和反溶剂的传质是双向的,确定了微滴的半径是时间的函数。他们的计算说明初始界面的溶剂流出通常是进入微滴的,并因此导致微滴膨胀。

但是,SAS 的建模仍然处于初期阶段,因为对于该工艺至今还有很多方面没有被了解,建立模型所需要的数据还非常缺乏。

4.4　超临界流体沉析含能材料

虽然 RESS 工艺可用于多种药剂化合物的微粉化[4.2,4.9,4.16,4.55],但仅仅只有数篇论文提到可用该技术来加工含能材料[4.56~4.58]。缺乏实验数据的原因之一是几乎所有的含能物质在超临界 CO_2 中的溶解性低,但三硝基甲苯(TNT)是个例外,TNT 在适度条件下在 CO_2 的溶解度可高达 2%(质量分数)[4.59]。

最早使用 RESS 工艺处理含能材料是由 Teipel 等人提出的,当时它们用该工艺加工了 TNT[4.56]。图 4.7 是 TNT 粒子的两张 SEM 照片,两张照片中的 TNT 粒子都是利用超临界 CO_2 结晶得到的。图 4.7 中,(a)图是 TNT 在静态实验条件下于超临界 CO_2 中的重结晶,得到的粒子形态是典型的 TNT 针状晶体;(b)图是 TNT 在 RESS 工艺条件下在超临界 CO_2 中的快速膨胀重结晶,在该情形下可观测到 TNT 结晶的增长程度,由此制得了平均粒子直径 $x_{50.3}$ 为 $10\mu m$ 的粒子。他们还发现喷管直径对粒子的品质有轻微影响,所得结果和工艺条件见表 4.2[4.57]。

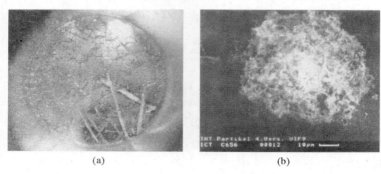

(a)　　　　　　　　　　　　　(b)

图 4.7　从超临界 CO_2 重结晶的 TNT 粒子的 SEM 照片[4.56]

(a)静态；(b) RESS 工艺。

表 4.2　RESS 处理 TNT 的实验条件和沉析结果[4.57]

	实验 1	实验 2		实验 1	实验 2
萃取器			柱子		
压力/MPa	22	22	压力/MPa	0.1	0.1
温度/K	348	348	温度/K	305	305
喷管			平均粒径 $x_{50.3}/\mu m$	14.2	10.0
直径/μm	50	50			
温度/K	458	458			

　　除 TNT 之外,Fraunhofer ICT 也用 RESS 工艺对 3－硝基－1,2,4－三唑－5－酮(NTO)进行了微粉化处理[4.57]。由于 NTO 在超临界 CO_2 中的溶解度很低,使用了丙酮作为改性剂,其在即将注入萃取器前混合于 CO_2。下述为一个成功的处理实验,条件为:萃取压力为 20MPa,萃取温度 60℃;CO_2 流速为 $4kg\cdot h^{-1}$,丙酮流速为 $2.4mL\cdot h^{-1}$。由此制得的 NTO 亚微粉化粒子平均粒度为 540nm。如图 4.8 所示,图中显示的松散团聚块由针状粒子组成,这些粒子干燥,且没有包藏溶剂。

　　使用三氟甲烷(CHF_3)作为超临界溶剂,也可对六硝基六氮杂异伍尔兹烷(CL－20)进行 RESS 工艺加工。虽然 CL－20 在 CHF_3 的溶解度远高于在 CO_2 中的溶解度,但是两种流体的临界数据却相近(CHF_3:$p_c = 4.86MPa$, $g_c = 26.2℃$)。图

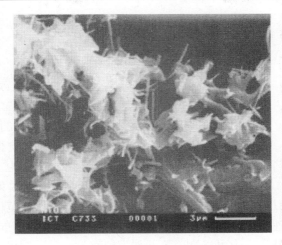

图 4.8　NTO 沉淀粒子的 SEM 照片[4.57]

4.9 所示的是在 15MPa 的萃取压力和 80℃的萃取温度条件下制得的 CL−20 的微粉化粒子[4.58]。这些 CL−20 的粒径在 $1\mu m \sim 10\mu m$ 之间,但是大的粒子似乎为小粒子团聚体。

图 4.9　RESS 工艺制得的 CL−20 沉淀粒子的 SEM 照片

　　PGSS 工艺和相关的超临界雾化技术已广泛用于生产高聚物微粉[4.24,4.60]、食品添加剂[4.26]和药剂微粒[4.25]。尽管尚无 PGSS 和 CO_2 助雾化技术应用于含能材料加工的报道,但原则上,该技术可以用于含能材料的加工。

　　SAS 是基于超临界微粉化的最有发展前景的加工技术,它已广泛用于药品[4.48,4.61~4.67]、聚合物[4.68~4.72]、染料[4.47]、超导材料和催化剂前体[4.38,4.39,4.73,4.74]等多种材料。

Gallagher 等人最早提出可以将 SAS 技术应用于含能材料加工,该技术也是首次提出。研究者使用液体间断法使硝化甘油(NG) 微粉化。NG 不溶于超临界 CO_2,也不溶于超临界的一氯二氟代甲烷(CDM),但溶于 N - 甲基吡咯烷酮(NMP)和 N,N - 二甲基甲酰胺(DMF)等溶剂。这些溶剂则可完全溶解于超临界 CO_2。因此,如果以 NMP 和超临界 CO_2 溶解 NG,就能满足 SAS 沉淀工艺要求。用此种工艺制得的 NG 粒子为长约 $100\mu m$、横断面直径约 $5\mu m$ 的针状晶粒。

Gallagher 等人发现增压速率对 NG 晶体的形态和尺寸影响很大。事实上,快速升压可以制得非常规则、粒径非常小(只有几微米)的 NG 微粒,可以通过向 NG 浓度范围为 1%～10%(w/w)的液体中喷射超临界 CO_2 或者喷射超临界 CDM 而获得这种微粒。增压速率低的情况下制得的 NG 粒子的粒径范围从约 $1\mu m$ 到几百微米不等,增压速率适中的情况下可制得大粒度并且粒度分布宽的 NG 晶体粒子,而逐步增大溶液的压力可以制得不同粒度分布的粒子。图 4.10 总结了在不同增压速率和不同增压模式下制得粒子的情况[4.40]。有时也可以制得一些罕见形状的粒子结构,如雪球状(原始粒子的团聚)和星脉冲状(更多的原始粒子凝聚)。

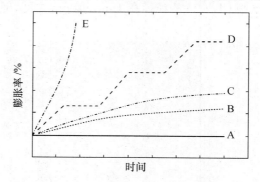

图 4.10　在 SAS 间断实验中,膨胀路径及对粒子粒度和形态的影响
A—大晶体,单峰分布;B—可变晶体粒度,粒度分布连续;
C—可变粒度,粒度分布连续;D—可变粒度,粒度分布离散;E—小晶体,单峰分布。

Gallagher 等人也对环 1,3,5 - 三亚甲基 - 2,4,6 - 三硝胺(RDX)和环四亚甲基四硝胺(HMX)进行了加工处理[4.41,4.75],这些含能材料可用工业方法生产,HMX 在混合物中的平均含量为 10wt%。Gallagher 等人在操作中使用丙酮、γ - 丁内酯和环己酮作为液体溶剂,CO_2 作为超临界反溶剂,利用液体间断模式进行处理。利用传统的结晶工艺使 RDX 结晶时,不可避免晶体内的空隙生成。晶体内包含的溶剂蒸发后产生缺陷,这些缺陷对炸药的爆炸性能产生有害影响。HMX 的存在也会导致沉淀过程中空隙的形成。因此,在这种情况下必须做到两点:促使 RDX - HMX 混合物沉淀时不含 HMX;以及使生产的 RDX 晶体内无空隙。研究发现,利用丙酮生产时产品中不含 HMX,因为 HMX 在丙酮的溶解度远低于 RDX

在丙酮中的溶解度。因此,通过液体溶剂可部分完成两种化合物的选择。改变各种参数(压力、温度,RDX 在液体溶液中的浓度、气体的导入速率)可制得各种形态和粒度的晶体。使用不同的有机溶剂也影响粒子的尺寸和规整性。例如,在相同的工艺条件下从环己酮中沉淀制得的粒子比从丙酮中沉淀制得的粒子尺寸更小、粒子更规整,得到了粒径小于 $5\mu m$ 和很大、且无晶体缺陷的晶体粒子;从环己酮中沉淀制得的 RDX 粒子有很少量的晶内空穴。

Cai 等人对 HMX 沉淀进行了细致深入的研究[4.76],他们利用液体间断法研究了 HMX 从丙酮和 γ-丁内酯中的沉淀。当在 33℃ 和最大压力为 12MPa 条件下操作时,制得的粒子的直径范围为 $2\mu m \sim 5\mu m$,且粒子粒度分布较窄。增加溶液浓度则使 HMX 粒子的粒度增大。在所有操作中,HMX 的收率大于 90%。

Teipel 等人[4.77~4.79]也对 HMX 沉淀进行了研究,并指出了该炸药的各种晶形,即 α、β、γ 和 δ 四种晶形。由于 β 晶形在四种晶形中具有最低的感度和最高的密度,所以是人们最希望获得的晶形。高密度确保了获得高爆速。他们完成了 HMX 从丙酮和 γ-丁内酯中的液体间断法 SAS 沉淀实验,实验时温度为 40℃,压力在 60s 内升高到 8MPa。由两种溶剂都得到了所需的 β 晶形 HMX 沉淀。溶液中的固体浓度上升时,过饱和溶液所需要的压力下降。因此,溶液中的固体浓度影响 HMX 粒子的形态。原料 HMX 的平均粒径 $x_{50.3}$ 大约为 $200\mu m$,从丙酮和 γ-丁内酯中得到的 HMX 粒子的平均粒径 $x_{50.3}$ 分别为 $65\mu m$ 和 $90\mu m$。在不同溶剂中沉淀所制得的粒子粒度不同,这归因于在相同的实验条件下不同的溶剂形成的溶液过饱和度不同。事实上,不同的溶剂对 HMX 的溶解度不同。

Lim 等人加工处理了另一种炸药 3-硝基-1,2,4-三唑-5-酮(NTO)[4.80]。他们利用液体间断法通过超临界 CO_2 从 DMF、二甲基亚砜(DMSO)和甲醇中对 NTO 进行了沉淀实验。观察到多种粒子形态,但作者没有给出其他详细信息。

表 4.3 列出了 SAS 处理炸药的结果总结。

表 4.3 炸药和推进剂的超临界反溶剂微细化实验结果
(除特别说明外,超临界 CO_2 为反溶剂)

化合物	溶 剂	工 艺	形态和粒子粒度/μm	参考文献
NG	DMF 环己酮 NMP	液体间断法	晶体:球形、雪球状、星脉冲状 1~100	4.40
RDX	丙酮	液体间断法	晶体	4.41
HMX	γ-丁内酯		>200	

（续）

化合物	溶 剂	工 艺	形态和粒子粒度/μm		参考文献
RDX	丙酮 环己酮	液体间断法	晶体 <5		4.75
HMX	丙酮	液体间断法	晶体 2~5		4.76
HMX	丙酮 γ-丁内酯	液体间断法	晶体 65~90		4.77~4.79
NTO	DMF DMSO 甲醇	无可用的	球体、立方和球形团聚体 0.5~20		4.80

迄今为止,所有的 SAS 实验结果都是利用液体间断法进行加工。由于半连续方法可以制得更小的粒子,而连续方法产能更高。因此,Reverchon 的研究团队决定利用该方法对 NTO 微粉化。该研究团队以前曾成功地利用连续 SAS 工艺加工处理了不同种类的多种化合物:如超导体[4.38,4.39]、催化剂母体[4.48]、药剂[4.29]和生物高聚物[4.81]。因此,以前完善的技术被用作这些新实验的起点。他们在半连续 SAS 实验中使用了 DMSO 和甲醇(MeOH)两种液体溶剂,NTO 在这两种液体中都溶解。以 DMSO 完成的 SAS 实验过程中(如:15 MPa,40℃,NTO 在 DMSO 中的浓度为 20mg·mL^{-1},超临界 CO_2 和液体溶液之间的比率 $R=30$),大部分炸药在沉淀器的出口处共萃取(溶剂化效应)且损耗,但剩下的 NTO 以纳米粒子的形式在收集室沉淀,这些在沉淀器底部收集的纳米粒子平均粒径小于 100nm。然而,由于该微粉化工艺的得率太低,他们没有使用 DMSO 进行更深入的实验。

后来,Reverchon 研究团队使用甲醇作为溶剂。例如,成功的实验沉淀条件如下:压力 12MPa,温度 40℃,NTO 在甲醇中的浓度为 20mg·mL^{-1},超临界 CO_2 和液体溶液之间的比率 $R=42$。在上述条件下制得的 NTO 纳米粒子 SEM 照片见图 4.11。这些粒子的粒度分布情况见图 4.12,其平均粒度为 120nm,标准偏差约为 30nm。

值得注意的是,在这些半连续 SAS 实验中制得的 NTO 微粉为无定形粒子,而以间断 SAS 工艺制得的则为结晶材料。这一差异可做如下解释:半连续 SAS 工艺沉淀发生在超临界流体富集相,而间断 SAS 工艺沉淀发生在液体富集相。NTO 从超临界流体富集相的沉淀速度比从液体富集相沉淀速度快,因此,通过半连续 SAS 工艺制得的粒子是无定形的。

Fraunhofer ICT 利用 CO_2 作为压缩反溶剂、通过半连续 SAS 方法将另一种炸药六硝基二苯乙烯(HNS)进行了微粉化[4.82]。Fraunhofer ICT 的研究团队以前应

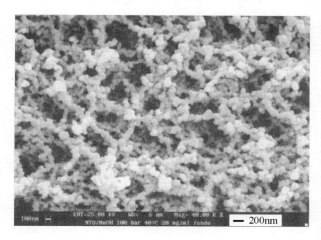

图 4.11　以 MeOH 为溶剂由半连续 SAS 工艺制得的细化 NTO 的 SEM 照片

（12MPa, 40℃, 20mg NTO/mL MeOH, $R = 42$）

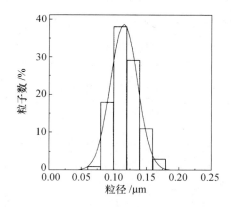

图 4.12　以 MeOH 为溶剂由半连续 SAS 工艺制得的 NTO 粒子的平均粒度及粒度分布

（12MPa, 40℃, 20mg NTO/mL MeOH, $R = 42$, 竖框表示平均粒度分布的标准偏差）

　　用半连续 SAS 工艺成功地加工处理了不同的材料[4.30,4.49,4.57,4.83]。HNS 系溶解于 DMF 和丙酮的混合液中（丙酮作为共溶解剂以使 DMF 完全与 CO_2 混合）。该溶液（浓度 1wt%）以 600mL·h^{-1} 的体积流速通过具有双流管喷嘴时被雾化，压力阀内的沉淀压力和温度分别为 10MPa 和 50℃。CO_2 通过共流模式以流速 8kg·h^{-1} 流动通过压力阀。得到干燥的 HNS 粒子（见图 4.13），其平均粒度为 3.5μm，其比表面积约为 7m^2·g^{-1}（BET 方法），形状为薄平板状。

　　利用 SAS 方法对 RDX 和 HMX 进行了加工处理，两种方法都可成功地将二种材料微粉化[4.57,4.83]。

　　RDX 从浓度为 5wt% 的丙酮溶液中的沉淀，沉析压力为 15MPa，温度为

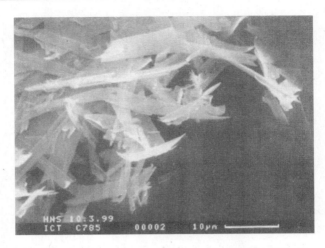

图 4.13　通过半连续 SAS 使用 DMF－丙酮制得的细化
HNS 的 SEM 照片(10MPa，50℃)[4.83]

323K。该溶液通过直径为 $100\mu m$、长度为 $1000\mu m$ 的毛细管喷管雾化，溶液的体积流速为 $480mL\cdot h^{-1}$，CO_2 的流速为 $6kg\cdot h^{-1}$。所得 RDX 粉体的平均粒度 $x_{50.3}$ 为 $3.3\mu m$。应用双管流出喷管进行相同的实验，验证了喷管的类型对产品品质的影响。应用双管流出喷管雾化制得的粒子粒度分布比毛细管喷管雾化制得的粒子粒度分布窄，此外，由前者工艺雾化制得的粒子的平均粒度 $x_{50.3}$ 从 $3.3\mu m$ 降为 $1.6\mu m$。

HMX 从浓度为 4wt% 的环己酮溶液中的沉淀，沉析压力为 15MPa，温度为 313K。沉析条件：双管流出喷管雾化，溶液的体积流速为 $600mL\cdot h^{-1}$，CO_2 的流速 $8kg\cdot h^{-1}$，得到的 HMX 平均粒度 $x_{50.3}$ 为 $3.3\mu m$。

4.5　结论和展望

利用压缩气体进行结晶仍处于早期研究阶段，需要在相行为、传质和传热等方面进行基础理论研究，并且还需要获得可靠的工艺图片等实验信息。

压缩气体温和加工条件特性使得它们适合于敏感物质的加工。通过该方法可生产无缺陷、粒径小、粒度分布窄的晶体粒子，且不包藏溶剂，产品不受污染。其中，SAS 工艺在含能材料的加工中特别富有发展前景，最初的结果已显示该工艺的潜力。几个研究团队都具备通过液体间断法和半连续 SAS 工艺加工 HMX 和 RDX 等硝胺类炸药的能力；通过反溶剂技术可对 NTO 和 HNS 进行微粉化；TNT 则可以 RESS 工艺进行处理。生产的粒子可根据粒径分成不同微米级的产品。

由实验室的可靠数据得到的数学模型需要放大到工业规模来验证。

4.6 参考文献

4.1 Jung J, Perrut M (2001) Particle design using supercritical fluids: literature and patent survey, *J. Supercrit. Fluids* **20**, 179–219.

4.2 Matson DW, Fulton JL, Petersen RC, Smith RD (1987) Rapid expansion of supercritical fluid solutions: solute formation of powders, thin films and fibers, *Ind. Eng. Chem. Res.* **26**, 2298–2306.

4.3 Mohamed RS, Halverson DS, Debenedetti PG, Prud'homme RK (1989) Solids formation after the expansion of supercritical mixtures, *ACS Symp. Ser.* **406**, 355–378.

4.4 Reverchon E, Donsì G, Gorgoglione D (1993) Salicylic acid solubilization in supercritical CO_2 and its micronization by RESS, *J. Supercrit. Fluids* **6**, 241–248.

4.5 Kröber H, Teipel U, Krause H (2000) Manufacture of submicron particles via expansion of supercritical fluids, *Chem. Eng. Technol.* **23**, 763–765.

4.6 Türk M (1999) Formation of small organic particles by RESS: experimental and theoretical investigations, *J. Supercrit. Fluids* **15**, 79–89.

4.7 Teipel U, Förter-Barth U, Gerber P, Krause H (1997) Recrystallization of solid particles with compressed gases, *AIDIC Conference Series*, Vol. 2, ERIS C.T., Milan, pp. 231–237.

4.8 Kröber H, Teipel U, Krause H (2000) The Formation of small organic particles using supercritical fluids. In: *Proc 5th Int. Symp. on Supercritical Fluids, Atlanta, GA*, pp. 63–64.

4.9 Mohamed RS, Debenedetti PG, Prud'homme RK (1989) Effect of process conditions of crystals obtained from supercritical mixtures, *AIChE J.* **35**, 325–328.

4.10 Reverchon E, Donsi G, Gorgoglione D (1993) Salicylic acid solubilization in supercritical CO_2 and its micronization by RESS, *J. Supercrit. Fluids* **6**, 241–248.

4.11 Kim J-H, Paxton TE, Tomasko TL (1996) Microencapsulation of naproxen using rapid expansion of supercritical solutions, *Biotech. Prog.* **12**, 650–661.

4.12 Liu G-T, Nagahama K (1996) Solubility and RESS experiments of solid solution in supercritical carbon dioxide, *Ind. Eng. Chem. Res.* **35**, 4626–4634.

4.13 Liu G-T, Nagahama K (1997) Application of rapid expansion of supercritical solutions in the crystallization separation, *J. Chem. Eng. Jpn.* **30**, 293–301.

4.14 Griscik GJ, Rousseau RW, Teja AS (1995) Crystallization of n-octacosane by the rapid expansion of supercritical solutions, *J. Cryst. Growth* **155**, 112–119.

4.15 Alessi P, Cortesi A, Kikic I, Foster NR, Macnaughton SJ, Colombo I (1996) Particle production of steroid drugs using supercritical fluid processing, *Ind. Eng. Chem. Res.* **35**, 4718–4726.

4.16 Reverchon E, Della Porta G, Taddeo R, Pallado P, Stassi A (1995) Solubility and micronization of griseofulvin in supercritical CHF_3, *Ind. Eng. Chem. Res.* **34**, 4087–4091.

4.17 Berends EM, Bruinsma OSL, van Rosmalen GM (1993) Nucleation and growth of fine crystals from supercritical carbon dioxide, *J. Cryst. Growth* **128**, 50–56.

4.18 Domingo C, Berends EM, van Rosmalen GM (1996) Precipitation of ultrafine benzoic acid by expansion of a supercritical carbon dioxide solution through a porous plate nozzle, *J Cryst. Growth* **166**, 989–995.

4.19 Domingo C, Berends EM, van Rosmalen GM (1997) Precipitation of ultrafine organic crystals from the rapid expansion of supercritical solutions over a capillary and a frit nozzle, *J. Supercrit. Fluids* **10**, 39–55.

4.20 Lele AK, Shine AD (1991) Morphology of polymers precipitated from a supercritical solvent, *J. Aerosol Sci.* **22**, 555–584.

4.21 Debenedetti PG (1990) Homogeneous nucleation in supercritical fluids, *AIChE J.* **36**, 1289–1298.

4.22 Türk M, Helfgen B, Cihlar S, Schaber K (1999) Experimental and theoretical investigations of the formation of small particles from rapid expansion of supercritical solutions (RESS). In: *Proc GVC-Fachausschuß High Pressure Chem Eng,*

Karlsruhe, pp. 235–238.

4.23 Helfgen B, Türk M., Schaber K (1998) Micronization by rapid expansion of supercritical solutions: theoretical and experimental investigations. In: *Proc Annual AIChE Meeting, Miami Beach, FL.*

4.24 Weidner E, Steiner R, Knez Z (1996) Powder generation from polyethyleneglycols with compressible fluids. In: von Rohr PR, Trepp C (eds), *High Pressure Chemical Engineering*, Elsevier, Amsterdam, pp. 223–228.

4.25 Weidner E, Knez Z, Novak Z (1994) PGSS (particle from gas saturated solutions) – a new process for powder generation. In: *Proc 3rd Int. Symp. on Supercritical Fluids*, pp. 229–235.

4.26 Weidner E, Petermann M, Blatter K, Simmrock HU (1999) Manufacture of powder coatings by spraying gas saturated melts. In: *Proc 6th Meeting on Supercritical Fluids*, pp. 95–100.

4.27 Sievers RE, Karst U, Schaffer JD, Stoldt CR, Watkins BA (1996) Supercritical CO_2 assisted nebulization for the production and administration of drugs, *J. Aerosol Sci.* 27, 5497–5498.

4.28 Sievers RE, Karst U (1997) Methods for fine particle formation, *US Patent* 5 639 441.

4.29 Reverchon E (1999) Supercritical antisolvent precipitation of micro and nano particles, *J. Supercrit. Fluids* 15, 1–21.

4.30 Kröber H, Teipel U, Krause H (2000) Crystallization of organic substances with a compressed anti-solvent. In: *Proc 14th Int. Congress of Chemical and Process Engineering, Prague.*

4.31 Yeo S-D, Lim G-B, Debenedetti PG, Bernstein H (1993) Formation of microparticulate protein powders using a supercritical fluid antisolvent, *Biotechnol. Bioeng.* 41, 341–345.

4.32 Randolph TW, Randolph AD, Mebes M, Yeung S (1993) Sub-micrometer-sized biodegradable particles of poly(L-lactic acid) via the gas antisolvent spray precipitation process, *Biotechnol. Prog.* 9, 429–435.

4.33 Dixon DJ, Johnston KP, Bodmeier RA (1993) Polymeric materials formed by precipitation with a compressed fluid antisolvent *AIChE J.* 39, 127.

4.34 York P, Hanna M (1994) Salmeterol xinafoate with controlled particle size, *World Patent* 95/01324.

4.35 Jaarmo S, Rantakyla M, Aaltonen O (1997) Particle tailoring with supercritical fluids: production of amorphous pharmaceutical particles. In: Arai K (ed.), *Proc. 4th Int. Symp. on Supercritical Fluids*, pp. 263–267.

4.36 Kordikowski A, Schenk AP, van Nielen RM, Peters CJ (1995) Volume expansions and vapor-liquid equilibria of binary mixtures of a variety of polar solvents and certain near-critical solvents, *J. Supercrit. Fluids* 8, 205–214.

4.37 de la Fuente Badilla JC, Peters CJ, de Swaan-Arons J (2000) Volume expansion in relation to the gas-antisolvent process, *J. Supercrit. Fluids* 17, 13–23.

4.38 Reverchon E, Della Porta G, Pace S, Di Trolio A (1998) Supercritical antisolvent precipitation of submicronic particles of superconductor precursors, *Ind. Eng. Chem. Res.* 37, 952–957.

4.39 Reverchon E, Della Porta G, Celano C, Pace S, Di Trolio A (1998) Supercritical antisolvent precipitation: a new technique for preparing submicronic yttrium powders to improve YBCO superconductors, *J. Mater. Res.* 13, 284.

4.40 Gallagher PM, Coffey MP, Krukonis VJ, Klasutis N (1989) Gas anti-solvent recrystallization: new process to recrystallize compounds insoluble in supercritical fluids, *ACS Symp. Ser.* 406, 334–356.

4.41 Gallagher PM, Krukonis VJ, Botsaris GD (1991) Gas antisolvent recrystallization: application to particle design, *AIChE Symp. Ser.* 284, 96–112.

4.42 Gallagher-Wetmore PM, Coffey MP, Krukonis VJ (1994) Application of supercritical fluids in recrystallization: nucleation and gas antisolvent techniques, *Respir. Drug Deliv.* 4, 287.

4.43 Tai CY, Cheng C-S (1998) Supersaturation and crystal growth in gas anti-solvent crystallization, *J. Cryst. Growth* 183, 622–628.

4.44 Czerwonatis N, Eggers R (2001) Disintegration of liquid jets and drop drag coefficients in pressurized nitrogen and carbon dioxide, *Chem. Eng. Technol.* 24, 619–624.

4.45 Kröber H, Teipel U (2001) Experimentelle Untersuchungen von Hochdruck-Sprühverfahren. In: Eggers R, Peric M (eds), *Proc. Spray 2001, Hamburg*, P4.

4.46 Bodmeier R, Wang H, Dixon DJ Mawson S, Johnston KP (1995) Polymeric microspheres prepared by spraying into compressed carbon dioxide, *J. Pharm. Res.* **13**, 1211.

4.47 Gao Y, Mulenda TK, Shi Y-F, Yuan W-K (1998) Fine particle preparation of Red Lake C pigment by supercritical fluid, *J. Supercrit. Fluids* **13**, 369.

4.48 Reverchon E, Della Porta G (1999) Production of antibiotic micro- and nanoparticles by supercritical antisolvent precipitation, *Powder Technol.* **106**, 23–29.

4.49 Kröber H, Teipel U (2002) Materials processing with supercritical antisolvent precipitation: process parameters and morphology of tartaric acid, *J. Supercrit. Fluids* **22**, 229–235.

4.50 Kikic I, Bertucco A, Lora M (1997) Thermodynamic description of systems involved in supercritical anti-solvent processes. In: Arai K (ed.), *Proc. 4th Int. Symp. on Supercritical Fluids*, p. 39.

4.51 Kikic I, Bertucco A, Lora M (1997) Thermodynamic and Mass transfer for the simulation of recrystallization processes with a supercritical antisolvent. In: Reverchon E (ed.), *Proc 4th Italian Conference on Supercritical Fluids and Their Applications*, p. 299.

4.52 Kikic I, Lora M, Bertucco A (1997) Thermodynamic analysis of three-phase equilibria in binary and ternary systems for applications in rapid expansion of a supercritical solution (RESS), particles from gas-saturated solutions (PGSS) and supercritical antisolvent (SAS), *Ind. Eng. Chem. Res.* **36**, 5507.

4.53 Rantakyla M, Jantti M, Jaarmo S, Aaltonen O (1998) Modeling droplet-gas interaction and particle formation in gas-antisolvent system. In: Perrut M, Subra P (eds), *Proc. 5th Meeting on Supercritical Fluids*, p. 333.

4.54 Werling JO, Debenedetti PG (1999) Numerical modeling of mass transfer in the supercritical antisolvent process, *J. Supercrit. Fluids* **16**, 167–181.

4.55 Matson DW, Petersen RC, Smith RD (1987) Production of powders and films from supercritical solutions, *J. Mater.*

Sci. **22**, 1919–1928.

4.56 Teipel U, Förter-Barth U, Gerber P, Krause H (1997) Formation of particles of explosives with supercritical fluids, *Propell. Explos. Pyrotech.* **22**, 165–169.

4.57 Teipel U, Kröber H, Krause H (2001) Formation of energetic materials using supercritical fluids, *Propell. Explos. Pyrotech.* **26**, 168–173.

4.58 Marioth E, Löbbecke S, Krause H (2000) Screening units for particle formation of explosives using supercritical fluids. In: *Proc 31st Int. Annual Conference of ICT, Karlsruhe*, p. 119.

4.59 Teipel U, Gerber P, Krause H (1998) Characterization of the phase equilibrium of the system trinitrotoluene/carbon dioxide, *Propell. Explos. Pyrotech.* **23**, 82–85.

4.60 Weidner E (1999) Powder generation by high pressure spray processes, *Proc. High Press. Chem. Eng.* 217–222.

4.61 Bleich J, Muller BW, Wassmus W (1993) Aerosol solvent extraction system – a new microparticle production technique, *Int. J. Pharm.* **97**, 111–116.

4.62 Bleich J, Kleinebudde P, Muller BW (1994) Influence of gas density and pressure on microparticles produced with the ASES process, *Int. J. Pharm.* **106**, 77.

4.63 Thies J, Muller BW (1996) Production of large sized microparticles with supercritical gases, *J. Pharm. Res.* **13**, 161.

4.64 Tom JW, Lim G-B, Debenedetti PG, Prud'homme RK (1993) Applications of supercritical fluids in the controlled release of drugs, *ACS Symp. Ser.* **514**, 238–252.

4.65 Winters MA, Knutson BL, Debenedetti PG, Sparks HG, Przybycien TM (1996) Precipitation of proteins in supercritical carbon dioxide, *J. Pharm. Sci.* **85**, 586.

4.66 Chou Y-H, Tomasko DL (1997) Gas crystallization of polymer-pharmaceutical composite particles. In: Arai K (ed.), *Proc. 4th Int. Symp. on Supercritical Fluids*, p. 55.

4.67 Reverchon E, Della Porta G, Pallado P (2001) Supercritical antisolvent precipitation of salbutamol microparticles, *Powder Technol.* **114**, 17–22.

4.68 Yeo S-D, Debenedetti PG, Radosz M, Schmidt H-W (1993) Supercritical antisolvent process for substituted para-linked aromatic polyamides: phase equilibrium and morphology study, *Macromolecules* 26, 6207.

4.69 Yeo S-D, Debenedetti PG, Radosz M, Giesa R, Schmidt H-W (1995) Supercritical antisolvent process for a series of substituted para-linked aromatic polyamides, *Macromolecules* 28, 1316.

4.70 Dixon DJ, Luna-Bercenas G, Johnston KP (1994) Microcellular microspheres and microballoons by precipitation with a vapour-liquid compressed fluid antisolvent, *Polymer* 35, 3998.

4.71 Luna-Barcenas G, Kanakia SK, Sanchez IC, Johnston KP (1995) Semicrystalline microfibrils and hollow fibres by precipitation with a compressed fluid antisolvent, *Polymer* 36, 3173.

4.72 Benedetti L, Bertucco A, Pallado P (1997) Production of micronic particles of biocompatible polymer using supercritical carbon dioxide, *Biotechnol. Bioeng.* 53, 232.

4.73 Reverchon E, Della Porta G, Sannino D, Lisi L, Ciambelli P (1998) Supercritical antisolvent precipitation: a novel technique to produce catalyst precursors. preparation and characterization of samarium oxide nanoparticles. In: Delmon B (ed.). *Proc 7th Int. Symp. on Scientific Bases for the Preparation of Heterogeneous Catalysts*, Elsevier, Amsterdam, p. 349.

4.74 Reverchon E, Della Porta G, Sannino D, Ciambelli P (1999) Supercritical antisolvent precipitation of nanoparticles of a zinc oxide precursor, *Powder Technol.* 102, 129–136.

4.75 Gallagher PM, Coffey MP, Krukonis VJ, Hillstrom WW (1992) Gas anti-solvent recrystallization of RDX: formation of ultra-fine particles of a difficult-to-comminute explosive, *J. Supercrit. Fluids* 5, 130–139.

4.76 Cai J-G, Liao X-C, Zhou Z-Y (1997) Microparticle formation and crystallization rate of HMX using supercritical carbon dioxide antisolvent recrystallization. In: Arai K (ed.), *Proc 4th Int. Symp. Supercritical Fluids*, pp. 23–27.

4.77 Teipel U, Förter-Barth U, Kröber H, Krause H (1998) Formation of particles with compressed gases as anti-solvent. In: *Proc 3rd World Congress on Particle Technology, Brighton*, p. 189.

4.78 Förter-Barth U, Teipel U, Krause H (1999) Formation of particles by applying the gas antisolvent process. In: Poliakoff M, George MW, Howdle SM (eds), *Proc 6th Meeting on Supercritical Fluids, Nottingham*, pp. 175–180.

4.79 Teipel U, Förter-Barth U, Krause H (1999) Crystallization of HMX particles by using the gas anti-solvent process, *Propell. Explos. Pyrotech.* 24, 195–198.

4.80 Lim G-B, Lee S-Y, Koo K-K, Park B-S, Kim H-S (1998) Gas antisolvent recrystallization of molecular explosives under subcritical to supercritical conditions. In: Perrut M, Subra P (eds), *Proc 5th Meeting on Supercritical Fluids*, pp. 271–275.

4.81 Reverchon E, De Rosa I, Della Porta G, Subra P, Letourneur D (1999) Biopolymer processing by supercritical antisolvent precipitation: the influence of some process parameters. In: Bertucco A (ed.), *Proc 5th Conference on Supercritical Fluids and Their Applications*, pp. 579–584.

4.82 Kröber H, Reinhard W, Teipel U (2001) Supercritical fluid technology: a new process on formation of energetic materials. In: *Proc 32nd Int Annual Conference of ICT, Karlsruhe*, p. 48.

4.83 Kröber H, Teipel U, Krause H (2001) Organic materials formed by precipitation with a compressed fluid antisolvent. In: Reverchon E (ed.), *Proc 6th Conf. on Supercritical Fluids and Their Applications, Maiori, Italy*, pp. 307–312.

第 5 章　粒 径 增 大

E. Schmidt, R. Nastke, T. Heintz, M. Niehaus, U. Teipel

欧育湘　译、校

5.1　团聚

5.1.1　导言

通过团聚使粒子增大是机械加工过程的一个单元操作。将小粒子结合在一起以形成较大粒子的过程称为团聚。短距离的物理作用力能将初级粒子结合并能赋予形成的团聚体具有一些特殊的性能。应根据所要求的团聚体的特性和所处理的初级粒子的属性确定团聚过程的设计和制备。团聚产品的优点是,它具有肯定的大小、形状、体积和质量,便于贮存、处理及计量,且能控制其溶解度、反应性和热传导。

内容最丰富的有关团聚的教科书之一是由 Pietsch 所编著的[5.1]。在这本著作中,详细地叙述了团聚的基本原理、各种工艺和应用实例[5.2]。与团聚有关的其他机械加工工艺的影响的论文和参考资料可见书末的文献[5.2]及[5.3]。

5.1.2　粘结机理——粒子间力

粒子之间的吸引力使粒子得以增大,这种吸引力对粒子团聚体的强度及分散性也是至关重要的。图 5.1 所示为粒子团聚过程的粘结机理。

图 5.1 的粘结机理是 Rumpf[5.2]首先定义和分类的。对于粘结机理的分类,系统中有无物质桥的存在是一个首要的标准。物质桥又可进一步分为固体桥和液体桥。固体桥包括那些借助熔结、接触点的化学反应、粘结剂的硬化及溶解物质的结晶所形成的桥。颗粒之间的液体桥则系指那些由于低黏度液体的毛细管效应或通过高黏度粘结剂的包覆形成的桥。在不存在物质桥的情况下,范德华相互作用是粒子粘结力的基础。

对模型系统(例如光滑、固定和理想的球体粒子)的粒子间吸引力可计算求得。尽管这样计算求得的模型系统粒子间的吸引力只能粗略地用于真实系统,但它的确能说明一些重要参数对团聚过程的影响。对计算真实粒子间的吸引力,目前还

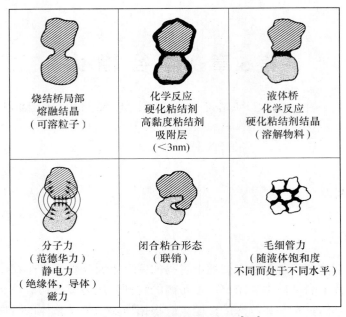

图 5.1　团聚过程的粘结机理[5.1]

不可能,因为真实粒子的形状是不规则的,且通常表面粗糙[5.3]。

5.1.3　生长机理及生长动力学

　　当两个颗粒碰撞产生的粘结力胜过其他所有力的作用时,颗粒将会黏附在一起。这种过程可以连续进行,通过团聚生长而使颗粒增大。但当这个过程进行时,将涉及一些更为复杂的机理[5.1]。图 5.2 表示了各种不同的粒子团聚过程,该图表征了团聚与解聚及粒子增大与粒子缩小间的区别。

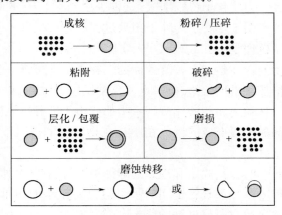

图 5.2　团聚过程中的颗粒粒径变化机理[5.1]

利用初级粒子碰撞及黏附,可生产微型团聚体,此过程称为核化。当有较多量初级粒子存在时,这些粒子倾向于或者彼此黏附形成更多的核,或者使其本身附着于更大的团聚体上。当团聚体的质量增大时,它们会在结构的薄弱部分破裂(例如,由于承受冲击力而破裂)。此时也会发生磨蚀,形成新的初级粒子或微型团聚体,后者又力图彼此黏附为实体,以提供更好的粘结性能。

根据被处理(滚转)物质的密度及搅拌颗粒床设备的类型,粒子团聚时的生长现象及其动力学将是不同的;不过,图 5.2 所示的模型是总体平衡的基础,按照这种平衡,颗粒的瞬时团聚,无论是间断过程及连续过程,均可模拟。

5.1.4 设备和过程

5.1.4.1 滚转团聚

一般的滚转团聚的特征,是在团聚物料中加入液体粘结剂后,生成或多或少呈球形的团聚体。湿的或所谓的绿色团聚体是由于含有粘结剂的颗粒状物料的适当运动而形成的。除了初级粒子的粒径外,界面作用力和自由移动的液体表面的毛细管压力是赋予绿色团聚体强度的主要原因。大规模滚动团聚所采用的设备,最常用的是成球槽和成球鼓,此两者所应用的粒径增大的机理是相同的,即当设备绕其轴旋转时,液体粘结剂喷洒于流动床上,而拟被团聚的物料则由于物料的滚动、压延及滑动而形成团聚体。

图 5.3 是成球槽的结构示意图。在槽中,由于物料的运动使流动床中不同大小的团聚体明显分离,最大的团聚体总是集中于物料的顶部,并靠近框界的边缘。因此,如果团聚过程控制良好,能生产粒度相当均一的团聚体。最重要的是,这种团聚过程一般不需要过小粒子物料的再循环,也不需要将过大团聚体再被破碎。但成球鼓(图 5.4)则必须将团聚后的物料进行筛分,且在开始时有适当量的物料再循环。

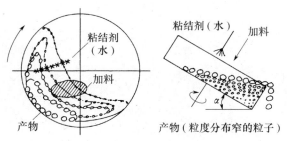

图 5.3 用于滚转团聚的成球槽(倾斜转动盘)[5.1]

物料的滚转团聚也可在成球锥、连续或间断的混合器(带有或不带混合机械)、脉冲或振动传输带(或输送槽)、扰动气体流化床及扰动式液体悬浮装置等多种设

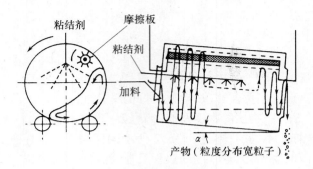

图 5.4　用于滚转团聚的成球鼓[5.1]

备中进行。

5.1.4.2　加压团聚

　　加压团聚的特点是团聚过程中一定体积内的粒状物料上承受很高的作用力[5.1]。对具有不可逆变形的塑性物质的细微颗粒,当它们受高压时,不需粘结剂即可发生团聚。赋予这种塑性材料团聚体强度的力是范德华力、价键力及部分物质熔化或固化时产生的内部连结力(比较图 5.1)。低熔点的物质在颗粒边界上熔化形成均匀结构,但在受到热压时,几乎所有的物质均能产生上述现象。足够高的应力可促使材料的某些组分变成粘结剂。加压团聚时,只有少数所谓的"困难"物质才需要加入干的或液态的粘结剂或/和润滑剂。加压团聚可在活塞式团聚机、滚轧(压)机、加压挤出机及造粒机上进行。

　　图 5.5 为两种不同型式的滚轧(压)机的结构示意图。在大规模生产中,一般采用这种滚轧(压)机,它们可分为制片型及造粒型两种,但其工作原理是相似的,即两个同样大小但带有光滑表面(对制片型)或成型表面(对造粒型)的滚轮以同样的速度反向旋转,拟团聚的物料由顶部送入两滚轮间的辊隙区,当物料经过辊隙区

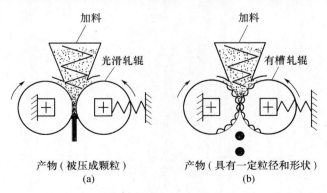

图 5.5　高压团聚机

(a) 造粒型滚轧(压)机;(b) 制片型滚轧(压)机。

时即被压实和成型。制片式滚轧(压)机配有杯形或袋形成型装置,以使片状产品具有一定的形状。造粒式滚轧(压)机采用光滑的、波纹状的或格栅形的表面的滚筒,分别用于生产表面光滑的或具有一定结构表面的带、板或片状材料。

图 5.6 为加压挤出机及造粒机的结构示意图。其工作原理系通过镗孔或末端开口的模具,利用壁的摩擦,产生塑性材料对流动的阻力而使物料团聚。特别是在螺杆挤出机中,物料进行很好的混合并承受高的剪切力。为了使团聚产品具有足够高的塑性和强度,在大多数情况下,需在拟被团聚的物料中加入粘结剂。而只有低熔点的物料或塑化温度低的物料,才能在无粘结剂时直接团聚。所得的团聚产品为具一定直径和长度的圆柱形产品。一般需要再干燥。

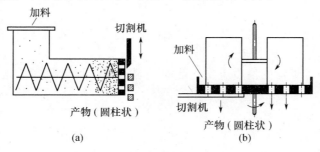

图 5.6　低压团聚机
(a) 螺杆挤出机;(b) 带平模或研磨式加压滚轧机的团聚机。

5.1.4.3　其他团聚方法

一个很古老的、在铁制工业中特别重要的粒子增大过程是热压结(烧结)法。采用此工艺时,颗粒状物料在床中通过原子和分子扩散被加热,直至在颗粒接触点形成烧结桥。物料被冷却后,烧结体乃破碎为所需大小的颗粒。

喷雾干燥也是一种物料团聚工艺。采用此工艺时,系在干燥塔中,令溶解的或悬浮的物料形成中空的球状物。还有一种与喷雾干燥非常有关的工艺(常称为造粒)也用于使物料团聚。造粒工艺系在所谓造粒塔中进行,熔融物料的微滴从塔顶自由流下而固化为几乎是球形的颗粒。在塔中,与物料的流动方向相反,通入空气流。

5.2　微胶囊化和包覆工艺

5.2.1　工艺的基本原理

微胶囊由核及外壳(外壳一般为固体)组成,犹如微滴或固体颗粒被高聚物的连续薄膜包覆。微胶囊的核可由密实性很不相同的物质组成,当采用液态、蜡状物质或气态物质为核时,它们可为简单的球形,且可能形成团聚体。但固体核也可能分散于液体中或蜡状物质中。在这种情况下,液体或蜡状物质成为固体核的基质,这时也可形成近乎球形的颗粒。当固体物质被包覆时,大多数情况下使用"包覆"这一名词。原则上,从应用的观点和被包覆固体的性能而言,包覆外壳应归属于微胶囊。不过一般说来,这类包覆外壳从来不是完全封闭的。

根据应用情况,微胶囊可以是分散系统,也可以是流散性的粉末。在大多数情况下,微胶囊产品的配方是特定的,一般会按其用途而加入其他辅助试剂[5.4~5.20]。

将一个物质进行微胶囊化的目的是使其具有多种性能而适用于多种应用领域,这些性能包括:

- 控制药剂的释出;
- 将液体包覆以形成流散性的粉末(例如包覆复印纸的褪色染料溶液使之微胶囊化以制成流散性的粉末);
- 保护微胶囊内的物质免受外部一些因素的作用(如水解、光解、臭氧化、湿份及其他等);
- 减少溶剂的消耗;
- 减少易挥发物质的挥发损失(减少气味、释出等);
- 降低必需的用量;
- 降低向农田、森林、园艺苗圃、卫生及其他很多场所的渗析;
- 降低对人类及环境的危害作用(包括光学危害);
- 改善与其他物质的相容性(如高聚物、阻燃面层、不相容组分的混合物、亲水化、疏水化及其他等);
- 有可能将能彼此反应的一些试剂混合而包覆于微胶囊中,而令这些试剂在后来使用时受到压力或光的作用时才发生反应,这样就将一个多组分系统转换成了一个单组分系统。

微胶囊化首先是由 NCR 公司的 Green 和 Schleicher[5.21]在 1953 年研发的,当时的目的是为了生产无色的复印纸,即所称的反应复印纸。从那时以来,微胶囊化技术发展很快,现在已用于为数极多的不同类别的物质,可以说微胶囊几乎已用于所有工业和商业领域。

在微胶囊已获得应用的领域中,下述的一些领域是应特别提及的。

- 农业和林业(微胶囊化的农药,防护剂,外激素,植物生长调节剂,引诱剂,贮存化肥及很多其他药剂等);
- 卫生领域(防护剂,杀虫剂,气味剂及其他等);
- 人用药物和兽药(贮存药物,防护药物,化学杀菌药物等);
- 化妆品(唇膏,香味剂,香油,护肤用品,防护用品,染料和颜料);
- 环境保护和环境工程(贮存植物营养制剂,防护剂,氧化剂,用于土壤工程

的中空胶囊);

- 生物工程(微胶囊化的微生物,营养基,调节剂,生物催化剂);
- 涂料和油漆工业(片状涂料,抗污剂,惰性硬化剂);
- 建筑工业和建筑物保护(保护木材采用的、控制昆虫的特殊杀虫剂,集热剂等);
- 塑料工业(粘结剂,惰性硬化剂,加速剂,催化剂,阻燃外层,复配材料的辅助试剂);
- 纺织工业(阻燃外层,定型剂,织物辅助试剂,热保护和冷保护材料);
- 印刷和造纸工业(油墨盒颜料,发光涂料,香味化合物,无色染料,表面改性剂);
- 食品工业(增味剂,着色剂,酵母及其他发泡剂,防护剂,粘结剂等);
- 电镀(润滑剂,抗蚀剂,电镀槽用添加剂,去色剂,去味剂)。

5.2.2 前言

以高聚物为壳材的微胶囊已在文献[5.22~5.41]中详细叙述。微胶囊化系将物质(固体、液体及气体)的细微粒子包覆于成膜高聚物的薄外壳中,此外壳能将一种或多种物质的粒子彼此隔开及与外部环境隔开,直至外壳中的粒子以某种方式从外壳中释出。微胶囊的直径可以是十分之几微米级至毫米级。在通常情况下,微胶囊中的芯材的质量约为胶囊总质量的 50%~90%,但在某些特殊情况下,此比例可高达 98%,这与微胶囊的制备工艺有关。

影响此比例的主要因素有:微胶囊的制备方法、温度、分散度、介质的黏度,及是否采用表面活性剂、保护胶体及其他辅助试剂等。如采用同样的制备方法和反应条件,且胶囊大小不为固体物质及胶囊内芯材含量限定时,则同一槽中微胶囊的粒度呈高斯(Gaussian)分布。

现在已熟知有多种不同结构的微胶囊。除了通常的单壳微胶囊外,还生产由两层或更多层组成外壳的微胶囊,及壳内有两个胶囊的微胶囊(这两个胶囊含有不同的物质)。此外,还有微胶囊化的分散体或乳液供应。还有一种微胶囊,它系位于液体介质中,而液体又为较大的微胶囊或吸附于基质上的黏稠物所包围,然后将此整个系统微胶囊化为产品。

微胶囊内的芯材可由于外壳的机械破损而释出,这种破损的作用力可来自压力、摩擦、温度及超声。另外,微胶囊的外壳也可由于熔化、溶解及扩散而破损。根据微胶囊的应用领域,有时囊内芯材的释出需要加以控制(如改变外壳的材料及厚度以控制),但有时需要瞬时释出。宜采用的外壳材料也与胶囊的应用场所有关。外壳可以是在两个方向上都是不透过的,也可以是半透过的,即可在一个方向上(从外到里,但更多的情况是从里到外)是透过的。一般说来,在贮存时微胶囊内的芯材的损失是很少的。例如,有报道提到,以氨基树脂为外壳的微胶囊化溶剂(石油、氯苯、二甲苯),在室温下贮存两年后,芯材的质量损失仅 0.1%~0.8%。微胶囊作为分散体,能以液态或以干的流散性粉体存在,而最适合的存在形式则取决于拟使用的场所。

5.2.2.1　微胶囊的制备

1) 基本材料

根据微胶囊的结构,它由外壳及芯核组成,所以制备它的基本材料可分成两类,即芯核材料和外壳材料。芯材的选择完全取决于微胶囊的用途,而壳材的选择则与芯材的释出条件有关。

这里不准备详细论述微胶囊的基本材料,只拟叙述文献上已报道的作为芯材的一些最重要的化合物。下面要谈及的,包括各类无机物及有机物,单体及聚合物,它们可用做催化剂、稳定剂、促进剂及增塑剂等。至于油、液体和固体燃料,溶剂,着色剂,颜料,杀虫剂,农药,肥料,药物,增味剂,香味剂,食品添加剂,酵素和微生物等作为芯材的微胶囊,本书只对其中最重要的进行简述,而对它们的应用领域也只是概括地提及。

原则上说,任何能成膜的材料都可作为构成微胶囊外壳的壁材,它们可以是合成的或天然的高分子量化合物,也可以是可熔或可溶的低分子量化合物。在这方面,首先应提及的是有机高聚物(但远远不是全面论述)。就天然有机高聚物而言,蛋白质(明胶、清蛋白)、多糖(葡萄糖、蔬菜胶、纤维素衍生物)、蜡及石蜡都可用于构成微胶囊的外壳。在合成高聚物中,几乎所有各类高聚物都可用于微胶囊化。聚乙烯类化合物、聚烯烃、聚丙烯酰胺、聚硅氧烷、聚顺丁烯二酸酯(马来树脂)、聚硫化物、聚碳酸酯、聚氨酯、聚酯、聚酰胺、聚脲、环氧树脂、酚醛树脂、氨基树脂及许多共聚物都在这方面获得应用。而且,甚至一些无机物也可作为微胶囊的壁材,例如,金属、碳、硅酸盐、铝酸盐及碳化物等都有应用的实例。但根据文献来看,在大多数情况应用的无机微胶囊壁材是无机聚合物。在药物及化妆品中,对多种黏稠内容物,经常采用类脂体作为形成结构的相。

2) 辅助材料

除了壁材及芯材,用于制备微胶囊的一些必需的辅助材料也具有重要的作用。这类材料包括溶剂、沉淀剂、硬化剂、交联剂、表面活性剂及胶质物,还有增黏剂、惰性包装物及吸附剂等。在很多情况下,选用适合的溶剂用于微胶囊化是至关重要的,因为大多数单体及聚合物都是以溶液的形式使用的。根据微胶囊的制造工艺及应用领域,所选用的溶剂必须满足各种不同的要求,其中一个重要的要求是溶剂的沸点和它的挥发性,因为残留于挥发性不大的壁材中的溶剂将严重影响微胶囊的性能(如恶化成型性)。溶剂的黏度和表面(或界面)张力的作用虽较小,但它们对系统分散能力(特别是当形成分散相时)的影响则十分明显。

用于很多微胶囊制备工艺的沉淀剂对所制得的微胶囊的性能也有不可忽视的影响。沉淀剂的作用是使聚合物从溶液中直接沉淀,或者以溶剂－非溶剂混合物的形式沉淀,形成富含聚合物的液相,而其质量则是决定微胶囊壁性能的关键。

5.2.3　微胶囊制造方法

制造微胶囊的方法大略可分为三种:

(1) 物理法;

(2) 物理－化学法;

(3) 化学法。

但实际上采用的和文献上所叙述的制造微胶囊的方法经常是多种方法的综合体(综合法),它们很难清楚地归属于上述三种方法中的任何一种。所有各种制备方法都可用于固态、液态或气态芯材,但对包覆固体,则主要采用物理方法。为简化起见,下面将物理法和物理－化学法合并论述,因为当采用这两种方法时,均不发生化学转变(见图 5.7)。

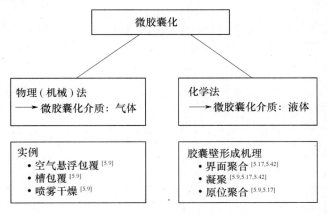

图 5.7　微胶囊化工艺的分类

5.2.3.1　物理方法

物理方法的特征是,芯材的微胶囊化是借机械方法或在气相分散介质中完成的,而没有化学转变参与。但在某些情况下,物理方法中壁材的硬化则可以是化学过程,当然也可以是物理过程。下文综述各种物理微胶囊化方法[5.43～5.63]。

1) 喷雾干燥和冷却

普遍采用的一个物理微胶囊化方法是喷雾干燥或冷却,此法系将芯材置于成膜高聚物溶液中,形成乳液或分散体,后者经喷雾干燥或冷却即得粉状的微胶囊产品(见图 5.8)。在微胶囊产品形状转变中(如将分散体转变为粉末),也常采用上述方法。另外,这类方法特别适用于微胶囊药物的生产[5.43～5.50]。

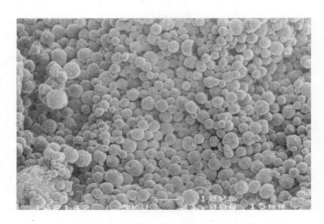

图 5.8　喷雾法生产的微胶囊(扫描电镜照片)

对制备以聚酯为壁材的、不经肠道吸收的微胶囊药物,喷雾干燥法是特别适用的。对某些以乳酸均聚酯和共聚酯为壁材的微胶囊药物,其决定微胶囊形状和形态及药物释放行为的一些重要参数,文献[5.44~5.46]已有讨论。多种物质的喷雾干燥微胶囊化工艺,在文献[5.51~5.54]中也有所叙述。高聚物溶液的黏度、蒸发溶剂的温度、高聚物及活性添加剂在溶剂中的溶解度是影响粒子形成及粒子其他参数的最重要因素。高聚物稀溶液的黏度是高聚物螺线体密度的函数,而与高聚物的分子结构、分子量及溶剂用量有关。当溶液浓度较高时,高聚物浓度对溶液黏度也有附加的贡献。

Bodmeier[5.51]在制备茶碱及黄体酮的聚丙交酯(D,L)微胶囊时,曾观察到可形成纤维状物质。

2) 流化床法

旋转流化床法也可用于制备微胶囊。为此,可将良好分散的固体芯材借助垂直的空气流使之浮动,再将熔融态的壁材或壁材溶液喷入气流中,于是,很细的壁材微滴沉淀于芯材上,并凝聚为壁材而形成微胶囊。当芯材粒径大于 $50\mu m$ 时,采用流化床法是有优势的,此法效率很高,过程只需一步,且可连续进行。此法的缺点是需从大量尾气中回收溶剂(当采用聚合物溶液以形成壁材时),这花费很高。另外,形成的胶囊壁的质量欠佳(有时壁上带微孔),同时壁材费用在整个生产成本中占的份额较高。

近几年来,人们还研制了为数极多的微胶囊化方法。

在流化床工艺中采用喷雾法,是考虑到最后产品的性能要求及拟生产的产品量。现已有三种喷雾法可供选用,即在流化床顶部、底部或切线方向进行喷雾包覆。对片材的包覆,基本上只能采用底部喷雾法。现在,对小粒子的包覆,已能采用各种类型的喷雾法。在顶部喷雾造粒器中,所形成的粒子壁带孔,内部有空间、这就造成粒子内液体的"灯芯效应"增强,且使得粒子易于破裂,和提高了粒子的分散性。同时,用此法生产的粒子的体积密度一般低于用其他方法生产的。

常规的顶部喷雾法包覆器的结构见图 5.9,此类设备在包覆工艺中已使用十多年了,它是由 30 多年前即已商业化的流化床干燥器衍生而成的。操作时,微胶囊芯材置于产品贮槽 A 中,A 一般是一个无隔板、倒转的截头圆锥体,在底部带有细筛及空气或气体分布板 B。将预先处理过的空气通过分布板引入产品中,直至引入的空气量足以使产品不再处于静止状态,而流动于空气流中,但这时产品床恰好刚刚变成流化床,即处于所谓起始流化态,而喷嘴 C 后产品贮槽中的粒子已被加速。喷嘴 C 以与无规流动的粒子相反的方向往粒子中喷入包覆液体,而被包覆的粒子则通过包覆区进入膨胀室 D。

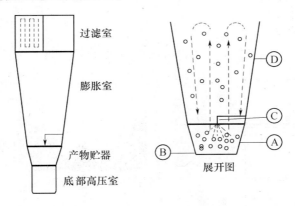

图 5.9　常规顶喷包覆器(Fa. Glatt, Binzen, Germany)

1959 年,Wurster[5.49]推荐了一种可用于微胶囊化的空气悬浮技术,人们称之为 Wurster 系统。该系统最初系设计用于包覆小片的,但现在已广泛用于包覆粒径小至 $100\mu m$ 的粒子。Wurster 系统的结构示意图见图 5.10。它的包覆室 A 是一个无隔板的圆筒,筒中有一分配器 B,后者也是一个圆筒,但其直径为包覆室圆筒的 1/2。在包覆室 A 的顶部,配有细分筛和空气分布板 C。在分布板 C 的中心,装有喷嘴 D,D 可向上喷入包覆液体。分布板上的孔,位于分配器 B 下部区域的孔径比分配器外部的孔径大。当通过分布板的空气量较大,流速较高时,空气动力可使粒子垂直通过分配器及包覆区。Wurster 系统的流化床特称为喷流床。

一个比较新的包覆方法是切线喷雾或旋转喷雾流化床包覆法(见图 5.11),它最初是设计用于高密度流化床造粒。现在此工艺常用于生产高剂量药丸微胶囊,其方法是在某些晶种物质上铺置一层粒子,随后再采用控制释出包覆。

切线喷雾式旋转喷雾设备的产品贮槽系一无隔板的圆筒室 A,筒底装有高速盘 B。室 A 和盘 B 应如此装配,即应在盘的圆周间保持一空隙,以便在系统操作

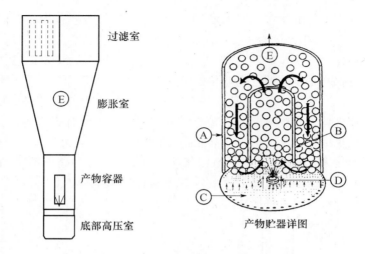

过滤室

膨胀室

产物容器

底部高压室

产物贮器详图

图 5.10　采用 Wurster 技术的底喷包覆器

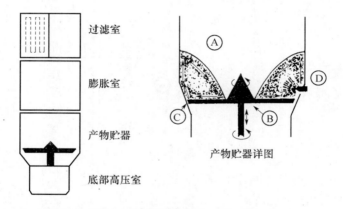

过滤室

膨胀室

产物贮器

底部高压室

产物贮器详图

图 5.11　旋转切线喷雾包覆器原理示意图(Fa. Glatt, Binzen, Germany)

时,经处理的空气可通过此空隙送入室 A 中。进行流化时,物料受到三种力的综合作用,而呈螺线旋转运动。这三种力及其作用是,第一种是离心力,它使物料朝室 A 的壁移动;第二种是空气流的作用力,它使物料向上加速运动;第三种是重力,它使物料朝盘 B 向内落下。物料流化的型式可以是一般(平稳)的,也可以是特殊的。在快速滚动流化床表面下,装有喷嘴 D,它以切线方向喷洒包覆用液体,液体运动方向与粒子流动方向相同。采用切线喷雾流化床包覆时,粒子的循环时间很短,因此包覆的薄膜在厚度上十分均匀,与上述的其他包覆方法可媲美。

　　流化床包覆工艺最关键的是液体系统。在几乎所有的流化床设备中,喷嘴都是二段的,即液体在低压下通过孔口喷出,再由高压空气雾化。这种气动喷嘴一般能产生较小的微滴,当包覆细粒子时,这是一个优点。当液体被雾化后,其蒸发表面积增加。微滴在运动过程中,其中固体物的浓度迅速改变,黏度增高。某些微滴可能会与基质的表面接触,致使不能分散均匀,而形成质量欠佳的包覆层(微胶囊壳)。在极端的情况下,这会造成包覆聚合物的喷雾干燥。如果喷雾溶液所用的有机溶剂蒸发热较低,则上述问题就比较严重。丙酮、二氯甲烷及 2 - 丙醇的蒸发热均很低,三者的此值分别为 $0.103\text{kcal}\cdot\text{ml}^{-1}$,$0.118\text{kcal}\cdot\text{ml}^{-1}$ 及 $0.132\text{kcal}\cdot\text{ml}^{-1}$,而水的蒸发热则较高,为 $0.541\text{kcal}\cdot\text{ml}^{-1}$。

流化床包覆的一个特例是热熔流化床包覆工艺。一般而言,用蜡包覆时,系喷雾浆状蜡熔体/凝结剂来实现的。蜡包覆的微胶囊药物的释放速度与蜡的类型(特别是蜡的熔化行为)、喷嘴类型及是否采用表面活性剂有关。在通常情况下,系采用二段喷嘴,即液体在低压下喷出,再用加压空气雾化为微滴。为了形成小粒子,以及粒子间不相粘连,采用较高的雾化空气压力是必要的。高压雾化空气的流速甚高,这可能会引起易碎物质的粉化。如熔体的黏度较低,喷雾速度也较小,这时可制得小粒子。雾化空气应加热至与喷雾液体同样的温度,以保持熔融包覆物处于可应用温度。喷雾流化床包覆的设备主要有筒形膨胀室及锥形膨胀室两种,膨胀室上部是过滤器(见图 5.9 及图 5.10),其振荡应不致干扰物料的流化过程。

3) 溶剂蒸发法

溶剂蒸发工艺的流程见图 5.12[5.56]。

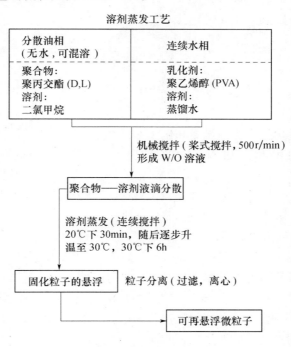

图 5.12 溶剂蒸发工艺流程图

- 将聚乙烯醇(PVA)溶于纯水中制成水相;
- 配制聚酯的二氯甲烷溶液,在室温下于连续搅拌槽中进行;
- 在室温下搅拌聚酯溶液 30min;
- 将聚酯溶液温度逐步提高到 30℃,让溶剂蒸发 6h;
- 让固体微粒沉淀,用过滤或离心方法将沉淀分离,适宜采用的分离方法取决于固体微粒的粒度;
- 用纯水洗涤分离出的固体微粒,然后将其在减压下干燥。

用高速搅拌的方法将活性剂溶解或分散于有机聚合物相中以制备含物料的微胶囊。

图 5.13 是用溶剂蒸发工艺制得的微胶囊的扫描电镜图片。

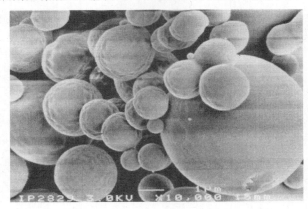

图 5.13　溶剂蒸发工艺制得的微胶囊的扫描电镜图片

4)盐析法

盐析工艺适用于生产纳米级和微米级的微胶囊。但实际应用此工艺时,需要根据所用聚合物和活性剂的化学,仔细确定工艺参数。对于盐析法,决定产品微胶囊重要性能(粒度,粒度分布,粒子形态,活性物质释出性能等)的工艺参数是:

(1)保护水解胶体的化学结构、浓度和相对分子质量;

(2)水解胶体/聚合物比和盐/聚合物比;

(3)盐析时的搅拌条件。

水不溶的或水难溶的化合物,均能用盐析法很好地微胶囊化,但水溶性化合物采用盐析法时微胶囊化的效率甚低。

由预成型聚合物以盐析法形成粒子的基本理论是在研究多种聚合物(如聚丙交酯、纤维素衍生物和聚丙烯酸酯)制备纳米粒子的基础上发展起来的[5.57~5.59]。

用盐析法制备粒子的典型操作程序可如下述。

- 制备高浓度的盐溶液(必须是清亮溶液,不含固体微粒);

- 将 PVA 缓慢加入浓盐溶液中,制备清亮、高黏度的胶体(为了保证粒子制备的质量,最好是用制得的胶体溶胀液);
- 在激烈的机械搅拌下,将上述制得的胶体逐步加入聚合物溶液中,以形成水包油的乳液;
- 在连续搅拌下,加水冲稀上步形成的乳液(使有机溶剂在水相中完全扩散);
- 用离心分离由均相溶液(含有机溶剂、水、PVA、盐)分离出的悬浮粒子;
- 倾弃水/有机相,将上述分离出的粒子重新悬浮于水中,再分离。重复此操作;
- 用冷冻干燥法在减压下干燥最后分离出的粒子。

粒子的分离可采用交叉流过滤法进行。

用一般盐析工艺间断法生产细微粒子,物料配比及浓度如下[5.44~5.46]:

有机相	40mL
胶体相	50g
有机相中聚合物浓度	$0.25\text{g}\cdot\text{L}^{-1}$
胶体组成(PVA/$MgCl_2\cdot6H_2O$/H_2O)	10g/90g/60g
乳化后水量	200mL

对水/丙酮系统,盐的类型对相分离的影响,在文献[5.57]中给予了详细的综述。从水溶液中回收丙酮的效率与盐的水化能有关。对氯化物,回收效率按下述次序递增:$AlCl_3 < MgCl_2 < CaCl_2 < NaCl < NH_4Cl$。就工艺观点而言,对制备聚酯为壳材的微粒子特别适用的是镁盐。对不用表面活性剂的盐析法,所得微粒子的粒度分布具有明显的双峰分布特征。用其他方法(例如喷雾干燥法,溶剂蒸发法,凝聚法)制备的微粒子,所得产品的粒度分布也经常是双峰型的[5.57~5.59]。在大多数情况下,制得的微胶囊的表面呈微球状。这可见图 5.14。

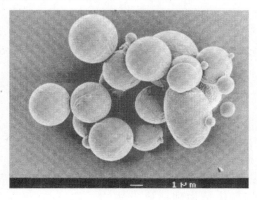

图 5.14　酚酞二聚乳酸微粒子的扫描电镜照片

5) 激流包覆法

所谓激流包覆法,系令很好分散的固态芯材(此法仅能使固态物质微胶囊化,或更确切地说,是包覆)在旋转管、泡罩塔或振动槽中运行,同时将熔态的或溶解的或润湿的壁材以适当的方式喷洒于芯材上,如喷洒的是聚合物的单体,则后者可在包覆过程中同时聚合。但在大多数情况下,此法采用的壁材为聚合物或蜡状物(如石蜡、高分子量的聚乙二醇)[5.64]。

5.2.3.2 物理－化学法

物理－化学法包括那些在一定条件下能形成新相(在液态介质中的分散系统)的过程,此类过程的特征是存在物理相的变换。但物理－化学法还包括一些形成壁材组分不发生化学转变的过程,如一些通过凝聚、沉淀及分散熔体硬化而形成壁材的过程。所有物理－化学法的工艺都是比较简单的,该类方法用于化学工艺的设备一般也是没什么差别的。采用物理－化学法,不仅能使固态及液态物质(包括它们的溶液及分散体)均进行微胶囊化,而且对芯材的调节、壁材的厚度及渗透性等方面的局限性也很宽松。至于成壁材料,为数极多的高聚物均可应用。

形成新相的物理－化学法(在水介质中或有机介质中)是应用得最多的,此法的效率高,重现性好,且操作平稳。凝聚法制备微胶囊的一般步骤见图 5.15。操作时,将拟胶囊化的组分加入至成壁材料的溶液中,通过改变溶液的 pH 值或温度,或通过往溶液中加入可降低壁材溶解度的组分,以产生所需大小的小微滴,这样可形成富含壁材的新相。在一定条件下,芯材可被新相包覆,随后再以各种方法将包覆壁材硬化。这样制得的微胶囊几乎是甚至完全是球形的粒子。

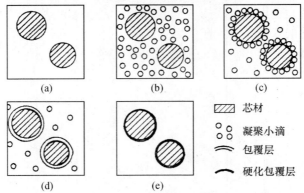

图 5.15　凝聚法制备微胶囊的一般步骤[5.9]

(a) 借助搅拌使芯材粒子分散于聚合物溶液中;(b) 凝聚产生富含胶体相微滴
(通过一种或多种添加剂诱导);(c) 凝聚微滴沉淀于芯材粒子的表面上;
(d) 凝聚微滴结合形成包覆层;(e) 包覆层收缩、交联和干燥。

通过凝聚的微胶囊化是物理－化学法的一部分,它可追溯至 Green 及 Schleicher 的著作[5.21],他们曾建议将亲液染料的油溶液微胶囊化以制造复印纸。因为最初的凝聚法存在很多缺点,曾有很多研究致力于研究该法的改进,且将芯材扩大至固态物质。

凝聚法之一是所谓复合凝聚,此法系令具有相反电荷的两种溶液相互沉淀[5.65~5.67]。例如,将一种明胶溶液与一种阿拉伯胶溶液混合,再将混合液稀释或将其 pH 值调节至约 4.5。由于酸化的结果,在正常情况下是两性物质的明胶带上了正电荷,并开始与总是带负电荷的阿拉伯胶相互反应。对于实际应用而言,改变溶液的 pH 值比稀释溶液更为方便,因为调节溶液 pH 值比稀释溶液所需处理的物料量要小。

5.2.3.3　化学法

在微胶囊化过程中,采用低分子量的成型材料(单体、低聚物)与采用现代聚合物为成型材料是有明显区别的。在前一种情况下,通常涉及的技术是聚合和缩聚,或者是交联(当采用低聚物为成型材料时)。在后一种情况下,在有限相中,聚合物会沉淀,通过交联或其他化学反应形成壁材,这类交联及化学反应在连续相中形成不溶的聚合物。当溶解的单体在一种或两种液相中聚合时,聚合物壁材的形成系直接在拟微胶囊化材料的表面进行,或者在含芯材的相界面上进行。聚合系统可以是水包水系统,也可以是油包水系统,甚至可以是多相系统。聚合完成后,微胶囊的壁材结构即已形成,其他各层也将依次形成,以赋予微粒必需的性能。这些层可以借共价键与壁材连接,也可以是被壁材所吸附。例如,另外的单体可借辐射引发而接枝于壁材上,或者聚合后进行凝聚。

在缩聚的情况下,首先是有限相缩聚,其特点是生成聚合物的速度很快,过程进行时应特别小心。因此,在缩聚时,当含有所需单体的两相混合后,立即生成分子量足够高、不溶于作用相的聚合物(如聚酰胺、聚酯)。但也正因为这个原因,能用缩聚法微胶囊化的材料种类是很广泛的。此外,采用此法所得的微胶囊壁厚较小(芯材含量高),这是用大多数其他微胶囊化工艺不易办到的。不过,在某些情况下,这也是此法的一个缺点。

在化学法的实际应用中,系将一种单体分散于连续相中(当系统中的其他组分也可溶时)。芯材,即拟微胶囊化的材料,也必须是含于连续相中。而且,应与聚合时相同,采用水包油或油包水乳液。当采用水包油系统时,有可能更好地调节被微胶囊化相的分散程度,和更好地控制缩聚反应本身。采用这种技术,人们可制得共聚的壁材,这种壁材是由一种亲水性单体和一种疏水性单体构成的,这类单体既不溶于有机相,也不溶于水相。例如,第一种溶液是乙二胺的水溶液,第二种溶液是含有对苯二甲酰氯的甲苯溶液及拟微胶囊化的芯材。实际上,在激烈搅拌下,甲苯溶液可分散于水中。为了使小微滴稳定化,溶液最好还含有一种保护性胶体,如PVA 或聚乙二醇。将乙二胺水溶液缓慢加入分散体中,后者还含氢氧化钠溶液,以中和释出的酸。随着两界相的形成(此两相不能彼此混合),即生成一聚合物薄膜。异氰酸酯或多异氰酸酯也可用于代替酰氯。与采用的酰氯或胺有关,所得微胶囊的性质有所不同。例如,采用三元胺,则可使微胶囊壁材更进一步交联,因而胶囊壁的渗透性下降。

另外,还存在这样一种可能,即在沉淀可溶聚合物的某一相,可溶性聚合物在相界面和随后的化学交联反应中可转变为不溶性聚合物。例如,憎水性染料在水包油乳液中用 PVA 微胶囊化时,随后可用醛使 PVA 交联。对这类微胶囊化,用酸使聚合物由可溶转变为不溶系在水相中进行的,而新生成的不溶相则包覆在拟微胶囊化的油滴上。在油相及水相间的分配系数较大(大于 1)、且较高级的醛溶于非极性相时,这类醛对聚合物的转变是反相的,此时甚至极性相也可能进行微胶囊化。微胶囊化的化学法适用性极广,使用的芯材及型材均极多。有关此法更详细的信息可见有关参考文献。

另一类化学法系基于采用缩聚体的低聚物或预聚物,采用适当的催化剂,可使它们进一步缩聚和交联。通过相分离过程及相互作用力,由于所形成的特殊胶粒的结合和最后的交联,使一定相范围内的聚合物得以浓集[5.24,5.28~5.31,5.34]。

至于壁材,最好是氨基聚合物,特别是由脲、三聚氰胺、苄基胍胺和丙烯酰胺等与醛类的缩聚产物,而较好的醛类是甲醛、乙二醛及戊二醛。不过也有采用环氧树脂、酚醛树脂和丙烯酸树脂为壁材的。此法的一个突出优点是形成壁材的物质只含于一相内,且最好是水相内,因为催化剂也只存在于水相中。也正是由于这个原因,固态、液态及气态的物质都可用此法微胶囊化。此法另一个很明显的优点是操作既可在搅拌反应器中以间断法进行(一锅法),也可按逐级分散在半连续静态混合器中进行[5.68]。

书刊和专利文献指出,最近几年来,微胶囊化技术本身及微胶囊的应用均取得了快速的发展[5.69]。就微胶囊化技术而言,人们已研发了很多新的工艺及操作方法,还试验了很多新的芯材和壁材。研究的热点已由最初的有控缓释应用和复印纸包覆剂的合成转向材料本身。

诸如改进各种物质相容性的问题也是很重要的,涉及的这类物质有高聚物、电子材料、抗蚀剂、抗水剂等。另外,研发智能材料及它们在植物保护、兽用医药及卫生工程等方面的应用研究也正在进一步发展。

5.2.4　含能材料的微胶囊化

粒状含能材料微胶囊化的目的在于改善产品的质量及某些性能(如加工性、易处理性、贮存性等)。人们特别希望微胶囊化后的含能材料具有下述特征:
- 不敏感性,即降低摩擦感度及撞击感度;
- 与一般粘结系统的良好相容性;
- 能抵抗外界环境的作用,如抵抗湿度和辐射作用。

　　按照含能芯材的类别,有几种包覆材料及溶剂是适用的。含能材料微胶囊化时,最常考虑和采用的工艺是在液相中进行的化学法和物理－化学法(例如凝聚－相分离法)。

　　下述的一些含能材料/包覆材料对被认为是适宜的:

- 二硝酰胺铵(ADN)/乙基纤维素;
- ADN/乙酸丁酸纤维素(CAB);
- ADN/蜡－氨基树脂(ADN 包覆两层,第一层是蜡,第二层是氨基树脂);
- 六硝基六氮杂异伍兹烷(CL－20)/邻苯二甲酸乙酸纤维素;
- 奥克托今(HMX)/氨基树脂。

　　原则上说,上文所述的各种微胶囊化方法,都可用于炸药、可燃剂及氧化剂的微胶囊化,只要被包覆的芯材与所用包覆方法相容。

　　用于处理不同组分的方法首先要与组分本身的性能相符合。单独采用某些液态炸药组分(如硝化甘油、硝化乙二醇)是比较困难的,因为它们的威力大,撞击感度和摩擦感度均高。为了消除这些缺点,Nobel 在 1866 年用硅藻土吸收硝化甘油制得了硅藻土代那迈特,在 1875 年用硝化纤维素吸收硝化甘油制得了高威力爆胶,在 1876 年用硝化甘油与硝化乙二醇的混合物制得了难冻代那迈特,在 1879 年又制得了硝铵胶质代那迈特。

　　自那时以来,一些专利文献都论述了将极危险的液体炸药吸附于细粒状固体物质上以使前者钝感的方法,以及根据芯－壳原理用聚合物外壳包覆含能芯材(微胶囊化)以保护含能材料的方法[5.70~5.78]。

　　通过微胶囊化以固定危险炸药,很容易制得微胶囊炸药。可以说,微胶囊化工艺开辟了一种制造混合炸药的新方法。同时,由于微胶囊化炸药具有一些优异的性能,也扩展了一些炸药的新应用领域。下面讨论液态炸药(包括所有的液态硝酸酯和胶质炸药及类似的产品)的微胶囊化工艺。在大多数这类工艺中,用于生产微胶囊的聚合物有聚氨酯、聚脲、聚苯乙烯、环氧树脂和 EVA。具体的微胶囊化操作如下。将液态炸药与硝基纤维素及表面活性剂一同分散于水中,然后将形成壁材的高分子化合物单体加入上述分散系统中,再加入聚合引发剂或另一个反应性单体,在这种所得的混合物中即可进行聚合反应,反应形成的微胶囊炸药具有如下性能:高威力,低感度,低蒸汽压。而且,因为形成的微胶囊是固体,所以也易于处理。

　　液态炸药作成微胶囊产品后的一个突出优点是,与常规的炸药配方相比,微胶囊产品中的液态炸药含量(质量)极高,可达 90%,而常规配方中此值最大只能达 50%。而且,微胶囊化的液态炸药可用适当方法安全造粒。此法的一个缺点是,对水解敏感的物质能不能采用,因为过程是在水相中进行的。不过近来也经常在文献中看到一些简单的方法,即用油或蜡对敏感的物质进行包覆处理,使它们变成疏水的芯材[5.79,5.80]。

Teipel 等在前不久的一篇专利中谈到[5.81],对温度特别敏感的粒状可燃剂、炸药及氧化剂的微胶囊化方法,该法系根据芯-壳原理,将炸药先抗湿处理(浸渍),再用氨基聚合物微胶囊化。在完全润滑的条件下,将粒子浸入至少含一种蜡状物的熔体中(过程应隔水),让粒子为一层薄而密实的蜡膜所包覆。为了让粒子吸附过量的蜡状物,宜加入氨基聚合物的中空球,这样得到的粒状产品可为氨基聚合物(以三聚氰胺为基)所微胶囊化。这种方法的一个特别优点是,由合成所得的孔隙率高的非球形细粒固体含能材料,能用此法制得微胶囊化产品。以此工艺生产的ADN 微胶囊的典型形貌见图 5.16。

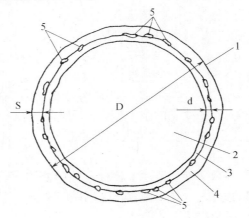

图 5.16　用 Teipel 等人的专利方法制得的 AND 微胶囊图[5.81]

1—微胶囊壁;2—微胶囊芯材(即 ADN);3—蜡包覆层;4—氨基聚合物壁;5—吸附剂粒;
d——蜡包覆层厚度;D——微胶囊直径;S——氨基聚合物壁厚度。

化学微胶囊法的实验装置有:
- 带温度控制的反应器;
- 带混合桨叶的搅拌设备;
- 用于加入溶剂、反溶剂及表面活性剂等的计量管。

对于一个成功的微胶囊化过程,原料的选择是十分重要的。微胶囊化所需的原料有芯材、包覆物、微胶囊化介质(载体物质)、沉淀剂及其他添加剂。一般说来,介质对芯材必须是不溶的或难溶的。因此,对不溶于水的芯材,如 HMX、CL-20、RDX 等,可采用水介质。而对水溶性的芯材,如 ADN 和硝酸铵(AN),则适于采用非极性有机溶剂为介质。

对以乳液结晶法生产的球形 ADN 粒子[5.82],可采用溶于环己烷的乙基纤维素的凝聚包覆来微胶囊化[5.83]。此法的有关情况见图 5.17~图 5.19。

较高级的纤维素酯,如醋酸丁酸纤维素(CAB)在非极性溶剂中的溶解度与温

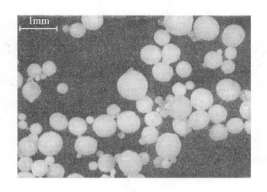

图 5.17　未包覆的 ADN 粒子

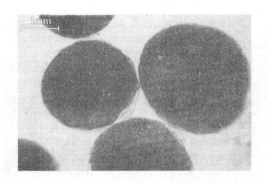

图 5.18　在溶剂中通过凝聚包覆制得 ADN 粒子

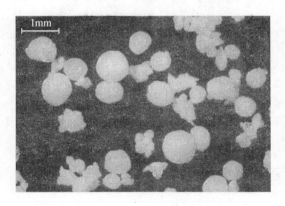

图 5.19　微胶囊化的 ADN 粒子(干燥的和流散性的)

度有关,因此,通过冷却悬浮有 ADN 粒子的 CAB 溶液,可实现被溶解的 CAB 的相分离。在微胶囊化过程中,搅拌能量可使含溶剂的微胶囊变形(见图 5.20),且在随后的干燥过程中,包覆层的厚度会降低。

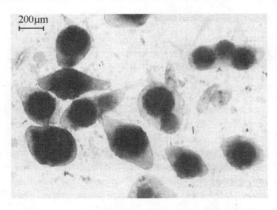

图 5.20 在含 CAB 系统中制得的球形 ADN 微胶囊(凝聚法)

CL－20 结晶可在邻苯二甲酸醋酸纤维素酯的水溶液中微胶囊化(见图 5.21),这时改变 pH 值即可引起凝聚。

图 5.21 用邻苯二甲酸醋酸纤维素(湿)制得的微胶囊化 CL－20 结晶

用氨基树脂包覆 HMX 结晶时,可采用原位聚合法,改变预聚物水溶液的 pH 值,即可引发缩聚。所得微胶囊化的 HMX 结晶见图 5.22。

5.2.5 流化床超临界流体包覆法

5.2.5.1 前言

如上文所述,将有机溶剂的溶液喷雾至粒子的流化床上,可使粒子微胶囊化。但是,此技术在实际应用中仍存在一些关键性的问题。例如,有机溶剂仅限于包覆直径大于 $100\mu m$ 的粒子,否则有机溶剂的毛细管力会使流化床的流化行为停滞[5.48,5.49]。还有,喷雾溶液必须在高温下进行,所以限制了此微胶囊化技术在对

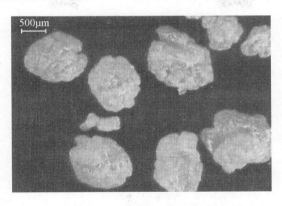

图 5.22　氨基树脂微胶囊化的 HMX 结晶

温度敏感物质中的应用[5.48]。近来,研发了一种用超临界二氧化碳作为溶剂的流化床微胶囊化工艺[5.85],此工艺可用于热敏感物质,如环三次甲亚基三硝胺(RDX)和季戊四醇四硝酸酯(PETN)的微胶囊化。据报道,此新方法适用于在室温下使粒径为 $30\mu m \sim 100\mu m$ 的粒子微胶囊化。文献[5.86]集中研究了 ADN 的超临界流体微胶囊化。众所周知,ADN 是一个对温度很敏感的含能材料,且在很多有机溶剂中易于分解。因为 ADN 溶于水,所以采用超临界流体二氧化碳令 ADN 微胶囊化被认为是最有效的工艺。

此工艺开创了将超临界流体作为选择性溶剂的潜在能力。超临界流体引人注目的性能是,它们的密度类似于液体(因而它们是良好的溶剂),而黏度及扩散系数则类似于气体(因而它们具有优异的传质性能)。这些性能使超临界流体能作为良好的萃取剂。采用 RESS 工艺(Rapid Expansion of Supercritical Solutions,超临界溶液的快速膨胀),通过喷嘴(见第 4 章)使超临界溶液雾化,能生产亚微米级的粒子及微滴。这类细微滴有可能改善粒子的沉析,因而可得到更薄的包覆层。此外,因为与有机溶剂相比,超临界流体的内聚力及粘结力较小,毛细管力明显降低,因而有可能包覆直径小于 $100\mu m$ 的粒子而不发生聚集[5.87]。对于此工艺,临界流体既作为包覆材料的溶剂,又作为形成流化床的流体载体。

5.2.5.2　实验装置

下述实验系在实验室规模的装置上进行的。高压流化床包覆装置的流程图见图 5.23。此装置主要包括三部分:CO_2 源、萃取器(在萃取器中,CO_2 被包覆剂饱和)和高压反应器(在反应器中进行包覆)。装置的最大允许压力是 30MPa(在最高温度 100℃下)。

所进行的第一个实验系以蜡为包覆材料,玻璃珠为芯材。蜡由 Peter Greven Fett – Chemie 公司提供,玻璃珠由 Potter – Ballotini 公司提供。所用的蜡是硬脂酸酯与硬脂醇的混合物,摩尔质量为 $537g \cdot mol^{-1}$,熔点为 53℃。所用玻璃珠具有很

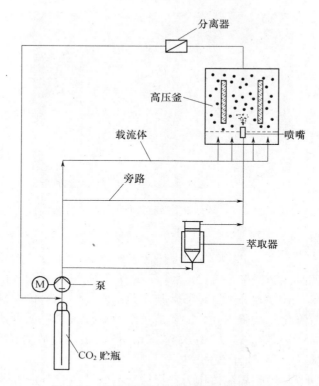

图 5.23　超临界流体包覆粒子的实验装置

高的球形度,粒度分布范围很窄,平均粒径为 $50\mu m$。

　　在每一实验中,流化床反应器装填 $4g\sim 10g$ 玻璃珠。通过图 5.23 所示的管线加入纯 CO_2 作为流体载体使床流化。反应器底装有多孔板。当反应器达到热稳态时,微胶囊化过程即开始进行。CO_2 流过萃取器,为蜡所饱和,再通过一喷嘴发生膨胀,即进入流化床反应器中。膨胀产生的蜡微滴的气溶胶则沉积于玻璃珠上,分散形成薄膜,并随后硬化,在粒子上生成固体包覆层。喷雾超临界流体时,可采用 Laval 喷嘴。此型喷嘴的直径可为 $50\mu m$、$75\mu m$ 及 $100\mu m$。在实验结束时,开启旁路,冲洗萃取器与喷嘴的连接部分,此时流化床中产品送往干燥。

5.2.5.3　包覆机理

　　流化床中超临界流体微胶囊化的机理与连续操作的流化床包覆器的工作机理是一样的。微胶囊化可分为 3 个操作单元(图 5.24):

　　(1)微胶囊化物质输送至流化床;

　　(2)气溶胶的沉析;

　　(3)微胶囊的形成。

　　此处的微胶囊化过程可应用模型说明,该类模型系描述简单操作单元所发生的现象。

1）微胶囊化物质输送至流化床

此输送过程实际上可分为两部分：用超临界流体萃取微胶囊化物质（SFE，超临界流体萃取）和将被萃取物送入流化床。

计算一种物质溶解度的方法，在于采用三次方状态方程计算超临界相和溶质相的逸度。广泛应用于此计算的是 Soave - Redlich - Kwong 状态方程[5.88]和 Peng - Robinson 状态方程[5.89]。但应用它们时需要知道超临界流体的临界参数值 p_c 和 T_c，还需要知道被萃取物的蒸气压。因此，很多研究者[5.90~5.92]倾向于采用由 Chrastil[5.93]提出半实验模型，该模型假定，在溶剂－溶质络合物[AB]（由溶质分子 A 和溶剂分子 B 组成）和环境临界溶剂 B 之间存在一个平衡。

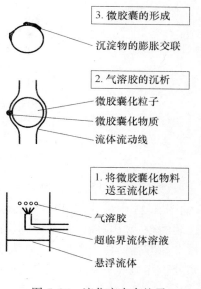

图 5.24　流化床中令粒子微胶囊化的操作单元

这样，再加上其他一些假设，溶质－溶剂络合物在临界流体中的配分密度 ρ_{AB} 可表示为溶剂密度 ρ_B 和温度 T 的函数，见式（5.1）：

$$\rho_{AB_n} = \rho_B^n \cdot \exp\left(\frac{a}{T} + b\right) \tag{5.1}$$

式（5.1）中的参数 n、a 和 b 可用实验数据经回归求得。表 5.1 中列有某些物质在溶剂二氧化碳中的溶解度参数（经验值）。

表 5.1　某些物质对二氧化碳（超临界流体）的溶解度参数[5.93]

物　　质	分子式	n	a	b
硬脂酸	$C_{18}H_{36}O_2$	1.821	-10664.5	22.320
三硬脂酸三甘油酯	$C_{57}H_{110}O_2$	9.750	-8771.6	-39.440
二十二碳酸二十二碳醇酯	$C_{44}H_{86}O_2$	3.250	-7328.1	0.824

对于超临界流体二氧化碳中的硬脂酸硬脂酯（StSt），其参数 a 和 b 与系统的温度有关[5.94]。在温度 60℃ ~127℃ 范围内和密度小于 800kg·m⁻³时，计算 StSt 在二氧化碳中的配分密度，见式（5.2）：

$$\rho_{StSt} = \rho_{CO_2}^{8.4431} \cdot \exp(0.03489T - 65.5862) \tag{5.2}$$

图 5.25 所示是包覆材料 StSt 在二氧化碳中的溶解度曲线。

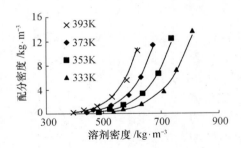

图 5.25 StSt 溶解度与二氧化碳(超临界流体)密度的关系

显然,当温度恒定时提高压力,会增加物质的溶解度;而压力恒定时提高温度(如图 5.25 中由 60℃提高至 120℃),则使物质的溶解度下降。大多数物质系在半连续的粒状反应器中被萃取的,在这种情况下,包覆物质的质量流速可用一维的质量平衡方程计算[5.94,5.95]。在大多数实例中,超临界流体中被萃取物质的浓度 c_w 系处于热力学平衡中。假定为静态条件,质量平衡可简化式(5.3):

$$\dot{m}_w = \dot{m}_{CO_2}^{out} \cdot \frac{c_w^{Eq}}{\rho_{CO_2}^R} \tag{5.3}$$

式中 $\dot{m}_w$——被萃取物的质量流速;

$\dot{m}_{CO_2}^{out}$——CO_2(超临界流体)的质量流速。

StSt 的质量流速是 CO_2 密度的函数。80℃下,StSt 的质量流速与 CO_2 密度的关系曲线见图 5.26[5.96]。显然,StSt 的质量流速随溶剂密度的增大而增加。当溶剂密度小于 500kg·m^{-3}时,萃取物质量流速的计算值和实测值间无差异。但当溶剂密度大于 500kg·m^{-3}时,萃取物质量流速的计算值和实测值间存在差异,且溶剂密度愈大,此差值更为增加。这说明,被萃取物质与溶剂间的传质是过程的控制步。

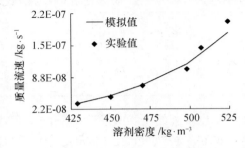

图 5.26 StSt 质量流速与 CO_2(超临界流体)密度的关系

2)气溶胶在流化床上沉析

在建立微胶囊化模型时,还必须考虑气溶胶质点的大小。气溶胶是由超临界溶液快速膨胀进入流化床形成的。例如,众所周知[5.97],当气溶胶质点超过某一尺寸时,会使流化床的流化行为停滞。同样,被微胶囊化物质的粒子大小,也严重影响沉淀动力学和微胶囊的质量[5.98,5.99]。

列于表 5.2 及表 5.3 的实验结果指出[5.94],影响气溶胶核化的因素是复杂的,它是多种因素的综合体。大多数涉及 RESS(超临界溶液的快速膨胀)过程的模型将超临界流体的膨胀视为一个绝热过程[5.100]。因此,两相(气相与固相或液相与固相)区域的形成与预膨胀溶剂的温度和喷嘴产生的压力微滴有关。从经验上而言,对二氧化碳的 RESS 过程,核化物质的簇尺寸和过程参数间的关系见式(5.4)[5.101]:

$$d_N \propto P_{nozz}^{1.44} \cdot d_{nozz}^{0.86} \cdot T_{nozz}^{-5.4} \tag{5.4}$$

表 5.2　从超临界二氧化碳中沉淀出的 StSt 粒子的直径
$(T_0\ 80℃,T_1\ 35℃,P_0\ 17MPa,P_1\ 8MPa)$[5.94]

$d_{nozz}/\mu m$	$\dot{m}_{CO_2}/10^{-4}kg\cdot s^{-1}$	$d_P(0.16)/\mu m$	$d_P(0.5)/\mu m$	$d_P(0.84)/\mu m$
50	1.4	0.3	0.6	1.0
75	2.1	0.6	1.0	1.7
100	2.7	0.5	1.2	1.9

表 5.3　沉淀的 StSt 粒子直径与超临界二氧化碳溶液膨胀压力的关系
$(T_{nozz}\ 80℃,T_1\ 35℃,P_{nozz}\ 17MPa,P_1\ 8MPa,d_{nozz}\ 50\mu m)$[5.94]

$p_{nozz}/\mu m$	$\dot{m}_{CO_2}/10^{-4}kg\cdot s^{-1}$	$d_P(0.16)/\mu m$	$d_P(0.5)/\mu m$	$d_P(0.84)/\mu m$
15	1.2	0.5	0.6	0.2
17	1.4	0.4	0.6	0.3
19	1.6	3.2	4.8	0.3

根据上述相关式计算所得结果与实验结果能很好吻合[5.94,5.102],核化粒子的大小随溶液预膨胀压力的增高和喷嘴直径的增大而增加,而粒子大小与溶液温度间则存在倒数关系。

如果气溶胶粒子流动线的最初坐标 Y 小于边界流动线的最初坐标 Y_0,则气溶胶粒子将由于惯性作用而成为收集器粒子,如图 5.27 所示。

单一粒子的集中效率 η 是边界流动线投影面积与收集器粒子投影面积之比,见式(5.5):

$$\eta = \left(\frac{Y_0}{r_P}\right)^2 \tag{5.5}$$

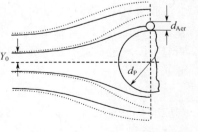

图 5.27　气溶胶粒子由于惯性而成为收集器粒子的示意图[5.103]

式中　r_p——收集器粒子的半径。

对于计算单一粒子的集中效率,已经有过很多研究[5.104,5.105]。一般说来,计算单一粒子的集中效率需要计算粒子周围的气溶胶流线。因此,传输机理,如扩散机理、惯性机理和沉积机理(如拦截)等都必须加以考虑。例如,气溶胶粒子的随机无序移动似乎会增加气溶胶沉积于收集器上的概率,而根据文献[5.106],在流速小于 $0.1\mathrm{m \cdot s^{-1}}$ 时,对粒径小于 $0.1\mu m$ 的气溶胶粒子,沉积的主要机理是扩散机理。研究指出,在大多数情况下,不同的沉积机理是彼此不相关地发挥作用的[5.107,5.108]。因此,单一粒子的总集中效率,可由不同传输和沉积机理所产生的分集中效率加和求得,见式(5.6):

$$\eta = \eta_D + \eta_R + \eta_T + \eta_E \tag{5.6}$$

式(5.6)中的下角 D,R,T 及 E 分别表示扩散、惯性、拦截和静电力。

表 5.4 列出了计算单一粒子集中效率的一些相关性,其他相关性可见文献[5.94,5.103,5.109]。

表 5.4　预测单一粒子集中效率的相关性

机　理	单一粒子集中效率	有 效 范 围
扩散[5.110]	$\eta_D = \dfrac{4.36}{\varepsilon} \cdot (Pe)^{-\frac{2}{3}}$	$165 < Sc < 600, Re < 55$ 流化床
拦截[5.111]	$\eta_R = 1 + R - \dfrac{1}{1+R}$	$Re > 100$ 单筒式
惯性[5.112]	$\eta_T = \left(\dfrac{St}{St + 0.062\varepsilon} \right)^3$	$0.001 < St < 0.01$ 流化床

如图 5.28 所示,气溶胶的粒径严重影响沉积机理。当粒径约 $1\mu m$ 时,单一粒子集中效率最小。因此,应避免生产这种粒径的水溶胶,因为这会使大量材料由于排放而损失。不过,为了使微胶囊化顺利进行,也应调节 RESS 过程,以使被沉积物质的粒径尽可能小。

一个成功的包覆工艺要求微胶囊化的物质能牢固地粘结于流化床材料的表面上。当然,这种粘结也影响粒子的集中效率。在

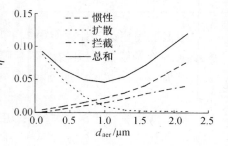

图 5.28　单一粒子集中效率与
气溶胶粒子粒径的关系

文献[5.94,5.111,5.112]中,通过导入一个粘结系数 χ 来反映上述粘结对包覆过程的影响,于是,单一粒子的有效集中效率 φ 见式(5.7):

$$\varphi = \eta \cdot \chi \tag{5.7}$$

根据文献[5.112]，对液体和很软的物质，粘结系数的值均为 1。另一项研究指出，直径在 $0.7\mu m$ 范围内的固体气溶胶，粘结系数可在 $0.001 \sim 0.01$ 间变动[5.94]。

假设流化床为均匀膨胀，粒子集中效率 E_g 可表示为过程参数的函数，这些过程参数包括集中器粒子的大小 d_P 及流化床的高度 z、单一粒子的有效集中效率 φ 及流化床的孔隙率 ε。这个函数见式(5.8)：

$$E_g = \frac{c_{in} - c_{out}}{c_{in}} = 1 - \exp\left(-\frac{3}{2} \cdot \frac{1-\varepsilon}{d_P} \cdot z \cdot \varphi\right) \tag{5.8}$$

有文献指出，计算均匀流化床的孔隙率时，可假定：①每一个粒子为流体个别循环；②粒子间无碰撞[5.113]。还有文献认为，流化床孔隙率与床的流化状态间存在相关性，所以，在假定孔隙率下，可预估流化床流化的均匀性[5.114]。均匀流化床的孔隙率 ε 可表示为流体(使流化床物质循环的流体)速度 u、末端速度 u_{term} 和 Richardson – Zaki 指数项的函数，这可见式(5.9)。由该式可计算孔隙率 ε[5.114]：

$$\frac{u}{u_{term}} = \varepsilon^{RZ} \tag{5.9}$$

另外，孔隙率 ε 也可表示为式(5.10)：

$$\varepsilon = 1 - \frac{V_P}{V_R} \tag{5.10}$$

RZ 可表示为式(5.11)及(5.12)：

$$RZ = \left(4.35 + 17.5 \cdot \frac{d_P}{d_R}\right) \cdot Re^{-0.03} \qquad 0.2 < Re < 1 \tag{5.11}$$

$$RZ = \left(4.45 + 18 \cdot \frac{d_P}{d_R}\right) \cdot Re^{-0.1} \qquad 1 < Re < 200 \tag{5.12}$$

如反应器直径超过 15cm，上述各式的计算结果与实验数据的吻合情况一般相当不错。对直径为 1.4cm 的反应器，其均匀流化床的膨胀也可应用式(5.13)[5.94]。

$$RZ = \left(476.26 \frac{d_P}{d_R} + 1.97\right) \cdot Re^{-0.23} \tag{5.13}$$

在给定雷诺数时，流化床的孔隙率 ε 随粒子大小 d_P 的增加而下降，这可见图 5.29。该图也表明，对于小粒子(直径 $2\mu m$)，其孔隙率与雷诺数间的关系，计算值与实验能很好

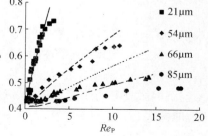

图 5.29　不同粒径物质的
流化床孔隙率与雷诺数的关系

吻合;但对直径为 66μm 及 85μm 的较大粒子,随着雷诺数的增大,其孔隙率的预估值与实测值的差别增大,这是因为,此时粒子的流化均匀性降低所致。因此,如果必须采用式(5.9)~式(5.13)来计算孔隙率,则应估计流化床(均匀性)与粒径及与粒子和流体密度存在函数关系的范围,这一点是特别重要的。只有在上述范围内,式(5.9)~式(5.13)才能成立。

　　3) 微胶囊的形成

　　图 5.30 是用硬脂酸硬脂酯(StSt)微胶囊化的粒子的扫描电镜照片。如人们所预期的,微胶囊的表面存在一些细微斑点,其平均直径约 1.5μm,它们是沉积在表面上的物质。业已发现,由于 RESS 过程产生的气溶胶具有很高的动力学能,微胶囊化物质变形为细片,这可见图 5.31[5.94,5.115]。因此可得到平滑而紧密的微胶囊。

├─────┤=14μm　　　　　　　　　├──────┤=0.7μm

图 5.30　用 StSt 包覆的微胶囊粒子[5.94]　　　　图 5.31　沉积于玻璃平面上的 StSt[5.94]

　　对于单分散的球形粒子的平滑微胶囊,其壁厚度 th_w 可表示为工艺参数的函数,能按式(5.14)计算[5.94]:

$$th_w^t = r_P^0 \cdot \left(\sqrt[3]{1 + \frac{\rho_P}{\rho_w} \cdot \frac{m_{w.g}^t}{m_{P.g}^0}} - 1 \right) \tag{5.14}$$

式中　　ρ_P——微胶囊化粒子的密度;

　　　　ρ_w——包覆材料的密度;

　　　　m_P——流化床物质的总质量。

　　沉淀微胶囊物质的总质量 m_w 可表示为流化床集中效率 E_g 及时间 t 的函数,能按式(5.15)计算:

$$m_{w.g}^t = E_g \cdot \int_0^t \dot{m}_w \mathrm{d}t \tag{5.15}$$

　　在最简单的情况下,可假定包覆材料(包覆材料系溶于超临界流体中,且处于热力学平衡)质量流为稳态及反应器中集合器粒子为均匀流态化,这样就可采用式(5.1)～式(5.13)计算反应器中包覆材料的沉淀质量。这种计算表明,有大量可变参数影响流化床中粒子的微胶囊化。而且,各可变参数又是相互作用的,所以微胶囊厚度与某一参数间不存在简单的相关性。

　　例如,一方面,集合器粒子的直径影响包覆厚度,此厚度可根据粒子表面积和粒子体积之比,采用一定量的沉淀物质实现。另一方面,集合器中的材料的多少对流化床的孔隙率也有影响。还有,流化床的孔隙率又影响气溶胶的洗提,并从而影响流化床的集中效率。再有,气溶胶的沉淀机理是与集合器粒子的几何形状严格相关的。然而在大多数情况下,微胶囊厚度与被微胶囊化物质直径及时间的相关性可能类似于图 5.32 所示。

　　研究证明[5.94,5.101,5.115],在涉及超临界溶液迅速膨胀流化床包覆工艺中,预膨胀压力严重影响微胶囊化的质量。采用适当的膨胀条件,可使微胶囊表面光滑。另外,预膨胀压力对沉淀动力学的影响也十分明显。例如,当膨胀喷嘴的直径一定时,提高预膨胀压力不仅可增高膨胀流体的质量流速,而且也可增高微胶囊化物质的质量流速,因而可缩短包覆层达一定厚度所需的时间(见图 5.33)。

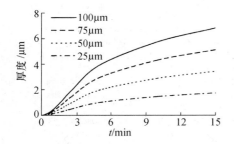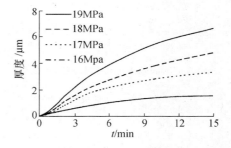

　　　　图 5.32　对不同直径的被处理物质,　　　　　　图 5.33　在不同的预膨胀压力下,
　　　　　　　　包覆厚度与时间的关系　　　　　　　　　　　　　包覆厚度与时间的关系

　　另一方面,研究结果还表明,提高预膨胀压力,在喷嘴处可形成膨胀流体的射流,这随后会使流体动力学发生改变,由均匀的流化床型变为射流反应器型[5.94]。这时,就必须考虑改善反应器内流体的轴向梯度,而这又会大大增加预估集中效率所需的数学方面的工作。同时,射流的形成可能会对包覆材料的强制洗提有所贡献,这会增加使微胶囊包覆层达一定厚度所需的时间。研究结果还证明,如果预膨胀压力过大,可能会引起粒子聚集。在这种情况下,微胶囊化物质的质量流速有可能会超过反应器的能力,而使流化床破坏。

5.3 参考文献

5.1 Pietsch W (1991) *Size Enlargement by Agglomeration*, Wiley, New York.

5.2 Rumpf H (1990) *Particle Technology*, Chapman and Hall, London.

5.3 Sommer K (1988) Size enlargement. In: *Ullmann's Encyclopedia of Industrial Chemistry*, Vol. B2, VCH, Weinheim.

5.4 Thies C (1995) *Kirk Othmer Encyclopedia of Chemical Technology*, 4th edn, Vol. 16, Wiley, New York, pp. 628–681.

5.5 Doubrow M (ed.) (1992) *Microcapsules and Nanoparticles in Medicine and Pharmacy*, CRC Press, Boca Raton, FL, pp. 73–97.

5.6 Wilkins RM (ed.) (1990) *Controlled Release of Crop Protection Agents*, Taylor and Francis, London, pp. 65–90, pp. 149–160, pp. 245–255.

5.7 Wilkins RM (ed.) (1990) *Controlled Delivery of Crop Protection Agents*, Taylor and Francis, London, pp. 279–309.

5.8 Finch CA (1990) *Ullmann's Encyclopedia of Industrial Chemistry*, Vol. A16, VCH, Weinheim, 575–588.

5.9 Deasy PB (1984) *Microencapsulation and Related Drug Processes*, Marcel Dekker, New York.

5.10 Kydonieus AF (ed.) (1980) *Controlled Release Technologies – Methods, Theories and Application*, CRC Press, Boca Raton, Fl.

5.11 Solodovnik VD (1980) *Microencapsulation*, Khimiya, Moscow.

5.12 Masters K (1979) *Spray Drying Handbook*, 3rd edn, Godwin, London.

5.13 Kondo T. (ed.) (1979) *Microencapsulation – New Techniques and Applications*, Techno, Tokyo.

5.14 Sparks R (1979) *Kirk Othmer Encyclopedia of Chemical Technology*, 3rd edn, Vol. 15, Wiley, New York, pp. 470–493.

5.15 Thies C (1979) in Mark HF, Bikolev N, Overberger CG, Menges G, Kroschwitz, JJ *Encyclopedia of Polymer Science and Engineering*, 2nd edn. Vol. 9, pp. 724–745.

5.16 Sliwka W (1978) *Ullmann's Enzyklopädie der Technischen Chemie*, Vol. 16, VCH, Weinheim, pp. 675–682.

5.17 Gutcho MH (1976) *Microcapsules and Microcapsulation Techniques*, Noyes Data Corp., Park Ridge Illinois.

5.18 Nixon JR (ed.) (1976) *Microencapsulation*, Marcel Dekker, New York.

5.19 Vandegaer JE (ed.) (1974) *Microencapsulation – Processes and Applications*, Plenum Press, New York.

5.20 Das KG (1983) *Controlled Release Technology*, Wiley-Interscience, New York.

5.21 Green BK, Schleicher LS (1957) Microcapsule system, *US Patent* 2 800 457.

5.22 Finch A (1985) Polymers for microcapsule walls, *Chem. Ind. (London)* 782–786.

5.23 Arshady R (1993) Microcapsules for foods, *J Microencapsulation* 10, 412–436.

5.24 Dietrich K (1989) Amino resin microcapsules I, *Acta Polym.* 40, 243–251.

5.25 Torobrin LB (1981) Centrifuge apparatus and method for producing hollow microspheres, *US Patent* 4 303 433.

5.26 Sliwka W, Mikrokapseln (1975) *Angew. Chem.* 87, 556.

5.27 Kaye BH (1992) Microcapsulation: the creation of synthetic fine particles with specified properties, *KONA* 10, 65–82.

5.28 Dietrich K, amino resin microcapsules II (1989) *Acta Polym.* 40, 325–331.

5.29 Herma H (1991) Einsatz von Mikrokapseldispersionen in kosmetischen Präparaten, *Parfüm. Kosmet.* 72, 434–438.

5.30 Nastke R (2000) Mikroverkapselung partikulärer Feststoffe. In: *Proceedings Oberhausener Umsicht-Tage*.

5.31 Nastke R, Rafler G (1999) The challenge of microencapsulation of active solid ingredients. In: *Proc. 12th Int. Symp. on Microencapsulation, London*.

5.32 Hagenbart S (1993) Microencapsulation in the food industry, *Food Product Des.* 4, 28–38.

5.33 Hertrich B (1993) Modified hydrocolloids as covering material, *Coating*, 26, 266–268.

5.34 Dietrich K (1990) Amino resin microcapsules IV, *Acta Polym.* 41, 91–95.

5.35 Zessin G (1982) Zur pharmazeutischen Technologie der Mikroverkapselung, *Wiss. Z. Univ. Halle* 31(5), 65–74.

5.36 Goto S (1984) Preparation and biopharmaceutical evaluation of microcapsules, *J Microencapsulation* **2**, 137–155.

5.37 Anon. (1988) Mikroverkapselte Textilausrüstungen, *Chemiefaser/Textil-Ind.* **90**, 446.

5.38 Aggarwal AK (1998) Microencapsulated colours, *Colourage* **8**, 10–24.

5.39 Burgess DJ (1994) Preparing animal foods, *Macromol. Complexes Chem. Biol.* 285–300.

5.40 Weiss P (2000) *CHEManager* **15**, 7.

5.41 Dietz A (2000) Mikrokapseln in der Galvanotechnik, *Galvanotechnik* **54**, 28–30.

5.42 Kondo A (1979) *Microcapsule Processing and Technology*, Marcel Dekker, New York.

5.43 Nürnberg E, Krieger M (1981) Modifizierung der physikalischen und pharmazeutischen Eigenschaften von Arzneistoffen durch Sprühtrocknung, *Chem. Ind.* **33**, 794–796.

5.44 Rafler G, Jobmann M (1994) Controlled release systems of biodegradable polymers 1, *Pharm. Ind.* **56**, 565.

5.45 Rafler G, Jobmann M (1996) Cotrolled release systems of biodegradable polymers 4, *Pharm. Ind.* **58**, 1147.

5.46 Rafler G, Jobmann M (1997) Controlled release systems of biodegradable polymers 5, *Pharm. Ind.* **59**, 620.

5.47 Jozwiakowski MJ (1990) Characterization of a hot-melt fluid bed coating process for fine granules, *Pharm. Res.* **7**, 3.

5.48 Wurster DE (1953) Method of applying coatings to edible tablets or the like, *US Patent* 2 648 609.

5.49 Wurster DE (1959) Fluid bed processes, *J. Am. Pharm. Assoc.* **48**, 451.

5.50 Christensen FN Bertelsen P (1997) Qualitative description of the Wurster-based fluid-bed coating process, Drug Dev. *Ind. Pharm.* **23**, 451–463.

5.51 Bodmeier R, Paeratokul O, Wang J (1991) Prolonged release multiple-unit dosage form. In: *Proc. Int. Symp. Control Rel. Bioact. Mater.* **18**, Controlled Release Society, 157–159.

5.52 Thoma K, Schlütermann B (1992) Pharmazeutische Anwendungen der Mikroverkapselung, *Pharmazie* **47**, 368–372.

5.53 Mathiowitz E (1991) Spray dried polymeric microparticles, *J. Appl. Polym. Sci.*

45, 125–132.

5.54 Schryver BB (1988) Controlled release of macromolecular polypeptides, *Eur. Patent* EP 0 251 476.

5.55 Jager KF, Bauer KH (1982) Effect of material motion on agglomeration in the rotary fluidized bed granulator, *Drugs Made in Germany*, ECV-Editio Cantor Vlg. Aulendorf (Germany) **25**, 61–65.

5.56 Jobmann M, Rafler G (1998) controlled release systems of biodegradable polymers 6, *Pharm. Ind.* **60**, 979–982.

5.57 Ibrahim H (1992) Influence of salt type on the phase separation of water/acetone systems, *Int. J. Pharm.* **87**, 239.

5.58 Allemann E (1992) Nanoparticle preparation with different polymers, *Int. J. Pharm.* **87**, 247.

5.59 Allemann E (1993) Particle size distribution of microcapsule preparation process, *Pharm. Res.* **10**, 1732.

5.60 Doelker, E (1989) Process for preparing a powder of water-insoluble polymers which can be redispersed in a liquid phase and processes for preparing a dispersion, *Eur. Patent* EP 0 363 549.

5.61 Pavenetto F (1993) Evaluation of spray drying as a method of polylactide and polylactide-polyglycolide microsphere preparation, *J Microencapsulation* **10**, 487.

5.62 Wang HAT (1991) J. Control. Release **17**, 23–27.

5.63 Deasy PD (1994) Microcapsulation and related drug processes, *J. Microencapsulation* **11**, 487–495.

5.64 Sliwka W (1988) Mikrokapseln. In: *Ullmanns Enzyklopädie der Technischen Chemie*, VCH, Weinheim, p. 678.

5.65 NCR Corp. (1957), Durch Druckanwendung aufbrechbare mikroskopische Kapseln, beispielsweise zur Herstellung magnetischer Aufzeichnungen, *Ger. Patent* 1 082 282.

5.66 Meierson T (1966) Treatment of capsules in liquid to inhibit clustering, *Belg. Patent* 695 911.

5.67 North B (1991) A process of the production of microcapsules, *US Patent* 5 035 844.

5.68 Nastke R, Rafler G (1999) Mit Aminoplasten mikroverkapselte partikuläre Stoffe, ein quasi-kontinuierliches Verfahren zu deren Herstellung, EP/PCT/

01/11376, Ger. Patent 10 049 777.

5.69 Fraunhofer-Gesellschaft (1999) Studie IAP/ICT/UMSICHT, Herstellung und Anwendung von Mikrokompositen, Teltow, Pfinztal, Oberhausen.

5.70 Scott AC (1924) Improvements to relating to explosives, Br. Patent 248 089.

5.71 Whetstone (1949) Free flowing ammonium nitate and method for the production of same, Ger. Patent 938 842.

5.72 Shunichi TS (1995) Explosive composition and method for producing the same, US Patent 5 472 529.

5.73 Sparks B (1968) Method of making a hybrid liquid-solid propellant system with encapsulated oxidizing agent and metallic fuel, US Patent 3 395 055.

5.74 Chandler R (1974) Nitromethane explosive with a foam and microsheres of air, US Patent 3 794 534.

5.75 Inoue K (1976) Capsulated explosive compositions, US Patent 3 977 922.

5.76 Sudweeks BW (1988) Blasting agent in microcapsule form, US Patent 4 758 289.

5.77 Sudweeks BW (1987) Microcapsule form explosive and formation therefor, Jpn. Patent 1 005 990.

5.78 Sudweeks BW (1988) Blasting agent, Eur. Patent, EP 0 295 929.

5.79 Wahrenholz D, Kuhn H (1959) Verfahren zur Verringerung der Feuchtigkeitsempfindlichkeit von Sprengstoffen, Wasag Chemie AG, Ger. Patent 1 065 310.

5.80 Reichel A (1973) Verfahren zum Phlegmatisieren von körnigem hochbrisantem Sprengstoff, Ger. Patent 2 308 430.

5.81 Teipel U, Heintz T, Krause H, Leisinger K, Rafler G, Nastke R (1999) Verfahren zum Mikroverkapseln von Partikeln aus Treib- und Explosivstoffen und nach diesem Verfahren hergestellte Partikel, Ger. Patent 199 23 202 A1.

5.82 Teipel U, Heintz T, Leisinger K, Krause H (1999) Verfahren zur Herstellung von Partikeln schmelzfähiger Treib- und Explosivstoffe, Ger. Patent 198 16 853 A1.

5.83 Teipel U, Heintz T, Kröber H (2001) Microencapsulation of particulate materials, Powder Handling Process. 13(3), 283–288.

5.84 Liu L, Litster J. (1993) Spouted bed seed coating – the effect of process variables on maximum coating rate and elutria-

tion, Powder Technol. 74, 215.

5.85 Niehaus M., U. Teipel, H. Krause (1997) Mikroverkapselung von Partikeln in einer Wirbelschicht unter Anwendung überkritischer Fluide, Ger. Patent 97/33019.

5.86 Niehaus M., G. Bunte, H. Krause (1996) Überkritische Extraktion von Ammoniumdinitramid, Report Fraunhofer ICT 10.

5.87 Sunol AK (1998) Supercritical fluid aided encapsulation of particles in a fluidized bed. In: Proc. 5th Meeting on Supercritical Fluids, Nice, p. 409.

5.88 Soave G (1972) Equilibrium constants from a modified Redlich-Kwong equation of state, Chem. Eng. Sci. 27, 1197.

5.89 Peng DY, Robinson DB (1976) A new two-constant equation of state, Ind. Eng. Chem. Fundam. Vol 15 No 1.

5.90 Zehnder B, Trepp C (1993) Mass-transfer coefficients and equilibrium solubilities for fluid-supercritical-solvent systems by online near-IR spectroscopy, J Supercrit. Fluids, 6, 131–137.

5.91 Del Valle JM, Aguilera JM (1988) An improved equation for predicting the solubility of vegetable oils in supercritical carbon dioxide, Ind. Eng. Chem. Res. 27, 1551.

5.92 Da Ponte MN (1997) Solubilities of tocopherols in supercritical carbon dioxide correlated by the Chrastil equation. In: Proc. 4th Meeting on Supercritical Fluids, Sendai.

5.93 Chrastil J (1982) Solubility of solids and liquids in supercritical gases, J. Phys. Chem. 86, 3016.

5.94 Niehaus M (1999) Mikroverkapselung von Partikeln in einer Wirbelschicht unter Verwendung von verdichtetem Kohlendioxid, PhD Thesis, University of Karlsruhe; Wissenschaftliche Schriftenreihe des Fraunhofer ICT, Band 23.

5.95 Brunner G (1994) Supercritical Fluid Technology, Deutsche Bunsen-Gesellschaft für Physikalische Chemie, Steinkopff, Darmstadt.

5.96 Niehaus M, Weisweiler W (1998) Microencapsulation of fine particles in a fluidized bed. In: Proc 29th Annual Conf. ICT, Karlsruhe.

5.97 Kunii D, Levenspiel O (1968) Fluidization Engineering, 1st edn, Wiley, New York.

5.98 Clift R, Ghadiri M, Thambimuthu KV (1981) Filtration of gases in fluidized beds, progress in filtration and separation. In: Wakeman R (ed.), 1st edn, Elsevier, Amsterdam.

5.99 Iley W (1993) Effect of particle size and porosity on film coatings, *Powder Technol.* **65**, 441.

5.100 Matson D, Petersen R, Smith R (1987) Production of powders and films by the rapid expansion of supercritical solutions, *J. Mater. Sci.* **22**, 1919.

5.101 Smith R, Wash R. (1986) Supercritical fluid molecular spray film deposition and powder formation, *US Patent* 4 582 731.

5.102 Kröber H, Teipel U, Krause H (2000) Herstellung von Partikeln im Submikronbereich durch Expansion überkritischer Fluide, *Chem. Ing. Tech.* **72**, 70–73.

5.103 Löffler F (1988) *Staubabscheiden*, 1st edn, Georg Thieme, Stuttgart.

5.104 Hähner F (1995) Trägheitsbedingte Abscheidung von Aerosolpartikeln an Einzelkugeln und Kugelverbänden, *PhD Thesis*, University of Kaiserslautern.

5.105 Ranz WE, Wong JB (1952) Impaction of dust and smoke particles on surface and body collectors, *Ind. Eng. Chem.* **44**, 6.

5.106 Lee K, Liu B (1981) Theoretical study of aerosol filtration by fibrous filters, *Aerosol Sci. Technol.* **12**, 79.

5.107 Pfeffer R, Gal E (1982) An experimental evaluation of the rotating fluidized bed filter. In: *Proc. World Filtration Congress III, Dowington, PA.*

5.108 Schmidt E (1978) Theoretische und experimentelle Untersuchungen zum Einfluß elektro-statischer Effekte auf die Nassentstaubung, *J Air Pollut. Control Assoc.* **28**, 143.

5.109 El Halwagi MM (1990) Mathematical modeling of aerosol collection in fluidized bed filters, *Aerosol Sci. Technol.* **13**, 102.

5.110 Wilson EJ, Geankoplis CJ (1966) Collection efficiency by diffusional deposition, *Ind. Eng. Chem. Fundam.* **5**, 9.

5.111 Schweers E (1993) Einfluß der Filterstruktur auf das Filtrationsverhalten von Tiefenfiltern, *PhD Thesis*, University of Karlsruhe.

5.112 Thambimuthu KV (1980) Gas filtration in fixed and fluidized beds, *PhD Thesis* University of Cambridge.

5.113 Wirth KE (1990) *Zirkulierende Wirbelschichten – Strömungsmechanische Grundlagen, Anwendung in der Feuerungstechnik*, 1st edn, Springer, Berlin.

5.114 Kunii D, Levenspiel O (1968) *Fluidization Engineering*, 1st edn, Wiley, New York.

5.115 Tsutsumi A (1995) A novel fluidizedbed coating of fine particles by rapid expansion of supercritical fluid solutions, *Powder Technol.* **85**, 275.

第 6 章　混　合

A.C. Hordijk, A. v. d. Heijden
赵毅　译,欧育湘、韩廷解　校

6.1　导言

　　制备推进剂和塑料粘结炸药时,需添加多种组分,以使所得成品满足各种要求(包括力学性能、弹道性能和加工性能等)。当然,上述各性能之间有些是相互冲突的,往往在提高某一性能的同时会降低另外一种性能。例如,通过增大增塑剂的含量可以提高材料的加工性能,但会降低其机械强度。一些常用添加剂如下所列:

- 粘结剂;
- 增塑剂;
- 填料及填料的性质(和粘结剂或粘结组分间可能存在的相互作用),例如形状,颗粒粒度分布、双峰分布——粗粒与细粒比;
- 键合剂;
- 工艺添加剂(如卵磷脂);
- 固化剂(NCO/OH 比);
- 燃速调节剂;
- 稳定剂。

以上各种组分必须正确混合,达到各组分在体系中分散均匀、无团聚颗粒及破碎颗粒的要求,以最终制得具有均一力学性能和弹道/爆炸性能的产品。可通过以下方法判断混合是否达到终点,即是否混合均匀:

- 监测流变性能;
- 测试共混体的能量吸收;
- 将样品固化后测试其力学性能和弹道/爆炸性能;
- 通过其固化产品表征共混体。

　　监测样品的流变性能并将其与先前测得的数据作对比是检验样品制备是否具有可重复性的有效途径之一。众所周知,混合后及浇铸后样品的黏度是表征共混体的常用参数[6.1-6.3]。

对某些特定混合,为使产品混合均匀,在混合过程中必须施加一定的混合能[6.4-6.6]。

许多标准规定:为了便于测试样品的机械性能(如拉伸性能)及给定压力下样品的燃速(靶线法),必须先将样品按要求进行浇铸[6.7-6.8]。

第四种方法或许是最安全的方法,但同样会损坏产品。然而,如果想测试老化性能,则通常采用该法[6.7,6.9,6.10]。

6.2 原理

除了实验的方法之外,理论方法也是可行的。常用的方法是用无量纲参数(如雷诺数(N_{Re})和功率准数(N_P))描述,这可见式(6.1)及式(6.2)。其他物理量,例如速率(Q)或能量损耗(P)则是量纲参数。

$$N_P = \frac{g \cdot P}{\rho \cdot N^3 \cdot D^3} \tag{6.1}$$

$$N_{Re} = \frac{\rho \cdot N \cdot D^2}{\eta} \tag{6.2}$$

式中　g——重力加速度,$m \cdot s^{-2}$;

　　　ρ——密度,$kg \cdot m^{-3}$;

　　　N——每秒钟的转速,s^{-1};

　　　D——桨叶直径,m;

　　　η——黏度,$Pa \cdot s$。

层流时,N_P 和 N_{Re} 的乘积等于常数 B[6.6,6.11],这可见式(6.3):

$$N_P \cdot N_{Re} = B \tag{6.3}$$

在层流中,雷诺数小(<1)。图 6.1 所示为低黏度液体中雷诺数与功率准数间的相互关系[6.12]。

Dubois 等人[6.11]研究了锥形混合机中黏度较大液体(黏度为 $15Pa \cdot s$ 和 $175Pa \cdot s$)的流体方程(6.3),发现 B 具有容量依赖性。对于 2L 的锥形混合机而言,B 值约为 1900。此外,他们还发现,化学流变模型的有限元法给出的结果和实验数据吻合良好。

扭矩(T)与能量及混合桨叶的转速密切相关[6.13],可见式(6.4)及式(6.5):

$$P = T \cdot N \tag{6.4}$$

或者

$$P = C \cdot N \cdot \eta \tag{6.5}$$

维持转速不变,测定扭矩时,要使物料混合均匀所需要做的功 W_u 如式(6.6)

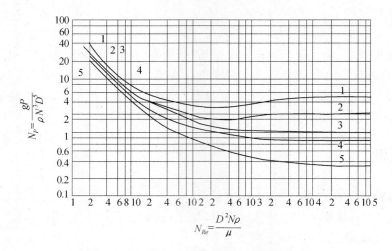

图 6.1 低黏度液体中雷诺数与功率准数的相互关系

所示。

$$W_u = 2\pi \cdot N \cdot M^{-1} \cdot \int T \cdot \mathrm{d}t \qquad (6.6)$$

应将式(6.6)从开始混合到混合结束对混合时间进行积分。M 为混合物的质量,单位为 kg。该方程式在橡胶工业中用于研究高剪切混合。此外,方程式对放大过程和批量生产的均匀性研究均具有重要意义。

对含 60%(体积分数)填料的钝化推进剂而言,W_u 的典型值为 $80\mathrm{kJ} \cdot \mathrm{kg}^{-1}$;对高黏度的三基推进剂而言,$W_u$ 的典型值为 $700\mathrm{kJ} \cdot \mathrm{kg}^{-1}$。

根据方程式(6.5),我们知道扭矩和黏度是相互关联的。然而,作用于混合物的剪切速率与 N 成正比,转速和黏度均为 N 的函数,这同样适用于非牛顿流体。因此,保持 N 不变,就可得到扭矩和混合物黏度之间的线性关系[6.6]。

描述均匀混合的理论研究工作及成果很多已相继出版,此方面的总结随处可见[6.13,6.14],本书就不赘述了。

6.3 混合机类型

混合机的类型(搅拌桨的设计)对混合质量及混合所需时间至关重要[6.15]。在 Perry 的手册中,综述了黏性材料及糊状材料的混合方法及混合机类型。书中提及了两大类混合机,即间歇式混合机及强力混合机。

间歇式混合机包括:

• 换罐式混合机,如 Propex 公司生产的立式行星混合机;

• 螺桨式混合机,如文献[6.6]所叙述使用的;

• 双臂揉混捏合机,人们为此类混合机设计了多种特殊的桨叶,如由 Baker Perkins 公司设计生产的 Sigma 桨叶(见图 6.2)。

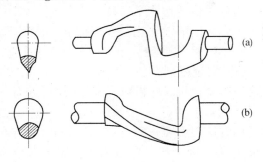

图 6.2　Sigma 型混合机

(a) Sigma 混合机;(b) 双臂揉混捏合机的分散桨[6.12]。

强力混合机包括:

• 密闭式混炼机,主要用于塑料、橡胶的混合,在混合机的桨叶与内壁间存有微小间隙,可将物料高效混合。

• 辊筒混合机,可产生较高的局部剪切。

混合机有立式的,也有卧式的,各有其优缺点。高黏度物料所使用的混合机往往为立式和平面桨式。

TNO 公司的两类立式行星混合机,由于设计优良,混合效率高,可分别单次混合 2.5L 和 12.5L 的推进剂。两类混合机均采用平面桨式混合桨叶——此为立式双桨叶混合机,中间桨叶固定不动,外桨叶同时围绕中间桨叶和自身转轴转动。

小型的混合机常为卧式,桨叶类型也不相同,如 Z 型捏合机及 Sigma 型混合机(见图 6.2[6.12])。此类混合机可提供高剪切,但价格昂贵,并且在真空浇铸时操作要比平面桨式混合机困难。达到相同或相似的流变性能的时间越短,混合效率越高。

20 世纪 80 年代,有人用平面桨式混合机进行了粗品 AP 颗粒粉碎的研究,然后通过测定混合终点时火箭推进剂的力学性能及其燃速以评判粗品 AP 颗粒的粉碎程度。如果有粉碎发生,则试样的燃速加快,同样力学性能也会发生变化,特别是杨氏模量会有所升高[6.15]。杨氏模量是应力－应变曲线中线性部分的斜率,代表试样在测试过程中没有受损的弹性部分。

加入固化剂后,最后的混合才算开始,最后的混合所需时间范围为 10min～90min。研究发现,在 30min 左右出现一个引发效应,此后,出现一个相对平稳的增长区,杨氏模量和燃速均持续增长,但增幅很小。此时,颗粒已基本被粉碎。

在制造 86%(质量分数)的复合固体推进剂的过程中研究了混合桨叶的相对转速对混合效果的影响[6.1,6.4,6.16]。混合机主桨(固定桨)的转速范围为 10r/min～

60r/min，并可分为五挡，其他桨叶的转速固定在 7r/min～44r/min 之间的某一数值。混合温度设为 50℃，混合周期时间为 120min。

混合速率对屈服应力和单位剪切速率的黏度的影响巨大，并且是时间的函数。这是由于高速混合加大了颗粒间磨蚀作用。在任何混合速度下加入固化剂，假塑性指数 n（见第 12 章）2h～4h 后均达最大值。研究表明：首先，最佳混合速度为 25r/min，速度过快时，剪切太过剧烈会将 AP 粒子打碎。其次，连续混合会导致 AP 粒子的破裂，因此会影响 AP 的双峰粗粒 – 细粒分布，进而影响最终产品的机械性能及弹道性能。

另一种混合方法是用辊筒混合机进行混合，如 Sayles 在专利[6.17]中所述。在该专利中，Sayles 将 Sigma 桨叶混合机的混合效果与辊筒混合机进行了对比。表 6.1 是根据推进剂的力学性能及弹道性能对混合机的混合效果做出的比较。

表 6.1　混合对力学性能和弹道学性能的影响[6.17]

	组成/%	Sigma 混合机	辊筒混合机
HTPB + AO + IPDI	9.7		
HX752	0.3		
DOA	2.0		
AP	86.0		
Al	1.0		
Fe_2O_3	1.0		
最大强度/MPa		1.03	1.70
最大强度时的应变/%		40	45
E 模量/MPa		2.05	6.74
14.2MPa 时的燃烧速率/mm·s^{-1}		4.06	7.11

主要结论如下：

• 辊筒混合机比 Sigma 桨叶混合机混合得更充分，所得产品的强度和应变均更大。

• 更为剧烈混合导致：较高的强度、应变略有增加、硬度增加、燃速增加。

然而，不能排除发生颗粒自身的破裂，因为颗粒的破裂也会得出与混合较充分的类似相同的结论。

6.4　混合时间及混合效率

无论是混合机的选择、混合时间的确定，还是配方的选定，都必须保证团聚体的粉碎是安全的。这些团聚体可能是颗粒在生产过程中由于颗粒间相互作用而形成的。如果混合时间过长,单个颗粒有可能破裂,从而导致粒径分布的变化以及力学性能和弹道性能的变化。

如在本书 6.2 中所述,在混合过程中测量物料的扭矩,可非常清晰地描述这一效应(见图 6.3)。从图中可以看到,扭矩急剧增大至最大值,然后在物料混合良好时又降低到最小值。继续混合导致了扭矩的稳定增加,这是由于颗粒破碎所造成的,因而会改变粒径分布。同样,物料的黏度也稳步提高。添加了固化剂后,扭矩迅速下降。

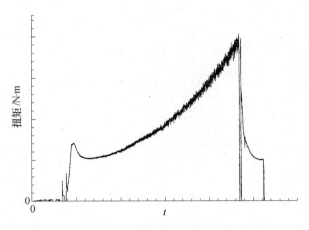

图 6.3 扭矩随混合时间的变化

Ramohalli 等人[6.8,6.18]分析了以 PBAN 为粘结剂的 70AP/Al 推进剂,也研究了 4L 到 600L 的混合机的放大效应。

在批量制备推进剂的不同阶段做了抽样。测定了混合时间及在加入固化剂前推进剂的过夜(长时间)存放对产品的力学性能及燃速的影响。此外,也评估了推进剂各种性能的重现性。所得结果如下:

(1) 同批量内变化(不确定度)小,小于 1%。

(2) 根据最佳工艺制得的推进剂,不同压力下燃速的标准偏差为 0.8%～2.1%,最大应力的标准偏差为 5%,最大应力下应变的标准偏差为 5%。

(3) 推进剂的力学性能,如最大应力、破坏应力及伸长率与混合时间及最终浇铸黏度紧密相关。图 6.4 给出了推进剂试样最大应力与混合时间的相互关系:达到某一数值后,推进剂的最大应力随混合时间的增加而增加。若使应力趋于常数,图中的最小混合时间还需延长。

(4) 在加入固化剂前,先将推进剂储存 1 天或 2 天,甚至 3 天,可使物料的黏度降低,增加润湿,还可明显提高推进剂的燃速。

(5) 终炼及浇铸过程中物料黏度上升(见图 6.5),表明混合不均。

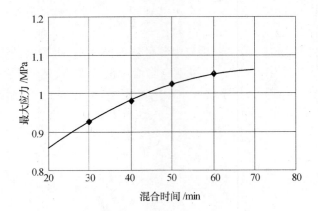

图 6.4　最大应力与混合时间的关系

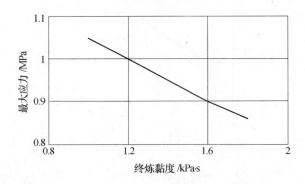

图 6.5　终炼黏度与最大应力的关系

Muthiah 等人[6.16]报道了混合速度及混合时间对 HTPB/AP 复合推进剂的流变性能的影响。复合推进剂中,双峰 AP 占 68%,Al 占 18%,HTPB/DOA/TMP/TDI 共占 14%。

本书前面部分已经介绍第一组的实验结果,第二组实验中,单次混合时间为 60min~240min 间的某一数值,混合温度为 50℃,桨叶转速为 25r/min 和 18r/min。

流变性能的测试分别在添加固化剂后 1h,2h,3h,4h,5h 及 6h 后进行。

混合速度对屈服应力和单剪切速率黏度影响很大。这是由于混合速率增高引起颗粒间磨蚀作用增加造成的。在各种搅拌速度下,假塑性指数 n 均在加入固化剂后 2h~4h 达到最大值。

混合时间对剪切速率为 $1s^{-1}$ 的黏度及屈服应力的影响极小,可忽略不计。但是,混合时间影响了假塑性指数 n,为使假塑性指数达到最大值,混合时间不得低于 120min;同时,混合时间必须小于 180min,否则粗品 AP 颗粒将可能被桨叶撞击粉碎。主要结论如下:

- 流变参数在某种程度上只依赖于混合参数,如混合机叶片转速和混合时间。
- 最佳混合速度为 25r/min,更高的速率带来更大的剪切力,将会磨碎 AP 颗粒。
- 连续混炼会导致 AP 颗粒的破坏,从而影响 AP 的粗粒/细粒比,最终影响推进剂的力学性能和弹道性能。

6.5　添加剂添加次序

添加剂的选择及它们的添加次序相当关键:例如,如果粘结剂是固体,而且可能溶解于另一种粘结剂中时,则可能产生絮凝。细粒在添加粗粒之前添加还是之后添加,在很大程度上会影响物料的流动特性,以及固化后推进剂的力学性能和弹道性能。

燃速催化剂或燃速调节剂的添加也会影响上述性能,包括固化及固化速率。

就推进剂的安全性及均一性考虑,各种添加剂的添加次序至关重要。从安全角度考虑必须避免干燥的氧化剂及还原剂间的混合,例如,干燥的 AP 及 Al 之间的混合(这会导致意外的引燃)。

文献[6.18]描述了表 6.2 中固体推进剂配方的加工流程。从该流程中,可得出以下结论:

- 首先,粗 AP 在常压下混合 5min,然后在真空下混合 30min。
- 细 AP 颗粒分两步加入,第一步与粗品的混合方式类似;第二步在常压下混合 5min,然后再真空下混合 60min。
- 混合后推进剂在 60℃下固化 10 天。

文献[6.18]研究的重点是混合造成粗粒的破碎和细粒的产生,这会影响推进剂的燃速及颗粒堆积。研究发现,粗粒的破裂相当有限,但会影响浆液中细粒在粗粒间的沉降、壁效应及颗粒分布,应引起足够重视[6.18]。

表 6.2　用于混合时间实验的 HTPB /AP 的组成
(增塑剂 /粘结剂的比率:7.5%,以粘结剂为基)

序列号	成　分	含量(质量分数)/%	序列号	成　分	含量(质量分数)/%
1	AP(200μm)	56.00	5	IPDI	1.440
2	AP(10μm)	24.00	6	Tepanol	0.200
3	HTPB(R 45)	16.46	7	抗氧剂	0.100
4	Alrosperse	0.300	8	IDP	1.500

Marine 和 Ramohalli[6.8]研究了一种含铝的推进剂。其添加顺序与表 6.3 所列稍有不同。

表 6.3　Marine 和 Ramohalli[6.8]选用的加料顺序

步骤	内　容	时间/min[①]	温度/℃
1	加入预聚物,增塑剂,燃烧催化剂	5(atm) 10(vac)	71
2	加入 Al	5(atm) 15(vac)	71
3	加入 AP 清洗桨叶	15(atm) 30(atm) 60(vac)	60
4	加入固化剂	10+15(vac)	60
① atm 代表大气压,vac 代表真空			

Marine 和 Ramohalli 研究发现,将推进剂混合物料在步骤 3 完成后于 60℃下放置 1 天,然后次日再将物料重复 60min 真空混炼为佳[6.8]。

制备推进剂,例如用于 Ariane Ⅳ 的 TPS(Turbo Pomp Starter)推进剂时,应按标准操作程序(SOP)进行。SOP 包括以下内容:

· 所用化合物的生产厂家及其储存条件;
· 生产步骤:粘结剂的制备,预混物的制备,推进剂的制备,推进剂的浇铸及推进剂的固化;
· 所需设备:包括天平、混合机及烘箱;
· 安全防范措施;
· 各种操作的详细规程,添加剂的添加顺序;
· 混合操作的详细规则,各步操作间的时间间隔。

该操作规程的最初版本是在常识和实践经验的基础上建立的,并根据文献提供的信息进行了补充。该操作规程主要沿袭小规模混合,并及时根据实践不断调整和改进,最后形成了 SOP。

迄今为止,TNO 在制备推进剂及 PBXs 时所遵循的加料顺序是:先加入氧化剂/炸药的粗粒,再将其用粘结剂在常压下润湿,然后分两步加入细粒,即润湿和真空混合。

6.6　放大效应

人们对放大效应对产品的流动性能及最终性能的影响进行了大量的研究,这对推进剂及 PBXs 的放大效应和研制很有益。

Marine 和 Ramohalli[6.8]分析了 70 批以 PBAN 为粘结剂的 AP/Al 推进剂,同

时对从 4L(1 加仑)的混合机到 600L 的混合机的放大效应进行了研究,并得出如下结论:

- 放大时,单批次的不确定度增大,所测性能而在 2% ～13% 之间波动。
- 在很大的压力范围内对燃烧速率有明显的放大效应,小规模制得的推进剂的燃速要比 600L 混合机制得的推进剂要大,最大净增长率可达 10%[6.2,6.11]。

6.7 结论

制备推进剂及塑料粘结炸药时,平面桨式混合机常用于较大规模的真空浇铸;Sigma 桨叶的混合效果较好,但常用于小型的混合机。在浇铸时,在放大的时候这点必须牢记在心。

添加配方中的各组分后,必须进行至少 60min 的混合;为了确保混合均匀,必须等到扭矩时间曲线上扭矩出现最小值。如果混合时间很长,颗粒,特别是粗粒会发生破碎,导致混合物黏度和扭矩的增加,同时导致能耗增加。

为了保证产品中各组分均匀分布,在加入固化剂后,必须进行至少 30min 的持续混合。

各物料的添加顺序至关重要,特别是使键合剂均匀分散于粗粒与细粒上。在加入固化剂之前先将混合物料过夜存放,有助于最终产品中各组分的均匀分布。

至于产品生产的重现性,不同批次产品性能的波动范围在 1% 以内,最大应力及最大应力时应变的标准偏差大约为 5%。

6.8 参考文献

6.1 Muthiah RM, Manjari R, Krishnamurthy VN (1993) Rheology of HTPB propellants: effect of mixing speed and mixing time, *Defence Sci. J.* **43**, 167–172.

6.2 Perez DL, Ramohalli NR, Rao RK, Fulian C (1991) First steps towards a scientific approach to the processing of filled polymers, *Propell. Explos. Pyrotech.* **16**, 16–20.

6.3 Hordijk AC, Bouma RHB, Schonewille E (1998) Rheological characterization of castable and extrudable energetic compositions. In: *Proc. 29th Int. Annual Conf. of ICT, Karlsruhe*, p. 21.

6.4 McKetta (ed.) Mixing and blending. In: *Unit Operations Handbook 2, Mechanical Separations and Materials Handling*, Chapter 8.

6.5 Layton RA, Murray WR (1997) The control of power for efficient batch mixing, *Propell. Explos. Pyrotech.* **22**, 269–278.

6.6 Brousseau P, Hooton I (1995) The use of a torque sensor in the processing of PBXes, report *DREV-TM-9445*.

6.7 Keizers HLJ, Hordijk AC, v. d. Vliet L (2000) Modelling of composite propellant properties. In *AIAA 2000–3323: 36th Joint Prop. Conf. and Exhibition*, AIAA/ASME/SAE/ASEE.

6.8 Marine M, Ramohalli K (1990) Processing experiments on model composite Propellants. In *AIAA 26th Joint Prop. Conf.*, AIAA 90–2313.

6.9 Keizers HLJ, Miedema JR (1996) Structural service lifetime modelling for solid propellant rocket motors. In: *AGARD Symp.*, NATO, CP-586.

6.10 Menke K, Eisele S (1997) Rocket propellants with reduced smoke and high burning rates, *Propell Explos Pyrotech.* **22**, 112–119.

6.11 Dubois C, Thibault F, Tanguy PA, Aitkadi A (1996) Characterization of mixing processes for polymeric energetic materials. In: *Proc 27th Int. Annual Conf. of ICT, Karlsruhe*, p. 6.

6.12 Perry RH (1967) *Chemical Engineers Handbook*. McGraw-Hill.

6.13 Danckwerts PV (1953) The definition and measurement of some characteristics of mixtures, *Appl. Sci. Res.* 279–296.

6.14 Tucker CL III (1977) Principles of mixing measurement. In: Middleman S (ed.), *Fundamentals of Polymer Processing*, Chapter 12.

6.15 Ramohalli K (1984) Influence of mixing time upon burning rate and tensile modulus of AP/HTPB composite propellants. In: *Proc 15th Int. Annual Conf. of ICT, Karlsruhe*.

6.16 Muthiah RM, Krishnamurthy VN, Gupta BR (1996) Rheology of HTPB propellants: development of generalised correlation and evaluation of pot life, *Propell. Explos. Pyrotech.* **21**, 186–192.

6.17 Sayles DC (1987) A processing method for increasing propellant burning rate, *US Patent 4 655 860*.

6.18 Ramohalli K, El Helmy A (1982) Analysis of processing variables in propellant burn rate and modulus. (1) Mixing times. In: *Proc Int. Symp. Space Technol. and Sci.*, pp. 117–124.

第7章 纳米粒子

A. E. Gash, R. L. Simpson, Y. Babushkin, A. I. Lyamkin
F. Tepper, Y. Biryukov, A. Vorozhtsov, V. Zarko
赵毅 译,欧育湘、韩廷解 校

7.1 溶胶－凝胶化学法制备纳米含能材料[①]

7.1.1 导言

自 1000 年前发明黑火药以来,人们从未停止研究开发固体含能材料的脚步,或是将固体氧化剂及燃料进行物理混合制备混合炸药(如黑火药),或是将氧化剂和燃料结合到同一个分子中制备单质炸药(如三硝基甲苯(TNT))。混合炸药与单质炸药的主要区别如下:在混合炸药中,通过调节氧化剂和燃料的比例可调节炸药的能量,当氧化剂和燃料完全匹配时,体系的能量密度达最大值。

表 7.1 给出了某些混合炸药和单质炸药的能量密度[7.1]。由表可知,目前混

表 7.1 某些单质炸药和混合炸药的能量密度[7.10]

含 能 材 料	能量密度/$kJ \cdot cm^{-3}$	
ADN/Al	23(最大)	
模压炸药	19~22	
战略导弹推进剂	14~16	↑ 能量高
CL－20(纯)	12.6	
Tritonal(TNT(80)/Al(20))	12.1	
HMX(纯)	11.1	
LX－14	10	能量低
TATB(纯)	8.5	
混合炸药 C－4	8	
LX－17	7.7	
TNT(纯)	7.6	

① 本研究项目由美国能源部资助,加利福尼亚州劳伦斯利物莫尔(Lawrence Livermore)国家实验室完成,合同号:W－7405－Eng－48。

合炸药的能量密度可达 $23kJ \cdot cm^{-3}$。但是,由于混合炸药组分的颗粒特性,其反应动力学明显依赖于各组分间的传质速率。因此,即便混合炸药的能量密度很高,在化学动力学控制的反应过程中,其能量释放速率也难以达到理论值。

在单质炸药中,能量释放速率主要由化学动力学控制,而不受传质速率的影响。因此,单质炸药有可能比混合炸药的威力大。对于单质炸药而言,限制其威力的最主要因素是其所能达到的总能量密度。目前,单质炸药能量密度上限可达 $12kJ \cdot cm^{-3}$,而有些混合炸药仅约 $6\ kJ \cdot cm^{-3}$。造成此巨大差异的原因在于:炸药所要求的化学稳定性及其合成工艺影响了炸药的氧化剂 – 燃料平衡和物理密度。因而,高品质炸药必须集混合炸药优异的热力学性质与单质炸药的快速动态响应于一身。因此,要实现炸药威力和能量可控,就必须实现氧化剂和燃料在纳米尺度上的物理混合。此外,减少晶粒尺寸可显著降低低压撞击感度,甚至在某些情况下可允许炸药在高压下的连续快速撞击。

纳米科学在过去的 10 年间发展迅速,其涉及领域已相当广阔[7.2-7.5]。广义而言,纳米科学可定义为纳米尺寸范围内(特别是 1nm～100nm)材料的合成、加工、表征和应用。纳米尺度范围内材料的性质与本体材料的性质不同,是引起人们对纳米科学感兴趣最重要的原因之一。众所周知,当材料的尺寸减少到纳米尺度范围之内时,材料的力学性能、电学性能、光学性能及催化能力均发生巨大的变化。材料的性能有一个临界尺寸,在低于该尺寸时,材料的物理属性发生改变,从而导致上述宏观性能的改变[7.6]。例如,直径为 20Å 的金元素颗粒与普通的金块相比,其熔点降低约 800℃。此外,纳米铜晶粒的硬度是微米级铜晶粒硬度的 5 倍[7.7]。目前,许多研究机构正积极、广泛地研究纳米科学中的纳米复合材料这一领域。

复合材料中,两相及两相以上组分间相互紧密接触。由于组成相间大量的表面接触,复合材料显示出任何一种组分所无法比拟的综合性能。前已述及,纳米复合材料至少由两种物质组成,其中至少有一相在一维或者多维(长、宽或高)方向上处于纳米尺度范围内。纳米复合材料通常表现出传统材料所不具备而又大有所用的新性能。纳米材料由纳米尺寸的构筑单元构成,这直接导致了纳米复合材料具有传统材料所不具备的特殊性能。纳米复合材料中的大量纳米颗粒具有很大的比表面积,这就意味着相间存在着大量的界面接触,大量的接触面积在很大程度上影响了材料的性能。而传统的复合材料,组成相的粒子,其尺寸在微米尺寸范围内,跟纳米复合材料相比,比表面积小了许多,表面接触也少了很多,因而对复合材料综合性能的影响要逊于纳米复合材料。

自然界中也存在纳米复合材料,如骨头和软体动物的贝壳,这两种材料均为无机结晶组分和有机组分的纳米复合材料,表现出优异的力学性能[7.2]。迄今为止,研究人员已合成出多种纳米复合材料,并将其用做结构材料、涂料和催化剂,或用于电子和生物制药等领域。消费者从日常生活中接触的包含纳米复合材料的商品

(诸如汽车、家用和个人护理品等)中,开始切身体会到纳米科学的好处。但是,与上述应用领域相比,纳米科学与纳米复合材料在含能材料这一领域的研究和应用要少得多。

自数年前开始,作者就一直积极将纳米科学应用于含能材料,主要研究溶胶－凝胶化学法在制备含能材料方面的应用[7.8,7.9]。溶胶－凝胶化学法可制备纳米尺度的结构,并以全新的方式合成含能材料。该法之所以应用于含能材料,其最大吸引力在于可实现目标纳米材料的组成、密度、形态和粒径的精确控制,以改变炸药的安全性和能量水平,而这是用传统方法所难以达到的。上述参数的精确可控为实现含能材料的量身定做提供了方便。作者相信,这也将使制备具有特殊性能的新型含能材料成为可能[7.10]。

除了可实现精细微观结构和组成的精确控制,可制备高能量密度和高威力的含能材料外,溶胶－凝胶法还为含能材料的加工提供安全性和稳定性保障。例如,室温凝胶和低温干燥避免了含能材料的分子分解,凝胶前溶胶的黏度与水相近,因而易于浇铸成类似网状的结构,使得加工过程更为安全。尽管溶胶－凝胶化学法可制备纳米材料早已为人所知,但直到最近人们才将它用于含能材料[7.8,7.9]。

7.1.2　溶胶－凝胶法

迄今为止,人们研究溶胶－凝胶化学法已有约 150 年的历史,该法被广泛应用于化学、材料科学及物理学等学科。事实上,无论从溶胶－凝胶法本身还是到它的各种应用,几乎所有科学领域都或多或少受益于溶胶－凝胶法。溶胶－凝胶化学法是制备颗粒均匀、微孔大小及密度均一的高纯度的有机或无机材料的溶液－相合成方法。该法操作简便,温度低,且价廉,常规的实验室仪器即可满足操作要求。从化学的角度而言,该法易于化学计量和控制产物均一性,这是其他传统方法所难以达到的。此外,该法的一大特征是可制备均一、粒径小、形状特殊的材料(如柱状物、纤维、薄膜和粉体)。本文对溶胶－凝胶法做了提纲挈领式的导言,以方便部分对该法尚不太熟悉的读者。若要全面、系统地了解溶胶－凝胶化学法,可参考文献[7.11,7.12]。

溶胶－凝胶法这一名字本身便很好地描述了该法的操作过程:先形成溶胶,溶胶随后转化为凝胶,最后再将凝胶干燥,该法的操作流程如图 7.1 所示。溶胶是指固体良好分散于液体中形成的胶体分散体,而凝胶则是三维刚性网状结构,网间相连的气孔为溶剂所填充。采用溶液法可制得图 7.1 中第一个烧杯所示的溶胶。由于溶胶的生长取决于固体颗粒在溶剂中的扩散,该法制得的纳米颗粒,聚集成尺寸和组成均一的纳米簇。溶液的 pH 值、温度,所用溶剂及反应物的浓度均可影响纳米簇的尺寸(直径在 1nm～1000nm 间)。通过控制溶液条件,溶胶可逐渐增稠为力学性能优异的凝胶。溶胶簇相互连接,形成聚集体或线型链,最终形成如图7.1所示的坚硬块状物。将凝胶中的溶剂蒸发除去可制得干凝胶,或在超临界条件下除去微孔中的液体制得气凝胶。

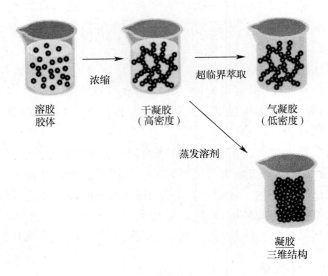

图7.1　溶胶-凝胶法流程简图

　　室温蒸发微孔中的液体时,蒸出液相的表面张力在固体凝胶网上产生了巨大的作用力,导致材料大面积收缩,得到中密度材料(与理论最大值相比)。相反,如果将湿凝胶在蒸锅中施以微孔液体的超临界条件,液体移除时将不产生对凝胶的毛细管效应,形成低密度的气凝胶。在超临界条件下,液相和气相没有差别,因而不存在表面张力,凝胶在干燥过程中也不会塌陷[7.13]。在气凝胶中分散其他固体成分可制得高密度材料,气凝胶可只占所得材料质量分数的1%～10%。

　　气凝胶和干凝胶表面积大,孔多,可用作催化剂载体及过滤器[7.14]。图7.2所示为溶胶-凝胶法制得的气凝胶材料的颗粒及微孔形态。气凝胶由纳米尺寸粒子构成,纳米粒子连接在一起,形成含有微孔(直径在2nm～20nm之间)的网状结构。其中的纳米粒子实际上是由更小颗粒所形成的纳米簇,包含有微小空穴(直径小于2nm)。

　　总之,溶胶-凝胶化学法可直接制备包含有相同尺寸纳米微孔的有机/无机纳米颗粒。将微孔用另一相填充即可制得纳米复合材料。从含能材料的角度而言,将能与凝胶骨架结构发生迅速、且能量巨大的反应的材料填充入凝胶的微孔中是作者的目的和兴趣所在。

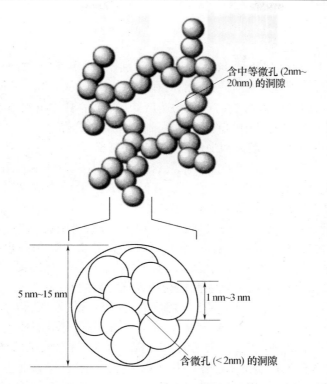

含中等微孔 (2nm~20nm) 的洞隙

5 nm~15 nm

1 nm~3 nm

含微孔 (<2nm) 的洞隙

图 7.2　溶胶－凝胶法制得材料的理想颗粒及微孔形态示意图

(小的原始颗粒(直径 1nm～3nm)构成较大团簇(直径 5nm～10nm,用于构成凝胶骨架))

7.1.3　实验

7.1.3.1　由三价无机铁盐制备 Fe_xO_y 溶胶

所需试剂:九水合硝酸铁,$Fe(NO_3)_3 \cdot 9H_2O$;六水合氯化铁,$FeCl_3 \cdot 6H_2O$;氯化铁,$FeCl_3$;环氧丙烷(99%)。所有溶剂为试剂级或者更纯。所有反应均在常温、常压下进行。具体实验如下:将 0.65g $Fe(NO_3)_3 \cdot 9H_2O$(1.6mmol)溶解在 2.5mL 100% 的乙醇中得到桔红色透明溶液,放置数月不发生变化。但如加入 1.0g 环氧丙烷(17mmol),溶液立即(约 1min)变为暗红色。变色过程便随着热量的释放,小瓶温热,随后形成暗红棕色的不透明凝胶(注意事项:颜色变化伴随着大量热量的产生,在很多情况下会导致反应液的剧烈沸腾。作者建议,即使在通风良好的实验室做此实验,往 Fe(Ⅲ)溶液中加入环氧化物时也应小心谨慎,特别是环氧化物的加入导致快速凝胶的情况下更需如此)。其他方面如果不加说明,则实验时,溶剂加入量为 3.5mL,环氧化物/Fe 的比例为 11。所需时间(从添加环氧化物到凝胶)可短至 20s,也可长达 6h,这取决于合成条件。类似的合成步骤也可用于其他金属氧化物纳米结构材料的合成。

7.1.3.2　M_xO_y凝胶的加工

在 Polaron™超临界点干燥器中处理湿凝胶后可制得气凝胶样品。用液态 CO_2 交换湿凝胶微孔中的溶剂数天,然后在维持压力约为 100bar,将试管的温度升至约 45℃,随后将试管以约 7bar·h^{-1} 的速度卸压,在常温常压或约 80℃的真空烘箱中以不同时间将湿凝胶中的液体移出可制得干凝胶样品。

7.1.3.3　Fe_xO_y–Al(s)烟火剂纳米复合材料的制备

为制备 Fe_xO_y–Al(s)烟火剂纳米复合材料,在加入环氧化物后,必须对搅拌着的 Fe(Ⅲ)溶液进行仔细监控。在将要开始凝胶之前,溶液的黏度迅速增长。就在黏度迅速增长的瞬间,往搅拌的溶液中加入计量的 Al(s)粉体。搅拌可保证 Al(s)在金属氧化物凝胶基质中均匀分散。溶液黏度高,可阻止 Al(s)粉往反应器的底部下沉。就在要形成凝胶的瞬间,将搅拌棒从浆状混合物中移出。将所得的凝胶在如前所述的制备气凝胶或干凝胶的干燥条件下进行干燥即得。

7.1.3.4　间苯二酚–甲醛–高氯酸铵含能纳米材料的制备

采用 Pekala[7.28]所描述的溶胶–凝胶工艺可制备气凝胶,以 Na_2CO_3 为催化剂,间苯二酚和甲醛(RF)可缩聚形成含—CH_2—的多孔有机固体气凝胶。随后氧化剂 AP 在微孔中结晶析出,形成了复合材料。首先,将氧化剂溶解在水中,然后在凝胶之前加入到反应着的 RF 溶胶中。RF 溶胶发生凝胶后,通过将微孔中的残留液换成 AP 的非溶剂,可使 AP 结晶析出。最后,将微孔中的液体移除,通过缓慢蒸发的方法可得到高密度材料,通过超临界抽出二氧化碳,可得到低密度多孔材料。

7.1.3.5　M_xO_y的气凝胶、干凝胶及 Fe_xO_y–Al(s)烟火剂纳米复合材料的物理表征

使用 ASAP 2000 表面分析仪(微晶)以 BET 法(见本书第 8 章)可分析材料的表面积、微孔体积和粒度。将 0.1g～0.2g 样品在 200℃下低压(10^{-5}Torr)干燥 24h 以上以除尽吸附物。77K 下,在 5 个不同压强(相对压强为 0.05～0.20 之间)下测定氮气吸收,然后以 BET 理论[7.15]计算表面积。Philips CM300FEG 仪器可测定高分辨率透射电镜显微图(HRTEM),仪器工作条件为 300keV,利用 Gatan 能量成像滤波器(GIF)进行零能耗滤波除去非弹性散射。拍照在明场中进行,略微散焦以增加对比度。所得图片同时也记录在 GIF 的 2K×2K 电荷偶合器件(CCD)照相机上。

7.1.4　含能纳米材料

含能纳米材料是一类燃料和氧化剂在纳米尺度上混合良好的材料,至少有一种组分处于纳米尺度范围内。图 7.3 为一纳米含能材料的示意图。例如,以氧化剂作为无机骨架基质,燃料填充在网络结构的微孔中。相反,燃料也可作为构成骨

架的结构,而氧化剂则填充在微孔中。

作者的工作主要围绕溶胶－凝胶法合成多孔凝胶及纳米金属氧化物(Fe$_2$O$_3$,Cr$_2$O$_3$ 和 NiO)粉体展开。当有还原性金属(如铝、镁或锌)存在时,这些物质会发生铝热反应,化学反应见式(7.1):

$$M_{(1)}O(s) + M_{(2)}(s) \longrightarrow M_{(1)}(s) +$$
$$M_{(2)}O(s) + \Delta H \qquad (7.1)$$

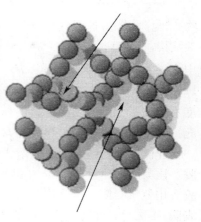

图 7.3　一种含能纳米材料的示意图

在铝热反应中,金属氧化物[M$_{(1)}$O(s)]和还原性金属[M$_{(2)}$(s)]发生了剧烈的、放热量大的固相氧化还原反应[7.16]。其中,有一些铝热反应的温度可超过 3000K。表 7.2 总结了部分铝热反应的能量密度和温度[7.17,7.18]。此类金属氧化反应自供氧,一旦引发则难以停止。不难发现,表 7.2 中所列的能量密度处于表 7.1 所列的能量密度中的较高范围内。

表 7.2　一些铝热反应的绝热温度及能量密度[7.17]

铝热剂混合物	T_{ad}/K	能量密度/kJ·cm^{-3}	铝热剂混合物	T_{ad}/K	能量密度/kJ·cm^{-3}
Fe$_2$O$_3$ + 2Al	3135	16.5	Cr$_2$O$_3$ + 2Al	2327	10.9
3MnO$_3$ + 4Al	2918	19.5	3SnO$_2$ + 4Al	2876	15.4
3NiO + 2Al	3187	17.9	Fe$_2$O$_3$ + 3Mg	3135	15.0
MoO$_3$ + 2Al	3252	17.9	MnO$_2$ + 2Mg	3271	16.6
3V$_2$O$_5$ + 10Al	3273	14.2			

铝热混合物在很多工艺及产品上均有应用,可用于硬件拆除装置、铁轨的焊接、水下切割焰、推进剂和猛炸药的添加剂、自由立式热源、气囊引燃材料和其他许多应用领域。通常,铝热剂由精确计量的各种精细组分粉体混合而成,如氧化铁和铝粉。以传统方法混入金属粉体很可能引发火灾;溶胶－凝胶法则不同于其他方法,可将金属粉体以极细颗粒均匀分散的同时降低这一危害。在传统的混合方法中,存在局部的燃料或氧化剂过剩,限制了传质,降低了燃烧效率。但是,相比之下,溶胶－凝胶法制得的纳米材料的分散程度要均匀得多,在很大程度上可解决这一难题。由于燃料颗粒分散于微孔之中,而氧化剂则包含在骨架材料之内,作者将溶胶－凝胶法制得的这类高能量密度材料称为含能纳米材料。

7.1.5　溶胶－凝胶法制备纳米金属氧化物

通过溶胶－凝胶法,可由常规金属盐中的金属离子制备纳米结构的金属氧化物[7.8,7.10,7.19]。通过这种方法,作者已合成多种用于纳米铝热剂的金属氧化物骨架结构。Fe_2O_3 是一种非常有趣的过渡金属氧化物。Goldschmidt 在其会议论文中论述了将氧化铁粉体和铝粉混合而发生的经典铝热反应[7.16]。化学计量的 Fe_2O_3 和铝粉的混合物,其能量密度是 $16.5kJ \cdot cm^{-3}$[7.17]。尽管该反应的能量密度不如表 7.2 中所列某些含能材料的大,但由于其低成本、低毒及含 Fe(III) 前体充裕等优点,使纳米 Fe_2O_3 成为有吸引力的、实用的含能纳米材料的氧化剂组分。

业已发现,在 Fe(III) 盐溶液中加入环氧化物可生成透明的红棕色 Fe_2O_3 凝胶。该凝胶在空气中干燥可得到干凝胶,以 $CO_2(1)$ 超临界条件萃取可得到气凝胶。用氮气吸附 – 解吸附分析和透射电镜(TEM)表征部分干凝胶和气凝胶,结果表明:这类材料表面积大,平均微孔大小为 2nm~23nm,微观结构由直径为 5nm~10nm 的 Fe(III) 氧化物颗粒构成。

7.1.5.1 溶剂对 Fe_2O_3 合成的影响

溶剂在溶胶 – 凝胶合成中充当前体水解和浓缩的介质,也可控制反应物的浓度,而反应物浓度影响凝胶动力学。通过选择溶剂和溶剂特性(如表面张力、介电常数及偶极矩),可改变凝胶形成速率、凝胶结构及凝胶干燥行为等参数。表 7.3 总结了可用于 Fe_2O_3 凝胶合成的溶剂。显然,Fe_2O_3 凝胶可在多种溶剂中生成,但并不是在所有的溶剂中都能成功合成。

表 7.3 $FeCl_3 \cdot 6H_2O$ 为前体合成 Fe_2O_3 凝胶的合成条件

([Fe] = 0.35M;环氧丙烷 /Fe = 11)

溶剂	H_2O/Fe	是否形成凝胶	t_{gel}	溶剂	H_2O/Fe	是否形成凝胶	t_{gel}
水	55	是	3min	DMF	6	是	15h
甲醇	6	是	23min	乙烯基乙二醇	6	是	<12h
乙醇	6	是	25min	丙二醇	6	是	<12h
1 – 丙醇	6	是	60min	甲酰胺	6	是	45min
t – 丁醇	6	否	沉淀凝胶(ppt)	1,4 – 二氧杂环己烷	6	否	沉淀凝胶(ppt)
丙酮	6	否	—	乙氧基乙醇	6	否	—
THF	6	否	沉淀凝胶(ppt)	苄醇	6	是	约 40 天
乙腈	6	是	6h	DMSO	6	是	4h
乙酸乙酯	6	否	沉淀凝胶(ppt)	硝基苯	6	否	

通常,由于 Fe(III) 前体难以在非极性溶剂中溶解,因而此类溶剂难以成功用于 Fe_2O_3 凝胶的制备。显然,制备红色 Fe_2O_3 凝胶,极性质子溶剂是最合适的选择。

氢键可促进 Fe(Ⅲ)氧化物团簇(表面含有羟基)的生长,并最终转变成硬凝胶。极性的疏质子溶剂也可用于合成 Fe_2O_3 凝胶。人们曾尝试在一些极性疏质子溶剂中合成 Fe_2O_3 凝胶,但最终却形成了凝胶状的沉淀,甚至未形成任何凝胶。在这些情况下,Fe_2O_3 团簇要么长得过快,要么长得过大,以致于最终从溶液或溶剂中析出时,团簇尺寸无法满足凝胶的需要。表 7.3 的结果表明,通过加入环氧化物的方法可在许多溶剂中合成 Fe_2O_3 凝胶。值得注意的是,Fe_2O_3 凝胶可在环保的极性质子溶剂(如水、酒精)中合成。目前,大规模生产某些含能材料时需要使用有毒、易燃或致癌的溶剂(如丙酮、正己烷及六氯苯)[7.20]。因此,这一性质有望使含能材料的大规模生产更加清洁,更加安全,具有重要意义。

　　表 7.3 中所列的 Fe_2O_3 凝胶若在空气中干燥,可得干凝胶;若在超临界条件下用 $CO_2(1)$ 处理,则可得气凝胶。图 7.4 所示为 Fe_2O_3 干凝胶及气凝胶的照片,表明用溶胶 - 凝胶法可制备 Fe_2O_3 干凝胶及气凝胶。据先前的文献报道,溶胶 - 凝

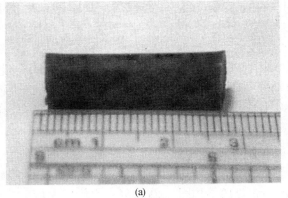

(a)

(b)

图 7.4　Fe_2O_3 干凝胶及气凝胶

(a) Fe_2O_3 干凝胶的照片;(b) Fe_2O_3 气凝胶的照片。

胶法往往用于合成 Fe(Ⅲ)氧化物的纳米颗粒。如今,作者的实验结果证明该法可合成 Fe(Ⅲ)氧化物的多孔凝胶。毫不夸张地说,这一特殊性质至关重要,可将低密度多孔金属铁氧化物及其他一些潜在的含能材料组分合成并成型为不同尺寸、不同形状的凝胶材料。该法避免了耗时、昂贵且危险的固体压缩和成型过程,可合成尺寸、密度及几何形状精确可控的含能材料。

由于合成在溶液中进行,因此,凝胶的密度相当均匀。干燥的 Fe_2O_3 气凝胶的密度在 $0.04g \cdot cm^{-3} \sim 0.2g \cdot cm^{-3}$ 之间,干凝胶的密度在 $0.85g \cdot cm^{-3} \sim 2.00g \cdot cm^{-3}$ 之间。加入固体燃料后,理论最大密度增加。此外,将溶胶-凝胶处理工艺与压缩方法联合使用,可制备密度从 $0.04g \cdot cm^{-3}$ 至接近于饱和密度 $5.26g \cdot cm^{-3}$ 的材料。精确的密度和表面积可使含能反应速率易于控制。

从经济性而言,以这种特殊的溶胶-凝胶路线制备铝热纳米复合材料是很有利的。历史上,溶胶-凝胶法一般是采用先金属醇盐在催化剂存在的条件下水解,再浓缩形成纳米尺度(1nm~100nm)的金属氧化物溶胶。许多过渡金属醇盐价格昂贵,而其他金属醇盐则对湿度、热和光非常敏感,难于应用和存储。此外,部分过渡金属醇盐尚未商品化或难以得到。因此,可以排除用它们合成多孔金属氧化物及其产品的表征和潜在应用的详细研究。相反,通过滴加环氧化物到金属无机盐中的制备方法相对而言则要便宜得多,只要条件控制得好,即可较长时间保存。此外,所用溶剂价格也不高。例如,通过添加环氧化物的方法在水相中即可完成凝胶合成和处理。

7.1.5.2　Fe_2O_3 凝胶显微结构

作者用高分辨率透射电镜(HRTEM)观察 Fe_2O_3 气凝胶的显微结构。图 7.5 为 Fe_2O_3 气凝胶的两张显微结构图。图 7.5(a)为低放大倍率的显微照片,描述了

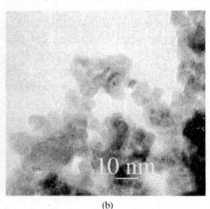

(a)　　　　　　　　　　　(b)

图 7.5　Fe_2O_3 气凝胶不同放大倍率的高分辨率透射电镜照片

气凝胶扩展的树形结构。从组成上而言,该材料由一些团簇组成,其间包含有中孔(20nm～50nm)空穴。图 7.5(b)是更高放大倍率的显微照片,清晰地描述了气凝胶团簇的尺寸、形状及连接状况。这些团簇似乎是相当均匀,其直径在 5nm～10nm.的范围内。这些结果清晰地表明:以添加环氧化物法制得的 Fe_2O_3 是由纳米尺寸的团簇构成的。观察到的 Fe_2O_3 气凝胶的显微结构和图 7.2 中所示的一致,且凝胶系通过普通溶胶－凝胶机理形成。根据该机理,初始单体(Fe(Ⅲ)含水物)先聚合成预聚物,然后,这些预聚物进一步生长,接着,这些颗粒(溶胶)最终连接,形成团簇,团簇相互连接后在媒介中形成延展的网状结构,最后,迅速变稠形成凝胶。

7.1.5.3　表面积、微孔大小和微孔体积的分析

表 7.4 列举了一些 Fe_2O_3 气凝胶和干凝胶的表面积、微孔体积和平均微孔直径。通常,表 7.3 所列的所有材料均具有较大的表面积,微孔的孔径为 2nm～20nm,即属于微孔和低介微孔的范围。干凝胶的总表面积大小与在特定条件下制备的气凝胶相差不多,但是,其微孔体积及平均微孔直径则明显要比后者小得多(前者是 $0.22mL \cdot g^{-1}$ 和 2.6nm,后者是 $1.25mL \cdot g^{-1}$ 和 12nm)。此外,干凝胶的吸附－解吸附的等温曲线是 Ⅰ 类等温曲线,属微孔固体;而气凝胶样品则是 Ⅳ 类等温曲线,属介微孔固体。导致这两种样品差异的原因很可能是由它们不同的处理工艺(分别是蒸发和超临界萃取)所造成的。简言之,相对气凝胶而言,干凝胶中的乙醇蒸发时在凝胶微孔结构上产生巨大的毛细管作用力,会导致微孔的大量收缩。表 7.4 中所列 Fe_2O_3 凝胶的表面积($300m^2 \cdot g^{-1}$～$400m^2 \cdot g^{-1}$)比其他溶胶－凝胶法制得的 Fe_2O_3 凝胶($10m^2 \cdot g^{-1}$～$80m^2 \cdot g^{-1}$)的表面积要大得多[7.21,7.22]。这些测试结果以及 HRTEM 结果表明,由这种方法制备的 Fe_2O_3 凝胶由具有表面积很大、含有大量微孔的纳米构筑单元构成,易受加工条件的影响,其微孔体积及大小可控。此种方法制得的干 Fe_2O_3 凝胶既是含能材料的组分,也可满足 Fe_2O_3 的其他一般应用。

表 7.4　乙醇中制备的 Fe_2O_3 干凝胶在氮气中的吸附－解吸附结果

凝胶类型	前 体 盐	BET 表面积/$m^2 \cdot g^{-1}$	微孔体积/$mL \cdot g^{-1}$	平均微孔直径/nm
干凝胶	$Fe(NO_3)_3 \cdot 9H_2O$	300	0.22	2.6
气凝胶	$Fe(NO_3)_3 \cdot 9H_2O$	340	1.25	12
气凝胶	$FeCl_3 \cdot 9H_2O$	390	3.75	23

实验证明,用添加环氧化物的方法可成功制备 Fe_2O_3 多孔材料,因而将该方法用于制备其他金属氧化物气凝胶也具有合理性。作者曾尝试用添加环氧化物的方法合成其他一些金属氧化物气凝胶,所得结果如表 7.5 所列。

表7.5　通过环氧化物滴加法以不同过渡金属及
主族金属盐合成的相应金属氧化物

前　体	氧化物	能否凝胶	前　体	氧化物	能否凝胶
$Fe(NO_3)_3 \cdot 9H_2O$	Fe_2O_3	是	$SnCl_4 \cdot 5H_2O$	SnO_2	是
$Cr(NO_3)_3 \cdot 9H_2O$	Cr_2O_3	是	$HfCl_4$	HfO_2	是
$Al(NO_3)_3 \cdot 9H_2O$	Al_2O_3	是	$ZrCl_4$	ZrO_2	是
$In(NO_3)_3 \cdot 9H_2O$	In_2O_3	是	$NbCl_5$	Nb_2O_5	是
$Ga(NO_3)_3 \cdot 9H_2O$	Ga_2O_3	是	$TaCl_5$	Ta_2O_5	是
$NiCl_3 \cdot 6H_2O$	N_2O	是	WCl_6	WO_3	是

　　显然,该方法可用于合成许多金属氧化物。由表7.2可知,其中的一些金属氧化物可发生剧烈的铝热反应。这类材料的性能表明,跟 Fe_2O_3 类似,它们系由纳米尺度的具有很大表面积的颗粒构成。作者的研究使人们易于制得铝热纳米复合材料。

7.1.6　铁氧化物－铝纳米复合材料

　　洛斯－阿拉莫斯(Los Alamos)国家实验室(LANL)的研究人员首次合成了粒度分布非常窄的纳米铝粉超细颗粒(UFG)[7.23,7.24]。UFG 铝粉在动态空气压缩下合成,以电阻加热器或射频(rf)感应加热器将金属铝加热到约1300℃。在此温度下,金属铝原子挥发进入带有低压入气口的反应室。铝原子在反应室中相互碰撞、成核,然后生长。UFG 铝粉在反应器的低温部分浓缩。改变反应条件可改变成核速率和生长速率,从而控制铝粉颗粒的尺寸大小。在铝粉收集之前,往反应器中缓慢通入氧气,在 UFG 铝粉的外表面形成一层 Al_2O_3 保护膜从而使其钝化。这种方法也可用来制备 UFG MoO_3 粉体。将 UFG MoO_3 粉体与 UFG 铝粉(粒子直径约30nm)混合后可制得铝热混合物,即亚稳态空隙复合物(MIC)[7.25~7.27]。MIC 的反应速度比传统的粉体铝热混合物至少要快1000倍,原因在于 MIC 中反应物间的距离要比后者的小得多。目前,已有一些私人和政府企业实现了 UFG 铝粉的大规模生产。图7.6所示为该法制得的纳米铝粉的 HRTEM 照片。从图上可以清楚地看到,这种方法制得的铝粉粒径极小。

　　此外,粒度分布似乎也非常窄。然而,这些粉体并不完全是由离散的球体构成的,从 HRTEM 照片上可以看到一些相互连接的颗粒。此外,还发现颗粒表面覆盖有 3nm~4nm 厚的氧化铝钝化包覆层。由于颗粒非常小,Al_2O_3 包覆层使金属铝在 UFC 粉体中的质量分数下降到约35%~45%。

　　将 MIC 铝粉与溶胶－凝胶法制得的纳米金属氧化物混合后可得到铝热纳米复合材料。图7.7为 $Fe_2O_3(s)$－$Al(s)$ 含能纳米复合材料样品的 HRTEM 照片。

从图上可以看出,两相紧密相连,其中较大的球形颗粒是 UFG 铝粉,而贯穿照片的小颗粒则是氧化铁干凝胶团簇。

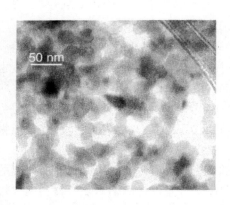

图 7.6 Los Alamos(洛斯阿拉莫斯)
国家实验室 UFG 铝粉的透射电镜照片

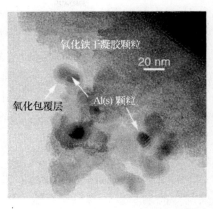

图 7.7 Fe_2O_3 干凝胶 – 纳米 UFG Al(s)
铝热纳米复合材料的 HRTEM 照片

用选择区域电子衍射(SAED)鉴定铝的存在,得到的电子衍射图和金属铝一致。围绕在每个铝颗粒周围的亮色圆环为氧化铝包覆层,其厚度约为 5nm,这与 LANL[7.23] 用更严格的测试方法所测得氧化物层的厚度相吻合。此结果表明,UFG 铝粉在低 pH 值的溶液中进行溶胶 – 凝胶处理后,并不明显增加铝的氧化。事实上,即使有的话,颗粒表面的氧化铝层的厚度也仅很少增加。Al(s)颗粒比作者预先设想的要更多团聚在一起。对于一种理想的纳米复合材料而言,UFG 铝颗粒应均匀分散于纳米结构的氧化铁基材中。

目前,作者正积极研制这种材料。一些方法具有可行性,如在悬浮液中使用超声降解法可以抑制 UFG 颗粒的絮凝。然而,此方法制得的复合材料在热源存在下易燃,如图 7.8 所示。

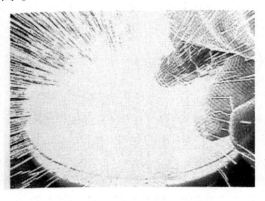

图 7.8 铝热纳米复合材料引燃的照片

作者对一系列传统铝热剂($Fe_2O_3(s)$－UFGAl(s)含能纳米复合材料及 $Fe_2O_3(s)$－Al(s)(微米尺寸)含能纳米复合材料)的燃速进行了定量评估。与传统的粉体铝热剂相比,$Fe_2O_3(s)$－UFG Al(s)含能纳米复合材料似乎燃烧更为剧烈,对热引发也更为敏感。UFG 铝粉的引燃极限取决于颗粒的物理形态,这并不出乎意料[7.23]。

溶胶－凝胶法可在即将凝胶前将不溶性材料(如金属或聚合物)加入到黏性溶胶中,制备均匀分散的含能纳米材料凝胶。所用颗粒的尺寸可以从纳米到毫米,密度也可低可高。此外,作者也用微米铝粉制备了 $Fe_2O_3(s)$－UFG Al(s)纳米复合材料,所得材料易于被热源引发。跟传统铝热剂相比,这类材料对热源更为敏感,燃烧得更为剧烈。但跟 $Fe_2O_3(s)$－UFG Al(s)纳米复合材料相比,则较难引发,燃烧较慢。值得注意的是,大多数这类材料对标准冲击、电火花及摩擦实验不敏感。

湿的纳米复合材料同样可以增加材料的安全度。在干燥处理完成之前,湿的烟火剂含能纳米复合材料难以被引燃。这种性质可允许含能纳米复合材料的大规模生产和安全存储,在使用之前将其干燥即可。

用粉体 X 射线衍射(PXRD)分析纳米复合材料的燃烧产物(见第 9 章)的结果表明,其主要产物被证明是金属 Fe 和 Al_2O_3。其他一些主要产物包括铁铝酸盐,这表明反应尚未完全或未按化学计量进行。但是,在实验中作者观察到了如图 7.8 所示的铝热反应。

用溶胶－凝胶法可较容易地将其他金属氧化物混入金属氧化物基材中制得复合金属氧化物材料。在加入环氧化物之前,可较容易地将不同的氧化物前体混入 M^{n+} 溶液。往铝热材料中加入惰性金属氧化物(如 Al_2O_3(由溶解的 $AlCl_3$ 制得)或 SiO_2(由加入的硅醇盐制得)),所得材料与纯三价铁氧化物－铝混合物相比,其能量要低。作者已进行过此类合成,所合成的烟火剂材料燃烧得显然更慢,能量明显减少。相反,引入与 Al(s)反应活性更高的金属氧化物则可提高能量的释放量。另外,还可加入能提供含能材料所需辐射光谱的金属氧化物。上述合成控制可使化学家根据应用要求量身定做所需燃烧性能和光谱特性的烟火剂。这种方法可在溶液中改变组分,无需进行惰性或含能组分的干混。

7.1.7　可产生气体的含能纳米材料

到目前为止,作者所讨论的铝热纳米材料以热和光的形式释放能量,它们的反应不产生气体。但是,许多含能材料所必不可少的一个条件是,它们可以产生一定量的气体,以便在研究其压力－体积的领域中应用。此处所述的将含能材料纳米化的溶胶－凝胶法有很强的适应性,足以将能产生气体的物质在加工过程中混入。主要有以下两种方法:其一,将气体发生剂(例如有机聚合物)加入至其他铝热溶胶－凝胶材料中;其二,制备碳基凝胶,后者可被氧化为气态物质。

7.1.8　碳氢化合物－高氯酸铵纳米复合材料

如前所述,溶胶－凝胶化学法可用于制备骨架材料为氧化剂,燃料颗粒填充在微孔之中的含能纳米复合材料。然而,同样可以制备骨架为燃料,氧化剂填充在微孔之中的含能纳米复合材料,而随后的反应产物均为气体。采用 Pekala[7.28] 所报道的溶胶－凝胶工艺制得了有机物为基的多孔固体。这些材料可由间苯二酚(1,3－二羟基苯)和甲醛(RF)缩聚而得。该反应生成一种以有机物(—CH$_2$—)为基的多孔固体,固体由相连在一起的纳米团簇构成,其结构类似于图 7.2 所示。氧化剂在该材料的纳米尺寸微孔内结晶而形成含能纳米复合材料。作者已合成出此类材料,其中,高氯酸铵(AP)作为氧化剂沉积于微孔之中[7.9]。

作者曾用透射电子显微镜(TEM)表征一种上述方法制得的纳米复合材料(见图 7.9)。该图表明,固体结构由相互连接的纳米尺度的初级粒子簇及结晶簇(普遍小于 20nm)构成。还对该材料进行了近边缘 X 射线分析,该方法通过扫描从同步加速器到样品间的单频 X 射线光束和记录氮气的近边缘 X 射线吸收强度合成相片。由于氮气的唯一来源是 AP,因而据此可测定氧化剂在纳米材料中的分布情况。检测结果表明,在仪器的检出限(低于 43nm)范围内,氮气在材料中均匀分布。

图 7.9　微孔内结晶有高氯酸铵的
间苯二酚－甲醛气凝胶的透射电镜照片

上述表征结果表明,RF－AP 材料具有纳米结构。曾用差示扫描量热(DSC)测定该材料是否为含能材料(见图 7.10)。图 7.10 对比了 RF－AP 纳米复合材料(a)及纯高氯酸铵(b)的 DSC 曲线,RF－AP 纳米复合材料的曲线在约 250℃时放热,表明其确实是具有能量;在缺少燃料骨架(RF)

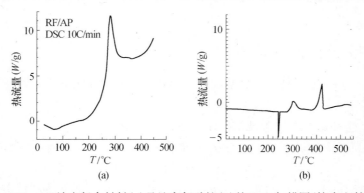

图 7.10　RF－AP 纳米复合材料(a)及纯高氯酸铵(b)的 DSC 扫描图(摘自文献[7.10])

的情况下,纯 AP 放出的热量明显较少,总降解焓低。

7.1.9　结论

　　上述已总结了以溶胶－凝胶法制备的含能纳米材料的合成和表征工作。溶胶－凝胶法可用于制备烟火剂和炸药混合物,其组分在纳米尺度范围上混合充分、均匀。定性和定量表征结果表明,所得材料具有高能量。尽管还需进行许多定量研究工作,但已可得出如下结论:含能纳米复合材料比与它们对应的传统的含能材料反应更快,对引发更为敏感。现在,将其与传统含能材料进行性能比较为时过早,尚不成熟。尽管如此,作者认为,与传统方法相比,溶胶－凝胶法至少在成本、产品纯度、均一性、安全性和制备特殊性能的含能材料方面具有优势。

7.2　炸药爆炸合成超细钻石

7.2.1　导言

　　在特定条件下,若含碳组分过量(正碳平衡),在猛炸药(HE)的爆炸产物(DP)中可找到超细钻石(平均粒径约 5nm)。通常说来,钻石的合成受爆炸室(充满气体)的使用方式影响。在爆炸室装填猛炸药爆炸后,得到由钻石及非钻石碳组成的凝聚相残渣。在最佳条件下,一些炸药爆炸的钻石产率可≥5%装药量。

　　以 TNT－RDX(TR)体系研究钻石合成产率的主要特征。保持外部条件不变,钻石产率随 RDX 在 TR 中比例的增加经过最大值。在单组分 HE(RDX 和 TNT)的爆炸产物中仅发现痕量钻石。同样,钻石的产率也严重依赖于外部条件,如爆炸室中所充气体的质量、类别及压力。

　　上述提及的规律归因于爆轰合成过程的特征及合成条件。影响钻石产率的主要因素是钻石合成的两步特性及爆轰产物在其后爆轰膨胀过程中的化学过程及热过程。

7.2.2　超细钻石形成机理

　　现有的实验数据及计算数据足以得出肯定结论:钻石在猛炸药爆轰转变过程中形成。

7.2.2.1　超细钻石在爆轰波的化学反应区中形成

　　钻石为高压相。在 HE 爆轰中,通常认为爆轰波内是最适合形成钻石的区域。原则上,如果热动力学条件合适,钻石颗粒也可在泰勒稀疏波内生长。实验数据证实,钻石颗粒的生长在化学反应区内完成。此外,还有人研究了装药形状及装药量对钻石颗粒的分散性及平均粒径大小的影响[7.29]。这些不变的特性表明,钻石颗粒形成于相似的条件下,即化学反应区,该区 HE 爆轰波稳定。

Dremin 等人[7.30]研究了 TNT、TR50/50 及 TR75/25 体系中 HE 初始密度对爆速的影响,这进一步提供了实验证据。其中,在后两种体系中观察到两个转折,而在 TNT 中只发现一个转折。其爆速对初始密度 $D(\rho_0)$ 依赖性的特性,意味着在化学反应区内发生了某些变化。在冲击波中,冲击波速度对质量速度依赖性的转折,是由装药的晶型转变所引起的。根据这种观点,$D(\rho_0)$ 曲线中的转折无疑代表了化学反应区内发生的某些晶型转变。如文献[7.30]所述,对于给定 HE 的第一个转折,是由于爆轰产物中开始形成钻石所致,而第二个转折则在自由碳转变为钻石相完成时出现。

因此,钻石的最终产率主要取决于其在化学反应区内的产率。通过计算来评估 C-J 平面中的钻石产率,其计算方案系建立在理想爆轰方程及爆炸产物化学平衡假设的基础之上。借助 BKW 方程,对气态爆轰产物的热动力学特征做了详细说明,对于凝聚相产物,则认为其未被压缩。

计算结果见图 7.11 及图 7.12。TR 体系的热动力学爆轰参数(压力和温度)处于碳相图中的稳定钻石态区域。凝聚相碳(CC)的最终产率与计算值具有相关性。由于部分碳在膨胀过程中转变为气态形式,因此 CC(包括钻石)的产率要比理论值低。在完全转化的情况下,钻石的产率将与直线 3′吻合。直线的偏离(TNT 含量超过 60%)表明,即便热动力学条件适于合成钻石,在爆轰产物中也能发现非钻石碳。必须注意的是,在 HMX/TNT 混合体系及 PETN/TNT 混合体系中也能得到类似结果。

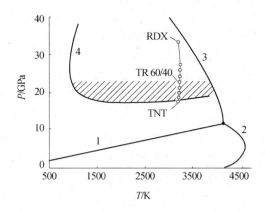

图 7.11　C-J 平面内 TNT-RDX 混合炸药的爆轰参数
(曲线 1~3 摘自文献[7.38,7.43],曲线 4 摘自文献[7.36])

根据文献[7.32],碳的非平衡压缩,其原因似乎在于碳颗粒的可分散性,在高压区,石墨-钻石平衡曲线发生移动。在这种情况下,随着 TNT 含量的增加,钻

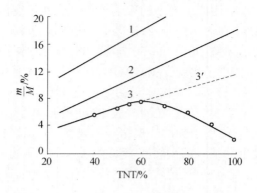

图 7.12　计算结果

1—C - J 平面内爆轰产物的计算钻石产率随 TNT - RDX 中 TNT 含量的变化；

2—实验凝聚相碳产率随 TNT - RDX 中 TNT 含量的变化；

3—实验所得钻石产率[7.31]随 TNT - RDX 中 TNT 含量的变化。

M——装药质量；m——1,2,3 的质量。

石产率急剧下降。但随压力的增加，钻石产率平稳增长。文献[7.33]中的叙述则有其他一些缺点，但显而易见的是，合成钻石的规律性与碳压缩动力学直接有关，而钻石系于爆轰波中形成。

7.2.2.2　自由碳在化学反应区压缩成无定型碳

以标记原子的方法可得到爆轰波中关于化学过程的重要信息[7.34,7.37]。Mc-Gayer 等人[7.34]研究了标记有 ^{13}C 及 ^{18}O 的均相炸药双(三硝基乙基)已二酸酯及标记有 ^{15}N 硝酸铵和 TNT 混合炸药爆炸产物的组成。均相 HE 爆炸产物中同位素所占比例证实，爆轰波内分子的完全破裂及随后的原子重组是偶然的。非均相 HE 中各组分分解产物的混合不必考虑，在爆轰波中的扩散也限于约 $0.6\mu m$ 以内。

其他研究人员[7.35~7.37]证实了爆轰产物在原子水平上完全混合的结论[7.34]，研究了碳原子参与形成钻石的参与度。在此，人们尤其感兴趣的是 TNT 分子中的苯环。文献[7.35]中，使用了一种 HMX/TNT 混合物，其质量比为 60∶40，部分 TNT 分子的甲基碳以 ^{13}C 标记。实验数据显示，TNT 甲基和苯环中所有碳原子均参与形成凝聚相碳，包括钻石。钻石主要从 TNT 分子中形成，而 HMX 对凝聚相碳及钻石的贡献甚微，这与纯 HMX 一致。此外，爆轰波中混合组分的分解产物没有明显的熔融。在含 40% ~80% TNT 的 TR 体系中合成钻石时也得到了类似的结果[7.36,7.37]。研究了含标记 RDX 的混合炸药配方及标记 TNT 的单质炸药配方，TNT 中连有甲基的环碳均以 ^{14}C 标记。

当 HE 分子在原子水平上完全分解，凝聚相通过颗粒的扩散生长或微滴的粘结形成。根据文献[7.29]，钻石颗粒分布具有普通指数函数曲线形状，表明它们按碳团簇的合并方式生长。初始团簇含有 HE 分子的"非包缠"(non - involved)碳原子。在这种缩合方式下,初始阶段不可能形成结晶结构,原因在于,伴着颗粒熔融及表面能的释放,塑性流动扰乱了碎片排序的发生。似乎爆轰波中自由碳可能先压缩成无定形碳。钻石的形成发生于下一阶段,P-T 平面上的爆轰合成区由无定型碳向钻石转变特征最终决定。

7.2.2.3　钻石形成源于无定型碳的晶型转变

当无定型碳的尺寸停止剧烈生长(颗粒碰撞不伴随有熔融)时,钻石开始形成。钻石晶核在无定型碳内部形成,通过传质在表面生长,传质在无定型物的粘性流下进行。在相平衡线上,相转变速率趋于零。这就是钻石在爆轰波中的形成不始于相平衡线上,而始于强化转变线或滞后于相平衡线的原因所在。钻石晶核在粘性流下生长。正如作者所观察到的一样,当外压增加时,生长速率急剧增加,因而存在滞后线。因此,相图中包含有亚稳态无定型碳区,该区的压力范围被平衡线(从底部)和滞后线(从顶部)所限定。

一般而言,无定型碳-钻石平衡线低于石墨-钻石。根据一些数据,作者可认为,它在 1500K 的区域内穿越了温度轴。对于爆轰合成而言,滞后线的位置是一个决定性因素。

人们运用不同种类的碳(烟、热解石墨等)进行钻石的冲击波合成。与文献[7.38]所述一样,在冲击载荷下,钻石的形成遵循扩散机理,在冲击隔热线转折之后为冲击-引发转变的滞后线的位置(图 7.11 中的曲线 4)[7.38]。此外,如文献[7.39]所述,钻石的合成发生贯穿中间的无定型相。

钻石无论是在爆轰中还是在冲击波下形成,均遵循相似的形成方式,即均从无定型碳转化而来。这预见了相应滞后线的重叠性,其证据在于,TR 体系中 $D(\rho_0)$ 相关曲线上的第一个转折位于冲击-引发钻石合成的滞后线上。

对钻石形成的转变程序的最终评估,需将中间区域与滞后线联结。在爆轰波的边界处,转变没有完成;在 C-J 平面,压缩碳以两种形式出现:无定形碳和钻石。

过渡区域的上边界对应于图 7.12 中的曲线 3 的转折。而过渡区域的宽度(图7.11 中的灰色部分)则覆盖了 17GPa~23GPa 的压力范围。根据图 7.12 所提供的数据,可以估计 C-J 平面内的钻石产率。影响钻石最终产率的其他因素是膨胀状态以及爆炸产物与环境的化学相互作用。

7.2.3　外部条件对钻石产率的影响

HE 爆轰后的爆炸产物经历爆炸膨胀,在此过程中,爆炸产物的化学组成及相组成均发生巨大变化。膨胀时钻石的损失是不可逆的,由热处理及其与气态爆炸产物间的化学反应决定。损失及钻石产率可定量评估。

通过球形近似的方法可解决这一问题,即采用一个内部为球形 HE 装药的球形爆炸室,而计算模型建立在气体动力学方程及局部化学平衡的基础之上。以

BKW 方程描述爆炸产物的性质,并假设外部气体理想以及绝热线的指数恒定。假设被测碳颗粒表面坚实,在达到临界温度时进行热处理,该过程最终不产生钻石碳,并忽略钻石碳与非钻石碳间的热动力学差异。Bundy[7.40]研究发现,钻石在加热到 3500K 前,持续有脉冲。因此,假设计算时退火温度为 3500K。钻石的局部产率及总产率由下述条件决定。

$$局部钻石产率 = \begin{cases} \min(CC), & T_m < 3500K \\ 0, & T_m > 3500K \end{cases}$$

式中 T_m——最高温度(峰温)。

需提及的是,峰温必须在初始阶段,爆炸产物膨胀的等熵阶段设定。

在低强度冲击波的限制条件下,爆炸产物无论何时均处于 C-J 等熵的状态。这种状态以等熵膨胀做单独计算,所得结果如图 7.13 所示。由图可知,该膨胀中,凝聚相碳的含量(关系到钻石产率)经历一个最小值,该结果与作者的假设一致。这就是 RDX 爆炸后所形成钻石的产率要比预期低得多的原因所在[7.29]。TNT 中形成较少钻石则是由另一原因所致,即在化学反应区内无定型碳未完全转化为钻石。

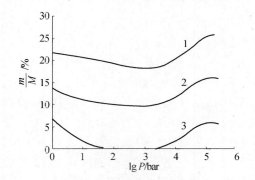

图 7.13 爆轰产物等熵膨胀时产生的凝聚相碳量
1—TNT; 2—TNT-RDX50/50; 3—RDX($\rho_0 = 1.6g/cm^3$)。

还有人提出了其他有关证明损失特征的建议。例如,TNT-RDX 50/50 中钻石的产率可达 10%,而计算值为 9.5%。之所以产率能达到 10%,是将装药置于大量冰封中的缘故。对于 TNT,在过压爆轰体系中钻石产率为 15%[7.29],而计算值为 18%。

对于给定的 HE,当爆轰产物的膨胀条件参数接近等熵体系时,钻石产率可达最大值。这种情况下的钻石损失称为基本损失。膨胀时,除在真空中无限制膨胀这一理想化的情况外,爆炸产物均服从冲击波(SW)行为。冲击波越强烈,爆炸产物偏离 C-J 等熵线的状况越严重,钻石损失量越大。因此,在冲击波中钻石有额外损失,损失依赖于外部条件。

　　在气体动力学计算中,研究了装药量及周围气体压力对钻石产率的影响。实验采用的装药为 TNT-RDX 50/50,周围气体为 CO_2 或 N_2。图 7.14(a)~(d)代表了 DP 的四个连续相。水平轴上的纵向标记为爆炸产物和外部气体的分界线。HE 爆轰后,形成了周围气体的冲击波及传播入爆炸产物的内部冲击波(图 7.14 (a))。内部冲击波的出现是由于球形膨胀的特征造成的。实物的内部冲击波速度小于流体,这也是为什么冲击波被流体沿反应室壁带走的原因。经壁面反射后,冲击波上升至爆炸产物-气体分界线(图 7.14(b))并经切线破裂后进入 DP 区。爆炸产物经内部冲击波及反射冲击波的连续压缩接近等熵,因此,额外损失小。其后,反射冲击波赶上内波形成强冲击波(图 7.14(c))。结果,爆炸产物分成两部分,即相对稀薄的热内核及由内部冲击波初步压缩形成的更密实的冷外部区域。计算结果表明,钻石损失的绝大部分是热核引起的(见图 7.17 及 7.18)。随后,冲击波从对称中心反射并到达爆炸产物-气体接触边界(图 7.14(d))。冲击波与热冷 DP 边界的相互作用对该过程的进程有阻碍作用。冲击波的进一步循环使其强度大幅降低,局部钻石产率及峰温均不会达到计算值。

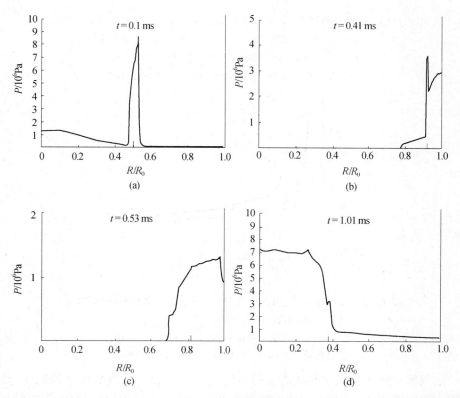

图 7.14　不同时间下(a)0.1,(b)0.41,(c)0.53 及(d)1.01ms 爆轰室内($2m^3$)的压力分布
(TNT-RDX50/50(1kg);CO_2 1atm)

　　图7.15及图7.16所列分别为拉格朗日坐标(Lagrange charge coordinate)对局部钻石产率及峰温的影响。在原始假设中,没有退火引起的钻石损失。此外,相比之下,数据显示在凝聚相碳存在的情况下峰温不超过1500K。这表明,钻石实际上并未退火,因为1500K比合理的退火温度要低得多,其损失也完全是因为化学反应造成的。

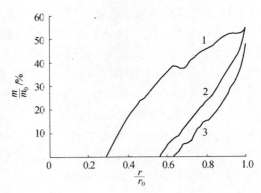

图7.15　局部钻石产率(m)(TNT-RDX50/50;CO_2;爆炸室体积$=2m^3$)

m_0—C-J平面内的钻石产率;r—拉格朗日常数;r_0—装药半径。

(如果气压$=1atm$;装药量:1—250g;2—500g;3—1000g。

如果装药量$=1000g$;气压:1—4atm;2—2atm;3—1atm)

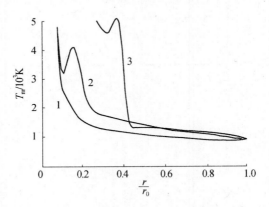

图7.16　局部峰温 T_m(TNT-RDX50/50;CO_2;爆炸室体积$=2m^3$)

r—拉格朗日常数;r_0—装药半径。

(若气压$=1atm$;装药量:1—250g; 2—500g; 3—1000g)

(若装药量$=1000g$;气压:1—4atm;2—2atm;3—1atm)

　　随周围气体压力的增加或者装药量的减少,HE强度及热核尺寸均减小,热核可变小至完全消失。因此,合成参数的改变会影响钻石产率,其各自的影响结果见

图 7.17。必须提及,如果反应室充满氮气,那么在相同参数(压力及装药量)下,钻石产率甚微。

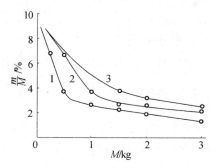

图 7.17　钻石产率(m)随 TNT – RDX50/50 质量(M)的变化

爆炸室体积 = 2m³;CO_2 气压:1—1atm; 2—2atm; 3—4atm。

所得计算值比较相似。以装药量与气压的比值(见图 7.15 及图 7.16)测定钻石的局部产率及峰温,即它们对减少的拉格朗日坐标的相关性,可得到以下结论:固定其他条件时,钻石的总产率见式(7.2):

$$m = M \cdot f(P/M) \tag{7.2}$$

式中　m——钻石产率;

　　　M——HE 质量;

　　　P——周围气体压力;

　　　f——特定函数。

由文献[7.41]可知,上述相关性也可在实验中观察到。

文献中钻石产率的实验数据差异较大,且与计算值不符,但反应室内氮气压力对钻石产率的影响例外[7.42],这可见图 7.18。该图给出了在一定合成条件下所得的实验值及计算值[7.42],考虑到模型简化的影响,可认为计算值与实验值相当吻合。

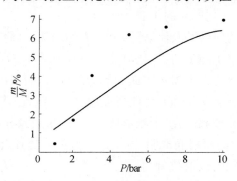

图 7.18　钻石产率(m)随反应室内氮气压力(P)的变化

(TNT – RDX50/50 的质量 = 100g(M);爆炸室体积 = 0.175m³;实线为计算值;点为实验值[7.42])

气体动力学计算值与实验数据的对比结果表明,DP 的相态与周围气体相互作用(不与凝聚相碳反应)对钻石产率的影响较小。在混合相中会发生化学吸收,这对凝聚相碳,包括钻石,会产生保护作用。通常实验条件下,化学吸收均会发生。在空气中合成钻石同样可行,其中装药要覆盖厚厚一层冰或水。在这些条件下发生膨胀时,DP 被强致冷,结果使钻石在与空气的相互作用下仍保持安全。

7.2.4 超细钻石的性质与应用

爆轰的凝聚相产物(CP)由石墨、钻石(约占 CP 质量的一半)及少量的金属杂质(来自于反应器壁)组成[7.44]。钻石颗粒的电子衍射图样为圆环,电子显微镜测得的粒径为 3nm～12nm。

业已发现,合成超细钻石的 X 射线系,其宽度比静止状态高出一个数量级。相干散射区域尺寸为 4nm。该尺寸也可等效于 $380m^2 \cdot g^{-1}$～$390m^2 \cdot g^{-1}$ 比表面积(液氮温度下通过氩吸收测定)。

以 HE 制备的钻石粉体特征如下:钻石含量不少于 98%;石墨含量不超过 0.5%;容积密度 $0.3m \cdot g^{-3}$～$0.5g \cdot cm^{-3}$;比表面积不小于 $290m^2 \cdot g^{-1}$;粒径范围 2nm～12nm;平均粒径 4nm。

小尺寸颗粒由数千原子组成,其性能特征介于单个分子或原子及块状材料之间。在该状态下,纳米材料具有异乎寻常且通常是特有的力学性能、物理性能及化学性能。

以溶胶－凝胶法现代工艺可从纳米钻石制备几十个原子厚的钻石膜。现在,也可以用其他材料,如金属、半导体、绝缘体及玻璃,制备此类薄膜。

今天,人们已掌握如何在常用工具(丝锥、电钻、铣刀、牙钻、锯条等)上沉积耐磨钻石层的各种电化学技术。经处理后,材料的表面硬度增加(增幅达 20%),耐蚀性及耐候性增强(增加到原来的 1.3 倍～10 倍)。

以钻石材料制得的研磨胶及研磨液,可用于超细加工(研磨、涂饰、铇光)产品。此类产品可用于制备难于加工的工具、硬质特殊结构合金及陶瓷。使用用于单晶表面超细加工的悬浮液可在不损坏表面涂层的条件下,制备出高质量的表面(粗糙度不高于 2mm)。该悬浮液可用于处理高强度材料(钻石、蓝宝石、硅)、半导体基质晶片、光学玻片、石英玻璃陶瓷、金银器皿、珍贵准宝石及光电产品。

添加含有超细钻石的塑料润滑脂,可使元器件的摩擦损耗缩小至原来的 1/2～1/4,同时增加摩擦装置的极限载荷。

目前,以钻石－石墨混合物为基的抗摩擦添加剂(用于齿轮及轴承)已研制成功。此润滑剂可降低摩擦系数,降低各部件间的损耗,增加传带能力。同时,用于内燃机的环保磨合润滑油的添加剂也已研制成功并实现工业生产。此添加剂可使圆柱状活塞组件的摩擦损耗降为原来的 1/1.5～1/2,汽油消耗量降低 5%～7%,增加发动机使用寿命。

用钻石-石墨混合物已研制出某些用于金属加工的润滑冷却剂。在金属加工过程中使用此类冷却剂,可使所得制品的使用寿命延长至原寿命的 4 倍,而拉伸、切割及热锻造时的摩擦系数可降至 1/1.5,工作件的质量得以提高。

人们已研制出以金属及超细钻石颗粒组成的复合材料。由于钻石的尺寸微小,可实现材料科学中人所皆知的复合材料分散硬化,从而降低裂缝迁移、错位及其他缺陷。钻石组分的高硬度及高弹性模量($E = 900\text{GPa}$),可增强这一效应。钻石相内的坚硬内含物在高压下渗入附近的金属粉体涂层,可阻碍材料的移位变形。小粒径的钻石颗粒可填充于大金属颗粒间的微孔之中。

样品截面的显微硬度测试结果表明,与连续材料的性能数据相比,某些性能的数据要高出 2 倍～2.5 倍。引起该效应的可能原因是:分散硬化,在冲击波内化学反应生成坚硬化合物,高压下塑性变形所引起的硬化(但在材料内形成大量缺陷)。与纯物质相比,复合材料的熔点明显增高。

7.2.5　结论

钻石的爆轰合成现象很复杂,对其进行详细而深入的研究,任重而道远。通过现有实验数据可总结如下:

(1) 爆轰波内钻石的形成过程必须经历无定型的中间状态。P-T 平面中的合成区域以滞后线及过渡区为特征,在过渡区的边界上,转变为金刚石的反应是不完全的。

(2) 后爆轰过程中的钻石损耗由膨胀 DP 的次级化学反应造成。其损耗量由合成的外部条件所决定:装药量、周围气体的类别及其压强。对于一种给定的HE,在 DP 膨胀符合等熵条件下,钻石产率达最大值。

(3) 对超细材料性质的深入研究可使提高传统材料的性能及研发具有独特性能的新材料成为可能。

7.3　Alex®纳米铝在含能领域的应用

7.3.1　导言

由于铝粉与氧化剂共燃时可产生巨大的能量,因而铝粉被广泛用于固体火箭推进剂中。铝粉的密度为 2.7 g·cm⁻³,对提高密度比冲特别有效,这可使火箭更小、更轻。在很多情况下,人们对提高含铝推进剂的燃速及燃烧效率很有兴趣,而最有效的方式是增加铝粉的表面积。金属线静电爆炸(EEW)工艺制得的铝粉的粒径,至少比通常推进剂用铝粉小一个或两个数量级。

7.3.2　工艺

Narne 于 1774 年首次研究成功 EEW,此后 Michael Faraday 也完成了 EEW。他们将电子脉冲施加于金属丝上,促使金属丝激发至空气中形成金属氧化物的微小悬浮颗粒。该工艺类似于白炽灯泡金属丝烧断时的闪光。雷管中爆炸桥丝(EBW)发生的现象也与此类似。20 世纪四五十年代,人们对 EBWs 进行了大量的研究工作,实验证明爆炸时温度可达 15000K 以上。

图 7.19 所示为一 EEW 装置。此工艺适用于制备任何可用作导线金属的纳米粉体。将一卷金属丝装入有 2atm～3atm 氩气循环流通的反应器中,金属丝经过电绝缘隔板喂料,当金属丝接触到冲击板时电路关闭,产生巨大的脉冲($10^2 J \cdot \mu s^{-1}$～$10^3 J \cdot \mu s^{-1}$)流经金属丝,爆炸形成等离子体,等离子体包含于脉冲形成的极高电场内。当金属的蒸气压超过场力时,电流受到干扰,促使等离子体爆炸成金属簇并在氩气中以超音速发射。凝聚态金属被氩气流(由内部吹风机产生)带到重量分离器,收集新形成的团聚颗粒。在转速与金属比重的比例合适时,每小时可产生数百克产品。这种方法制得的所有金属成品可燃,而且其中一部分,如铝、铁、钛和锌,则会产生火花或类火花。可在烃或者氩气中将这些粉体沉降收集。对于 Alex®,颗粒暴露在干空气中钝化后,再从收集室内取出并以干燥粉体的形式包装。与 Alex® 不同的 L-Alex®,则以疏水性的有机物包覆层钝化。

图 7.19　金属丝电爆炸制备纳米粉体的装置

7.3.3　铝粉的特征

图 7.20 所示为 Alex® 的扫描电镜照片。颗粒基本上是呈球形,致密,直径约为 100nm。BET 表面积测试结果显示 Alex® 的比表面积为 $10m^2 \cdot g^{-1} \sim 20m^2 \cdot g^{-1}$。图 7.21 为空气钝化的 Alex® 颗粒,其表面包覆层厚度约为 2.5nm～3nm。X 射线粉体衍射结果表明含有大量的金属铝,此外还发现铝氧化物、铝氮化物及铝氮氧化物。其中,铝的含量通常占 88%～90%(质量分数)。蒸发－沉降工艺可制得比较完美的结晶,与之相比,EEW 粉体则有结晶缺陷和孪晶,其不规整性延伸至外层的氧化物中。在空气中点燃 Alexm® 时,似乎有两个不同的燃烧阶段。第一阶段在较低温度(400℃～500℃)下进行,第二阶段在粉体变白炽时发生。第一阶段似乎是物理过程——晶型转变伴随着表面燃烧,第二阶段则是化学氧化。Alex® 及其他电激发金属可通过将相应的金属稳定态施加以类似于透射电镜的电子辐照转化而来。显微镜下,这些粉体可能发光并结合成更大的球体。Mench 等人[7.45]研究了 Alex® 粉体的热行为(DTA),并将其与微米尺寸的铝粉做比较。数据显示,Alex® 粉体在空气、氧气或者氮气中受热时急剧放热。在铝粉的熔点(660℃)以下,发热相对平稳,而 $20\mu m$ 的铝粉在约 1000℃ 以下不与氧气或空气发生反应。

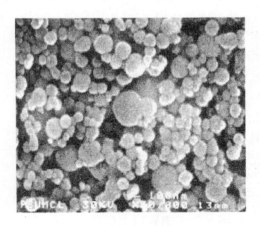

图 7.20　Alex® 的场发射扫描电子显微镜照片(50000 倍)

L－Alex® 将未被氧化的纳米铝粉包覆有软脂酸,软脂酸与铝粉间以化学键结合。对于直径约 110nm 的颗粒而言,有机包覆层约占 5%(质量分数)。该包覆层在燃烧时可提供能量,而 Alex® 表面的 10%～12% 的氧化物则不能。将两种样品暴露在低湿度(45℃时 32%RH)下加速老化 40 天,未见任何影响。然而,在 45℃及 75%RH 下,Alex® 在 20 天内几乎全部转化为氢氧化铝,而 L－Alex® 暴露 40 天后未见任何影响[7.46]。

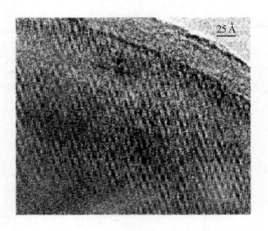

图 7.21　球形 Alex$^{®}$颗粒表面的细氧化铝粉(400000 倍)

7.3.4　作为固体推进剂组分及添加剂

图 7.22 所示为 Crawford 炸弹[7.47]中 Alex$^{®}$与高氯酸铵(AP)混合物在 40atm 下的燃速随 Al/AP 比例的变化情况,并与推进剂级铝粉作了对比。通常的推进剂是基于橡胶(HTPB)粘结剂的可浇铸混合物,没有微孔结构,与无粘结剂的混合物相比,燃速要慢得多。Mench 等人[7.48]研究了 Al - HTPR - AP 混合物的燃速。研究发现,与微米铝粉相比,添加 Alex$^{®}$的混合物,其燃速提高了约 100%。Simonenko 和 Zarko[7.49]研究发现,以 Alex$^{®}$替代商业级铝粉可缩短燃烧延迟且在压强为 10atm~90atm 下可提高燃速约 2 倍~5 倍,燃速随压强呈指数函数下降。此外,含 Alex$^{®}$的混合物燃烧更为平稳。一些研究表明,用于 Alex$^{®}$ - HTPB - AP推进剂中的 Alex$^{®}$在固 - 气燃烧界面上已完全燃烧,而微米尺寸的铝粉则在引擎中还继续燃烧甚至可能在未完全氧化前就被排入羽烟中。最近,Cliff[7.50]研究发现 L - Alex$^{®}$比 Alex$^{®}$更易在 HTPB 中混合,降低了不均一度。

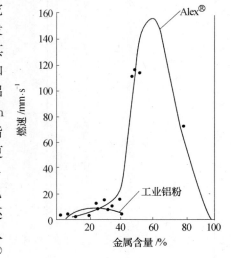

图 7.22　铝粉 - 高氯酸铵混合物的燃速

人们对固体推进剂引擎中铝粉燃烧的模型化进行了大量的研究,当氧气中铝粉的燃烧寿命与 d^2 成反比时,实验数据符合这些模型。熔融的铝粉主要跟有机粘结剂与 AP 燃烧产生的水蒸气及二氧化碳反应。这些模型表明,微米铝粉的燃烧寿命＞1ms,而在 $0.1\mu s$ 内即可使类似于 Alex® 的 100nm 铝粉颗粒燃烧完全,这与实验现象一致。有研究者[7.51]将 Alex® 用作混合发动机燃料的添加剂,其中 Al-ex® 的添加量分别为 HTPB 的 4%,12% 及 20%。在氧气中燃烧时,添加了 20% Alex® 的配方比纯 HTPB 的表观衰减速率高 40%,质量燃烧速率高 70%,而普通铝粉的回归速率则要慢得多。此外,Alex® 可减少燃烧时表面燃烧的不均匀性。

7.3.5 用作液体燃料添加剂

Ivanov 及 Tepper[7.47]研究了单元推进剂混合物铝化水及铝化肼的燃烧特性。前者在较高温度下产生氢和水,理论峰温高于 3200K;后者在高温下产生氢和肼,理论峰温为 3560K。研究发现,添加 Alex® 后,反应变得剧烈、容易引燃、燃烧均匀,产生可进一步被氧化的热氢气。缺点是,在长期存储中,Alex® 与这些液体不相容。

图 7.23 所示为增加煤油或乙醇中铝粉含量对提高液体推进剂与氧气燃烧时产生的理论密度比冲的影响。基于这一点,在过去 70 年间,人们从理论及实验方面对金属凝胶推进剂进行了研究[7.52]。NASA[7.53~7.57]将铝粉作为添加剂加入凝胶火箭推进剂(煤油,RP‐1)中和液氢中[7.58],做了大量有意义的研究工作。然而,将微米铝粉添加到烃燃料中不是特别有效。Wong 及 Turns[7.59]研究了喷气发动机燃料(JP‐10)中铝粉的燃烧行为。研究发现,由于铝粉燃烧延迟及碳氢化合物燃烧时铝粉小颗粒结合成更大颗粒,保留时间延长。1998 年,NASA 向 Ar-gonide 提供一份研究合同,以研究 Alex® 粉体在 RP‐1 煤油中沉降的情况下能否有效燃烧。

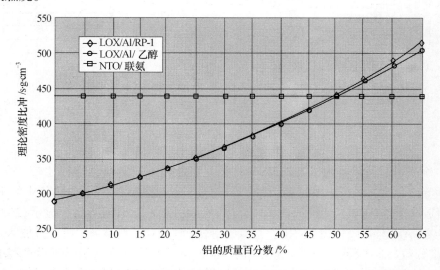

图 7.23 在氧气中燃烧的含铝液体推进剂的密度比冲(真空,100∶1 膨胀比)

7.3.5.1　铝化凝胶配方

曾设计铝化煤油（RP-1）凝胶配方，测定了配方的引燃延迟，并与 RP-1 凝胶、纯 RP-1（无凝胶剂）及含有 5μm 铝粉的 RP-1 做了对比。本书第 12 章详细论述了凝胶流变学。在大多数情况下，采用烟尘状硅土（Cab-O-Sil）为凝胶剂。当 Alex® 的含量大于 25%（质量分数）时，由于粉体可作为假拟-凝胶剂，因而可不用硅土。加入一种非离子型表面活性剂（Tween-85），可渗入任一铝团聚体中起到润湿作用。

7.3.5.2　引燃延迟的测定

图 7.24 所示为一不锈钢燃烧弹，用于测量煤油及铝化煤油的引燃延迟[7.60]。将该装置预热（最大值 800℃）并调好氧化剂气体的压强后，往燃烧弹中注射入约 0.3cm³ 的燃料混合物。水冷注射口，以保证注射前燃料维持在室温。水冷的压电式压力传感器用于测量由于燃烧所产生的压力增值。测量时间从活塞第一次运动将液体压入反应室开始，到内部压力传感器检测到压力的迅速升高为止。在一代表性的实验中，示波镜同时记录压力曲线及表征开始注射的活塞运动轨迹。表面热电偶及热电偶探针分别用于测量弹壁及弹内气体的温度。在固定氧气压强为 0.8MPa，温度分别为 410℃、460℃、520℃ 及 580℃ 下测定引燃延迟。

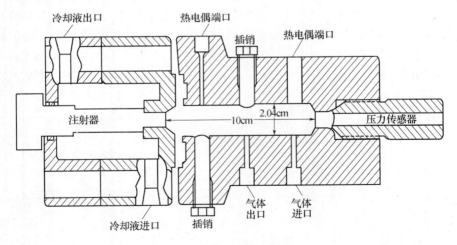

图 7.24　引燃延迟装置

检测了七种燃料的引燃延迟，并将铝化凝胶与纯凝胶煤油进行比较。令后者达到等效黏度，以在类似的喷雾模式下进行对比。图 7.25 所示为热氧中纯 RP-1，凝胶化的 RP-1 及铝化凝胶 RP-1 的化学引燃延迟时间。数据显示，25%（质量分数）Alex® 凝胶比凝胶 RP-1 引燃得快，但等效于纯煤油。但是，加入 30%（质量分数）Alex® 凝胶的表面活性剂时，Alex® 凝胶可明显降低引燃延迟至纯 RP-1 煤油的引燃延迟以下，这表明 Alex® 是煤油的燃烧加速剂。在空气或氧气中引燃时,L-Alex®的引燃延迟至少与 Alex® 相当。添加有 $5\mu m$ 铝粉的凝胶,不论是在空气中引燃,还是在氧气中引燃,其引燃延迟未见降低。Pennsylvania 州立大学[7.61]对这些凝胶进行了小型火箭发动机测试,测定引燃延迟。研究发现,有亚细微的铝氧化物生成。可以推断,这种氧化物可留在发动机燃烧尾气的湍流系统中,由于太轻,该氧化物难以由于撞击通过薄片层,难以沉降于发动机壁上。

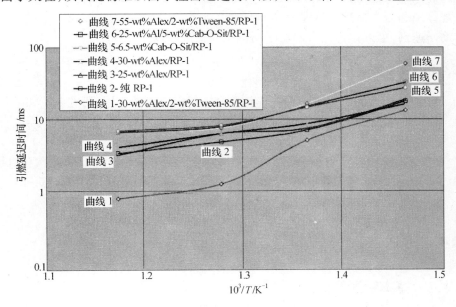

图 7.25　氧气中的平均引燃延迟

Alex®与煤油形成凝胶时可与氮气反应,表明其可在缺氧空气中维持稳定燃烧,可用于如超声速、组合循环火箭及脉冲爆轰发动机的吸气式发动机中。

7.3.6　用于炸药

由于铝粉可释放数倍于有机高能炸药的能量,因此人们常将铝粉添加到有机(CHON)炸药中以提高它们的爆炸威力。在固体推进剂中,由于微米铝粉燃速低,铝粉对炸药威力的增强作用受到限制。尽管如此,人们仍对铝化炸药做了多年研究,并研制出多种配方(如 H-6),以此制备更高爆炸性能的 RDX-TNT 基的炸药。20 世纪 80 年代初期,Reshetov 等人[7.62]研究发现,加入 Alex® 可提高黑索今(一种高能炸药)的爆速。虽然,添加少量 Alex® 时,对爆速几乎没有影响,但若添加量达 50% 以上,爆速则可从约 $5400\mathrm{m\cdot s^{-1}}$ 增至 $7000\mathrm{m\cdot s^{-1}}$。最近,经研究证实,许多 TNT 基的含铝炸药及 H-6 衍生物,添加 Alex® 后其爆轰速度(VoD)及爆炸威力均有提高。以 Alex® 替代普通铝粉后,许多含铝炸药的 VoD 增加了 $200\mathrm{m\cdot s^{-1}}\sim$

$300\mathrm{m \cdot s^{-1}}$，爆炸威力增幅可达 27%。

7.3.7　用于发射药

Baschung 等人[7.64]研究了高压(280MPa)下 Alex® 发射药的燃烧行为。与传统的高热量双基推进剂相比，Alex® 发射药的燃速几乎提高 1 倍。同时，Vieille 燃烧规律中的压力指数从双基推进剂的 >0.8 降至 0.66。他们建议，Alex® 可用作辅助增速剂，也可作为点火源用于高压火箭推进领域。

7.3.8　结论

目前，Alex® 的研究主要着眼于其在含能材料方面的应用，研究要点如下：
(1) 更好表征粉体，以制定富有意义的规范。
(2) 工艺改进，特别是表面处理。
(3) 细化颗粒。细化颗粒以获得更多收益是可能的，但若不以可燃有机层代替约 3mm 的金属氧化物层(在空气中暴露形成)，则这些收益将会大打折扣。
(4) 与其他活泼金属形成合金以提高燃速。

7.4　粉状含能材料的气动制备法

7.4.1　基本原理及优点

在许多工业生产过程中，如制药，精细表面工艺，制备超导体或功能陶瓷构件及制备超细金属颗粒，粉体化技术需满足以下要求：亚微米级颗粒及其混合物的大小均一，颗粒形状一致，粒径分布恒定，颗粒湿含量稳定。鉴于该问题的重要性，许多国家针对其进行了大量的研究，并提出了各种各样的解决方法。日本、德国及美国[7.65]的一些公司在该领域取得了丰硕的研究成果。

往传统推进剂配方中加入新粉体化的材料可明显提高其能量水平及流变性能，在很大范围内改变其燃烧方式，特别是为进行爆燃 - 爆轰转变的工艺控制提供可能。研究发现，金属细粉可用于推动高效固体推进剂及发射药在诸多军事应用和民用方面的发展。

本节将讨论新型气动粉体化技术，此类技术系以空气(或其他气体，如惰性气体)为工作媒介[7.67]。研制的新型气动元器件及气动装置，主要用于复合固体推进剂、有毒物质及放射性物质中粉状组分的处理，这类材料通常不适合用常规的粉体化方法处理。该气动设备装置包括以下基本单元：颗粒细化单元、空气体离心分级单元、气动循环混合及粉体干燥单元、气动运输单元及粉尘收集单元。在各单元不同的两相流动循环下，工作气与粉状材料通过颗粒的质量 - 表面力效应发生相互作用,这是气动法的关键所在。该法可强化某些处理工艺,将所有的粉体化工艺合并为一,减少了能耗及装置金属含量,并在封闭的气体流动体系中保证高度环保。气动法用于处理含能材料及亚微米级粉体,其特征将在下文论述。

7.4.2 处理含能材料及亚微米级粉体的新型气动装置

用于研究亚微米级粉体制备及处理工艺的实验装置如图 7.26 所示。由于可在这套装置中实现各种不同的粉体处理,故将其命名为 Combi。原材料可通过装料口 18 加入到漏斗 1 中。该过程中,气体流速及气体压力在工作限范围内可调。循环管 2 带动装置内部的材料循环。装置顶部装有分级器 3,可按所需尺寸将粉体分离、放料。气流中成粉的分离及卸料在旋风分离器 4、5 以及过滤器 11 中进行。该装置装有控制系统、操作参数调节系统及一些工作气回灌回路。

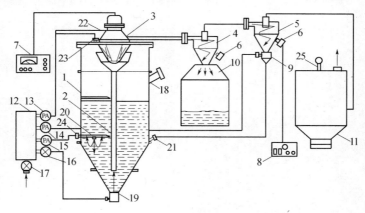

图 7.26 Combi 实验装置图

1—混合漏斗;2—循环管;3—分级器;4,5—旋风分离器;6—振荡器;7—分级器控制台;
8—振荡器控制台;9—返还粗粒喷射器;10—终产品接收漏斗;11—细粒过滤器;
12~17—气体分配器;18—装料口;19—喷嘴装置;20~24—鼓气系统;25—机械抖动器。

气动装置操作建立在密闭体系中气－固颗粒的可控循环流动基础之上。使用该装置,可进行以下操作:

(1)由于循环时材料的密实层与膨胀气流发生相互作用,导致颗粒粒径变小;

(2)通过各种内置离心分离设备将两相流体循环并将固体粉体分级,以得到窄分布的产品;

(3)通过优化颗粒的保留时间将不同粒度或相态的组分在宏观上(堆积体,颗粒团聚体)高效混合,通过将各组分分散于气体中以实现各组分在微米尺度上的高效混合;

(4)传热介质流及喷气流中处理以实现对流干燥;

（5）将在材料的循环层中分散的黏性液体物喷出实现造粒；

（6）通过选择性磨蚀实现材料的富集及杂质的萃取，根据密度差将物质进行分离。

气动循环装置可实现宽范围的技术操作，促进了许多装置（图 7.27）（通用或专用）及亚微米级粉体生产线（图 7.28）的发展。

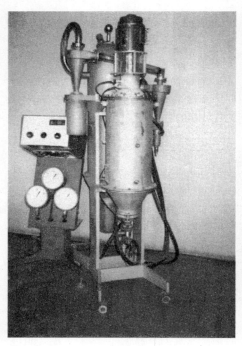

图 7.27　Combi 90 装置的外观

图 7.28　PCA－50 中试设备

7.4.3　粉体处理的研究结果

7.4.3.1　材料的粉碎及亚微米级铝粉的制备

气动装置中材料的粉碎程度由工作压力、加速室及喷嘴参数、循环气流强度及所加粉体的物理化学性能所决定。研究表明，颗粒的自磨损处理极其重要，而喷嘴的设计及障碍物的安装对处理结果几乎没有影响。对于硬性材料及超硬材料在粉碎后所得的高纯产品，颗粒间的相互作用（自磨损）同样占据主导作用，而并非颗粒与工作件表面的相互作用[7.69]。

表 7.6 中所列为铍氧化物粉体的杂质分析结果。在处理前后，分别测定了杂质的含量。处理前，材料的比表面积为 $7200cm^2 \cdot g^{-1}$，处理后，比表面积为 $12300cm^2 \cdot g^{-1}$。

表 7.6 Combi 装置加工的铍氧化物粉体杂质

元素	初始含量/%	最终产品的含量/%	元素	初始含量/%	最终产品的含量/%
B	3.6×10^{-5}	9.4×10^{-5}	Al	1.2×10^{-2}	1.7×10^{-2}
Si	4.7×10^{-3}	7.2×10^{-3}	Cu	4.7×10^{-4}	4.3×10^{-4}
Mn	3.6×10^{-4}	5.0×10^{-4}	Zn	4.7×10^{-3}	4.7×10^{-3}
Fe	4.3×10^{-2}	5.4×10^{-2}	Ca	5.7×10^{-3}	5.7×10^{-3}
Mg	5.0×10^{-3}	3.9×10^{-3}	Ag	1.1×10^{-5}	1.1×10^{-5}
Cr	5.4×10^{-3}	6.8×10^{-3}	Li	1.1×10^{-3}	1.1×10^{-3}
Ni	1.5×10^{-2}	1.5×10^{-2}	Na	3.6×10^{-3}	4.3×10^{-3}

压强(1MPa～10MPa)的变化不会导致材料性质本质上的变化,也不能提高处理效率,然而,人们仍计划对高压工艺进行更为深入的研究。通过复杂技术,从初始粒径 $x_{50}=30\mu m$ 的金刚砂,制备亚微米级粉体,所需比能耗为 $3kW\cdot h\cdot kg^{-1}$～$5kW\cdot h\cdot kg^{-1}$。气动装置的比产量为 $15kg\cdot h^{-1}$,工作压力为 $0.7MPa$～$0.8MPa$。亚微米级粉体及细粉(如氧化铝粉及其他陶瓷粉)的加工技术,仍有改进的潜在可能。这需要人们进一步研究"气－固颗粒"流在 Combi 装置中的气体动力学。

Al_2O_3 气动粉碎与多圆周分离分级的结合可制得高性能的耐磨粉(表 7.7,图 7.29),所得耐磨粉可提高滚珠轴承的制造精度,也可解决有毒有害产物的处理问题。Combi 装置用于制备此类耐磨粉时,平均产能可达 $1kg\cdot h^{-1}$～$1.5kg\cdot h^{-1}$。

表 7.7 用于制造滚珠轴承的耐磨粉

级分	主级分粒径/μm	主级分质量分数/%	级分	主级分粒径/μm	主级分质量分数/%
M 0.5B	<0.5	65.0	M 1.0B	0.7～1.0	45.0
M 0.7B	0.5～0.7	40.0	M 3	1.0～3.0	60.0

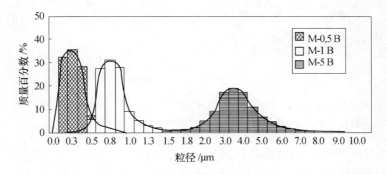

图 7.29 Al_2O_3 金刚砂磨抛粉的质量粒径分布(粒径由光学显微镜测定)

　　使用 Combi 装置对粉体进行物理机械处理后,可在很大程度上提高粉体的耐磨性能。所得粉体的活性存活时间(使用寿命)与水力分级(液体中沉降)所得粉体相比,可提高一个数量级以上。这可能是由于经进入粉体材料的低膨胀喷射气流处理后,颗粒熔结及颗粒缺陷减少的缘故。

　　图 7.30 所示为 Combi 装置制得的铝耐磨粉,原材料为 $10\mu m \sim 30\mu m$ 的普通铝粉,工作气压力为 $0.7MPa \sim 0.8MPa$,转速为 $7000r/min$。终产品中出现了原材料中未见的小粒径铝粉,证实铝粉已被粉碎。图 7.31 及图 7.32 所示为细铝粉图片,由光学显微镜及照相机得到。

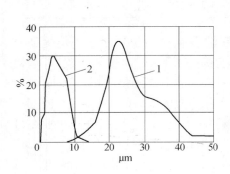

图 7.30　原铝粉(1)及粉碎铝粉
(2)粒径分布的微分函数曲线

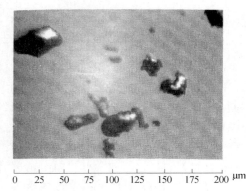

图 7.31　原铝粉
(颗粒最大粒径 $50\mu m$,平均粒径 $25\mu m$)

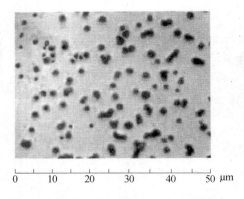

图 7.32　粉碎后细粉($3\mu m$(平均粒径),
$7\mu m$(最大粒径),$1.5\mu m$(最小粒径))

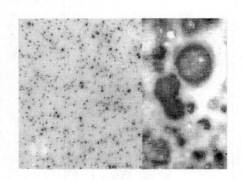

图 7.33　超细铜粉($x_{97}=0.7\mu m$)。
右边为原铜粉

　　通过放电,使用气动技术将粗粒杂质从细铜粉中分离出去,可制得用于油及润滑剂的高效添加剂。

　　将粉碎工艺及分级工艺结合,可制备一大批具类似性能的粉体材料(有机材料:聚乙烯,聚氯乙烯,nozepam,cinnarizin,富氮碳钛矿,羟甲叔丁肾上腺素,浓缩维生素,维生素粉;无机材料:铝,铌,钽,镍,云母,白垩,高氯酸铵)[7.71]。

7.4.3.2　粉体按粒度分级

　　气体离心颗粒分级的理论研究及实验研究有助于阐明提高分级效率的原理,并可在此基础上研制许多用于细分散材料分级的处理工艺及生产设备[7.72]。图7.34 为一带有压型旋转分离区的气体离心分级器的示意图。

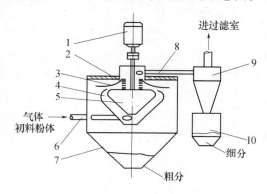

图 7.34　气体离心分级器
1—电传动;2—圆盘组;3—压型圆盘;4—收集漏斗;5—转锥;6—进气管;
7—粗粒接收漏斗;8—出气管;9—旋风分离器;10—细粒接收漏斗。

　　颗粒分级工艺的基本特性参数包括生产能力,分离边界(极限尺寸)及分离效率。对于气体离心分级器而言,产能由气体质量流速及携带介质中的最大允许颗粒浓度(不降低分离质量)所决定。通过分析旋转气流中单粒子运动的简化模型,可测定主要工作参数及设计参数对分离边界尺寸的影响[7.67]。

　　经适当转换后,可得式(7.3),该式描述了这一运动。

$$x_b^2 = \frac{V_r \cdot R}{V_\varphi^2} \cdot \frac{18\rho_f v}{\rho_m} \tag{7.3}$$

式中　　x_b——颗粒边界直径;

　　　　ρ_m——颗粒密度;

　　　　ρ_f——颗粒携带介质密度;

　　　　R——以圆周速度 V_φ 旋转的颗粒的旋转圆半径;

　　　　V_r——携带介质的径向速度;

　　　　v——携带介质的运动黏度。

　　考虑到气体黏度变化极其微小,因而对于给定密度的某一材料而言,满足 $18\rho_f \cdot v/\rho_m$ = 常数。因此,要实现同一粒径颗粒受到相等的离心力及气动力,整个分离过程必须满足式(7.4)的条件:

$$\frac{V_{\mathrm{r}} \cdot R}{V_{\varphi}^2} = 常数 \tag{7.4}$$

用于粉体气体离心分级的各种先进方法,其技术实施手段可以多种多样[7.68,7.72],但关键在于保证颗粒所受的力相等,而与颗粒在分离区中所处的位置无关。

分离曲线是评定分级操作质量的主要依据,该曲线表征由一定粒径的产品分离出小粒径(或大粒径)产品的可能性。由于许多研究者认为分离曲线的特性与被分离材料的性质无关,而由装置所决定[7.73],因而,作者尝试将现有实验数据综合,以形成经验分离曲线。图 7.35 给出的分离曲线,建立在 160 个作者积累的实验数据基础之上。实验涵盖了实验室及工业条件下各种材料,各种粒径在气体离心分级器中的分级。数据根据颗粒直径进行平均,75%,50%及25%(质量分数)的颗粒进入小尺寸分离产品区。进入小尺寸区质量分数<3%的颗粒粒径作为产品的最大粒径。其他颗粒粒径统一规范到式(7.5)~式(7.7)所示的直径:

$$\overline{X}_{0.75} = \frac{x_{0.75}}{x_{0.03}} \tag{7.5}$$

$$\overline{X}_{0.5} = \frac{x_{0.5}}{x_{0.03}} \tag{7.6}$$

$$\overline{X}_{0.25} = \frac{x_{0.25}}{x_{0.03}} \tag{7.7}$$

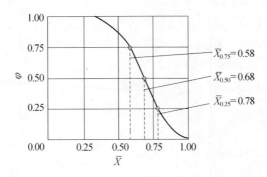

图 7.35　带旋转分离区的分离器的分离曲线

在置信度为 0.95 时,得到 $\overline{X}_{0.75}$,$\overline{X}_{0.5}$,$\overline{X}_{0.25}$ 的数学期望值。通过这些点所绘的曲线可被视作分离曲线,用于表征带有旋转分离区的气体离心分级器的分离能力。式(7.8)近似吻合该曲线:

$$\varphi(\overline{x}) = \exp(-5.18 \cdot \overline{x}^{5.31}) \tag{7.8}$$

对于给定类型的分级器而言,所得的分离曲线与分级特性大体一致。曲线可用于气动装置的设计,也可用于选择分离模式,以制备固定粒径分布的分散粒料。

众所周知,复合固体推进剂(CSPs)中的不同组分的粒径分布对固体火箭发动机的制造技术及工作参数均有重大影响。通过减小添加剂颗粒的粒径,可在相同推进剂质量中提高填料的体积分数,这是发展高比冲 CSPs 的基础。同时,减小高氯酸铵(填料)的粒径可明显提高燃速。但是,随着填料体积分数的增加及粒径的减小,未固化推进剂的黏度及浇铸性能降低。通过制备最佳粒径分布的 CSP 非均相组分,可预先测知填料的粒径及未固化推进剂的流变特性。

另一方面,保证 CSP 燃速在实际操作中的重现性也极为重要,而燃速重现性取决于各种组分的性能,特别是高氯酸铵的粒径分布。

鉴于粒径分布与燃速重现性的相关性,研发严格标准化粒径分布的 CSP 组分结晶制备技术,特别是高效的分级技术,变得越来越重要。

曾将上述提及的气体离心分级器,用于研究高氯酸铵的气体离心分级工艺,目的在于选择分离模式,确定装置的操作参数。制备了多批 AP 试样,以研究各种 AP 的燃烧动力学,研究结果见图 7.36。由曲线可知,装置的分级效率相当高,但随着分离边界值的降低,分级效率下降。原因在于细分散的高氯酸铵具有高的粘结能力。

分离边界范围在 $5\mu m \sim 45\mu m$。以比表面积 $S_m = 2700 cm^2 \cdot g^{-1}$ 粉体为原材料,分别制备了三种分级很窄的粉体($S_m = 2400 cm^2 \cdot g^{-1}$,$5500 cm^2 \cdot g^{-1}$ 及 $8300 cm^2 \cdot g^{-1}$),每批 20kg。点火试验表明,燃速随颗粒粒径的减小而增加。气体离心分级也可用于其他 CSP 组分(氢氧化铝,铝粉,Vitan)的分级。

气体离心分级装置产量很大,可在惰性介质及封闭工艺回路中实现组分分级,尤其实现粒径<$50\mu m$ 颗粒的高效分级。这为气体离心分离器在生产 CSP 的应用上提供了前提。

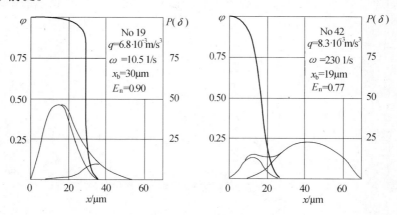

图 7.36　高氯酸铵粉体气体离心分离结果

7.4.3.3　含能材料组分及粉体的混合和均匀化

Combi 装置内的混合强度由对流转移的大小,即由一个周期内颗粒在流化床

上的保留时间函数 $f(t_{max}/t_{min})$ 决定。微观尺度上的混合质量由膨胀气流对颗粒团聚体的影响决定。关键组分浓度(C)随混合位移数(N)的变化,必须使非均质系数 V_c 不大于 5%,见图 7.37。

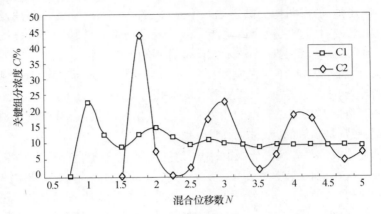

图 7.37 关键组分浓度随混合位移数的变化(C1: $t_{max}/t_{min}=2.4$;C2: $t_{max}/t_{min}=1.7$)

N 对 t_{max}/t_{min}(颗粒最大保留时间与最小保留时间的比值)的数学模型函数关系及实验函数关系见图 7.38。V_c 值根据式(7.9)计算:

$$V_c = \frac{100}{\overline{c}} \sqrt{\frac{1}{n-1} \sum_{i=1}^{n} (c_i - \overline{c})^2} \ [\%] \tag{7.9}$$

由图 7.38 可知,当 $t_{max}/t_{min}=2.2 \sim 2.4$ 时,混合效率达最大值。实验时,通过使用感应传感器及电容传感器测定颗粒速度及颗粒运行轨道(通过注入标记粒子)。

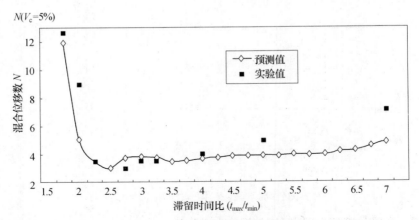

图 7.38 N 理论计算值与实验值的比较

将混合工艺与分散工艺合而为一,人们开发了以少量添加剂制备高度均匀的复合材料的新技术。例如,药物安息香酸钠与舒喘宁混合物的生产,二者的质量比为 98:2。85%(质量分数)的颗粒粒径<5mm,非均质系数 V_c<2.7%。测试结果见图 7.39。在果胶上的实验研究也证实了该技术的处理效率。

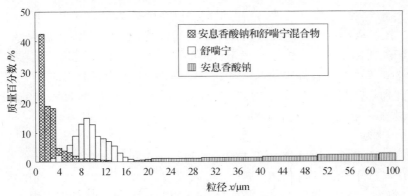

图 7.39　安息香酸钠及舒喘宁的混合分散结果(非均质系数 V_c=2.7%)

以气动循环装置制备细分散粉料的一个必不可少的技术要求是降低疏松材料的粘结性能。疏松材料的粘结可阻碍成堆材料流过装置的内表面,导致颗粒间架桥,并使循环流动难以得到有效控制。所有材料均会遭遇这种难题。作者的研究结果有利于处理浆状材料(湿度达 25%)用工业设备的发展。

7.4.3.4　粉体的干燥

气流法干燥粉体是一种广泛用于各种处理工艺的方法[7.74]。但是,使用广泛的流化床干燥器及管式干燥器均有严重缺陷,从而使它们的效能降低。例如,不能在干燥剂初始温度高的情况下使用流化床;而对于管式干燥器而言,干燥剂初始温度可以很高,但是干燥过程中干燥剂的湿度持续增加,难以有效降低被处理材料的最终湿度。

作者对气动循环干燥器中不同材料的干燥工艺进行了全面系统的研究,该气动循环器系以类 Combi 装置为基础开发的。例如,硝酸铵的干燥结果见图 7.40。由图可知,干燥器效能(Q)随干燥剂初始温度(T_{init})的提高而得到很大提高。总之,实验表明,分散材料在可控内部循环的干燥处理工艺具有许多优点:

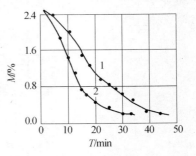

图 7.40　不同操作条件下硝酸铵的干燥
1—T_{init}=140℃, Q=25kg·h⁻¹;
2—T_{init}=170℃, Q=56kg·h⁻¹。

(1) 加速区内气体速度与颗粒速度的巨大差异导致热对流效率及质量传输效

率增加。

（2）通过控制组分的质量流速可达到湿料表面积与干燥剂量的最优化。

（3）干燥剂与材料间在循环管内发生瞬间相互作用,使干燥剂的温度升高,干燥得以强化。

（4）连续更换干燥剂可使材料的最终湿度降至极低(低至 0.1%)。

（5）机组操作可使干燥过程在各种不同的模式下进行,降低了能耗。

人们还研制了用于湿的热不稳定材料的"软"干燥装置及处理工艺。该工艺中膨胀的冷却气体在颗粒周围快速流动,在一定程度上阻碍了材料的热分解。该法可用于处理某些高分子量化合物、有机物及一些药用材料,如聚乙烯、聚氯乙烯、vitan、nozepam、pentoxifylline、胶质、白菖蒲及 thermopsis lanceolata。

7.4.3.5　造粒

人们正致力于解决联合生产线的造粒问题。该问题的复杂性在于要在一个操作单元中必须把几乎所有粉体处理工艺,如分散、分级、颗粒与液体间的混合及同步干燥,集为一体。通过 Combi 装置,人们已得到该方向一些有希望的研究成果。

7.4.3.6　粉料的气动输送

20 世纪 60 年代初期,人们对管内两相流体的流体动力学进行了广泛的理论研究及实验研究,其结果有助于人们实现 Shvab 理念,并建立脉冲气动输送(适用面广,特别适合于长距离输送)的新方法[7.75]。

活塞输送单元的工作原理(图 7.41)是,将物料通过特殊的加料装置,在压缩气体(空气)的作用下从加料器周期性输送至管道内。压缩气体从传输线上的某些特定区以特定的压力调节器加入至管道内。因此,该单元操作的特征是材料各组分平稳运动。

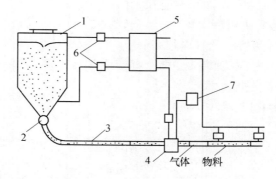

图 7.41　粉体传输的脉冲装置工作原理

1—进料室；2—截止阀；3—输送管路；4—分配器；5—接收器；6—压力调节器；7—脉冲装置。

脉冲气动输送的优点在于,首先,携带介质与材料间的相对速度小,从而使气体膨胀能都能被完全利用。与悬浮输送模式相比,气动输送初始压力大,有助于增加输送距离及质流浓度,增幅达 10 倍～15 倍。

在"真空"条件(管内气压低于大气压)下也可实现脉动输送。这对于输送对环境有害的材料来说,具有重要意义。

7.4.3.7　粉体气动工艺中收尘问题的解决方法

由于气动法粉体技术中以气体作为工作介质,因而粉尘收集问题具有双重重要性。首先,必需避免处理材料的质量损耗,特别是微米材料及亚微米级颗粒,因为它们价格相当昂贵。此外,必需避免工作车间及环境中粉尘的排放。

研究人员对粉尘收集方法进行了大量的实验研究,试验了各种设备及装置。在此过程中,对微米颗粒的捕获效率、操作的可靠性及收尘装置(卸料、再生、清理、修复)操作的难易程度进行了评估。

人们研制了带有闭合等高线的旋风分离系统,用于超细粉体材料的处理。该法有利于降低排出气体的粉尘浓度,并降低从气动装置内排出的含粉尘气体的总排放量。此外,排出气体应在布滤器上进行净化,对于危害环境和人类健康的材料,应用气动装置时应采用闭路循环。

7.5　参考文献

7.1 Fried LE, Howard WM, Souers PC (1998) *Cheetah 2.0 User's Manual*, Lawrence Livermore National Laboratory, Livermore, CA.

7.2 Dagani R (1999) Putting the 'nano' into composites, *Chem. Eng. News 77*, 25–31.

7.3 Komarneni S, Parker JC, Thomas GJ (1992) *Nanophase and Nanocomposite Materials*, Materials Research Society, Vol. 286.

7.4 Komarneni S, Parker JC, Wollenberger HJ (1996) *Nanophase and Nanocomposite Materials II*, Materials Research Society, Vol. 457.

7.5 Komarneni S, Parker JC, Hahn H (1999) *Nanophase and Nanocomposite Materials III*, Materials Research Society, Vol. 581.

7.6 Siegel RW (1999) *Report on Nanostructure Science and Technology*, http://itri.loyola.edu/nano/final.

7.7 Buffat P, Borel JP (1976) Size effect on the melting temperature of gold particles, *Phys. Rev. A 13*, 2287–2292.

7.8 Gash AE, Simpson RL, Tillotson TM, Satcher JH Jr, Hrubesh LW (2000) Making nanostructured pyrotechnics in a beaker. In: *Proc of the 27th International Pyrotechnics Seminar, USA*, pp. 7.11–53.

7.9 Simpson RL, Tillotson TM, Hrubesh LW, Gash AE (2000) Nanostructured energetic materials derived from sol-gel chemistry. In: *Proc of the 31st Int. Annual Conference of ICT, Karlsruhe*, p. 35.

7.10 Simpson RL, Hrubesh LW, Tillotson TM (2000) Patent pending, USA.

7.11 Iler RK (1979) *The Chemistry of Silica*, Wiley, New York.

7.12 Brinker CJ, Scherer GW (1990) *Sol-Gel Science*, Academic Press, New York.

7.13 Clifford T (1999) *Fundamentals of Supercritical Fluids*, Oxford University Press, Oxford.

7.14 Ishizaki K, Komarneni S, Nanko M (1998) *Porous Materials: Process Technology and Applications*, Kluwer, Dordrecht.

7.15 Gregg SJ, Sing KSW (1982) *Adsorption, Surface Area and Porosity*, Academic Press, New York.

7.16 Goldschmidt H (1908) *Iron Age*, **82**, 232.

7.17 Fisher S, Grubelich MC (1998) Theoretical energy release of thermites, intermetallics and combustion metals. In: *Proc of the 24th International Pyrotechnic Seminar, USA*, pp. 231–286.

7.18 Wang LL, Munir ZA, Maximov YM (1993) Review: thermite reactions: their utilization in the synthesis and processing of materials, *J. Mater. Sci.* **28**, 3693.

7.19 Tillotson TM, Hrubesh LW, Simpson RL, Gash AE (2000) Patent pending, USA.

7.20 Strategic Environmental Research and Development Program Home Page (2000) *http://ww.serdp.org*.

7.21 Feng Z, Zhao J, Huggins FE, Huffman GP (1993) Agglomeration and phase transition of a nanophase iron oxide catalyst, *J. Catal.* **143**, 510.

7.22 Takahashi N, Kakuta N, Ueno A, Yamaguchi K, Fujii T, Mizushima T, Udagawa Y (1991) Characterization of iron oxide thin films prepared by the sol-gel method, *J. Mater. Sci.* **26**, 497–504.

7.23 Aumann CE, Skofronick GL, Martin JA (1995) Oxidation behavior of aluminum nanopowders, *J. Vac. Sci. Technol.* B **13**, 1178.

7.24 Taylor TN, Martin JA (1991) Reaction of vapor-deposited aluminum with copper oxides, *J. Vac. Sci. Technol.* A **9**, 1840.

7.25 Danen WC, Martin JA (1993) Energetic composites and method of providing chemical energy, *UK Patent Appl.* 2 260 317.

7.26 Danen WC, Martin JA (1993) Energetic composites, *US Patent* 5 266 132.

7.27 Dixon GP, Martin JA, Thompson D (1998) Lead-free percussion primer mixes based on metastable interstitial composite (MIC) technology, *US Patent* 5 717 159.

7.28 Pekala RW (1989) Organic aerogels from the polysondensation of resorcinol with formaldehyde, *J. Mater. Sci.* **24**, 3221.

7.29 Titov VM, Anisichkin VF, Mal'kov IYu (1989) Investigation of the ultrafine diamond synthesis process in detonation waves, *Phys. Combust. Explos.* **3**, 117–126.

7.30 Dremin AN, Pershin SV *et al.* (1989) About bend of dependence of detonation velocity versus TNT initial density, *Phys. Combust. Explos.* **5**, 141–144.

7.31 Kozirev NV, Golubeva ES (1992) Investigation of ultrafine diamond synthesis process in mixtures of TNT and RDX, HMX, PETN, *Phys. Combust. Explos.* **5**, 119–123.

7.32 Gubin SA, Odintsov VV *et al.* (1990) Influence of shape and size of graphite and diamond crystals on the phase equilibrium of carbon and detonation parameters of explosives, *Chem. Phys.* **3**, 401–417.

7.33 van Thiel M, Ree FH (1987) Properties of carbon clusters in TNT detonation products: the graphite-diamond transition, *J. Appl. Phys.* **5**, 1761–1767.

7.34 McGayer R, Ornellans D, Acst I (1981) Chemistry of detonation processes: diffusion phenomena in nonperfect explosives, In: *Detonation and Explosives*, pp. 160–169.

7.35 Anisichkin VF, Derendyaev BG, *et al.* (1990) Investigation of detonation process in condensed explosives by isotope method, *Rep. Acad. Sci. USSR* **4**, 879–881.

7.36 Kozirev NV, Brilyakov PM, *et al.* (1990) Investigation of ultrafine diamond synthesis process by labeled atoms method, *Rep. Acad. Sci. USSR* **4**, 889–891.

7.37 Kozirev NV, Sakovich GV, *et al.* (1991) Investigation of ultrafine diamond synthesis process by labeled atoms method. In: *Proc. 5th All-Union Meeting on Detonation, Krasnoyarsk*, pp. 176–179.

7.38 Pyaternev SV, Pershin SV, Dremin AN (1986) Dependence of shock induced graphite-diamond transformation pressure versus initial graphite density, hysteresis line of the transformation, *Phys. Combust. Explos.* **6**, 125–130.

7.39 Aksenenkov VV, Blank VD, *et al.* (1994) Formation of diamond monocrystal in plastically deformed graphite, *Rep. Acad. Sci. USSR* **4**, 472–476.

7.40 Bundy FP (1963) Melting of graphite at very high pressure, *J. Chem. Phys.* **3**, 618–630.

7.41 Petrov EA, Sakovich GV, Brilyakov PM (1990) Conditions of diamond conservation in process of detonation transformation, *Rep. Acad. Sci. USSR* **4**, 862–864.

7.42 Mal'kov IYu (1993) Preservation of carbon in explosion chamber, *Phys. Combust. Explos.* **5**, 93–96.

7.43 Bundy FP (1963) Direct conversion of graphite at very high pressure, *J. Chem. Phys.* **3**, 631–643.

7.44 Guschin V, Zakharov A, Lyamkin A, Staver A (1996) Carbon composition production process, *US Patent 5 482 695*.

7.45 Mench MM, Kuo KK, Yeh CL, Lu YC (1998) Comparison of thermal behavior of regular and ultra-fine aluminum powders (Alex) made from plasma explosion process, *Combust. Sci. Technol.* **135**, 269–292.

7.46 Cliff M, Tepper F, Lisetsky V (2001) Ageing characteristics of Alex® nanosize aluminum. In: *Proc. of the 37th AIAA Joint Propulsion Meeting, Salt Lake City*, p. 3287.

7.47 Ivanov GV, Tepper F (1997) Activated aluminum as a stored energy source for propellants. In: Kuo KK (ed.), *A Challenge in Propellants and Combustion*, Begell House, pp. 636–645, Stockholm.

7.48 Mench MM, Yeh CL, Kuo KK (1998) Propellant burning rate enhancement and thermal behavior of ultra-fine aluminum powders (ALEX). In: *Proc. of the 29th Int. Annual Conference of ICT, Karlsruhe*, p. 30.

7.49 Simonenko VN, Zarko VE (1999) Comparative study of the combustion behavior of composite propellants containing ultra fine aluminum. In: *Proc. of the 30th Int. Annual Conference of ICT, Karlsruhe*, p. 21.

7.50 Cliff M (2001) Personal communication.

7.51 Chiaverini MJ, Kuo KK, Peretz A, Harting GC (1997) Heat flux and internal ballistic characterization of a hybrid rocket motor analog. In: *Proc. of the 33rd AIAA Conference, Seattle*, p. 3080.

7.52 Sanger E (1933) *Raketenflugtechnik*, R. Oldenburg, Berlin, p. 5.

7.53 Rapp DC, Zurawski R L (1988) Characterization of aluminum/RP-1 gel propellant properties. In: *AIAA Propulsion Conference, Boston*, p. 2821.

7.54 Palaszewski B, Zakany JS (1996) Metallized gelled propellants: oxygen/RP-1/ aluminum rocket heat transfer and combustion measurements. In: *AIAA Propulsion Conference, Lake Buena Vista*, p. 2622.

7.55 Galecki DL (1989) Ignition and combustion of metallized propellants. In: *AIAA Propulsion Conference, Monterey*, p. 2883.

7.56 Palaszewski B, Rapp D (1991) Design issues for propulsion systems using metallized propellants. In: *AIAA Conference on Advanced SEI Technologies, Cleveland*, p. 3484.

7.57 Palaszewski B, Zakany JS (1995) Metallized gelled propellants: oxygen/RP-1/ aluminum rocket combustion experiments. In: *Proc. of the 31st Joint Propulsion Conference and Exhibition, San Diego*, p. 2435.

7.58 Starkovich J, Adams S, Palaszewski B (1996) Nanoparticulate gellants for metallized gelled liquid hydrogen with aluminum. In: *Proc. of the 32nd Joint Propulsion Conference and Exhibition, Lake Buena Vista*, p. 3234.

7.59 Wong SC, Turns SR (1989) Disruptive burning of aluminum/carbon slurry droplets, *Combust. Sci. Technol.* **66**, 75–92.

7.60 Tepper F, Kaledin L (2000) Combustion characteristics of kerosene containing Alex® nanoaluminum. In: *Proc. of the 5th Int. Symposium on Special Topics in Chemical Propulsion, Stresa*.

7.61 Mordosky JW, Zhang BQ, Harting GC, Cook TT, Kuo KK, Tepper F, Kaledin LA (2000) Combustion of gelled RP-1 propellant with Alex particles. In: *Proc. of the 5th Int. Symposium on Special Topics in Chemical Propulsion, Stresa*.

7.62 Reshetov AA, Shneider VB, Yavorovski NA (1984) Ultradispersed aluminum's influence on the speed of detonation of hexogen, *Mendeleev All-Union Society Abstracts* 1.

7.63 Brousseau P, Cliff MD (2001) The effect of ultrafine aluminum powder on the detonation properties of various explosives. In: *Proc. of the 32th Int. Annual Conference of ICT, Karlsruhe*.

7.64 Baschung B, Grune D, Licht HH, Samirant M (2000) Combustion phenomena of a solid propellant based on aluminum powder. In: *Proc. of the 5th Int. Symposium on Special Topics in Chemical Propulsion, Stresa*.

7.65 Silverberg PM (1998) Homing in on the best size reduction method, *Chem. Eng.* 12, 102–113.

7.66 Simonenko VN, Zarko VE (1999) Comparative studying the combustion behavior of composite propellants containing ultra fine aluminum. In: *Proc. of the 30th Int. Annual Conf. of ICT, Karlsruhe*, p. 21.

7.67 Roslyak A, Biryukov Y, Pachin V (1990) *Pneumatic Methods and Units of Powder Technology*, Tomsk.

7.68 Biryukov Y, Roslyak A, Bogdanov L, *et al.* The method of pneumatic separation of powder-like materials and device for it realization, *Russian Patent* 1 273 193.

7.69 Biryukov Y, Vorogtsov A, Roslyak A, Bogdanov L (1998) Submicron powders by pneumatic processing of electric corundum and combustion products solid propellant. In: *Proc. of the 2nd Int. High Energy Materials Conf. and Exhibition, Chenai, India*, pp. 307–311.

7.70 Sedoi VS, Valevich VV, Chernova L1 (1988) Production of submicron aerosols by the explosion of wires at reduced air pressure, *Aerosols*, **2**, 48–54.

7.71 Biryukov Yu, Perkov V, Roslyak A, Bogdanov L (2000) Experience on obtaining of nano and submicron powders of organic and inorganic materials. In: *Proc. of the 4th Korea-Russia Int. Symp. on Science and Technology (KORUS 2000), Ulsan, Korea*, pp. 291–294.

7.72 Roslyak A, Nirulchikov V, Ananyev A, *et al.* Device for grinding and classification of powders, *Russian Patent* 2 005 564.

7.73 Mayer FG (1969) Allgemeine Grundlagen V-Kurven, *Aufbereitungs-Technik* **8**, 429–440; **12**, 673–678.

7.74 Davidson JF, Harrison D (eds) (1971) *Fluidization*, Academic Press, London.

7.75 Shvab VA (1972) High-pressure pneumatic transport of a pulse type with piston-like structure of traveling medium movement. In: *Problems of Pulse Pneumotransport, Gas Purification and Pneumatic Intermixing of Dispersible Materials*, Tomsk, pp. 3–43.

第8章 粒子表征

U. Teipel, J.K. Bremser
李战雄 译,欧育湘 校

8.1 粒径分析

含能材料制造过程中,粒径和粒径分布等微粒表征有着重要的作用。含能材料的粒径和粒径分布等对其性能有着重要的影响。就推进剂、炸药和烟火材料而言,其性能主要依赖于材料粒子的堆积密度和(或)固相含量,这类材料的燃速可调性也与材料中固体颗粒的粒度和粒度分布直接相关。由此看来,精确、可靠和可重复地对粒子的性能进行测试显得相当重要。本章主要讨论单一粒子的表征技术,叙述评价粒度分布的方法,并列出了相关的测试技术、测试过程及特点。

8.1.1 单一粒子的尺寸和形状

粒子的尺寸可由其几何或物理尺寸参数表征。几何尺寸参数包括粒子直径、表面积、投影面积、体积和比表面积等,这些参数可利用显微镜观察和(或)分析,直接或间接测量。只有粒子为标准球形时,其尺寸才可由单一参数表征;其他类型的规则形状粒子则至少需要两个参数进行表征;对于形状不规则的粒子,原则上而言,不可能以少量的尺寸参数来完全和明确地描述其形状。由于粒子趋向于沿测量方向取向,因此可如图 8.1 定义一些数学统计长度,并用于表征粒子的粒度。

在图 8.1 中,费雷德直径 x_{Fe} 是粒子外围垂直于测量方向上的两条平行切线之间的距离,而沿测量方向正好将粒子投影面积平分成两半的粒子长度则为马丁直径 x_{Ma}。此外,最长弦线距离 x_C 是另一可用于表征粒子尺寸的参数。除此之外,实验测得的粒子比表面积 A_m 也可用于表征粒度。粒

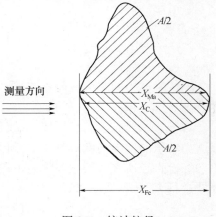

图 8.1 统计粒径

子的体积是一个确定值,作为粒子的一个特性参数,用于表征粒度时不会随粒子的空间取向改变而变化。

利用物理参数测定粒子尺寸的常用方法有:利用粒子在流体中的沉降速度进行测试的沉降速度法,光散射法,噪声衰减法,扩散系数法,静电场中的运动能力法以及测量粒子通过筛网的速度法等。

对于非球形粒子的尺寸和形状表征,引入"等价直径"的概念是一种实用的方法。等价直径是指与不规则粒子具有相同几何和物理性能的球形粒子的直径,这可见式(8.1)~式(8.4)。

常用的等价直径方程包括:

(1) 等价体积的球体直径:

$$x_V = \sqrt[3]{\frac{6V}{\pi}} \tag{8.1}$$

(2) 等价表面积的球体直径:

$$x_S = \sqrt{\frac{S}{\pi}} \tag{8.2}$$

(3) 等价投影面积 A_m 的球体直径:

$$x_{Proj} = \sqrt{\frac{4A_m}{\pi}} \tag{8.3}$$

(4) 等价沉降速度的球体直径(斯托克斯直径):

$$x_{ST} = \sqrt{\frac{18\eta_L \cdot u_S}{(\rho_S - \rho_L) \cdot g}} \tag{8.4}$$

式中　η_L——流体的黏度;

　　　ρ_L——流体的密度;

　　　ρ_S——粒子的密度;

　　　g——重力加速度;

　　　μ_S——沉降速度。

测试时使用的等价性能不同,则所得的等价直径可能出现很大的差别。因此,在给出等价直径的同时,还必须列出测试时所用的方法或者基于何种等价性能。

对于非球形粒子的表征而言,仅仅给出其尺寸还远远不够。因为大部分情况下这类粒子的性能高度依赖于其特性形状参数。随着其形状逐渐偏离标准球形,差别等价直径值之间的相互偏离也逐渐增大。据此可进一步引入形状因子对粒子尺寸进行表征,见式(8.5):

$$\psi_{\alpha.\beta} = \frac{x_\alpha}{x_\beta} \tag{8.5}$$

式中　x_α 和 x_β——分别为差别等价直径。

最常用的形状因子是 Wadell's 球形因子,其定义为粒子的实际表面积与等价于该粒子体积的标准球体表面积之间的比值,见式(8.6):

$$\psi_{Wa} = \left(\frac{x_V}{x_S}\right)^2 \leqslant 1 \tag{8.6}$$

8.1.2　粒子尺寸分布

粒子的尺寸和形状对其性能影响非常大。表征一个离散粒子分散体系或粒子族时,可根据一给定的粒子尺寸 x 对粒子体系进行分类,即分析粒子的粒度分布。具体的表征方法[8.1~8.4]随所采用的测试方法不同而有所区别。例如,统计给定尺寸的粒子数目,则得到数均粒度分布;而由给定尺寸的粒子重量可得到重均粒子分布。不同的方法以不同的系数 r 表示,见表 8.1。

表 8.1　不同的粒子分类方法

分类根据	维 数	系 数	分类根据	维 数	系 数
数目	L^0	$r=0$	体积	L^3	$r=3$
长度	L^1	$r=1$	质量	L^3	$r=3$
面积	L^2	$r=2$			

累积分布 $Q_r(x_i)$ 定义为等于或小于给定尺寸的粒子含量 x_i[8.1],其中,$0 < Q_r(x_i) < 1$。这可见式(8.7)及式(8.8):

$$Q_r(x_i) = \frac{x \leqslant x_i \text{ 的粒子量}}{\text{粒子总量}} \tag{8.7}$$

$$Q_r(x_{min}) = 0; \quad Q_r(x_{max}) = 1 \tag{8.8}$$

密度分布 $q_r(x_i)$ 描述给定尺寸 x_i 的粒子在全部粒子中的含量,介于给定粒子尺寸区间的粒子数量即为区间尺寸,见式(8.9):

$$q_r(\bar{x}_i) = \frac{x_i \text{ 和 } x_{i+1} \text{ 间的粒子量}}{x_{i+1} - x_i} \tag{8.9}$$

式中　$\bar{x}$——区间中的平均粒子尺寸,见式(8.10):

$$\bar{x}_i = \frac{1}{2}(x_i + x_{i+1}) \tag{8.10}$$

如果 $Q_r(x)$ 为一连续可微分函数,则 $q_r(x)$ 可由微分得到,见式(8.11):

$$q_r(x_i) = \frac{dQ_r(x)}{dx} \tag{8.11}$$

累积分布 $Q_r(x)$ 以及密度分布 $q_r(x)$ 如图 8.2 所示。

从测试角度来看,表征粒子族的尺寸分布的不同参数定义如下:

(1) 中值 $x_{50,r}$ 为累积分布函数 $Q_r(x_{50,r})$ 等于 0.5 时的粒子尺寸,这表明粒子体系中有 50% 的粒子尺寸小于这一数值。$X_{50,r}$ 则常用于表征分散体系的平均粒径。

(2) 形态值 x_{mod} 为密度分布 $q_r(x)$ 为最大值时的粒子尺寸。

(3) 粒子尺寸平均值 $\overline{x}$ 可按照式 (8.12) 计算得到:

$$\overline{x_r} = \int_{x_{\min}}^{x_{\max}} x \cdot q_r(x) \cdot \mathrm{d}x \quad (8.12)$$

例如,基于粒子表面积的平均粒径(如 Sauter 直径 x_S)即为与实际粒子体系接近、体积与表面积比例相同的球形粒子体系的平均粒径,见式(8.13):

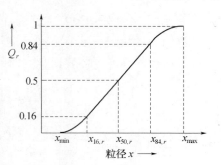

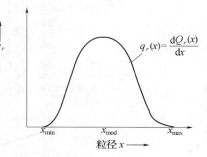

图 8.2 累积分布 $Q_r(x_i)$ 和
密度分布 $q_r(x)$

$$x_S = \int_{x_{\min}}^{x_{\max}} x \cdot q_2(x) \cdot \mathrm{d}x \quad (8.13)$$

对于一个粒子族或粒子体系而言,其粒度均匀性或分散性是粒径分布宽度的函数。粒径分布宽度可简单地由最大和最小粒径表征,或者由其他测得的粒径参数计算得到。根据德国工程学会(VDI 3491[8.5])的规定,粒径分布宽度可由分散性 ξ 定义,见式(8.14):

$$\xi = \frac{x_{84,3} - x_{16,3}}{2x_{50,3}} \quad (8.14)$$

式中　$x_{84,3}$——84% 的粒子族粒径小于 $x_{84,3}$,$Q_3(x_{84,3}) = 0.84$;

　　　$x_{16,3}$——16% 的粒子族粒径小于 $x_{16,3}$,$Q_3(x_{16,3}) = 0.16$。

根据分散性 ξ 可将粒子体系划分如下:

$$\xi < 0.14 \qquad 单分散$$
$$0.14 \leqslant \xi \leqslant 0.41 \qquad 准单分散$$
$$\xi > 0.41 \qquad 多分散$$

一般,粒子体系中粒子的相对粒径在 10% 以内则可视作单分散体系。

只有当粒径表征基于同一性能时,不同的粒径分布数据方可互相比较。否则,必须先对粒径分布采用数学转换后再进行比较。例如,如果数均密度分布 $q_0(x)$ 由计数法得到,只要 $q_0(x)$ 是一个连续函数,则由 $q_0(x)$ 可计算出体积密度分布 $q_3(x)$,见式(8.15):

$$q_3(x) = \frac{x^3 \cdot q_0(x)}{\int_{x_{\min}}^{x_{\max}} x^3 \cdot q_0(x) \mathrm{d}x} \tag{8.15}$$

经验测定的累积分布通常可以数学公式描述,在特殊的坐标体系中可对这些近似公式描绘出线性图[8.3~8.5]。

Gandin 幂律方程和 Schuhmann 幂律方程是最简单的近似公式,它们可用于近似描述体积分布,这可见式(8.16)及式(8.17):

$$Q_3(x) = (x/x_{\max})^m \quad x \leqslant x_{\max} \tag{8.16}$$

$$Q_3(x) = 1 \quad x \leqslant x_{\max} \tag{8.17}$$

可通过调节参数 $x_{\max}$ 和 m 使数学分布函数与经验测定分布 $Q_3(x)$ 相吻合。如果这一公式在双对数坐标体系中作图,则可得到函数的线性关系。

当变量 x 为正态分布时,粒径分布呈现出对数正态分布(类似于广为人知的高斯正态分布)。呈对数正态分布的密度函数 $q_r(x)$ 可表示如下:

$$q_r(x) = \frac{1}{\sigma_x \cdot \sqrt{2\pi}} \exp\left[-\frac{1}{2}\left(\frac{x - x_{50,r}}{\sigma_x}\right)^2\right] \tag{8.18}$$

式中　　$x_{50,r}$——粒径 r 的中值;

σ_x——长度 x 的标准偏差。

正态分布时,长度 x 的数值围绕平均值 $x_{50,r}$ 随机分布,且各粒径值相互独立。

以 Rosin,Rammler,Sperling 和 Bennet 四人的名字命名的 RRSB 分布定义如下:

$$Q_3(x) = 1 - \exp\left[-\left(\frac{x}{x'}\right)^n\right] \tag{8.19}$$

式(18.19)中,拟合参数为 x' 和 n,其中 x' 为累积粒径分布函数 $Q_3(x')$ 等于 0.632 时的粒径值。

8.1.3　取样和制样

分析测试一个粒子族或分散体系时,第一个重要的步骤是取样与制样。在制样过程中,将加工过程或本体材料中的样品转变成可供测试的样品。

开始粒度分析测试前,样品必须经过预处理。一般将样品浓度降低,如将粉末的体积浓度稀释至原浓度的 1/6 甚至更低。有时还要对样品进行防凝处理,添加稳定剂将粉末分散在流体中等措施。但是,必须注意的是,在制样过程中处理样品时必须保证其不发生变化,只有这样才能保证测得的结果代表原样品水平。取样时还必须保证取样的均匀性,如保证所取样品的粒度分布、吸湿量等与整个体系的水平相同。随机取样往往不能保证这一点,因为随机所取样品与整个体系之间存在随机性能差异。如果随机取很多个小样,合并成一个样品进行测试,则可克服这一缺陷。旋转样品收集器即采用这一原理设计而成(见图 8.3)。

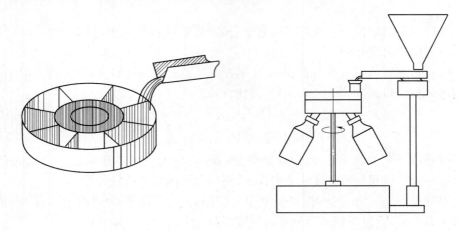

图 8.3 旋转样品收集器[8.2]

使用上述收集器可将给定的样品分成八份(具体多少份可调节),样品收集器每旋转一圈即有少量的样品进入取样器。使用这种方法,即便是采用了一些与本体体系差别较大的材料,仍可提供相对具有代表性的样品。取样过程会导致系统误差,不同的测试方法可能使该误差放大或减小。

滤网分析技术使用多克样品,而激光散射光谱测定法只需数毫克或者最多几克样品。

将样品分散在气体中时,必须保证样品在输送至测试区域时其粒径不发生变化。商业化的干分散设备通过剪切流动输送样品,期间有可能导致样品发生进一步粉碎。有时为提高输送速度而提高输送压力,这样会导致粉体承受更大的载荷。当然,粉体的团聚情况主要决定于材料类型以及粉体粒径。

大部分粒度分析方法都会受到粒子团聚的影响。团聚的粒子族尺寸分布相对不易被计入测试结果,这是所有这些测试方法的共性。正因为如此,在测试前需要将粉体粒子分散。要有效地达此目的,必须在不损伤粒子的情况下打断粒子间的粘接连桥,并且使粒子均匀地分散于基质或流体中。

湿法制样的优点是能有效降低粒子间的粘接力[8.7]。制样时,粉体悬浮在某种能浸润粒子但粒子不会溶解的流体中,期间通过搅拌、震摇、超声等手段或加入分散剂的方法来消除粒子团聚。湿法制样时加入的分散剂吸附在粒子表面,使表面润湿,ζ 电位和范德华力得以调节[8.8~8.10]。可用的分散剂包括焦磷酸钠($Na_2P_2O_7$)、硅酸盐、各种表面活性剂以及明胶等。

　　应该严格控制分散过程,使得在安全分散团聚粒子族的同时,粒子本身不会受到破坏。利用超声法分散时更应注意控制分散条件的强弱。总体而言,如果能保证不改变粒子粒度而使尺寸连续分布,则说明分散过程是成功的。

8.1.4　粒径测试方法

　　如前所述,原则上粒子族的粒径和粒径分布是可测量的。本节介绍几种不同的测试方法及其测试原理,它们具有可靠性和实用性,有些测试方法还需对操作人员进行专门培训。在很多情况下,不同测试方法的物理测试原理不同,这也意味着由不同方法可能会得到不同的测试结果。

　　进行粒子测试时,要求由该测试方法得到的定量信号可用于粒子的粒度分布分析。改变测试信号类型或测试方式也会使测试结果之间产生差别。图 8.4 综述了各种粒度分析方法及其测量范围。

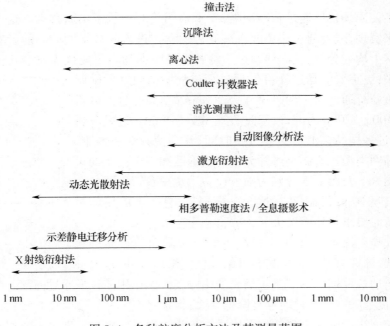

图 8.4　各种粒度分析方法及其测量范围

　　根据基本原理不同,可将粒度分析方法大致分成以下几类:分离法(如过筛、沉降),计数法(如图像分析、消光测量法),光谱法(如激光衍射法、超声法、动态光散射)及其他方法(如相多普勒速度法、全息摄影术和示差静电迁移分析等)[8.3,8.4,8.11~8.13]。

8.1.4.1 过筛分析

利用丝织筛板进行粒子过筛和粒度分析是一种简单、价廉的方法。过筛时可测出粒子体系中介于两个不同网眼尺寸之间的质量,网眼尺寸由不同的丝织筛板决定。过筛分析法可检测的粒子尺寸范围为 $5\mu m\sim 125\mu m$[8.2~8.4,8.14]。其中,干筛法测试粒度范围约为 $45\mu m\sim 125\mu m$,空气喷射法对于粒度范围约为 $10\mu m\sim 500\mu m$ 的粒子测试很有效,湿法则主要用于测试粒子尺寸范围约为 $5\mu m\sim 50\mu m$ 的易粘连粒子体系以及其他难处理的粉体。测试时,通常按照筛网尺寸大小顺序将多个网筛由上到下竖立堆叠。然后将一定量样品铺展于最上层筛网上,一定时间后在不同筛网上得到分级后的粉体。

由筛网分析技术可得到粉体中不同粒度粒子族的累积质量分布。如果 m_i 表示某一个筛网上收集到的粒子质量,则可得式(8.20):

$$\Delta Q_i = \frac{m_i}{\sum_{i=1}^{n} m_i} \quad \text{和} \quad Q_i = \sum_{i=1}^{n} \Delta Q_i \tag{8.20}$$

为了使固体粉体通过筛网网眼,要求筛网相对于粒子不断移动。这可通过筛网运动来实现,或者通过流体或空气流传输粉体进入旋转筛网中。前者有利于物料在筛网上均匀分布,从而使通过筛网各个缝隙的物料更能代表整个粉体体系的粒度水平;更重要的是这样可保证过筛过程中被阻塞的筛眼很快被重新打通。对于网眼尺寸为 200nm 的筛网,过筛分析样品以 100g~200g 为准,过筛过程通常为 20min。过筛分析时,使用过多样品会浪费更多过筛时间,且会使分级更困难。使用的筛网类型也会影响过筛分析的精确度和测试结果的可比性。图 8.5 及图 8.6 分别为筛分设备示意图及筛板图。

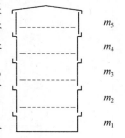

图 8.5 筛分设备示意图[8.4]

空气喷射筛(见图 8.7)适合分析轻质、易团聚的粉体材料。分析时要求粉体粒度大于 $10\mu m$。

空气喷射筛运行时筛网固定,使空气流通过一旋转的狭长形喷孔,这样有利于流体物料供给或使团聚体分开,以便细颗粒物料通过筛网。本方法主要是利用空气流的作用使粒子通过筛网。测试过程中,空气流在筛网上经过时速度降低,随后被抽吸至筛网周边而离开狭长形喷孔的出口。粒度小于筛网空隙的粒子则由空气输送通过网眼。处理湿的或相互粘连且粒度小于 $5\mu m$ 的物料时,建议使用湿法过筛。通常使用蚀刻的微精度筛网。

8.1.4.2 沉降分析

沉降分析是利用重力使搅动流体中的特定粒子沉析[8.2,8.4,8.14]。如果搅动流

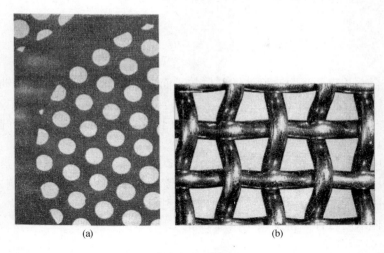

图 8.6 筛板图

(a) 打孔筛板；(b) 丝织筛板。

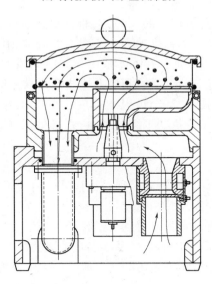

图 8.7 空气喷射筛[8.15]

体体系中的粒子因为受到重力加速度作用而沉降,假设流体无限大,其密度为 ρ_L,黏度为 η_L,则可以通过式(8.21)测试粒子的静态沉降速度 u_S 来计算粒子的沉降特性参数:

$$x_{ST} = \sqrt{\frac{18\eta_L \cdot u_S}{(\rho_S - \rho_L) \cdot g}} \tag{8.21}$$

当粒子雷诺数小于 0.25 时,上式中定义的沉降速度 u_S 可用于雷诺数计算,见

式(8.22):

$$Re_{\mathrm{P}} = \frac{\rho_{\mathrm{L}} \cdot x_{\mathrm{S}} \cdot u_{\mathrm{S}}}{\eta_{\mathrm{L}}} \leqslant 0.25 \tag{8.22}$$

这符合斯托克斯阻力法则区的球体粒子而雷诺数小于 0.25 时的蠕动流情况。

利用沉降分析得到确切的粒子尺寸分布数据的前提条件是,微粒在测试流体中充分分散,同时必须避免测试过程中的粒子团聚。所以,通常在测试样品中加入分散剂,以降低粒子间的相互吸引力。

流体中的粒子经过短暂静置后,开始沉降,浓度梯度开始在悬浮体系中形成。沉降过程中,随着时间变化,利用预先设置的穿过测试杯的浓度测试管测试固体浓度。实时固体浓度 $C(t)$ 可以由不同的方法测得,如光或 X 射线衰减法。利用式(8.23)固体浓度可计算得到累积质量分布:

$$Q_3(t) = \frac{C(t)}{C_0} \tag{8.23}$$

式中 C_0——测试开始时的固体浓度。

光测沉降器是沉降测试仪中的一种,它通过测试透过悬浮体系的光衰减来测定粒子面积,后者代表粒子的粒度特性。X 射线沉降器则测量沉降过程中透过流体体系的 X 射线衰减,由此确定流体体系中不同时间段的粒子浓度,后者可用于计算累积质量分布。时间充足的话,利用上述技术可以测得尺寸小于 $0.5\mu m$ 的粒子。如果辅以离子沉降技术,甚至可以测得尺寸小于 $0.1\mu m$ 的粒子,测试时间也可以缩短。利用沉降技术分析纳米级粒子时,则必须保证布朗运动效应对测试结果没有影响。

8.1.4.3   图像分析

对粉体体系进行图像分析首先必须采集样品材料的照片。然后对每一个粒子图像分别进行测量,根据其尺寸和给定尺寸粒子计数分类。所得图像通常提供粒子的投影面积分布,故而常常只能得到关于粒子二维尺寸特性的一些结论。

图像分析成功与否高度依赖于样品制备的有效性。制样时,粉体必须分散在载体表面,且分散过程中粉体不受污染。一般,以 CCD 相机对粉体照相,并进行数字化处理。也可以通过不同的光技术获得图像(如直接法、透射法、间接法或荧光法等),使用的光源可以是白光、光谱或其他类型的光源。常常采用软件运算法则获得图像,借此可对粉体的一些特性进行计算处理。当然,这一过程系需用专业软件进行自动处理。有时因为背景或载体材料的原因,可导致图像分辨率差,如出现图像模糊、失真或者对比度低等,使得对这些图像的数字化分析变得困难。有时粉体粒子间无明显分离时也会存在同样的问题。

多种光学仪器可提供不同的放大倍率,从而使图像分析技术应用于宽范围粒径的粉体分析。这些光学仪器包括光学显微镜、扫描电子显微镜(SEM)、透射电镜(TEM)、扫描隧道显微镜和原子力显微镜等。关于这些仪器的进一步介绍以及图像处理技术、图像制备、信号处理等的综述可参见文献[8.3,8.16]。光学技术的最大优势在于其对于阐明粒子形态结构,以及尺寸和形状特性等非常有用。

8.1.4.4　计数器法

计数器法(见图 8.8)利用电场扰动来测试样品中的粒子尺寸分布,测试过程为直接记数。粒子悬浮在电解液中,一次一个地依次通过位于电场中的已知直径的毛细管。只要毛细管中有一个粒子存在,电极间的电阻便会增加,导致回路中电压也相应增加(电流保持恒定)。电阻变化 ΔR 决定于粒子悬浮在毛细管中时所排开的电解液量,因此 ΔR 与粒子的体积成正比[8.3,8.4]。

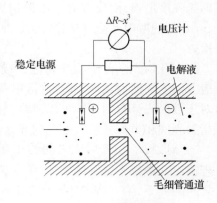

图 8.8　Coulter 计数器示意图

上述测试方法的缺点是测试时采用的毛细管直径必须与被测试粒子的尺寸范围相匹配。否则,如果样品中存在粒径过大的颗粒,会使记数通道堵塞。反之,如果被测试粒子的粒径小于毛细管直径的 2%,则得不到测试信号[8.4]。粒径过小时也存在两个粒子同时进入毛细管而被误当作一个大粒子记数的可能。计数器法测试的粒子范围 $0.4\mu m \sim 1200\mu m$。对于粒径分布宽的样品,测试前需要预处理成合适的粒径分布才能进行测试。

8.1.4.5　激光散射光谱法

(1) 基本原理

激光散射光谱法利用散射光分布来测试粉体粒径分布,散射光分布决定于粒子与光之间的相互作用——当光波扩散通过微粒介质时发生散射。单一粒子产生的散射光可按照 Mie 参数 α 大小分成不同的范围,见式(8.24):

$$\alpha = \frac{\pi x}{\lambda} \tag{8.24}$$

由此可知,散射行为与光波长和粒子尺寸大小有关,Mie 理论对此进行了准确的描述。总体而言,基于 Mie 理论可将散射分成以下几种类型:

$\alpha \ll 1$　　　　　　Rayleight 散射范围

$0.5 < \alpha < 10$　　Mie 散射范围

$\alpha \gg 1$　　　　　　几何光学范围

当微粒粒径比光波波长小得多时会发生 Rayleight 散射,其特征是反射光与入射光方向完全对称,且光波在前进方向和反方向的散射量完全相同。因此,散射光强度正比于微粒粒径 x 的六次方,而与光波长 λ 的四次方成反比。而由于光散射对称,散射光分布不能用于测定 Rayleight 范围内的粉体粒径分布。

与之相比,在 Mie 散射范围内则可由散射光分布测定粒径大于 $0.1\mu m$ 的粉体尺寸。在此范围内,散射光分布不对称。随着 Mie 参数 α 增大,在前进方向的散射光强度增强,而反方向上的散射则减弱。当粒子或微滴尺寸增加时,在散射角 $\varphi = 0$ 处的散射光强度达到最大。在此范围内散射光强度正比于微粒粒径 x 的四次方。

在几何光学范围($\alpha \gg 1$)内,散射光分布与粒子尺寸之间的关系简单。前进散射方向上的散射角最窄范围(散射角 $\varphi \rightarrow 0$)基本可由光衍射确定。折射和反射光对于散射光分布的影响可以忽略。在此范围内衍射行为与大家熟知的 Fraunhofer 衍射光圈相类似[8.17]。在几何光区,散射光强度正比于微粒粒径的二次方。

球形粒子和入射光之间的相互作用与入射光波长 λ、入射光强 I_0 有关,Mie 理论对此进行了详细的描述[8.18],该理论定义了散射光分布(或强度)与微粒粒径之间的关系,有关其详细介绍可参见文献[8.19,8.20]。由于 Mie 散射范围和 Rayleight 散射范围都与被检测系统的光学性质相关,因此定义了材料的复折射率 m,见式(8.25):

$$m = n(1 - i\kappa) \tag{8.25}$$

式中　n——折光指数;

κ——吸收指数,其中 κ 由式(8.26)定义:

$$\kappa = \frac{k \cdot \lambda}{4\pi n} \tag{8.26}$$

k——吸收系数。

以上述复折射率可对均相材料的光学性能进行描述。但有关的光学性能数据(如折射率 n、吸收指数 κ 等)一般为未知,因此常常利用 Fraunhofer 近似数值法来进行计算[8.21]。这一近似值只对前进方向窄区域(几何光学区)内散射光的计算有效,在这一区域散射光强度绝大部分来源于粒子表面入射光的衍射。

图 8.9 描述了激光衍射仪的测试原理。仪器配备的光源发射器可发射波长为 $\lambda = 632.8nm$ 的 He－Ne 激光束,接收系统由图像光学系统和电子检测器组成。光散射依赖于体系中微粒尺寸和粒子族,激光衍射仪正是利用这一事实进行测试。粒子越小,散射光越多。通过 Fourier 透镜,从某一种尺寸的粒子散射来的光在检测器上的同一点做图,而不管粒子在体系中的空间位置。由此散射光在半圆形的检测器上形成一放射状的对称衍射图。对于球形粒子,生成的衍射图由一组同心暗圈和光环(衍射环)组成。

散射光强度分布 $I(r,x)$ 与粒子尺寸 x 及散射光到光轴 r 的距离有关,对于

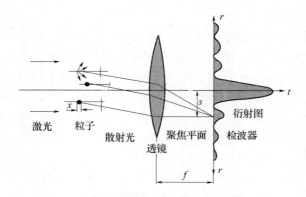

图 8.9　激光衍射仪测试原理图

单一粒子可定义如下,见式(8.27):

$$I(r,x) = I_0 \cdot \left(\frac{\pi x^2}{4f \cdot \lambda}\right)^2 \cdot \left[\frac{2J_1\left(\frac{\pi \cdot r \cdot x}{\lambda \cdot f}\right)}{\frac{\pi \cdot r \cdot x}{\lambda \cdot f}}\right]^2 \tag{8.27}$$

式中　f——焦距;

　　　J_1——第一 Bessel 函数。

对于粒子族,来自个体粒子的散射光强度有层理地分布,从测得的散射光强度可计算出粒子尺寸分布[8.22]。

激光散射光谱法可测定的粒子尺寸范围为 $0.1\mu m \sim 3000\mu m$,其最大的优点是所需测量时间短,这一点与一些非光学方法相比尤其突出。此外,激光散射光谱法还特别适合于粒径大于 $5\mu m$ 的球形粒子,即便这些材料的光学性能为未知时也能对其进行测定。有时为成功应用激光散射进行测量,还要求粒子的光学性能如折光指数 n、吸收指数 κ 等为已知[8.23]。

理想透明粒子不吸光,但反射或衍射光。这些材料的吸光指数 $\kappa = 0$。一些轻微吸光的材料具有的吸光指数介于 $10^{-3} \sim 10^{-2}$ 之间[8.24]。

分散系统的光衍射不仅与粒子的性能有关,体系中分散介质(连续相)的折光指数 n_c 也会对光衍射产生影响。两相之间的差别可以用相对折光指数 n^* 来表述,见式(8.28):

$$n^* = \frac{n_d}{n_c} \tag{8.28}$$

n^* 即为分散相和连续相的折光指数(实数部分)的比值。对于由透明粒子或微滴组成的分散体系,分散相和连续相的折光指数一般几乎相同(因此 $n^* \to 1$)。对于 $n^* = 1$ 的极限情况,已经不能利用光学方法对相分离进行测定。

(2) 透明粒子表征

测试透明粒子的粒径分布一般采用 Malvern 仪。测试系统为 Mastersizer 激光衍射仪。被测试体系中以去离子水作为连续相(折光指数 $n_c = 1.333$),分散相则为具有不同平均粒径($F_1 \sim F_4$)的四种玻璃小球。为得到窄尺寸分布的玻璃小球,应对其事先进行过筛,然后选择平均粒径为 $x = 3\mu m \sim 115\mu m$ 的四种玻璃小球进行测试,玻璃球的折光指数 n_d 为 1.53。图 8.10 给出了典型的玻璃球扫描电镜图。图 8.11~图 8.15 则给出以激光衍射法测定的玻璃球的累积体积分布 $Q_3(x)$ 和体积密度分布 $q_3(x)$。计算尺寸分布时使用 Fraunhofer 近似数值法和 Mie 理论,输入参数则为基于 Mie 理论的分散体系的折光指数和吸收指数。

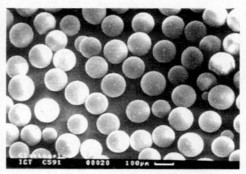

图 8.10　玻璃球 F_1 组分的扫描电镜图

按照 Fraunhofer 近似数值法计算,得出图 8.10 中窄分布单型玻璃球 F_1 的累积体积分布 $Q_3(x)$ 和体积密度分布 $q_3(x)$ 见图 8.11。由此得出的粒径中值 $x_{50,3}$ = 115.2μm,Sauter 直径 x_S = 113.4μm。

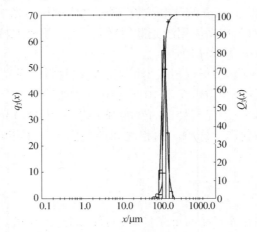

图 8.11　玻璃球 F_1 组分的累积体积分布 $Q_3(x)$ 和体积密度分布 $q_3(x)$
(Fraunhofer 近似数值法)

输入玻璃球的折光指数 $n_d = 1.53$ 和吸收指数 $\kappa = 0.001 \sim 0$ 时, 在此范围内利用 Fraunhofer 近似数值法计算得到的尺寸分布与 Mie 理论相吻合。增大折光指数至大于玻璃的折光指数值, 且变化吸收指数时, 得出的有关粒径分布的一些关键参数却不会发生大的改变。减小折光指数至等于连续相(水)的折光指数值($n^* \approx 1$), 计算结果中则会出现实际上并不存在的细颗粒粒子。图 8.12 所示为按 Mie 理论计算所得的玻璃球 F_1 的 $Q_3(x)$ 和 $q_3(x)$。

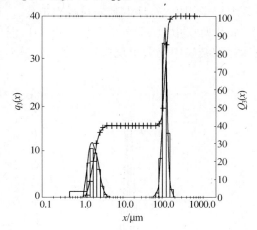

图 8.12 玻璃球 F_1 的累积体积分布 $Q_3(x)$ 和体积密度分布 $q_3(x)$
(Mie 理论计算: $n_d = 1.339, \kappa = 0.001$)

单型玻璃球 F_2 的计算结果见图 8.13～图 8.15。按照 Fraunhofer 近似数值法计算得出的粒径中值 $x_{50,3} = 13.7\mu m$, Sauter 直径 $x_S = 6.9\mu m$。图 8.13 中也出现

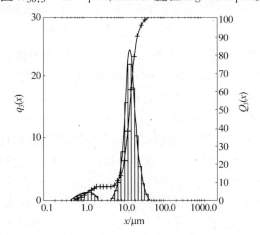

图 8.13 玻璃球 F_2 组分累积体积分布 $Q_3(x)$ 和体积密度分布 $q_3(x)$
(Fraunhofer 近似数值法)

了实际上并不存在的细颗粒粒子,因此使 Sauter 直径值大大减小。光通过样品时,被弱吸收(或无吸收)的透明粒子散射,从而部分偏转至检测器区域外。这也是导致检测结果中出现微细粒度这一检测结果的又一原因。

　　输入折光指数 $n_d > n_{glass}$ 以及吸收指数 $\kappa = 0.001 \sim 0$ 时,按照 Mie 理论计算得出的计算结果中也出现微细粒子的假象。但是,如果输入合适的折光指数和吸收指数值,如 $n_d = 1.53$,$\kappa = 0.001$ 或 0,得到的粒子尺寸分布结果则不会偏离实际情况,即不仅不会出现微细粒子假象,而且得到的粒径中值 $x_{50,3}$ 和 Sauter 直径 x_S 完全真实(见图 8.14)。如果吸收指数 κ 增大至大于 0.001,但保持折光指数 $n_d = 1.53$,按照 Mie 理论计算的结果中仍会出现微细粒子,这一点与按照 Fraunhofer 近似数值法计算结果一样。

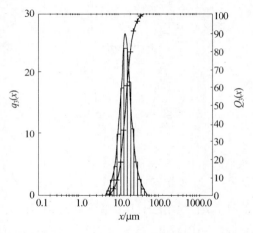

图 8.14　玻璃球 F_2 组分累积体积分布 $Q_3(x)$ 和体积密度分布 $q_3(x)$
(Mie 理论计算:$n_d = 1.53$,$\kappa = 0.001$)

　　如果将折光指数减小至 $n_d = 1.339$(例如,相对折光指数 $n^* = 1$),按照 Mie 理论计算将会导致"体系主要为微细粒子"的错误结论,得出的粒子粒径中值 $x_{50,3}$ 和 Sauter 直径 x_S 都等于 $0.84\mu m$(见图 8.15)。

　　上述结果说明,利用 Fraunhofer 近似数值法计算小粒径体系时($\alpha < 10$),透明颗粒会导致"体系存在微细颗粒"的错误结论。如果已知体系材料的折光指数和吸收指数,按照 Mie 理论测试则不会出现这一错误的双峰粒度分布结果。

　　基于 Mie 理论,按照 streu 模拟程序计算了球型透明粒子的散射行为[8.25,8.26]。计算时,激光衍射光谱仪的一些特性参数包括激光功率($P = 2mW$)和线性偏振 He - Ne 激光的波长($\lambda = 632.8nm$)等将作为输入参数。模拟计算出的坐标图表明,散射角 φ(φ 为入射光与散射脱离粒子进入检测器的光束之间的夹角)是散射光强 I 的函数。

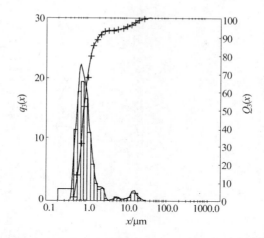

图 8.15　玻璃球 F_2 组分的累积体积分布 $Q_3(x)$ 和体积密度分布 $q_3(x)$
（Mie 理论计算：$n_d = 1.339, \kappa = 0.001$）

对于粒度小于光波波长的体系，可观察到典型的偶极行为，这也是 Rayleight 散射的典型特征。随着粒子直径增大，散射行为会变得越来越明显。图 8.16 和图

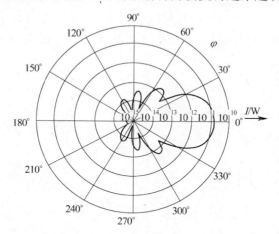

图 8.16　粒径为 $x = 1\mu m$ 的粒子在水中的极坐标图

8.17 分别给出了直径 $x = 1\mu m$ 和 $x = 20\mu m$ 的两种球型粒子的坐标图。其中，粒子的折光指数 $n_d = 1.48$，以水作为连续相，相对折光指数 $n^* = 1.113$。对于所有的坐标图计算，吸收指数均设定为 $\kappa = 0.001$。得出的坐标图结果表明，随着粒子粒径增加，在正向区的散射逐渐占优势。$\varphi = 0$ 时散射光强度最大值也随着粒径增加而增加。这说明激光衍射光谱更适于表征大颗粒粒子。对于所有粒子都适合的散射角 φ 值为 $\varphi = 90°$ 和 $\varphi = 270°$。对于粒径 $x = 20\mu m$ 的粒子，后向散射最大值出

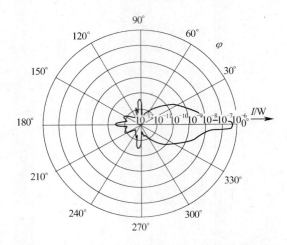

图 8.17　粒径为 $x = 20\mu\text{m}$ 的粒子在水中的极坐标图

现在 $\varphi = 180°$，而粒径 $x = 1\mu\text{m}$ 的粒子体系的后向散射最大值 φ 在 $120°$ 和 $240°$ 出现。当然，后向散射强度比正向散射强度弱几个数量级，这表明 Mie 理论可以用于测定这些体系的粒子尺寸分布。

图 8.18 和图 8.19 给出了粒径相同（$x = 5\mu\text{m}$）但折光指数不同的粒子体系的坐标图。图 8.18 中的折光指数 $n_{\text{d}} = 1.333$，以水作为连续相（$n_{\text{c}} = 1.333$），故相对

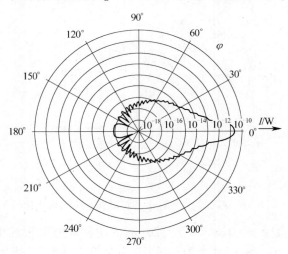

图 8.18　粒子在水中的极坐标图（$x = 5\mu\text{m}, n_{\text{d}} = 1.333, n^* = 1, \kappa = 0.001$）

折光指数 $n^* = 1$。值得注意的是在这一相对折光指数的极端情况下，大量的散射峰出现在散射角 $\varphi = 60°\sim120°$ 和 $\varphi = 240°\sim300°$。图 8.19 给出的是玻璃球在水中的坐标图，图中正向方向上的最大强度值更为明显（$x = 5\mu\text{m}, n_{\text{d}} = 1.53, n^* =$

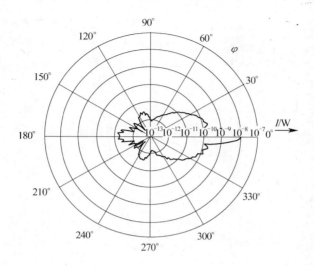

图 8.19 粒子在水中的极坐标图($x=5\mu m, n_d=1.53, n^*=1.15, \kappa=0.001$)

$1.15, \kappa=0.001$)。对于该体系,后向强度最大值出现在 $\varphi=180°$,局部极大值出现在 $\varphi=110°$ 和 $250°$。

为了检验激光衍射光谱测量中观察到的现象(如在透明粒子体系的粒径分布中存在细颗粒部分的假象),利用 Coulter 记数法和沉降法进一步对粒子体系的粒径进行测量以作比较。各种方法得到的结果都可用粒径的函数表示为分布曲线 $Q_3(x)$(见图 8.20~图 8.22)。

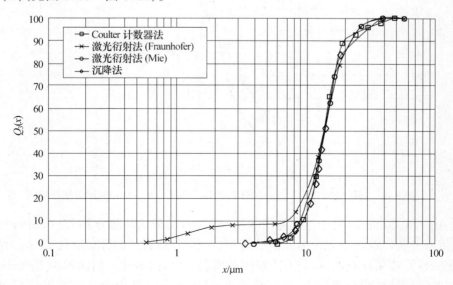

图 8.20 悬浮玻璃球 F_2 组分的体积累积分布 $Q_3(x)$:几种测试方法比较

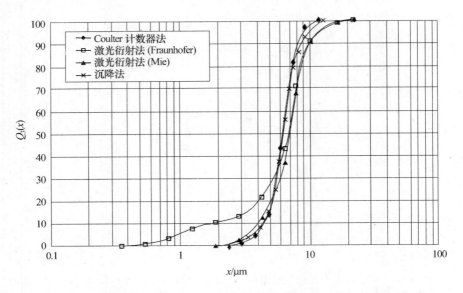

图 8.21 悬浮玻璃球 F_3 组分的体积累积分布 $Q_3(x)$：几种测试方法比较

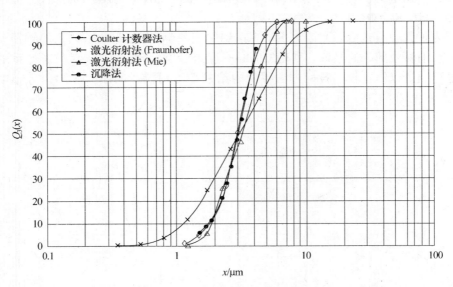

图 8.22 悬浮玻璃球 F_4 组分的体积累积分布 $Q_3(x)$：几种测试方法比较

由图 8.20 可知，对于粒径范围 $x_{50,3}=14\mu m$ 的玻璃球部分 F_2，由 Coulter 记数法、沉降分析以及由激光衍射光谱根据 Mie 理论计算得到的分布曲线 $Q_3(x)$ 结果几乎一样。需要注意的是，只有当粒子为粗颗粒时，由激光衍射法根据 Fraunhofer 近似数值法计算得到的结果才与其他方法得到的结果相吻合。如果粒径低于

$10\mu m$，则会出现细颗粒的假象，从而导致整个曲线向小粒径方向偏移。由此断定，激光衍射法测定透明粒子体系时，必须使用 Mie 理论计算测试粒径分布，故要求被测试材料的光学性能为已知。

对于玻璃球部分 F_3，由 Coulter 记数法和沉降分析法得到的平均粒径（$x_{50,3} = 7\mu m$）结果几乎一样（图 8.21）。相比而言，以激光衍射法对粗颗粒测试的结果则偏大。在小粒径范围内以激光衍射法测试时，只有通过 Mie 理论计算才能得出与另外两种方法相吻合的粒径结果，以 Fraunhofer 近似数值法计算得出的结果则仍然存在细颗粒部分的假象。

对于粒度范围为 $x_{50,3} = 3\mu m$ 的玻璃球部分 F_4 粒子体系的函数同样存在上述现象（图 8.22）。这一窄分布粒子体系由沉降分析法和 Coulter 记数法得到的平均粒径计算结果相同。在该细颗粒范围内以 Mie 理论计算得出的结果与上述两种方法得出的结果也非常吻合。但在粗颗粒范围内体积累积分布 $Q_3(x)$ 增加较快，这导致所测得的平均粒径偏大。对于这一粒度范围 $x < 3\mu m$ 的透明粒子，应用 Fraunhofer 近似数值法得出的结果与上述三种方法差异很大，针对细颗粒体系得出的粒度结果太小，针对粗颗粒得出的粒度结果则太大[8.27]。

（3）以声化学法合成的 $1,3,5 -$ 三氨基 $- 2,4,6 -$ 三硝基苯表征

作为炸药，$1,3,5 -$ 三氨基 $- 2,4,6 -$ 三硝基苯（TATB）具有高熔点、热稳定很好的优点，已经应用于要求冲击钝感的领域。过去，工业级 TATB（PG - TATB）在压力反应釜中生产，即在甲苯溶剂中以无水氨气对 $1,3,5 -$ 三氯 $- 2,4,6 -$ 三硝基苯（TCTNB）氨化而制备[8.28]。由此制得的 TATB 粒度范围为 $30\mu m \sim 60\mu m$，该产品适用于大多数场合。但如要求其对冲击更敏感，则需要降低其粒度。例如，Lawrence Livermore National Laboratory（劳伦斯 - 利物莫尔国家实验室）（LLNL）和 Pantex 生产的 TATB 算术平均粒径为 $6\mu m$，根据美国能源部测试标准为钝感高能炸药（IHE）[8.29]，这种超细 TATB（UF - TATB）的生产工艺非常复杂而且费时[8.30]。

为了寻求具有超细粒度 UF - TATB 的简单合成方法，我们研究了超声法合成 TATB。本节主要叙述 FP - TATB 的合成及其粒度分布测试技术，如在合成时使用表面活性剂和超声刺激，研究了这些因素对产物粒度的影响。此外，还分析了由此制备的 UF - TATB（91190 - 135m - 003）、FP - TATB（KYL - 1 - 58s）和 PG - TATB（12 - 11 - 81 - 0524 - 165）几种产品的粒度及粒度分布。

使用的液体超声处理器（Misonix XL2020）配备 0.5 英寸的探头，在 20kHz 下改变输出功率可制备不同的 FP - TATB。设定输出功率为 500W（为最大值的 60%），将 TCTNB 的甲苯溶液加入盛有氢氧化铵溶液的 300mL 烧杯（Pyrex No. 1040）配制处理液，然后将超声波探头浸入两相处理液，开启处理器时氨化反应马上开始。为减少氨气挥发进入空气中，在烧杯口上加盖一层铝箔。经 40min 声波

处理后,得到的乳液在环境温度下放置过夜。然后过滤收集 FP - TATB,依次以热水、甲苯和丙酮洗涤滤饼,所得的柠檬色固体在 98℃ 下真空干燥过夜。氨化反应见图 8.23。

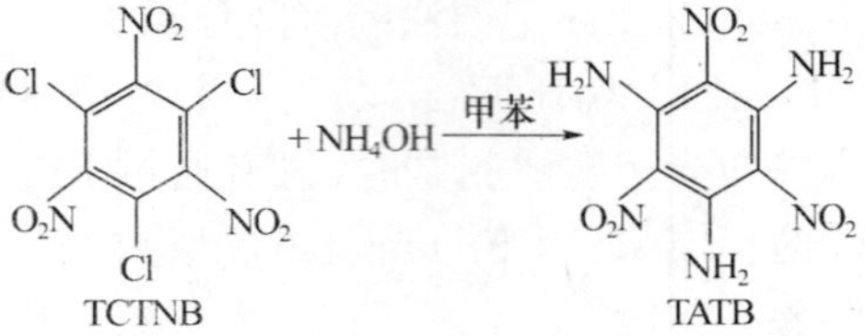

图 8.23　TATB 合成

所有的粒度测试均在 Horiba LA - 900 型激光散射粒度分布测试仪上进行。仪器配备双灯光源———一个 632.8nm He - Ne 激光器以及一个蓝 - 红色钨灯。光束被测量池中的粉体散射后,通过透镜聚光在一个 18 - 位检测器上。该仪器可测试粒度为 $0.004\mu m \sim 1000\mu m$ 的样品[8.31]。少量 TATB 样品悬浮在去离子水中以作粒度测试,其中去离子水作为分散液(约 200mL)。测试时通过蠕动泵使样品和分散介质循环通过测量池。样品加入时,必须逐渐滴加至测量池,直到百分透过率达到仪器的推荐值。然后针对 FP - TATB、PG - TATB 和 UF - TATB 样品各测试 3 次。

测试了不同分散方法对粒度分布的影响。利用仪器自身的内部泵系统和超声浴(USB)进行分散,分散时使用 40W 的超声探头(USP)并在体系中加入非离子表面活性剂 Triton X - 100(TX,Rohm & Hass)。改变超声探头的功率输出和扰动时间并观察其对粉体分散的影响。样品分别以超声探头在 40W 下扰动 5min 和 100W 下扰动 12min。另外测试了两种不同浓度的样品,以观察样品浓度对粒子分散的影响。样品悬浮在含稀 Triton X - 100 的水中,以 40W 超声探头扰动 10s,然后滴加至测试仪的样品池中,直到透过率降低至约 70% 或 95%。

在超声波作用下,由 TCTNB 在甲苯中与氢氧化铵溶液反应制得柠檬色 TATB,这一方法独特且经济。使用氢氧化铵溶液(NH₄OH)代替氨气作为氨化试剂,从而避免了在氨化反应过程中对氨气压力的实时监控。与文献报道的方法相比,采用这一方法生产时工艺不复杂、耗时少,反应过程中使用的危险溶剂——甲苯则可通过蒸馏从废气中回收再用。

在不外加分散方法的情况下,样品单独悬浮在去离子水中难以稳定。水的高表面张力给粉体提供了一层"外衣",从而使粉体沾附在玻璃器件或仪器部件上。而且,粉体单独悬浮在水中更容易聚集,这样很难得到具有代表性的分散粉体粒度数据。因此,与外加分散促进作用的样品相比,对 UF - TATB 或 FP - TATB 单独分散在水中制得的样品进行测试时,得到的粒度平均值和粒径中值都偏高,且粒度分布变宽(见图 8.24)。对 PG - TATB 单独分散在水中的样品进行测试时也得到偏高的粒度平均值和粒径中值。图 8.25～图 8.27 分别比较了 UF–TATB、PG–TATB、FP–TATB 三种样品单独悬浮在去离子水中与外加分散方法制样的粒度分布测试结果。

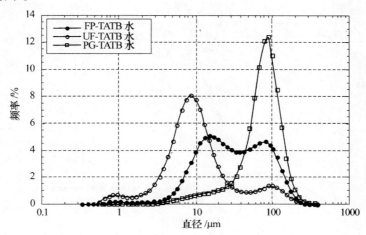

图 8.24 UF–TATB、PG–TATB、FP–TATB 悬浮在去离子水中的粒度分布

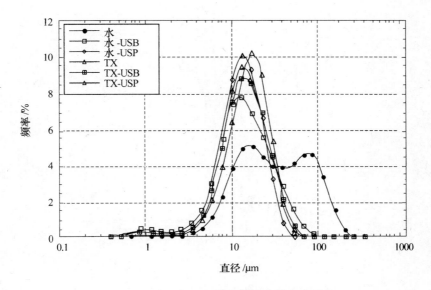

图 8.25 对 FP–TATB 的粉体分散方法比较

以上研究结果表明,仅仅使用去离子水不能使三种样品充分分散,必须使用外加的分散方法如超声扰动和(或)添加表面活性剂使之形成更均匀的悬浮体系。但是,从图 8.25～图 8.27 也可看出,只要保证粉体充分分散,不同的分散方法对测

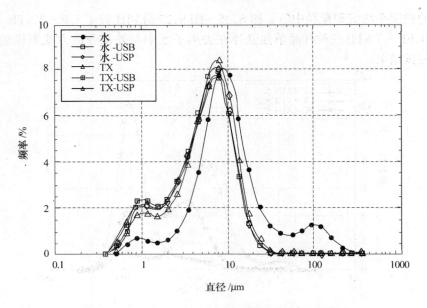

图 8.26 对 UF-TATB 的粉体分散方法比较

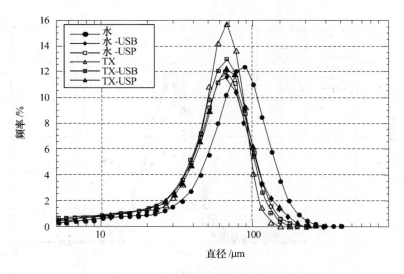

图 8.27 对 PG-TATB 的粉体分散方法比较

得的粉体粒径中值或粒径分布结果几乎无影响。表 8.2～表 8.4 总结了粒径测试结果。使用超声浴或超声探头对于样品分散是一种好方法,与之相比,添加少量 Triton X-100 不仅极大地促进了样品分散,还具有使样品运行系统更容易清洗的优点。

表 8.2　UF－TATB 粒度测试结果　　　　表 8.3　FP－TATB 粒度测试结果
（基于体积）　　　　　　　　　　　（基于体积）

制　备	平均粒径 /μm	粒径中值 /μm
去离子水	18.84	8.83
去离子水,超声浴(USB)	5.70	5.06
去离子水,超声探头(USP)	5.70	5.12
去离子水,Triton X－100	6.35	5.65
去离子水,Triton X－100,USB	5.67	5.01
去离子水,Triton X－100,USP	5.65	4.95

制　备	平均粒径 /μm	粒径中值 /μm
去离子水	42.04	27.16
去离子水,超声浴(USB)	15.95	12.68
去离子水,超声探头(USP)	13.77	12.41
去离子水,Triton X－100	16.04	14.70
去离子水,Triton X－100,USB	15.56	13.39
去离子水,Triton X－100,USP	14.91	12.97

表 8.4　PG－TATB 粒度测试结果(基于体积)

制　备	平均粒径 /μm	粒径中值 /μm	制　备	平均粒径 /μm	粒径中值 /μm
去离子水	75.94	72.86	去离子水,Triton X－100	54.62	56.22
去离子水,超声浴(USB)	56.00	54.86	去离子水,Triton X－100,USB	54.18	54.76
去离子水,超声探头(USP)	54.33	54.36	去离子水,Triton X－100,USP	54.50	55.18

　　研究表明,在样品制备时增加扰动时间和提高扰动功率对于 PG－TATB 和 UF－TATB 样品的粒径测试结果几乎无影响。对 FP－TATB(同一类型制样方法)测得的平均粒径则变小。改变分散条件测得的平均粒径结果列于表 8.5。高浓度样品有降低透过百分率的效应,反之,低样品浓度使透过百分率提高。对高、低样品浓度测试的粒度结果非常相似。因此,对本文所研究的几种粒度的样品而言,增加样品浓度几乎不影响测试结果。表 8.6 列出了增加样品浓度测得的平均粒径结果。

表 8.5　增加扰动时间制样测得的平均粒径(μm,基于体积)

制　备	FP－TATB	PG－TATB	UF－TATB
10s USP/40W	14.91	54.50	5.65
5min USP/40W	11.34	55.69	5.89
12min USP/40W	8.85	53.02	5.17

表 8.6　增加样品浓度测得的平均粒径(μm,基于体积)

制　备	高浓度,约 70%透过率	低浓度,约 95%透过率
PG－TATB	55.12	54.50
UF－TATB	5.64	5.65
FP－TATB	17.70	14.91

以上介绍了工艺简单的细颗粒 TATB 制备方法，即在超声辅助下，由 TCTNB 和氢氧化铵溶液一步氨化得到 TATB。对 TATB 的粒度研究表明，所得的 FP - TATB、UF - TATB 和 PF - TATB 的算术平均粒径分别为 $15\mu m$、$5\mu m$ 和 $55\mu m$。

深入研究粒子分散技术表明，使 TATB 在水中分散需要外加分散方法，如超声扰动或外加表面活性剂。添加少量稀 Triton X - 100，使样品分散情况大为改善。使用超声浴或超声探头对于样品分散是一种可行的方法，与之相比，添加少量乳化剂不仅极大地促进了样品分散，还使得样品运行系统更容易清洗。对于 UF - TATB 和 PF - TATB 样品而言，过量的超声扰动（如增加扰动时间）对于样品粒度测试结果几乎没有影响；但是，FP - TATB 样品则出现平均粒径降低的现象。使用高浓度样品测试对测试结果也没有太大的影响。当然，操作过程中建议采用低样品浓度，这样不仅可避免检测器过载和粒子团聚，而且还能节省样品。

8.1.4.6 动态光散射

动态光散射又称光子相关光谱（Photon Correlation Spectroscopy，PCS），是一种以激光透过悬浮体系测试的方法。测试时，由于粒子布朗运动导致激光强度变化，测量变化大小，由此确定粒子尺寸[8.13,8.32,8.33]。只要确定转移散射系数，由 Stokes - Einstein 关系方程按式（8.29）即可确定流体粒子的等价直径 x：

$$x = \frac{k \cdot T}{3\pi \cdot \eta_C \cdot D} \tag{8.29}$$

式中　k——玻耳兹曼常数；

　　　T——样品温度；

　　　η_C——连续相的黏度。

图 8.28 为动态光散射实验所用装置的设计原理示意图。其中，以 90°和 180°的散射角方向捕捉粒子族发出的散射光，也可从多个不同的角度接收散射光，通过配备的光电倍增器放大光信号。

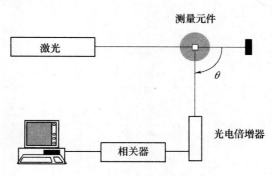

图 8.28　动态光散射装置示意图

超细粒子的无规布朗运动使粒子不断地重排,这导致散射光的相对相位不断变化,从而使累积信号的频率不断波动。而在发生这些变化时,不同粒度的粒子改变位置的速率不同,强度波动的特征时间提供了计算粒度的信息。对应于这些波动的时间值只有微秒到毫秒级。为了由强度波动得到扩散系数的信息,计算了关于具有时间依赖性的"波动"与"散射光强度"之间关系的自动校正函数,并将其与已知的相关函数进行比较。其中球型粒子的自动校正函数可以指数函数表示:

$$g(\nu) = \exp(- D \cdot q^2 \cdot \nu) \tag{8.30}$$

式中　D——粒子扩散系数;

　　　ν——相关时间;

　　　q——散射向量,它可以折光指数 n、光波长 λ 和散射角 φ 表示:

$$q = \frac{4\pi \cdot n}{\lambda} \cdot \sin\left(\frac{\varphi}{2}\right) \tag{8.31}$$

对于多分散的多相体系,自动校正函数是组成体系各粒子成分的一系列不同指数函数的交叉,即根据各部分粒子的散射光强度贡献 F 对其指数函数进行加权计算[8.34~8.36],见式(8.32):

$$g(\nu) = \int_0^a F(D \cdot q^2) \cdot \exp(- D \cdot q^2 \cdot \nu)\mathrm{d}\nu \tag{8.32}$$

光子相关光谱法适合于表征具有流动连续相的多相体系,如悬浮液、乳液和纳米分散相。以此方法可检测粒径约为 5nm~3μm 之间的粒子。但成功应用光子相关光谱的前提是分散相无沉降($\Delta\rho \cdot g = 0$),且测试体系在外力作用下不形成新的结构。

8.1.4.7　超声光谱

超声光谱是一种建立在倍频超声衰减测量技术基础上的粒度测试新方法[8.37~8.40]。测试时使用小振幅超声波,以保证含能材料和粒子族不受影响。这项新的测量技术最突出的优势在于其能测量粒径范围在 10μm~3000μm 之间、具有高固体浓度的悬浮体系(1%~70%)中的粒子。超声波穿过高浓度悬浮体系的能力远强于光波,其可测量的动态频率范围宽,而且频率高达 180MHz。

在悬浮体系中,超声波与粒子之间相互作用时,超声波强度减弱且传播速率改变。传播速率的改变不仅强烈依赖于粒子尺寸,而且依赖于分散流体和分散粒子的物理性质,例如黏度、密度、可压缩性、超声波速率和衰减等。因此,由超声测定的粒径和粒径分布仅仅是不同频率超声波衰减行为的函数。

与光波衰减相同,在悬浮体系中的超声波衰减可用朗伯－比尔方程(Lambert－Beer equation)表示:

$$- \ln\left(\frac{I}{I_0}\right) = N \cdot L \cdot \int_{x_{\min}}^{x_{\max}} \pi \cdot x^2 \cdot q(x) \cdot Q_{\text{ext}}(f_i, x) \mathrm{d}x \qquad (8.33)$$

式中　I——减弱后强度,即通过测量池后的超声波强度;

　　　I_0——初始强度,进入测量池的超声波强度;

　　　N——粒子浓度(单位体积的粒子数);

　　　L——超声波通过分散体系的波程;

　　　x——粒子直径;

　　　$q(x)$——粒子尺寸分布函数;

　　　$Q_{\text{ext.}}$——衰减系数;

　　　f_i——测量频率。

通过测量不同频率下的衰减,并应用以上积分的离散方程,由合适的方法可得到粒径、粒径分布和浓度等一系列方程。

这一技术的最大优势是可以在线测量粒径分布。然而,关于粒子与粒子之间的相互作用对由这一方法得到的测量结果的影响却几乎未知。

8.2　粉末性能

8.2.1　密度

对含能材料以及粒子分析而言,最为重要的参数之一是产品的粒子密度——质量体积比。

8.2.1.1　颗粒密度

颗粒密度可通过测定的粒子质量和体积得到。轮廓不清晰的粒子体积可以用比重计测得。测量时,可直接由粒子本体所置换的液体(或气体)量来决定,或者利用气体比重计由物理法则确定。

流体比重计的测试原理为置换原理。在比重计中,将整个空间的气体以液体取代后,被测试材料在比重计中置换液体,被置换液体的体积即为被测材料的体积。目前最常用的气体比重计测试时,一般以氦气或其他非吸收惰性气体取代空气,这样可检测非常细的毛细管或微孔[8.3,8.41]。气体比重计的物理原理基于Boyle-Mariott法则,见式(8.34):

$$p_1 \cdot V_1 = p_2 \cdot V_2 = 常数 \qquad (8.34)$$

如果压力 p_1 和 p_2 以及参考体积为已知,则由式(8.34)可计算出未知体积。

不管固体材料的外形是否规则,由以上方法可测得体积。如果微粒或本体体系为微孔材料(如团聚粒子族),则得到该体系的表观密度。计算表观密度时,所采用的体积数值需要以水银等非润湿液体来测得,因为这样可保证被测材料的内部空隙最大程度地被水银充满。

8.2.1.2　堆积密度

堆积密度是指粉体或松堆材料的密度。与颗粒密度不同的是,堆积密度包含了粉体内部的微孔以及组成粉体各粒子之间的空隙。堆积密度也是测量质量体积比,只不过所测的是粉末体系的质量体积比。测试时,将已知质量的粉末自由沉积并放置于无振动的已知体积的容器中[8.42]。

堆积密度 ρ_{bulk} 可由固体的密度 ρ_S、充满微孔的流体密度 ρ_F,以及空隙率 ε 按式(8.35)计算得到:

$$\rho_{\text{bulk}} = \rho_S(1 - \varepsilon) + \rho_F \cdot \varepsilon \tag{8.35}$$

8.2.1.3　实装密度

由于振动松堆材料可暂时减少相邻粒子之间的疏松接触或粒子间摩擦,因此,振动或摇动装有松堆粉体的容器,可减小材料所占体积。通过这样的方式使粒子间紧密堆积得到的高堆积密度称为摇(振)实密度。

处理含能材料时可压缩指数 κ 是一个重要的参数,它按式(8.36)定义:

$$\kappa = \frac{\text{实装密度} - \text{堆积密度}}{\text{实装密度}} \tag{8.36}$$

要想成功地定容量注射粉体材料或者获得高的堆积密度,理解其可压缩性非常重要。高度可压缩材料的堆积密度与实装密度差别大,且流动性和加工性能差。当材料的可压缩指数 $\kappa \leqslant 0.2$ 时,相对流动性变好。一般而言,粉体堆积密度低(即构成粉体的粒子间摩擦大)时,如果使之振动则其密度突然增加。与形状不规则的粒子组成的粉体材料相比,球型粒子组成的粉体材料具有更高的实装密度。

8.2.2　水含量

干燥的固体与潮湿的空气或水蒸气接触时,粉体会吸收水分直至达到潮湿平衡。平衡潮湿浓度除了决定于粒子所接触环境的湿度外,更大程度上决定于粉体或固体材料的吸湿性质。

含极性基团的材料具有吸水倾向,吸收的水分可吸附在固体表面,或者作为结晶水或通过毛细管作用结合在固体结构内部。吸水量的大小主要取决于材料的类别、水的分压以及相对湿度,而与温度的关系很小。

含水量对粒子或粉体的性能影响很大,而且还对其是否适合作工艺应用起决定作用。与吸附的水不同,结晶水固定在粒子的晶体结构中,可导致粒子类似溶解性改变之类的"伪改性"。而吸附的水则主要影响粒子的外在性能,如使粉体的流动性急剧降低和增加团聚,并导致材料黏性增加。

测试粒子水含量的方法包括在干燥容器中作脱重处理和热重分析,以及红外光谱、偶极常数测量和卡尔·费休滴定。

8.2.3 表面积

特性表面积是表征粒子族细化程度的重要参数。其中,质量特性表面积 S_m 与体积特性表面积 S_v 不同,后者是指表面积与体积之比。两参数之间通过粒子密度 ρ_P 存在式(8.37)所述关系:

$$S_v = \rho_P \cdot S_m \tag{8.37}$$

通常,特性表面积是指体积特性表面积 S_v,故直径为 x 的球形粒子的体积特性表面积可按式(8.38)计算:

$$S_v = \frac{\pi \cdot x^2}{\pi \cdot \dfrac{x^3}{6}} = \frac{6}{x} \tag{8.38}$$

利用粒子族或分散体系的不同物理性质,可对其特性表面积进行表征。其他重要的测试方法包括测量通过悬浮体系的光衰减(光度法)、测试紧密堆积的粒子床的流动阻力(渗透法),以及粒子表面气体吸收(吸收法)等。

测得的表面积包括内部表面积或外部表面积,这与采用的特殊测试方法有关。外部表面积主要与粒子的几何特性和其表面粗糙度有关;而内部表面积决定于其微观粗糙度以及扩展至外表面的微孔特性。后者包括所有外表面参数所提供的信息或更多。对于粉体材料而言,了解其内部表面积非常重要,因为这对粉体基含能材料的燃烧性能、反应动力学、弹道学以及爆轰感度等影响深远。由测量的粒径分布通过非直接法[式(8.38)]计算出的特性表面数据,与由本章介绍的方法所得数据之间并不一致。

8.2.3.1 光度法

光束直接通过悬浮体系时,由于体系中离子对光产生散射和吸收,从而导致光的衰减。根据朗伯－比尔方程可计算光束衰减,衰减后的光强度是光束直接通过不含固体的流体时的光强度 I_∞、固体浓度 C_v、光程 L 和消光断面积 A_v(参照体积)四个参数的函数,见式(8.39):

$$\frac{I_0}{I_\infty} = \exp(-A_v \cdot C_v \cdot L) \tag{8.39}$$

由消光断面积 A_v 可计算出特性表面积 S_v。

8.2.3.2 渗透法

渗透法测试时,先将分散材料尽可能紧密地堆积成固体床,以泵压使流体通过该固体床可测得材料的特性表面积。测试流体由上而下通过固体床过程中产生压力降。随着特性表面积增加,固体床对流体流动的阻力增加。压力降 Δp 和特性表面积 S_v 的关系符合 Carman – Kozeny 方程,见式(8.40):

$$\frac{\Delta p}{L} = k \cdot \frac{(1-\varepsilon)^2}{\varepsilon^2} \cdot S_v^2 \cdot \eta_L \cdot \bar{u} \tag{8.40}$$

式中　L——固体床的堆积高度;

　　　k——Kozeny 常数,是粒子粒径与形状的函数;

　　　η_L——流体的黏度;

　　　$\bar{u}$——流体流通速度;

　　　ε——粒子堆积孔隙度。

8.2.3.3　吸收法

有孔隙的材料或细化分散粒子可吸收气体分子。一定条件下,气体吸收量与粒子表面积成正比。由这一原理可测试粒子的表面积,测试方法称为吸收法。如果一个气体分子所占的空间 A_m 已知,测量形成分子单层所需要的气体量 V_m 后,即可根据式(8.41)确定固体的表面积 S:

$$S = A_m \cdot N_A \cdot \frac{V_m}{V_0} \tag{8.41}$$

式中　N_A——Avogadro's 常数($N_A = 6.022 \times 10^{23}$ 分子/mol);

　　　V_0——气体的摩尔体积。

等温吸附线描述了固体样品在恒定温度下吸收的气体量,后者是平衡气压的函数。在描述等温吸收的等温线中,最为著名的是 Brunauer,Emmett 和 Teller 给出的 BET 等温吸收线[8.3,8.14,8.41],见式(8.42)。

$$\frac{p}{V(p_0 - p)} = \frac{1}{b \cdot V_m} + \frac{b-1}{V_m \cdot b} \cdot \frac{p}{p_0} \tag{8.42}$$

式中　V——每克粉体在压力 p 条件下吸收气体的体积;

　　　p_0——在测试温度 T 时的气体饱和压力;

　　　b——描述键合能的常数。

通常以 $p/[V(p_0 - p)]$ 作为 p/p_0 的函数作图,从得到的直线可推知常数 b 和形成分子单层所需要的气体量 V_m。

吸收法使用的气体为惰性气体——氮气,也可使用氪气代替氮气,后者更容易渗透进入粒子的微孔。为提纯材料以供气体吸收测试(如脱水等),必须对粉体进行加热处理,加热环境可为真空,也可为惰性气氛。

8.2.4　流动性能

表征粉体的平均粒径、粒径分布、形状和密度等性能时,需要获得粉体或整个本体材料体系的信息或粒子族的静态和动态行为。重要的本体性能包括材料的流动性,以及其凝固特性如何随时间变化而变化。例如,随着储存时间延长,粉体的偏固态行为增加。Schwedes 和 Schulze 在参考文献[8.44,8.45]中对如何定量计算这一本体参数给出了全面的阐述。下面给出几种确定粒子流动行为的经验方法。如图8.29 所示[8.46],流动行为可由一定量的粉体流出标准漏斗所需要的时间来表征。

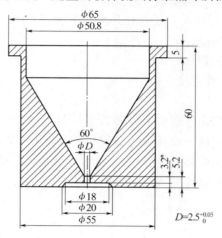

图 8.29　测试流动性的标准漏斗[8.46]

　　测试时,剪切应力作用于粉体并使其流动。其中,剪切应力正比于作用在恒定截面积本体材料上的重力。当粉体中粒子尺寸减小时,粒子间相互作用增加,从而降低粉体的流动性。细颗粒粒子在流动过程中还会因架桥倾向而阻止流动。

　　另外,可通过测定粉体的坡角来表征其流动性(图 8.30)。如果使所研究的粉体通过一个漏斗流至平板上,会形成一个圆锥体,从该圆锥体的底部直径和高度可计算出坡角 α。

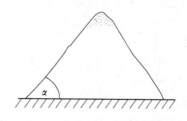

图 8.30　粉体的倾角

　　具有高黏附性的粉体坡角大,流动性好、黏附性差的粉体材料则倾向于形成低矮的圆锥体,从而具有较小的坡角[8.47]。一般而言,坡角可用作表征粉体材料流动性的直观参数,坡角越小,越易流动。当然,粉体的坡角值主要决定于组成粉体的粒子形状、粒径和粒径分布。

8.3　参考文献

8.1 Löffler F, Raasch J (1992) *Grundlagen der mechanischen Verfahrenstechnik*, Vieweg, Braunschweig.

8.2 Stiess M (1992) *Mechanische Verfahrenstechnik 1*, Springer, Berlin.

8.3 Allen T (1990) In: *Particle Size Measurement, Powder Technology Series*, 4th edn, Scarlett B (ed.), Chapman and Hall, London.

8.4 Leschonski K, Alex W, Koglin B (1974) Teilchengrößenanalyse, Folge von 13 Artikeln, *Chem.-Ing.-Tech.* **1**, 23–26.

8.5 VDI-Richtlinie 3491 (1980) Messen von Partikeln, Kennzeichnung von Partikeldispersionen in Gasen, Begriffe und Definitionen, *VDI-Handbuch: Reinhaltung der Luft*, Vol. 4, VDI, Düsseldorf.

8.6 Rhodes M (1998) *Introduction to Particle Technology*, Wiley, New York.

8.7 Krupp H (1967) Particle adhesion, theory and experiment, *Adv. Colloid Interface Sci.* **1**, 111–239.

8.8 Israelachvili JN (1992) *Intermolecular and Surface Forces*, Academic Press, London.

8.9 Lyklema J (1993) *Fundamentals of Interface and Colloid Science*, Academic Press, San Diego, CA.

8.10 Nelson RD (1988) *Dispersion of Powders in Liquids*, Elsevier, Amsterdam.

8.11 Xu R (2000) *Particle Characterization: Light Scattering Methods*, Kluwer, Dordrecht.

8.12 Stanley-Wood NG, Lines RW (1992) *Particle Size Analysis*, Royal Society of Chemistry, Cambridge.

8.13 Barth, HG (1984) *Modern Methods of Particle Size Analysis*, Chemical Analysis, Vol. 73, Wiley, New York.

8.14 Kaye BH (1999) *Characterization of Powders and Aerosols*, Wiley-VCH, Weinheim.

8.15 Rhewum Siebfible (1995) *Eine Übersicht über das Sieben*, Rhewum Siebfible, Remscheid.

8.16 Russ JC (1999) *The Image Processing Handbook*, CRC Press, Boca Raton, FL.

8.17 Fraunhofer J (1817) Bestimmung des Brechungs- und Farbzerstreuungsvermögens verschiedener Glasarten, *Gilberts Ann. Phys.* **56**, 193.

8.18 Mie G (1908) Beiträge zur Optik trüber Medien, *Ann. Phys.* **25**, 377–445.

8.19 Kerker M (1969) *The Scattering of Light*, Academic Press, New York.

8.20 Van de Hulst HC (1981) *Light Scattering by Small Particles*, Dover, New York.

8.21 Airy GB (1835) On the diffraction of an object glass with circular aperture, *Trans. Cambridge Philos. Soc.* **5**, 283–290.

8.22 Heuer M, Leschonski K (1985) Results obtained with a new instrument for the measurement of particle size distributions from diffraction patterns, *Part. Charact.*, 2, 7–13.

8.23 Förter-Barth U, Teipel U (2001) Characterization of particles by means of laser light diffraction and dynamic light scattering, *Eur. J. Mech. Environ. Eng.* **46**, 11–14.

8.24 Bauckhage K (1993) Nutzung unterschiedlicher Streulichtanteile zur Partikelgrößen bestimmung in dispersen Systemen, *Chem.-Ing.-Tech.* **65**, 1200–1205.

8.25 Streu (1991) *A Computational Code for the Light Scattering Properties of Spherical Particles, Instruction Manual*, Invent, Erlangen-Tennelohe.

8.26 Naqwi AA, Durst F (1991, 1992) Light scattering applied to LDA and PDA measurements, parts 1 and 2, *Part. Part. Syst. Charact.* **8**, 245–258; **9**, 66–80.

8.27 Teipel U (2002) Problems in characterizing transparent particles by laser light diffraction spectrometry, *J. Chem. Eng. Technol.* **25**, 13–21.

8.28 Dobratz BM (1995) *The Insensitive High Explosive Triaminotrinitrobenzene (TATB): Development and Characterization – 1888 to 1984*, LA-13014-H, Los Alamos National Laboratory.

8.29 Lee R, Bloom G, Holle WV, Weingart R, Erickson L, Sanders S, Slettevold C, Mc Guire R (1985) The relationship between shock sensitivity and the solid pore sizes of TATB powders pressed to various densities. In: *Proc. 8th Int. Symp. on Detonation*, NSWC MP 86–194, Albuquerque, NM, pp. 3–14.

8.30 Osborn AG, Stallings TL (1992) *Ultrafine TATB – Lot No. 91 190-135M-003, PXET-92–03*, Mason & Hanger – Silas Mason, Pantex Plant, Amarillo, TX.

8.31 Horiba (1994) *Instruction Manual – Laser Scattering Particle Size Distribution Analyzer, LA-900*, Horiba, Kyoto.

8.32 Wagner J (1986) Teilchengrößen-Bestimmung mittels dynamischer Lichtstreuung, *Chem.-Ing.-Tech.* **58**, 578–583.

8.33 Pecora R (1985) *Dynamic Light Scattering, Applications of Photon Correlation Spectroscopy*, Plenum Press, New York.

8.34 Streib J (1988) Partikelgrößenbestimmung mit der Photonen-Korrelations-Spektroskopie, *Chem.-Ing.-Tech.* **60**, 138–139.

8.35 Cummins PG, Staples EJ (1987) Particle size distributions determined by a multi-angle analysis of photonen correlation spectroscopie data, *Langmuir* **3**, 1109–1113.

8.36 Stock RS, Ray WH (1985) Interpretation of photon correlation spectroscopy data: a comparison of analysis methods, *J. Polym. Sci. Polym. Phys. Ed.* **23**, 1393–1447.

8.37 Riebel U, Löffler F (1989) The fundamentals of particle size analysis by means of ultrasonic spectrometry, *Part. Part. Syst. Charact.* **6**, 135–143.

8.38 Allegra JR, Hawley SA (1972) Attenuation of sound in suspensions and emulsions: theory and experiment, *J. Acoust. Soc. Am.* **1**, 1545–1564.

8.39 Babick F, Hinze F, Stintz M, Ripperger S (1998) Ultrasonic spectrometry for particle size analysis in dense submicron suspensions, *Part. Part. Syst. Charact.* **15**, 230–236.

8.40 Riebel U (1992) Ultrasonic spectrometry: on-line particle size analysis at extremly high particle concentrations. In: *Particle Size Analysis*, Stanley-Wood NG, Lines RW (eds), Royal Society of Chemistry, Cambridge, pp. 488–497.

8.41 Webb PA, Orr C (1997) *Analytical Methods in Fine Particle Technology*, Micromeritics, Norcross, GA.

8.42 DIN EN 725–9, *Prüfverfahren für keramische Pulver Teil 9: Bestimmung der Schüttdichte.*

8.43 DIN ISO 787, *Allgemeine Prüfverfahren für Pigmente und Füllstoffe Bestimmung des Stampfvolumens und der Stampfdichte.*

8.44 Schwedes J, Schulze D (2003) Lagern von Schüttgütern. In: *Handbuch der Mechanischen Verfahrenstechnik*, Schubert H (ed.), Wiley-VCH, Weinheim, pp. 1137–1253.

8.45 Schwedes J, Schulze D (1990) Measurement of flow properties of bulk solids, *Powder Technol.* **61**, 59–68.

8.46 DIN ISO 4490, *Ermittlung des Fließverhaltens mit Hilfe eines kalibrierten Trichters.*

8.47 Carr RL (1965) Evaluating flow properties of solids, *Chem. Eng.* **18**, 163–168.

第9章　晶体的微观结构和形态

L. Borne, M. Herrmann, C. B. Skidmore
孟征　译,欧育湘、韩廷解　校

9.1　导言

众所周知,混合炸药组分中的缺陷会影响其感度性能。由于含有空穴,固体混合炸药不能压至理论密度。这些空穴主要分布在炸药颗粒之间,称之为炸药缺陷,文献[9.1,9.2]对炸药的缺陷及缺陷对炸药的影响进行了详细的研究。据报道,混合炸药密度降低使其感度增加,低至 $0.005g/cm^3$ 的密度变化都会影响感度的变化[9.3]。

铸装塑料粘结炸药在消除了炸药颗粒之间的残余空穴后,较压装混合炸药钝感。炸药晶体颗粒的缺陷影响铸装混合炸药的感度[3.39,9.4~9.7]。炸药晶体颗粒缺陷指的是晶体颗粒的内部缺陷或者是晶体颗粒表面的缺陷。

本章将重点讨论可以有效观察和定量表征炸药晶体缺陷的工具,所涉及的两种晶体缺陷是内部缺陷和表面缺陷。此外,介绍了一种准确记录炸药晶体颗粒内部缺陷数量的方法,并强调指出了应用于测量炸药晶体颗粒比表面积的常用手段的功效是有限的。

9.2　炸药晶体颗粒的缺陷

9.2.1　内部缺陷

粒子包裹的溶剂、晶格缺陷(空隙、杂质和断层)均为炸药晶体颗粒的内部缺陷。测量这些不同大小的缺陷需要不同的定量和定性工具,但作者的目标是研究像包裹溶剂这类的大型缺陷。值得注意的是,包裹溶剂与晶格缺陷相关,这在实验室制备的 PETN 单晶中可得到证实[9.8]。大多数在溶剂中生长的晶体包裹有溶剂。这些溶液就形成了隐藏在晶体内部大小约为 $1\mu m \sim 50\mu m$ 的空穴。

9.2.1.1　带校准折射率的光学显微镜

带有校准液体折光指数的光学显微镜可以研究颗粒内部情况。降低颗粒边界折射率的不连续性,增加了颗粒内部的指数梯度,这可以揭示晶体内部缺陷。为了得到该方法的最佳功效,必须准确选择校准的折光指数(见图9.1)。

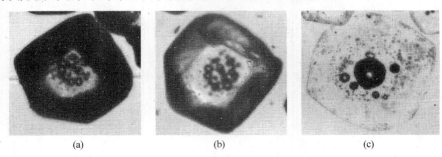

(a) (b) (c)

图9.1 光传导光学显微镜;环境折射率的影响

(a) RDX 颗粒,在空气中,$n_{20}=1.0$;(b) RDX 颗粒,在普通显微镜油中,

$n_{20}=1.5$;(c) RDX 颗粒,在混合液体中,$n_{20}=1.6$。

晶体的光学各向异性限制了校准折射指数的光学显微镜的效率。这对 HMX 颗粒尤其敏感。由于晶体颗粒的方向性,一些 HMX 颗粒的内部图像将减少,因为折射指数随结晶轴而变化(见图9.2)。

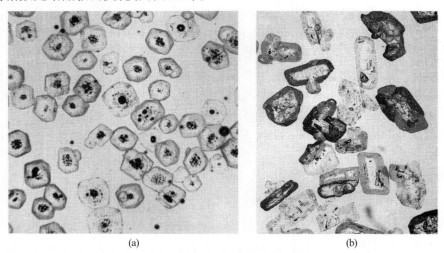

(a) (b)

图9.2 HMX 和 RDX 颗粒的光学各向异性的比较

(a) RDX 100/300μm,$n_{20}=1.6$;(b) HMX 200/300μm,$n_{20}=11.6$。

根据不同的结晶条件,晶体具有不同的形状、不同的大小和不同的内部缺陷群,且这些特征能在很大的范围内变化(见图9.3)。

带有校准折射率的光学显微镜可以定性地观察内部缺陷群,但是,即使在数码照相处理的帮助下,有限的统计限制了量化。

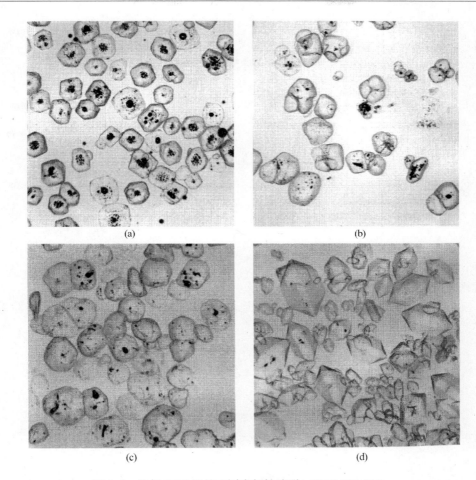

图 9.3　相似 RDX 批的不同内部缺陷群。RDX $200/315\mu m$

(a) 批 1, $n_{20} = 1.6$; (b) 批 2, $n_{20} = 1.6$; (c) 批 3, $n_{20} = 1.6$; (d) 批 4, $n_{20} = 1.6$。

　　定量分析必须采用其他物理方法,例如,测量颗粒表观密度。表观密度的测量提供了颗粒中的总缺陷数。这是一种通用方法,在 ISL 浮选法下非常精确[9.9,9.10]。RDX 球形颗粒的简单模拟表明,在 $0.0001g/cm^3$ 精度条件下,能够测定出 $250\mu m$ 颗粒中充满空气的 $10\mu m$ 的内部缺陷。

9.2.1.2　ISL 沉浮实验

　　将晶体浸入到甲苯和 CH_2I_2 的混合液中,从容器的较低部位选出具有较高表观密度的晶体(见图 9.4),再将混合液密度调至 $0.9g\cdot cm^{-3} \sim 3.3g\cdot cm^{-3}$。主要实验点如下:

- 应准确测定混合液密度(精确至 $0.0001g\cdot cm^{-3}$);
- 浮选混合液应均匀,温度应稳定;

• 晶体与浮选混合液间的润湿应良好,液体混合物对晶体的溶解度应有限。

实验开始时使用密度大于所有晶体表观密度的液体。当容器中的全部晶体取出后,接着进行以下的实验:

• 搅拌使颗粒分散在混合液中;

• 用倾析法分离晶体;

• 将从容器较低部分取的晶体,用甲苯清洗,烘干,称重;

• 在浮选混合液中,加入少量甲苯来降低它的密度。

然后重复前三步。

实验结果绘于图中,y 轴表示高于 x 轴所表示的表观密度的晶体的累积质量百分含量。图 9.5 给出了图 9.3 中的四批 RDX 的实验结果,第 3 批和第 4 批的 RDX 的实验说明了实验的精度。

图 9.4 ISL 沉浮实验装置

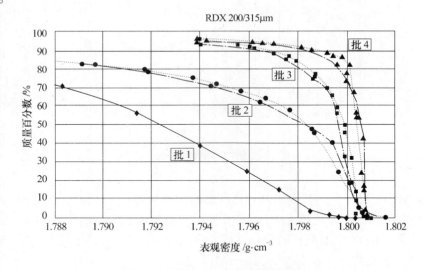

图 9.5 四批 RDX 的表观密度测试

颗粒表观密度的范围很宽,即使是同批颗粒(第 1 批)。第 1、第 2、第 3 批的 RDX 取自不同的市售 RDX 再过筛所得。第 4 批是取自经 ISL 实验室处理的试样,处理均匀的是去除包裹的溶剂。

图 9.6 给出了三批不同的 HMX 颗粒的表观密度实验值。对于 RDX 和 HMX 颗粒,ISL 沉浮实验的效率相同。

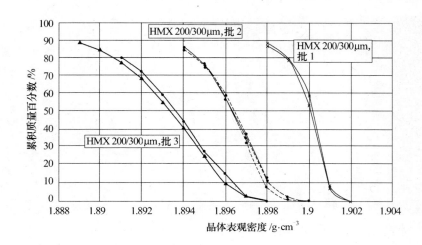

图 9.6　三批 HMX 的表观密度测试

用这三批 HMX 加工了类似的浇注炸药,这些浇注炸药的冲击感度很不相同,这将在本书第 13 章中论述。

9.2.2　表面缺陷

炸药颗粒的几种表面缺陷对于炸药的性能有很大影响,例如:边缘(颗粒形状)、表面孔隙率(开孔)和对化学物质的吸收。在此只研究颗粒形状和颗粒表面孔隙率[9.6,9.11]。

9.2.2.1　显微镜

普通电子扫描显微镜(SEM)是观察炸药颗粒表面的简单工具。炸药颗粒表面特征能在一个很宽的范围内变化。图 9.7 给出了开孔在 $1\mu m \sim 10\mu m$ 范围内的 RDX 颗粒(批 1)的照片,及表面光滑、边缘明显的颗粒(批 2)的照片。工业上的炸药颗粒经常表现为更复杂形状的结晶(见图 9.8)。

对含能材料,有时一定能量聚集于材料的一个小区域而不引起材料转变,这大大限制了 SEM 的应用。另一个可以获得炸药颗粒表面精细图片的方法就是原子力显微镜(AFM)[9.12]。

即使在数码照片处理的帮助下,由于图像处理的相关统计有限,量化也受到了限制。测量颗粒表面性质的两种简单方法是:BET 法和水银孔隙率计法,此两种方法能够测量比表面积和表面孔径分布。

9.2.2.2　气体吸附法

颗粒样品的气体吸附体积提供了一种颗粒比表面积的测量方法(BET 方法)。用基于吸收曲线的 BJH(Barrett,Joyner and Halenda)方法可以计算开孔分布率。

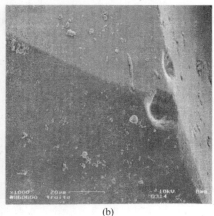

(a)　　　　　　　　　　　　　　　　　(b)

图 9.7　RDX(400μm/500μm)颗粒的 SEM 照片
(a) 批 1(未处理)；(b) 批 2(已处理)。

图 9.8　HMX 孪晶的 SEM 照片

运用通用试验设备测定开孔大小的范围是 0.001μm～0.002μm。

　　图 9.9 所示的为 BET 方法测定的两批 RDX(该两批 RDX 的 SEM 照片见图 9.7)的实验值。实验结果以样品质量的函数表示。增加样品质量能够提高精度，而实验设备的设计和安全原因使增加样品质量受限。此法比表面积的测定精度接近于 $0.01\text{m}^2/\text{g}$ ，即接近通用实验设备的最低限值，所以 BET 法的试验精度低。然而，图 9.9 中的实验值与图 9.7 中的定性观测一致。第 1 批颗粒的比表面积（测定值）高于第 2 批颗粒。将测定的比表面积与相同粒径的无孔球形 RDX 颗粒的理论比表面积（BET 法）比较，证明上述两批 RDX 颗粒的孔隙数很低。

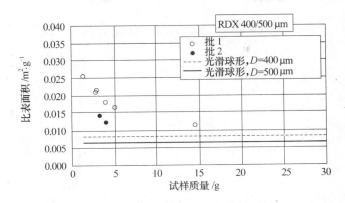

图 9.9　两批 RDX 颗粒比表面积测定结果(BET 法)

通用 BET 实验设备也可用于测试比表面积高于表 9.1 中大多数炸药颗粒的材料。BET 法能为比表面积大(超细炸药颗粒)的颗粒提供较精确的实验值[9.13]，BET 法不能精确测定两批 RDX400μm/500μm 颗粒的比表面积。

表 9.1　一些高能量炸药颗粒的实验比表面积和理论计算值
(对无孔球形 RDX)比较

高能量炸药	粒径范围 /μm	实测比表面积 /m²·g⁻¹	无孔球形体直径 /μm	理论比表面积(RDX) /m²·g⁻¹
HMX	20/32	0.31	5	0.667
HMX	100/200	0.033	10	0.333
HMX	500/560	0.013	20	0.167
RDX	4/12	0.74	50	0.067
RDX(研磨)	100/200	0.045	100	0.033
RDX(过筛)	100/200	0.030	400	0.008
RDX	400/500	0.012	500	0.0067

9.2.2.3　水银孔隙率计

水银孔隙率计可以测定 $0.005\mu m \sim 50\mu m$ 的孔隙，它根据孔隙直径来测量开孔体积。两批 RDX($400\mu m/500\mu m$)的实验结果列于图 9.10。批 1 颗粒的孔隙数低于批 2 的颗粒的孔隙数。该结果与图 9.7 中的 SEM 观测结果吻合。

实验中，充满水银的孔隙种类有：

• 首先，低压时水银充满最大的开孔，这些最大的孔位于颗粒之间。晶体粒度分布决定这类孔隙的种类。狭窄的单峰晶体粒度分布($400\mu m/500\mu m$)表明，对大于 $100\mu m$ 的孔隙而言，其体积变化很大(见图 9.10)。对于上述两批 RDX，这些最大孔隙与晶体尺寸分布非常相似。这些最大孔不是颗粒表面的孔隙。

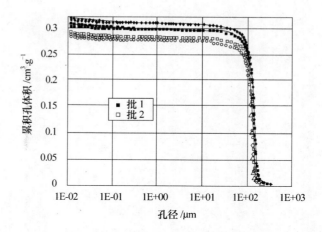

图 9.10　两批 RDX$(400\mu m/500\mu m)$的水银孔隙率计实验值

• 然后,水银充满中等尺寸的开孔。这些孔隙位于颗粒间空隙的边缘,是位于颗粒表面真正的孔隙。这些中等孔径范围的孔隙能提供颗粒形状的信息。未处理和已经处理过的 RDX 颗粒之间的主要区别体现在这些 $30\mu m \sim 100\mu m$ 中等孔径范围的孔隙。

• 最后,高压时水银充满很细的孔隙。这些细孔才是颗粒表面真正的孔隙。对上述两批 RDX 而言,没有检测出 $0.1\mu m \sim 30\mu m$ 的孔隙。这是由于实验分辨率太低,不能记录孔径范围在 $0.1\mu m \sim 30\mu m$ 之间的小量孔隙。

上述两批 RDX 中低于 $0.1\mu m$ 的额外孔隙体积由测试分子的变形得出。跟小孔隙相连的高压水银导致实验设备的变形,空白水银孔隙率计的实验证明了这一点。

水银孔隙率计能够测量出直径范围在 $10\mu m \sim 200\mu m$ 的孔隙。但由于实验精度太低,以致不能够纪录低于 $10\mu m$ 的小开孔。

对于小粒径 RDX$(150\mu m/200\mu m)$,也有水银孔隙计测定的结果[9.6]。

BET 和水银孔隙率实验得出了相同的结论。

炸药颗粒缺陷和浇注混合炸药的敏感性之间的相互关系(见第 13 章)表明,需要测量炸药颗粒缺陷的高精度的工具。第 13 章的实验数据支持下面的结论:

• ISL 沉浮实验是表征炸药颗粒全部内部缺陷的一种有用的、精确的、简单的方法。其唯一的缺点就是实验耗时。

• 需要测量内部缺陷的大小。

• 需要精确表征炸药颗粒的表面。至少要改善通用工具(BET 法和水银计)的精度。

小角扫描仪(SAS)能够提供新的实验数据。Mang 等人[9.14]运用了一些早期的小角中性扫描仪(SANS)和 X 射线扫描仪(SAXS)。

9.3　X射线衍射表征的晶体微观结构

9.3.1　原理

X射线衍射是表征包括固体含能材料在内的晶体材料的强大工具,它是基于跟原子有关的电子的X射线扫描和由于晶体中原子周期性排列而导致的光干涉。

当用单色辐射测量多晶型样品时,过去的衍射图是通过某些方法如使用 De-bye - Scherrer 胶片相机而得到的。现在,配备闪烁器、位置灵敏的或二维电子探测器的粉末衍射计被用来记录图样。最普通的衍射计是根据 Bragg - Brentano 几何学,使用通过真空管产生的X射线制造的,当时还不能得到具有高强度的同步辐射。采用市售的热处理炉,变温X射线衍射成为一种用于动力学研究的有用工具。

除了传统的装置之外,新的X射线光学组件,例如多层反射镜、切槽单色器和多毛细管准直仪,已经在近些年被开发出来,而且计划用于特殊应用。运用新的平行光束概念,作为X射线衍射主要误差来源之一的样品位移问题,已经解决[9.15~9.17]。

衍射图谱包括三类信息:几何学的、结构学的和物理状态的。在单色辐射测得的粉末图谱中,几何学信息包含在衍射峰的角坐标中,结构学信息包含在由 Bragg 方程和粉末图样能量方程决定的衍射峰强度中[9.18,9.19],衍射峰的形状则代表了样品和测量仪器的物理状态。这一应用于微晶特性(例如微应变和粒径)研究的历史,几乎和粉末衍射计自身一样古老。1918 年,Scherrer 报道了衍射线的宽度与微晶的大小成反比,1925 年 van Arkel[9.20]发现衍射线可由于微应变而加宽。

9.3.2　评定

9.3.2.1　晶型鉴定

在产品开发领域,材料的结构通常都已知。衍射数据因此像指纹一样被用来鉴定晶型,其方法是通过将材料的衍射图样与在数据库中发现的参考图样进行比较。衍射数据国际中心(ICDD)或剑桥晶体学数据中心(CCDC)的粉末衍射文件(PDF),可提供多种材料衍射峰的强度和位置。

9.3.2.2　晶体结构

在更先进的技术中,基于晶体结构可预测衍射图。一种强大的工具是一种命名为 Rietveld 优化的程序[9.21,9.22]。基于至少是近似的已知结构,图样可通过 Fourier 综合计算,并且在数据上与测得的图谱拟合。成功的拟合可得到优化了的基本晶胞参数和原子坐标。这样,可获得以上提及的几何学和结构学的信息。

9.3.2.3　定量的晶型分析

由于衍射峰强度和混合物中的晶型浓度有关,在参考的或者计算图谱的强度中,该关系被用于定量的晶型分析,例如通过 Rietveld 分析,可比较或拟合所测量的图谱。HMX 和石英混合物的测定说明该方法检测的限度是 HMX 含量约 1%。另外,测定一定的氮化硅混合物的精度小于 0.5%[9.23]。

9.3.2.4　动力学研究

在测量了一系列衍射图谱后,动力学研究可用上述方法来进行晶型鉴定和测定每种类型的晶体结构和晶型浓度。监控这些参数与温度或时间的关系可揭示晶型转变、固态反应和热膨胀行为。因此,变温 X 射线衍射是一种用于热分析的强大工具。

9.3.2.5　粒径和微应变

对于评价微结构参数(例如粒径和微小应变),Warren、Averbach[9.24]、Williamson 和 Hall[9.25]开发了一些特殊的评价技术。根据以 θ 为衍射角,λ 为辐射波长的互为倒数的单元 $\beta^* = \beta\cos\theta/\lambda$,能很方便的表达整体宽度 β。由 Williamson 和 Hall 叙述的方法主要包括将该互为倒数的宽度与互为倒数的点阵宽度($d^* = 2\sin\theta/\lambda$)作图。如果应变增宽是可以忽略的,$\beta^*$ 值应位于截距为 $1/t$ 水平线上,即截距是平均线性微晶尺寸 t 的倒数。如果尺寸增加是可以忽略的,β^* 值位于一条穿过原点、应变贡献的整体宽度 ξ 为斜率、应变分布为斜率的直线上(如果应变分布是各向同性的)。在各向异性微应变存在的情况下,不同反射级数的 β^* 值位于一条穿过原点并且线斜率随晶格方向系统变化的直线上。由小颗粒尺寸和应力同时产生的复合峰宽取决于两种效应的展宽作用[9.19]。

由于测得的峰反映设备和样品外形的结合情况,为了确定微应力或粒径,有必要确定纯样品的外形或宽度。但是,如果只要求相对值,且测量体系的参数不变,则所测的峰宽可直接使用。

9.3.3　应用

9.3.3.1　CL-20 的晶型和晶体结构

CL-20 是最具吸引力的新型含能材料之一。它存在四种晶型,称为 α-CL-20,β-CL-20,ε-CL-20 和 γ-CL-20,它们具有不同密度和不同机械感度。叙述于文献[9.26]中的晶型的晶体结构总结于表 9.2。

表 9.2　CL-20 晶型的晶体数据

参　数	α-CL20	β-CL-20	γ-CL-20	ε-CL-20
空间群	$Pbca$	$Pca2_1$	$P2_1/n$	$P2_1/n$
晶格参数				
$a/\text{Å}$	9.546	9.693	14.846	8.860
$b/\text{Å}$	13.232	11.641	8.155	12.581

(续)

参　数	$\alpha-CL20$	$\beta-CL-20$	$\gamma-CL-20$	$\varepsilon-CL-20$
$c/\text{Å}$	23.634	12.990	13.219	13.426
$\beta/(°)$			109.21	106.88
密度$/(\text{g·cm}^{-3})$	1.97	1.986	1.926	2.033

　　具有最高密度的晶型，$\varepsilon-CL-20$，已有市售。然而，购买的批次不同，质量不同。因此，以得到纯的、高晶型质量的 $\varepsilon-CL-20$ 为目的的方法正为人们所研究。Rietveld 分析可得出混合物中的晶型浓度，为结晶条件最优化提供了重要资料。

　　$CL-20$ 是从溶液中结晶出的并用 X 射线衍射表征。所测量的不同晶型 $CL-20$ 的衍射图样有显著不同，如图 9.11 所示。应用 Rietveld 分析，以晶体数据为基础，可区分不同的晶型。图 9.12 所示为计算和测定的图谱，均鉴定为 $\varepsilon-CL-20$。

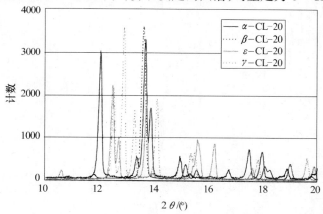

图 9.11　室温下 $CL-20$ 晶型的 X 射线图谱

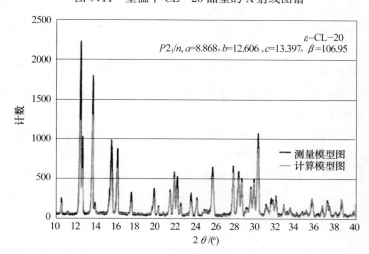

图 9.12　$CL-20$ 的 Reitveld 图

9.3.3.2 硝酸铵的晶型转变和热膨胀

硝酸铵(AN)在固体推进剂、炸药和气体发生器系统中用作氧化剂。当需要无烟、低感度、无生态危害的推进剂时,AN 受到特别的关注。AN 的缺点是低能量、低燃速和存在晶型转变,影响了材料性质。AN 在不同的温度下有五种晶型。文献[9.27~9.32]报道了 AN 的晶体结构。

应用变温 X 射线衍射研究晶型转变时,样品被逐步加热和冷却,在每一个温度台阶之后测量 X 射线图谱[9.33]。图 9.13 所示为在 -70℃~150℃之间加热测量的 AN 一系列衍射图谱,连续迁移的图谱峰表明了 V/Ⅳ、Ⅳ/Ⅱ、Ⅱ/Ⅰ的晶型转变和热膨胀。应用 Rietveld 分析进行评价,可得出精细结晶学数据与温度的关系,图 9.14 所示是晶型Ⅱ和 V 的晶格参数。

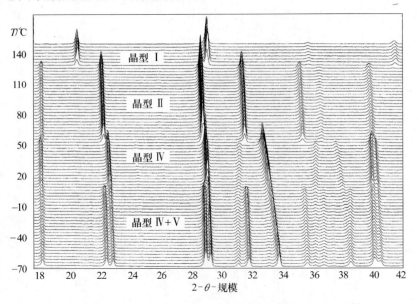

图 9.13 在 -70℃~150℃之内加热 AN 所测得的一系列衍射图谱

图 9.14 表明,晶型Ⅳ在加热条件下,产生各向异性膨胀,晶格参数 a 有微小收缩,晶格参数 b 有较大增加。这可用 Amorós 等人[9.34](见图 9.15)的模型解释。随着温度升高,硝基平面振动更为剧烈,导致了晶格参数 b 的较大增加。因为越来越多硝基偏离 a 方向上的线性位置,a 只有很小的收缩。因此,硝基扭转至 45°位置,达到Ⅳ/Ⅱ晶型转变点,单元晶胞的基阵接近四方。

用优化的晶胞参数计算各晶型单元晶胞的比容,可得出在晶型转变期间各晶型的热膨胀行为和体积变化,如图 9.16 所示。该图可昭示人们由晶型转变所引起的一些问题。晶型转变Ⅳ/Ⅲ和Ⅳ/Ⅱ的体积变化分别高达 3.7% 和 2.0%,当材料处于变温(如贮存时)时会使推进剂体系受到扯拉。另一方面,当Ⅲ和Ⅳ晶型被压

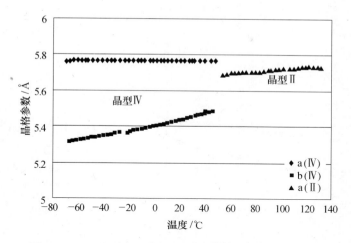

图 9.14　AN 的晶型 Ⅱ 和晶型 Ⅴ 的晶格参数与温度的关系

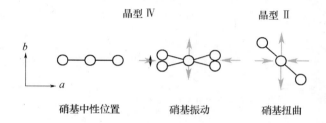

图 9.15　基于硝基的温度依赖振动的各向异性膨胀行为模型

缩时,会发生体积变化 0.3% 的平缓的热膨胀,这是符合真正稳定原理的一部分。

9.3.3.3　ADN 和 AN 的定量分析与晶型相互作用

二硝酰胺铵(ADN)是一种拟用于固体推进剂的新型氧化剂,Gidaspov 等人[9.35]论述了它的晶型结构,ADN 的缺点是低的热稳定性和相容性。此外,AN 会在 ADN 的合成和分解中产生,这影响了后者的稳定性。因此,用变温 X 射线衍射测定了 ADN - AN 混合物,并用 Rietveld 分析进行了评价[9.36]。

研究表明,含 5% AN 的 ADN - AN 混合物的融化始于 55℃,此时体积曲线发生弯曲。混合物的熔化曲线为图 9.17 中的正方形点线,体积曲线为菱形点线。在同样温度下加热(三角形点线)AN,晶型Ⅳ消失,但是没有其他 AN 晶型(Ⅱ或Ⅲ)峰出现。因此,这表明 AN 通过形成固体溶液膨胀入 ADN 晶格,这就促进了低共熔体的形成。

9.3.3.4　HMX 中的晶格缺陷和微应变

在含能材料中的晶格缺陷研究是一个新的和挑战性的课题。X 射线衍射法被用于测试不同结晶的 HMX 样品。因为相对较大的颗粒用于粉末分析具有难度,

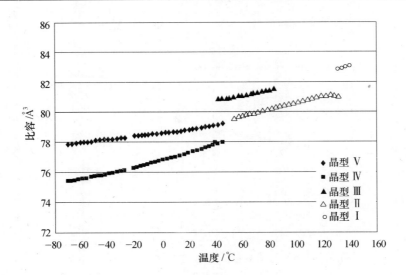

图 9.16　AN 晶型的比容与温度的关系

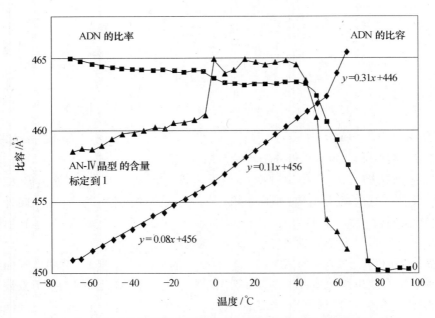

图 9.17　ADN 的热膨胀和比率以及加热条件下 AN 中晶型Ⅳ的含量

所以必须采用现代 X 射线光学和旋转样品固定器。

　　不同 HMX 样品的 X 射线衍射图谱显示特征峰宽不同,图 9.18 所示为对所选 HMX 样品用的 Williamson - Hall 图谱。微应变的相对值决定于图中拟合曲线的斜率,微应变相对值可与机械感度关联。

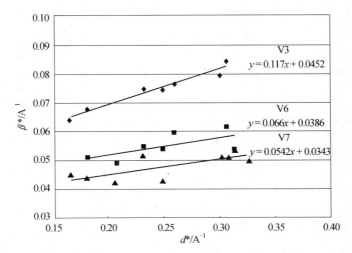

图 9.18　用于确定的微应变三种 HMX 样品的 Williamson−Hall 图

将摩擦试验的负荷对相对微应变作图（见图 9.19），发现两者高度相关，即摩擦感度随微应变增加显著降低。该结果支持了 HMX 的摩擦感度随缺陷增加而降低的假设。上述现象可用改善 HMX 塑性的变形孪生[9.37]或错位解释，如图 9.20所示的滑动错位[9.28]。

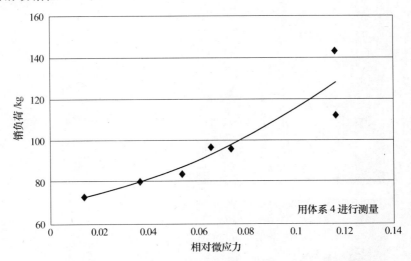

图 9.19　摩擦销负荷与微应变的关系（微应变增加，摩擦感度降低）

9.3.3.5　微结构模拟

现代评价技术诸如 Rietveld 分析，包括了被测材料的分子和晶体结构。这些结构的模拟是一种辅助工具，模拟结果可被衍射实验验证，反之亦然。

MSI 的 WinMOPAC[9.23]和 CERIUS2 程序被应用于 HMX 晶型的模拟见文

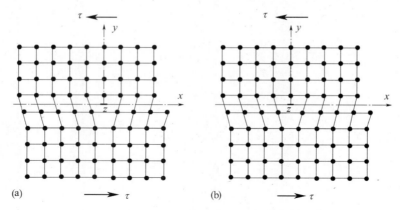

图 9.20　贯穿晶格的边缘错位滑动示意图[9.38]

献[9.40-9.43]。在模拟晶型结构之后,可进一步模拟晶体生长和晶体最终形态,并可与从溶液中结晶的样品晶体特性进行比较[9.44]。图 9.21 比较了实际结晶的和

图 9.21　模拟晶体和实际晶体的比较

(a) α-HMX;(b) β-HMX;(c) γ-HMX。

模拟的 HMX 晶型。模拟晶体与 α - HMX, β - HMX, γ - HMX 的针状及片状晶体吻合良好[9.45](见第 3 章)。

此外,含能组分[9.46]间或与溶剂之间作用的模拟,有助于人们改善晶体的稳定性和结晶过程。对比模拟和测试的峰宽,也有助于表征晶格缺陷的类型。

9.4　显微镜探测混合炸药

9.4.1　导言

堆积炸药中的微结构详情,例如颗粒粒度,晶粒间的空隙体积和晶粒间的晶型缺陷,已知它们对冲击引发有显著影响。在诸如机械刺激和热刺激等非冲击引发事件中(在意外事件中可能发生)也存在类似影响。因此,为了更好的了解和模拟导致引发的原因,人们采用微观技术测定材料的微结构和表征由刺激导致的变化。

自从 1941 年[9.47,9.48]作为八氢 - 1,3,5 - 三硝基 - 1,3,5 - 三嗪(RDX,黑索今)中高熔点的杂质被发现后,高能量炸药六氢 - 1,3,5,7 - 四硝基 - 1,3,5,7 - 四氮杂环辛烷(HMX,奥克托今)已被用作许多炸药配方的成分。Blomquist[9.49]总结了从那时开始的一些研究工作,包括由偏振发射光显微镜表征的很多材料。在化学显微镜下,这些研究主要用特定折射率、特定色散指数和特定的通用晶体形态来确定晶型。电子显微镜随后的发展拓宽了显微镜实验的范围。

在美国的早期实践中,HMX 作为具有非常高能量密度的材料,与 TNT 共熔铸[9.50],将其铸造于模型中或直接应用于弹药。几年后,水浆工艺被用于将 HMX 颗粒用聚合物粘结剂包覆、凝聚成团或适于模压的颗粒。在 Los Alamos 实验室,这些配方被用来设计成塑料粘结炸药或 PBX。过了几年,人们发现,塑性粘结剂显著影响压装料的操作安全。今天,成熟的 PBX9501 配方已用于美国能源部的武器上,它包含约 93 %(固体体积)的 HMX 和 7 % 的聚酯 - 聚氨酯/硝化增塑剂粘结剂。

对不敏感弹药的需求,促进了对高能量炸药 1,3,5 - 三氨基 - 2,4,6 - 三硝基苯(TATB)[9.51]及以其为基的粘结炸药配方的研发。TATB 晶体的微结构特性与 HMX 不同。例如,据 Cady 报道,TATB 中普遍存在被称为"蠕虫洞"的异常空隙[9.52,9.53]。Los Alamos 的 PBX9502 配方含约 95 %(固态体积)的 TATB 和氯三氟乙烯 - 氟化亚乙烯共聚物粘结剂。该材料可被模压成可使用的颗粒。

除了确定晶型及晶型结构,还有必要研究它们的微结构。需要手段和技术来表征下游工艺过程的结果,这些工艺过程包括控制粒度分布的研磨工艺、粘结剂配方设计、将材料压缩成特定形状和密度的工艺,以及材料在使用中的老化、样品的力学性能测试或损害。

9.4.2　方法

9.4.2.1　反射平行偏振光显微镜(RPPL)

混合炸药中组分的典型粒度一般在显微镜的分辨率范围内。但是,传统的将粉末分散于载玻片上在发射光下测定的方法,并不是很适合复合材料中的混装样品。在透射光下进行研究用的混合物薄切片或横断面的制备工作很繁杂,并且仅适于一些高折射率材料(例如 TATB)的研究。一般而言,制备在反射光中进行实验的样品更有价值。

在反射平行偏振光下,可自然地进行颗粒－颗粒之间的对比。这是因为与聚合物粘结剂和无规取向的双折射颗粒相比,大多数含能结晶固体的折射率较高。对于大部分的应用来说,没有必要蚀刻和着色。

为制备在反射光下测试的试样,将被研究的混合炸药真空固定在低黏度环氧基树脂中并观察其横截面。随后,该样品通过一系列精细研磨剂抛光和在黏土中固定水平。作者所用的研磨规程根据 PBX9501 和 PBX9502 的特性来设计以便满足各自要求。对 PBX9501,用 $25\mu m$ 金刚砂纸进行"粗糙研磨",用 $1\mu m$ 铝进行"精细研磨",最后用胶体硅磨光,所有研磨过程都用大量冷却水。就样品对爆炸性和低刚度的响应而言,该过程较传统金相学过程缓和。在以前的文献[9.54]中对此有更详细的叙述。应当注意,作者的样品和传统的胺固化环氧基树脂在化学上是不相容的。实际生产中,所有过程都是远程操作。

磨光的 HMX 晶体的透明性可使入射光"起偏镜"与反射光的"分析器"的平面方向相匹配。这种平行排列使得观测磨光平面下由晶体接触面分散的返回光的模糊性最小化。如果实验正确,在目镜中观察到的图像将仅仅由符合磨光平面的光数据产生。人们称该构型为"反射平行偏振光"(RPPL)。

9.4.2.2　二次电子成像显微镜(SEI)

有效的使用 RPPL 方法需要使用磨光的平面观察。因此,这对已知的或者损坏的材料的横截面观察是非常合适的。另一方面,扫描电子显微镜(SEM),尤其是二次电子成像显微镜(SEI),是在平面图中测试材料表面形貌的更有效的工具,具有优异的分辨率及很大的聚焦区域探测深度。

对于炸药科学,SEM 的应用是非常有价值和值得探讨的。引人注意的样品是绝缘体,它倾向于局部积聚电荷,这样就进一步阻止了光线的通过。此外,对绝缘材料应谨慎操作以减少其暴露在火花中的可能。一些传统的处理方法可解决此问题。(a)在观察前,用约为 100Å 的金属薄膜喷溅包覆,最好是黄金或者黄金－钯薄膜;(b)在低真空度下操作 SEM,提供通过气体一定的电导率;或者(c)在某特定的产生的二次电子接近入射束流的低加速电压下操作 SEM。喷溅包覆,由于一系列重金属有较小的相互作用体积,二次电子图像具有很好的信噪比和良好的分辨率,已经成为实验中最有用的方法。但是,可能在包覆时会不经意地使含能材料退火或在热力学上改变了样品性能,在极高电压下观察时使在包覆层下的含能材料分解。还有,在低真空下,显微镜(有时候指环境扫描电子显微镜(ESEM))由于通过散射和能量损失而产生的气相传导,会降低显微镜的分辨率。但是,Rae 等人[9.55]创造性地运用该方法直接观察在合成材料中的裂缝开口。在这些试验中,新表面的动态暴露使得先前的喷溅包覆没有意义。此外,在低压下,由于低密度材料的大的相互制约体积,限制了显微镜的分辨率。尽管这些方法不是完美的,但是这些技术的使用能得到高能炸药体系微结构方面新的信息。

9.4.2.3 其他显微镜方法

近年来应用于炸药的其他两种显微镜方法有望得到辅助数据。共焦扫描激光显微镜已经被 Heijden 等人[3.24]用于 HMX 晶体内微包夹物的表征,而且被 Los Alamos 研究室用于表征 HMX 为基的 PBX9501 炸药。该方法运用 HMX 的透明性来探测表面下的特征(运用反射)。激光通过显微镜物镜来传播,由样品反射,并通过物镜按照相同的路径返回,如同标准光学反射比显微镜。在共焦构型中,照明光和聚集光都打开以使很窄的薄片(亚微米)在光学厚度的样品之内成像。薄的焦点平面被逐渐步进穿过样品厚度,并且在每一步收集图像。通过这些,可得到内部特征的三维的图片。

Henson 等人[9.56]报道,可应用非线性光学技术倍频器(SHG)来探测大体积 HMX 样品的动力学晶型改变,Los Alamos 实验室的其他研究者已经展开该工作以探测显微镜的水平。使用该技术来测量单个 HMX 晶体和混合炸药 PBX9501 中的晶型转变(包括反转)动力学的工作正在进行之中。SHG 显微镜也已经被用来观察(和确定)HMX 的 $\beta - \delta$ 晶型转变中的成核和增长机理。该技术将来对在热损伤样品中分离晶型将非常有用。

9.4.3 应用于 HMX 混合炸药

9.4.3.1 准静态机械损伤效应

在剑桥大学,许多显微镜技术应用于不同炸药降解机理的研究,包括以 TATB 为基的和以 HMX 为基的混合炸药[9.57,9.58]。Rae 等人[9.55]最近的工作表明,在 Brazilian 盘压缩试验(一种评价混合炸药张力特性的简洁、不需要夹紧的方法)中存在两种变化,一种是由 Moiré 干涉测量法在抛光样品上可加速应变;另一种是在 SEM 环境下的原位显示的拉伸负荷下粘结剂纤维的扩展局部弹性。这些技术所提供的实时观测可成为观察机械降解过程的重要方法。

固结或压缩混合炸药的过程是一个引入准静态的机械损伤的简单方法。Lefrancois 和 Demol[9.59]及 Skidmore 等人[9.60]已经使用显微镜技术,来表征一些 HMX 混合炸药的类似损伤。当压制过程增加整体材料的机械完整性时,单个颗粒可能会变碎。图 9.22 是一个 PBX9501 抛光样品典型的 RPPL 图片,该样品在室温下压缩至 $1.81\mathrm{g\cdot cm^{-3}}$。单个大颗粒很容易与周围混有粘结剂细颗粒的基质区分。大部分大颗粒产生碎裂。这与 PBX9501 热损伤样品明显不同,将在稍后讨论。

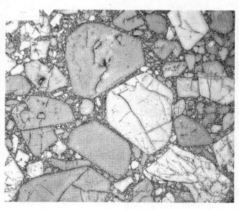

图 9.22　压至 $1.81\mathrm{g\cdot cm^{-3}}$密度的 PBX9501(RPPL)

很多方法均会在准静态速率下引起大量样品中的破碎。图 9.23 是一个二次电子图片,表明 PBX9501 样品(一般压缩)中的典型特征,这个样品具有缺口,在三个点弯曲直到被损。值得注意的是,存在暴露的生长面(β-HMX 的典型角度)和大晶体颗粒内的裂纹。在附近,还有一个空穴,在此处另一个晶体被移走。晶体看上去是被随机定位,并且有一高密度小颗粒暴露。但样品的整个横截面仍保持着矩形的形状和大小。这结合形态学上的观察,表明 PBX9501 的准静态断裂是晶体破裂的主要原因。

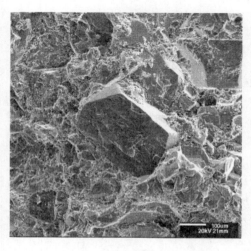

图 9.23　弯曲发生准静态断裂的 PBX 的典型表面

9.4.3.2　热损伤效应

炸药的另外一个普遍损害模式是热损伤。热损伤可以任何热传输机制引发，包括传导、对流或辐射。热损伤的强度足够高则可导致起火和自燃；损伤强度不高则可能导致所影响区域的微结构产生退火环境。显微镜技术可用来检查试验后的微结构以及推断其产生的动力学条件。虽然对于从事金属和陶瓷材料的科学家而言，这是常规的实践，但是炸药复杂得多的热反应性给这方面的解释带来了新的复杂性。如果在分析经高温处理的混合炸药以及随后的常温观测中所得的一些假设成立，作者相信以下的实例可为热损伤过程提供有用的参考。

Renlund 等人[9.61]曾用 SEI 来观察各种 HMX 和 TATB 混合炸药退火弹丸的形态变化。对 PBX9501 而言，一个加热到 190℃ 然后骤冷至室温的弹丸和一个冷却前在 200℃ 保持 1h 的弹丸与未加热的 PBX9501 在化学上是不能区分的（用差示扫描量热仪和高效液相色谱测试）。然而，用 SEI 观察发现，这两种弹丸在形态上非常不同。后者孔隙率较大，这说明高的质量损失和挤压来自气体分解产物。

带有抛光环氧横切面的 RPPL 显微镜方法也是分析退火样品的有用技术。置于 180℃ 炉中 0min，15min 和 30min 的非承压的 PBX9501 弹丸（半径 12.7mm，高 12.7mm）具有明显不同的微结构。有代表性的显微照片分别示于图 9.22、图 9.24 和图 9.25。如前所述，图 9.22 提供了评价热引发变化的一个基准。为展现更大的观察区域，图 9.24 和 9.25 是图 9.22 分辨率的一半。经 15min 处理的样品有很多明显的未损害结构的小区。例如，图 9.24 的中间部位主要是 PBX9501 中 HMX 的 β-晶型微结构，但周围区域已发生明显改变。有些单个晶体的一部分为原来的 β-晶型，同时另一部分已经转变成其他晶型。

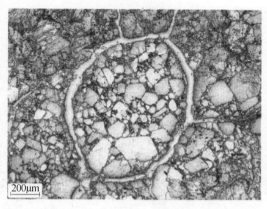

图 9.24　PBX9501，180℃ 处理，15min（RPPL）

经 30min 处理的样品中没有发现原始的颗粒和小区。图 9.25 表明，形成了新的微结构。原来单个颗粒和"谷粒"在新的微结构中的相关性不能维持。颗粒与粘

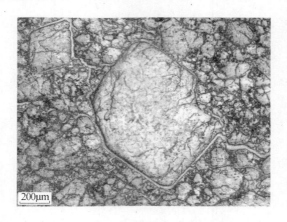

图 9.25　PBX9501,180℃ 处理,30min(RPPL)

结剂混合良好的区域的大晶体的先前差异已经消失,新"谷粒"区域被环氧填充的裂缝分离,甚至阴影都很容易确认,大颗粒被斑驳的由许多裂缝破坏的沼泽形态替换。

Skidmore 等人[9.62]阐述了在他们研究模压 HMX(粗粒)及在常压下空气中自行持续燃烧 PBX9501 时使用 SEI 和 RPPL 显微镜的情况。用罐装惰性气体吹熄燃烧着的样品并检验实验后残渣。燃烧的和熄灭的 HMX 弹丸横截面的 RPPL 示于图 9.26。由图可看出三个结构上独立的区域:上部到下部、基底材料(如未加热的原始材料)、热影响的区域和熔化的/重结晶的区域。热影响区域斑驳的阴影和裂纹使人联想起前面描述的炉退火样品。熔化/重结晶区域以不均匀的边缘和类似泡囊的内部气孔区域为特征。这可能是由于熔融体固化时分解气体被捕获所致。

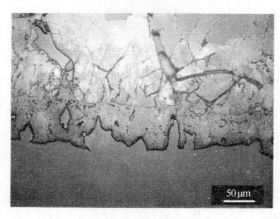

图 9.26　HMX 弹丸抛光横截面(几乎燃烧部分(从底部)和熄灭(RPPL)部分)

图 9.27 为燃烧和熄灭 HMX 弹丸表面凹陷和凸起的 SEI 图。该表面的截面图类似于图 9.26 中所示的熔化／重结晶区域。RPPL 和 SEI 测试经常被用来相互补充和验证。

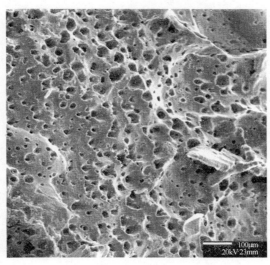

图 9.27　燃烧的和熄灭的 HMX 弹丸的表面（SEI）

9.4.3.3　动态撞击效应

RPPL 和 SEI 的测定可得出结论：动态撞击能导致 PBX9501[9.62,9.63]微结构的热损伤和机械损伤。Idar 等人[9.64]观测了改进 Steven 实验撞击区域的材料。图 9.28 是材料的 RPPL 照片，图 9.29 是材料的 SEI 照片。

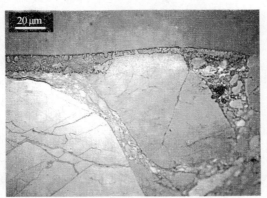

图 9.28　发射撞击(顶部)引发的 PBX9501 裂痕表面的抛光横截面（RPPL）

对图 9.26 和图 9.27 所表征的燃烧的和熄灭的 HMX 而言，这些图片在一般特征上与它们十分相似，但与示于图 9.23 的准静态裂痕特征则不同。在 RPPL 图

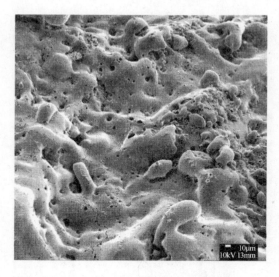

图 9.29　发射撞击(顶部)引发的 PBX9501 裂痕表面的平面图(SEI)

像中,有三个区域的图像(基底材料,熔化/重结晶区和热影响的区域),且在凝固熔化区有起泡的迹象。热影响区在单个晶体中是最明显的。SEI 测定证实表面有无序结晶,没什么明显的面和角,但是有丰富的曲线和圆形结构。

上述三区差别是明显的,熔化和热影响区显著变薄。这是因为,与稳态燃烧中的常压相比,动态撞击中存在局部高压。与图 9.27 相比,图 9.29 中较平的表面可能是由于动态撞击实验中燃烧的淬灭。

9.4.4　应用于 TATB 混合炸药

9.4.4.1　准静态机械损伤效应

以 TATB 为基的材料具有与以 HMX 为基的材料不同的微结构。固有晶型参数的各向异性,例如形态学、折射指数和热膨胀系数等,三者的差别更大。加工的条件,例如合成工艺的变化,高温和高压压制造型粉和材料的再加工均能产生独特的微结构效应。

Cady[9.52]曾用 SEI 来表征 TATB 晶体的孔洞结构,孔洞结构取决于 TATB 合成中水的用量。Skidmore 等人[9.54]报道,他们用光学显微镜观察了 PBX9502 样品的微结构,观测从造型粉开始,逐步增大准静态机械损伤,包括压片和压缩损伤(裂纹)等。据 Blumenthal 等人[9.65]报道,PBX9502 中压缩强度的各向异性取决于试样、试轴是与压力方向平行还是垂直。这种效应被认为是由于在致密化过程中TATB 晶体的优先排列引起的。作者对比了按已知配方制造的正常 PBX9502 与用 50%回收材料制成的 PBX9502 的微结构。

9.4.4.2 再加工效应

TATB 是一种相当昂贵的含能材料。大概 20 年之前,由于经济上的考虑,曾有人提议用不同方法再利用 TATB。一种利用 50% 回收 PBX9502 的方法已经发表。此法是将回收的材料机械处理直到能通过一个特定的筛子,然后将其添加至粘结剂溶液中,并与新 TATB 和部分新粘结剂漆混合。

图 9.30 提供了一个有代表性的、抛光的横截面图,它是由正常配方(无回收材料)试样所得。图的分辨率可表现颗粒精细结构。在一些颗粒上有孪生的迹象,在每个颗粒中都有大量的"蠕虫洞"空腔。较大区域的视图证明,明区和暗区的分布是随机的。

图 9.30 正常 PBX9502,抛光横截面(RPPL)

图 9.31 表示裂痕表面的典型纹理(SEI),图中云母状的类平面形态很明显。晶体裂纹导致晶体破裂。粘结剂控制区的破裂不明显。

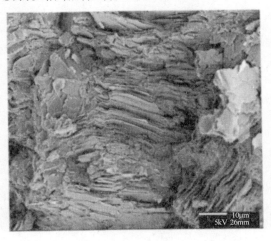

图 9.31 正常 PBX9502,断裂表面(SEI)

回收材料的图片示于图 9.32(RPPL)和图 9.33(SEI)。图 9.32 表示的区域较图 9.30 更大,以突现暗区和明区的更有序排列。图 9.32 的左上象限包括一个暗颗粒的几乎完整的环形,表明回收材料可能更不均匀。也许,回收材料碎片没有和新组分充分混合。

图 9.32　50%回收料制备的 PBX9502,抛光横截面(RPPL)

图 9.33 表示裂痕表面,提供了确定的证据。区域中心似乎显现出弱的粘结剂粘结的缺陷而非图 9.31 中的晶体开裂。这是提供观察微结构缺陷机理的显微技术的一个例子。

图 9.33　50%回收材料制备的 PBX9502,断裂表面(SEI)

9.4.4.3　热损伤效应

TATB 比 HMX 有更好的热稳定性,这是它作为钝感高能炸药有吸引力的原因之一。目前,热损伤效应还不能很好表征。Son 等人[9.66]曾应用谐波倍频器来探测 TATB 加热过程中发生的动力学结构变化。Phillips 等人[9.67]曾试图通过显微镜(光和电子)和粉末 X 射线衍射来更清晰地验证热损伤效应。曾有人报道过热损伤的 TATB 混合炸药的微结构特征。一个值得注意的工作就是 Demol 等人[9.68]的反射光显微镜研究。

9.5　参考文献

9.1 Campell AW, Davis WC, Ramsay JB, Travis JR (1961) Shock initiation of solid explosives, *J. Appl. Phys.* 4, 511–521.

9.2 Lindstrom IE (1970) Planar shock initiation of porous tetryl, *J. Appl. Phys.* 41, 337–350.

9.3 Gustavsen RL, Sheffield SA, Alcon RR, Hill LG (1999) Shock initiation of new and aged PBX 9501 measured with embedded electromagnetic particle velocity gauges, *Los Alamos National Laboratory Report*, LA-13634-MS.

9.4 Van der Steen AC, Verbeek HJ, Meulenbrugge JJ (1989) Influence of RDX crystal shape on the shock sensitivity of PBXs. In: *Proc 9th Int. Symp. on Detonation, Portland, Oregon*, pp. 83–88.

9.5 Baillou F, Dartyge JM, Spyckerelle C, Mala J (1993) Influence of crystal defects on sensitivity of explosives. In: *Proc 10th Int. Symp. on Detonation, Boston, Massachusetts*, pp. 816–823.

9.6 Borne L, Fendeleur D, Beaucamp A (1997) Explosive crystal properties and PBX's Sensitivity, *DEA 7304: Physics of Explosives*, Berchtesgaden, Germany.

9.7 Borne L (1998) Explosive crystal microstructure and shock-sensitivity of cast formulations. In: *Proc 11th Int. Symp. on Detonation, Aspen, Colorado*.

9.8 Spitzer D, Samirant M (1993) Shock solicitation of PETN single crystals presenting defects and visualization of hot spots initiation. In: *Proc 10th Int. Symp. on Detonation, Boston, Massachusetts*, pp. 831–840.

9.9 Borne L (1995) Microstructure effects on the shock sensitivity of cast plastic-bonded explosives. In: *Proc. 6ème Congrès Int. de Pyrotechnie, EUROPYRO 95, Tours*.

9.10 Borne L, Patedoye JC, Spyckerelle C (1999) Quantitative characterization of internal defects in RDX crystals, *Propell., Explos. Pyrotech.* 24, 255–259.

9.11 Borne L, Beaucamp A, Fendeleur D (1998) Metrology tools for the characterization of explosive crystal properties. In: *Proc 29th Int. Annual Conference of ICT, Karlsruhe*.

9.12 Sharma J, Hoover SM, Coffey CS, Tompa AS, Sandusky HW, Armstrong RW, Elban WL (1997) Structure of crystal defects in damaged RDX as revealed by an AFM. In: *Proc. Conference of the American Phys. Soc. Topical Group on Shock Compression of Condensed Matter, Amherst, Massachusetts*, pp. 563–566.

9.13 Cherin H, Bournisien D (1992) Characterization of the porous structure of explosive powders. Correlation with their combustion rate. In: *Proc 23rd Annual International Conference of ICT, Karlsruhe*.

9.14 Mang JT, Skidmore CB, Howe PM, Hjelm RP, Rieker TP (1999) Structural characterization of energetic materials by small angle scattering. In: *Am. Phys. Soc. Topical Conference on Shock Compression of Condensed Matter, Snowbird, Utah*.

9.15 Kumachov MA, Komarov FA (1990) Channeling of photons and new X-ray optics, *Nucl. Instrum. Methods B* **48**, 283–286.

9.16 Scardi P, Setti S, Leoni M (2000) Multi-capillary optics for materials science studies, *Mater. Sci. Forum*, 321–324, 162–167.

9.17 Schuster M, Göbel H (1995) *J. Phys. D* **28**, A270.

9.18 Klug HP, Alexander LE (1974) *X-ray Diffraction Procedures for Polycrystalline and Amorphous Materials*, Wiley, New York.

9.19 Chung FH, Smith DK (2000) *Industrial Applications of X-Ray Diffraction*, Marcel Dekker, New York.

9.20 Van Arkel AE (1925) *Physica* **5**, 208–212.

9.21 Rietveld HM (1969) A profile refinement method for nuclear and magnetic structures, *J. Appl. Crystallogr.* **2**, 65–71.

9.22 Young RA (1995) *The Rietveld Method*. International Union of Crystallography, Oxford Science, Oxford.

9.23 BAM (2000) *ICT Contribution to the α-/β-Silicon Nitride Round Robin Organized by the Bundesanstalt für Materialsforschung*, BAM, Berlin.

9.24 Warren BE, Averbach BL (1950) The effect of cold-worked distortion on X-ray patterns, *J. Appl. Phys.* **21**, 595–599.

9.25 Williamson GK, Hall WH (1953) X-ray line broadening from filed aluminum and wolfram, *Acta Metall.* **1**, 22–31.

9.26 Jacob G, Toupet L, Ricard L, Cagnon G (1997) *CCDC 124947–12450*. Cambridge Crystallographic Data Centre, Cambridge.

9.27 Athee M, Smolander KL, Lucas BW, Hewat AW (1983) The structure of the low temperature phase V of ammonium nitrate, *Acta Crystallogr., Sect. C* **39**, 651–655.

9.28 Choi CS, Prask HJ (1983) The structure of ND_4NO_3 phase V by neutron powder diffraction, *Acta Crystallogr., Sect. B* **39**, 414–420.

9.29 Choi CS, Mapes JE, Prince E (1971) The structure of ammonium nitrate (IV), *Acta Crystallogr., Sect. B* **28**, 1357–1361.

9.30 Lucas BW, Ahtee M, Hewat A (1980) The structure of phase III ammonium nitrate, *Acta Crystallogr., Sect. B* **36**, 2005–2008.

9.31 Lucas BW, Ahtee M, Hewat A (1979) The crystal structure of phase II ammonium nitrate, *Acta Crystallogr., Sect. B* **35**, 1038–1041.

9.32 Yamamoto S, Shinnaka Y (1974) X-ray study of polyoridentional disorder in cubic NH_4NO_3, *J. Phys. Soc. Jpn.* **37**, 724–732.

9.33 Herrmann M (1998) Temperaturverhalten von Ammoniumnitrat, *Wiss. Schriftenreihe des Fraunhofer ICT*, 15.

9.34 Amorós JL, Alonso P, Canut ML (1958) Transformaciones polimorfas en monocristales. Transición IV/II del nitrato amónico y forma metaestable II, *Bol. R. Soc. Esp. Hist. Nat. (G)* **56**, 77.

9.35 Gidaspov BV, Tselinskii IV, Mel'nikov VV (1995) Crystal and molecular structure of dinitramide salts and acid-base properties of dinitramide, *Russ. J. Gen. Chem.* **65**, Part 2, 906–913.

9.36 Herrmann M, Engel W (1999) Thermal expansion of ADN measured with X-ray diffraction. In: *Proc 30th Int. Annual Conf. of ICT*, p. 118.

9.37 Armstrong AW, Ammo HL, Du ZY, Elban WL, Zhang XJ (1993) Energetic crystal-lattice-dependent response, *Mater. Res. Soc. Symp. Proc.* **296**, 227–232.

9.38 Bohm J (1995) Realstruktur von Kristallen, Schweizerbart, Stuttgart.

9.39 Stewart JJP (1990) MOPAC: a general molecular orbital package, *Quantum Chem. Prog. Exch.* **10**, 86.

9.40 Cady HH, Larson AC, Cromer DT (1963) The crystal structure of α-HMX and a refinement of the structure of β-HMX, *Acta Crystallogr.* **16**, 617–623.

9.41 Choi CS, Boutin HP (1970) A study of the crystal structure of β-HMX by neutron diffraction, *Acta Crystallogr., Sect. B* **26**, 1235–1240.

9.42 Main P, Cobbledick RE, Small RWH (1985) Structure of the fourth form of HMX (γ-HMX), *Acta Crystallogr., Sect. C* **41**, 1351–1354.

9.43 Cobbledick RE, Small RWH (1974) Crystal structure of the δ-form of HMX, *Acta Crystallogr., Sect. B* **30**, 1918–1922.

9.44 Herrmann M, Engel W, Eisenreich N (1993) Thermal analysis of the phases of HMX using X-ray diffraction, *Z. Kristallogr.* **204**, 121–128.

9.45 Thome V, Kempa PB, Herrmann M, Teipel U, Engel W (2000) Molecular simulation of the morphology of energetic materials. In: *Proc 31st Int. Annual Conf. of ICT*, p. 64.

9.46 Thome V, Kempa PB, Bohn MA (2000) Erkennen von Wechselwirkungen der Nitramine HMX und CL20 mit Formulierungskomponenten durch Computer Simulation. In: *Proc 31st Int. Annual Conf. of ICT*, p. 63.

9.47 McCrone WC (1959) Explosives crystallization, *Ordnance* 506–507.

9.48 McCrone WC (1999) Playing with HMX, *Chem. Eng. News* **77**, 2.

9.49 Blomquist AT (1944) *Microscopic Examination of High Explosives and Boosters*, National Defense Research Committee of the Office of Scientific Research and Development, Washington, DC.

9.50 Wilson, EK (1999) Science/technology, HMX: by any name, a powerful explosive, *Chem. Eng. News* **77**, 26.

9.51 Benziger TM (1981) Manufacture of triaminotrinitrobenzene. In: *Proc 12th Int. Annual Conf. of ICT, Karlsruhe.*

9.52 Cady HH (1986) Microstructural differences in TATB that result from manufacturing techniques. In: *Proc 17th Int. Annual Conf. of ICT, Karlsruhe*, p. 53.

9.53 Cady HH (1992) Growth and defects of explosives crystals. In: *Proc. Structure and Properties of Energetic Materials, Boston, Massachusetts*, pp. 243–254.

9.54 Skidmore CB, Phillips DS, Crane NB (1997) Microscopic examination of plastic-bonded explosives, *Microscope* **45**, 127–136.

9.55 Rae PJ, Goldrein HT, Palmer SJP (1982) Studies of the failure mechanisms of polymer-bonded explosives by high resolution Moire interferometry and environmental scanning electron microscopy. In: *Proc. 11th Int. Detonation Symp., Aspen, Colorado.*

9.56 Henson BF, Asay BW, Sander RK (1999) Dynamic measurement of the HMX beta-delta phase transition by second harmonic generation, *Phys. Rev. Lett.* **82**, 1213–1216.

9.57 Palmer SJP, Field JE (1982) The deformation and fracture of beta-HMX. *Proc. R. Soc. London, Ser. A* **383**, 399–407.

9.58 Palmer SJP, Field JE, Huntley JM (1993) Deformation, strengths and strains to failure in polymer bonded explosives. *Proc. R. Soc. London, Ser. A* **440**, 399–419.

9.59 Lefrançois A, Demol G (1998) Increase of sensitivity of HMX-based pressed explosives resulting of the damage induced by hydrostatic compression. In: *Proc. 29th Int. Annual Conf. ICT*, p. 33.

9.60 Skidmore CB, Phillips DS, Howe PM (1998) The evolution of microstructural changes in pressed HMX explosives. In: *Proc 11th Int. Symp. on Detonation, Aspen, Colorado*, pp. 537–545.

9.61 Renlund AM, Miller JC, Trott WM (1998) Characterization of thermally degraded energetic materials. In: *Proc 11th Int. Symp. on Detonation, Aspen, Colorado*, p. 341.

9.62 Skidmore CB, Phillips DS, Idar DJ (1999) Characterizing the microstructure of selected high explosives. In: *Proc. Europyro 99, Brest*, pp. 2–10.

9.63 Skidmore CB, Phillips DS, Asay BW (1999) Microstructural effects in PBX 9501 damaged by shear impact. In: *Proc. American Phys. Soc. Topical Conf. on Shock Compression of Condensed Matter, Snowbird, Utah*, pp. 659–662.

9.64 Idar DJ, Lucht RA, Straight JW (1998) Low amplitude insult project: PBX 9501 high explosive violent reaction experiments. In: *Proc 11th Int. Detonation Symp., Aspen, Colorado.*

9.65 Blumenthal WR, Gray III GT, Idar DJ (1999) Influence of temperature and strain rate on the mechanical behavior of PBX 9502 and Kel-F 800. In: *Proc. American Phys. Soc. Topical Conf. on Shock Compression of Condensed Matter, Snowbird, Utah*, pp. 671–674.

9.66 Son SF, Asay BW, Henson BF (1999) Dynamic observation of a thermally activated structure change in 1,3,5-triamino-2,4,6-trinitrobenzene (TATB) by second harmonic generation, *J Phys. Chem. B* **103**, 5434–5440.

9.67 Phillips DS, Schwarz RB, Skidmore CB (1999) Some observations on the structure of TATB. In: *Proc. American Phys. Soc. Topical Conf. on Shock Compression of Condensed Matter, Snowbird, Utah*, pp. 707–710.

9.68 Demol G, Lambert P, Trumel H (1998) A study of the microstructure of pressed TATB and its evolution after several kinds of solicitations. In: *Proc 11th Int. Symp. on Detonation, Aspen, Colorado.*

第 10 章　热分析和化学分析

S. Löbbecke, M. Kaiser, G. A. Chiganova
欧育湘　译、校

10.1　热分析表征含能材料

10.1.1　导言

　　综合应用多种热分析方法,可使人们全面了解含能材料的特征和它们的基本性质。热分析除了能测定含能材料的某些物理特性参数(如分解温度和熔值)外,还有助于人们详细洞察含能材料的分解和裂解行为。特别是,如将热分析与适当的光谱分解离析气体分析(EGA)技术相结合,就能鉴定含能材料裂解反应所生成的产物、中间体及残余物,从而可揭示含能材料热分解的化学途径及反应机理。此外,热分析也能定性及定量描述含能材料分解的放热性及动力学,进而能对含能材料的热稳定性和相容性提供可靠的信息。

　　除了分析含能材料的热分解行为外,热分析对了解含能材料的相态特征也是一个很有用的技术工具。含能材料的相态特征对材料的能量水平、稳定性、安全性及加工性都是十分重要的。因此,热分析可用于研究结晶含能材料的多相性、熔化、升华、蒸发等行为。对高分子含能材料(例如粘结剂及增塑剂),热分析则可用于分析它们的玻璃化转变温度、结晶性及其他力学性能。

　　应用热分析技术,可得到含能材料大量的物理及化学性能数据,因而可提供含能材料的特征"指纹"。这类信息不仅可作为鉴定各种未知含能材料的参考,而且可用于已知含能材料的纯度分析,以便能对材料改性的可能性给予定性及定量的说明。这样,可使人们易于控制多种热、化学因素、机械加工及贮存、老化对含能材料各种性能的影响。

　　在下文中,将以两种新含能化合物(二硝酰胺铵(ADN)及 2,4,6,8,10,12 - 六硝基六氮杂异伍兹烷(HNIW 或 CL - 20))的热分析为例,来说明热分析技术对测定和描述含能材料多项特性的能力。关于这两种新含能化合物的结构性能的详细讨论可见 10.2 节。下文给出的结果是采用下述热分析技术所测得的:

- （调制）差示扫描量热仪器[(M)DSC]；
- （高分辨率）热重分析仪[(HiRes)TGA]；
- 离析气体分析仪(EGA)——采用与 TGA 相配合的质谱仪(MS)或采用自带可加热光敏元件的 Fourier 变换红外光谱仪(FIIR)；
- 显微量热仪(TM)。

含能材料的热分析需要特别准确的实验程序。由于一般含能材料分解时放热量大，所以用试样量要小(<1.0mg)，加热速率宜慢，并适宜采用开口式坩埚(例如具带孔盒的 DSC 盘)。用于热分析的试样应预先已知其某些特征，如化学纯度，多相态纯度，黏度和粒度分布等。为了保证测试统计结果的肯定性，每一重复测定的热分析应有足够数的试样(>6)。

10.1.2　二硝酰胺铵(ADN)的热分析

ADN($NH_4N(NO_2)_2$)是一种结晶物质，氧含量及氮含量均高。ADN 作为一种新含能化合物，特别令人感兴趣的是将它用作固体火箭推进剂的新型氧化剂[10.1~10.3]。因此，ADN 有可能成为目前广泛使用的氧化剂高氯酸铵和硝酸铵的替代品。与含高氯酸铵推进剂的燃烧不同，由于 ADN 不含氯，所以 ADN 配方燃烧时不生成氯化氢，因而特征信号大为降低，废气对大气臭氧层的破坏也大为减轻。与硝酸铵相比，ADN 最重要的优点是含能量高，低压下分解时放热量大，且不存在晶型转变。

图 10.1 是 ADN 的 DSC 图，图中显示 3 个主要热效应峰，(90.37±0.49)℃处的吸热峰是 ADN 的熔化峰，随后的是 ADN 的分解放热峰，红外还可得出 ADN 于

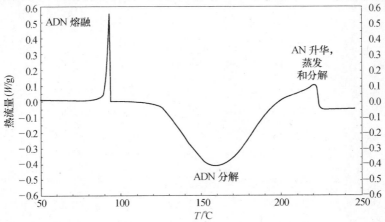

图 10.1　ADN 的 DSC 图(放热过程的热流为负值)

(加热速率 0.5K·min^{-1}，试样量 2.15mg，Ar 气氛，带多孔盖的铝池)

(120.65±0.77)℃时开始分解,分解放热量为(234.06±5.55)kJ·mol⁻¹(开口系统)。ADN 热分解产物之一是硝酸铵(AN),它的吸热升华与它的进一步分解重叠,当 ADN 的放热分解完毕时,可在 DSC 图中观察到明显的热效应峰。

此外,ADN 的 DSC 图说明,AN 对 ADN 熔化行为有明显的影响。图 10.2 是含 3.8%AN 的 ADN 的 DSC 图。此图指出,AN 除了降低 ADN 的熔点外,还使低温下出现一个附加的吸热峰。以 AN 不同含量的 ADN 进行系统的 DSC 测定表明,上述低温下的吸热峰是由于 ADN/AN 低共熔物所产生的,此共熔的 ADN/AN

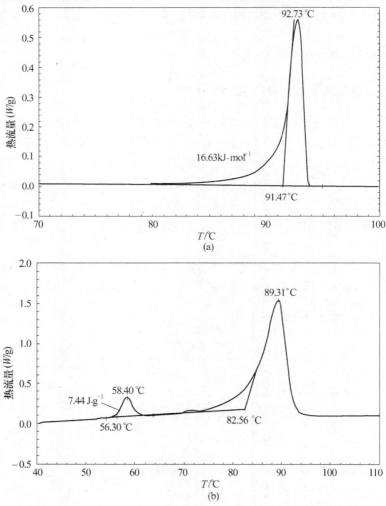

图 10.2　纯 ADN(a)及含 3.8%AN 的 ADN(b)的 DSC 图
(供比较二者的熔化特征,吸热过程的热流为正值)

的质量比为 70/30。在含能材料配方中采用 ADN 时,ADN 中的 AN 含量有很重要的影响,例如可使 ADN 的熔点降低,形成低共熔物等,而这会使 ADN 推进剂的燃烧行为难于控制,并有可能导致配方中产生分离系统。

而且,当 ADN 中 AN 含量较高时,ADN 的热稳定性会降低(可由等温 TGA 实验证明)。由于 ADN 中 AN 的上述负面影响,ADN 中 AN 的含量应控制在 0.5% 以下。因为 AN 不仅是 ADN 的一个分解产物,而且是 ADN 的一个副产物,所以 DSC 测定十分适用于分析 ADN 的纯度,包括定性的及定量的。DSC 也用于日常分析以控制被加工 ADN 试样中 AN 的含量。例如,用来检验热处理粗 ADN 所得的丸状 ADN 的质量(见 3.2.7 节)。

采用高分辨率 TGA 所测得的 ADN 的热重分析数据说明,ADN 分解后不留残渣(见图 10.3)。ADN 的热分解明显分两步进行,每一步的分解量均可由 TGA 曲线上查得。ADN 放热分解的 DSC 曲线上显示一弱的肩峰(位于低温处),这也说明 ADN 的热分解是分两步发生的。

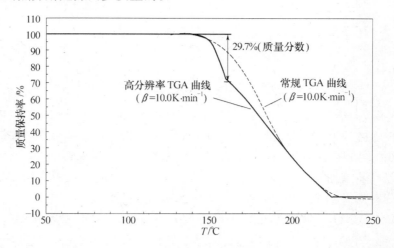

图 10.3　ADN 的常规 TGA 曲线及高分辨率 TGA 曲线 (后者说明 ADN 以两步热分解)
(加热速率 10.0K·min⁻¹,分辨率 2.0,灵敏度 8.0,试样量 2.45mg,Ar 气氛,铂池)

EGA/FTIR 分析能定量鉴定 ADN 的气态分解产物。图 10.4 所示的是线性加热 ADN 时,在线测定的气相 IR 谱。

根据下述实验结果,人们可以推论 ADN 热裂解的主要分解途径:

(1) ADN 的主要分解产物有 N_2O,NH_4NO_3,H_2O,NO_2,NH_3 和 NO;

(2) 由 EGA 数据(见图 10.5)计算所得的不同热裂温度下 N_2O,NH_4NO_3,和 NO_2 的相对吸收率;

(3) ADN 第一分解步的质量损失(由高分辨率 TGA 测得)。

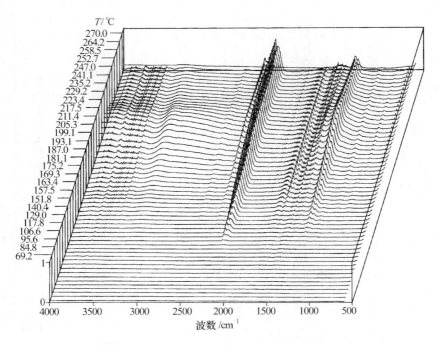

图 10.4　ADN 热裂解的 EGA/FTIR 图（加热速率 $5.0K \cdot min^{-1}$，Ar 气氛，铂坩埚）

ADN 第一步分解时，ADN 分子断裂，形成 N_2O 和 NH_4NO_3（理论质量损失 35%），在随后的第二步分解反应中，NH_4NO_3 进一步分解为 H_2O 和 N_2O。所以在 EGA 图中，可以看到 NH_4NO_3 曾达到最大浓度，同时可看到 ADN 分解产物中 N_2O 量进一步增加。更详细一点的情况是，ADN 先分解生成中间体 $NH(NO_2)_2$，后者再分解为 N_2O 及 HNO_3，HNO_3 又与 NH_3（也是 ADN 的分解产物）反应生成 NH_4NO_3，NH_4NO_3 在第二步分解中形成 N_2O 和 H_2O。ADN 热分解时，还有一些副反应，形成 NO_2、NO 及 O_2，当然也同时形成 N_2O 和 H_2O。这些都已由 MS/TGA 实验证明。NO_2 的 EGA 图指出，NO_2 的随后再分解是由于随后的气相反应导致的。关于 ADN 热分解机理更为详细的描述可见文献[10.4~10.6]。上面引用的热分析数据也表明，ADN 的热分解是由酸催化机理引发的，放出的 N_2O 是 ADN 热分解的最初产物，这与通常观察到的有机硝胺的热分解是不同的，一般有机硝胺热分解时，首先是 N—NO_2 键的均裂。

除了定量地研究了 ADN 的热分解外，人们还采用 TM、等温 TGA、等温 EGA 及 MDSC 等技术手段研究了 ADN 的缓慢热分解[10.7]，得到的所有实验结果都一致表明，在熔化阶段，ADN 即能发生缓慢热分解。例如，从熔融 ADN 中即可明显地观察到有气泡释出（采用 TM 技术）。此外，MDSC 实验也表明，熔融 ADN 有缓慢的热分解，因为在 MDSC 曲线上可看到，当 ADN 吸热熔化后有一恒定的可逆热

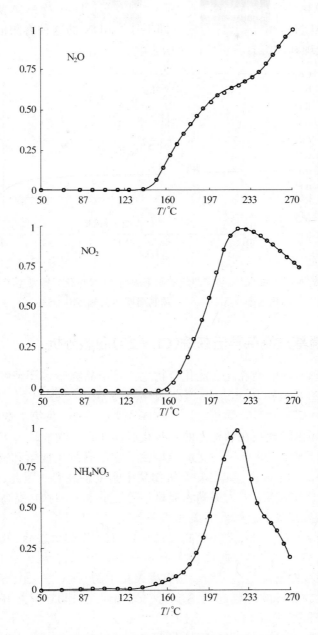

图 10.5　不同热裂温度下 ADN 分解产物 $N_2O(2240cm^{-1} \sim 2234cm^{-1})$、
$NO_2(1635cm^{-1} \sim 1361cm^{-1})$ 及 $NH_4NO_3(3281cm^{-1} \sim 3176cm^{-1})$
的相对吸收率(由 EGA 数据求得)

流,及减少的总热流(见图10.6)。在100℃下以等温TGA及EGA测定ADN的热分解时,证实ADN一熔化,其热稳定性即不佳。ADN的这种有限的热稳定性,对ADN的实际处理和加工有着重要的负面影响。

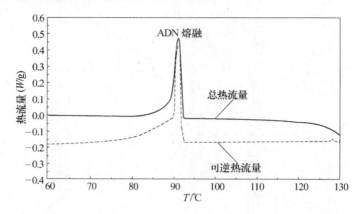

图10.6　ADN的MDSC曲线(总热流曲线的斜率表明ADN熔化后即发生了缓慢的热分解,加热速率0.5K·min^{-1},调制周期40s,幅度0.053K)

10.1.3　六硝基六氮杂异伍兹烷(CL-20)的热分析

现代令人感兴趣的高性能含能化合物之一是结晶物质多环硝胺2,4,6,8,10,12-六硝基-2,4,6,8,10,12-六氮杂四环[5.5.0.0.^{5,9}0^{3,11}]十二烷,它更为人熟知的名字是六硝基六氮杂异伍兹烷(HNIW)或CL-20(见第1章)。

由于与单环含能硝胺在结构上的某些相似性,CL-20被认为可作为HMX和RDX的代用品。CL-20分子的笼形结构赋予它很高的生成焓和密度。ε-CL-20的密度高达2.04g·cm^{-3},是已知有机物质中密度最高者。因此,在含能材料配方中采用CL-20,预期可大大提高含能材料的能量水平,例如,提高固体火箭推进剂的比冲和燃速,提高混合炸药的爆速和爆压等[10.8~10.10]。

图10.7是ε-CL-20的DSC曲线,曲线上有2个热效应峰,低温峰的外延起始温度为(165.17±0.87)℃,此峰相应于ε-CL-20转晶为γ-CL-20,后者在CL-20四种晶型中密度最低。继续加热凝聚相中的γ-CL-20,导致CL-20的强放热分解,此放热峰的外延起始温度为(200.65±0.14)℃。在开式池中,CL-20放出的分解热很高,达(1129.5±19.5)kJ·mol^{-1},并且此热量是于相当窄的温度范围内释出的。上述数据很实际地说明,为什么CL-20这一环状硝胺被人们普遍认为是含能材料领域的一个很有希望的佼佼者。

DSC曲线也表明,ε-CL-20转变为γ-CL-20不是一个可逆过程,且杂质含量较高的ε-CL-20转变为γ-CL-20的相变温度较低(见图10.8)。

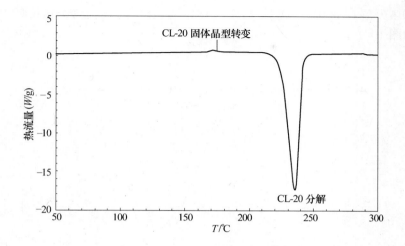

图 10.7　ε-CL-20 的 DSC 图（放热过程以负热流表示）
（加热速率 5.0K·min^{-1}，试样量 0.82mg，Ar 气氛，带多孔盖的铝池）

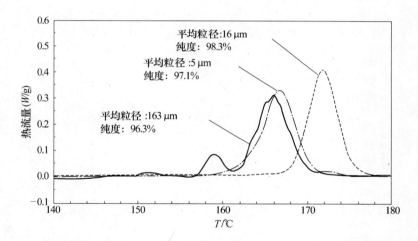

图 10.8　纯度不同及粒度不同的 ε-CL-20 转变为 γ-CL-20 的相变温度（DSC 测定）
（吸热过程以正热流表示）

　　ε-CL-20 转变为 γ-CL-20 时，体积增加 6%，同时结晶应力加剧，这导致不可控 CL-20 细小碎片的形成。这种"微观破裂"效应可在热显微镜下明显地观察到，DSC、TGA 及 EGA 实验也可研究这种效应，特别是对大的 CL-20 结晶，这种效应更易于产生。CL-20 结晶的微观破裂是很值得重视的，因为它暗示某些 CL-20 试样可能发生的不稳定性，有可能增大其潜在危害性。

　　CL-20 的放热分解含有两个十分靠近的分解步骤，其 DSC 放热峰重叠。

CL-20热分解在300℃时形成11%~18%的残渣,此残渣具类多吖嗪结构(图10.9和图10.10)。

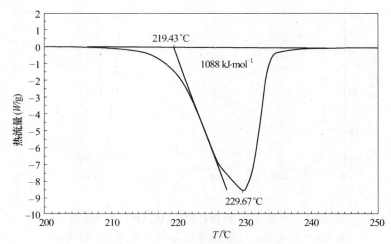

图 10.9　CL-20 放热分解的 DSC 图(放热过程以负热流表示)

(加热速率 2.0K·min^{-1},试样量 0.74mg,Ar 气氛,带多孔盖的铝池)

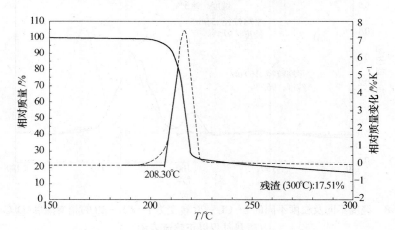

图 10.10　CL-20 的 TGA 及 DTG 曲线

(加热速率 1.0K·min^{-1},试样量 0.98mg,Ar 气氛,铂池)

FTIR/EGA 测定的 CL-20 热分解(图 10.11)结果表明,CL-20 热分解的主要气态产物是 NO_2,N_2O,CO_2 和 HCN,还有微量的 H_2O,CO 及 NO,这也为 TGA/MS 测定所证实。

CL-20 热分解生成气体的计算 EGA 曲线(图 10.12)清楚地表明,与 ADN 不同,γ-CL-20 的热分解系由 N—NO_2 硝胺键的均裂所引发的,并放出 NO_2 作为

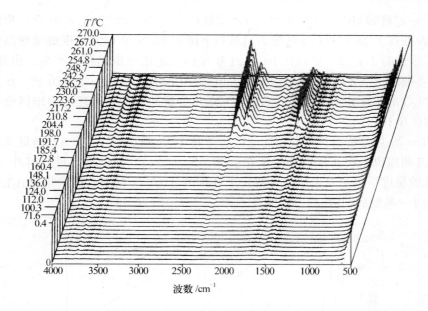

图 10.11 CL－20 热裂解的 FTIR／EGA 图

（加热速率 5.0K·min⁻¹,Ar 气氛,铝池）

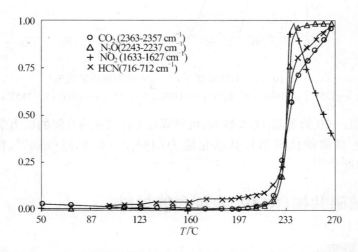

图 10.12 CL－20 分解生成的气态产物 NO_2、N_2O、CO_2 和 HCN 的 EGA 曲线

（各温度下的相对吸收率）

初始分解产物。在 CL－20 骨架上形成的自由基中心使多环笼形结构立即解体，并放出热力学稳定产物 N_2O，HCN 及 CO_2。

由于 NO_2 自由基背面的进攻反应,CL－20 碳氢骨架的降解自动加速,同时又放出了一定量的 HCN,CO₂ 和 N₂(由质谱证明),这点可由当 CL-20 进一步裂解时 EGA 曲线上 NO₂ 的温度达最大值然后下降和 HCN 及 CO₂ 浓度继续增高得以说明。但此时不会进一步放出 NO₂,因为 N₂O 只能由外围硝胺基产生。因此,尽管 EGA 曲线上 N₂O 的浓度也达到最大值,但与 NO₂ 不同,在 CL-20 进一步热裂解时,N₂O 的浓度并不下降。有关 CL-20 热分解的路径和机理的详细讨论可见文献[10.6,10.11]。

CL-20 热分解的自动催化加速已为等温 TGA 测定(见图 10.13)所证实。等温 TGA 曲线也表明,CL-20 除了在(200.65±0.14)℃ 处进行定量分解外,甚至在更低的温度下也会发生缓慢分解。更详细的 TGA 及 MDSC 测定指出,CL-20 转变为 γ-晶型后,其热稳定性明显下降。

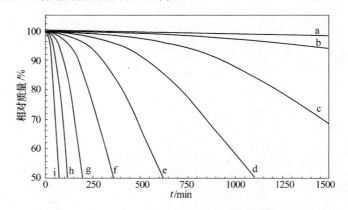

图 10.13   不同温度下 CL-20 的等温质量损失

a—150℃;b—155℃;c—160℃;d—165℃;e—170℃;f—175℃;g—180℃;h—185℃;i—190℃。

根据 CL-20 的等温 TGA 数据,可计算出 CL-20 热分解的动力学参数(采用一级反应 + 自动催化模型),其活化能为(183.2±0.5)kJ·mol⁻¹,指前因子为 17.76±0.05[10.11]。

10.2 核磁共振(NMR)表征含能材料

10.2.1 导言

尽管核磁共振(NMR)现象是 1946 年才由 Purcel 等[10.12]和 Bloch 等[10.13,10.14]发现的,但此方法的发展却极其迅速,其原因是近年 Fourier 变换光谱和超导核磁高磁场的应用[10.15]。NMR 应用于分析的重大进展之一是化学位移的发现,因为分子中不同的基团可由于化学位移的不同而加以区分[10.16]。NMR 另一个可用于结构鉴定的工具是分子内原子核的磁相互作用。此相互作用称为核偶合,当谱线发生裂分时即可观察到,并测得偶合常数。今天,NMR 已成为分析有机物质一个强有力的工具。NMR 不仅适用于检测纯的固态及液态化合物,也可用于分析混合物和测定物质的纯度。

已知有很多 NMR 活性的可用于 NMR 检测的质子。实际上,每一元素都有 NMR 活性的同位素。对于分析炸药、特别有意义的 NMR 活性核是 ^1H, ^{13}C, ^{14}N, ^{15}N 及 ^{17}O。这些同位素有不同的自然丰度和物理性能(例如磁旋比,偶极矩),因而在频谱范围内的灵敏度和信号也十分不同。各 NMR 活性核的频率范围差别很大,所以不会重叠。NMR 是一种完全独立的方法,如果在测定时还采用一些补充条件(如弛豫时间,核极化效应(Nuclear Overhauser Effect, NOE)等),则核产生的信号强弱是与被测定的核数目严格成正比的。

固态 NMR 与高分辨率 NMR 是不同的,对于固态 NMR,被测物质系置于一陶瓷转子中,此转子相对于外部磁场的夹角为 54°44′,旋转频率为 2000Hz ～ 2500Hz。^{13}C 谱系在高强去偶和交叉极化/夹角自选(CP/MAS)下测定。对高分辨率 NMR,被测物质系溶于氘代溶剂中。之所以必须采用氘代溶剂,是为了利用氘频率以稳定核磁共振仪所采用的频率。高分辨率 NMR 的分辨率明显高于固态 NMR。下文将叙述高分辨率 NMR。

作为 NMR 测定新炸药的实例,采用高分辨率 NMR 测定了二硝酰胺铵(ADN)和 2,4,6,8,10,12 - 六硝基六氮杂异伍兹烷(CL - 20)[10.11,10.17~10.19],还对 CL - 20 分离出的杂质进行了结构测定。

10.2.2 NMR 理论

原子核可以看作是一个带正电荷的小球体,而电荷在其上的分布可以是对称的或不对称的。如果电荷分布是不对称的,且假定存在围绕核的直接旋转,则电荷将在围绕旋转轴的环形轨道上旋转。旋转电荷可产生电流,电流又可产生磁场,而此磁场应遵循 three - finger 规则。因为旋转核能产生一个小的磁场,这意味着核的行为类似一个小磁体。

一个原子核带有不对称分布的电荷,电荷又围绕核直径旋转,因而具有内在的角动量。此内在角动量也成为核自旋。一个原子核的磁性可用磁矩定量描述。

如果一个核具有核自旋,则这个核也具有磁矩。磁矩与核自旋是成比例的,此比例常数称为磁旋比。不是所有的核都具有磁矩的,质子数为偶数及中子数也为偶数的核不具磁矩。因此,只要像 ^{13}C 和 ^{17}O 这类核才是核磁活性的,而 ^{12}C 和 ^{16}O 这类核则不是。

因为具有核自旋的核犹如一个小磁体,所以它在磁场中能取向。不同的核在磁场中可能的取向数是不同的,这取决于自旋量子数。为简化起见,让我们考虑自旋量子数 $I = 1/2$ 的核,例如 ^1H, ^{19}F, ^{13}C 和 ^{15}N 这类核。在这种情况下,相对于磁场而言,有两个可能的取向,即与磁场一致的取向和与磁场相反的取向。前一种取向的能量比后一种取向低,因此,与磁场一致的取向是有利的。核取向改变时,这两种能级就发生变化。改变取向所需的能量由式(10.1)表示:

$$\nu = \frac{1}{2\pi}\gamma \cdot H \qquad (10.1)$$

式中　ν——为频率;

γ——为磁旋比;

H——为磁场强度。

核重新取向意味着吸收能量,于是产生核磁信号。对每一类型的核,磁旋比是一个特定的常数。磁场强度应尽可能高,因为两次取向的能量差和方法的灵敏度都正比于磁场强度。目前,采用的超导核磁,用于 ^1H 的共振频率为 100mHz～800Hz(与所用的磁铁系统有关)。因为磁旋比不同,不同核的共振频率是不同的,如对 ^1H 的共振频率为 400.13Hz,则对 ^{13}C 的共振频率应为 100.62Hz。一个含质子的有机物试样,可存在大量的 ^1H 核,而各取向(两个)的质子数,可由 Boltzmann 分布计算。

磁场外的试样是不取向的,它的磁自旋指向不同的方向。只有将试样置于高磁场中,才能使核自旋取向。但它向两个有利方向的取向不是瞬时发生的,而是需要一定的时间,此时间称为自旋晶核的弛豫时间(T_1)。核自旋取向后,试样承受高频脉冲,随后就记录下图谱。自旋量子数 $I > 1/2$ 的核,不仅具有磁矩,而且具有四极矩,或者能引起能量快速转移,而这导致高分辨率图谱中发生宽谱线,这是一种人们所不希望的效应。如弛豫时间过长(例如 ^{15}N 核就会有这种情况),也会引起观察核磁信号上的问题,因为这时会产生饱和现象(两个自旋取向间的平衡)。在这种情况下,在两次 NMR 激励间必须等较长时间。

上文已指出,因为不同核的磁旋比不同,所以,各种类型的核(如 ^1H、^{13}C、^{15}N)都有其本身的特有共振频率。由式(10.1)可知,对所有的质子,都可得到具有尖谱线的核磁图谱。但是,对一个有机分子中的质子,在实际中人们可看到不同共振的核磁谱,产生这种不同共振谱的原因,首先是围绕分子中核的电子,其次是该核附近的化学及核磁环境。核外的电子是围绕核旋转的,旋转电荷会产生电流和一个小的磁场,而这个磁场与外部磁场的方向是相反的,因而使核所在位置的有效磁场弱化,且随邻近核的电子数增加,这种弱化作用增强。这种作用称为电子的屏蔽效应,这导致同一分子等同核的各基团的 NMR 信号不同。核磁谱中各特定谱线与标准物质谱线的距离称为化学位移。不同类型的质子(如饱和烃的质子,不饱和烃的质子,芳烃质子)在核磁谱中显示典型的化学位移,大多数质子的化学位移为 0～10ppm。

在高分辨率质子核磁谱中,可看到裂分为不同谱线的各种基团的信号,这种裂分不是由于质子的不同化学位移引起的,而是由间接的核偶合引起的。因为一个质子可受邻近质子取向的影响,所以有不同位置的谱线。当测定溶于溶剂中有机物的 NMR 图谱时,上述核偶合系通过电子键传递,因为通过空间的质子的直接偶合由于分子运动而平均化了,有关 NMR 理论的细节可见文献[10.20~10.26]。

10.2.3 仪器和方法

下文所讨论的关于 ADN 及 CL-20 的核磁测定是以 Bruker DMX400 NMR 仪进行的,其共振频率对 ^1H 为 400.13MHz,对 ^{14}N 为 28.91MHz,对 ^{15}N 为 40.56MHz,^{17}O 系在共振频率 54.24MHz 下测定。

测定时,ADN 溶于 D_2O,CL-20 溶于丙酮-d_6。采用 5mm 和 10mm 的多核高分辨率探头,数据点为 32K 和/或 64K。所有测定均在室温下进行。测定 ^1H 谱及 ^{13}C 谱时,以四甲基硅烷(TMS)为外标,丙酮甲基上质子的化学位移为 2.04,甲基上 ^{13}C 的化学位移为 29.8。测定 ^{14}N 及 ^{15}N 谱时,以硝基甲烷为外标,在测定 ADN 及 CL-20 谱前,测定硝基甲烷谱,标定其上 N 的 $\delta=0$。测定 ^{17}O 前,先测定去离子水谱,标定其上 O 的 $\delta=0$。测定所用的 CL-20 试样系美国 Thiokol 公司和法国 SNPE 公司的工业产品,ADN 试样系由德国 ICT 合成。

测定了 ^{13}C 的一维核磁谱,包括宽带去偶谱或脉冲谱[10.15,10.27~10.31]。还测定了一维的质子 NOE 谱。至于二维的核磁技术,采用的有 $^1H-^1H$ COSY 谱[10.24,10.32~10.34],$^1H-^{13}CHSQC$ 谱[10.35~10.39],$^1H-^{13}CHMBC$ 谱[10.37~10.40],$^1H-^{13}C$ RELAY 谱[10.41,10.42],$^1H-^1H$ NOESY 谱[10.43~10.46]。对于二维 NMR 谱,一般测定了 4K 数据点的 256 个谱。采用带 Z-梯度选择和抑制 t_1 噪声脉冲程序测定了杂核的二维相关核磁。除非有特别说明,所有测定均在 298K 下进行。

CL-20 中杂质的分离系采用 Gynkoteh 高效液相色谱仪(HPLC)进行的,该型仪装有 RP-18 色谱柱(250mm×4mm(内径))和一个 20mm 的预分离柱(装填 Merck 公司的 Lichrospher Si100)。洗提液为 50/50 的甲醇/水。制备分离时,采用 Merck 公司的中压色谱柱,柱内装填硅胶 Si60。用于分离的 CL-20 试样由美国 Thikol 公司和法国 SNPE 公司提供,均为工业级产品。

10.2.4 核磁共振表征 ADN 及 CL-20

10.2.4.1 ^1H 核磁谱

在 ^1H 核磁谱中,CL-20 显示两个单峰,其 δ 值分别为 8.34 及 8.20。通过峰的积分,可指认这两个峰的归属。$\delta=8.34$ 的峰源于 4 个质子,$\delta=8.20$ 的峰源于 2 个质子(图 10.14(a))。图 10.14(b)及图 10.14(c)分别是来自两个不同公司的 CL-20 的放大核磁谱,从中可看出两个 CL-20 试样具有不同的纯度,即含有不同量的杂质。

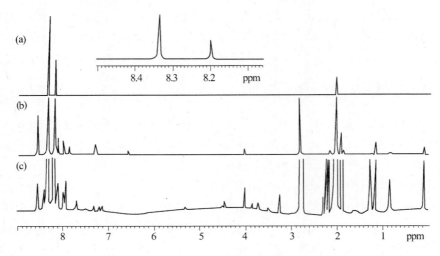

图 10.14　(a)CL－20 的¹H NMR 谱(溶剂丙酮－d₆)；
(b) 制造厂 A 生产的 CL－20(含杂质)的¹H NMR 谱放大图；
(c) 制造厂 B 生产的 CL－20(也含杂质,但杂质种类与制造厂 A 生产的不同)的¹H NMR 谱放大图

　　没有测定 ADN 的¹H NMR 谱,因为 ADN 中 NH_4^+ 上的质子峰与 HDO 中的质子峰会发生交换。这样一来,NMR 谱中出现的信号会是一平均值,且其化学位移与测定试液中 ADN 的浓度及温度有关。

10.2.4.2　¹³C NMR 谱

　　与¹H NMR 谱不同,¹³C NMR 谱的灵敏度要低,因为¹³C 核的天然丰度只有 1.1%。

　　CL－20 的¹³C NMR 谱有两个单峰(见图 10.15(a)),其中一个峰的 $\delta = 72.1$,另一个峰的 $\delta = 75.1$。这两个峰的指认会受到定量逆转的脉冲 NMR 谱的影响[10.15,10.20~10.24]。在这种情况下,一个峰归属于 CL－20 上的两个碳质子,另一个峰归属于 CL－20 上的另外四个碳原子。

　　CL－20 的¹³C NMR 谱也可用于测定 CL－20 的纯度,这可见图 10.15(b)及图 10.15(c)。此两图均为放大图,所用的 CL－20 来自两个制造厂,由图可看出 CL－20 含有的杂质。

　　采用脉冲 NMR 谱测定了 CL－20 的偶合常数¹J_{CH}(图 10.16)[10.15,10.20~10.23]。CL－20 的¹³C NMR 谱中 $\delta = 75.1$ 的峰的偶合常数¹$J_{CH} = 175.9Hz$,$\delta = 72.6$ 的峰的偶合常数¹$J_{CH} = 176.6Hz$。这两个偶合常数差别很小,因为 CL－20 中的碳原子的化学环境十分相似。

　　对于 ADN,其中不含碳,所以无¹³C NMR 谱可言。

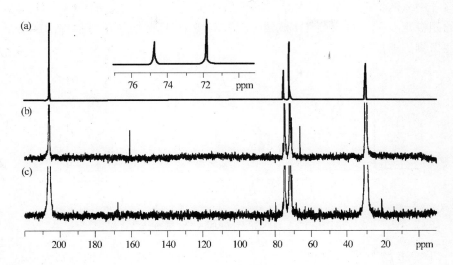

图 10.15　(a) CL-20 的¹³C NMR 谱(采用质子宽带去偶技术,溶剂为丙酮-d₆);

(b) 制造厂 A 生产的 CL-20(含杂质)的¹³C NMR 谱放大图;

(c) 制造厂 B 生产的 CL-20(也含杂质,但杂质种类与制造厂 A 生产的不同)

的¹³C NMR 谱放大图

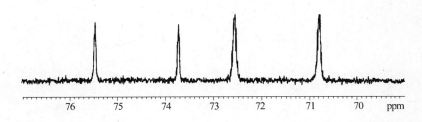

图 10.16　CL-20 的脉冲¹³C NMR 谱(溶剂丙酮-d₆)

10.2.4.3　¹⁴N NMR 谱

尽管¹⁴N 的天然丰度很高,达 99.63%,但测定¹⁴N 核却不是一件十分简单的事,因为¹⁴N 核的自旋量子数 $I=1$,因而¹⁴N 核具有四极矩[10.47,10.48],这导致信号变宽及信/噪比下降。

ADN 的¹⁴N NMR 谱见图 10.17。图中显示 3 个峰,它们的 δ 值分别为 -12.0,-60.2 及 -360。$\delta = -12.0$ 的峰来源于二硝酰胺中硝基上的氮,$\delta = -60.2$ 的峰来源于二硝酰胺中硝基上的中心氮,$\delta = -360$ 的峰来自铵离子 (NH₄⁺)上的氮。ADN 的¹⁴N NMR 谱中还有一个小峰,其 δ 值为 -3.9,它是来自 ADN 中的硝酸盐杂质上的氮。ADN 的¹⁴N NMR 谱中各谱线的宽度是不相同的,

铵离子中氮的谱线最窄,其次是二硝酰胺上硝基氮和中心氮的谱线。线宽与^{14}N 核的四极矩有关。只有当^{14}N 核处于对称环境中,且围绕氮核有很快的旋转基团,才能得到尖的谱线。

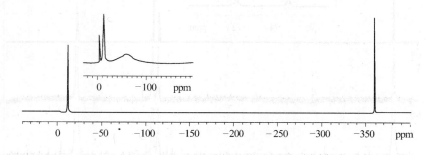

图 10.17　ADN 的^{14}N NMR 谱(溶剂为 D_2O)

CL-20 的^{14}N NMR 谱示于图 10.18,图中有两个峰,其 δ 值分别为 -41.6 和 -180.6,前者归属于硝基氮,后者归属于硝氨氮。这两个峰都相当宽,特别是 $\delta =$ -180.6 的峰,由于它太宽而几乎消失于基线中。与上文提到的相似,峰宽的原子在于^{14}N 核的四极矩和没有峰的裂分。

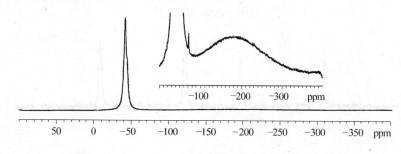

图 10.18　CL-20 的^{14}N NMR 谱(溶剂为丙酮 - d_6)

10.2.4.4　^{15}NNMR 谱

与^{14}N NMR 谱不同,^{15}N NMR 谱的谱线很窄[10.49~10.51],这是它的一大优点。其原因是^{15}N 核的自旋量子数为 1/2,不存在四极矩。但测定^{15}N NMR 很费时,因为^{15}N 的天然丰度仅 0.36%。如测定示于图 10.19 中的^{15}N NMR 谱,试样量约 1g,需时约 1 天。测定^{15}N NMR 谱费时的另一个原因是弛豫时间长,核奥佛好斯特效应(NOE)是负的,因为^{15}N 核的磁旋比为负值。

ADN 的^{15}N NMR 谱显示 3 个峰,三者的 δ 值分别为 -12.2、-60.8 及 -360.1。$\delta =$ -12.2 的峰由硝基氮所产生,$\delta =$ -360.1 的峰由铵离子(NH_4^+)中的氮所产生。二硝酰胺的中心氮所产生的峰的 $\delta =$ -60.8,但因为化学交换之故,

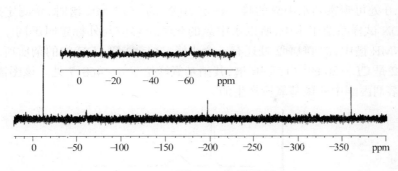

图 10.19　ADN 的 ^{15}N NMR 谱(溶剂为 D_2O)

此峰加宽。

　　CL－20 的 ^{15}N NMR 谱比其 ^{14}N NMR 谱易于解析的多,图谱上有 4 个峰,其化学位移 δ 值分别为 -40.3,-43.4,-179.5 及 199.0,见图 10.20。前两个峰归属于硝基氮,后两个峰归属于硝氨氮。

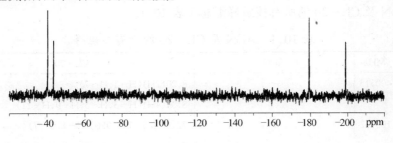

图 10.20　CL－20 的 ^{15}N NMR 谱(溶剂为丙酮－ d_6)

10.2.4.5　^{17}O NMR 谱

　　^{17}O 这一核磁活性的核对解析 NMR 谱有一些不利之处[10.52]。一是它的天然丰度很低,只有 0.037%;二是它的自旋量子数 $I = 5/2$,这使它具有四极矩,因而使谱线加宽。

　　图 10.21 是 ADN 的 ^{17}O NMR 谱,ADN 硝基氧峰位于 $\delta = 469.6$ 处。另外,在

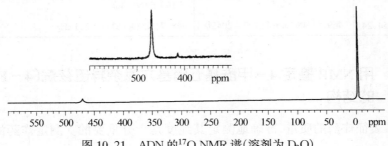

图 10.21　ADN 的 ^{17}O NMR 谱(溶剂为 D_2O)

$\delta = -3.0$ 处可观察到水中氧的峰。标定 ADN 的 ^{17}O NMR 谱时,系测定外来水。因为 ADN 试样系溶于水中,所以水中氧的化学位移应与外标定时不同。在 ADN 的 ^{17}O NMR 谱中,$\delta = 414.2$ 处还有一个小峰,这是由于 ADN 中的杂质所产生的。图 10.22 是 CL - 20 的 ^{17}O NMR 谱,其硝基氧峰位于 $\delta = 468.7$ 处。该图谱中的大峰是由溶剂丙酮中的羰基氧所产生的。

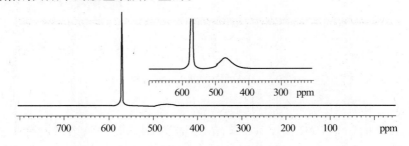

图 10.22　CL - 20 的 ^{17}O NMR 谱(溶剂为丙酮 - d_6)

ADN 及 CL - 20 的所有核磁峰汇总于表 10.1。

表 10.1　ADN 及 CL - 20 的所有核磁峰

核子	MHz	ADN	CL - 20
^1H	400.13	—	8.20(2H)(H - 1,H - 7)
			8.34(4H)(H - 3,H - 5,H - 9,H - 11)
^{13}C	100.62	—	72.1($^1J_{CH}=175.9Hz$)(C - 1,C - 7)
			75.1($^1J_{CH}=176.6Hz$)(C - 3,C - 5,C - 9,C - 11)
^{14}N	28.91	-12.0(N$\underline{N}O_2^-$)$\Delta1/2=12.4Hz$	-41.6(N$\underline{N}O_2$)$\Delta1/2=140Hz$
		-60.2($\underline{N}NO_2^-$)$\Delta1/2=940Hz$	-180.6($\underline{N}NO_2$)$\Delta1/2=4.3kHz$
		-360.1($\underline{N}H_4^+$)$\Delta1/2=4.5Hz$	
^{15}N	40.56	-12.2(N$\underline{N}O_2^-$)	-40.3(N$\underline{N}O_2$)
		-60.8($\underline{N}NO_2^-$)	-43.4(N$\underline{N}O_2$)
		-360.1($\underline{N}H_4^+$)	-179.5($\underline{N}NO_2$)
			-199.0($\underline{N}NO_2$)
^{17}O	54.24	469.6(NN$\underline{O}_2-$)$\Delta1/2=204Hz$	468.7(N$\underline{NO_2}$)$\Delta1/2=2.1kHz$

10.2.5　用 NMR 鉴定 4 - 甲酰基五硝基六氮杂异伍兹烷(4 - FPNIW) 的结构

为了表征炸药的质量,准确地测定其纯度是十分重要的。测定炸药的纯度可采用色谱法和/或多种光谱法。在早期的研究中,HNIW(CL-20)中的杂质采用高效液相色谱(HPLC)测定。那时,CL-20 中杂质的结构是不知道的,因为杂质的含量很低[10.53]。人们也进行过 CL-20 的核磁研究[10.54],已经发表过两篇关于讨论 CL-20 中如乙酰基杂质的文献[10.55,10.56]。

在下文所述的研究工作中,采用 NMR 法分离和分析了 CL-20 中的主要杂质。在这方面,NMR 法是非常有用的,因为它不仅能鉴定物质准确的结构,而且能分析混合物。在下文中,分离出的 CL-20 中的杂质以一维和二维的核磁技术鉴定,而且测定了多种核的 NMR 谱。

所分离和研究的 CL-20 的杂质是 4-甲酰基-2,6,8,10,12-五硝基六氮杂异伍兹烷(4-FPNIW),其结构式示于图 10.23。4-FPNIW 上各取代基的位置系由 NMR 法决定的,这将在下面解释。

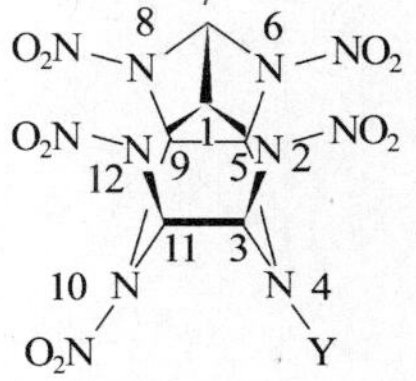

图 10.23 4-FPNIW 的结构及各基团的位置(Y=CHO)

10.2.5.1 4-FPNIW 的[1]H NMR 谱

4-FPNIW 的[1]H NMR 谱(一部分)示于图 10.24(a)。由该图可看出,4-FPNIW 的异伍兹烷骨架上有 6 个质子,其中甲酰基上质子的单峰位于 $\delta = 8.57$ 处(由图 10.26 确定)。

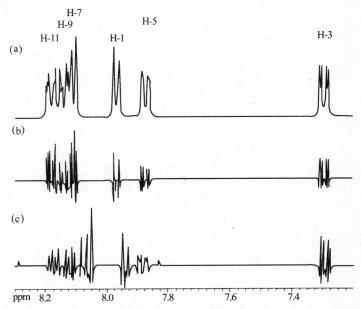

图 10.24 (a)4-FPNIW 的[1]H NMR 图谱(溶剂为丙酮-d_6,测定温度 298K);
(b) 298K 下 FID 的平方正弦放大(提高分辨率);
(c) 318 K 下 FID 的平方正弦放大(提高分辨率)

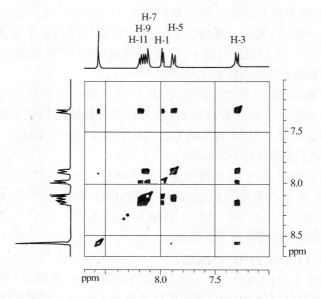

图 10.25 4-FPNIW 的 $^1H-^1H$ COSY45 NMR 图谱（溶剂为丙酮-d_6）

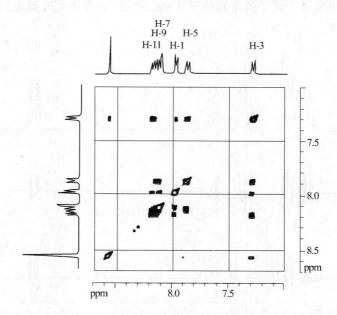

图 10.26 4-FPNIW 的 $^1H-^1H$ NOESY NMR 图谱
（可清楚地显示邻近的质子）

分清异伍兹烷上其他 5 个质子的峰则有些难度，这种指认可根据偶合常数决定，这可见图 10.24(b)。由图可看出，H-1 及 H-7 的偶合常数为 6.32Hz。涉及 3 个价键的另外 2 个偶合,其偶合常数明显偏高,分别为 7.86Hz 和 8.10Hz。H-3/H-5 及 H-9/H-19 存在 W 偶合,涉及 4 个价键,其偶合常数为 2.3Hz~2.7Hz。

为了确定相邻质子 H-1/H-7,H-3/H-11 及 H-5/H-9,测定了二维的 ^1H-^1H COSY45 NMR 谱(图 10.25)和二维的 ^1H-^1H NOESY NMR 谱(见图 10.26),这两个图谱对分析十分有用。当已经确定了三对 ^1H-^1H COSY45 谱和 ^1H-^1H NOESY 谱后,必须指认它们的位置,这可通过 ^1H-^1H NOESY 谱进行。甲酰基上的质子只可能邻近质子 H-3 和 H-5。这还可由一维及二维的 NOE 图谱(见图 10.27)证实,因为当甲酰基上质子被辐照时,H-3 的信号强度提高 16.2%,H-5 的信号强度提高 6.0%。

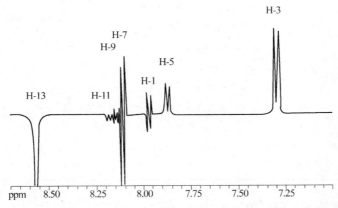

图 10.27　4-FPNIW 的 NOESY 差示 ^1H NMR 图谱

(在 298K 下辐照甲酰基质子)

当异伍兹烷上的 4-位带取代基时,分子中 6 个质子的状态(即质子的核磁信号)会发生变化。如果是对称结构的话,它们只会显示 3 组峰。这也适用于 ^{13}C NMR 谱。当 4-位上带有甲酰基时,异伍兹烷分子将被扭曲,且由于甲酰基的旋转而产生立体障碍,因而分子不存在镜面。

CL-20 的有些 NMR 谱系于 318K 下测定的,因而质子的裂分发生变化。由于溶剂丙酮的沸点限制,测定不可能采用更高的温度。4-FPNIW 的 ^1H NMR 各峰的归属汇集于表 10.2 及表 10.3。

表 10.2　4-FPNIW 的 ^1H NMR 谱各峰的指认(295K)

质子编号	质子化学位移 (295K)δ/ppm	质子-质子偶合常数 $^3J_{CH}(\pm0.03Hz)$/Hz	碳-质子偶合常数 $^4J_{CH}(\pm0.03Hz)$/Hz
1	7.98	6.32(H-1/H-3)	0.58(H-1/H-3);1.35(H-1/H-11)
3	7.30	7.86(H-3/H-11)	0.58(H-1/H-3);2.36(H-3/H-5)
5	7.88	8.11(H-5/H-9)	2.36(H-3/H-5);1.27(H-5/H-7)

（续）

质子编号	质子化学位移 (295K)δ/ppm	质子－质子偶合常数 $^3J_{CH}(\pm0.03Hz)$/Hz	碳－质子偶合常数$^4J_{CH}(\pm0.03Hz)$/Hz
7	8.10	6.32(H－7/H－1)	1.27(H－5/H－7)；1.09(H－7/H－9)
9	8.14	8.05(H－9/H－5)	1.07(H－7/H－9)；2.75(H－9/H－11)
11	8.18	7.89(H－11/H－3)	2.72(H－9/H－11)；1.32(H－1/H－11)
13	8.57	—	—

表 10.3　4－FPNIW 的 ^{1}H NMR 谱各峰的指认(318K)

质子编号	质子化学位移 (318K)δ/ppm	质子－质子偶合常数 $^3J_{CH}(\pm0.03Hz)$/Hz	碳－质子偶合常数$^4J_{CH}(\pm0.03Hz)$/Hz
1	7.94	6.33(H－1/H－3)	－(H－1/H－3)；1.27(H－1/H－11)
3	7.29	7.93(H－3/H－11)	－(H－1/H－3)；2.44(H－3/H－5)
5	7.88	8.11(H－5/H－9)	2.44(H－3/H－5)；1.37(H－5/H－7)
7	8.07	6.32(H－7/H－1)	1.37(H－5/H－7)；1.09(H－7/H－9)
9	8.12	8.06(H－9/H－5)	0.95(H－7/H－9)；2.69(H－9/H－11)
11	8.17	7.89(H－11/H－3)	2.76(H－9/H－11)；1.27(H－1/H－11)
13	8.56	—	—

图 10.28 是 4－FPNIW 的 ^{13}C NMR 谱。上述的对称性讨论也适用于 ^{13}C NMR 谱。^{13}C NMR 谱的指认系通过二维 HSQC，HMBC 及 RECAY 谱（见图 10.29～图 10.31）进行的。^{13}C－^{1}H 偶合常数由 ^{13}C 脉冲谱（见图 10.27）确认，其数据汇集于表 10.4。

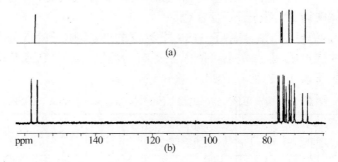

图 10.28　(a)4－FPNIW 的 ^{13}C NMR 图谱(溶剂为丙酮－d$_6$)；

(b) 4－FPNIW 的 ^{13}C 脉冲 NMR 图谱(溶剂为丙酮－d$_6$)

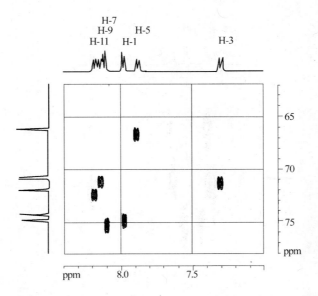

图 10.29　4 - FPNIW 的¹H - ¹³C HSQC NMR 图谱(溶剂为丙酮 - d₆)

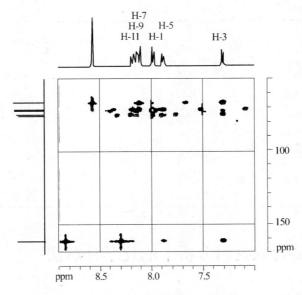

图 10.30　4 - FPNIW 的¹H - ¹³C HMBC NMR 图谱(溶剂为丙酮 - d₆)
(无 F₂ 去偶,可显示羰基 C 与质子 H - 3 及 H - 5 间的远程偶合)

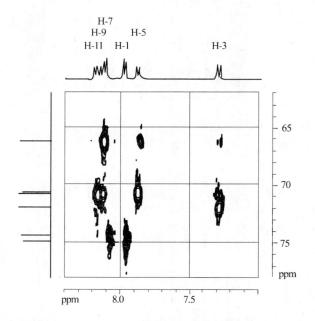

图 10.31　4-FPNIW 的^{13}C-^{1}H 的异核 RELAY NMR 图谱(溶剂为丙酮-d$_6$)

表 10.4　4-FPNIW 的^{13}C NMR 谱各峰的指认(298K)

碳原子编号	碳原子化学位移 (298K)δ/ppm	碳-质子偶合常数 $^1J_{CH}(\pm 0.18Hz)$/Hz	碳-质子偶合常数$^2J_{CH}$和$^3J_{CH}(\pm 0.18Hz)$/Hz
1	74.7	176.78	3.0/3.0
3	71.2	175.37	5.30/5.30/2.65
5	66.5	172.01	5.12/2.12/5.12
7	75.1	175.02	4.24/2.65
9	71.0	176.61	5.65/4.24
11	72.3	175.19	5.47/4.24/1.77
13	161.6	214.22	3.71/2.12

10.3　冲击波合成材料分析中的化学分解法

10.3.1　导言

　　由于具有独特的物理和化学性质,利用炸药的能量来获得超细粉体是特别有意义的。这时之所以能获得极小粒径的材料,主要是由于表面能对粉粒整体能量的贡献。在温度和压力高梯度的条件下,可导致生成更多的细粉粒和粒径的表面缺陷。这种能量饱和的颗粒的松弛按最有利的路线进行,包括通过结晶结构特征的变化和通过吸收环境中物质等方式。因而,在非平衡条件下得到的超细材料是非匀相的和含杂质的,这是一个相当普遍的现象。分析超细材料相态和表面杂质组成的常规方程,只能提供一个半定量的评价。这一方面是由于材料中存在非结晶相和结晶结构有畸变,另一方面还由于探头方法的灵敏度不高和有区域性,扩大这类常规方法应用范围的最好途径是将其与有控化学分解超细材料的技术相结合。可根据超细材料的反应性及多晶性选择化学分解和定量测定材料不同相比的条件。层式晶体粗蚀法与高灵敏度的元素分析法相结合,可测定材料中的杂质含量及杂质在物质中的分布情况。

下面,论述采用化学分析和常规方法相结合,分析超细粉体的研究结果。所分析的超细粉体是利用炸药的爆炸能量在特殊用途的爆炸室中制得的。

10.3.2 实验

10.3.2.1 试样

实验用的是氧化铝超细粉体,它是由铝粉在气体氛围下在爆炸室内与猛炸药接触,而后引爆炸药产生冲击波载荷制得的[10.57]。爆炸室容积为 $0.3m^3$。按 ASTM 标准进行的粉体的 X 射线相态分析表明,粉体含有 $\alpha - Al_2O_3$(金刚砂),$\delta - Al_2O_3$ 及含氮化物的三氧化二铝改性体,它的组成是 $Al_{(8/3+x/3)}O_{4-x}N_x(0.22 < x < 0.5)$。后两种三氧化二铝改性体的同时存在,严重妨碍了定量 X 射线相态分析。根据制备超细粉体时的条件,所得粉体颗粒大小为 $50nm \sim 300nm$。作者认为[10.57],所制得的三氧化二铝的大颗粒具有多相结构,其内核含 $\alpha - Al_2O_3$,表面层含 $\delta - Al_2O_3$ 及含氮化物的三氧化二铝。

在防腐介质中使 TNT/RDX 混合炸药爆炸,可制得爆炸碳[10.58]。爆炸室容积为 $2m^3$。根据电子显微镜观察,所得的爆炸碳包括金刚石相,类石墨相及定向度甚低的无定形碳[10.59]。碳粉体的比表面积约为 $400m^2 \cdot g^{-1}$(BET 法测定)。

将 TNT/RDX 混合炸药爆炸所得的产物,用沸腾的硝酸/硫酸混合酸萃取,可使非金刚石型的碳热氧化,而制得超细金刚石,它的晶格具有立方结构,其纯度可用 X 射线测定。超细金刚石的比表面积约 $280m^2 \cdot g^{-1}$,其平均粒径,在聚集体分布区内约为 4nm,在低浓度水溶胀区内约为 40nm。用二级离子质谱(IMS-3F)和 X 射线光电子能谱(ESCA-3)进行分析表明,金刚石表面的化学组成中含有钙、铜、钾和铝。

所有用于分析的试剂均为纯品,所引述的每一种方法数据均为 3 个~6 个粉体测定的平均值。

10.3.2.2　相态分析中的化学分解法

1. 氧化铝

对氧化铝的超细粉体,系按经验方法选择溶解 δ - Al_2O_3 及含氮化物氧化铝的条件:即在 70% 的硫酸中沸腾,而粉体质量与 70% 硫酸体积之比为 1:100,即 1g 粉体用 100cm³ 70% 的硫酸。X 射线相态分析数据表明,在沸腾 25min 后,粉体只含 α - Al_2O_3,即 δ - Al_2O_3 及含氮化物的氧化铝均已溶于 70% 硫酸中。在所采用的溶解条件下,金刚砂是不溶的。这提供了一个测定 α - Al_2O_3 的重量分析法。对上述所得溶液中的氮含量,系以基达尔(Kjeldabl)法分析,相应的化学计量计算可测定溶液中 δ - Al_2O_3 及含氮化物氧化铝的平均比。上述测定的程序已在等离子化学合成中用金刚砂与含氮化物氧化铝的混合物及粉体试验过。

2. 爆炸碳

由于各种形式碳的氧化反应的活化能十分接近($164kJ \cdot mol^{-1} \sim 182kJ \cdot mol^{-1}$),且这类氧化反应都是放热的,所以应对金刚石的氧化反应引入一个选择性的抑制剂,即硼酸酐。在硼酸酐存在下,超细碳的氧化可在 750K 进行(但应除去超细碳中的无定形碳)。温度升至 800K 时,略为无序的类石墨碳会气化。这样,就有可能定量估测爆炸碳粉体的组成。此测定程序已在超细金刚石和爆炸碳粉体分析中检验过,所用爆炸碳是在不利于生成金刚石的条件下合成的。

10.3.2.3　杂质分布分析中的化学分解法

对于超细金刚石,如果反应前沿的移动速率是均一的,也就是颗粒能保持它们的形状,则有可能在逐步分解的条件下进行粉体的层式分析。在这种情况下,杂质溶解程度与基本物质分解程度的关系可反映颗粒内混合物的分布状况。计算此分布的模型与杂质分布特征是相符合的,这在文献[10.60]中有详细的说明。对分析由爆炸合成产物中萃取出的超细金刚石,此方法可与原子吸收光谱(AAS - 1N,即乙炔 + N_2O 和乙炔 + 空气火焰型)联用。分析金刚石粉体的条件应是在硝酸与硫酸混合酸(2:1)中沸腾缓慢氧化。氧化过程中所得到粉体的元素分析,以及杂质溶解度与超细金刚石氧化分解的关系曲线的结构,可用来说明杂质、不溶相及表面化合物三者中元素的类型和数量。

10.3.3　结果和讨论

10.3.3.1　氧化铝粉体的相组成

上述爆炸合成的氧化铝超细粉体中 α - Al_2O_3 含量在 18% ~41% 间变化,δ - Al_2O_3 含量在 43% ~71% 间变化,含氮化物氧化铝在 3% ~22% 间变化,而与所用猛炸药(HE)类型、载荷参数及爆炸室中的大气组成有关。在化学分解下同时测定反应物比表面积的变化所得数据表明,占优势的产品为单相氧化铝,一些最大的颗

粒主要含 $\alpha - Al_2O_3$。在一定的合成条件下,所得粉体含 $\alpha - Al_2O_3$ 及 $\delta - Al_2O_3$(前者为 20%,后者为 75%),大部分也含 $\alpha - Al_2O_3$ 及 AlN(分别为 81% 及 14%)。所得氧化铝产物的相组成与铝粉类、猛炸药种类及爆炸室中介质种类的关系见表 10.5(爆炸室中初始压力为 1atm,铝粉与猛炸药的质量比不变)。

表 10.5　氧化铝粉的相组成

实验序号	猛炸药	爆炸室介质	$\alpha - Al_2O_3$/%	$\delta - Al_2O_3$/%	$Al_2O_{2.6}N_{0.26}$/%
1	硝铵二硝基萘炸药	空气	36.5	47.5	17.0
2	RDX	空气	34.5	43.7	21.8
3	RDX	氧气	41.0	55.1	3.9
4	RDX	二氧化碳 + 空气	31.7	61.6	6.7
5	RDX	氮气 + 空气	18.5	70.2	11.4

表 10.5 中所列数据说明,所得氧化铝粉体的相组成主要是由膨胀阶段反应物与环境组分的反应决定的,而猛炸药类型的影响相当小。不过,当将猛炸药由阿莫尼特(Ammonite)改为黑索今时(见实验 1 和实验 2),同样量炸药中所含氮量增加而所含氧量降低,此时产物中 $\alpha - Al_2O_3$ 及 $\delta - Al_2O_3$ 比例下降,而含氮化物的氧化铝比例升高。其原因可能是有一部分铝在燃烧取得其相中与爆轰气态产物相互作用而被氧化。

产物中含氮化物氧化铝的量主要是由爆炸室中的氮气量所决定的(见实验 2 和实验 3)。在实验 4 和实验 5 中,氧化剂不足,合成产物中含铝(实验 4 为 6%,实验 5 为 15%),且 $\alpha - Al_2O_3$ 含量降低。很有可能的情况是,氧化铝向高温相态的相转变主要是由铝与爆炸室中组分相互反应时铝被氧化(高放热反应)的总热效应制约的。实验 5 与实验 2 相比,实验 5 产物中含氮化物氧化铝含量降低,这可能是因为被氧化的铝又被还原而使局部升温强度下降所致[10.61]。间稳态的 $\delta - Al_2O_3$ 的生成量主要与膨胀阶段产物冷却速率有关。

10.3.3.2　爆炸碳的相组成

根据实验条件,所研究的试样含有 14%～75% 的金刚石碳,12%～26% 的类石墨碳和 3%～64% 的较无序的无定形碳。表 10.6 所列的爆炸碳的组成是在同一爆炸室和相同的炸药载荷合成的。比较该表中在同一爆炸条件下但室中介质不同时(实验 1～3)所得爆炸碳的相组成,可计算当守恒条件恶化(即残余物温度升高和氧化剂(CO_2)作用增强)时各相产率的变化。根据上述的这些资料及不同形式碳的反应性的差别,可得出如下结论:在产品膨胀阶段金刚石的主要损失大部分可归于它们的无定形化。

表 10.6　爆炸碳的组成

实验序号	装药(TNT/RDX)	爆炸室中介质	由装药计得的总产率/%	金刚石/%	类石墨碳/%	无定形碳/%
1	60:40	H_2O	7.5	56	26	18
2	60:40	$H_2O + CO_2$	6.0	44	23	33
3	60:40	CO_2	3.6	36	20	44
4	50:50	CO_2	3.4	36	16	48
5	40:60	CO_2	3.2	37	12	50

比较装药组成变化,但爆炸室中介质相同(实验 3 和实验 5)时所得爆炸碳的相组成可知,当装药的组成由 60/40 的 TNT/RDX 改变为 40/60 的 TNT/RDX 时,产物中金刚石的含量基本上不变,但类石墨碳的含量则有所降低,这暗示了猛炸药的分子结构对形成金刚石的作用[10.62],以及对形成类石墨碳量的影响。在爆轰波威力不足及猛炸药分子不完全破坏的情况下,芳香族化合物中碳原子的占优势的 sp^3 杂化可能会延缓向金刚石碳的转化。

10.3.3.3　超细金刚石中杂质的分布

实验证明超细金刚石中主要杂质系位于其表面。例如,甚至在早期侵蚀阶段,铜、钾和铝的易溶性即是表面污染的说明,这种污染是由于表面吸附一些特定离子造成的。金刚石粉体离子含量与其分解程度的关系表明,粉体中铁总量的大约 2/3 的溶解是与金刚石粉体的氧化分解成比例的。这说明,金刚石粉体的铁是均匀分布的,即铁是金刚石的一种内含杂质。铁的富集是在一个较长的时间进行的,这说明其他杂质是以单独的难溶相存在。钙溶解的程度取决于金刚石的氧化分解,最初呈线性特征,且随后也基本上不变。这说明钙系以两种形式存在,一种是表面污染产物;另一种是单独的难溶相。因此,所研究的粉体含有表面钙(约 0.24%),还有以单独相存在的钙(约 0.16%)。金刚石粉体还含有污染表面的杂质铜、钾及铝(各约 0.02%),还含有铁(以干扰杂质存在的约为 0.12%,以单独相存在的约为 0.06%)。除了表征材料的特性数据外,合成条件的影响也是应该考虑的。例如,在金刚石形成的地点存在金属(如雷管药剂中的铁)也会形成干扰杂质相,在过程中采用硬水会造成钙化合物的不可逆污染。

10.4　结论

本章论述了两种结晶含能材料 CL-20 及 ADN 的热分析。实验证明,热分析是表征含能材料即取得含能材料物理化学性能和热性能数据非常有用的工具。结合使用多种热分析方法,不仅可使人们得到含能材料物理化学转变可靠的参数信息,而且可使人们深入了解含能材料热分解的途径和机理。因为热分析需用试样量小,且能在较短的时间内完成分析,所以热分析对例行的日常分析(如检验产品纯度,分析工艺过程的影响,判断含能材料的贮存稳定性等)以及对为深入了解热处理时的化学和物理过程所进行的详细研究(除了常规的性能测试外)都是十分有用的。

本章还用高分辨率 NMR 技术分析了 ADN 及 CL-20。测定所用 NMR 仪的频率,对质子为 400.13MHz。测定了 ^{1}H、^{13}C、^{14}N、^{15}N 及 ^{17}O 的 NMR 谱,并对图谱中各峰进行了指认。借助 ^{13}C NMR 谱,测定了偶合常数 ^{1}J$_{CH}$。

用液相色谱分析了工业化 CL-20 产品,并用中压液相色谱分离出了 CL-20 中的主要杂质 4-FPNIW,然后以高分辨率 NMR 仪对其进行了研究。测定了 4-FPNIW 的一维 ^{1}H 及 ^{13}CNMR 谱和二维的 NMR 谱,并指认了图谱中各峰的归属。通过特殊的过滤功能,^{1}HNMR 图谱的分辨率得以提高,4-FPNIW 的质子偶合常数得以测定。图谱是在室温下测定。

在超细材料相组成及杂质组成分析中采用化学分析法,可扩大常规方法的应用范围,因而可定量评论材料的性能,并对深入了解材料的合成机理和制备既定性能的材料提供了一个有用的工具。

10.5　参考文献

10.1 Luk'yanov OA, Gorelik VP, Tartakovsky VA (1994) Dinitramide and its salts, *Russ. Chem. Bull.* **43**, 89.

10.2 Schmitt RJ, Bottaro JC, Penwell PE, Bomberger DC (1991) Manufacture of ammonium dinitramide salt for rocket propellant, *US Patent* 5 316 749.

10.3 Christe KO, Wilson W, Petrie MA, Michels HH, Bottaro JC, Gilardi R (1996) The dinitramide anion N(NO$_2$)$_2^-$, *Inorg. Chem.* **35**, 5068.

10.4 Löbbecke S, Keicher T, Krause H, Pfeil A (1997) The new energetic material ammonium dinitramide and its thermal decomposition behavior, *Solid State Ionics* **101**, 945.

10.5 Löbbecke S, Krause H, Pfeil A (1997) Thermal decomposition and stabilization of ammonium dinitramide (ADN), In: *Proc. 28th Int. Annual Conference of ICT, Karlsruhe*, p. 112.

10.6 Löbbecke S (1999) *Einsatz thermischer Analysenmethoden zur Charakterisierung neuer energetischer Materialien am Bei-spiel von Ammoniumdinitramid (ADN) und Hexanitrohexaazaisowurtzitan (HNIW)*, Fraunhofer IRB Verlag, Stuttgart.

10.7 Reading M, Luget A, Wilson R (1994) Modulated differential scanning calorimetry, *Thermochim. Acta* **238**, 295.

10.8 Nielsen AT (1988) Caged polynitramine compound, *US Patent* 88-253106.

10.9 Wardle RB, Hinshaw JC, Braithwaite P, Rose M, Johnston G, Jones R, Poush K (1996) Synthesis of the caged nitramine HNIW (CL-20), In: *Proc. 27th Int. Annual Conf. of ICT, Karlsruhe*, p. 27.

10.10 Golfier M, Graindorge H, Longevialle Y, Mace H (1998) New energetic molecules and their applications in energetic materials, In: *Proc. 29th Int. Annual Conf. of ICT, Karlsruhe*, p. 3.

10.11 Löbbecke S, Bohn MA, Pfeil A, Krause H (1998) Thermal behavior and stability of HNIW (CL 20), In: *Proc. 29th Int. Annual Conf. of ICT, Karlsruhe*, p. 145.

10.12 Purcell EM, Torrey HC, Pound RV

(1946) *Phys. Rev.* **69**, 37.

10.13 Bloch F, Hansen WW, Packard M (1946) *Phys. Rev.* **69**, 127.

10.14 Bloch F, Hansen WW, Packard M (1946) *Phys. Rev.* **70**, 474.

10.15 Kalinowski H-O, Berger S, Braun S (1984) ^{13}*C-NMR-Spektroskopie*, Georg Thieme, Stuttgart.

10.16 Knight WD (1949) *Phys. Rev.* **76**, 1259.

10.17 Nielsen AT (1988) Caged polynitramine compound, *US Patent* 88–253106.

10.18 Wardle RB, Hinshaw JC, Braithwaite P, Rose M, Johnston G, Jones R, Poush K (1996) Synthesis of the caged nitramine HNIW (CL-20), In: *Proc. 27th Int. Annual Conf. of ICT, Karlsruhe*, p. 27.

10.19 Golfier M, Graindorge H, Longevialle Y, Mace H (1998) New energetic molecules and their applications in energetic materials, In: *Proc. 29th Int. Annual Conf. of ICT, Karlsruhe*, p. 3.

10.20 Günther H (1983) *NMR-Spektroskopie*, Georg Thieme, Stuttgart.

10.21 Friebolin H (1978) *NMR-Spektroskopie*, Verlag Chemie, Weinheim/Bergstrasse.

10.22 Ault A, Dudek GO (1978) *Protonen-Kernresonanz-Spektroskopie*, Dietrich Steinkopf, Darmstadt.

10.23 Ernst L (1980) ^{13}*C-NMR-Spektroskopie*, Dietrich Steinkopf, Darmstadt.

10.24 Gruber U, Klein W (1995) *NMR-Spektroskopie für Anwender*, Verlag Chemie.

10.25 Zschunke (1971) *Kernmagnetische Resonanzspektroskopie in der Organischen Chemie*, Akademie Verlag, Berlin; Pergamon Press, Oxford; Vieweg + Sohn, Braunschweig.

10.26 Michel D (1981) *Grundlagen und Methoden der Kernmagnetischen Resonanz*, Akademie Verlag, Berlin.

10.27 Derome AE (1987) *Modern NMR Techniques for Chemistry Research*, Pergamon Press, Oxford.

10.28 Sanders KKM, Hunter BK (1993) *Modern NMR Spectroscopy*, 2nd edn, Oxford University Press, Oxford.

10.29 Friebolin, HP (1993) *Basic One- and Two-Dimensional NMR Spectroscopy*, 2nd edn, VCH, Weinheim.

10.30 Günther H (1995) *NMR Spectroscopy*, 2nd edn, Wiley, Chichester.

10.31 Kalinowski H-O, Berger S, Braun S (1988) *Carbon 13-Spectroscopy*, Wiley, Chichester.

10.32 Jeener J (1971) Presented at the Ampère International Summer School, Basko Polje.

10.33 Aue WP, Bartholdi E, Ernst RR (1975) *J. Chem. Phys.* **64**, 2229–2246.

10.34 Nagayama K (1980) *J. Magn. Reson.* **40**, 321.

10.35 Müller L (1979) *J. Am. Chem. Soc.* **101**, 4481–4484.

10.36 Bax A, Griffey RH, Hawkins BL (1983) *J. Magn. Reson.* **55**, 301–315.

10.37 Martin GE, Zektzer AS (1988) *Two Dimensional NMR Methods for Establishing Molecular Connectivity*, VCH, Weinheim.

10.38 Hurd RE, John BK (1991) *J. Magn. Reson.* **91**, 648–653.

10.39 Ruiz-Cabello J, Vuister GW, Moonen CTW, van Gelderen P, Cohen JS, van Zijl PCM (1992) *J. Magn. Reson.* **100**, 282–303.

10.40 Bax A, Summers MF (1986) *J. Am. Chem. Soc.* **108**, 2093–2094.

10.41 Lerner L, Bax A (1986) *J. Magn. Reson.* 69, 375–380.

10.42 Willker W, Leibfritz D, Kerssebaum R, Bermel W (1993) *Magn. Reson. Chem.* **31**, 287–292.

10.43 Jeener J, Meier BH, Bachmann P, Ernst RR (1979) *J. Chem. Phys.* **71**, 4546–4563.

10.44 States DJ, Haberkorn RA, Ruben DJ (1982) *J. Magn. Reson.* **48**, 286–292.

10.45 Bodenhausen G, Kogler H, Ernst RR (1984) *J. Magn. Reson.* **58**, 370–388.

10.46 Neuhaus D, Williamson M (1989) *The Nuclear Overhauser Effect in Structural and Conformational Analysis*, VCH, Weinheim.

10.47 Harris RK, Mann BE (1978) *NMR and the Periodic Table*, Academic Press, London.

10.48 Yoder CH, Schaeffer CD Jr (1987) *Introduction to Multinuclear NMR*, Benjamin/Cummings, Menlo Park, CA.

10.49 Martin GJ, Martin ML, Gouesnard J-P (1981) ^{15}*N NMR Spectroscopy*, Springer Verlag, Berlin,

10.50 Witanowski M, Webb GA (1973) *Nitrogen NMR*, Plenum Press, London.

10.51 Berger S, Braun S, Kalinowski H-O (1992) *NMR-Spektroskopie von Nichtmetallen – ^{15}N-NMR-Spektroskopie*, Band 2, Georg Thieme, Stuttgart.

10.52 Berger S, Braun S, Kalinowski H-O

(1992) *NMR-Spektroskopie von Nicht-metallen – Grundlagen, ^{17}O-, ^{33}S- und ^{129}Xe-NMR-Spektroskopie*, Band 1, Georg Thieme, Stuttgart.

10.53 Bunte G, Pontius H, Kaiser M (1998) Charaterization of impurities in new energetic materials, In: *Proc. 29th Int. Annual Conf. of ICT, Karlsruhe*, p. 148.

10.54 Kaiser M (1998) Characterization of ADN and CL20 by NMR spectroscopy, In: *Proc. 29th Int. Annual Conf. of ICT, Karlsruhe*, p. 130.

10.55 Zhao X, Liu J (1996) *Henneng Cailiao* **4**, 145–149.

10.56 Liu J (1997) *Huozhayao* **20**, 26–28.

10.57 Beloshapko AG, Bukaemski AA, Staver AM (1990) *Fiz. Gorenia Vzryva* **26**, 93–98.

10.58 Lyamkin AI, Petrov EA, Ershov AP (1988) *Dokl. Akad. Nauk SSSR* **302**, 611–613.

10.59 Mal'kov IY (1996) Ultrafine powders, materials and nanostructures, In: *Proc. Interregional Conf. Krasnoyarsk*, Tech. Univ. Publ., Krasnoyorsk, pp. 17–18.

10.60 Vaivads YK, Smilshkalne GL, Miller TN, *Activation Analysis. Methodology and Application*, Tashkent, pp. 107–112.

10.61 Il'in AP, Proskurovskaya LT (1990) *Fiz. Gorenia Vzryva* **26**, 71–72.

10.62 Kozyrev NV, Brylyakov PM, Sen CC (1990) *Dokl. Akad. Nauk SSSR* **314**, 889–891.

第 11 章 润湿性分析

U. Teipel, I. Mikonsaari, S. Torry

李战雄 译，欧育湘 校

11.1 前言

除了满足爆炸特性和能量要求,塑料粘结炸药和推进剂还必须具有良好的力学性能。其中,推进剂必须能抵抗储存和使用过程中的应力和应变。大多数情况下,含能材料的力学性能取决于粘结剂和填料表面的相互作用,高性能推进剂要求粘结剂和填料表面具有强的相互作用。

可以通过加入键合剂对填料和粘结剂的界面层进行修饰,有关这方面的综述见文献[11.1]。可用作键合剂的化学品很多。但是,关于这些键合剂与填料表面间的相互作用研究却很少。事实上,对于一些材料在作用过程中,究竟是作为键合剂还是添加的交联助剂起到作用尚存在争议。关于填料表面的表征研究也做得很少。故本文介绍 PSAN、RDX 和 HMX 等含能材料的各种表面表征方法,如利用毛细管渗透法或色谱技术对聚合物底材与本体含能材料进行接触角测试,并介绍这些测试方法对本体材料表征的适用性。此外,将色谱技术应用于 RDX 和 HMX 表征,成功鉴定了对于硝胺表面具有良好亲和作用的分子种类。由此得到的结论有助于设计潜在的键合剂分子结构。

11.2 表面能测试

在由两相或多相体系组成的材料中可观察到表面张力。其中,"相"是指具有恒定密度和化学组成、与其他宏观区域以界面分隔的部分。"相"间接触只发生在这一界面层,该界面层由此被赋予一些特性。根据 Gibbs 理论,界面表面被定义为中间或二维宏观相,其厚度从一个到多个分子的尺寸不等。

分子间相互作用对界面表面的性能产生显著影响,以下为五种不同类型的界面表面:液-气、液-液、固-液、固-固和固-气界面。

加工处理含能材料时,发生在固-液界面间的能量效应特别重要。这一效应对于粉体/粘结剂体系的力学性能稳定性具有特殊的影响。改善液体(聚合物基粘结剂)对粉体的润湿性,可减小两相间的接触角,从而提高整个体系的力学性能稳定性。据文献报道,HMX 的表面张力为 $41.6\text{mN} \cdot \text{m}^{-1[11.2]}$,但类似关于含能材料的表面张力数据报道却很少。

液体表面的表面张力可直接测定,但固－固相间表面张力却无法直接测量,因为固体表面不能产生可逆形变。所以,转而可测定固体表面的接触角,并由 Young's 方程[式(11.5)]通过测得的接触角定量计算得出表面能。

11.2.1　表面张力理论

对于封闭体系而言,其自由熵 g 即为该体系做功的能力。单一组元体系的自由熵 g 可以温度 T、压力 p、材料量 n 和表面积 A 等参数表示:

$$g = g(T \cdot p \cdot n \cdot A) \tag{11.1}$$

自由熵 g 的完全微分变化可表示为各变量的微分变化之和:

$$g = -s \cdot \mathrm{d}T + v \cdot \mathrm{d}p + \mu \cdot \mathrm{d}n + \sigma \cdot \mathrm{d}A \tag{11.2}$$

式中　s——熵;

v——体积;

μ——化学势;

σ——表面张力。

完全微分中的每一项都对应一部分能量贡献。如果保持温度、压力和物质的量为常数,则表面张力可简化成:

$$(\mathrm{d}g)_{\mathrm{T.p.n}} = \sigma \cdot \mathrm{d}A = \mathrm{d}W_{\mathrm{rev}} \tag{11.3}$$

在这些条件下,自由熵的变化等同于体系所做的可逆功 W_{rev},据此可定义表面张力:

$$\left(\frac{\partial g}{\partial a}\right)_{\mathrm{T.p.n}} = \frac{\mathrm{d}W_{\mathrm{rev}}}{\mathrm{d}A} = \sigma \tag{11.4}$$

因此,对于物质的量恒定的等温等压体系,其表面张力即等于自由熵的改变。任何一部分新表面的产生都对应特定的功耗[11.3]。

液体的表面张力 σ_{lv} 很容易测得,与此相比,固体的表面张力测量则很难,替代方法之一是利用 Young's 方程由接触角计算而得:

$$\sigma_{\mathrm{sl}} = \sigma_{\mathrm{sv}} - \sigma_{\mathrm{lv}} \cdot \cos\theta \tag{11.5}$$

式中　θ——接触角;

σ_{sl}——固/液表面张力;

σ_{sv}——固/气表面张力;

σ_{lv}——液/气表面张力(见图 11.1)。

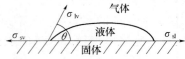

11.2.2　自由界面能测定模型

固体–气体两相边界的界面自由能不能直接
测定。对此,文献提出了很多测定模型。其中,在

图 11.1　液体润湿固体示意图

Owens,Wendt,Rabel 和 Kaelble 四人提出的模型中,假定界面自由能为分散作用和
极化作用之和:

$$\sigma = \sigma^{\text{分散作用}} + \sigma^{\text{极化作用}} \tag{11.6}$$

假设界面副的两个极化作用和非极化作用互为倒数,则界面自由能的几何平
均值可表述为:

$$\sigma_{12} = \sigma_1 + \sigma_2 - 2\left(\sqrt{\sigma_1^d \cdot \sigma_2^d} + \sqrt{\sigma_1^p \cdot \sigma_2^p}\right) \tag{11.7}$$

其中,下标 1 和 2 分别代表相 1 和相 2,上标 d 和 p 分别代表分散作用和极化
作用。如果计算时以调和均值或几何调和均值代替几何平均值,即得到 Wu 方
程[11.5]:

$$\sigma_{12} = \sigma_1 + \sigma_2 - \frac{4 \cdot \sigma_1^d \cdot \sigma_2^d}{\sigma_1^d + \sigma_2^d} - \frac{4 \cdot \sigma_1^p \cdot \sigma_2^p}{\sigma_1^p + \sigma_2^p} \tag{11.8}$$

和

$$\sigma_{12} = \sigma_1 + \sigma_2 - 2\sqrt{\sigma_1^d \cdot \sigma_2^d} - \frac{4 \cdot \sigma_1^p \cdot \sigma_2^p}{\sigma_1^p + \sigma_2^p} \tag{11.9}$$

计算时,对于有机溶液、水、聚合物和有机颜料等低能体系,应用调和平均值
[式(11.8)]得出的结果较好;高能体系如玻璃、水银、金属氧化物和石墨等则应使
用几何平均值[式(11.9)]。Owens,Wendt,Rabel 和 Kaelble 四人基于几何平均值
提出的方程[式(11.7)]应用于非极性体系时能得出好的结果。

Owens,Wendt,Rabel 和 Kaelble 四人模型为测定固体的表面张力提供了另一
种方法。作为实验研究,其前提是被测流体的分散作用和极化作用以及接触角均
为已知,只有这样才能由模型方程计算出固
体的表面张力。得到的结果为一线性方程,
方程的截距等于分散向量,斜率即为自由界
面能的极化向量。

Zisman[11.6]建立了另外一种测定自由
界面能的方法。测定了一系列液体(如碳氢
化合物)在单一固体表面的接触角,以这些
接触角的余弦对液体表面张力建立函数,得
到的图近似为线性关系,见图 11.2。

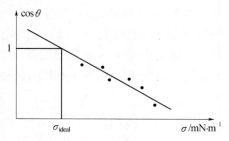

图 11.2　Zisman 计算方法

将上述直线外推至接触角 $\theta = 0°$，则得到理想浸润状态下的理论界面能数值。这一数值等于固体的表面自由能。需要注意的是该模型只适用于非极性液体。

11.2.3　平面接触角测试

Wilhelmy 垂直板模型（见图 11.3）系由力的作用来测定界面或表面张力[11.7]。

测试装置包含一个直角形铂或铂-铱合金板，金属板具有精确定型的形状和糙化平面表面[11.8]，通过处理该表面可得到液体与金属板间 $\theta = 0°$ 的接触角。测试时，先将金属板垂直接触液体表面，保证其完全被液体润湿，并使金属板下侧面正好与液面平齐。测试这种方式润湿金属板所受到的阻力 F，由此按照式（11.10）计算界面或表面张力：

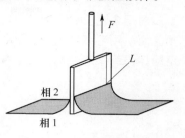

图 11.3　Wilhelmy 垂直板模型

$$\sigma = \frac{F}{L_b \cdot \cos\theta} \tag{11.10}$$

式中　F——阻力；

　　　L_b——金属板的润湿长度；

　　　θ——接触角。

Wilhelmy 垂直板法测试时没有形成新的界面表面，且测试板相对于界面表面不移动，见式（11.11）：

$$\cos\theta = \frac{F_w}{\sigma_{lv} \cdot L} \tag{11.11}$$

测试结果可解释为测试主接触角所得的结果，其为在润湿表面时形成的众多接触角中之一。因此，测试时一定要保证液体样品的弯液面与金属板下侧面尽可能平齐。

由上述测试方法，如果将测试板浸入液体再取出，则可测得动态接触角以及前方位角和侧角。其中，阻力 F 由浮力组分和湿润力组分组成，F 决定于金属板浸入液体的深度，见式（11.12）。

$$\vec{F}_{total} = \vec{F}_{buoyancy} + \vec{F}_{wilhelmy} \tag{11.12}$$

在流体表面区域，只有在三相界面存在 Wilhelmy 力，且该力在完全浸入和取出过程中一直保持恒定。浮力与浸入深度之间呈线性关系。按照式（11.13）可计算出接触角：

$$\cos\theta = \frac{1}{\sigma_{lv} \cdot L} \ \ (F_{wilhelmy} + F_{buoyancy}) \tag{11.13}$$

11.2.4　以毛细管渗透法测定粉体的接触角

对于多孔材料和粉体,不能以传统的固/液界面接触角测试方法测定其接触角。而应用毛细管渗透法,并以 Washburn 方程[式(11.14)]计算所得数据,可测定粉体与纤维束的润湿性。

$$\frac{dV}{dt} = \frac{\pi \cdot \Delta p \cdot r^4}{8 \cdot \eta \cdot h} \tag{11.14}$$

式中, $dV = \pi \cdot r^2 \cdot dh$ 。

Washburn[11.9]结合 Hagen – Poiseuille 方程以及表征液体毛细管曲率压力的方程——Laplace 方程[式(11.15)],提出了描述流体在圆柱形毛细管中流动的方程[式(11.16)]:

$$\Delta p = 2 \cdot \sigma_{lv} \cdot \cos\theta \cdot \frac{1}{r} \tag{11.15}$$

$$h^2 = \frac{t \cdot r \cdot \sigma_{lv} \cdot \cos\theta}{2 \cdot \eta} \tag{11.16}$$

式中　h——体积为 dV 的流体在时间 t 内经过的距离;

　　　Δp——Laplace 压力;

　　　r——毛细管半径;

　　　η——流体黏度;

　　　t——流动时间;

　　　σ_{lv}——液体的表面张力;

　　　θ——前移角。

根据 Washburn 方程,流体流经距离 h 决定于 $t^{1/2}$,它可由单一毛细管确定,或者以一束直径相同的毛细管束由实验确定[11.10~11.13],按照以下修正 Washburn 方程计算得到:

$$h^2 = \frac{t \cdot (c \cdot \bar{r}) \cdot \sigma_{lv} \cdot \cos\theta}{2 \cdot \eta} \tag{11.17}$$

式中　c——描述毛细管定向的常数;

　　　$\bar{r}$——常数,与粉体材料的堆积密度有关。

利用 Washburn 方程计算毛细管内液面升高的实验结果时,测定的质量增加量为时间的函数。

h 可由式(11.18)计算:

$$h = \frac{m}{\rho \cdot A} \tag{11.18}$$

式中　A——流体流经通道的截面积。

合并式(11.17)及式(11.18),可得:

$$\frac{m^2}{t} = \frac{\rho^2 \cdot A^2 \cdot (c \cdot \overline{r}) \cdot \sigma_{lv} \cdot \cos\theta}{2\eta} \qquad (11.19)$$

Bartell[11.14]认为,只有当液体的表面张力与固体表面能接近时,才能按照润湿动力学数据和液体的毛细管压力测试得到接触角。接触角越大,与孔隙度相关的形态因素表现出的影响越明显。假设边界层的尺寸远大于单分子尺寸,则可由Navier‐Stokes方程计算出前移角,前移角只与流体流速、黏度和表面张力有关。计算接触角时,如果上述边界层并不存在,则只能认为流体中无任何相互作用,也不存在密度与黏度的波动。

与以上引述文献不同的是,Schindler[11.15]检验了孔隙形态对于润湿速度的影响。在此,为了描述物理吸附和流动实验,必须假设材料与几何模型的孔径相同。本体材料的孔隙度可以具有一定直径分布的圆柱形毛细管束模型进行描述。

11.2.4.1　毛细管渗透法测试原理

毛细管渗透法测试基于三个重要的假设。第一个假设是所研究的本体材料中只有层流流动;且测试过程中材料的堆积常数与结构保持恒定;同时还忽略了重力的影响[11.16]。

实验时,被测粉体材料置于一密封管中,密封管底部末端装配有一个过滤板,过滤板起着毛细管束(平均直径为 r)的作用。对于给定的粉体堆积,$Ac\overline{r}$ 为常数。这一常数可由基本方程(如假定为理想润湿状态时流体接触角 $\theta = 0°$ 时的方程)计算得出。测试时,使密封管的过滤板端与能很好润湿粉体材料的流体接触(见图 11.4)。流体通过玻璃过滤板渗透进入

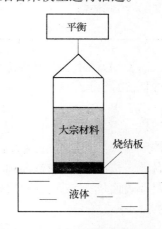

图 11.4　毛细管渗透法示意图

粉体。测定重量随时间变化的增长量,利用修正 Washburn 方程可描述润湿行为:

$$\frac{m^2}{t} = \frac{[(c \cdot \overline{r}) \cdot \varepsilon^2 \cdot (\pi \cdot R)^2] \cdot \rho^2 \cdot \sigma_{lv} \cdot \cos\theta}{2 \cdot \eta} \qquad (11.20)$$

式中　m——渗透进入封管中的流体重量;

　　　ρ——测试流体的密度;

　　　ε——相对孔隙度;

　　　R——测试管的内径。

上式中平方项为形态参数 $C(\mathrm{cm}^5)$,正如上文中所定义,其可以在理想润湿状态下测定。如果该参数为已知,则对于另一待测材料可由实验测得其接触角。

11.2.5　实验结果

11.2.5.1　以平板法测试接触角

Teipel 等人[11.17]研究了在不同种类的含能粘结剂 HTPB(端羟基聚丁二烯)中以不同添加量添加不同催化剂所组成的复合材料体系。表 11.1 中列出了以修正 Wilhelmy 垂直板法针对不同体系所作的测试结果。其中,Irganox 是一种 t - 丁基酚取代得到的抗氧剂,使用的催化剂有 FeAA(乙酰丙酮铁[Ⅲ])、D22(二丁基锡二月桂酸酯)和 TPB(三苯基铋)。

表 11.1　以 Wilhelmy 垂直板法测试的不同体系一览表[11.17]

组成/%(质量分数)	HTPB 1	HTPB 2	HTPB 3	HTPB 4	HTPB 5
HTPB	91.42	91.42	91.42	91.42	91.42
Irganox	1	1	1	1	1
异氟尔酮二异氰酸酯	7.58	7.58	7.58	7.58	7.58
催化剂/量	FeAA/40ppm	FeAA/400ppm	D22/4 滴·$(100g)^{-1}$	TPB/200ppm	FeAA/200ppm

使用蒸馏水和月桂醇进行接触角测试时,将液态 HTPB 置于玻璃承载平板上处理,由此得到 HTPB 粘结剂的平板测试样品。

表 11.2 给出了针对表 11.1 中所列各 HTPB 复合体系的动态前移接触角测试结果。由测试结果可知,随着复合体系中乙酰丙酮铁[Ⅲ]用量增加,复合材料体系与水和月桂醇的接触角增加。添加 D22 催化剂的样品 3 对液体的润湿行为最差。按照 Owens, Wendt, Rabel 和 Kaelble 四人提出的方法测试了上述体系的界面表面能。结果表明,HTPB 复合材料的自由界面能范围为 $27mN \cdot m^{-1} \sim 29mN \cdot m^{-1}$。

表 11.2　各体系的接触角(°)

复 合 体 系	蒸 馏 水	月 桂 醇
HTPB 1	94.0	24.8
HTPB 2	91.2	10.0
HTPB 3	90.6	19.5
HTPB 4	93.2	19.4
HTPB 5	92.7	21.0

11.2.5.2　毛细管渗透法测定的粉体接触角

Fraunhofer 研究所以毛细管渗透法测试了不同粉体以各种溶剂作为润湿剂的接触角,测试结果见表 11.3。

表 11.3 检测的材料体系

粉 体	溶 剂	粉 体	溶 剂
微晶纤维素 (含三种不同粒径部分)	正己烷 DMSO DMF 水 甲醇	相稳定硝酸铵(PSAN) (含两种不同粒径部分)	正己烷 DMSO DMF
		喷射结晶硝酸铵(SCAN) (含两种不同粒径部分)	正己烷 乙醇

按照 Washburn 方程处理所得到的数据,测得方程[式(11.20)]中的质量增加量为时间和梯度 $\partial m^2/\partial t$ 的函数。图 11.5 列出了由该测试结果所作的模拟曲线图。以正己烷润湿具有不同平均粒径的喷射结晶硝酸铵(SCAN)以及相稳定硝酸铵(PSAN)时,由于粉体材料的堆积密度、孔隙率等参数不同,因此表现出不同的渗透速率,即不同的本体特性对溶剂的流动特性产生了显著影响。渗透速率上限值决定于粉体材料孔隙度与填充质量。

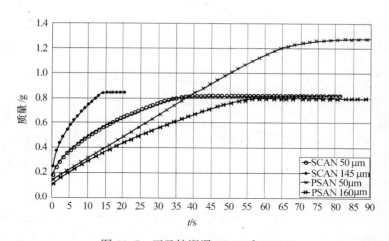

图 11.5 正己烷润湿 SCAN 和 PSAN

为保证测试结果的重现性,必须使被测试粉体的密度保持恒定。对此采取了一些方法,如使用模具式容积计,该仪器是依据 DIN ISO 787 确定固体摇实密度的典型仪器。操作过程中压实至标记 500,这样可保证毛细管流速测试结果的离散性降低 1/4 倍。图 11.6 给出了某一测试结果的重现性例子(SCAN/正己烷)。

正如前所提及,毛细管渗透法测试结果依赖于样品制备。研究了使用不同直径制样装置对于测试结果的影响程度。图 11.7 给出了以六种具有不同直径的制样装置制样时,以正己烷润湿 SCAN 的测试结果。商业上通常使用直径为 10mm 的制样装置。正如所预期,随着制样装置直径增加,单位时间内渗透的溶剂质量也增加。但测试结果的差别与各种制样装置产生的润湿样品的环形面积大小并不成正比。

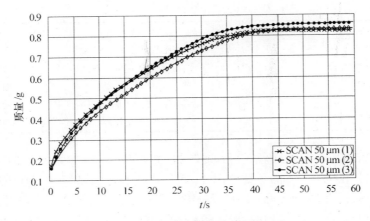

图 11.6　试样制备的重现性

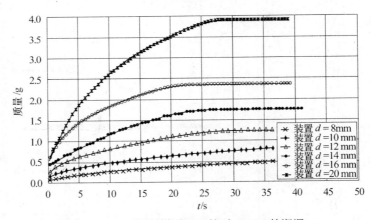

图 11.7　不同制样时正己烷对 SCAN 的润湿

表 11.4 总结了以 DMF(二甲基甲酰胺)、乙醇和 DMSO(二甲基亚砜)作为润湿剂时所测得的接触角结果。使用正己烷作为润湿剂确定了形态因子 C。图 11.8 给出了 SCAN/乙醇润湿实验的例证。为了对比,还给出了正己烷的润湿结果。

表 11.4　润湿实验测试结果

粉 体	溶剂	$\theta/(°)$	粉 体	溶剂	$\theta/(°)$
微晶纤维素; $x_{50,3}=67\mu m$	DMF	42	PSAN; $x_{50,3}=55\mu m$	DMF	80
微晶纤维素; $x_{50,3}=110\mu m$	DMF	57	PSAN; $x_{50,3}=160\mu m$	DMF	75
微晶纤维素; $x_{50,3}=170\mu m$	DMF	60	PSAN; $x_{50,3}=55\mu m$	DMSO	70
微晶纤维素; $x_{50,3}=67\mu m$	DMSO	58	PSAN; $x_{50,3}=160\mu m$	DMSO	75
微晶纤维素; $x_{50,3}=110\mu m$	DMSO	80	SCAN; $x_{50,3}=150\mu m$	乙醇	38
微晶纤维素; $x_{50,3}=170\mu m$	DMSO	75	SCAN; $x_{50,3}=50\mu m$	乙醇	37

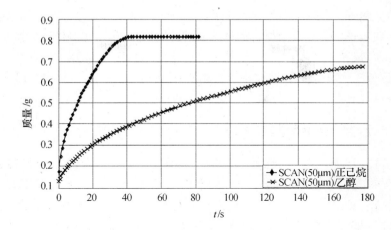

图 11.8 以正己烷和乙醇润湿 SCAN

两种溶剂对于 PSAN 都表现出好的润湿性,接触角约为 75°。与文献报道的其他许多材料不同[11.18],PSAN 和 SCAN 的润湿与其粒度并没有关系。纤维素材料对于不同的溶剂则表现出不同的润湿性能,且与 PSAN 不同,其润湿行为与其微粒尺寸有关。不管是哪种溶剂,小尺寸微粒($67\mu m$)比大尺寸微粒的润湿特性好一些。而且,比较而言,DMF 是一种比其他溶剂更优良的润湿剂。

11.3 色谱法表面表征

国防部评价与研究局(DERA)以反相气相色谱(IGC)对 HMX 和 RDX 的粒子表面进行了表征,少数情况下还用反相高效液相色谱(IHPLC)进行了表征。正常的色谱实验中,色谱柱可作为分离样品中已知/未知组分的工具,注射的样品是主要的研究目标。例如,可通过色谱图识别分析样品中的未知成分及其浓度。而在反相色谱中,柱子中的材料却成为主要研究对象,注射的样品只是作为已知特性的探针分子。可利用探针分子与柱子材料之间的相互作用、特别是探针分子的停留体积来分析柱子表面。

对于反相气相色谱,实际上具有两相探针分子:即固体表面的探针以及气态探针。假定氦载气不干扰探针分子与固体之间的吸附过程,吸附过程只发生在无限稀释的情况下。在反相气相色谱技术中还假定吸附过程中不存在最邻近的两点,而仅仅在开始时、在活性最强的点发生吸附。

顾名思义,反相液相色谱(ILC)实验的概念与反相气相色谱(IGC)实验相同。但是,与 IGC 实验中假定吸附过程中不存在最邻近的两点有所区别的是,ILC 探针分子必须与高浓度溶剂在固体表面竞争吸附点,因此,探针分子在溶剂和固体表面之间的分配强烈依赖于溶剂的属性。这导致分析过程的复杂化。事实上,有些研究人员试图采用与 IGC 分析固体表面相同的方法来分析 IHPLC 数据,结果却失败了。本文利用定性与半定量的方式来分析 HMX 和 RDX 的表面性质。ILC 技术的优点在于整个分析过程中炸药始终处于溶剂中,与干 IGC 柱子相比,危险性小得多。

11.3.1 反相气相色谱(IGC)

IGC 可用于研究等温吸附[11.19~11.21]、特性表面积[11.22,11.23]、低覆盖率下的等容吸附热[11.24]、聚合物表征[11.25]、氧化物的酸性[11.26]、溶解极化率以及氢键酸度[11.27]、酸-碱性质[11.28,11.29]以及表面能[11.30]。IGC 已被用于分析碳纤维、玻璃、煤粉以及聚合物等一系列材料[11.31]。已经研究了探针分子在基质表面的吸附热动力学和基质的酸-碱性,并建立了两者与聚合物/固体复合材料的模量或其他力学性能的关联性。

在此之前,Bailey 等人[11.33]就已经计算了探针分子在 TATB 表面的特征吸附热,将与 TATB 表面间相互作用增强的分子进行了分类,并由此研究了 RDX[11.32]和 TATB[11.33]的酸-碱性。Botija 等人[11.32]则建立了探针分子特性吸附热与Gutmann 供主级[11.34]、Mayer 受主级[11.35]、Drago 静电以及共价电子耦合之间的关联性[11.36]。

DERA 利用探针分子在无限稀释的情况下,以 IGC 研究了 RDX 和 HMX 的表面性能。测试了 RDX 和 HMX 的特性表面积,计算了一系列探针分子对其吸附的特性自由能。还测试了炸药在不同温度下的分散表面能,以及对探针是否适合作为潜在的键合剂进行了评价。

11.3.2 典型的 IGC 实验条件

IGC 的柱填料表面积越高越好,因为这样可以使探针蒸汽吸附行为快速平衡。但是,过细的微粒会导致柱压增加,存在超过 GC 仪器压力上限的危险。因此必须采取折衷的微粒尺寸条件。本文中使用粗颗粒柱填料:1 级 RDX(筛网尺寸 $100\mu m \sim 212\mu m$)和球型化 HMX(筛网尺寸 $106\mu m \sim 150\mu m$)。RDX 和 HMX 的表面积分别为 $5.9 \times 10^{-2} m^2 \cdot g^{-1}$ 和 $6.8 \times 10^{-2} m^2 \cdot g^{-1}$。柱子预置过夜,期间先使 GC 炉的温度从室温以 $1℃ \cdot min^{-1}$ 的升温速度升至 $75℃$,然后在该温度下保持 13h。高纯氦气(BOC)以脱氧和脱湿填料进行脱氧和干燥处理。在升温过程中将气体以 $5cm^3 \cdot min^{-1}$ 的速度通入柱子,以此保证炸药表面干燥、无挥发物污染。柱子表面先以二甲基二氯硅烷进行失活处理,这样可减少载气引起的探针停留体积的影响。

本质上而言,上述 IGC 方法要求引入柱子的探针蒸汽接近无限稀释。只有探针相对于测试固体表面为无限稀释(例如符合 Henry's 法则),才能由 IGC 得到可靠的热动力学数据。操作上可以使用饱和器[11.37]——即惰性材料以探针液体浸泡制成的热分离床。将以甲烷示踪(948 体积/百万)的氦气通过饱和器,形成饱和探针气体蒸汽。以体积为 0.1μL 的真空气体进样阀将蒸汽注射入 GC 柱子。改变饱和器的温度可达到控制探针分子的浓度和蒸汽压力的目的。蒸汽压力可按照以下 Antoine's 方程[式(11.21)]计算:

$$lg p = A - \frac{B}{C + T} \tag{11.21}$$

式中　p——压力(mmHg);

　　　T——温度(℃);

　　　A、B 和 C——溶剂的特性常数。

由于饱和器温度控制在室温以下,因此不必加热饱和器与柱炉之间的管道,探针蒸汽在传输至 GC 柱的过程中也不会发生冷凝。

氦气中,典型的蒸汽分压为 1kPa～0.05kPa。由于蒸汽的浓度低、体积小,被注射进入柱子的探针仅仅达 10^{-13}mol～10^{-11}mol,这只有注射液体样品量的百万分之一。

11.3.3　IGC 原理

由修正净停留体积 V_n 可以计算蒸汽与柱子的相互作用热动力学特性,其中净停留体积 V_n 定义为从柱子中洗脱探针所需载气量。假设色谱图如图 11.9,修正净停留体积 V_n 可按下式计算:

$$V_n = (T_p - T_m) \cdot F \cdot J \cdot C \cdot \frac{T_C}{T_{RT}} \tag{11.22}$$

式中　T_m——示踪剂甲烷的停留时间峰;

　　　T_p——探针的停留时间峰。

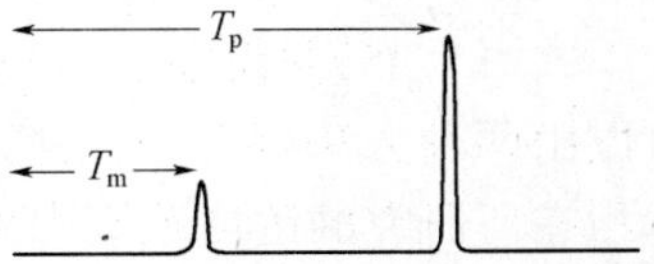

任何柱子都有绝对体积,即注射器部件、检测器部件等的总体积。因此,洗脱探针分子的实际时间为 $T_p - T_m$。F 为载气——氦气的流速(单位为 cm³·min⁻¹)。J 为通过柱子压力降的修正,见式(11.23):

图 11.9　简化色谱图(T_m 和 T_p 分别为甲烷信号峰和探针分子的停留体积)

$$J = \frac{3}{2} \cdot \frac{\left(\frac{P_i}{P_0}\right)^2 - 1}{\left(\frac{P_i}{P_0}\right)^3 - 1} \tag{11.23}$$

式中　P_i——柱子入口处压力;

P_0——环境压力；

T_C——柱温；

T_{RT}——环境温度。

以鼓泡流速计测量氦气的流速,按下式对洗涤物质/水混合物的分压进行修正：

$$C = 1 - \frac{P_{H_2O}}{P_0}$$ (11.24)

式中 P_{H_2O}——水在室温下的分压。

探针样品在柱材料上的吸附 Gibbs 自由能 ΔG_A^0 与停留体积之间的关系为：

$$\Delta G_D^0 = -\Delta G_A^0 = RT\ln\left(\frac{V_n P_0}{Sg\pi_0}\right)$$ (11.25)

式中,ΔG_D^0 定义为：1mol 溶剂从基准吸附态(以吸附膜的二维扩散压力 π_0 定义)到基准气相态(以溶剂的分压 P_0 定义)的解吸附自由能。粒子的表面积定义为 S,g 为柱材料的质量。

De Boer 定义基准态为 $P_0 = 1.013 \times 10^5 Pa$, $\pi_0 = 3.38 \times 10^{-4} N \cdot m^{-1[11.39]}$, 而 Kimball 和 Rideal[11.40] 则定义基准态为 $P_0 = 1.013 \times 10^5 Pa$, $\pi_0 = 6.08 \times 10^{-5} N \cdot m^{-1[11.39]}$。对于 IGC 测试,不必知道柱填料的表面积和标准状态,因为其在 IGC 计算过程中被抵消。为了保持一致性并标注坐标轴,我们采用 Kimball 和 Rideal 定义。表面压力 π_0 类比于 P_0,即分子吸附在表面、被相当于相同气态分子在所观察到的平均距离隔开所产生的压力。

式(11.25)假设如下：服从 Henry's 法则,且柱材料未被探针分子所饱和。这可以由两种方法测得。一种方法为通过提高饱和温度来增加蒸汽浓度。如果停留体积在所研究的浓度范围内保持恒定,则探针分子表现为类似无限稀释状态。另一种方法为通过绘制停留体积的自然对数与开尔文温度倒数的关系直线来确定无限稀释状态。

Gibbs 吸附自由能 ΔG_A^0 与吸附功 W_A 有关[11.41]：

$$\Delta G_A^0 = NaW_A$$ (11.26)

式中 N——阿弗加德罗常数；

a——分子横截面积；

W_A——吸附功,可分解为分散作用、酸－碱作用以及偶极相互作用功：

$$W_A = W_A^D + W_A^{AB} + W_A^{dipole}$$ (11.27)

通过测量 IGC 柱中非极性烷烃探针分子的吸附行为,可以计算固体的分散表面能。研究建立了两种由 IGC 测试基体材料分散表面能的方法,包括 Scheltz、

Lavielle 等人[11.41]建立的"Schultz 法"和 Anhang、Gray[11.42]建立的"Gray 法"。由 Schultz 法,可根据式(11.28)计算相互作用的完全功:

$$RT\ln\left(\frac{V_n P_0}{Sg\pi_0}\right) = 2N\sqrt{\gamma_S^D} \cdot a\sqrt{\gamma_L^D} \tag{11.28}$$

式中　γ_S^D——GC 柱填料的分散表面能;

　　　γ_L^D——GC 柱探针液体的分散表面能;

　　　a——分子横截面积。

Gray 法与此类似:固体的分散表面能正比于 ΔG_{CH_2},第($n+1$)个烷烃分子的相互作用自由能的平方减小了第 n 个烷烃分子的自由能,见式(11.29):

$$\gamma_S^D = \frac{1}{\gamma_{CH_2}}\left(\frac{\Delta G_{CH_2}}{2Na_{CH_2}}\right)^2 \tag{11.29}$$

式中　γ_{CH_2}——单个 CH_2 基团的估计表面能,35.6mJ·m^{-2};

　　　a_{CH_2}——CH_2 基团的横截面积,6Å^2。

Schultz 法假定探针分子的表面自由能和横截面积都不随温度的变化而改变。此外,该方法还假设探针分子在无限稀释状态下表面自由能与其在液态下的表面自由能相同。Gray 法则假定 CH_2 基团的分散自由能与固态聚乙烯类似物中紧密堆积 CH_2 基团的表面自由能相同,同时还假设 CH_2 基团的横截面积不随温度的变化而改变。

除分散相互作用之外,特性相互作用对吸附功产生的贡献较大,贡献最大的要数酸－碱相互作用。已经建立了由 GC 数据计算探针分子与表面相互作用特性自由能的方法。所有这些方法,均依赖于根据相同的物理参数计算得到的极性探针分子自由能与一系列线性烷烃分子的自由能之间的差别(如 ΔG_1 和 ΔG_2)。关于这一点,图 11.10 已经做了概括描述。

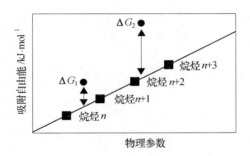

图 11.10　探针分子与表面吸附自由能的测定

特性吸附热 ΔH_{sp} 可由式(11.30)计算：

$$\Delta G_{sp} = \Delta H_{sp} - T\Delta S_{sp} \tag{11.30}$$

这一参数又通过式(11.31)与材料表面的酸－碱性质相关联：

$$\Delta H_{spc} = K_A DN + K_D AN^* \tag{11.31}$$

式中 DN 和 AN^*——分别为 Gutmann－Mayer 供主级和修正受主级[11.44]。

供主级表征分子提供电子对的能力(例如路易斯碱)，其定义为样品与五氯化锑在 1,2－二氯乙烷中反应的摩尔热焓。修正受主级则表征材料接受电子对的能力(例如路易斯酸)，它在修正前可由三乙基氧化膦在样品中的 NMR 化学位移值推得。

11.3.4 RDX 和 HMX 表面的典型 IGC 测试结果

对于 RDX 和 HMX 而言，两者体系中都存在大量不同的表面，各种表面的量与结晶形态的关系很大。因此，RDX 晶体的表面能与其表面积成正比，不同的晶体具有不同的表面能。然而，接触角测试[11.45]表明，不同 HMX 表面的分散表面能却相同。所以，尽管所测试的表面能超过了平均值，还是有理由认为由 IGC 实验所得的结论可能会相同。以接触角测试得到的分散表面能和计算值相吻合。IGC 测试最大的优点在于，测试可以在某一温度范围进行(如从推进剂或 PBXs 的成型混合温度到其使用温度)。

由 Schultz 法测得 HMX 和 RDX 的分散表面能见图 11.11。于 25℃ 下由 Schultz 法计算得到 RDX 的分散表面能为 $41.8mJ \cdot m^{-2}$，与由 Gray 法计算所得结果一致($41.7mJ \cdot m^{-2}$)。对于 HMX，由不同方法计算得到的分散表面能则有一些小的差别。25℃ 下由 Schultz 法和 Gray 法计算得到的分散表面能分别为 $42.1mJ \cdot m^{-2}$ 和 $38.4mJ \cdot m^{-2}$。

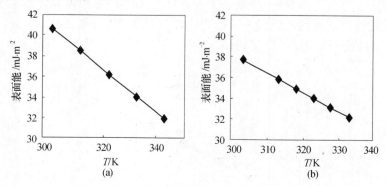

图 11.11 由 Schultz 法测定的 RDX(a)和 HMX(b)的分散表面能

与分散表面能计算不同，研究固体表面的酸－碱特性的方法有很多。早期的经验方法中，利用探针分子的沸点[11.46]以及蒸汽压[11.43]作为比较极性探针与烷烃探针的基准。DERA 的研究则表明,这些方法具有不可靠性——一些明显为极性分子探针的相互作用能反而比非极性分子探针的相互作用低。而且,两种方法得出的结果互相矛盾。Scheltz、Lavielle 等人[11.41]和 Donnet 等人[11.47]建立了更加严格的测定特性相互作用能的方法。

Schultz 法[11.41]基于极性探针和非极性探针的吸附能差别的测试,建立了表面能作相对性能的函数,见式(11.32):

$$\theta_L = K \cdot \sqrt{(hv_S)} \cdot \alpha_{0,S} \sqrt{(hv_L)} \cdot \alpha_{0,L} \qquad (11.32)$$

横坐标函数为 $\alpha(\gamma_L^D)$。上述方法假定所有探针的相互作用表面积 α 均相同且与温度无关,并假设探针的分散表面能 γ_L^D 与温度无关。但并未考虑任何由硝胺表面引起的特性定位。类似地,还假定探针分子在液态与气态的本体性质相同。

根据表 11.5 中结果,丁醇和乙腈都表现得与 RDX、HMX 的表面容易作用。此外,值得注意的是,乙酸乙酯、苯和甲苯在 RDX 表面表现为负的吸附热。这说明要么探针分子被 RDX 表面推斥,要么吸附时相互作用面积与 Scheltz 和 Lavielle 使用的聚乙烯类中性固体相互作用面积不相同。

表 11.5　不同非极性探针在 RDX、HMX 表面的吸附特性
表面能总览(Schultz 法和 Donnet 法)

探针分子	Schultz 法				Donnet 法			
	RDX		HMX		RDX		MAX	
	ΔH_{sp}/kJ·mol^{-1}	ΔS_{sp}/J·$(K·mol)^{-1}$	ΔH_{sp}/kJ·mol^{-1}	ΔS_{sp}/J·$(K·mol)^{-1}$	ΔH_{sp}/kJ·mol^{-1}	ΔS_{sp}/J·$(K·mol)^{-1}$	ΔH_{sp}/kJ·mol^{-1}	ΔS_{sp}/J·$(K·mol)^{-1}$
乙酸乙酯	-0.4	10	18.7	-38	5.9	-0.1	22.2	-38
苯	-3.3	11	7.2	-20	4.7	-2.0	12.3	-22
丙酮	4.8	-0.8	10.3	-7	16.6	-19.3	19.2	-14
THF	6.2	-12	11.0	-20	18.6	-31.2	20.1	-27
CCl_4	3.1	-14	2.5	-10.5	8.5	-22.3	5.0	-8
硝基甲烷	5.1	-13	6.1	-4.9	30.7	-52.4	27.3	-29
正丁醇	27	-46	20.0	-19.3	31.2	-52.3	21.7	-16
乙腈	29.4	-45	29.8	-35.7	36.7	-56.2	34.8	-37
甲苯	-9.5	-21			3.6	1.1	—	—
氯仿			-7.7	-7.7			9.4	-9
乙醚	—	—	-37.4	-37.4	—	—	12.0	-29
硝基乙烷					2.8	20.2	—	—
二氧六环					11.7	-13.2	18.7	-23
DMF					35.7	-41.5	—	—

Donnet 等人[11.47]根据简化的 London 方程建立了另外一种计算吸附特性自由能的方法。两种物质的潜在相互作用能 θ_L 计算如下：

$$\theta_L = K \cdot \sqrt{(hv_S)} \cdot \alpha_{0,S} \sqrt{(hv_L)} \cdot \alpha_{0,L} \tag{11.33}$$

式中　$K = \dfrac{3}{4} \cdot \dfrac{N_A}{(4\pi\varepsilon_0)^2} \cdot \left(\dfrac{1}{r_{S,L}}\right)^6$

　　v_L——探针分子的特性电荷频率；

　　v_S——固体的特性电荷频率；

　　$\alpha_{0,S}$——固体的变形平面化能力；

　　$\alpha_{0,L}$——探针的变形平面化能力；

　　$r_{S,L}$——探针与表面之间的距离；

　　N_A——阿弗加德罗常数；

　　ε_0——真空下的介电常数。

Donnet 等人还发现了非极性分子的相互作用,例如烷烃,其中由 London 方程给出的潜在相互作用能正比于表面的分散表面能。因此极性探针的吸附特性表面能可根据图 11.10 中横坐标函数 $(hv_S^{1/2}) \cdot \alpha_{0,L}$ 计算得到。

表 11.5 总结了利用 Donnet 方法计算得到的极性分子与 RDX、HMX 表面之间的相互作用特性热。结果表明,大多数探针分子的吸附特性自由能绝对值比以前的分析方法得出的结果都要大。但是,Schultz 方法和 Donnet 方法存在不少相似之处。如乙腈容易与 RDX、HMX 表面相互作用。类似地,丁醇和硝基甲烷对 RDX 和 HMX 表面的吸附特性自由能高。硝基甲烷的数据则与由 Schultz 表面能方法计算得出的数据存在差异,后者表现出较小的相互作用能。

所有的分析方法表明,吸附特性表面能小于分散组分值,这意味着 RDX 和 HMX 的分散表面能大于特性表面能,该结论与 RDX[11.48] 和 HMX[11.45] 的接触角测试结果相一致。

许多研究者已经建立了橡胶复合体系中的固体填料酸-碱性与其特性吸附热之间的关系。研究发现,固体填充复合材料的物理性能与酸-碱常数有很大的关系。因此,人们试图测试 RDX 和 HMX 的酸-碱性质。但是,由 Schultz 法和 Donnet 法计算 ΔH_{sp} 时,却发现酸-碱供主级与特性吸附热之间并无多大关系(图 11.12 和图 11.13)。这可归因于"供/受主级数"这一概念的局限性,即将溶液中的本体影响与稀释的 IGC 相互作用关联并不合理。又或许,炸药的不均匀表面可导致相关性差。不同的硝胺晶体表面可能表现出相似的分散表面能,但特性表面能却存在差异。关于这一问题,最近的文献[11.49~11.51]在研究非含能材料时给出了解释。

另外,两种分析方法得出不同的酸-碱级数(表 11.6)。究其原因,可能部分是因为酸-碱级数的"经验特性"。本体中溶剂分子间的相互作用会大大偏离气态

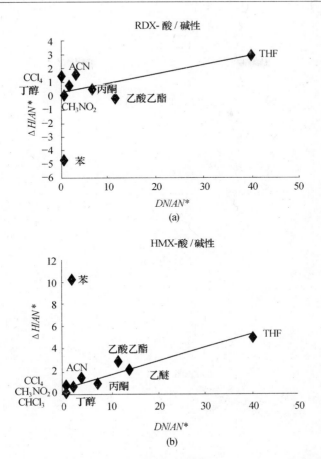

图 11.12　$\Delta H_{sp} / AN^*$ 与 DN/AN^* 级间的关系(Schultz 法)(a)RDX 和(b)HMX

的无限稀释状态,从而导致某些点一致偏离其本来趋势。根据经典的酸－碱数据,苯与硝胺之间表现出比预期要强得多的相互作用。不管如何,从所得到的数据还是可以辨别总体趋势。对于 HMX 和 RDX,两者都表现出相对高的 K_D(分别为 0.8 和 0.4),以及较低的 K_A^*(分别为 0.7 和 0.2)。因此,根据酸－碱模型来判断,两种炸药都表现为弱的路易斯碱特性。

表 11.6　RDX 和 HMX 的酸－碱特性

炸药与实验类型	K_A^*	K_D
RDX(表面能)	0.7	0.2
RDX(极化率)	0.2	0.4
HMX(表面能)	0.1	0.6
HMX(极化率)	0.7	0.8

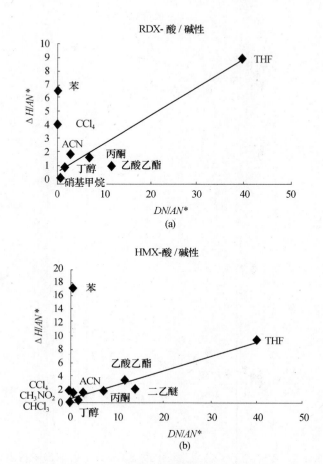

图 11.13　$\Delta H_{sp}/AN^*$ 与 DN/AN^* 级之间的关系(Donnet 法) (a)RDX 和(b)HMX

针对硝胺表面选择键合剂时,完全可简化地参考特性吸附热来进行选择。对于两种硝胺而言,乙腈和丁醇容易与其表面相互作用。因此,含有腈基和羟基官能团的材料可能会表现出好的键合性能。

11.3.5　反相液相色谱

顾名思义,反相液相色谱与反相气相色谱实验相类似,即在实验中以已知性能的探针分子来表征固体相的性质。在 IGC 中,实际上存在两相探针分子:固体表面上的探针分子和气态的探针分子。其中假定氮载气对于探针分子与固体表面间的吸附无任何干扰。在 ILC 中,探针分子必须与具有更高浓度的溶剂之间争夺表面吸附点。在 IGC 中,假定吸附过程中不存在最邻近的两点,ILC 实验过程中的情况显然与此不同。因此,探针在溶剂中和表面上的分配与溶剂的属性关系很大。这也使分析过程变得复杂。ILC 方法已经用于分析煤的表面性质[11.52~11.55]。

ILC 实验需要材料具有高表面积,因此这一技术适合分析细化炸药。与之不同,IGC 柱则由于存在压力限制而不可能用于细化炸药的分析。本书对细化炸药的表面进行定性和半定量方式的表征。浆状炸药填充在 $25mm \times 6.6mm$ 的玻璃 LC 柱中,RDX 和 HMX 的平均粒径、表面积分别为 $39\mu m$、$0.21m^2 \cdot cm^{-3}$ 和 $13\mu m$、$0.92m^2 \cdot cm^{-3}$。尽管 HMX 粉体尺寸约为 $13\mu m$,柱子还达不到好的分辨率——其计算理论塔板数为 55。柱子在使用过程中通过水循环夹套冷却至 $1℃$。

ILC 要求柱子填料不溶于淋洗溶剂。实验时,使用紫外分光光度计进行检测。对于 RDX 和 HMX,以正己烷进行淋洗时材料损失低于 0.2mg。这说明炸药的每一个硝基在 ~210nm 位置表现出约为 $10000dm^3 \cdot (mol \cdot cm)^{-1}$ 的消光系数。ILC 测试的另一个要求是所用的溶剂事先经过干燥——水在测试过程中会与探针分子争夺炸药表面。此外,正己烷事先已经过氢化钙干燥,且在干燥、惰性环境中进行蒸馏处理。淋洗前,正己烷还得以超声和真空脱气处理。最后,溶剂与干燥氦气一起喷射进入储存器,以保证储存器中无空气进入。由于无氧存在,溶剂的紫外定点低于 200nm。吸附于注射样品中的空气在色谱过程中为可视——这被用作非吸附外标峰,以此可计算柱子的绝对体积。

利用表面上和溶液中的活度系数也可定量炸药的表面,从溶液中分配至固体表面上的探针分子分配比如式(11.34):

$$K = \frac{每平方厘米固体上的探针质量}{每立方厘米洗提液中的探针质量} = \frac{V_n}{Sg} \tag{11.34}$$

式中　V_n——探针分子的停留体积(校正的柱子绝对时间);

　　　S——表面积;

　　　g——柱子填充材料的质量。

由活度系数计算分配常数,见式(11.35)及式(11.36):

$$\mu_{sol} = \mu_{sol}^0 + RT\ln(x_{sol}\gamma_{sol}); \mu_{sur} = \mu_{sur}^0 + RT\ln(x_{sur}\gamma_{sur}) \tag{11.35}$$

$$\Delta G_a = -RT\ln\left(\frac{V_n\mu_{sol}^0}{Sg\mu_{sur}}\right) \tag{11.36}$$

上式假设稀释后的探针分子遵守 Henry's 法则,且探针分子在正己烷中为理想溶液。

探针分子的活度系数可作为其在溶液状态或固体表面上的非理想行为的衡量指标。本书中,已经假定正己烷淋洗剂与探针分子间无特性相互作用,例如,无酸－碱、极化和氢键作用。同时还假定正己烷与各种探针分子之间的分散相互作用大概相同。对于具有极化、氢键或酸－碱作用的溶剂而言,这一条件并不合理。所作的假定还有探针分子从溶液中吸附至固体表面后其熵几乎不发生变化。这与 IGC 明显相反,探针分子从气态变化到 GC 柱表面后的液/固态时,熵的变化相当大。

混合两种溶剂的焓与各组分的黏附能相关,具体的关系如下:

$$\Delta H_a = V \cdot \Phi_1 \cdot \Phi_2 \cdot (\partial_1 - \partial_2)^2 \tag{11.37}$$

式中　V——混合体积;

Φ_n——第 n 种组分的体积分率;

∂_n——第 n 种组分的黏附参数。

黏附参数是非极性溶剂黏附能的表征指标。它可作为预测两组分相互溶解性的参数,还可关联到其他许多物理性质测试,如活度系数、聚合物溶剂相互作用参数、范德华气态常数、临界压力、表面张力以及偶极常数[11.57]。黏附参数也称为溶度参数,其给出材料的溶解行为度量,且度量的是材料的本体性质,而非仅仅是表面性质。本文利用黏附参数大小来衡量 RDX 和 HMX 的表面性质。结果表明,表面黏附参数值与通过基团加和法计算得到的本体黏附参数存在差异。

本文建立了停留体积与黏附参数之间的关系:

$$RT\ln(V_n k) \approx K(\partial_{\text{solid}} - \partial_{\text{probe}})^2 \tag{11.38}$$

k 值和 K 值都为未知,但通过采用几个不同的探针分子,利用平行方程可得到 ∂_{solid}。

采用与表面能相类似的方式,可以将黏附参数分解成为分散、氢键以及极化组分,见式(11.39):

$$\partial^2 = \partial^2_{\text{dispersive}} + \partial^2_{\text{polar}} + \partial^2_{\text{hydrogen bonding}} \tag{11.39}$$

假定在溶剂化探针分子与固体表面间只发生分散相互作用,具有大分散黏附参数的探针分子(相对于极化和氢键作用而言)可用于研究炸药表面的分散性质,此处并不要求探针分子的黏附参数组成中具有零 ∂_{polar} 和 $\partial_{\text{hydrogen bonding}}$。总的黏附参数为所有黏附参数平方和的平方根。所以,对于氯仿而言,∂_{polar} 和 $\partial_{\text{hydrogen bonding}}$ 分别为 3.1 和 5.7,$\partial_{\text{disperse}}$ 为 17.8MPa$^{1/2}$,总的黏附参数值为 19.0。从结果可知,总的黏附参数值与分散组分值基本相同,因此可将氯仿归类为仅仅存在分散相互作用的探针分子。

可通过停留体积将探针分子与 HMX 表面之间的相互作用程度定量评级(见图 11.14)。一般而言,醇类与 HMX 表面间的相互作用强于其他种类的探针分子,含硝基和腈基的分子与 HMX 表面也表现出较好的相互作用。胺类、DMF 和吡啶则容易吸附于其表面,卤素取代材料和异丙基硝酸酯则能相对较快地淋洗通过柱子,这是因为这些材料与 HMX 柱的相互作用能低。虽然淋洗峰较宽,但这些峰是对称的，因此停留体积可反映探针分子与 HMX 表面的热动力学相互作用。

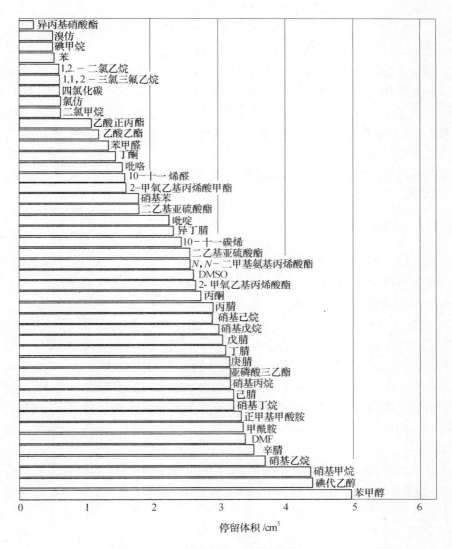

图 11.14　探针分子在 HMX 柱中的停留体积

由以下探针在色谱柱表面的吸附方程组，可解得 HMX 的总黏附参数。所用的探针为：硝基己烷、N － 甲基甲酰胺、DMF、丙烯腈、硝基丙烷、丁腈、硝基丁烷、丙酮、己腈、庚腈、硝基甲烷、硝基乙烷和辛腈。发现 HMX 的平均黏附参数为 (22 ± 6.5) MPa$^{1/2}$。产生大误差的原因可归结于无法区别探针分子与 HMX 间的分散、氢键以及极化相互作用。

HMX 的平均黏附参数可通过色谱柱表面的平行吸附方程得到,采用的探针为:苯、氯仿、四氯化碳、二氯甲烷、1,2-二氯乙烷和 1,1,2-三氯三氟乙烷。测得. $\partial_{disperse}$ 为 $(17.1 \pm 0.8) MPa^{1/2}$。HMX 黏附参数中氢键和极化组分为 $14\ MPa^{1/2}$,值得注意的是该值小于 HMX 表面的分散组分贡献值。

一般,DMF、DMSO、N-甲基甲酰胺、乙基砜、硫酸二乙酯等溶剂容易与 RDX 的表面相互作用。腈、胺类、醇类以及硝基化合物与该炸药的表面相互作用也很好。异丙基硝酸酯、二碘甲烷和溴仿则与 RDX 表面无相互作用。因此与 HMX 柱比较,它们的保留峰相对较弱。由这些探针得到的 RDX 柱实验数据质量差,因此不可能计算出黏附参数的分散分量。采用硝基甲烷、硝基乙烷、硝基丁烷、硝基苯和硝基戊烷作为探针分子,根据这些探针的平行方程由停留体积计算出 RDX 的黏附参数为 $(23 \pm 8) MPa^{1/2}$。

11.3.6 结论

RDX 与 HMX 的分散表面能相近,25℃下由 Schultz 法计算得到 RDX 和 HMX 的分散表面能分别为 $42.1 mJ \cdot m^{-2}$ 和 $41.7 mJ \cdot m^{-2}$。极性分子在 RDX 和 HMX 表面上的吸附特性热与 AN^* 和 DN 参数没有太大的关系。

本文中,尽管 RDX 和 HMX 表面与酸-碱性质关系不大,研究结果却表明,与炸药表面相互作用的强弱与物质种类有关。RDX 与 HMX 两种炸药都容易与乙腈相互作用,这预示着含腈基的聚合物可作为炸药的潜在键合剂。丁醇对两种炸药都有高的特性相互作用热,因此,醇类聚合物也可能是良好的键合剂。当然,只有当含能粘结剂与处理剂的反应速率大于其与键合剂中醇羟基反应速率时,才具有实际应用价值。根据 Donnet 方法,硝基甲烷与 RDX 和 HMX 都存在强的相互作用。

尽管 ILC 技术发展不是很完善,利用其作为检测手段还是揭示了一些含硝基、腈基化合物,胺类,DMF,DMSO 以及醇类等与 RDX 和 HMX 的表面都存在良好相互作用的事实。含有这些官能团的材料可望作为键合剂应用。

利用 ILC 对硝胺表面进行的半定量分析表明,黏附参数中的分散分量大于极化分量,这与其他研究人员利用 IGC 和接触角测试得出的结论相吻合。

RDX 和 HMX 都具有大量不同的表面,因此本文中的测试只代表稀探针分子与炸药表面能量最适合的作用点之间的相互作用。这些点对于每一个极性探针分子都不可能相同。所以,以无限稀释 IGC 定义硝胺表面的平均受主级与供主级没有意义。最近有文献建立了可应用于硝胺表面测试的新方法,在测试过程中使用了 IGC 技术对表面能的贡献进行测试[11.49~11.51]。

11.4　参考文献

11.1 Oberth E (1974) *Bonding Agent Review*, CPIA Publ. No. 260, pp. 337–368.

11.2 Kaully T, Kimmel T (1998) Failure mechanism in PBX, In: *Proc. 29th Int. Annual Conference of ICT, Karlsruhe.*

11.3 Döefler H-D (1994) *Grenzflächen- und Kolloidchemie*, VCH, Weinheim.

11.4 Owens DK, Wendt RC (1969) Estimation of the surface free energy of polymers, *J. Appl. Polym. Sci.* 3, 1741–1747.

11.5 Wu S (1973) Polar and non-polar interaction in adhesion, *J.Adhesion* 5, 39–55.

11.6 Zisman WA (1964) Relation of the equilibrium contact angle to liquid and solid constitution, *Adv. Chem. Ser.* 43, 1–51.

11.7 Defay R, Pétré G (1971) Dynamic surface tension, *Surf. Colloid Sci.* 3, 27–79.

11.8 Miller R, Kretzschmar G (1991) Adsorption kinetics of surfactants at fluid interfaces, *Adv. Colloid Interface Sci.* 37, 97–121.

11.9 Washburn EW (1921) The dynamics of capillary flow, *Phys. Rev.* 17, 273.

11.10 Schubert H (1982) *Kapillarität in Porösen Feststoffsystemen*, Springer, Berlin.

11.11 Siebold A, Walliser A, Nardin M, Oppliger M, Schultz J (1997) Capillary rise for thermodynamic characterization of solid particle surface, *J. Colloid Interface Sci.* 186, 60–70.

11.12 Kossen NWF, Heertjes PM (1965) The determination of the contact angle for systems with a powder, *Chem. Eng. Sci.* 20, 593–599.

11.13 Grundke K, Bogumi, T, Gietzelt T, Jacobasch H-J, Kwok D-Y, Neumann AW (1996) Wetting measurements on smooth, rough and porous solid surfaces, *Prog. Colloid Polym. Sci.* 101, 58–68.

11.14 Bartell F (1927) Determination of the wettability of a solid by a liquid, *Ind. Chem. Phys.* 19, 1277.

11.15 Schindler B (1973) Über einen Zusammenhang zwischen Benetzungskinetik und Oberflächenenergie pulverförmiger Stoffe, *Dissertation*, Universität Stuttgart.

11.16 Grundke K, Augsburg A (2000) On the determination of the surface energetics of porous polymer materials, *J. Adhesion Sci. Technol.* 14, 765–775.

11.17 Teipel U, Marioth E, Heintz T, Mikonsaari I (1998) Bestimmung der Oberflächenenergie von Polymerbindern und Explosivstoffpartikeln, In: *Proc. 29th Int. Annual Conference of ICT, Karlsruhe.*

11.18 Palzer S, Sommer K (1998) Benetzbarkeit von Pulvern und Pulvergemischen–Einflüsse auf die Netzungseigenschaften von Pulvern und deren verfahrenstechnische Bedeutung, *Chem. Ing. Tech.* 9, 70.

11.19 Meng-Jiao Wang, Wolff S (1992) Filler-elastomer interactions. Part VI. Characterization of carbon blacks by inverse gas chromatography at finite concentration, *Rubb. Chem. Technol.* 65, 890–907.

11.20 Sa M M, Sereno A M (1992) Effect of column material on sorption isotherms obtained by inverse gas chromatography, *J. Chromatogr.* 600, 341–343.

11.21 Roles J, Guiochon G (1992) Experimental determination of adsorption isotherm data for the study of the surface energy distribution of various solid surfaces by inverse gas-solid chromatography, *J. Chromatogr.* 591, 233–243.

11.22 Jagiello J, Papirer E (1991) A new method of evaluation of specific surface area of solids using inverse gas chromatography at infinite dilution, *J. Colloid Interface Sci.* 142, 232–235.

11.23 Song H, Parcher JF (1990) Simultaneous determination of Brunauer-Emmett-Teller (BET) and inverse gas chromatography surface areas of solids, *Anal. Chem.* 62, 2313–2317.

11.24 Okonkwo JO, Colenutt BA, Theocharis CR (1992) Inverse gas chromatography of uncoated and stearate coated calcium carbonate, In: Mottola HA, Steinmetz

JR (eds), *Chemically Modified Surfaces*, Elsevier, Amsterdam, pp. 119–129.

11.25 Munk P (1991) Polymer characterization using inverse gas chromatography. In: Barth HG, Mays JW (eds), *Modern Methods of Polymer Characterization*, p. 151.

11.26 Contescu CR, Jagiello J, Schwarz JA (1991) Study of the acidic properties of pure and composite oxides by inverse gas chromatography at infinite dilution, *J. Catal.* **131**, 433–444.

11.27 Li J-J, Zhang Y-K, Dallas AJ, Carr PW (1991) Measurement of solute dipolarity/polarizability and hydrogen bond acidity by inverse gas chromatography, *J. Chromatogr.* 550, 101–134.

11.28 Panzer U (1991) Characterization of solid surfaces by inverse gas chromatography, *Colloids Surf.* 57, 369–374.

11.29 Tiburcio AC, Manson JA (1991) Acid-base interactions in filler characterization by inverse gas chromatography, *J. Appl. Polym. Sci.* **42**, 427–438.

11.30 Nardin M, Papirer E (1990) Relationship between vapor pressure and surface energy of liquids: application of inverse gas chromatography, *J. Colloid Interface Sci.* **137**, 534–545.

11.31 Lloyd DR, Ward TC, Schreiber HP, Pizana CC (eds) (1989) *Inverse Gas Chromatography, Characterization of Polymers and Other Materials, ACS Symposium Series*, American Chemical Society, Washington, DC.

11.32 Botija JM, Rego JM (1992) Determination of the acid-base characteristics of RDX by means of inverse gas chromatography, In: *Proc. 23rd Int. Annual Conference of ICT, Karlsruhe*, p. 60/1.

11.33 Bailey A, Bellerby JM, Kinloch SA (1992) The identification of bonding agents for TATB/HTPB polymer bonded explosives, *Philos. Trans. R. Soc. Lond. A* **339**, 321–333.

11.34 Gutmann V, Resch G (1982) The unifying impact of the donor acceptor approach, *Stud. Phys. Theor. Chem.* 203–218.

11.35 Mayer U, Gutmann V, Gerger W (1977) NMR-spectroscopic studies on solvent electrophilic properties. Part II. Binary aqueous-non aqueous solvent systems, *Monatsh. Chem.* **108**, 489–498.

11.36 Drago RS, Parr LB, Chamberlain CS (1977) Solvent effects and their relationship to the E and C equation, *J. Am. Chem. Soc.* **99**, 3203–3209.

11.37 Torry SA, Cunliffe AV, Tod D (1999) Surface characteristics of HMX and RDX as studied by inverse gas chromatography, In: *Proc. 30th Int. Annual Conference of ICT, Karlsruhe*, p. 86.

11.38 Schultz J, Lavielle L, Martin C (1987) The role of the interface in carbon fiber-epoxy composites, *J. Adhesion* **23**, 45–60.

11.39 de Boer JH (1953) *The Dynamic Character of Adsorption*, Clarendon Press, Oxford.

11.40 Kimball C, Rideal EK (1946), *Proc. R. Soc. Lond. A* **147**, 53.

11.41 Schultz J, Lavielle L (1989) Interfacial properties of carbon fiber-epoxy matrix composites, *ACS Symp. Ser.* 391.

11.42 Anhang J, Gray DG (1982) Surface characterization of polyethylene terephthalate film by inverse gas chromatography, *J. Appl. Polym. Sci.* **27**, 71–78.

11.43 Saint Flour C, Papirer E (1983) Gassolid chromatography: a quick method of estimating surface free energy variations induced by the treatment of short glass fibers, *J. Colloid Interface Sci.* **91**, 69–75.

11.44 Riddle FL, Fowkes FM (1990) Spectral shifts in acid base chemistry 1. Van der Waals contributions to acceptor numbers, *J. Am. Chem. Soc.* **112**, 3259–3264.

11.45 Yee RY, Adicoff A, Dibble EJ (1980) Surface properties of HMX crystal, In: *JANNAF Combustion Meeting*, pp. 461–468.

11.46 Sawyer DT, Brookman DJ (1986) Thermodynamically based gas chromatographic retention index for organic molecules using self modified aluminas and porous silica beads, *Anal. Chem.* **40**, 1847–1853.

11.47 Donnet JB, Park SJ, Balard H (1991) Evaluation of specific interactions of solid surfaces by inverse gas chromatography. A new approach based on polarizability of the probes, *Chromatographia* **31**, 434–440.

11.48 Wylie P, Tod D (1996) QinetiQ, Fort Halstead, Sevenoaks, Kent, UK, unpublished data.

11.49 Papirer E, Brendle E (1998) Recent progress in the application of inverse gas chromatography for the determination of the acid-base properties of solid surfaces, *J. Chim. Phys. Phys.-Chem. Biol.* **95**, 122–149.

11.50 Katsanos NA, Iliopoulou E, Roubani-Kalantzopoulou F, Kalogirou E (1999) Probability density function for adsorption energies over time on heterogeneous surfaces by inverse gas chromatography, *J. Phys. Chem. B* **103**, 10228–10233.

11.51 Bogillo VI, Shkilev VP, Voelkel A (1998) Determination of free surface energy components of heterogeneous solids by means of inverse gas chromatography at finite concentrations, *J. Mater. Chem.* **8**, 1953–1961.

11.52 Glass AS, Wenger EK (1998) Surface thermodynamics for polar adsorbates on Wyodak coals, *Energy Fuels* **12**, 152–158.

11.53 Kaneko H, Morino M, Takanohashi T, Iino M (1996) Inverse size exclusion chromatography using extraction residues or extracts of coals as a stationary phase, *Energy Fuels* **10**, 1017–1021.

11.54 Hayashi J, Amamoto S, Kusakabe K, Morooka S (1995) Evaluation of interaction between aromatic penetrants and acidic OH groups of solvent-swollen coals by inverse liquid-chromatography, *Energy Fuels* **9**, 1023–1027.

11.55 Hayashi J, Amamoto S, Kusakabe K, Morooka S (1993) Characterization of structural and interfacial properties of solvent-swollen coals by inverse liquid-chromatography technique, *Energy Fuels* **7**, 1112–1117.

11.56 Hildebrand JH, Scott RL (1959) *The Solubility of Non-Electrolytes*, 3rd edn, Reinhold, New York.

11.57 Brandrup J, Immergut EH (eds) (1989) *Polymer Handbook*, 3rd edn, p. 519.

第 12 章　流 变 学

U. Teipel, A. C. Hordijk, U. Förter‑Barth,

D. M. Hoffman, C. Hübner, V. Valtsifer, K. E. Newman

韩廷解　译,欧育湘、李战雄　校

12.1　稳态剪切流

在两个平滑的平行长板之间的单轴向稳态剪切流以及受到 Couette 流动后的体积变形,见图 12.1。

下面的平板保持静止不动,上面的平板以速度 u 匀速移动(速度 u 取决于施加在平板上的力 F)。假设平板壁上的流体没有滑动,从固定的平板到运动的平板,速度从 $u=0$ 线性增大到 u 值,图 12.1 所示的参数:剪切应力 τ 和变形(应变)γ。定义见式(12.1)和式(12.2):

剪切应力: $\tau = \dfrac{F}{A}$ 　　　　(12.1)

应变: $\gamma = \dfrac{\mathrm{d}x}{\mathrm{d}y} = \tan\alpha$ 　　(12.2)

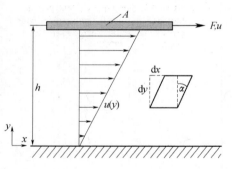

图 12.1　单轴向稳态剪切流

剪切速率 $\dot{\gamma}$ 垂直于两个平板,其定义见式(12.3):

$$\dot{\gamma} = \frac{\mathrm{d}\gamma}{\mathrm{d}t} = \frac{u}{h} \tag{12.3}$$

以流体的稳态剪切流为条件,可以确定材料的剪切应力函数 $\tau(\dot{\gamma})$、黏度函数 $\eta(\dot{\gamma})$。这两个函数之间的关系见式(12.4):

$$\tau(\dot{\gamma}) = \eta(\dot{\gamma}) \cdot \dot{\gamma} \tag{12.4}$$

式中　$\eta(\dot{\gamma})$——流体的特征材料函数,它描述了流体受到流变流时的流动特能。

12.2　流体的流动特性

当流体的黏度 η 与剪切速率 $\dot{\gamma}$ 无关时,该流体被称为牛顿流体,此时,剪切应

力 τ 随剪切速率 $\dot{\gamma}$ 的增大而线性增大,见式(12.5):

$$\tau = \eta \cdot \dot{\gamma} \tag{12.5}$$

当流体的剪切应力 τ 与剪切速率 $\dot{\gamma}$ 是非线性关系时,则该流体为非牛顿流体。典型的牛顿流体和非牛顿流体的剪切应力与黏度函数见图 12.2。

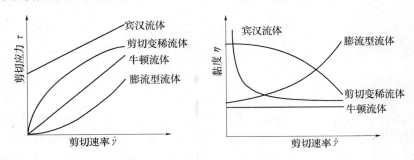

图 12.2　各种流体的典型流动和黏度函数的形状

当流体的黏度随剪切速率增大而增大时,则流体具有膨胀特性或剪切增稠特性。相反,流体的剪切黏度随剪切速率或剪切应力的增大而降低,在这种情况下,流体因剪切而导致结构变化,致使流动更容易;在剪切速率非常小时,黏度函数趋近于水平,这意味着在此区域,黏度不受(或者几乎不受)剪切速率影响,称该剪切速率区域为"牛顿流体所能降低的极限区域",当流体受到稳态剪切流时,呈现出类似牛顿流体的特性,在该区域剪切黏度被称为剪切速率为零时的极限黏度 η_0,其定义见式(12.6):

$$\eta_0 = \lim_{\dot{\gamma} \to 0} \eta(\dot{\gamma}) \tag{12.6}$$

Ostwald 和 de Waele 能量幂律方程(见式(12.7))适合描述流体的剪切变稀特性或剪切增稠特性:

$$\tau = K_1 \cdot \dot{\gamma}^n \tag{12.7}$$

式中　K_1——稠度系数;

　　　n——流动指数。

当 $0 < n < 1$ 时,流体是剪切变稀流体;当 $n > 1$ 时,流体是剪切增稠流体。按照动态黏度,能量幂律方程可用式(12.8)表示:

$$\eta(\dot{\gamma}) = K_1 \cdot \dot{\gamma}^{n-1} \tag{12.8}$$

有的文献也提出了很多经验方程来描述剪切变稀流动特性,下面综述了此类公式的几个实例。这些以及其他一些经验公式的完整描述都可以在文献中[12.1~12.7]找到。

Sisko 将式(12.8)进行了扩展论述,使其覆盖了高的剪切速率范围,见式

(12.9):

$$\eta(\dot{\gamma}) = \eta_\infty + K_1 \cdot \dot{\gamma}^{n-1} \tag{12.9}$$

描述剪切变稀流动特性的其他方程有 Ellis 方程(式(12.10))和 Carreau 方程(式(12.11)):

$$\eta(\tau) = \frac{\eta_0}{1 + K_2 \cdot \eta_0 \cdot \tau^{m'}} \tag{12.10}$$

$$\frac{\eta(\dot{\gamma}) - \eta_\infty}{\eta_0 - \eta_\infty} = \frac{1}{\left[1 + (K_3 \cdot \dot{\gamma})\right]^{\frac{m}{2}}} \tag{12.11}$$

式中 K_2,K_3,m' 和 m——经验所确定的对应的参数。

当施加于流体的剪切应力在开始形变之前超过极限值(即所谓的屈服应力,τ_0),就是塑性特性;当施加于流体的剪切应力在开始形变之前低于屈服应力,就是弹性特性,即流动是可逆。高含量悬浮液中的固体粒子趋向于凝聚,表现出黏塑性特性。当高于屈服应力 τ_0 时,剪切应力和剪切速率之间表现出线性关系的材料,称为宾汉(Bingham)流体,可用式(12.12)描述:

$$\tau = \tau_0 + \eta_B \cdot \dot{\gamma} \tag{12.12}$$

如果材料在高于屈服应力 τ_0 时,剪切应力和剪切速率之间表现出非线性关系,可用赫歇尔－勃克来(Herschel－Bulkley)方程描述流动特性,见式(12.13):

$$\tau = \tau_0 + K \cdot \dot{\gamma}^n \tag{12.13}$$

在应力高于屈服应力时,流体表现出剪切变稀(或剪切增稠)特性,赫歇尔－勃克来方程可较好地描述黏塑性流动。Casson 提出一个更复杂的二参数方程来描述黏塑性流动特性,见式(12.14):

$$\sqrt{\tau} = \sqrt{\tau_{0,C}} + \sqrt{\eta_C \cdot \dot{\gamma}} \tag{12.14}$$

剪切速率除了由非牛顿流体决定外,也可在流动中发生变化,剪切速率是剪切时间的函数,有人以流体的触变性为例,当流体受到恒定剪切速率时,其黏度随时间的增长而降低。

12.3 非稳态剪切流

除应用稳态剪切流实验可确定材料性能之外,人们还可利用振荡剪切流表征材料的某种性能,尤其是材料的黏弹性函数。与稳态剪切流相比,用振荡应变(或应力)方式施加于材料上的动态负载具有一定的优势,因为该负载对材料静态内部结构几乎没有影响。尤其是当测试具有可变性的分散相系统时,这些实验更具优势。由于振荡实验可以通过过滤的方法很容易地消除非周期性的偶发性信号,因此,其更大优势是可精确地测量周期性信号。

在振荡剪切负载下,流体经受周期性(如:正弦周期)形变 $\gamma(t)$,其振幅为 $\hat{\gamma}$,其径向频率为 $\omega = 2\pi f$,其关系见式(12.15):

$$\gamma(t) = \hat{\gamma}\sin(\omega t) \tag{12.15}$$

剪切速率 $\dot{\gamma}(t)$,是形变 $\gamma(t)$ 对时间的导数,应变振幅以同一频率振荡,而相位是移动的,其相位是角度加 $\pi/2(90°)$:

$$\dot{\gamma}(t) = \omega\hat{\gamma}\cos(\omega t) = \omega\hat{\gamma}\sin(\omega t + \frac{\pi}{2}) \tag{12.16}$$

例如,在线性黏弹性区,应变振幅足够小,对振荡(正弦)剪切应力输入的响应是正弦剪切应力输出 $\tau(t)$。如果材料显示出黏弹性特性,可由剪切应力函数 $\tau(t)$ 和剪切应变函数 $\gamma(t)$ 测得到相位移动值 δ,见式(12.17):

$$\tau(t) = \hat{\tau} \cdot \sin(\omega t + \delta) \tag{12.17}$$

完全弹性的固体的相位移动值 $\delta = 0°$,完全黏性的流体的相位移动值 $\delta = \pi/2$,而黏弹性流体的相位移动值 δ 在 $0°$ 到 $\pi/2$ 之间。

剪切应力特性可用与频率函数有关的复合模量 $G^*(\omega)$ 来描述,见式(12.18):

$$\tau(t) = \hat{\gamma}|G^*(\omega)| \cdot \sin[\omega t + \delta(\omega)] \tag{12.18}$$

复合剪切模量的表达式见式(12.19):

$$|G^*(\omega)| = \frac{\hat{\tau}(\omega)}{\hat{\gamma}} \tag{12.19}$$

黏弹性材料的复合剪切模量包含储存模量 $G'(\omega)$ 和损耗模量 $G''(\omega)$ 两部分,储存模量 $G'(\omega)$ 是用来衡量材料存储的弹性(可逆的)形变能量,而损耗模量 $G''(\omega)$(或者黏性成分)是用来衡量材料散逸的能量,见式(12.20):

$$|G^*(\omega)| = \sqrt{G'(\omega)^2 + G''(\omega)^2} \tag{12.20}$$

散逸能量与存储能量的比值称为损耗因数或 $\tan\delta$,见式(12.21):

$$\tan\delta = \frac{G''(\omega)}{G'(\omega)} \tag{12.21}$$

相似的,对稳定流动的牛顿流体方程,复合黏度 $\eta^*(\omega)$ 与频率有函数关系,是复合剪切模量 $G^*(\omega)$ 与振荡频率 ω 的比值,见式(12.22)和式(12.23):

$$|\eta^*(\omega)| = \frac{|G^*(\omega)|}{\omega} \tag{12.22}$$

$$|\eta^*(\omega)| = \sqrt{\eta'(\omega)^2 + \eta''(\omega)^2} \tag{12.23}$$

弹性和黏性所构成的复合黏度用式(12.24)表述:

$$\eta'(\omega) = \frac{G''(\omega)}{\omega} \tag{12.24}$$

$$\eta''(\omega) = \frac{G'(\omega)}{\omega} \tag{12.25}$$

振荡剪切实验必须在线性黏弹性范围内进行[12.8,12.9]。在线性黏弹性范围内且仅在应变振幅足够小的情况下,应变振幅 $\hat{\gamma}$ 与合成剪切应力振幅 $\hat{\tau}$ 在频率为 ω 时有一定的比例关系($\hat{\tau} \sim \hat{\gamma}$)。当所用的频率恒定时,材料的模量 $G'(\omega)$、$G''(\omega)$ 和 $G^*(\omega)$ 与应变振幅无关,则材料具有线性黏弹性(见图12.3)。

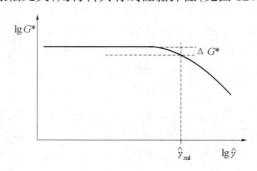

图 12.3   恒定频率 ω 下,复合模量 $G^*(\omega)$ 与 $\hat{\gamma}$ 的函数关系

当实验没有在线性黏弹性范围内进行时,人们可检测到线性黏弹性与非线性黏弹性的渐进转换区域,该区域可确定应变振幅的极限值 $\hat{\gamma}_{lim}$,而 $\hat{\gamma}_{lim}$ 是渐进转换的特征,见图12.3。该振幅是材料在复合模量最大值(稳定状态)$G^*(\hat{\gamma} \to 0)$ 时的偏差 ΔG^* 可忽略不计的情况下的最大应变值。对非线性材料而言,剪切模量与应变振幅的函数关系应该由多种频率决定的。

12.4 流变仪

12.4.1 旋转流变仪

典型的旋转流变仪包括同轴圆柱流变仪、同轴圆锥平板流变仪和平行圆盘流变仪。在测量间距内,可产生平滑且稳态的剪切流(也被称为"公制流动"(rheo-metric)流)。如果运动界面是以规定的角速度旋转的共轴圆柱,该剪切流称为库爱特流动。如果圆柱间的间隙足够小,则通过间隙的剪切速率 $\dot{\gamma}$ 几乎是常量。这对削除顶端的圆锥平板流变仪而言也是正确的。由于剪切应力 τ 只与剪切速率 $\dot{\gamma}$ 有关,通过间隙的剪切应力也是常量。剪切应力(受间隙内部状态影响)与扭矩 M(可测量)成正比。通过测量扭矩 M 以及测量装置的几何形状,人们可以确定剪切应力,并随后可以计算动态黏度(见式(12.4))。

如果流变仪的应变 γ 和剪切速率 $\dot{\gamma}$ 是确定的且扭矩 M 是可测量的,就称为剪切速率(或应变速率)可控流变仪。如果是扭矩(或剪切应力)是给定的,就成为剪切应力可控转动流变仪。

12.4.1.1　同轴旋转流变仪

同轴圆柱流变仪分为两类。如果内部圆柱旋转而外部圆柱不动,就称为"赛尔"系统,与之相反的系统称为 Couette 流变仪。赛尔系统的不足是离心力能导致不稳定流动(如,泰勒旋涡),这在高剪切速率情况下尤为明显。图 12.4 所示的是一种 Couette 旋转流变仪。

通过测量扭矩 M,人们可确定间隙中的剪切应力 τ,剪切应力 τ 是圆柱半径 r 的函数,见式(12.26):

$$\tau = \frac{M}{2\pi \cdot r^2 \cdot L} \tag{12.26}$$

式中 L——圆柱的浸润长度。

对同轴圆柱系统,间隙中的剪切速率与被检测的流体系统的材料特性有关。对利用 Couette 流变仪检测的牛顿流体,其方程见式(12.27):

$$\dot{\gamma} = 2 \cdot \Omega \cdot \frac{R_i \cdot R_a}{R_a^2 - R_i^2} \tag{12.27}$$

式中 $\Omega = 2\pi n$。

利用 Margules 方程[12.7]计算黏度,见式(12.28):

$$\eta = \frac{M}{4\pi \cdot L \cdot R_i^2 \cdot \Omega} \left[1 - \left(\frac{R_i}{R_a} \right)^2 \right] \tag{12.28}$$

对非牛顿流体,当采用上述方程的派生方程时必须考虑其流动的本质方程。对不知材料流动特性的流体,利用 Krieger 和 Elord 提出的级数展开方法可以计算剪切速率,详细内容见文献[12.4,12.5,12.7]。

12.4.1.2　圆锥平板流变仪

利用圆锥平板固定装置,流体在削除顶端的圆锥和平板的间隙受到剪切。图 12.5 所示的是该装置的基本设计。

当采用的是小圆锥角($\beta < 6°$),在整个间隙中的剪切速率 $\dot{\gamma}$ 是常量,不用对各种剪切速率进行修正就可以计算材料的黏度,这也适于非牛顿流体。剪切应力 τ 和剪切速率 $\dot{\gamma}$ 可以通过式(12.29)和式(12.30)确定:

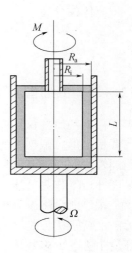

图 12.4　一种 Couette
旋转流变仪

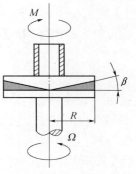

图 12.5　圆锥平板
流变仪的基本设计

$$\tau = \frac{3 \cdot M}{2\pi \cdot R^3} \qquad (12.29)$$

$$\dot{\gamma} = \frac{\Omega}{\beta} \qquad (12.30)$$

通过扭矩 M 和旋转角速度 Ω,人们可直接利用式(12.31)计算牛顿流体和非牛顿流体的黏度:

$$\eta = \frac{3 \cdot \beta \cdot M}{2\pi \cdot R^3 \cdot \Omega} \qquad (12.31)$$

12.4.2 毛细管流变仪

与旋转流变仪不同,流体所流经的毛细管流变仪的毛细管横断面是圆形、环形或者是槽形。依据所研究的材料的性能,可选用低压或高压毛细管流变仪。低压毛细管流变仪将流体柱的流体静力学压力作为推进动力。厄布洛德(Ubbelohde)黏度计通常作为低压毛细管流变仪用于测量低黏度流体的性能。高压毛细管流变仪常用于测量熔融高聚物和其他以高聚物为基的材料的黏度。毛细管流变仪具备的一个特别优势是,当流体流经毛细管时,剪切产生的热量,可部分的发散到周围环境中去。大多数传统的高压毛细管流变仪的剪切速率范围可达 $1\text{s}^{-1} \sim 10^5\text{s}^{-1}$。

假设,毛细管中的剪切应力分布类似于在管流中的剪切应力分布,流体流经毛细管流变仪时管壁处的剪切应力 τ_w 可通过式(12.32)计算:

$$\tau_w = \frac{\Delta p}{L} \cdot \frac{R}{2} \qquad (12.32)$$

式中 L——毛细管长度;

R——毛细管半径;

ΔP——测量的损失压力。

对牛顿流体,黏度可用式(12.33)计算:

$$\eta = \frac{\pi}{8} \cdot \frac{R^4}{\dot{V}} \cdot \frac{\Delta p}{L} \qquad (12.33)$$

式中 $\dot{V}$——由实验测量的体积流。

当利用毛细管流变仪测量非牛顿流体时,通过式(12.33)只能仅仅计算表观黏度 η_s,这是因为流体黏度取决于剪切速率,而剪切速率是毛细管半径的函数,而流经毛细管横断面的剪切速率不是常量。Weissenberg 和 Rabinowitsch 提出的修正方程可用来计算可变剪切速率[12.7]。此外,人们也必须对毛细管入口处摩擦效应进行修正。对高黏度流体,因流体进入毛细管时发生弹性变形及黏性膨胀产生了额外的压力损失,必须对此作出进一步的修正。压力损失可用著名的 Bagley 修正方程来计算[12.7]。

高黏弹性流体在毛细管流动过程中保留它们的弹性形变,并在离开毛细管时松弛。这种现象被称为模塑膨胀。由于所有的流体在经受物理或化学变化以前产生了一定的弹性形变,它们在极高的毛细管流动速率和/或极高的压力下,可发生熔融破裂现象。当剪切速率高于极限值时,可以观测到挤出材料表面的表面粗糙度随剪切速率的增大而加大。

12.5　悬浮液的流变性

正如在第 6 章提到的,为了表征(最后的混合黏度)和确定混合所需时间,通常需要测量粘结剂和填料的混合物的流变性能。由含能材料和填料填充的低分子量高聚物的分散液或悬浮液表现出复杂的流变特性,这将在下面的章节中进行阐述。

12.5.1　分散系统的相对黏度

相对黏度 η_{rel} 一般定义为分散液黏度与流体基质黏度的比值。此定义仅适用于牛顿流体基质。对非牛顿流体,人们必须确定相关的基准黏度,可用基准黏度计算相对黏度。

在剪切速率 $\dot\gamma$ 为常量的情况下,相对黏度 η_{rel} 可定义为分散液黏度 η_{Disp} 与连续相黏度 η_c 的比值,见式(12.34):

$$\eta_{rel} = \frac{\eta_{Disp}\mid_{\dot\gamma}}{\eta_c\mid_{\dot\gamma}} \tag{12.34}$$

或者在剪切应力 τ 为常量的情况下,相对黏度 η_{rel} 可定义为分散液黏度 η_{Disp} 与连续相黏度 η_c 的比值,见式(12.35):

$$\eta_{rel} = \frac{\eta_{Disp}\mid_{\tau}}{\eta_c\mid_{\tau}} \tag{12.35}$$

当人们与文献中的数据比较时,常常遇见这样的问题:许多作者不描述用来确定相对黏度的基准黏度,这使得比较不同的相对黏度值非常困难。分散液的相对黏度不仅与分散相的含量有关,也与分散相和连续相的性能,以及微粒与微粒间和微粒与基质间的相互作用有关,此外还和作用于系统的具体载荷有关。文献提出了大量的方程,这些方程都认为相对黏度仅通过分散相的体积含量函数就可测得相对黏度,这些方程一部分源自理论,一部分是经验方程或半经验方程。Kamal 和Mutel[12.10]综述了计算各种分散相系统相对黏度的方程。表 12.1 所示的就是这些方程中的几个实例,这几个实例根据固体的体积分数,描述了球形粒子分散相的相对黏度[12.11~12.20]。

表 12.1　球形粒子分散系统的相对黏度 η_{rel}

作 者	相 对 黏 度	参 数
Einstein[12.11]	$\eta_{\text{rel}} = 1 + 2.5 \cdot C_V$	C_V——体积含量；$C_V < 0.02$
Eilers[12.12]	$\eta_{\text{rel}} = \left(1 + \dfrac{1.25 \cdot C_V}{1 - \dfrac{C_V}{C_{V,\text{max}}}} \right)^2$	
Mooney[12.13]	$\eta_{\text{rel}} = \exp\left(\dfrac{2.5 \cdot C_V}{1 - s \cdot C_V} \right)^2$	S——置换因数
Maron, Pierce[12.14]	$\eta_{\text{rel}} = \left(1 - \dfrac{C_V}{C_0} \right)^{-2}$	C_0——几何密封参数
Dougherty, Krieger[12.15]	$\eta_{\text{rel}} = \left(1 - \dfrac{C_V}{C_{V,\text{max}}} \right)^{-|\eta| C_{V,\text{max}}}$	$C_{V,\text{max}}$——最大粒子含量 $\|\eta\|$——幂律系数
Thomas[12.16]	$\eta_{\text{rel}} = 1 + 2.5 \cdot C_V + 10.05 \cdot C_V^2 + A \cdot \exp(B \cdot C_V)$	$0 \leqslant C_V \leqslant 0.6$；$A = 2.73 \times 10^{-3}$，$B = 16.6$
Frankel, Acrivos[12.17]	$\eta_{\text{rel}} = \dfrac{9}{8} \left[\dfrac{\left(\dfrac{C_V}{C_{V,\text{max}}} \right)^{\frac{1}{3}}}{1 - \left(\dfrac{C_V}{C_{V,\text{max}}} \right)^{\frac{1}{3}}} \right]$	
Chong, Christiansen, Baer[12.18]	$\eta_{\text{rel}} = \left(1 + 0.75 \cdot \dfrac{\dfrac{C_V}{C_{V,\text{max}}}}{1 - \dfrac{C_V}{C_{V,\text{max}}}} \right)^2$	$C_{V,\text{max}}$——最大粒子含量
Quemada[12.19]	$\eta_{\text{rel}} = \left(1 - \dfrac{C_V}{C_{V,\text{max}}} \right)^{-2}$	$C_{V,\text{max}}$——最大粒子含量
Batchelor[12.20]	$\eta_{\text{rel}} = 1 + 2.5 \cdot C_V + 6.2 C_V^2$	

12.5.2　基质流体

本节描述的可固化的组分是以 HTPB(端羟聚丁二烯)或 PPG(聚丙烯乙二醇)为基质。例如高能粘结剂 GAP 单体中包含高能基团叠氮基，又如 PolyGLYN 或 PolyNIMMO 中的硝基。这些预聚物在固化时表现出牛顿流体的性质。

这些预聚物通过羟基和在混合的最后阶段加入的异氰酸酯反应，被固化成聚合物基质。这些预聚物在反应过程中伸展并交联形成网络，固体填料在这些交联网络中被物理力或物理化学力牢牢固定。在各种情况下，测量这些力的方式是测量其力学性能。

上文所述的可固化粘结剂的一些数据列于表 12.2。我们从中可以看出,由于 PPG 的熔点相对高,其固化温度必须高于 50℃。温度显著影响流体黏度,可以用 Arrhenius 方程描述,见式(12.36):

$$\eta_T = \eta_0 \cdot \exp(BT) \tag{12.36}$$

式(12.36)适用于小温度范围。对大温度范围,见式(12.37):

$$\eta_T = \eta_{Tl} \cdot \exp\left(-\frac{E_\eta}{RT}\right) \tag{12.37}$$

对诸如 HTPB 等聚合物,E_η 值约为 $60kJ \cdot mol^{-1} \sim 80kJ \cdot mol^{-1}$[12.4]。

表 12.2　可固化粘结剂的某些特征性能

	相对分子质量	20℃时的形态	η_T/Pa·s	T_g/℃	T_s/℃
HTPB	2700	流体	1	−65	—
PPG	2000	固体	—	50	50
GAP	2200	流体	~1	−30	—

下面章节讨论了填充成分对混合物黏度的影响,混合物的最终黏度也由粘结剂的黏度确定。从浇铸的观点来看,浇铸温度的决定作用是令人感兴趣的:通过改变温度来改变浇铸成分的特性是一种容易实行的方法,因为这无需改变成分本身。

使用合适的增塑剂是另一种降低黏度的方法。这些增塑剂与预聚物形成匀质混合物,增塑剂不渗出并且能显著降低混合物黏度,适于 HTPB 的增塑剂有 IDP、DOA 和 DOS。

温度对含有 15% 和 30% 增塑剂(GAP‐A)的高能粘结剂(GAP)的剪切黏度的影响见图 12.6;此图描述了增塑剂从 15% 增加为 30% 时,黏度降低了 2 个数量级。图 12.6 也指出温度对黏度有显著影响。

需特别指出的是即使在 20℃~60℃ 这相对小的温度范围,黏度~1/T 的半对数图中没有获得直线关系;黏度能量(E_η)随温度的上升从 $75kJ \cdot mol^{-1}$ 降至 $50kJ \cdot mol^{-1}$。

12.5.3　分散相

预聚物中添加入一定数量的固体粒子,固体粒子作为分散相,其下述参数是非常重要的:

- 平均粒径;
- 粒径分布;
- 粒子形态、形状;

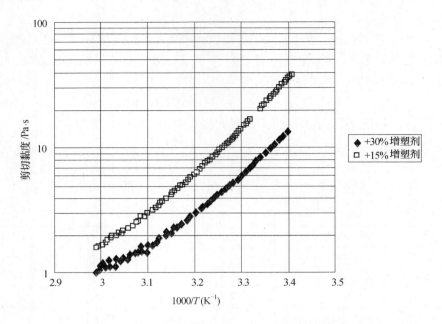

图 12.6 温度和增塑剂质量含量(%)对 GAP 剪切黏度的影响

• 粒子的形态——单峰分布粒子粒径或者多峰分布粒子粒径;
• 粒子的聚集密度;
• 粒子的体积分数;
• 关于粒子之间、粘结剂和/或其他粘结剂成分(处理剂、增塑剂、偶合剂等)的物理－化学作用等粒子的化学性质。

针对这些方面,很多文献给与了足够的重视[12.21,12.22]。综合考虑推进剂和PBXs 的要求,最大体积分数($C_{V,max}$)是十分重要的,而通过测量粒子的聚集密度可以获得 $C_{V,max}$ 的估值。

预聚物从开始注射到注射体积分数约 0.02%(1%～2%装药量)时,剪切黏度随着体积分数呈线性增长,Einstein 对此从理论上进行了预测(见表 12.1)[12.11]。当 $C_V > 0.02$ 时,黏度增长不再是线性的,非线性增长的特征可由粒子间的相互作用解释。随固含量的增加,流变特性从牛顿流体变化为非牛顿流体。值得注意的是大多数混合物具"剪切变稀"特性,这意味着剪切黏度随剪切速率的增加而降低。增大装药量导致了触变性和弹性性能对时间的依赖[12.21,12.23],施加于混合物的应力应在混合物流动之前达到屈服应力值。

作为双峰分布混合物或三峰分布混合物组分的固体填料的选择以及平均粒子直径比取决于固体填料的最大体积分数。对粒子尺寸和小粒子粒径分布的双峰分布的填料混合物,人们已建立了一种模型来预测组装粒子的孔隙度[12.24],这些孔隙是用于降低粒子与粒子间摩擦力而被流体所占用的体积。最小孔隙度越大,制得的混合物所用的粘结剂越多而固体装料的体积分数越小。因此,必须选择合适的填料。

但是,这个模型只考虑了平均直径比及假设粒子为球形。对大量的 RDX 而言,该模型有效(见图 12.7)。图 12.7 中的纵坐标轴所示为最小孔隙度(%),它等于 $(1 - C_{V,\max}) \times 100\%$。

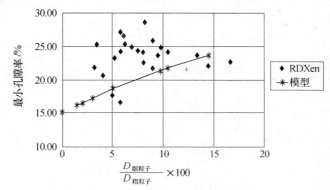

图 12.7 RDXs 双峰分布混合物的直径比对孔隙率的影响:
RDXs(双峰分布混合物)的振实密度与模型振实密度结果的比较

值得注意的是,对平均粒子内外径小于 $20\mu m$ 的细粒子而言,粒子与粒子间的相互作用起主要作用,这导致了较高的最小孔隙度和较低的可靠性。从图 12.7 可以得到最大填充体积分数 $C_{V,\max}$;内外径比为 0.1(普遍使用的内外径比)的混合物的最小孔隙度是 0.22,这意味着固体的最大体积分数为 0.78,可用方程(12.38)计算最大质量分数:

$$C_{m,\max} = \left[1 + (\rho_b/\rho_c)(C_{V,\max}^{-1} - 1) \right]^{-1} \qquad (12.38)$$

对包含有 HTPB/RDX 的 PBX 而言,通过式(12.38)计算的最大质量分数约为 0.87(87%)。

实际上,最大聚集密度和最大固体装药量可由方程(12.39)计算:

$$C_{m,\max} = \left[1 + \rho_b(\rho_t^{-1} - \rho_c^{-1}) \right]^{-1} \qquad (12.39)$$

式中 ρ_b——粘结剂的密度;

ρ_c——晶体的密度;

ρ_t——最大聚集密度(磷酸三烯丙酯密度)。

实际最大固体装药量由包括填料在内的完整配方的混合物决定。

研究人员对 TNO - PML 进行了研究[12.23,12.25],主要研究了 RDX 和 AP 的体积分数对单峰分布和双峰分布的聚合物组分流变性的影响。不含有其他化合物和填料而由 HTPB 和 AP 或 RDX 组成的浆状炸药通常用作推进剂和炸药。图 12.8 给出了包括 $C_{V,max}=0.62$ 的匹配用量等结果。文献[12.8]指出:单峰分布球粒子各种排列的最大聚集率范围,从简单立方的 0.52 到无规密实填充的 0.64 和面中立方的 0.74,表明 0.62 是实际值。

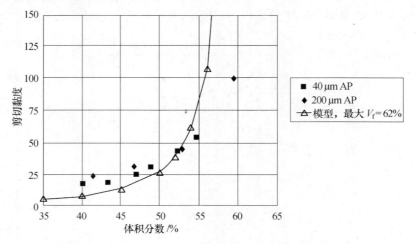

图 12.8　剪切速率为 $5s^{-1}$ 下单峰分布的 AP 在 HTPB 中的剪切黏度

从图 12.8 可推断出:体积分数和(剪切)黏度的减小之间存在着明显的依存关系。在缺少诸如卵磷脂(乳化剂)和粘结剂等助剂的情况下,测量值与 Dougherty 和 Krieger 方程(见表 12.1)的计算值拟合的很好[12.25],假如粒子较大($>30\mu m$),黏合力发挥主要作用。

值得注意的是,测量值与图 12.8 中的计算值背离,这很可能是 AP 与 HTPB 粘结剂之间的相互作用导致的。

对 RDX 双峰分布混合物(粗 RDX:细 RDX = 67:33)进行了相同的实验,粗 RDX 的平均直径为 $230\mu m$,细 RDX 的平均直径为 $5\mu m$,(RDX 的平均内外径比都为 0.022),细 RDX 表现出内聚特性。粘结剂包括 HTPB、增塑剂 IDP(33%)、Flexzone 6H(抗氧化剂)、Dantocol DHE(粘合助剂,在粘结剂中占 0.72%)、卵磷脂(流动促进剂,在混合物中占 0.29%)以及用来降低粘合粒子相互作用的少量硬脂酸锌。实验的起始体积分数为 45%,并以 3% 增长,混合 0.5h 后制作试样并测试黏度(剪切速率 $1.25s^{-1}$),实验结果见图 12.9,在图 12.9 中,也给出了黏度最低匹配值的计算值,而黏度最低匹配值是用图 12.7 中的内外径比为 0.022 时的 $C_{V,max}$ 值,以及 $C_{V,max}=0.83$,在粘结剂黏度为 0.2Pa·s 的情况下计算得到的。

由此可以推断:第一,要使双峰分布填料的分布达到理想状态,$C_{V,max}$ 必须小于 0.83;第二,与 RDX 完全粘合的粘结剂在较低的体积分数时表现出非常高的

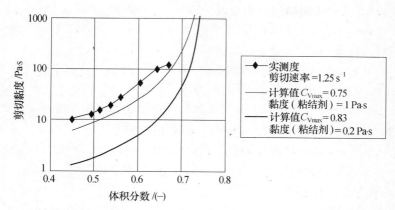

图 12.9　测量值和计算值的比较($\theta = 60℃$),HTPB 为基的双峰分布 RDX 浇铸炸药

黏度,标志着粘结剂－固体间相互作用以及 H－键等其他因素也可能发挥作用。

采用细粒子,如 $6\mu m$ 的 AP,在提高燃速的同时,可能导致最大固体装药量的减小。由于粘结剂湿润的总表面积增加,固体装药量不得不降低以确保混合物可浇铸,这可从图 12.10 得到证明[12.24],在图 12.10 中,列出了一种细粒子($F_1 \approx 5\mu m$)和两种粗粒子($C_1 \approx 230\mu m$,$C_2 \approx 5\mu m$)的各种混合物(细粒子:粗粒子比率不同,分别为 33:67 和 70:30)在同一剪切速率时的剪切黏度。从图 12.10 可以推断:粗粒子的粒径变化(从 C_1 到 C_2)对黏度的影响不大,但是含量 F_1 的变化(从 33 到 70)对黏度的影响巨大。

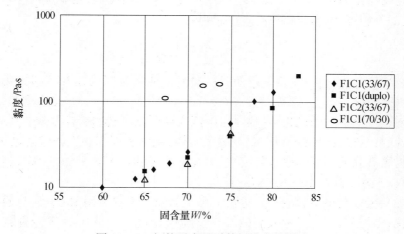

图 12.10　细粒子含量对剪切黏度的影响

12.5.4　铸造性

对许多推进剂和炸药的混合物而言,可用旋转流变仪和振荡流变仪来测量它

们的流变数据,这些流变仪可以测量混合终点(EoM)和浇铸终点(EoC)的黏度,此两种黏度分别是混合物(含固化剂)混合完全并均匀化以及浇铸完成时测得的。根据浇铸项目的数量和规模,浇铸所需时间从 0.5h 到数小时不等。

适用期定义为混合物浇铸过程的时间,即从固化剂加入到固化的时间,因此,浇铸所需时间应小于适用期,浇铸所需时间跨度将影响所期望的固化率和 EoM 黏度。

至今还不清楚可用哪些参数描述混合物的振动敏感度。若非振动推动混合物流动,研究人员多次观测到混合物流动停滞或非常缓慢。

如果出现浇铸问题,就需要采取多种措施予以解决。下面列举了部分措施,这些措施可能影响混合物的其他性能,如力学性能和/或弹道性能。

- 采用高浇铸温度;
- 采用高增塑剂含量;
- 采用流动促进剂或优化流动促进剂含量;
- 优化双峰分布填料的分布;
- 采用较少的细粒料。

12.5.5　固化和时间的影响

预聚物的固化反应是预聚物中间体分子链伸长和交联并形成网状的过程,固体填料通过物理和物理化学的作用力被固定住。因此,推进剂在固化过程中和固化完毕后,黏弹特性持续变化,较多的表现出固体(弹性)特性。

固化反应作为化学反应与温度有关,并有一定活化能,活化能大概与总反应有关,活化能与黏度、温度的关系见式(12.40):

$$\eta_c = \eta_0 \cdot \exp\left(-\frac{E_c}{RT}\right) \tag{12.40}$$

可以推导出:升高温度既可降低初始黏度又能提高固化速度,因此温度升高,适用期可能缩短。

在固化反应随后的进程中,利用振荡流变仪可以测量到复合黏度上升,同时黏度和弹性的比值 $\tan\delta$(见式(12.21))发生变化,虽然黏度和弹性都可能增大,但固化开始时更有利于黏度的增大。结果,δ 从开始到结束约增大 $80°\sim90°$,当弹性快速增大时,δ 急剧减至 $10°$(见图 12.11)。

异氰酸酯的类型也影响固化速度。加工 HTPB 主要采用 IPDI,它与 HTPB 的反应很慢,适用期长,是一种安全的异氰酸酯(低汽压)。而 TDI 等芳香族异氰酸酯则与 HTPB 的反应较快,这在某些情况下可能是优点。

活化能(E_c)在 $30\text{kJ}\cdot\text{mol}^{-1}\sim50\text{kJ}\cdot\text{mol}^{-1}$间,因此,黏度可运用式(12.41)推得:

$$\frac{\eta(T_1)}{\eta(T_2)} = \left(\frac{E_c}{R}\right)\left(\frac{1}{T_2} - \frac{1}{T_1}\right) \qquad (T_2 > T_1) \tag{12.41}$$

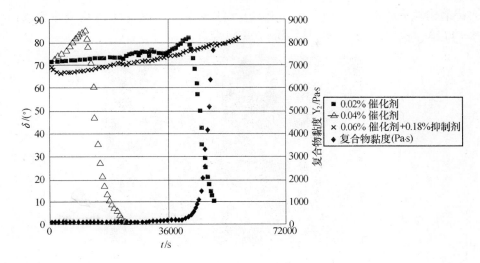

图 12.11　浇铸成分和固化催化剂含量对适用期的影响

可以推导出:温度增加 10℃ 可导致黏度系数降低约 1.5。

图 12.11 说明了固化催化剂(FeAA)含量和固化催化剂抑制剂(HAA + ZnO)含量对以 PPG 为基的推进剂的固化过程的影响,δ 先增加随后急剧降低,最后伴随着复合黏度急剧上升。这种现象可如下解释:固化开始时主要发生链伸长,而在后期链交联占主导地位,同时伴随着弹性急剧增加。

12.5.6　纳米悬浮系统

下面论述对纳米级铝的研究成果。众所周知,铝粒子是一种含能材料。炸药和推进剂使用的铝粒子的直径约为 $30\mu m$[12.21]。为强化铝的反应活性,在炸药和推进剂中要使用最大比表面积(小粒径)的铝粒子,例如,最大比表面积(小粒径)的铝粒子有利于固体火箭推进剂的燃烧。铝通过在氩气氛中汽化紧接着冷凝以及铝丝的电爆炸可以产生纳米铝粒子[12.26,12.27]。纳米级粒子的物理性能与微米级粒子的物理性能明显不同。在纳米范围内,粒子内部间的相互作用影响明显,其结果是纳米粒子具有较高的团聚倾向[12.28]。此外,纳米粒子的特性变化致使它们与高聚物基质混合时加工困难。

所研究的悬浮系统是将纳米铝粒子分散在石蜡油或端羟基聚丁二烯(HTPB)中。石蜡油表现出牛顿流体特性,其动态黏度 $\eta(20℃) = 198 mPa \cdot s$,密度 $\rho = 874.7 kg \cdot m^{-3}$,表面张力 $\sigma = 30.5 mN \cdot m^{-1}$。HTPB(指定的 HTPB R 45 − M)也表现出牛顿流体特性,其动态黏度 $\eta(20℃) = 9300 mPa \cdot s$。

由氩气氛制得的纳米铝粒子(ALEX)(Stanford,FL,USA)由气体测密度方法测得的铝粒子的密度 $\rho = 2.4\mathrm{g \cdot m^{-3}}$，由气体吸附方法测得的铝粒子的比表面积 $S = 11.2\mathrm{m^2 \cdot g^{-1}}$。图 12.12 是铝粉的 SEM 照片。

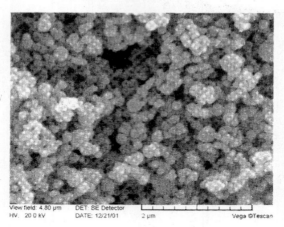

图 12.12　纳米铝粉的 SEM 照片

12.5.6.1　石蜡油/铝悬浮液的流动特性

在描述流变性之前，先用超声波高速搅拌器搅拌石蜡油/铝悬浮液使铝粒子分散均匀。此过程打碎了铝粒子的团聚块并且使石蜡油/铝悬浮液充分分散。混合后，石蜡油/铝悬浮液在稳态剪切流的作用下体现出流动性。石蜡油/铝悬浮液的相对黏度与剪切速率的关系[12.29]见图 12.13，悬浮液中铝粒子的体积分数为 2%～45%。

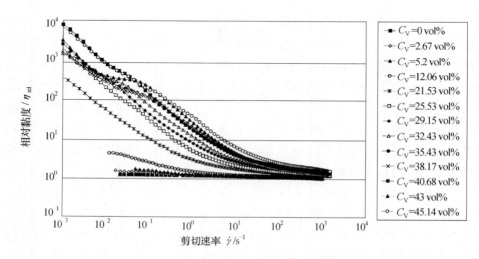

图 12.13　石蜡油/铝悬浮液的相对黏度与剪切速率的关系($\theta = 20\,^\circ\!\mathrm{C}$)

随着铝粒子含量的增大,悬浮液表现出了更加明显的剪切变稀性质。该非牛顿流体响应归因于粒子-粒子间的相互作用以及与单相流体相比其流体力学的变化。剪切速率较小时,黏度增长是固含量的函数,这点是尤其明显的,在该剪切速率范围内,微粒间的作用力超过了相对较弱的流体之间的作用力,因此,悬浮液的流变响应与固体粒子的含量和结构间的合力有关。当剪切速率增大,流体间的力也增大,使得纳米粒子的流动诱导结构重排以及在给定的固含量下黏度相应的降低。由于流动诱导系统结构重排,固含量对悬浮液黏度的影响远小于高剪切速率。

图 12.14 所示的是该悬浮液的相对黏度与固含量的关系,可以得到在零剪切速率($\dot{\gamma} \to 0$)以及相对高的剪切速率($\dot{\gamma} = 1000s^{-1}$)的情况下的特性黏度。

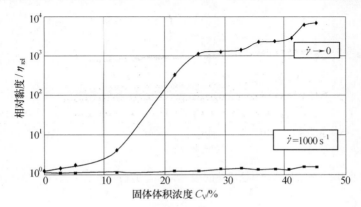

图 12.14　石蜡油/铝悬浮液的相对黏度与固含量的关系

在最高剪切速率时,可以观察到相对黏度随固含量呈线性增长,固含量 C_V 可高达约 2%(体积分数)。含量很低时,最小剪切速率时的相对黏度和最大剪切速率时的相对黏度几乎没有区别,这是因为在低含量范围内,粒子间的距离足够大,粒子-粒子间的相互作用非常小,同样地,粒子的流动诱导趋向对黏度的影响也相对较小。含量增大,粒子-粒子间的相互作用增大,相应的悬浮液黏度也增大。如同图 12.14 所示,零剪切速率时的极限黏度与固含量有关的原因之一是低剪切速率下随含量增大形成的静态粒子结构。在高剪切速率时,形成的流动诱导结构重排,致使相对黏度在给定固含量下降低。在剪切速率 $\dot{\gamma} \to 0$ 和 $\dot{\gamma} = 1000s^{-1}$ 两种情况下,黏度与剪切速率之间的关系的差异是:黏度随固含量的增大而增大,这主要归因于粒子在库爱特流动中的性质。固含量为 45% 时,黏度间的差异在量级上约为 10^4。

12.5.6.2　HTPB/铝悬浮液的流动特性

图 12.15 所示的是固含量为 $0 \leqslant C_V \leqslant 47vol\%$,HTPB/铝悬浮液的相对黏度与剪切速率的关系,不含填料的 HTPB R 45-M 表现出牛顿流体的性质(见图 12.15 和文献[12.23,12.30])。与石蜡油/铝悬浮液相比,HTPB/铝悬浮液的固含量可

高达 50vol%,在很宽的剪切速率范围内表现出牛顿流体性质。当固含量增大时,HTPB/铝悬浮液的相对黏度也随之增大。但是,其黏度与固含量仍是线性关系。图 12.16 所示的是该悬浮液的相对黏度与固含量的关系。

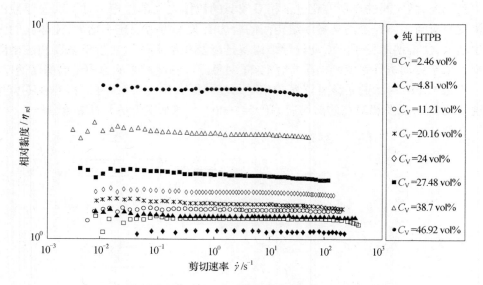

图 12.15　HTPB/铝悬浮液的相对黏度与剪切速率的关系($\theta = 20\,^\circ\!\text{C}$)

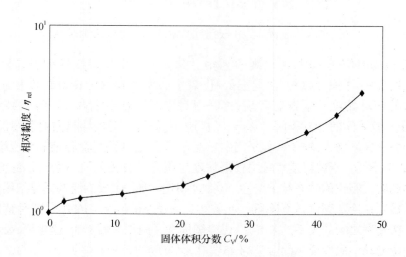

图 12.16　HTPB/铝悬浮液的相对黏度与固含量的关系

以 HTPB 为基质填加有纳米铝粒子的悬浮液的流变特性服从下列关系:即相对黏度与固体体积分数有关,见式(12.42):

$$\eta_{\text{rel,Alex-S}} = \frac{\eta_{\text{Suspension}}}{\eta_{\text{HTPB}}} = 1 + 5.5C_V - 31.4C_V^2 + 74.5C_V^3 \qquad (12.42)$$

即使固体体积分数 C_V 高达 50%，式(12.42)仍然有效。

12.5.6.3　悬浮液的黏弹特性

图 12.17 中指出了石蜡油/铝悬浮液不同固含量的储存模量和损耗模量。低频时，储存模量小于损耗模量，即在该频率范围内，黏度性能占主导地位。两者均随着频率增长而稳定地增长；但是，储存模量的斜率远大于损耗模量的斜率，因此，储存模量和损耗模量相交于一点，该点的频率称为特征频率 ω_i，特征频率取决于固体的体积分数。高于特征频率，弹性性能占主导地位。结构松弛时间 λ 是特征频率的倒数，见式(12.43)：

$$\omega_i \cdot \lambda = 1 \qquad (12.43)$$

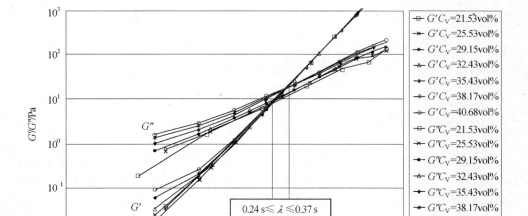

图 12.17　石蜡油/铝悬浮液的储存模量和损耗模量的关系

对固含量 $C_V \leqslant 40\%$ 的石蜡油/铝悬浮液而言，其结构松弛时间 λ 的范围为 0.24s～0.37s。同样测得，储存模量 $G'(\omega)$ 与铝粒子含量无关。我们可以得出这样的结论：这些填加有纳米粒子的悬浮液，其存储(弹性)形变能量与铝粒子含量无关。

图 12.18 中指出了 HTPB/铝悬浮液不同固含量的储存模量和损耗模量。如同前述实例，储存模量 $G'(\omega)$ 与铝粒子含量无关。但是，以 HTPB 为基的悬浮液的结构松弛时间 λ 以毫秒计(0.0021s～0.0062s)，明显小于以石蜡油为基的悬浮液的结构松弛时间 λ。

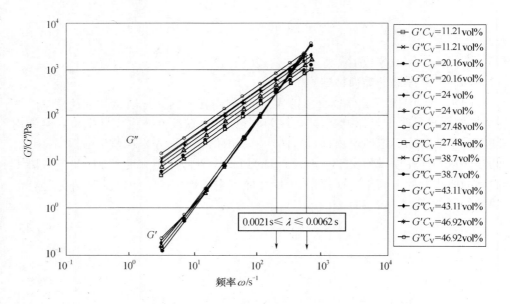

图 12.18　HTPB/铝悬浮液的储存模量和损耗模量的关系

12.6　凝胶推进剂

最近几年,业界面临的挑战是:在获得火箭推进剂高性能的同时提高其安全特性,成为一个非常重要的研究目标。凝胶推进剂因结合了液体推进剂的优点和固体推进剂的典型性能,为满足上述要求提供了潜在的可能。凝胶推进剂可设计为单基或双基推进剂。当用双基凝胶推进剂时,燃料和氧化剂可预制为凝胶。通过使燃料和氧化剂分离的方法提高了凝胶推进剂系统的安全性。一般而言,虽然凝胶推进剂比液体推进剂具有更大的比冲,但是通过添加诸如金属粒子等填料可进一步提高凝胶推进剂的性能。凝胶推进剂优于固体火箭推进剂的重大优势是:推进剂注入燃烧室的质量流动速度是可控的;火箭发动机甚至可以开关或者必需时进行脉冲驱动。更进一步讲,凝胶推进剂比液体推进剂敏感性差,以及由于具备类似于固体推进剂一样的性能,它们可以更安全地加工、贮存和运输。这点是非常重要的,例如,凝胶推进剂驱动的火箭的燃烧室发生裂缝或泄漏时,凝胶推进剂的黏弹性(如,它们独特的流变性能)显著降低了推进剂从发动机泄漏和意外引燃的危险。

凝胶推进剂的流变性能显著影响了它们自身的许多操作要求和产品要求,这些要求包括推进剂材料特性,以及在火箭发动机内的浇铸、喷射和燃烧。凝胶的流变特性的基本信息对凝胶推进剂的生产和贮存、火箭发动机的浇铸装药以及整个火箭发动机系统设计等极其重要。

一些文献论述了凝胶推进剂通过添加金属粒子增强其流变特性。Gupta 等人[12.31]描述了未经处理的和用金属处理的带有甲基纤维素凝胶剂的不对称二甲基肼(UDMH)凝胶燃料。该凝胶的流动性能是时间的函数(在各种恒定剪切速率下试验),也是剪切速率和温度的函数,并由时间、剪切速率和温度决定凝胶的流变性能。在给定的恒定剪切速率下,凝胶的黏度随时间的增长而增大。当剪切负载增大时,凝胶表现出明显的剪切变稀特性。当金属粒子含量恒定时,剪切变稀特性随温度上升而明显变小,但是当温度恒定时,剪切变稀特性随金属粒子的含量增大而显著增大。同样地,凝胶的屈服应力随金属粒子的含量增大而增大,随温度的上升而降低。Rapp 和 Zurawski[12.32]检测了铝/煤油凝胶燃料的流动特性,他们发现铝/煤油凝胶燃料的屈服点随凝胶中铝粒子含量的增大而升高;凝胶化的铝/煤油燃料经过长期贮存后,其屈服应力降低,出现该现象的原因是凝胶化的铝/煤油燃料物理性能、热性能和化学性能的不稳定性。Varghese 等人[12.33,12.34]研究了含有不同胶凝剂和金属成分的 UDMH 凝胶和煤油凝胶。这些凝胶经受不同的剪切应力和温度,表现出剪切变稀特性和触变特性,而剪切变稀特性和触变特性随金属粒子含量的增大变得更明显,以及在高温下变得较低。与煤油凝胶相比,UDMH 凝胶的流动性受施加于其上的剪切负载的影响更大。金属填料的粒子粒径和其他成分(胶凝剂、稳定剂和润湿剂等)的特性都对凝胶的流变性能有重要影响。Rahimi 等人[12.35]检测了用不同的纤维素化合物进行凝胶化的肼(N_2H_4)、一甲基肼(MMH)和煤油等燃料;同时,他们还检测了用硅石粒子进行凝胶化的抑制红发烟硝酸(IRFNA)和过氧化氢(H_2O_2)等氧化剂。通过流变性研究,凝胶推进剂根据剪切变稀特性的程度可以划分为三个区:屈服应力特性区、黏弹性区和触变性区。

这些研究检测了用纳米二氧化硅凝胶化的硝基甲烷,通过与适宜的氧化剂和填料结合,硝基甲烷的比冲为 $I_S > 2400N \cdot s \cdot kg^{-1}$,比肼衍生物毒性低,因此对环境友好并有利于加工。

12.6.1 材料和方法

凝胶推进剂的检测包括对连续相的硝基甲烷和分散相的纳米二氧化硅粒子的检测。硝基甲烷表现出牛顿流体性质,其动态黏度 $\eta(25℃) = 0.61mPa \cdot s$,其密度 $\rho = 1.139kg \cdot m^{-3}$。Degussa(德国法兰克福)制得的二氧化硅粒子的密度 $\rho = 1.51g \cdot cm^{-3}$(通过气体吸附方法测得),比表面积 $S_v = 260m^2 \cdot g^{-1}$(通过气体吸附方法测得),原始粒子的平均粒径 $\bar{x} = 7nm$。

用 Physica Messtechnik 生产的 UDS200 型旋转流变仪(该检测设备有圆锥型和圆盘型两种)检测了精制好的凝胶稳态剪切流动时和振荡剪切流动时的流变特性。

12.6.2　硝基甲烷/二氧化硅凝胶的稳态剪切流变特性

先将硝基甲烷/二氧化硅凝胶搅拌数小时以使粒子解聚集并使凝胶均匀化,然后检测其流变特性,在稳态剪切流的情况下测量其流变性。图 12.19 所示的是该凝胶的相对黏度与剪切速率的关系,分散粒子的含量为 4% ~8%,图 12.19 也指出了纯硝基甲烷黏度与剪切速率之间的关系。

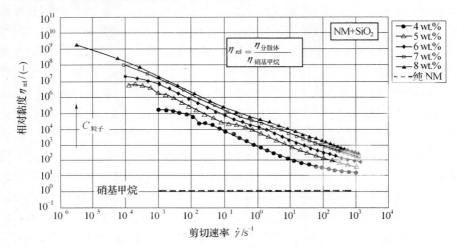

图 12.19　硝基甲烷/二氧化硅凝胶的相对黏度和剪切速率的关系

相对黏度 η_{rel} 定义为在稳态剪切速率 $\dot{\gamma}$ 时的凝胶黏度与流体基质黏度的比值,见式(12.44):

$$\eta_{rel} = \frac{\eta_{gel} \mid \dot{\gamma}}{\eta_{nitromethane}} \qquad (12.44)$$

随着二氧化硅含量的增大,可观察到更明显的剪切变稀流动特性。凝胶的此非线性特性可能要归因于粒子－粒子间的相互作用,以及与单相流体系统相比,多相流体系统变化的流体力学。在低剪切速率条件下,黏度随粒子含量的增大而增大现象尤为明显。在此剪切速率范围,微粒间的相互作用与相对较小的流体力相比,占主导地位,因此该悬浮液的流变性能主要取决于固体粒子的含量和悬浮液内部结构间的相互作用力。固含量一定时,提高剪切速率提高了流体力,随后导致了剪切诱导纳米粒子结构的重排现象,相应的黏度也会降低。作为固含量的函数,黏度的差异在高剪切速率时比在低剪切速率时要小得多,这主要是因为在高剪切速率时发生了流体结构重排。

图 12.20 所示的是硝基甲烷/二氧化硅凝胶的黏度在零剪切速率($\dot{\gamma} \rightarrow 0$)以及剪切速率 $\dot{\gamma} = 1000 s^{-1}$ 时,与固含量的关系。

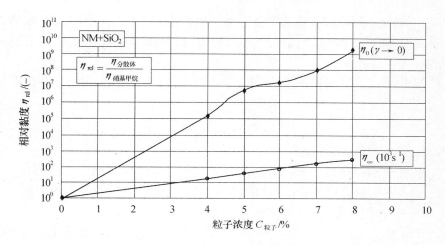

图 12.20　硝基甲烷/二氧化硅凝胶的相对黏度和固含量的关系

当二氧化硅含量增大时,系统内的微粒结构变化更明显。在零剪切速率时,硝基甲烷/二氧化硅凝胶内部的静止结构表现出了极限黏度特性,如图 12.20 所示。在固含量 $C_{粒子} = 8wt\%$ 时,该悬浮液和纯流体间的黏度差异约为 10^6。与零剪切速率时的极限黏度相对应的是,最大剪切速率的相对黏度的斜率较小。在该剪切速率范围内,硝基甲烷/二氧化硅凝胶黏度增大相对较小,其原因是流体力的影响占主导地位,并因此导致了二氧化硅粒子内部结构的剪切诱导重排。黏度的差异也说明了该凝胶的内部结构在如此高的剪切速率下发生了可逆的破坏[12.9]。

图 12.21 所示的是硝基甲烷/二氧化硅凝胶的黏度与剪切应力的关系。用正切方法可确定该悬浮液的屈服应力[12.7]。如图 12.21 所指出的,所有被检测的硝

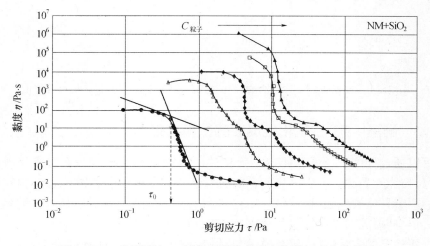

图 12.21　硝基甲烷/二氧化硅凝胶的黏度与剪切应力的关系

基甲烷/二氧化硅凝胶都表现出屈服应力。对不可逆流动而言,所施加的应力必须高于屈服应力值;所施加的应力低于屈服应力时,该凝胶类似于固体,仅表现出了弹性形变。

硝基甲烷/二氧化硅凝胶的流动特性可用式(12.45)描述,并可计算出剪切应力:

$$\tau = \tau_0 - \eta_\infty \cdot \dot{\gamma} + \eta^* \cdot \dot{\gamma}^a \qquad (12.45)$$

式中　τ_0——凝胶的屈服应力;

　　　η_∞——剪切速率 $\dot{\gamma} \to \infty$ 时的黏度;

　　　η^*——分散系统内特征结构的黏度;

　　　α——系统内部特征结构变化的指数。

固含量 $C_{粒子}=8\mathrm{wt\%}$ 时的硝基甲烷/二氧化硅凝胶的剪切应力测定值与运用式(12.14)计算的剪切应力值,见图12.22。测定值和计算值之间拟合得非常好。

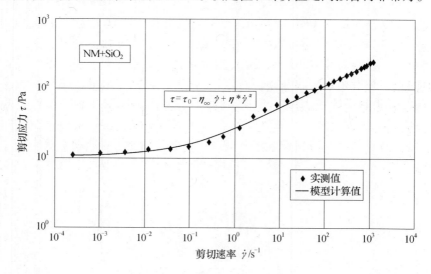

图 12.22　硝基甲烷/二氧化硅凝胶的剪切应力的测定值和 ICT 模型计算值

12.6.3　硝基甲烷/二氧化硅凝胶的黏弹特性

可以通过振荡剪切试验确定黏弹特性。可以通过动态试验确定复合剪切模量,并且在线性黏弹性范围内将复合剪切模量分离成储存模量 $G'(\omega)$ 和损耗模量 $G''(\omega)$ 两个具体的函数,见式(12.20)。图12.23所示的是多种固体含量的硝基甲烷/二氧化硅凝胶的储存模量和频率的关系。

在所检测的含量范围,储存模量与径向频率无关,这表明在硝基甲烷/二氧化

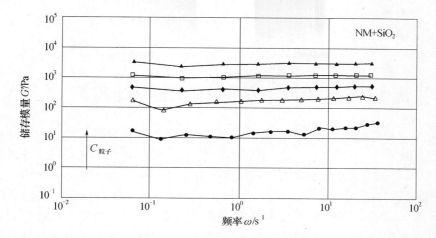

图 12.23　硝基甲烷/二氧化硅凝胶的储存模量和频率的关系

硅凝胶内存在着紧密的内部结构。图 12.24 所示的是固含量 $C_{粒子}=8\text{wt}\%$ 时的硝基甲烷/二氧化硅凝胶的储存模量、损耗模量与频率之间的关系。储存模量 $G'(\omega)$ 和损耗模量 $G''(\omega)$ 都与频率无关,即在该频率范围内,硝基甲烷/二氧化硅凝胶表现出与固体一样的弹性特性。

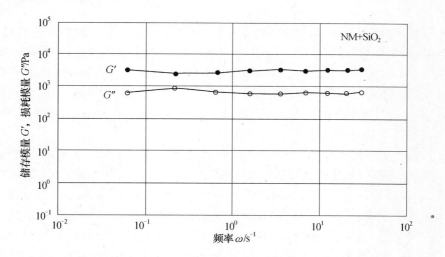

图 12.24　硝基甲烷/二氧化硅凝胶的储存模量、损耗模量和频率的关系

通过上述对流变性的研究工作,关于凝胶推进剂的材料性能提出如下建议:
- 凝胶推进剂经受稳态剪切流时,必须表现出剪切变稀特性;
- 凝胶推进剂在零剪切速率时的极限黏度(η_0)应该尽可能的大;
- 凝胶推进剂在高剪切速率时的极限黏度(η_∞)应该尽可能的小;

- 凝胶推进剂应具有屈服应力 τ_0；
- 复合模量的弹性部分必须常常高于黏性部分；
- 储存模量 $G'(\omega)$ 和损耗模量 $G''(\omega)$ 与（或几乎与）振荡频率 ω 无关。

12.7　流变性研究有助于发展可注射模塑炸药

基于多种原因，Lawrence Livermore 实验室（LLNL）很早就对炸药可以注射的成分感兴趣[12.36~12.42]。在 DOE 核武器的研究中，安全是极为重要的。在各种突发事件中，有人提出避免放射性材料扩散的方法，该方法是从武器系统中分离高性能炸药和放射性反应堆，该方法之一将被运用于糊状挤出炸药（PEX，paste extrudable explosive），糊状挤出炸药贮存在武器内或者靠近武器，当需要时将它们挤出到所需要的地方[12.40]。更进一步的武器安全强化措施和降低武器易损性的方法可能是提高不敏感炸药的固含量，不敏感炸药有三氨基三硝基苯（TATB）等。注射模塑炸药的独特特点是：几乎没有孔穴。在受到冲击负载或者撞击负载时，孔穴在炸药内部引起"热点"，"热点"是武器爆炸的导火索。在突发事件中，没有空隙的注射模塑炸药（IMX）具有在突发事件中降低武器易损性的特点[12.43~12.46]。当部署武器系统时，对无空隙填充，可传输不敏感炸药（TIE）的均一流变性是极其重要的。

DOE 和 DOD 备受关注的其他方面是弹药的成型[12.47]。如果炸药和衬料紧密接触，就能提高弹药的成型性能。机械加工炸药和压制炸药在衬料和炸药间易于产生缝隙，由于有严格公差，所以非常难以维修养护。当引爆注射成型炸药时，没有空隙的炸弹的成型性得到大幅提高并形成射流性能。当配方固化时，衬料和炸药间的黏合力确保了它们紧密接触。另外，注射模塑炸药的流变性在这些炸药成型中发挥了关键作用。

预制注射模塑炸药和糊状挤出炸药，通常需要遵循下列三个基本要素[12.48]：①固体，晶体高性能炸药；②高能液体载体；③黏度改性剂防止沉淀和/或容许炸药在适当的时机固化。在狭管和毛细管中的均匀流动，流速在径向上是不同的，这是因为在径向受到了第四种力，因此低黏度是最基本的要求。为使黏度最低，基于 Farris 的理论研究成果，设计了 HMX 或 TATB 的双基晶体炸药的配方[12.39]，Farris 理论预测：当粗粒子的粒径在量级上远远大于细粒子的粒径时，可降低固体混合物的黏度。目前，TATB 粗品和精品在粒径的量级上有差异。不同级别的 HMX 在粒径分布上也有很大的差异。

由于液体载体在炸药中的含量从 25%～40% 不等，液体载体也应该是能量提供者。对在 DOE 中应用的液态物质而言，从贮存到击中目标的一系列过程中（STS），温度范围从 -54℃～74℃[12.49,12.50]，最基本的要求是必须不冻结凝固，必须与晶体炸药相容但不是晶体炸药的溶剂,应该湿润固体的界面以及具备优异的热稳定性;此外,所期望的其他性能包括低黏度、低蒸汽压及无毒。目前还没有一种单一的含能液体能满足上述所有要求,表 12.3 列举了数个备选液体。

表 12.3 应用于或建议应用于 TIE 和 IMX 配方中的炸药

炸药通用名称	化学名称,配方	密度 /$g \cdot cm^{-3}$	相对分子质量 /$g \cdot mol^{-1}$	生成热/ $kJ \cdot mol^{-1}$
BDNPF	双(2,2-二硝基丙基)缩甲醛,$C_7H_{12}N_4O_{10}$	1.39	312.2	-597.1
DFF	双(2-氟-2,2-二硝基乙基)二氟缩甲醛, $C_5H_4N_4O_{10}F_4$	1.67	356	-1152.2
FEFO	双(2-氟-2,2-二硝基乙基)缩甲醛, $C_5H_4N_4O_{10}F_2$	1.607	320.1	-742.7
FM-1	23% FEFO,52% MF-1,25% BDNPF, $C_6H_{9.1}N_4O_8F$	1.509	320.1	-667.8
MF-1	(2-二氟-2,2-二硝基乙基-2,2-二硝基丙基)缩甲醛	1.905	316.1	-669.9
TMETN	三羟甲基乙烷三硝酸酯,$C_5H_9N_3O_9$	1.47	255.15	-443.0
TEGDN	三乙烯基乙二醇二硝酸酯,$C_6H_{12}N_2O_8$	1.335	240.2	-608.8
TATB	1,3,5-三氨基-2,4,6-三硝基苯	1.938	258.2	-154.2
HMX	八氢-1,3,5,7-四硝基-1,3,5,7-四嗪	1.905	296.17	74.8

迄今为止,对液体载体改性以防止沉淀的途径主要有下述两种:①制成胶体粒子,②添加聚合物黏度改性剂。尽管聚合物必须溶解于含能液体中,但胶体粒子的氢键结合需要加强。胶体粒子极易发生触变,由胶体粒子制成的糊状炸药具有屈服应力点。以低分子量低聚物为基的糊状炸药,其固含量超过 65% 时才有屈服应力点。当聚合物的分子量增大时,含能液体的溶液具有剪切变稀特性,该性质使糊状炸药和注射模塑炸药的流变性变得非常复杂。

本节所有的数据都是用机械分光流变仪(800 型)采集的。目前,人们对炸药悬浮液中的固体成分和聚合物粘结剂中的流动特性还不十分清楚。由于这些糊状炸药和注射模塑炸药在低压(0.6MPa～2.8MPa)和相对低的剪切速率的情况下被注射到各部件中,因此,选用平行板流变仪来测试它们。

注射模塑炸药和糊状炸药通常在垂直的高剪切速率搅拌器内加工。现在的炸药配方黏度太大,当固含量超过约 70% 时,就需要用 LLNL 改良的特殊脱气加注设备进行加工。表 12.4 所列的是 TIE 系列配方。

表 12.4 可传输不敏感炸药 RX－52 系列配方

配方:RX－52	TATB WA[①]	TATB uf[①]	固含量/%	FEFO	FM－1	PVF	PCL
AB	50.75	19.25	70	27.42		1.17	1.4
AE	47.12	17.88	70	31.99		1.37	1.63
AG	29.00	11.00	40	54.85		2.34	2.80
AH	29.00	11.00	40	53.00		2.30	2.74
AI	39.15	21.10	60	38.54		1.50	1.80
AJ	42.25	22.75	65	31.03		1.32	1.58
AK	45.5	19.5	65	31.03		1.32	1.58
AL	48.72	16.24	65	31.03		1.32	1.58
AM	47.12	17.87	65	31.01		1.32	1.58
			200μm				
AV	28	12.5	59.5	32		1.36	1.64
AW	28	12.5	59.5	16	16	1.36	1.64
①TATB WA 为湿氨化级;TATB uf 为超细级							

可以制得两种粒径分布的湿氨化 TATB,如图 12.25 所示。设计了固含量不同和粗粒子与细粒子比例不同的试样配方。用直径为 2.54cm,缝隙为 0.2cm 的平行板流变仪检测了每个配方的稳态剪切黏度。

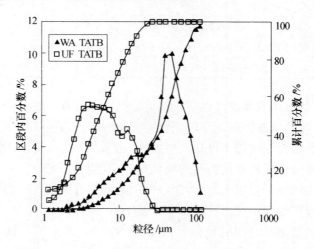

图 12.25 湿氨化级和超细级 TATB 的粒径分布(平均粒径分别为 36.4μm 和 3.4μm)
用 Malvern3600 小角度激光散射仪测定粒径分布

12.7.1 固含量的影响

评价了固含量对 TIE 配方(粗粒子:超细粒子＝72.5:27.5)的影响。图 12.26

中,对稳定剪切黏度的比较结果表明固体装药量超 65% 时,黏度增大很多。特别注明的是,当剪切速率超过约 $1s^{-1}$ 时,固含量高的炸药的黏度发生急剧下降。这是因为这些炸药在该剪切速率时被排出平行板流变仪装置。一些文献讨论了黏性流体在平行板流变仪的边缘失效问题[12.4]。对于 40% ~ 70% 双峰分布 TATB(uf:WA = 27.5:72.5)的黏度与剪切速率的关系中:固含量在 65% ~ 70% 之间时黏度下降很多,固含量在 55% ~ 65% 之间时黏度变化很小,固含量低于 40% 时,很短时间就沉淀。显然,固含量超过 65% 时,黏度明显增大。

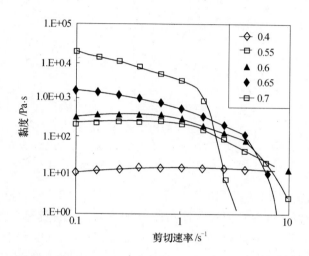

图 12.26　40% ~ 70% 双峰分布 TATB(uf:WA = 27.5:72.5)的黏度与剪切速率的关系
(固含量在 65% ~ 70% 之间时黏度下降很多,
固含量在 55% ~ 65% 之间时黏度变化很小,固含量 40% 时沉淀)

12.7.2　粒子粒径分布的影响

　　TATB 的固含量为 65%,比较其粗粒子:细粒子不同比例的配方,发现粗粒子:细粒子为 72.5:27.5 时表观黏度最小,这点与 Farris 的理论预测相符[12.39]。图 12.27 是根据表 12.4 给定的四种粗粒子与细粒子比例设计的 TIE 配方,得到黏度与剪切速率的网状图。湿氨化 TATB 的体积分数为 72.5% 时,最小黏度为一定值。特别注明的是,黏度坐标轴是对数值,因此粗粒子与细粒子比例的细小变化都将导致黏度的显著变化。尽管如此,65% 固含量时,黏度变化幅度并未达到一个数量级。上面已明确假定粗粒子与细粒子比例不随固含量发生大的偏移,尽管 Farris 理论暗示应该发生偏移。

　　一旦确定了粗粒子与细粒子的合适比例,什么因素对粗粒子和细粒子的尺寸

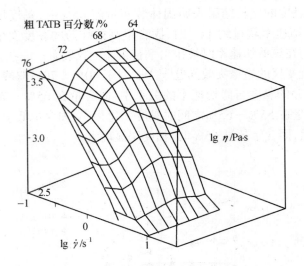

图 12.27　黏度－剪切速率的网状坐标图
(在 65％双峰分布固体混合物的 TIE 配方中增大湿氨化 TATB 含量，
72.5％时黏度明显最小，这与 Farris 理论预测相同)

差异的影响最大？表 12.5 所列的是用 HMX 不同的粗粒子和细粒子制备了 74％固含量的系列配方。这些注射模塑炸药称为 RX－44－BJ，其配方组分是 TMETN 和 Tone 聚酯型多元醇，在西格马刀搅拌器中与双峰分布 HMX 结合。在 60℃下搅拌数小时然后冷却到室温的条件下，TMETN 和 Tone 多元醇会溶解。加入 T－131mercaptotin 巯基催化剂并协同反应 10min～20min。加入 HMX 固体后在真空室远程混合以达到恒定黏度。没有催化剂的降解作用，RX－08 系列糊状炸药可以贮存数周到数月的时间。在使用前，将注射模塑糊和 N－900 异氰酸酯混合并固化。表 12.6 列举了该炸药配方基质(以 50g 计)在剪切速率为 $0.1s^{-1}$ 时的稳态剪切黏度的测定值和在振荡频率为 $0.1rad\cdot s^{-1}$ 时的动态黏度的测定值，这些测定值通常用来表征炸药的流变性。表 12.6 列举的 9 种 RX－08 配方，其中 HMX 粒子的平均粒径有所不同。粗 HMX 或是 1 级的 HMX，即 LX－04 级 HMX 粗组分，或者是 2 级的 HMX，即不能通过 $43\mu m$ 筛的 HMX。细 HMX 是 $3\mu m$ 或 $5\mu m$ 的经研磨的含能 HMX 流体，或者是通过 $43\mu m$ 筛的 LX－04 级 HMX 或 2 级的 HMX，甚至可能是 5 级的 HMX。表 12.6 给出的平均粒径，是利用 Malvern3600 型光散射装置检测其粒径分布得到的。在 Malvern3600 型光散射装置底部末端有可控制 $1\mu m$ 粒径的部件。最近，开发出了一种新型的 Malvern 装置，它可以检测 5 级的 HMX，经检测霍尔思顿(Holston)陆军弹药工厂制得的 5 级的 HMX 是三峰分布混合物，含有约 20％的准微米级的材料和约 70％的 $10\mu m～12\mu m$ 的材料。

表 12.5　RX－08 系列配方的成分

成　分	质量分数/%	体积分数/%	成　分	质量分数/%	体积分数/%
HMX	73.95	66.70	Desmondur N－100	0.91	1.36
TMETN	19.33	22.59	Dabco T－131	0.007	
Tone 260	5.04	8.10	总计	100.00	100
Tone 6000	0.78	1.25			

表 12.6　各种 RX－08 系列配方的 HMX 组成和黏度

RX－08	$\eta^*/10^{-3}$Pa·s	$\eta/10^{-3}$Pa·s	粗粒子	粒径[①]/μm	细粒子	粒径[①]/μm
GX	5.30	3.89	水平 1	162	5μm FEM	5
GY	8.70	7.05	>43μm C2	90	5μm FEM	5
GZ	5.14	4.14	>43μm LX04	100	<43μm LX04	4.4
HA	10.20	8.70	>43μm C2	90	<43μm LX04	7.7
HB	6.38	3.54	>43μm LX04	100	<43μm C2	9.8
HC	180.00	10.30	>43μm C2	90	<43μm C2	9.8
HD	3.54	3.09	>43μm LX04	100	5 级	4.0
HE	8.80	7.05	>43μm C2	90	5 级	4.0
HF	26.70		1 级(m)	250	3μm FEM	3
①Malvern3600 型激光散射装置测试粒子粒径分布						

表 12.6 列出的是以 HMX 为基的配方的动态和稳态剪切黏度的测定值。
Cox－Merz定律[12.4]见式(12.46)：

$$\eta^*(\omega) = \eta(\dot\gamma) \qquad (12.46)$$

Cox－Merz 定律似乎仅适合于剪切速率为 0.1s⁻¹时的条件。

RX－08－HD 的一组典型的动态黏度和稳态剪切黏度的测定值示于图
12.28。表 12.6 列举了 9 个试样在剪切速率为 0.1s⁻¹时的动态黏度和稳态剪切黏
度的测定值。在该配方可检测到的最低黏度范围内，LX－04 级的 HMX 粗筛余物
和 5 级的 HMX 细粒子的平均粒径之间的差异小于一个数量级。虽然 5 级的
HMX(细)平均粒径为 4μm～5μm，但是带状分布使得它在 0.4μm 和 8μm～12μm
处有两个峰。这从本质上说明 RX－08－HD 是三峰分布的，这是其具有最低黏度
的原因。当 HMX 粗粒子与细粒子的比例是双峰分布时，以及 RX－08－HD 的量
级指数与 RX－08－GZ、RX－08－HA 或 RX－08－HB 的量级指数相比只差一个
数量级时，则 RX－08－HD 配方的黏度仅稍低于 RX－08－GZ、RX－08－HA 或
RX－08－HB 配方的黏度。当粗粒子与细粒子的粒径在量级上差异很大(RX－08－

GX 或 RX‐08‐GY),它们的黏度因数比 RX‐08‐HD 约增大 2。当使用 $3\mu m$ 细 HMX 粒子,同时粗粒子与细粒子的比例几乎为一个数量级时,黏度因数约增大 4。这明显是由于细粒子增大了表面积。当粗粒子比 LX‐04 粗粒子稍小及与三峰分布的 5 级 HMX（RX‐08‐HE）混合,黏度也轻微增大,当粗粒子与细粒子的比例小于一个量级（RX‐08‐HC）,得到最大黏度,同时也不遵循 Cox‐Merz 定律。

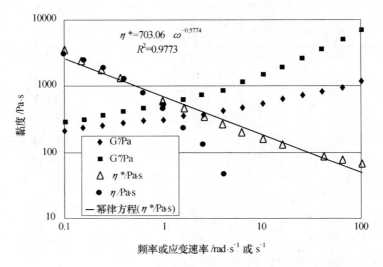

图 12.28　RX‐08‐HD 的动态黏度和稳态剪切黏度测定值(剪切速率在小范围内与幂律方程可以拟合,当剪切速率在 $1s^{-1}$ 附近稳态剪切黏度偏离幂律方程)

　　众所周知,HMX 生产商不同,其分级方法也不同。用沉淀法制得的 HMX 经研磨就会得到粒径分布非常均匀的细粒子。散射技术的最新进展,可使粒径降到约 $0.05\mu m$ 的粒子溶于分布检测设备中,以及可以研磨 5 级的 HMX 试样 A 和 D,试样 A 和 D 含有大量的超细粒子(见图 12.29 中的 A 和 D)。另一方面,沉淀法制得的 HMX 试样 B 和 C,粒径分布明显变窄(见图 12.29 中的 B 和 C)。试样 B 的最大平均粒径为 $(45\pm17)\mu m$,试样 C 的最大平均粒径为 $(30\pm4)\mu m$。研磨法 5 级 HMX 试样的平均粒径与用传统的光散射装置的原始评估值接近(试样 A 平均粒径为 $(3.8\pm1)\mu m$,试样 D 平均粒径为 $(6.4\pm1)\mu m$),但是小于微米级的组分被溶解了。

　　当 4 种不同的 5 级 HMX 用于 RX‐08‐HD 配方以及用上述方法检测它们的黏度,试样 C 的动态黏度比其他试样的动态黏度低。图 12.30 所示的为各配方的动态黏度与振荡频率($rad\cdot s^{-1}$)之间的函数关系。振荡频率在 $0.1rad\cdot s^{-1}$ 时,$30\mu m$ 的 5 级 HMX(试样 C)的动态黏度为 $10Pa\cdot s$,而其他 3 个配方试样的动态黏度为

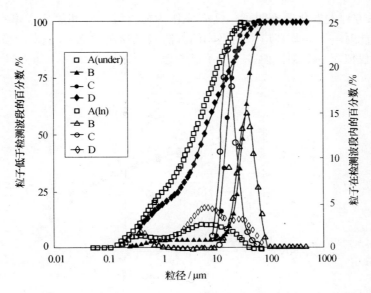

图 12.29 四种 5 级 HMX(A 和 D 为研磨法制备的,
B 和 C 为沉淀法制备的)的不同粒径分布

400Pa·s～900Pa·s。该结果是在三组互相独立的测试中检测到的。尽管如此,当测试这些配方的稳态剪切黏度时,它们的稳态剪切黏度是剪切速率的函数,在这一点,四个配方表现是一致的。

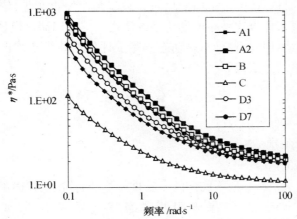

图 12.30 HMX 不同粒径分布时 RX－08－HD 配方的动态黏度(粗 HMX 的含量稳定,
HMX 中亚微米级细粒子的粒度分布比接近单峰分布的较大的细粒子(如 C)要宽)

图 12.31 所示的是不同 RX－08－HD 试样的稳态剪切黏度,其数值接近于表 12.6 给出的 RX－08－HD 的原始黏度值。目前,对稳态黏度与粒径分布的 Cox－

Merz 关系方程的变化还不明了。这应该作为配方设计师和流变学家在考虑炸药配方和性能时——如炸药应采用不同的方法测试和在系统中/或系统模型中测试,而不能仅仅依靠一套测试设备——予以考虑。

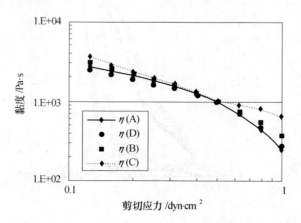

图 12.31　含不同的 5 级 HMX 的 RX－08－HD 的稳态剪切黏度

12.7.3　凝胶触变性的影响

　　另外一个需要考虑的因素是凝胶随固含量的增大而发生的触变性。糊状炸药或注射模塑炸药(IMX)由于结构变化而导致其黏度发生变化,依据动态黏度作为应变振幅的函数来评价这种黏度变化是方法之一。剪切储存模量和损耗模量作为应变振幅的函数可用式(12.23)来动态测量。评估这些糊状炸药触变性和屈服应力的一种最简单的方法是利用式(12.47)计算:

$$\sigma_{12}(0) = G'(\omega)/\dot{\gamma}_{12}\cos(\delta) \qquad (12.47)$$

式中　　$\delta_{12}(0)$——剪切应力;

　　　　$\dot{\gamma}_{12}$——剪切速率;

　　　　δ——相位角。

　　对 RX－08－FK(一种不稳定的凝胶糊状炸药)首次浇铸时的黏度和一系列浇铸时的黏度进行比较,结果表明其瞬态特性显著不同,如图 12.32 所示。RX－08－FK 中的气相二氧化硅(气相白炭黑)有形成弱聚集体的趋势,随时间的延长这种聚集可能被剪切破坏。如果没有足够的启动压力,该炸药配方不会流动。动态黏度和剪切应力是作为应变振幅的函数来测量的,应变振幅在首次浇铸时随振荡振幅的增大而表现出屈服和流动现象。第二次浇铸时没有表现出屈服性。

　　用该方法检测的触变性也取决于配方中的固含量和粒径分布。当 TIE 和

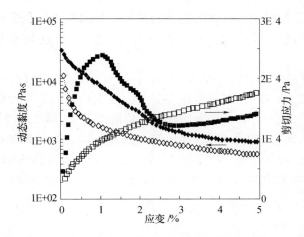

图 12.32 以气相二氧化硅(气相白炭黑)为基的糊状炸药 RX‐08‐FK 的触变性
(由于硅土的结构使得首次浇铸(实线)时的触变性明显
不同于第二次浇铸时的触变性,触变性需要数天才能形成)

IMX 中不含凝胶粒子时,固含量>65%的配方表现出触变性。图 12.33 所比较的是固含量为 65% 和 70% 的 TIE 配方的动态黏度与应变振幅的函数曲线,其中 RX‐08‐FK 的曲线是二次浇铸的含有适宜粒径分布的配方的曲线,其他是图 12.30 中配方的曲线。固含量≥70% 的所有配方,其黏度随振荡振幅的增大而降低。由于粗粒子与细粒子的比例不是 72.5∶27.5,RX‐08‐FK 的黏度比固含量仅比它低 2.5% 的配方的黏度高出约一个数量级。固含量 65% 的配方没有表现出触变性的原因还不清楚。用不同方法促进糊状炸药流动,当糊状炸药的固含量高于上述临界含量时,其聚集被破坏。配方中固含量高于该临界含量时,粒子一旦开始

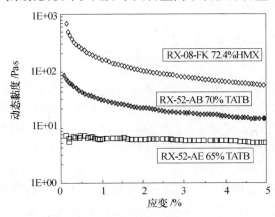

图 12.33 粒径分布不同及含量不同的粒子配方的应变曲线

流动,就需要一定的时间形成新的适宜的结构。如果发生体积变化或沉淀滞后作用,装满料的部件将产生空穴。对武器系统的机能而言,这是非常不希望出现的结果。

　　图 12.34 所示的为:RX-08-HD 在 1Hz(6.28rad·s^{-1})时,其动态黏度和剪切应力(由式(12.47)推导)与应变振幅有关。首次浇铸的应变曲线测定值和第二次浇铸的应变曲线测定值,该图表明在低振幅的情况下,第二次浇铸的动态表观黏度比首次浇铸的动态表观黏度低;要使第二次浇铸的动态表观黏度接近首次浇铸的动态表观黏度,必须在第二次浇铸时给与比首次浇铸时高 3% 的应变。剪切应力接近 3kPa 的极限值时,表现出宾汉流体(Bingham Fluid)的特征。

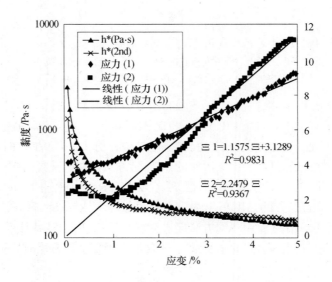

图 12.34　动态黏度和表观应力与应变振幅的关系
(RX-08-HD 表现出非常小的触变性)

　　用 50g 脱气加载设备可直观地评估 RX-08 系列炸药的装药性能。该设备由两个活塞组成,活塞分别在脱气口板的上部和下部。糊状炸药加注入上部药室并在真空下通过脱气口板带走残存的气体。下部活塞外展,驱使导管(位于脱气口下侧)外的炸药进入模具腔。带有铜轴(高×内径=1.27cm×1.2cm,偏移中心 0.9cm)的圆柱形聚碳酸酯模具(高×内径=2.4cm×2.3cm)加注满 RX-08 系列的每个配方的炸药,如图 12.35 所示,脱气加载设备有两种结构:炸药或者在铜轴上方或者远离铜轴进行加注。在铜轴上方加注低黏度的 RX-08 系列炸药(RX-08-GX,RX-08-GZ 和 RX-08-HD),可分为三个阶段。最初,炸药覆盖铜轴并且沿铜轴边开始下落,随之,炸药发生桥接,然后进入真空管,此时,真空管必须是密闭的且炸药连续加注直到真空管完全加注满为止。选择合适的结构(远离铜轴进行加注的结构)能更好地加注炸药。低黏度炸药沿着铜轴边下落到底部,炸药加注满铜轴上部模具腔前和炸药桥接前,有部分炸药加注的路径。真空度很高的条件下,低黏度配方炸药可以完全填充满模具腔而没有任何空穴。中黏度的RX-08 系列炸药配方(RX-08-GY,RX-08-HB,RX-08-HF 和 RX-08-HE)在完全加注满大空隙(38cm)前易于发生桥接。真空管在模具腔半满之前不得不关闭,这常常导致在模具腔的顶部产生小空穴。高黏度的糊状炸药(RX-08-HC)直到快加注满时才发生严重的桥接或流入真空管,尽管如此,该炸药配方加注缓慢,难于排除空气,撤除外力后产生松弛,以及在模具边缘形成小空穴。该炸药配方首次浇铸时的动态黏度-应变振幅和第二次浇铸时的动态黏度-应变振幅有很大差异。由于 RX-08-HD 的流变性能和安全性,它被选为并成功加注成型为弹药。

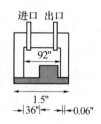

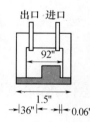

图 12.35　测试装置的可供选择的装药结构

(左图是 RX-08 系列炸药的典型装药结构)

可利用适用期和加工强度时间来评估 IMX 和浇铸固化炸药的流变性。RX-08-HD 的固化性能遵循如下定律:即潜在固化催化剂 T-131 的浓度决定了加注大组分所需要的适用期。图 12.36 所示的是催化剂浓度范围为 10ppm～70ppm 之间时,该炸药配方的适用期范围从 10h～2h。催化剂 Dabco T-131 含量为 20ppm时,适用期约 4h～6h。根据这些信息,在 3h 内可将 130 磅(约 59kg)的 IMX 成功加注为 500mm 的成型弹药并需 1h 的设备清洗时间。室温下,加注的料 24h 后固化。

由于炸药的固化时间不是无穷大,动态黏度是极限值,因此恒定频率下的动态黏度非常适合于这样的测量方法。可用各种方法评价凝胶化和适用期,如,使用 4000Pa·s 黏度的 DOD 炸药处理机[12.36];Tung 和 Dynes 以及其他人建议采用剪切储存模量 $G'(\omega)$ 和损耗模量 $G''(\omega)$ 的交点[12.51];使用可见峰的角度的正切值;检测炸药中各种加注固体;流变仪带有烘箱时可采用高于室温的固化温度。

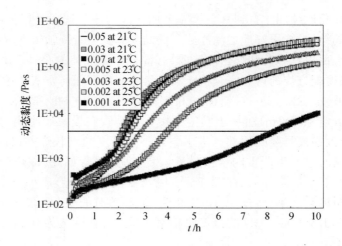

图 12.36　RX‑08‑HD 的固化性与催化剂 T‑131 含量的关系

（催化剂含量高于 70ppm 时固化性很少增大；适用期可通过临界
黏度（4000Pa·s）测得，催化剂含量不同，适用期从 2h 增至 9h；
高于 70ppm 时，增加催化剂用量似乎没有效果）

12.8　悬浮液流变特性的计算机模拟

　　悬浮液在工业上的大量应用，使得研究和模拟悬浮液成为必然。流体内的粒子的特性决定它们在悬浮液内的内部结构。人们对悬浮液中的粒子凝结的能力及形成表面连续结构的能力已有所了解。

　　该研究的目的是用计算机模拟悬浮液。对被研究系统的特性描述——是基于对系统内每个粒子的特性描述——是计算机模型的本质要素。这样的研究方法允许我们描述所研究的悬浮液加工工艺以及允许我们预测工艺参数对悬浮液特性的影响。

　　为成功进行悬浮液的计算机模拟，计算机模型需包含大量的相同结构单元。每个结构单元特性的数据必须是有效的。该方法在物理学中广泛使用并被称为"粒子法"[12.52]。术语"粒子法"是描述离散的不同的物理现象的一类计算机模型的通用术语。多相系统的状态取决于全体粒子的最终属性，系统演化被定义为这些粒子间相互作用的规律。

　　从计算的观点看，"粒子法"在研究系统的应用方面是非常有吸引力的。"粒子法"的特性使随时间而完善的计算机模型保持粒子的属性成为可能。

　　计算机模型是在对三维空间中球形粒子演化的研究基础上提出来的[12.53,12.54]。演化过程分为离散的临时区间。粒子的运动定义为每个临时区间作为粒子的临时配位数以及外力对粒子的作用。临时区间的值是从粒子匀速运动速率的状态下选定的。粒子的最大位移不能超出先前选定的值。

在创建计算机模型的基础上,需对 N 个粒子在流体介质中临时路径的初始位置进行计算。每个粒子都是诸如质量、粒径、位置和速度等属性的集合。牛顿流体中的粒子,用黏度、温度和剪切速率等属性表征。粒子粒径和粒子含量在所研究的系统中也是其属性集合。模型中支点反作用力的计算排除了粒子的互相穿透,也排除了运动粒子在相互作用时的结合[12.55]。依据该计算程序,可以计算作用于粒子质心直线上的合力。作用于粒子质心直线上的支点反作用力从合力中减去。粒子间互相作用的作用力的差异决定着它们在空间中的进一步运动。

在该模型中,粒子的速度和配位数分别取决于下列因素。系统演化被认为是粒子相互作用及粒子与介质相互作用的结果。在该模型中,需要计算粒子的布朗运动和范德华力以及流体动力学相互作用力。在我们的模型中,计算粒子的布朗运动时,使用了爱因斯坦 - Smoluchowski 经典方程。

众所周知,爱因斯坦方程——粒子含量与介质相对黏度的依存关系——在分散相低含量时才正确反映实验数据。对此解释是爱因斯坦方程忽略了粒子间的相互作用。为了更好地描述高含量悬浮液的特性,考虑粒子间的流体动力学相互作用力是非常必要的。

改进的模型也考虑了粒子的凝结过程。粒子间的相互作用力决定着粒子立体结构的稳定性。基于上述理论基础,研制了下述用于研究过程的计算机程序。输入计算机模型的数据(数据包括悬浮液粒子的数量和粒径、填料含量、温度、介质黏度、系统的剪切速率和时间间隔)。在计算机模型开始运算之前,在随机数计算机生成程序的帮助下,由此得到了粒子在三维空间中的初始分布(见图 12.37)。单元尺寸决定着悬浮液的含量,所有粒子开始瞬间的黏度为零。对许多暂时因素而言,它们不影响计算结果。基础循环计算程序随后开始运算,该程序综合考虑了介质对粒子的作用力、布朗运动产生的力、粒子间相互作用力以及位移流动成型作用力。

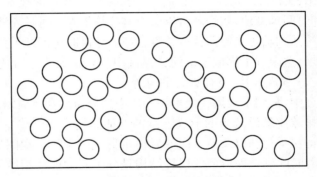

图 12.37　模拟系统中,悬浮液中的离子的初始分布

在该模型中,也考虑了粒子间的流体动力学相互作用力。第一组作用力决定着粒子的运动速度。利用已知的方程,在三组随机数计算机生成程序(可以生成正态分布随机数)的帮助下,计算布朗运动。接着,利用前面计算出的粒子间距,可确定粒子间的相互作用力。与布朗运动相反,粒子间的相互作用力是每一阶段与前一阶段作用力的加和。在该模型中,相互作用力在每一阶段的开始时等于零,这是因为相互作用力是近程作用力及它们的值与时间不成比例,并且相互作用力仅由悬浮液中粒子的分布决定。

利用该计算程序同样可以计算粒子在位移流动中受到的作用力。粒子在位移流动中受到的作用力沿着流动的轴向并且可以用流动的剪切速率定义。流动方向由条件——模拟系统的中心是否在单元的中心以及剪切速率的斜率是否沿 y 轴方向——决定。剪切速率的斜率值与 y 轴配位数的差异和剪切速率成比例。随后,计算粒子间的流体动力学相互作用力。作用力和速度计算完毕后,就可以计算粒子在空间的运动轨迹。为了计算粒子在空间的运动轨迹,选用最可接受的方法。在第一阶段,我们认为粒子是在布朗作用力的作用下运动。在第二阶段,我们认为粒子是在粒子间的相互作用力、位移流动作用力及流体动力学相互作用力的作用下运动的。这样的方法使描述该加工工艺及粒子的空间构型成为可能。

在每一个计算步骤,选用的粒子运动的轴都是由随机数生成程序生成的。因此,我们使用的计算程序考虑了粒子的分布和可能发生的粒子凝结。在计算粒子运行轨迹过程中,粒子的选择顺序由随机数生成程序确定。该计算程序考虑了所模拟的悬浮液性质的下述两个可能变量:

(1) 模拟系统没有发生位移的情况,粒子在密闭空间运动,但密闭体积没有极限值。

(2) 所研究的系统中存在剪切速率,并假定单元壁具有贯穿性。

这样,粒子的离开就改变了 x - 配位数的信号,x - 配位数的信号是系统体积填充稳定性程度的表现。计算全部完成后,粒子瞬态分布的图像可由计算机显示的图像推导出来(见图 12.38)。在此阶段,模拟系统可修正的技术参数是温度、黏度、剪切速率和时间梯度值,我们就可以研究这些技术参数对悬浮液性能的影响。

在模拟系统达到动态平衡前执行计算程序。计算时选用粒子数量的增长导致计算时间的激增,这限制了模拟系统的悬浮液中的粒子数量。对数据的每个变量进行不少于 3 次~5 次计算,并计算其平均值。

在实验研究中,利用了炭黑在低聚物介质中的分布。众所周知,低聚物中的炭黑粒子结构重排致使悬浮液中的形成连续的立体结构[12.56,12.57]。流体介质中由于布朗运动使得粒子运动以及粒子间的碰撞可形成团聚体。在团聚过程中,出现连续结构。随着时间延长而形成的这种结构是分子间力的作用结果,特别是范德华力的作用结果。形成的连续团聚体可使悬浮液产生导电性。

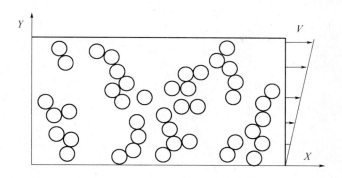

图 12.38　模拟悬浮液系统的流动状态

因此,只要观察到被研究的炸药的导电性提高,这就表明存在着粒子的团聚过程。这些团聚体贯穿整个所检测单元。我们使用炭黑悬浮液的计算机模型的基本概念是:当悬浮液中粒子的配位数≥2 时悬浮液变成导电体。

配位数为 2 表征着悬浮液的结构是:每个粒子都与其邻近的两个粒子相互作用,即,该粒子是粒子链上的一个元素,粒子链贯穿整个悬浮液。悬浮液存在着这样的粒子,这是所研究系统具有导电性的原因。图 12.39~图 12.41 给出了计算机计算和实验研究的结果。

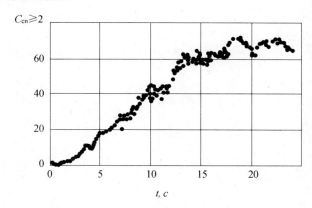

图 12.39　计算结果

在低聚物中,通过计算与实验获得的炭黑粒子结构变化过程的动力曲线见图 12.40。这些结果表明建立的计算机模型对于现实系统的应用已经足够。

图 12.41 中,给出了不同温度下的计算结果。很明显,温度增大导致粒子结构重排加速,这可以解释如下:温度增高导致了低聚物黏度降低以及作用于粒子上的流体动力学摩擦力降低。同时,随着温度增高,布朗运动对粒子性质的影响增大,这也加速了悬浮液的结构重排。

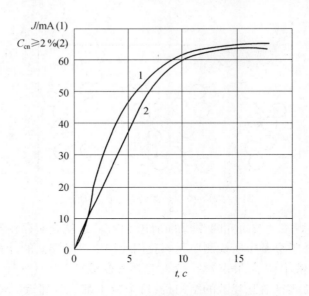

图 12.40　丁二烯低聚物中炭黑团聚动力学相关性

（温度：60℃；炭黑含量：4%）。

曲线 1— 实验结果；曲线 2—计算结果。

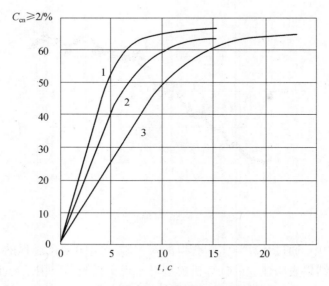

图 12.41　丁二烯低聚物中炭黑团聚动力学相关性

曲线 1 温度—80℃；曲线 2 温度—60℃；曲线 3 温度—40℃。

　　上述结果证明了计算机模型可行性，并允许我们描述悬浮液中发生的这种结构重排，以及允许我们预测不同的技术参数对悬浮液性质的影响。

12.9　固体含能材料的流变性

现代的含能材料大多数是聚合物或者某种聚合物是含能材料的组分。在许多情况下,聚合物(包括刚性粒子)作为基质使用。聚合物的化学结构是其塑性、弹性或黏弹性等性能的基础。因此,含能材料不能简单地被认为是弹性体,同时,在描述材料特性与时间的关系时必须运用流变学理论。聚合物中刚性粒子的存在和它们的特性(形状、粒径、粒径分布、表面积)影响混合物的流变性能。

由于加工的需要,液体、乳液和悬浮液的流变性是制备含能材料母体的最重要的领域之一。在含能材料母体流变性和固体含能材料的力学性能之间存在着密切的相互关系。在大多数情况下,加工性能越好,力学性能也就越好。

固体含能材料的力学性能对下列要素很重要:

- 质量控制;
- 贮存性能;
- 使用寿命预测;
- 应用。

更进一步讲,在含有含能材料的武器系统设计中利用有限元计算时,必须了解含能材料的力学性能。

在含能材料的生产中,其力学性能可直接用于质量控制。在力学性能的辅助下,可以鉴定固化过程的全部质量以及评判基质 - 填料 - 粘结剂等的质量。

大量的含能材料可以长期贮存,非常昂贵的武器系统有时甚至可以贮存数十年。为节约经费,人们希望这些武器系统的贮存期尽可能长,这就需要可靠的寿命预测。在贮存期,各种应力作用于含能材料,这些作用力中,温度变化最为重要,由于武器系统中的含能材料各组分热膨胀系数不同,温度变化致使作用于含能材料的机械应力增大;以及在调动和飞行训练的运输过程中由于震动和振荡,作用于含能材料的机械负荷也增大。

在大型火箭发动机或大型火箭推进器中,加注有数吨推进剂。因此,除受外部应力作用之外,推进剂还受到自身重量所产生的应力的作用。在长时间的贮存过程中,推进剂粒子的几何形状可能会发生微小的变化,推进剂不会与发动机脱离。

含能材料发生的化学作用,如基质的额外交联,能导致力学性能发生剧烈变化并导致其脆性随时间延长而增大。

受上述影响而产生的变化不能超过含能材料安全使用的力学性能极限值。

推进剂使用中的最重要的关键点是其点火时间,此时此刻,作用于材料上的压力在毫秒范围内急剧上升。在大型火箭发动机中,压力波穿过含能材料,含能材料在点火时发生的爆炸可导致整个火箭系统发生灾难性失败。因此,含能材料对作用于其上的压力变化的响应是至关紧要的。点火过后,在一定时间范围内(从几毫秒到几分钟),推进剂在高温度梯度和高压下受到应力作用,这也要求它们不能发生爆炸。

对技术系统设计和含有含能材料的系统设计而言,有限元方法(FEMs)是常用的技术工具。计算结果的可靠性很大程度上依赖描述材料力学性能的本质方程和所使用材料数据的质量。确定的材料数据不仅用于设计过程的计算,也用于质量控制以及对预测的使用寿命的评判。

现代固体火箭推进剂用的复合物通常是:相对软的基质材料(如,交联聚氨酯)埋入相对硬的可燃烧粒子(如,铝或硼)或埋入能释放供氧化作用所需要的氧的物质(如,高氯酸铵)。该复合物与生俱来的薄弱点是:基质和填料之间的界面。材料性能在界面的细微观力学现象和过渡结构处存在着非常大的梯度。性能梯度导致材料加注时产生过高的局部应力,这常常引起基质材料与填料在界面处分离。该分离引起的液泡可能成为爆裂的起始点或者成为升高材料震动点火敏感性的"热点"。直接压缩可使液泡内的气体升温,并使液泡内的气体温度高出推进剂的点火温度。

12.9.1 含能材料的黏弹特性

迄今为止,黏弹性理论对含能材料是有用的。在文献中可以检索到较详细的信息[12.58~12.61]。

12.9.1.1 应力应变性能

固体材料的流变性与负荷有关,负荷可以测试并定义为应力(单位面积所受的力,单位为 $N \cdot mm^{-2}$),形变定义为材料在负荷作用下两点间距离与不受外力时两点间距离的比率(该比率没有单位,但是可用百分数表示)。

12.9.1.2 重要定律和基本方程

力学性能的基本方程是应力应变关系的数学表达式。大量的方程式可以根据与时间的相关性及材料完全复原的能力分成几个不同的主要类别,如表 12.7 所列。

在这些类别中,可以进一步细分成一维方程、二维方程和三维方程。维数是描述空间方向的术语。数学表达式的复杂性随着维数的增加而增大。为使较复杂的方程式适合于计算,并因为问题的手性对称或其他目的而可能经常将较复杂的

表 12.7 材料力学性能的主要分类

类 别	时间相关性	是否完全复原
弹性	否	是
黏弹性	是	是
弹性－塑性	否	否
黏弹性－(黏)塑性	是	是

方程式进行简化。

　　一个基本方程可用于数种材料,这些材料在一定范围内遵循相同的原理,如弹性。不同材料弹性特性间的差别是材料的特性参数。每种材料所使用的基本方程中都出现这些参数,应用这些方程时,对于每种材料都必须通过实验获得这些参数。

　　由于单一的基本方程只给出了所被检测性能的单纯的数学描述,因此,材料参数与材料结构不相关。最近几年来,材料参数出现了向分子化和微观力学发展的趋势,并且该趋势在合成材料领域表现得很明显,这主要是为了得到合成材料(粒子、纤维、帆布等)的成分和结构,而有针对性变化特殊参数。

　　某些黏弹性知识在含能材料和广泛应用的弹性体产品(轮胎、密封条等)中通用,目前,这方面的某些研究工作还没有开展。

12.9.1.3　一维基本方程的实例

　　胡克定律是一维弹性性能最简单的方程,见式(12.48):

$$\sigma = E \cdot \varepsilon \tag{12.48}$$

式中　σ——应力;

　　　ε——应变;

　　　E——弹性模量。

　　应力 σ 和应变 ε 由弹性模量 E 建立联系,在固体火箭推进剂和其他聚合物材料发生中等形变或较大形变的情况下,对时间有相关性。在最简单的情形下,简单的式(12.48)将被微积分方程所替代,见式(12.49):

$$\sigma(t) = \int_{\infty}^{t} [E(t) \cdot \dot{\varepsilon}] \mathrm{d}t \tag{12.49}$$

式中　$E(t)$——与时间有函数关系的松弛模量。

　　由于松弛模量对时间有函数关系,式(12.49)考虑了在时间点 t 时的整个形变时间 t 对应力的影响,表现出此性质的材料为线性黏弹性材料。非线性黏弹性材料的情况是,松弛模量也与应变 $E(t,\varepsilon)$ 有时间的函数关系——这点对绝大多数的固体火箭推进剂是适用的,即使推进剂的形变很小。非线性黏弹性有很多不同的表达公式,这可以在文献中找到。

12.9.1.4　多维基本方程的实例

　　多维基本方程是从理论研究起源的。一个主要的问题是,为确定必要的材料参数需要进行多维性能检测。然而,已有的众所周知的一维材料定律应当是从多维材料定律推导出来的;此外,必须满足诸如客观性、与选用的坐标系无关等实际需要。

　　胡克定律的三维表达式有 36 个弹性常数。由于弹性的潜在性和对称性已明确,可以减少常数的数量。对弹性各向同性材料而言,常数的数量减少为 2 个。在

弹性的潜在性和对称性已明确的情况下,对单一空间组分而言,在伸长率很小时,其表达式见式(12.50)~式(12.55):

$$\sigma_{11} = \frac{E}{(1+v) \cdot (1-2v)} \cdot [(1-v) \cdot \varepsilon_{11} + v \cdot (\varepsilon_{22} + \varepsilon_{33})] \qquad (12.50)$$

$$\sigma_{22} = \frac{E}{(1+v) \cdot (1-2v)} \cdot [(1-v) \cdot \varepsilon_{22} + v \cdot (\varepsilon_{33} + \varepsilon_{11})] \qquad (12.51)$$

$$\sigma_{33} = \frac{E}{(1+v) \cdot (1-2v)} \cdot [(1-v) \cdot \varepsilon_{33} + v \cdot (\varepsilon_{11} + \varepsilon_{22})] \qquad (12.52)$$

$$\sigma_{12} = \frac{E}{1+v} \cdot \varepsilon_{12} \qquad (12.53)$$

$$\sigma_{13} = \frac{E}{1+v} \cdot \varepsilon_{13} \qquad (12.54)$$

$$\sigma_{23} = \frac{E}{1+v} \cdot \varepsilon_{23} \qquad (12.55)$$

弹性模量 E 和泊松比 v 是描述材料特性的参数。原则上,可以详细论述这些与时间有函数关系的方程,但是相当复杂。

为了描述材料性能(如门尼－瑞林性能(Mooney－Rivlin))与选用的坐标系无关,某些三维基本方程使用了应力和应变的不变式和数学张量函数。在选用的坐标系变化的情况下,这些不变式不需要进行变换。

材料参数不是来源于物质本身而是来源于数学基本方程的数学表达式。最近几年来,人们做出了将微观机械变形机理与检测材料参数相结合的尝试。在计算机技术日新月异发展的情况下,构建材料的微观机械模型、从材料的微观机械现象计算材料的可观测宏观性能以及计算材料的基本方程成为可能。计算机技术与材料的这种相关性,非常有益于针对性的发展含能材料或者质量控制[12.62~12.69]。

12.9.1.5 含能材料的力学性能

通过查看某些机械测试试验图表可以对推进剂的黏弹性做出很好的解释。在拉伸测试中,给定几何形状(如 JANNAF)的试样用强力测试仪夹具固定住并以匀速拉伸,可以测试拉伸强度。下面的图表所示的是最通常的力学性能测试,从这些测试中可推导出材料参数。全部测试可以在拉伸和压缩状态下进行。

通常所用的标准测试方法,试样所受的外力是单轴向的。因此,只能测试一维基本方程的材料参数。在一维测试中,如果试样的几何形状是以二维记录的(长度和宽度),可以测试各向同性材料的泊松比 v。

1. 拉伸实验

黏弹性材料的一般性的拉伸测试中,所测的力与变形速度 ε 有关,如图 12.42 所示。变形速度越快,所测的力越大。图 12.42(a)所示的是试样所受的激发;(b)所示的是材料的响应,以应力－时间图表形式表示;(c)所示是材料性能的通常表现,以应力－应变图表形式表达。

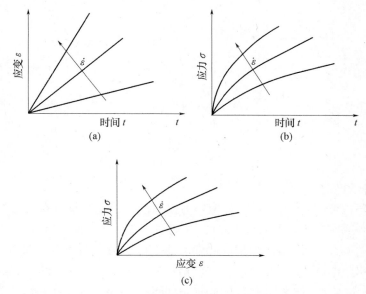

图 12.42　以变形速度 ε 为参数的拉伸试验图

从这些应力－应变图表中,可以推导出弹性模量 E——曲线在低应变时的正切值。

2. 松弛实验

在松弛实验中,试样受到拉伸并保持一定的应变,记录试样的应力。速度越低,测试到的最大应力值和应力衰减值越低。恒定应变的情况下,应力衰减意味着试样中储存的能量衰减,能量在内部松弛过程中散逸掉(见图 12.43)。

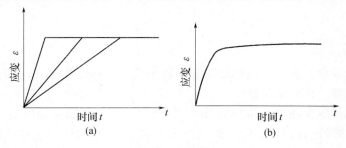

图 12.43　松弛实验
(a) 材料所受的激发;(b) 材料的响应。

3. 迟滞实验

在迟滞实验中,试样受到一个恒定负荷,记录试样随时间的形变(见图 12.44)。从该实验中,可以通过液体(没有应变极限值)和固体(很长时间内有应变极限值)的性质将其区分开。

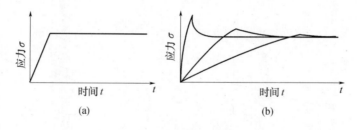

图 12.44　迟滞实验

(a) 材料所受的激发；(b) 材料的响应。

4. 循环实验

在循环拉伸实验中，一种或数种外力以施加－取消周期性的方式作用于材料上。从循环实验结果，可以得到弹性、黏弹性、塑性和塑弹性性能(见图 12.45)。从图 12.45(c)中，一个形变周期所散逸的能量可以由施加外力－取消外力的应力－应变曲线间的区域面积推导出。弹性性能导致材料在一个循环间没有压缩应力，也导致在应力－应变图表上没有滞后现象。塑性性能导致试样产生永久伸长率(应力为零时的永久伸长率)。

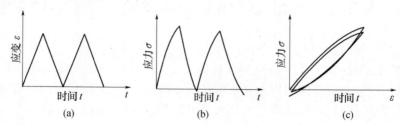

图 12.45　峰值应变恒定时的循环实验

5. 动态实验

对确定储存在材料中的形变能量分数和散逸能量分数而言，动态实验是个非常有效的工具。试样受正弦应变信号(拉伸、压缩或弯曲)所激发，并记录应力和扭矩。黏弹性导致在激发应变和所测试的应力之间产生了相位偏移 φ。此方法仅适用于线性黏弹性，这是因为应力也需要正弦信号。但是，低应变时，可以忽略正弦信号的不完整性。相位偏移应力信号可分为两部分：一部分与激发应变同步(弹性性能部分)，一部分与激发应变相位偏移 90°(黏性性能部分)。与激发应变同步部分用于表示储存的能量，与激发应变相位偏移 90°的部分用于表示散逸的能量(见图 12.46)。

上述所有的实验都与几个参数——温度、压力、湿度、速度和时间等有关，在这些参数中，温度是最重要的参数。固体火箭推进剂在低温下是硬的，在高温下变软，在玻璃化转变温度时，其力学性能发生几个数量级的巨大改变。

依照 Williams, LANDel 和 Ferry (WLF) 实验的
特征时间(如:松弛时间、迟滞失效时间和动态实验
的激发频率)和温度之间有一相关性[12.70],并可以
用 WLF 方程描述这一相关性,此时,可用式(12.56)
和式(12.57)表示模量:

$$E(t_0, T_0) = E(t_1, T_1) = E(t_2, T_2)$$

$$\text{(12.56)}$$

其中 $\lg t_1 = \lg t_0 + \lg a_{T_1}^{T_0}$ (12.57)

以及 $\lg t_2 = \lg t_0 + \lg a_{T_2}^{T_0}$ (12.58)

式中 $a_{T_2}^{T_0}$——对参考温度 T_0 的偏移因子,玻璃化转
变温度常用作参考温度。偏移因子可由式(12.59)
推导出:

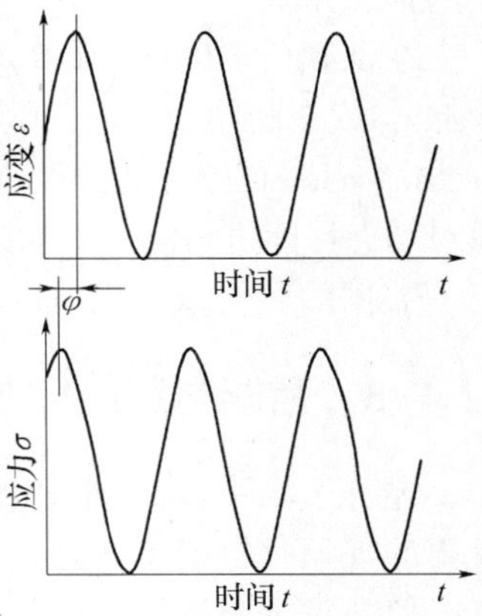

$$\lg a_{T_2}^{T_0} = \frac{-C_1(T - T_0)}{C_2 + T - T_0} \quad \text{(12.59)}$$

式中 C_1 和 C_2——与材料有关的常数,需要测试获得。

图 12.46   动态实验中的
相位偏移 φ

根据这些已有的知识,实验可以在室温下以较短的激发时间进行,并确定材料
低温时的近似力学性能,高速性能只能通过大量的实验获得。

12.9.2   固态黏弹性含能材料力学性能的测试

可利用数种测试设备对含能材料的力学性能进行测试。如利用标准的准静态
拉伸测试实验($< 2 \text{m} \cdot \text{min}^{-1}$)、标准的循环拉伸测试实验和标准的压缩测试实验以
及螺旋驱动(screw - driven)拉伸测试机器。利用测压元件可以对力进行测试;在
大变形的情况下通过记录螺旋滑块的移动距离测试形变,或者,为了得到更精确的
结果,利用夹在试样上的机器传感器测试形变;材料非常柔软时,这些传感器影响
测试结果并可能在试样上形成裂痕从而导致试样断裂。可以使用激光技术或者使
用视频技术和图像加工技术等非接触的测试设备对软材料进行测试[12.71~12.74],
利用这些技术,二维的形变测试成为可能。

可利用(液压脉冲)测试设备进行高速拉伸实验或压缩实验($> 1 \text{m} \cdot \text{s}^{-1}$;
$< 50 \text{m} \cdot \text{s}^{-1}$)。在压力传感器的帮助下可以对力进行测试,而接触式形变测试设备
由于其高惯性力而不能使用。

可利用粉末驱动(powder - driven)测试设备或光敏气体装置(light gas canons)
进行超高速实验,在这些测试设备中可实现 $300 \text{m} \cdot \text{s}^{-1}$ 的撞击速度。由于这些设备
在实验中费时费力并且费用高,所以仅对研究有用。

对迟滞实验而言,通常通过砝码向试样施加外力,并用光学设备长时间测试试

样的伸长率。

在低频(＜100Hz)和高形变(＜5mm)范围内可利用电动激发器(electrodynamic excitors)或在高频(＜1000Hz),低形变(＜0.1mm)范围内可利用压电激发器(piezo-electric excitor)以及在低振幅和非常高的频率范围(＜1000Hz,＜0.01mm)可利用超声波对动态性能进行测试。动态实验或者用扭矩或者用拉伸－压缩进行测试。

数据的获得以及模量的测量过程通常是计算机自动进行的。

12.9.3　含能材料的微观力学现象及其对宏观力学性能的影响

在分子水平,部分聚合物链的重排主要是对聚合物宏观力学性能的响应。最重要的现象是链段绕聚合物主链中的 C—C 键的旋转,而大的支链、缠结点、交联点或填料粒子阻碍这种旋转。第二重要的现象是聚合物链沿链方向的相互滑移,这种滑移引致聚合物粘结剂产生了弹性性能以及与时间有关的黏弹性性能。

相对于基质而言,填料粒子被认为是刚性的,以及由于填料粒子自身的力学性能,它们对炸药的黏弹性性能没有影响,因此,可以不考虑单个填料粒子对炸药黏弹性能的影响。另外,填料整体对炸药的黏弹性性能有重要影响。由于被撞击,尤其是在高压缩的情况下,单个的填料粒子可能碎裂;同时,含能材料中所使用的小的填料粒子所形成的团聚体更容易发生破碎。填料团聚体的碎裂降低了含能材料的硬度,同时形成了气泡,对撞击敏感度带来消极影响。

在拉伸和压缩范围内,填料－填料的相互作用是对材料力学性能不对称性的响应。拉伸过程中,填料粒子是各自分离的,而在压缩过程中,填料粒子是互相压挤在一起的。因此,基质材料的性能在拉伸过程中很重要,填料的性能在压缩过程中很重要。

含能材料的基质材料和填料之间的界面也发挥着重要的作用。各个组分在力学性能上存在着巨大差异,这会引起失效问题。含能材料在使用过程中出现严重问题最重要的表现是基质材料表面与填料表面的剥离。基质材料表面与填料表面的剥离不仅仅导致了材料性能的弱化、模量的降低、材料破碎的几率增大,而且在材料中产生了气泡。当推进剂和火药点燃时发生破碎,可导致瞬时压力上升并由此引起整个系统发生灾难性的失败。基质材料表面与填料表面的剥离而产生的气泡,即使在宏观上观测不到破碎的发生,也会在气泡中充满从基质材料或填料(如:吸收的湿气)释放出的气体;如果出现撞击,气泡中的气体被快速压缩并由此导致温度上升,温度上升可能会引燃含能材料并提高了撞击敏感度。推进剂在使用过程中产生的重叠流体静力学压力降低了基质－填料剥离的几率。

微观力学现象的检测,尤其是基质材料表面与填料表面的剥离,不仅对理解含能材料的性能及使用性能重要,而且也对提高含能材料的使用寿命和改善含能材料的敏感度重要。适宜的测试方法不仅可用作含能材料研制和生产的质量控制方法,而且可作为测定含能材料老化性能的工具。由于基质和填料界面非常重要,所以受到了特别的关注。

12.9.4 微观力学现象的特殊测试技术

一般而言,不是采用直接检测方法而是必须采用间接检测方法对材料的微观力学现象进行检测。下面列举了其中一些最重要的检测方法,并评价了这些检测方法对含能材料微观力学现象检测的能力,含能材料微观力学现象是含能材料力学性能的基础。

12.9.4.1 直接方法

1．超声波方法

可利用超声波检测炸药的分层和裂纹。裂纹的长度必须只有比材料微观结构的特征长度长,才能被检测到。因此,超声波方法不适合检测含能材料。

2．显微镜方法

显微镜广泛应用于复合材料裂纹的检测。其主要的缺点是:材料必须被预制,而这可能产生假象。尤其是弹性材料的基质－填料间在外力作用下产生裂纹,而撤出外力后基质－填料间的裂纹再次密合。进一步讲,在绝大多数情况下,显微镜方法仅可能用于材料表面的检测。

3．X 射线和核磁共振方法

X 射线和核磁共振方法可以对材料从表面到内部进行检测。如果 X 射线和核磁共振方法与 X 射线断层摄影术联用,可以获得大块材料的三维照片。目前,X 射线和核磁共振的辨析度还不够高,以至于不能辨析含能材料中基质－填料间出现剥离的裂纹。然而,通过材料各个区域总密度的降低可检测到分布在材料中的细微裂纹。

12.9.4.2 间接方法

1．材料性能测试法

由于裂纹弱化材料性能,因此可用标准拉伸测试方法检测裂纹。材料性能弱化是否由裂纹引致,需要用单独的测试方法来鉴定,而这样成本极高。在这种情况下,检测材料在拉伸中的体积增大是合适的办法。由裂纹和分层产生的微小气泡引致了材料宏观上可观测到的体积膨胀。利用材料性能测试方法,检测遍布于材料中的裂纹成为可能,甚至单个裂纹由于其尺寸小而用其他方法不能检测的情况下,用这种方法也是可行的。

2．膨胀计法

可用气体膨胀计和液体膨胀计,在拉伸实验中,将测量试样替代一定数量流体(气体或液体)然后测量试样体积的变化。试样和变形设备元件完全浸入流体内,由于封闭容器要求绝对密封,这就对设备的要求极苛刻。此外,温度也发挥着重要作用,因此对温度必须精确控制。流体可能从裂纹渗透,这会导致错误的测试结果。

3. 泊松比法

在试样的标准拉伸实验中,可用泊松比法确定试样的膨胀体积。泊松比 v 定义为横向收缩和伸长的负比率,见式(12.60):

$$v = \frac{\varepsilon_q}{\varepsilon_l} \tag{12.60}$$

式中　$\varepsilon_q = \dfrac{\mathrm{d}q}{q_0}$;

　　　　$\varepsilon_l = \dfrac{\mathrm{d}l}{l_0}$;

　　　　q_0——试样原始宽度;

　　　　l_0——试样原始长度;

　　　　$\mathrm{d}q$——试样宽度的变化值;

　　　　$\mathrm{d}l$——试样长度的变化值。

此外,如前所述,泊松比法可用于测试材料中气泡,而且在弹性区要完整描述材料的性能,泊松比 v 是一个必需的参数[12.75]。

图 12.47(a)所示的是应力 – 应变曲线,图 12.47(b)所示的是两种不同的固体推进剂的泊松比 – 应变曲线。如同推进剂 2 的曲线所指出的,材料发生弱化点处,泊松比降低,该推进剂的基质与填料表面发生了剥离。

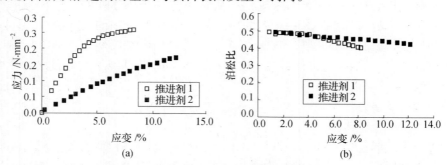

图 12.47　黏合很好的推进剂(1)与黏合不好的推进剂(2)的比较

用直接法测定裂纹具有下述优点:可以直接给出材料出现的裂纹和裂纹尺寸信息,可以直接给出材料出现的分层和分层尺寸信息。但由于直接方法只检测材料的小部分区域,所以从统计学的观点,直接方法不适于材料的检测。为了得到材料的完整图像,必须使用 X 射线断层摄影术,而这需要高精度设备和较长的测试时间。

测试材料性能的方法从成本而言是有效益的,该方法不仅能传达关于裂纹的信息,而且可以得到 FEM 计算所需的必需数据,它们能得到大块材料的完整信息。

12.10　注射装药技术

12.10.1　导言

注射装药技术是被广泛应用于填充流经狭管的悬浮液的一门传输工艺的交叉技术。与塑料工业界的注射模塑类似,如同活塞被用于从储藏器中将黏性悬浮液传输到模腔[12.76,12.77]一样。然而,与传统的注射成膜技术不同,模具是产品的部件而不是机器的部件。与食品和制药工业用的商业瓶装机器类似,模具是容器——当它被填满时就变成一免除装置,然后被取走作最终的包装[12.78]。然而,注射加载免除装置非常独特[12.79](见图 12.48)。该装置设计成能同时除去气体

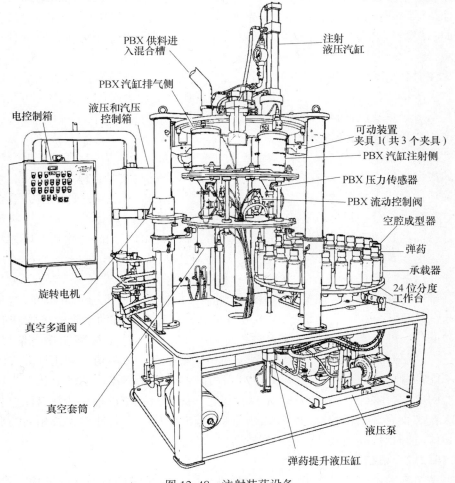

图 12.48　注射装药设备

并且将等分好的黏性悬浮液试样传输到容器内。注射加注器可提供瞬间动力传输所需要的大量驱动力,并且具有简单的几何工艺流程——该流程能将经过导管拐角、导管突然收缩或多口导管的流体质量传输中的问题最小化。

即使注射装药技术相对复杂,但是它提供了一个潜在的高效的自动化操作单元。产品品质和生产效率与含能材料配方、工艺设计和工艺控制等因素有关。

12.10.2　含能材料注射装药配方

注射装药的应用配方通常是多组分、高填充、黏弹性的热固性悬浮液——在最终固化前呈现弹性体特性并转变成糊状物。这些配方通常被认为是塑料粘合炸药(PBX)。这些微粒是具有高化学能和高结晶度的高性能硝胺粒子[12.80~12.82]。炸药配方中硝胺粒子的理想含量应接近其最大聚集率[12.83]。热固性粘结剂具有可塑性,其要么是聚氨酯型的,要么是聚丙烯酸酯型的。配方中的粒子在聚合过程的早期有轻微负向浮游的趋向,但是随着聚合的继续进行直至相对分子质量超过临界值,粒子在粘结剂中成中性悬浮状态。

注射装药 PBX 实用配方的加工工艺设计与其说是一门科学不如说是一门艺术。粒子粒度分布(PSD)、粘结剂的选用和表观流变行为对配方能否成功及配方工艺是否具重复性而言非常重要。

12.10.2.1　粒子的粒度分布

必须根据注射装药配方来选择粒子的粒度分布。众所周知,高填充聚合物系统的最大聚集率依赖于一些变量。其中两个最主要的变量是粉体形状的数目及在每种粉体形状中粒子的纵横比例。McGeary[12.84]指出:如果硬球体的三元混合物的三种独立组分的每种粒子的直径至少相差 7 倍,那么硬球体的三元混合物就具有足够高的装填系数,可达理论密度的 90%。该类型的三元混合物具有固体粒子成为自由流动混合物所期望的性能。其他研究人员[12.85,12.86]研究了粒子的聚集——这些粒子在多峰分布混合物的每种形状内具有粉体粒径分布特征,也承认了基础结构和微观力学现象对聚集的影响。聚集粒子具有混合尺寸分布,这种分布与离散尺寸分布不同。结果表明:粉体形状的较宽分布有助于降低多质 PSD 悬浮液的总黏度[12.18]。纵横比例合适的非球形粒子的六边形排列能提高聚集率。但是,在宽分布的 PSD 中的随机得到的粒子聚集率有一极限值。利用计算方法常常不能预测可能出现的问题,尤其是当利用离散纵横比率评价粒子形状而不可控时。因此,这些含能材料配方的 PSD 最优化只在实验室中进行。通常对注射装药 PBX 配方而言,一种尺寸分布较宽的三峰分布或四峰分布的外形大致相同的混合物粉体(轴向对称的椭圆体)能达到所期望的装填程度。

12.10.2.2　粘结剂选择

粘结剂的用途是隔离硝胺粒子及提供含能材料最终形态的某些结构。然而,在加工过程中,粘结剂至少发挥了两个特殊作用:第一个特殊作用是,未反应的粘结剂应包含能降低硝胺粒子表面处界面张力的组分,这种组分不是必需的表面活性剂,它们可以是低分子量的液体有机增塑剂——提高单体和最终聚合物的亲和力;增塑剂不仅能降低最终聚合物的玻璃化转变温度,而且在加工过程中稀释单体并提供了作为分子润滑剂作用的流体自由体积,自由体积促进了硝胺粒子的润湿[12.87]并且对硝胺粒子受意外能量激发而脱敏非常有效。第二个特殊作用是,粘结剂应能使硝胺粒子流态化,以致于在传输过程中有流体承载器。常见的误区是为发挥载流体的作用,粘结剂黏度必须最小化。然而,过度的稀释作用(或增塑作用)可提高 PSD 中较大粒子的负浮力,并导致出现流动问题。有时,在粘结剂系统中加入乳化剂来帮助维持悬浮液。因此,粘结剂系统的黏度应在促进流动的情况下足够低,同时也应该足够高以阻止粒子沉淀,即粘结剂系统的黏度应该适当。

　　PBX 配方可接受的最低黏度值 $\eta_{\min}$ 可用相对黏度 η_{rel} 的表示。这是一个经验值,粘结剂系统中未反应的和未被填充的粘结剂黏度 η_c 与 PBX 配方中最适宜的 PSD 和固体的体积分数 C_v 的之和是个经验数据,而体积分数 C_v 是作为最大聚集率的函数 $C_\mathrm{v,max}$。现在已有许多悬浮液的相对黏度的方程式[12.15,12.39,12.88~12.92]。Dougherty－Krieger 方程式(见表 12.1)对高 C_v 值的情形可能是最恰当的方程,其中< η >是特性黏度,或者说当 C_v 趋于零时,曲线的斜率是特性黏度(见图12.49)。

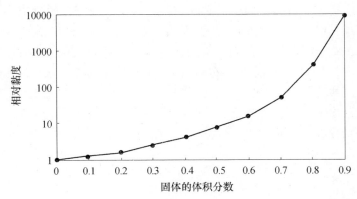

图 12.49　相对黏度与固体装填量的关系
(为三峰分布的 PSD 粉体,粒径分布宽)

　　超出剪切速率范围的实验是确定和优化 PBX 配方的最低黏度的唯一方法。实验装置要求与装药所用设备的几何形状相似。在这种情况下,就是注射装药工艺。由于注射装药 PBX 配方的固体分数(C_v)比传统的浇铸 PBX 配方的固体分数高,所以其可接受的最低黏度值比传统的浇铸 PBX 配方的最低黏度值高。

特性黏度$<\eta>$是$C_v = 0$时的曲线的斜率。实际上,PBX 混合物配方中固体的最大聚集率$C_{v,max}$约为 0.83。所以,PBX 配方的可接受的最低黏度值η_{min}比未被填充的和未反应的粘结剂的黏度η_c高约 1000 倍。

PBX 配方可接受的最高黏度值η_{max}可用粘结剂的化学反应动力学表示。如果热固性聚合物是分步法合成的聚氨酯,反应速度是一级反应速度并且由催化剂含量控制;如果热固性聚合物是自由基合成的聚丙烯酸酯,反应速度由速控步控制[12.93]。聚丙烯酸酯反应的引发通常是速控步,一旦被引发,聚合有时就难以控制。由于聚氨酯反应能较快地并以更可预测的模式生成临界值相对分子质量的粘结剂,聚氨酯粘结剂成为注射装药的首选粘结剂。PBX 配方可接受的最高黏度值用粘结剂的反应速度表示,实际上,最高黏度值受加工设备提供的驱动力限制。由于注射装药 PBX 配方用的加工设备提供的驱动力比传统模塑 PBX 配方用的设备提供的驱动力高,所以注射装药 PBX 配方可接受的最大黏度值比传统模塑 PBX 配方的可接受的最大黏度值高。

PBX 配方在一操作单元中被混合并立即在注射装药操作单元预剪切。可用高剪切设备完成混合操作,此高剪切设备的允许间隙至少是 PSD 中最大粉体形状的粒子的平均粒径的两倍。混合操作单元是作为间断装药方式或连续装药方式完成的,这两种装药方式与注射装药工艺设计是相匹配的。

特殊 PBX 配方的混合操作时限不同。然而,通常在混合终点(EOM),PBX 配方的表观黏度接近于可接受的最低黏度值η_{min}。粘结剂聚合的时限是从 EOM 到可接受的最高黏度值η_{max}之间的时间,可参见适用期(见图 12.50)。这也是个实际时限——在此时限内完成在容器室的注射装药。注射装药 PBX 配方的适用期是传统模塑装药 PBX 配方适用期的两倍,这主要是因为注射装药 PBX 配方的驱动力比传统模塑装药 PBX 配方的驱动力大一个数量级。许多情况下,工艺工程师在注射装药过程中需要一个装药参数明确(该装药参数可预测可兼容)的适用期系统,以便正确装药。

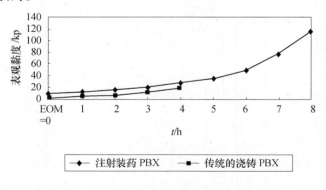

图 12.50　PBX 配方的适用期

装药时间为零时,EOM 黏度与可接受的最低黏度值 η_{min} 相对应。注射装药 PBX 配方的固含量比传统的浇铸 PBX 配方的固含量高,所以注射装药 PBX 配方的 η_{min} 比传统的浇铸 PBX 配方的 η_{min} 高。同时,由于注射装药 PBX 配方所用的装填设备提供的驱动力比传统的浇铸 PBX 配方所用的装填设备提供的驱动力高,注射装药 PBX 配方的 η_{max} 比传统的浇铸 PBX 配方的 η_{max} 高。对注射装药 PBX 配方而言,上述优点能够使适用期延长约两倍。

12.10.2.3　流变学的应用

对模塑工艺而言,流变学对工艺设计和工艺控制非常重要。剪切应力 $\tau(t)$ 和剪切速率 $\dot{\gamma}(t)$ 是发生在传输工艺过程中,如活塞驱动 PBX 配方注入容器室的动力学现象。普通技术很难对剪切特性与这些高填充的热固性 PBX 配方的相互依存关系做出清晰的解释。诸如 Couette(同轴)设备等的转子流变仪或具有平行圆盘(或圆锥和圆盘)的力学频谱计由于间隙太小,其测试结果常常不同。如果材料流经的螺旋路径是清洁的,旋转锭子流变仪就比较有用。毛细管流变仪由于模拟了注射装药的活塞驱动流体的剪切机理,所以其测试结果就很成功,但是必须将毛细管的直径明显加宽以及将程序适当修正。代表性的是,常用 Rabinowitsch 修正来获得管壁处的剪切速度,以及用 Bagley 修正来消除在毛细管入口处压力的下降[12.94](见本章 12.4.2 节)。当对 PBX 配方进行表征时,PBX 配方表现出 4 种对装药工艺比较重要的现象。第一,粘结剂出现剪切变稀特性(或假塑性性质),表观黏度随剪切速率的增大而降低。第二,这些黏性的悬浮液有屈服应力,这就是应力极限值(或驱动力极限值),此极限应力在流动开始前必须施加于流体。为描述该流变性能必须设计一种三参数模型[12.95],Herschel-Bulkley 方程是首选模型(见式(12.13)),式中 τ 为屈服应力,K 为实验测定的表观黏度参数,n 为实验测定的假塑性参数,假塑性参数是 PBXs 系列不同配方的特性。C_v 较高时,屈服应力 τ 才有效。在适用期内,参数 K 对应于 η_{min} 时有个较低的极限值,对应于 η_{max} 有个较高的极限值。第三,这些 PBX 配方表现出沿管壁方向的平移滑动[12.96,12.97],此现象表明增塑剂富集的粘结剂的界面层可能在管壁处,同时表明传输可能是假圆柱形流动。第四,传输速度低时(或雷诺数低),大量的 PBX 流动将丧失假塑性性质以及与宾汉塑性流动(Bingham Plastic Flow)类似(见本章 12.2 节)。这可以推断出流变性能是雷诺数的函数,以及可以推断出,在传输速度低时(或生产率很低时)($n=1$)观察到的这种现象在高生产率时($n<1$)可以加强或变化,并在高生产率时($n<1$)观测变得比较困难。因此,在三个重要的定义域表征 PBX 配方的流变性非常必要。第一个定义域是适用期和流变性必须分别从装药时间中推断,第二个定义域是剪切速率范围,第三个定义域是超过所期望的雷诺数时对传输现象的表征。

PBX 配方流经圆管的体积流动速率 $\dot{V}$ 可由流变学参数 n 和 K 来表达,见式

(12.61)：

$$\dot{V} = \left[(\pi n R^3)\big/(3n+1)\right]\left[R\Delta P^{\frac{1}{n}}\big/(2LK)\right] \qquad (12.61)$$

动量传递的驱动力是压力下降值 ΔP，圆管直径为 R，圆管长度为 L。PBX 配方的流动似乎可以预测，但是，可以在装药过程中通过改变 K 和 n 来简单探讨 PBX 配方流变特征，以及分别用生产率(应用的剪切量)和 PBX 适用期简单探讨对 PBX 配方不规则流动的影响。这些改变有时能促进剪切诱导现象，该现象会导致当流体流经狭窄的管道时发生分裂。运用精确设计的工艺和采用工艺控制技术可降低上述潜在问题的发生。

12.10.3　工艺设计

热固性的 PBX 配方设计中有许多变量。如果工艺设计技术不过硬，处理这些变量将是一项挑战性的工作。由于表观黏度在适用期内不是常数以及这些黏性的悬浮液(或糊状物)有改变流动性质的趋势，工艺几何形状设计必须与部件轮廓相结合，这样可以防止(或最小化)不希望的传输现象的影响的产生。如果能做到这些，那么注射装药就可用浇铸的成本达到模塑的品质。

12.10.3.1　工艺几何学

许多商用装药机器推动流体(或悬浮液)流经拐角和导管突然收缩处然后进入容器室。许多注射模塑机器推动流体(或悬浮液)流经非常狭窄的曲径导管和模具的拐角。然而，PBX 配方与许多商业流体(或悬浮液)不同，它们是高性能填充材料，如果被推进入这些对几何形状要求很苛刻的模具中更容易受粒子干扰、粘结剂过滤和剪切诱导分层的影响。因此，制造科学和装药工艺经验表明：对装填 PBX 配方而言，所期望的是简单的几何形状。如果几何形状设计技术过硬至少要综合考虑三种工艺设计规范，包括 $90°$ 拐角的消除、导管突然收缩的消除和导管长度的最小化。

图 12.48 所示的注射装药设备，其特性是在活动的部件上方有两个相同的容器室，右侧的圆柱汽缸内有一光滑的收缩圆锥进入隔板(没有横梁)，一旋转的电动机使活动的部件旋转。操作程序以一个容器室装填由混合操作单元固化的 PBX 开始；随着 PBX 进入这个容器室，利用真空装置脱气和带走残存的空气；当该容器室装填满料时，活动部件旋转 $180°$ 使脱完气的 PBX 部分与注射活塞校准成一线。在活塞的推动下，脱完气的 PBX 部分注射装填入容器室(见图 12.51)。同时，第二个容器室也已处于装填状态并准备接受另一部分 PBX。重复上述过程，直到生产完全结束。用这种方式，PBX 不会出现拐角。注射装药设备中对两个容器室导管笔直的设计消除了任何一个 $90°$ 的拐角并阻止了粒子干扰和粘结剂过滤带来的工艺难题。

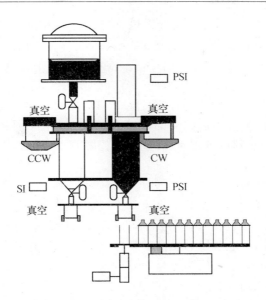

图 12.51　带间断混合的 PBX 贮槽的注射装药装置

　　意外收缩包括任何导致不稳定流动的管径缩小。两个比较普遍的实例是阶梯收缩(step contraction)和急剧收缩(severe taper)。阶梯收缩是两个不同直径的圆导管的连接,这种设计存在一环状"死区",流体在"死区"里发生再流动。急剧收缩是以超过 4:1 的比率的圆锥形收缩,这种设计有一个平滑的限制角。显然,混合很好的均匀的悬浮液当突然被推进收缩区时,在剪切力的作用下,会发生分层现象。Altobelli 等人[12.98]利用核磁共振(NMR)成像技术(也被称为 MRI 技术)来观测和记录活塞推动悬浮液进入突然的收缩区时的分层现象。随着活塞接近收缩区,粒子沿导管的轴线(或中心线)传输,导管中心线处的剪切最低。伴生现象是粘结剂会沿着界面层再流动以及在活塞的头部慢慢堆积。这种性质最终会在一个活塞冲程内早期产生体积元素的粒子富集并随后在同一个活塞冲程内的后期产生体积元素的粘结剂富集。结果是,包含突然收缩的较差的工艺设计会在注射装药容器室内产生密度梯度现象。

　　实验表明,使传输 PBX 的导管最小化是非常重要的。利用 NMR 成像技术和计算机模拟技术来测试悬浮液在压力推动下进入圆导管的现象[12.99]。剪切发生后,原本混合很好的悬浮液开始出现分层并相对早地形成微观结构。首先,开始出现悬浮液速度梯度分布;接着,不同固体片段开始分离。超过进口段长度极限值后,建立了固含量横断面分布图,并且固体浓度在导管轴线(或中心线)上是峰值。与此同时,悬浮系统速率图变钝,与宾汉塑性流动类似。与这种所不期望出现的现象有关的变量之一是粒子半径 a 与圆导管半径 R 的比值。如果悬浮液含有大粒子(或者说,a/R 比值大),尤其是在高固含量时,导管的进口段长度极限值就短。结果就是,包含导管长度很长的较差的工艺设计会在注射装药容器室内产生密度梯度现象。

　　将两个容器室标识成顺时针方向(CW)和逆时针方向(CCW)。注射装药设备以顺时针方向旋转第一个装满料的容器室(和全部的奇数容器室),以在注射活塞作用下将脱气的 PBX 排列定位,图 12.51 是排列定位图。注射装药设备以逆时针方向旋转第二个装满料的容器室(和全部的偶数容器室),以在注射活塞作用下将脱气的 PBX 排列定位。

12.10.3.2　迁移现象

　　业已证明,很难对高含量悬浮液流动进行数字模拟。然而,现有模型对判断观测到的结果很有用,以及在低雷诺数下可以降低瞬态流动的潜在问题。我们知道,由于不可逆的相互作用,粒子有从高剪切区向低剪切区迁移的趋向;我们也知道,当受到不均匀剪切运动时,原本混合很好的高含量悬浮液可分层并形成不规则的微观结构;我们还知道,与这些现象相关的是,存在着法向应力差。在理论和某些假定低速流动的实验之间有合理允差的情况下,对注射装药 PBX 的固含量横断面分布演化图和悬浮液速度横断面分布演化图进行了模拟。在仔细控制的实验中,所用的两种模型方法成功地观测到剪切诱导粒子迁移,但是这两种模型方法非常复杂并且非常耗费时间。第一种方法是众所周知的扩散流模型[12.100~12.103],在充分考虑空间改变的粒子间相互作用频率以及与含量有依存关系的有效黏度的基础上,通过缩小自变量的数目,从净粒子流扩散方程式推导出该模型。第二种方法是众所周知的悬浮液平衡模型[12.104~12.106],该模型是基于粒子相和悬浮液相的质量守恒和能量守恒建立的。这两种方法都包含挑战性的计算工作和需要有限元 Navier - Stokes 求解器。

　　扩散流模型的超简化形式揭示了基本原理,其基本原理对注射装填高含量悬浮液(如 PBX)进入容器室很重要。固体含量横断面分布图(dC_v/dt)的变化可能是最受关注的,并且可被归纳为粒子半径 x、剪切速率 $\dot{\gamma}$ 和表观黏度 η 的函数方程,见式(12.62):

$$\frac{dC_v}{dt} = f(x^2, \dot{\gamma}, \eta^{-1}) \tag{12.62}$$

　　这就意味着,需要考虑某些能使剪切诱导粒子迁移的传输现象最小化的实际问题。首先,在 PSD 中首选小粒子而不是大粒子;其次,粘结剂的黏度应最大化以维持悬浮液稳定;最后,传输过程中的剪切速率应该最小化。工艺设计特点是使剪切最小化并重新分布。除前面所讨论的之外,将同轴静态混合器的收缩长度设计成短的,收缩处的下游立即会将以前所受剪切而分层的材料重新混合(或重新改变方向)。工艺控制技术也可用于限制剪切速率并消除最终产品中潜在密度梯度。

12.10.4　工艺控制

工艺控制体系有两种基本方法。第一,传统的 Ziegler－Nichols 控制理论提供了均衡的、完整的和派生的(PID)参数,可用于巧妙地处理变量和修正实验性挠动。便宜微处理器的可用性以及 PID 参数间简单关系的密切性,使得 PID 方法在稳定态的工艺设计中很有吸引力。然而,PBX 注射装填入容器室从未达到稳定态;此外,剪切诱导扰动可能是不规律的。因此,运用自适应控制技术的第二种方法更适于 PBX 的注射装药。自适应技术包括模糊逻辑学和神经网络技术。这些基于模型的控制策略和基于专家的控制策略运用了多重输入和多重输出(MIMO)的综合控制方案。一个具有代表性的实验设计是确认基质的转移函数——操作变量(或输入变量)与控制变量(或输出变量)的关系。这个函数包含一系列的时间阶段,在每个时间阶段内,控制变量是操作变量的函数,可以检测控制变量对操作变量的每次变化做出的响应。选用适当的自适应控制策略通常遵循可行性评估,可行性评估主要考虑稳定性和操作的简易性。通常,在操作变量和控制变量间,不同类型的 PBX 表现出不同的函数关系或转移函数关系。

PBX 的注射装药工艺运用了监控工艺控制软件,监控工艺控制软件在个人电脑(PC)运行,监控工艺参数需要跟踪质量传输和能量传递现象。其中某些参数包括:脱气室内达到的真空水平、套管内的容器室被抽空的真空水平、注射室内的 PBX 的温度、活塞位置、驱动活塞的水压、进入容器室的 PBX 的空腔压力和时间。此外,需要实时运算以确定活塞速度、剪切速率($\dot{V}$ 的函数)、剪切应力(ΔP 的函数)、PBX 的表观黏度(剪切应力与剪切速率的比值)。这些参数成为输入菜单并可用于自适应控制策略。

标准的反向传播神经网络已成功用于识别注射装药周期的早期挠动[12.107]。图 12.52 所示的是一个实例构架,该构架已应用于识别出现不符合要求的问题的起始点以及及时请求修正以避免出现不合格产品。输入变量是 PBX 进入容器室的空腔压力 (CP) 和计算所得到的 PBX 的表观黏度 (VIS)。在有限的测试和含有 10 个时间阶段的注射装药周期的实证中, 与 post－mortem X 射线照相术相比, 此神经网络的输出仅用 4 个时间阶段就正确预测了产品和不合格品的结果。这意味着神经网络构架在加工过程中, 能提供足够的时间采取修正措施。一旦确定, 在 1 个时间阶段内就可以调用修正措施以很好地解决挠动影响, 而不是在一个注射装药周期完成后才调用修正措施。早期发现的 CP 和 VIS 挠动, 容许识别剪切诱导问题。通过控制所应用的剪切速率 (在可接受的限制内) 来修正这些问题和避免不合格品出现。因此, 此自适应控制策略对注射装药 PBX 进入容器室非常有用。

该网络将空腔压力(CP)和黏度(VIS)作为输入节点。应用三个隐藏的节点,

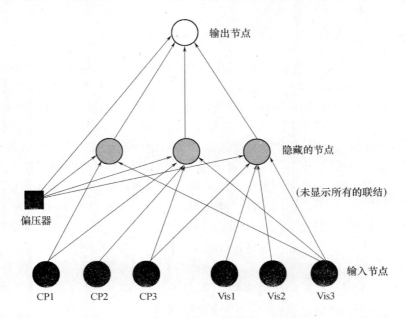

图 12.52 一种神经网络构架(可用于证明自适应过程控制如何识别系统得早期扰动)

该构架在工艺周期的早期有能力识别可接受和不可接受现象的不同模式并调用避免不合格产品出现的修正措施。

PBX 材料的注射装药技术与粒子的固有特性和粒子在加工过程中的性质有关。PBX 配方的 PSD 对最终产品的性能非常重要。如果在整个加工过程中 PSD 以所希望的产率维持不变,对许多 PBX 产品而言,注射装药将是有效率的自动操作单元。可以实现 PBX 材料的合适配方、简单和过硬的工艺设计、且剪切在可接受的限制范围内可控的目标。

致谢

感谢海军海洋系统司令部的海军研究部门和不敏感含能材料部门为本章 12.10 节的研究工作提供了重要的帮助和支持。

12.11 参考文献

12.1 Böhme G (1981) *Strömungsmechanik Nicht-Newtonscher Fluide*, B. G. Teubner Studienbücher: Mechanik, Stuttgart.

12.2 Giesekus H (1994) *Phänomenologische Rheologie*, Springer, Berlin.

12.3 Vinogradov GV, Malkin AYA (1980) *Rheology of Polymers*, Springer, Berlin,.

12.4 Macosko CW (1994) *Rheology: Principles, Measurements and Applications*, VCH, New York.

12.5 Weipert D, Tscheuschner H-D, Windhab E (1993) *Rheologie der Lebensmittel*, Behr's Verlag, Hamburg.

12.6 Chhabra R P (1993) *Bubbles, Drops and Particles in Non-Newtonian Fluids*, CRC Press, Boca Raton, FL.

12.7 Pahl M, Gleissle W, Laun H-M (1991) *Praktische Rheologie der Kunststoffe und Elastomere*, VDI Verlag, Düsseldorf.

12.8 Barnes HA, Hutton JF, Walters K (1989) *An Introduction to Rheology*, Rheology Series, Vol. 3, Elsevier, Amsterdam.

12.9 Teipel U (1999) Rheologisches Verhalten von Emulsionen und Tensid-Lösungen, *Dissertation*, Universität Bayreuth, Wissenschaftliche Schriften-Reihe des Fraunhofer ICT, Band 22.

12.10 Kamal MR, Mutel A (1985) Rheological properties of suspensions in newtonian and non-Newtonian fluids, *J. Polym. Eng.* 5, 293–382.

12.11 Einstein A (1906, 1911) Eine neue Bestimmung der Moleküldimensionen, *Ann. Phys.* 19, 289–306; 34, 591–592.

12.12 Eilers H (1941) Die Viskosität von Emulsionen hochviskoser Stoffe als Funktion der Konzentration, *Kolloid-Z.* 97, 313–321.

12.13 Mooney M (1951) The viscosity of a concentrated suspension of spherical particles, *J. Colloid Sci.* 6, 162–170.

12.14 Maron SH, Pierce PE (1956) Application of Ree-Eyring generalized flow theory to suspensions of spherical particles, *J. Colloid Sci.* 11, 80–95.

12.15 Krieger IM, Dougherty TJ (1959) A mechanism for non-Newtonian flow in suspensions of rigid spheres, *Trans. Soc. Rheol.* 3, 137–152.

12.16 Thomas DG (1965) Transport characteristics of suspension: VIII. A note on the viscosity of Newtonian suspensions of uniform spherical particles, *J. Colloid Sci.* 20, 267–277.

12.17 Frankel NA, Acrivos A (1967) On the viscosity of a concentrated suspension of solid particles, *Chem. Eng. Sci.* 22, 847–853.

12.18 Chong JS, Christiansen EB, Baer AD (1971) Rheology of concentrated suspension, *J. Appl. Polym. Sci.* 15, 2007–2021.

12.19 Quemeda D (1977) Rheology of concentrated disperse systems and minimum energy dissipation principle, I. Viscosity-concentration relationship, *Rheol. Acta* 16, 82–94.

12.20 Batchelor GK (1977) The effect of Brownian motion on the bulk stress in a suspensions of spherical particles, *J. Fluid Mech.* 83, 97–117.

12.21 Miller RR, Lee E, Powell RL (1991) Rheology of solid propellant dispersions, *J. Rheol.* 35, 901–920.

12.22 Muthiah RM, Krishhnamurthy VN, Gupta BR (1992) Rheology of HTPB propellant. Effect of solid loading, oxidiser particle size and aluminum content, *J. Appl. Polym. Sci.* 44, 2043–2052.

12.23 Hordijk AC, Sabel HWR, Schonewille E (1996) The application of rheological equipment for improved processing of HTPB based PBXs, In: *Proc. 27th Int. Annual Conference of ICT, Karlsruhe*, p. 3.

12.24 Yang K-X, Tao Z-M (1986) Viscosity prediction of composite propellant slurry, *Propell. Explos. Pyrotech.* 11, 167–169.

12.25 Hordijk AC, Bouma RHB, Schonewille E (1998) Rheological characterization of castable and extrudable energetic compositions, In: *Proc. 29th Int. Annual Conference of ICT, Karlsruhe*, p. 21.

12.26 Ivanov GV, Tepper F (1997) Activated aluminum as a stored energy source for propellants, In: Kuo KK (ed.), *Challenges in Propellants and Combustion, 100 Years after Nobel*, Begell House, pp. 636–645, Stockholm.

12.27 Tepper F, Ivanov GV, Lerner M, Davidovich V (1998) Energetic formulations from nanosize metal powders, In: *Proc. 24th Int. Pyrotechnics Seminar, Monterey, CA*, pp. 519–530.

12.28 Glotov OG, Zarko VE, Beckstead MW (2000) Agglomerate and oxide particles generated in combustion of ALEX containing solid propellants, In: *Proc. 31st Int. Annual Conference of ICT, Karlsruhe*, p. 130.

12.29 Teipel U, Förter-Barth U (2001) Rheology of nano-scale aluminum suspensions, *Propell. Explos. Pyrotech.* 26, 268–272.

12.30 Muthiah R, Krishnamurthy VN, Gupta BL (1996) Rheology of HTPB propellant: development of generalized correlation and evaluation of pot life, *Propell. Explos. Pyrotech.* **21**, 186–192.

12.31 Gupta BL, Varma M, Munjal NL (1986) Rheological studies on virgin and metallised unsymmetrical dimethylhydrazine gelled systems, *Propell. Explos. Pyrotech.* **11**, 45–52.

12.32 Rapp DC, Zurawski RL (1988) Characterization of aluminum/RP-1 gel propellant properties, *AIAA Paper 88–2821*.

12.33 Varghese TL, Gaindhar SC, David J, Jose J, Muthiah R, Rao SS, Ninan KN, Krishnamurthy VN (1995) Developmental studies on metallised UDMH and kerosene gels, *Def. Sci. J.* **45**, 25–30.

12.34 Varghese TL, Prabhakaran N, Thanki KP, Subramanian S, Rao SS, Ninan KN, Krishnamurthy VN (1999) Performance evaluation and experimental studies on metallised gel propellants, *Def. Sci. J.* **49**, 71–78.

12.35 Rahimi S, Hasan D, Peretz A, Benenson Y, Welner S (2001) Preparation of gel propellants and simulants, *AIAA Paper 2001–3264*.

12.36 Hoffman DM, Pruneda CO, Jessop ES, Walkup CM (1992) *RX-35-BX: A Low-Vulnerability, High-Performance Explosive for Main-Charge Applications*, Lawrence Livermore National Laboratory, Livermore, CA, UCRL-UR-110363.

12.37 von Holtz E, Scribner KJ, Whipple R, Carley JF (1990) *Paste-Extrudable Explosives and their Current Status*, Lawrence Livermore National Laboratory, Livermore, CA, UCRL-JC-103244.

12.38 Carley JF, von Holtz E (1997) Flow of RF-08-FK high-energy paste in a capillary rheometer, *J. Rheol.* **41**, 473.

12.39 Farris RJ (1968) Prediction of the viscosity of the multimodal suspensions from unimodal viscosity data, *Trans. Soc. Rheol.* **2**, 281.

12.40 Hoffman DM, Walkup CM, Spellman L, Tao WC, Tarver CM (1995) *Transferable Insensitive Explosive (TIE)*, Lawrence Livermore National Laboratory, Livermore, CA, UCRL-JC-117245.

12.41 Fried LE (1994) *Cheetah 1.0, User's Manual*, Lawrence Livermore National Laboratory, Livermore, CA, UCRL-MA-117541.

12.42 Goods SH, Shepodd TJ, Mills BE, Foster P (1993) *A Materials Compatibility Study in FM-1, a Liquid Component of a Paste Extrudable Explosive, RX-08-FK*, Sandia National Laboratory, Livermore, CA, SAND93-8237 UC-704.

12.43 Chidester SK, Green LG, Lee CG (1993) In: *Proc. 10th International Detonation Symposium*, ONR 33 395-12, Boston, MA, pp. 785–792.

12.44 Chidester SK, Tarver CM, Lee CG (1997) Impact ignition of new and age solid explosiv in: Proc. AIP Conference, Shock Compression of Condensed Molter, American Inst. of Physics, 707–710.

12.45 Schmidt SC, Dandekar DP, Forbes JW (1998) In: *AIP Conference Proceedings 429*, AIP Press, New York, pp. 707–710.

12.46 Chidester SK, Tarver CM, Garza (1998) *ONR 33 395–12*, Aspen, CO, pp. 785–792.

12.47 Hoffman DM, Jessop ES, Swansiger RW (1997) In: *Insensitive Munitions and Energetic Materials Technology Symposium Proceedings*, Vol. 2, pp. 231–243.

12.48 Oberth AE (1987) *Principles of Solid Propellant Development*, CPIA Pub. 469, Johns Hopkins University, Laurel, MD.

12.49 Scribner KJ, Crawford P (1988) *PEX Energetic Carriers: Attempts to Crystallize*, Lawrence Livermore National Laboratory, Livermore, CA, UCID-20469.

12.50 von Holtz E, LeMay JD, Carley JF, Flowers GL (1991) *Dependence of the Specific Volume of RX-08-FK High Explosive Paste on Temperature and Pressure*, Lawrence Livermore National Laboratory, Livermore, CA, UCRL-JC-107078.

12.51 Hoffman DM, Walkup CM (1991) Following cure rheologically in ECX with standard and latent catalysts, presented at the JOWOG-9 Mechanical Properties Workshop, Lawrence Livermore National Laboratory, Livermore, CA.

12.52 Hockney RW, Eastwood JW (1981) *Computer Simulation Using Particles*, McGraw-Hill, New York.

12.53 Valtsifer VA (1991) Use of particle method for modelling the behavior of colloid systems, presented at the 7th ICSCS Symposium, France.

12.54 Valtsifer VA (1997) The influence of technology factors on rheological behavior of emulsions, In: *World Congress on Emulsion, Bordeaux*, Vol. 2, 3-1-021/03.

12.55 Valtsifer VA, Zvereva N (1999) Statistical packing of equal spheres, *Adv. Powder Technol.* **10**, 399–403.

12.56 Weymann HD, Chuang MC, Ross RA (1973) *Phys. Fluids* **16**, 775–783.

12.57 Kruif CG, Lersel EMF, Vrij A, Russel WB (1985), *J. Chem. Phys.* **83**, 4717–4725.

12.58 Ferry JD (1970) *Viscoelastic Properties of Polymers*, Wiley, New York.

12.59 Findley WN, Lai JS, Onaran K (1976) In: Lauwerier HA, Koiter WT (eds), *Creep and Relaxation of Nonlinear Viscoelastic Materials*, North-Holland Series in Applied Mathematics and Mechanics, Vol. 18, North-Holland, Amsterdam.

12.60 Christensen RM (1971) *Theory of Viscoelasticity*, Academic Press, New York.

12.61 Davenas A (1993) *Solid Rocket Propulsion Technology*, Pergamon Press, Oxford.

12.62 Hübner C, Geissler E, Elsner P, Eyerer P (1999) The importance of micromechanical phenomena in energetic materials, *Propell. Explos. Pyrotech.* **24**, 119–125.

12.63 Schapery RA (1981) On viscoelastic deformation and failure behavior of composite materials with distributed flaws, In: Wang SS, Renton WJ (eds), *Advances in Aerospace Structures and Materials, Proceedings of the Winter Annual Meeting of the American Society of Mechanical Engineers, Washington DC*.

12.64 Schapery RA (1982) Models for damage growth and fracture in nonlinear viscoelastic particulate composites, In: *Proceedings of the 9th US National Congress of Applied Mechanics, New York*.

12.65 Schapery RA (1986) A micromechanical model for nonlinear viscoelastic behavior of particle reinforced rubber with distributed damage, *Eng. Fract. Mech.* **25**, 845–867.

12.66 Hübner C (1994) Ermittlung eines zweidimensionalen, zeit- und deformationsabhängigen Materialgesetzes für gefüllte Elastomere unter besonderer Berücksichtigung von Phasengrenzflächenphänomenen, *Dissertation*, University of Karlsruhe.

12.67 Oberth AE, Bruenner RS (1965) Tear phenomena around solid inclusions in castable elastomers, *Trans. Soc. Rheol.* **9**, 165–185.

12.68 Farris RJ (1968) The influence of vacuole formation on the response and failure of filled elastomers, *Trans. Soc. Rheol.* **12**, 315–334.

12.69 Stacer RG, Hübner C, Husband DM (1990) Binder/filler interaction and the nonlinear behavior of highly-filled elastomers, *Rubb. Chem. Technol.* **63**, 488–502.

12.70 Williams ML, Landel RF, Ferry JD (1955) The temperature dependence of relaxation mechanisms in amorphous polymers and other glass-forming liquids, *J. Am. Chem. Soc.* **77**, 701.

12.71 Eisenreich N, Fabry C, Geissler A, Kugler HP (1985) Messung der Querkontraktionszahl an Kunststoffen im Hinblick auf die Beurteilung der Füllstoffhaftung, In: *Vorträge der Tagung Werkstoffprüfung*, Deutscher Verband für Materialprüfung, Bad Nauheim, pp. 391–398.

12.72 Kugler HP, Stacer RG, Steimle C (1990) Direct measurement of Poisson's ratio in elastomers, *Rubb. Chem. Technol.* **63**, 473–487.

12.73 Kappel H, G'sell C, Hiver JM (1997) Détermination du comportement biaxial des élastomères par une méthode videométrique, In: G'sell C, Coupard A (eds), *Génie Méchanoque des Caoutchoucs et des Élastomères Thermoplastiques*, APOLLOR et INPL.

12.74 G'sell C, Hiver JM, Dahoun A, Souhai A (1992) Video-controlled tensile testing of polymers and metals beyond the necking point, J. Mater. Sci. **27**, 5031–5039.

12.75 Freudenthal AM, Henry LA (1960) On 'Poisson's ratio' in linear visco-elastic propellants, In: Summerfield M (ed.), *Solid Propellant Rocket Research*, Academic Press, New York.

12.76 Tobin WJ (2000) *Fundamentals of Injection Molding*, 2nd edn, WJT Associates, Louisville, CO.

12.77 Rosato DV, Rosato GR (2001) *Injection Molding Handbook*, 3rd edn, Kluwer, Boston.

12.78 Soroka W (1998) *Fundamentals of Pack-*

aging Technology, 2nd edn, IoPP Press, Naperville, IL.

12.79　Mahoney TI, Newman KE, Gusack JA, Sallade GJ (1995) Apparatus for injection molding high-viscosity materials, *US Patent* 5 387 095.

12.80　Kamlet MJ, Jacobs SJ (1968) Chemistry of detonations, Part I: a simple method of calculation of detonation properties of C-H-N-O explosives, *J. Chem. Phys.* **48**, 23.

12.81　Baroody EE, Peters ST (1990) *Heat of Explosion, Heat of Detonation and Reaction Products: Their Estimation and Relation to the First Law of Thermodynamics*, IHTR 1340, NSWC, Indian Head, MD.

12.82　Fried LE, Murphy MJ, Souers PC, Wu BJ, Anderson SR, McGuire EM, Maiden DE (1998) detonation modeling with an in-line thermochemical equation of state, In: *Proc. of the 11th International Detonation Symposium, Snowmass Village, CO*, p. 889.

12.83　Ferguson J, Kemblowski Z (1991) *Applied Fluid Rheology*, Elsevier Applied Science, London.

12.84　McGeary RK (1961) Mechanical packing of spherical particles, *J. Am. Ceram. Soc.* **44**, 513.

12.85　Yu AB, Standish N (1993) A study of the packing of particles with a mixture size distribution, *Powder Technol.* **76**, 113.

12.86　Nolan GT, Kavanagh PE (1993) Computer simulation of random packings of spheres with log-normal distributions, *Powder Technol.* **76**, 309.

12.87　Adamson AW, Gast A (1997) *Physical Chemistry of Surfaces*, 6th edn, Wiley-Interscience, New York.

12.88　Kitano T, Karaoka T, Shirota T (1981) An empirical equation of the relative viscosity of polymer melts filled with various inorganic fillers, *Rheol. Acta* **20**, 207.

12.89　Sadler LY, Sim KG (1991) Minimize solid-liquid mixture viscosity by optimizing particle size distribution, *Chem. Eng. Prog.* **87**, 68.

12.90　Ferraris CF (1999) Measurement of the rheological properties of high performance, concrete: state of the art report, *J. Res. Natl. Inst. Stand. Technol.* **104**, 461.

12.91　Lee JD, So JH, Yang SM (1999) Rheological behavior and stability of concentrated silica suspensions, *J. Rheol.* **45**, 1117.

12.92　Usui H, Li L, Kinoshita S, Suzuki H (2001) Viscosity prediction of dense slurries prepared by non-spherical solid particles, *J. Chem. Eng. Jpn.* **34**, 360.

12.93　Allcock H, Lampe F (1990) *Contemporary Polymer Chemistry*, 2nd edn, Prentice Hall, Englewood Cliffs, NJ.

12.94　Collyer AA, Clegg DW (1988) *Rheological Measurement*, Elsevier Applied Science, London.

12.95　Newman KE, Stephens TS (1995) *Application of Rheology to the Processing and Reprocessing of Plastic Bonded Explosives in Twin Screw Extruders*, IHTR 1790, NSWC, Indian Head, MD.

12.96　Yilmazer U, Kalyon DM (1989) Slip effects in capillary and parallel disk torsional flows of highly filled suspensions, *J. Rheol.* **33**, 1197.

12.97　Jana SC, Kapoor B, Acrivos A (1995) Apparent wall slip velocity coefficients in concentrated suspensions of noncolloidal particles, *J. Rheol.* **39**, 1123.

12.98　Altobelli SA, Fukushima E, Mondy LA (1997) Nuclear magnetic resonance imaging of particle migration in suspensions undergoing extrusion, *J. Rheol.* **41**, 1105.

12.99　Hampton RE, Mammoli AA, Graham AL, Altobelli SA (1997) Migration of particles undergoing pressure-driven flow in a circular conduit, *J. Rheol.* **41**, 621.

12.100　Leighton D, Acrivos A (1987) The shear-induced migration of particles in concentrated suspensions, *J. Fluid Mech.* **181**, 415.

12.101　Phillips RJ, Armstrong RC, Brown RA, Graham AL, Abbott JR (1992) A Constitutive equation for concentrated suspensions that accounts for shear-induced particle migration, *Phys. Fluids A* **4**, 30.

12.102　Krishnan GP, Beimfohr S, Leighton DT (1996) Shear-induced radial segregation in bidisperse suspensions, *J. Fluid Mech.* **321**, **371**.

12.103　Subia SR, Ingber MS, Mondy LA, Altobelli SA, Graham AL (1998) Modelling of concentrated suspensions using a continuum constitutive equation, *J. Fluid Mech.* **373**, 193.

12.104 Nott PR, Brady JF (1994) Pressure-driven flow of suspensions: simulation and theory, *J. Fluid Mech.* **275**, 157.

12.105 Morris JF, Brady JF (1998) Pressure-driven flow of a suspension: buoyancy effects, *Int. J. Multiphase Flow* 24, **105**.

12.106 Morris JF, Boulay F (1999) Curvilinear flows of noncolloidal suspensions: the role of normal stresses, *J. Rheol.* 43, 1213.

12.107 Smith RE, Parkinson WJ, Hinde RF, Newman KE, Wantuck PJ (1998) Neural network for quality control of submunitions produced by injection loading, In: *Proc 2nd International Conference on Engineering Design and Automation, Maui, HI.*

第 13 章 含能材料性能

N. Eisenreich, L. Borne, R. S. Lee, J. W. Forbes, H. K. Ciezki
欧育湘 译、校(13.1～13.3);韩廷 解 译(13.4～13.5),
欧育湘、李战雄 校

13.1 粒度对含能材料反应的影响

13.1.1 导言

    主要的含能材料均含有各种有机和无机固体粒子,这些粒子是通过合成或将一些基础材料经处理而制得的。由粒子组成的含能材料可通过再处理和加工制成所需的装药,这些装药主要是烟火药、发射药、推进剂和猛炸药。粒子的性能,主要是粒度、形态、结晶的质量和组成及表面行为等,均影响含能材料的加工,特别是流变性和力学性能。而含能材料的反应性则能说明其功能作用,但组成装药的粒子对这种反应性和功能作用有明显的影响。粒子的特性在一定程度上决定非匀相含能材料所要求的转变和性能。特别是,粒子的粒度(主要是氧化剂组分的粒度)是控制燃速和敏感性的一个重要途径。因此,为了满足产品的所有性能,如化学稳定性、机械强度及能量水平,含能材料粒子间应能密切的相互作用,以获得各种功能性。在过去,人们只对毫米级至微米级的粒子感兴趣,但近年来,由于纳米技术取得的成功,已能表征和使用纳米粒子,不过目前还处于研发阶段。特别是,金属纳米粒子(作为燃料)能赋予火箭推进剂很高的能量水平。在烟火药剂中,粒子在高温下将能量传递给被点燃的材料,但如采用纳米粒子则会引起一系列严重的问题和缺点。在发射药中,固体粒子可能是腐蚀性的,且会产生炮口烟,而反应产物的高相对分子质量则会降低发射药的效率。对火箭推进剂,所生成的金属氧化物相对分子质量高,尾气的特征信号及尾气的环境影响,这些问题都是必须考虑的。另外,金属粒子的完全转变是充分实现含能材料预期性能的先决条件,而这种完全转变又取决于金属及其氧化物的相转换。金属粉体的粒度影响上述转变,并显著影响燃速。例如,在复合火箭推进剂中即是如此。还有,推进剂中所用催化剂的粒度与催化剂的反应性十分有关。

    本章综述粒子(包括纳米粒子)对含能材料引燃、燃烧和爆轰行为的某些影响。

粒度的影响是最重要的,因而是本章的重点。至于理论方面的阐述,本章只简单的着墨。

13.1.2　粒子反应原理

固体含能材料的转变从相转换及分解开始[13.1,13.2],对某些炸药,如 AN 和 HMX,粒度影响其相状态[13.3~13.6]。例如,在所有晶型中,δ - HMX 的感度是最高的。当粒度较小时,AN 在热分解温度以下的热循环导致在 AN 为基的混合炸药中,AN 倾向于以晶型 V 存在,而在室温下则倾向于以晶型 IV 存在[13.4]。

物质的相行为和热分解通常以热分析技术(主要是 TGA 及 DSC)研究,以得到简化的总反应机理和动力学数据。在不同条件下加热粒子(例如将粒子注入热气氛中或辐照粒子等)所形成的温度分布图,已为 Carslaw 和 Jaeger[13.7]很好地测定。含能材料的缓慢热转变一般以式(13.1)所述的均相动力学方程表示:

$$\frac{\mathrm{d}\alpha}{\mathrm{d}t} = k(T)f(\alpha) \tag{13.1}$$

式中　α——分解物质浓度;

　　　$k(T)$——反应常数;

　　　$f(\alpha)$——分解机理函数。

式(13.1)的积分式: $-k(T)t = \int \frac{\mathrm{d}(\alpha)}{f(\alpha)} = g(\alpha)$ (13.2)

在分解的早期阶段,无论是含能的、有机的、无机的或高分子物质,常遵循关系式 $f(\alpha) = \alpha^n$(n 为反应级数)[13.8,13.9]。如果被研究的试样系由结晶组成,则为简化起见,常被认为是以球形表示的三维粒子。此时反应级数 n 一般是分数而不是整数。有些理论,如 Ginstling 和 Brounshtein 的三维扩散理论,Avrami 和 Erofeev[13.10]的 m 维核化理论,均考虑了影响反应级数的多种因素,其反应函数表达式见式(13.3)~式(13.5):

$$f(\alpha) = 1.5 \cdot [(1-\alpha)^{-\frac{1}{3}} - 1]^{-1}$$
对 Ginstling 和 Brounshtein 的三维扩散理论 (13.3)

$$f(\alpha) = 3 \cdot (1-\alpha)^{\frac{2}{3}} \qquad 对三维边界反应 \tag{13.4}$$

$$f(\alpha) = m \cdot (1-\alpha) \cdot [-\ln(1-\alpha)]^{\frac{m-1}{m}} \qquad 对 m 维核化理论 \tag{13.5}$$

对高氯酸盐,特别是高氯酸铵(AP)的升华,系按二维或三维相反应的边界反应发生,而其热分解则系按 Prout - Tomkins 或 Avrami - Erofeev 机理[13.11]进行。

固体粒子,特别是金属粒子,在其表面常形成金属氧化物层,因此扩散和反应常同时发生。Fizer 和 Fritz 曾基于半稳态近似,提出了一个联合模型。半稳态近似系假定粒子的温度分布是均匀的[13.12]。在静态条件下,对金属燃料而言,氧由表面进入球形粒子再达到反应前沿。上述联合模型系基于式(13.6)方程(三维扩散方程)：

$$C_O = C_{O,K} + (C_{O,s} - C_{O,K}) \frac{1 - \dfrac{R_K}{r}}{1 - \dfrac{R_K}{R_S}} \tag{13.6}$$

式中　C——浓度；

　　　O——氧；

　　　S——表面；

　　　K——反应前沿；

　　　R 和 r——可变半径。

扩散氧的转变按一级反应进行，氧气量系完全消耗，于是有式(13.7)和式(13.8)：

$$\frac{dn_O}{dt} = -4\pi R_K^2 k(T) C_{O,K} \qquad k(T) = Z_K e^{-E_K/RT} \tag{13.7}$$

$$\frac{dn_O}{dt} = -4\pi R_K^2 D(T) \left(\frac{dC_O}{dr} \right)_{r=R_K} \qquad D(T) = Z_D e^{-E_D/RT} \tag{13.8}$$

式中　n_O——氧摩尔数；

　　　Z_K 和 E_K——化学反应的指前因子及活化能；

　　　Z_D 和 E_D——氧扩散的指前因子及活化能。

当将上法用于硼的氧化时(见图 13.1)[13.13]，反应按式(13.9)进行：

$$\frac{dn_O}{dt} = \frac{3dn_B}{4dt} \tag{13.9}$$

式中　n_B——硼摩尔数。

合并式(13.6)~式(13.8)，可得(对反应半径)：

$$\frac{dR_K}{dt} = -\frac{\dfrac{4}{3} M_B D(T)}{\rho_B} \frac{C_{O,s}}{\dfrac{D(T)}{k(T)} + R_K \left(1 - \dfrac{R_K}{R_S} \right)} \tag{13.10}$$

将式(13.10)在等温条件下积分，可得：

$$t = -\frac{3\rho_B}{4M_B D(T) C_{O,s}} \left[\frac{D(T)}{k(T)} (R_K - R_S) + \frac{1}{6} (3R_K^2 - R_S^2) - \frac{R_K^3}{3R_S} \right] \tag{13.11}$$

M_B——硼的摩尔质量。

但如将上法用于评价积分等温 TGA 曲线，则必须采用数值分析法[13.13]。

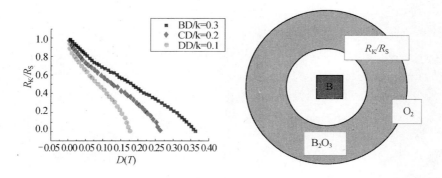

图 13.1　等温条件下,反应前沿进入硼氧化物粒子过程

　　液相/固相中的燃料和气相中的氧化剂(反之亦然)粒子的点燃和燃烧,对于微滴和金属及煤粒子,已为人们广泛研究,其所得的基础微分方程已由 Williams 所综述[13.14]。这些微分方程的解和与实验结果的比较,以及有关描述的理论上的提高,仍在研究中,且主要系以微重法进行[13.15~13.19]。

　　扩散控制的非匀相反应通常以半稳态近似说明,其分析程序包括燃料与氧化剂之间的化学反应,传热方程、气态氧化剂(或燃料)和蒸发燃料(或氧化剂)(微滴蒸发产生)的扩散方程,可用 Shvab – Zeldlovich 变量表示。下面概述简化的稳态理论。

　　此理论首先假定微滴蒸发或燃烧时在气相产生一个与时间准相关的流场,根据连续性方程,有式(13.12):

$$\frac{\partial \rho_g}{\partial t} + \frac{1}{r^2}\frac{\partial}{\partial r}\left(r^2 \rho_g v_g\right) = 0 \tag{13.12}$$

按半稳态理论,有式(13.13):

$$r^2 \rho_g v_g = 常数 = a \tag{13.13}$$

式中　　ρ_g——气体密度;

　　　　v_g——气体速率。

　　气相中的温度和反应物的分布可用式(13.14)描述。式中的 Y_{OX} 为氧化剂质量分数。

$$\frac{d}{d_r}\left[\left(r^2 \rho_g v_g\right)\left(c_P T + Q_O Y_{OX}\right) - r^2 \rho_g D \frac{d}{d_r}\left(c_P T + Q_O Y_{OX}\right)\right] = 0$$
$$\tag{13.14}$$

　　将上式中的 Y_{OX} 以 Y_F(燃料质量分数)和 Y_P(产物质量分数)代替,可得到关于燃料和产物的类似方程。

　　边界条件可如下建立:

$$Y_F = 0, \quad Y_{OX} = Y_{OX,\infty}, \quad Y_P = 0, \quad T = T_\infty \qquad 对 \ r = \infty$$

$$Y_{OX} = 0, \quad Y_F = 1, \quad Y_P = 0, \quad T = T_s \qquad 对 \ r = d/2(微滴表面)$$

$$(\lambda dT/dr)_g = \rho_g v_g L + (\lambda dT/dr)_1 + Q_r \qquad 对 \ r = d/2$$

式中　λ——导热率；

　　　Q_O——与氧化剂有关的反应焓；

　　　L——蒸发热；

　　　B——燃料对氧化剂的化学计量比(质量)。

解式(13.14)，可得式(13.15)~式(13.17)(C_1 和 C_2 为积分常数)：

$$c_P T + Q_O Y_{OX} = C_1 + C_2 e^{-\frac{a}{r\rho_g D}} \tag{13.15}$$

$$\rho_g v_g \frac{d}{2} = \rho_g D \ln(1 + B) \tag{13.16}$$

$$B = \frac{\beta Q_O Y_{OX} + c_{pg}(T - T_S)}{L + \lambda (dT/dr)_1 + Q_R} \tag{13.17}$$

对蒸发的情况，只有当 $Q_O = 0$ 时才成立。应用边界条件，可以衍生出表示微滴半径的方程，如式(13.18)：

$$\frac{d}{2} \frac{d}{dt}\left(\frac{d}{2}\right) = -\frac{K}{8} \qquad d^2 = d_0^2 - Kt \Rightarrow t_v = \frac{d_0^2}{K} \tag{13.18}$$

式中　$K = \dfrac{8\rho_g}{\rho_l} D \ln(1 + B)$；

　　　d_0——初始微滴的直径；

　　　t_v——完全蒸发所需时间。

微滴直径的微分方程能被转变为由液相向气相的质量传递方程，见式(13.19)：

$$\frac{dm}{dt} = -\frac{3}{2} \frac{m_0^{\frac{2}{3}}}{d_0^2} K \cdot m^{\frac{1}{3}} \qquad m(t) = m_0 \left(1 - \frac{t}{t_v}\right)^{\frac{3}{2}} \tag{13.19}$$

燃烧火焰位置可见式(13.20)：

$$\frac{d_f}{d} = \frac{\ln(1 + B)}{\ln(1 + \beta Y_{OX})} \qquad T_f = T_s + \frac{T_\infty - T_s + \dfrac{\beta Y_O(Q - L)}{c_{P,g}}}{(1 + \beta Y_{OX})} \tag{13.20}$$

半稳态条件说明，微滴系作为潜在物质中 (r, r_i) 的源头，而微滴系位于 r_i 处[13.20]。N 微滴也可按类似方式起作用。见式(13.21)：

$$\phi(r, r_i) = -\sum_{i=1}^{N} \frac{q_i}{|r - r_i|} \qquad Y + c_P T = C_1 + C_2 e^{a \frac{\phi(r, r_i)}{v_g D}} \tag{13.21}$$

　　图 13.2 系由两个相邻微滴燃烧时温度分布情况,微滴的温度为 0℃,火焰温度为 1000℃,外温为 300℃。对火焰温度和微滴温度应用适当的边界条件,可得出浓度和温度分布图。

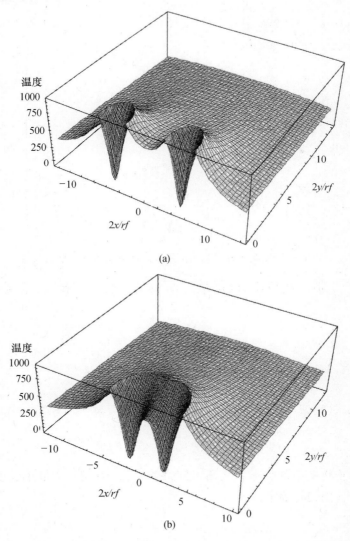

图 13.2　两个相邻燃烧微滴在 $X-Y$ 平面内的温度分布图
(a)相互影响的两微滴的燃烧;(b)两微滴各自蒸发,但被同一火焰前沿覆盖。

　　在图 13.2 中,(a)图表示的是两相邻微滴燃烧相互干扰的情况,(b)图表示两燃烧微滴的火焰区相互重叠。图 13.2 说明,在一粒子云中,其燃烧特征的变化取决于粒子距离,如果各粒子燃烧的火焰半径相互干扰的话。燃烧存在不同的方式,但在燃烧过程中,它们可以转变。例如,在粒子云边界处发生蒸发,两个或更多个蒸发粒子火焰区的重叠,单个粒子的单独燃烧见图 13.3。

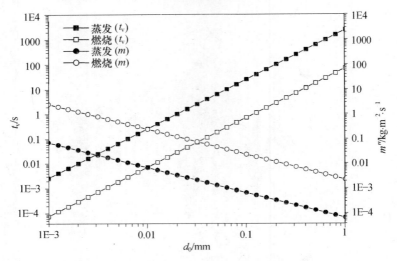

图 13.3　微滴生存时间与蒸发和燃烧微滴质量转换的关系

在流速为 u 的物质中,以速率为 v 移动的粒子或微滴,受到的制动见式(13.22):

$$v\,\frac{\mathrm{d}v}{\mathrm{d}x} = \frac{18u}{d^2\rho}(u - v)$$

$$v\,\frac{\mathrm{d}}{\mathrm{d}x}d^2 = -K \tag{13.22}$$

受到的热见式(13.23):

$$\rho_1 c_\mathrm{P} d\,\frac{\mathrm{d}T_\mathrm{P}}{\mathrm{d}t} = 6\lambda\left[(T_\infty - T_P) - \frac{\mathrm{d}m}{\mathrm{d}t}L\right] \tag{13.23}$$

注入静止物质中的喷雾状物质,经过距离 x_B(燃烧室的最小长度)后将被燃尽。x_B 按式(13.24)确定:

$$x_B = \frac{1}{2}\,\frac{d_0^2 v_0}{K} \tag{13.24}$$

在半稳态条件下,单组分推进剂粒子的燃烧具回归特性,而与周围气氛无关[13.21],见式(13.25):

$$\frac{\mathrm{d}m}{\mathrm{d}t} = 8\pi d\,\frac{\lambda\left(\frac{\mathrm{d}T}{\mathrm{d}x}\right)_1}{c_\mathrm{P}(T_\mathrm{s} - T_\infty) + L} \tag{13.25}$$

一般而言,微滴蒸发或燃烧参数可通过反应时测定微滴直径求得(在微重实验中以摄影术测定微滴直径),这可实现球形对称法。基于 d^2 定律,相关的蒸发参数,还有气相中热分解的动力学参数,可通过测定微滴在红外池中放出的气体量求得[13.22,13.23]。正常测定微滴直径时,当直径接近 0 时,其准确度大为降低。相反,根据红外吸收测定放出的蒸气量的误差则较小。假定初始质量为 m_0 的微滴的蒸发按式(13.19)进行,且蒸汽的热分解为一级反应,则不同时间未分解的蒸气的质量可由下述方程决定[13.22,13.23],见式(13.26)~式(13.28):

$$\frac{\mathrm{d}m_v}{\mathrm{d}t} = -\frac{\mathrm{d}m}{\mathrm{d}t} - k \cdot m_v \qquad \frac{\mathrm{d}m_v}{\mathrm{d}t} = \frac{3}{2}\frac{m_0}{t_v}\sqrt{1 - \frac{t}{t_v}} - k \cdot m_v$$

$$(13.26)$$

$$\frac{m_v}{m_0} = -\frac{3}{4k \cdot t_v}\left\{ 2\mathrm{e}^{-k \cdot t} - 2\sqrt{1 - \frac{t}{t_v}} - \sqrt{\frac{\pi}{k \cdot t_v}} \right.$$
$$\left. \left[\mathrm{erf}\sqrt{k \cdot t_v} - \mathrm{erf}\left(\sqrt{k \cdot t_v} - \sqrt{1 - \frac{t}{t_v}}\right) \right] \right\} \quad t < t_v \quad (13.27)$$

$$\frac{m_v}{m_0} = -\frac{3}{4k \cdot t_v}\left(2\mathrm{e}^{-k \cdot t} - \sqrt{\frac{\pi}{k \cdot t_v}}\,\mathrm{erf}\sqrt{k \cdot t_v} \right) \qquad t < t_v \quad (13.28)$$

这可见图 13.4。

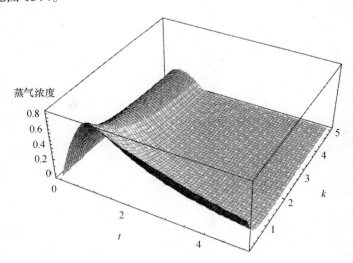

图 13.4　等温热气氛中微滴的蒸气浓度(包括蒸气的热分解
(热分解按式(13.27)及式(13.28)进行),$[k]=1/t_v$)

13.1.3　复合火箭推进剂

一般而言,复合固体火箭推进剂含有分散于聚合物基质中的结晶氧化剂颗粒[13.24]。而且,金属粒子能提高推进剂的能量水平。这种复合推进剂系用于大型火箭发动机中。最有名的高推力(最高可达 2600N·s)复合推进剂是用于宇宙空间火箭助推器的以高氯酸铵(AP)为基的推进剂。它还含有端羟基聚丁二烯(HTPB)粘结剂及铝粉(金属燃料)。采用这种复合推进剂的大型火箭发动机排出的尾气中含有 HCl 和 Al_2O_3,它们污染环境。因此,人们正在研究采用 HMX、二硝酰胺铵(ADN)和硝酸铵(AN)部分或全部替代 AP。

AP 为基的复合推进剂的燃速与其粒度,特别是氧化剂的粒度十分有关。定性描述压力、氧化剂粒度及燃料/氧化剂比对燃速影响的粒子扩散火焰模型(GDF)[13.25]是这方面第一个成功的范例。GDF 模型假定了固体分解或蒸发产物的两个平行反应,蒸气或氧化剂"贮器"与周围气体的一个均相化学反应和一个扩散–控制反应。如上文所述,化学反应时间系由 Arrhenius 反应速率常数决定,而与粒子大小无关。气相中的扩散–控制反应系以与微滴燃烧相类似的方式进行,其转变时间与"贮器"直径(微滴大小,见上文)平方成正比。固体燃速在气相中的传热及固体的物理参数,由式(13.29)决定:

$$r = \frac{\lambda_g\left(\dfrac{dT}{dx}\right)}{c_s(T_s - T_\infty) - L} \tag{13.29}$$

式中　T——推进剂表面温度;

　　　T_∞——冷推进剂温度;

　　　c_s——固体比热容。

推进剂的燃速为 r 见式(13.30):

$$\frac{1}{r} = \frac{a}{P} + \frac{b}{P^{\frac{1}{3}}} \tag{13.30}$$

上式中的 a 及 b 分别见式(13.31)及式(13.32):

$$a = \left[\frac{\lambda_g(T_f - T_s)}{c_s(T_s - T_\infty) - L}\right]^{\frac{1}{2}} \frac{\rho_s R T_g}{\sqrt{Ze^{-\frac{E}{RT_g}}}} \tag{13.31}$$

$$b = \left[\frac{\lambda_g(T_f - T_s)}{c_s(T_s - T_\infty) - L}\right]^{\frac{1}{2}} \frac{\rho_s R^{\frac{5}{6}} T_g^{\frac{1}{2}} \mu^{\frac{1}{3}}}{K_1^{\frac{1}{2}}} \qquad \mu = \rho_g d^3 \tag{13.32}$$

对于粗粒(粒径>20μm~30μm)复合推进剂,其燃速系扩散控制,燃速的压力指数 $n(r = P^n)$ 约 1/3。对于细粒(粒径<5μm)复合推进剂,其化学反应速率是占主导地位的,压力指数可达到 1。复合推进剂的燃速是双曲线变化,而取决于其粒度。当推进剂所含 AP 的粒径由 1000μm 减小至 1μm 时,燃速可增加约 10 倍。这种燃速与粒径及压力的定性关系示于图 13.5 及图 13.6。此外,复合推进剂的温

度敏感性也受粒度的影响。考虑到 AP 为基的单元推进剂的燃烧和其粒子的多分
散性,对于氧化剂粒径是双峰分布的高能推进剂,可得修正的 GDF 模型[13.26]。

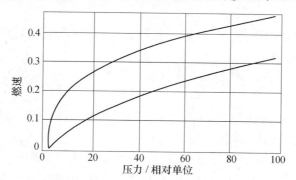

图 13.5　燃速与粒径及压力的关系

上曲线为粗粒径推进剂($b \gg a$);下曲线为细粒径推进剂($a \gg b$)。

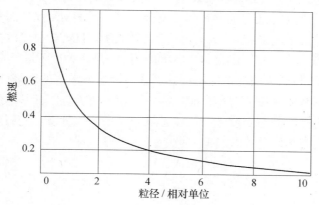

图 13.6　燃速与粒径的关系

Hermance[13.27,13.28]曾分析了氧化剂粒子导致的推进剂燃烧表面的不均匀性,
包括固体转变及气相区内的吸热和放热反应。在球形粒子无规分布的填充床内,
推进剂表面(推进剂粒子的无规横断平面)所观测到的平均直径 d^{*} 可由式
(13.33)决定:

$$d^{*} = \sqrt{\frac{2}{3} d_0} \tag{13.33}$$

表面的损耗是表面分解/蒸发之和,并形成气态组分流,而其反应为扩散控制。
在压力大于 20MPa 时,此模型与实验数据相符。

Beckstead、Derr 和 Price[13.29](BDP)模型则比较复杂,此模型能更好地预测燃
速与复合推进剂组成的关系。推进剂组分能进行固态反应,但通过吸热效应可转

移至气相中。复合推进剂的火焰区是由多种火焰组成的,至少有以下三种:

• AP 单元推进剂火焰,它是一预混火焰,由化学动力学所主宰,决定火焰的投射距离;

• 蒸发或裂解燃料与 AP 分解产物间的一级火焰,它由化学动力学和扩散控制;

• 燃料分解产物和 AP 单元推进剂残余氧化产物间的最后火焰,它是一扩散火焰。

火焰投射距离取决于压力,与此相关,它们控制燃速的压力关系。由燃烧表面产生的物质流与氧化剂的横断平均直径 d^* 有关。

如将燃烧表面非均匀性的统计效应 d^* 考虑进去,还能进一步改善 BDP 模型[13.30]。与早期的理论不同,改进 BDP 模型能定量预测氧化剂及推进剂其他组分的影响、在一个较宽范围内的压力影响和温度敏感性的影响,且能更好地与实验结果相关。但这方面尚无简单可靠的公式供推进剂设计者应用。

扩展的 BDP 模型也能解释 AP 部分或全部用结晶 HMX 代替的复合推进剂的行为(见 Blomshield 的报告[13.31])。对用于代替 AP 的 HMX,粒度改变(细化)时对燃速仅增加一倍。其主要原因是,HMX 的氧平衡小于 AP,而是一个“较好”的单元推进剂。因此,粒子火焰的扩散特征并不强烈影响推进剂的燃烧。

人们曾试图整体模拟非均相含能材料在固相中的燃烧。其基本问题是在固体中沿燃烧方向传播的静态温度分布尺度是粒子大小的数量级。先假定这样一个在反应固体中的稳态热波是由式(13.34)决定的[13.32]:

$$\frac{\mathrm{d}}{\mathrm{d}x}\lambda(T)\frac{\mathrm{d}T}{\mathrm{d}x} + rc(T)\rho\frac{\mathrm{d}T}{\mathrm{d}x} = r\sum\dot{q}_i\frac{\mathrm{d}c_i}{\mathrm{d}x} + \dot{Q}\delta(x) \qquad \lambda(T)\frac{\mathrm{d}T}{\mathrm{d}x}\bigg|_{T_s} = 0$$

$$(13.34)$$

式中 $\dot{q}_i$——反应热;

         $c(T)$——固体比热容;

         $\dot{Q}$——火焰热通量。

在固体内,稳态燃烧速率 r 与固体物理参数无关,而只取决于边界条件(如果固体内所有化学反应都完全进行)。

将式(13.34)积分,可得式(13.35):

$$r = \frac{\dot{Q}}{\rho\int_{T_\infty}^{T_s}c(T)\mathrm{d}T - \sum q_i}$$

$$(13.35)$$

惰性固体的温度分布由式(13.36)决定:

$$x - x_0 = \int_{T_\infty}^{T} \frac{\frac{\lambda(\theta)}{T_\theta}}{\rho \int_{T_\theta} c(\tau) d\tau} d\theta \tag{13.36}$$

在燃烧均相固体内,温度分布由式(13.37)给出(对惰性气体区,用 T_f 代替 T_s):

$$T(x) = T_s e^{-\frac{rc\rho}{\lambda}x} \tag{13.37}$$

对许多固体推进剂,$\lambda/c\rho$ 为 10^{-3} 数量级$(cm^2 \cdot s^{-1})$。

低压时,复合推进剂的燃速为 $1cm \cdot s^{-1}$ 数量级,形成的温度分布厚度约 $10\mu m$。因此,温度分布取决通过另一个结晶和聚合物区的均匀振荡时间。只有对粒径很小的推进剂和在低压下,在固体中的平均稳态温度分布才能认为是合理的。

在气相中(采用气相的物理参数 v_g = 气体速率)的情况与上述类似,式(13.38)~式(13.40)均成立[13.30,13.31]:

$$\frac{dT}{dx} = -\frac{v_g c\rho}{\lambda} T_f e^{-\frac{v_g c\rho}{\lambda}x} \tag{13.38}$$

$$\dot{Q} = -\lambda \left.\frac{dT}{dx}\right|_{T_g} = v_g c\rho T_f e^{-\frac{v_g c\rho}{\lambda}x_{st-off}} \tag{13.39}$$

$$x_{st-off} = -\frac{\lambda}{c\rho}\ln\left(\frac{\dot{Q}}{v_g c\rho T_f}\right) \tag{13.40}$$

在复合推进剂中采用铝粉,最初是为了提高推进剂的能量水平,因为铝燃烧时放出高热。随后发现,粒径为 $20\mu m \sim 30\mu m$ 的铝粉在火箭发动机中燃烧时,铝粉或其氧化物衰减压力振荡。推进剂燃速与铝粉粒径的关系甚低。但如采用超细铝粉(Alex)(现已有供应),则情况就不同了[13.33]。为了研究含超细铝粉复合推进剂的燃烧行为,比较实验了下述两种推进剂,两者的组成均为:75% AP,8% 铝,12% HTPB 及 5% DOA,但两者所用铝粉的粒度及 HTPB 型号不同。一种是 HTPB1090:Al/Alex(纳米级铝粉);另一种是 HTPB1091/Al(粒径 $15\mu m$ 的铝粉)。

含纳米级铝粉推进剂的燃速约为含常规铝粉推进剂的 1.5 倍或更高[13.34](见图 13.7 和图 13.8),这也与其他研究者[13.35~13.41]所得的结果相一致。Alex 铝粉也导致压力指数提高,这说明含超细铝粉推进剂对燃烧区内非均匀火焰结构的依赖性降低。假定燃滴模型适用于含超细铝粉的推进剂,也能解释超细铝粉的快速氧化。由上面所述的复合模型可明显看出,要包含金属粉的详细氧化情况是非常复杂的,而只能大概估测。这种估测说明,如果采用简化的燃滴燃烧理论(见表 13.1)[13.42],则对粒径大于 $10\mu m$ 的铝粉,在火焰投射距离大于 BDP 理论用于各种类型火焰的投射距离时可能即已完全反应。铝粉粒径降为 $1/10^{-3}$ 时,反应所需投

射距离会减为 $1/10^{-6}$(见上文所述燃滴的燃烧),且使铝粉的氧化在十分靠近燃烧表面,而在火焰投射距离之内发生。

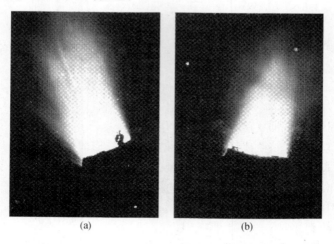

图 13.7 复合推进剂在 4MPa 下于摄像弹中的燃烧

(a) 含粗粒铝粉;(b) 含超细铝粉(Alex)。

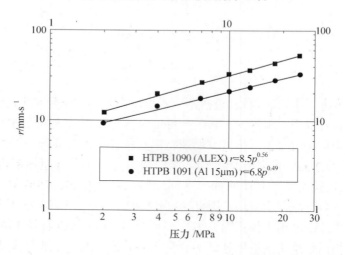

图 13.8 复合推进剂燃速(以 Crawford strand 燃烧器测定)

实验表明,最高温度系位于十分靠近燃烧表面处,超细铝粉的燃烧热可通过温度梯度直接传至燃烧表面[13.43]。用式(13.29)及式(13.40)分析图 13.7 中的数据,则在压力 10MPa 及热通量约 $0.8\text{kW}\cdot\text{cm}^{-2}$时,可测定燃速(见式(13.31),$T_s = 900\text{K}$,$c_p\rho = 2\text{J}\cdot(\text{K}\cdot\text{cm}^3)^{-1})$。这意味着,超细铝粉燃烧时,可额外增加$0.4\text{ kW}\cdot\text{cm}^{-2}$的热通量。火焰投射距离估计在 $25\mu m$ 区域内,在此区域内,气相中超细铝粉的氧化得以完全。这与下述估测相符:在氧化剂流为 $10m \cdot s^{-1}$ 时,粒径小于 $1\mu m$ 的铝粉在 $50\mu m$ 内被完全氧化;粒径小于 $100nm$ 的铝粉在 $500nm$ 内被完全氧化(见表 13.1,同时要注意由固体表面至火焰最大温度处的温度分布)。

当研究硼粉在吸气式火箭发动机中的燃烧时,发现了一些有意义的现象,这使人们对其进行了广泛的研究。有关这方面的详细情况可见文献[13.40~13.50]。

13.1.4　烟火药

点燃发射药及火箭推进剂的实际经验说明,点燃器必须在比含能材料本身转变所需时间至少低一个数量级的时间内,在热气流下产生炽热粒子[13.51~13.55]。热气体应该为燃烧提供一个预压,形成传导及对流给热,以有助于稳定空气相反应。热粒子应能穿透表面,有效地将点火能传递给推进剂。描述点火的理论方法主要是基于反应固相内的热流方程,它假定由点火器输入推进剂表面的能量为随时间而变化的热流,而该方法可模拟热气体接触、辐射或平均热粒子流。

烟火药通常含有无机氧化剂粒子和金属燃料,且其质量是严格控制的。众所周知,粒径对控制和保证烟火药的质量是一个重要的因素[13.51~13.60]。

关于粒径对烟火药性能及转变速率影响的系统研究文献[13.59,13.60]是最近才发表的,这些研究表明,当烟火药粒径在 $1\mu m \sim 100\mu m$ 间变化时,影响烟火药在密闭容器中反应时的压力增高情况和能达到的最大压力[13.59]。从定性而言,可如下直观地解释粒径的影响:粒径较小的氧化剂分解速率要快,并从而易于建立起一个氧化环境(Prout – Tompkins 或 Avrami – Erofeev 机理)。根据燃滴(或燃粒)在一个氧化环境中的消耗情况,较小的金属粒子显然消耗得要快(由于 d^2 定律),且反应得更完全(因为小粒子的燃烧时间 t_v 较短)。有关这方面的区域数学模型可能比较复杂,而且模型的数学解也不一定具有多少实际效益和用途。直径大于 $20\mu m$ 的粗粒钛,在 KNO_3 环境中所需的氧化时间约为 $1\mu s$,而直径为 $1\mu m$ 的硼粒则只需 $0.5\mu s$,纳米钛粒子则所需的时间可能更短。特别是,模拟发射药的点燃可能需要一个适当的能量输入以估计点燃延滞时间和引发主装药燃烧的先决条件。采用标准化的压力 – 时间曲线(在小于 $50mL$ 的小密闭容器中点燃具有一定粒径的药剂测得)可能是一个有用的技术途径。

在点火器中采用纳米粒子在当前是很有意义的[13.61~13.64]。人们已经研究过在容积为 $50mL$ 的密闭容器中点燃具有不同组成的混合物(包括含超细钛粉的混合物)的情况[13.61~13.63]。实验测定了在一个 $50mL$ 微型弹中点燃 $350mg$ 烟火药及点燃 $350mg$ 烟火药 $+3g$ 发射药时产生的压力。实验指出,含超细钛粉的混合物反应最快(图 13.9),反应早 $0.8\mu s$ 启动,启动后形成快速的压升($7200MPa \cdot s^{-1}$),且反应在 $0.25\mu s$ 内基本完成。这个实验结果与敞口实验中用高温计测得的结果就定性而言是一致的。但对点燃主装药,粗粒点火药更为有效。以超细点火药点燃推进剂时,推进剂燃烧的压力－时间曲线上出现最大压力的时间滞后。曾比较了四种实验发射药(JA2,半硝胺发射药,NENA 发射药和 GAP 发射药)的压力－时间曲线。在所有情况下,含超细钛粉点火药的延滞期是最长的。显然,细金属粉的氧化和蒸发过快,以致于只有一小部分粒子(最初粒径较大的那一部分)能达到被引燃的发射药。因此,粗粒和细粒的混合物的引燃效果可能更好,这种混合物能加速引发反应和利用热能。为了有效引燃主装药,在点火药中采用一部分粗粒子是必需的。

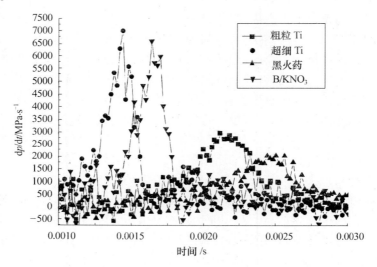

图 13.9 含粗粒钛粉点火药、含超细钛粉点火药、B/KNO$_3$ 及黑火药四者的转变速率比较

点火药主要含无机氧化剂及金属燃料和有机燃料[13.65]。目前使用的点火药是与 Teflon/Viton 结合的镁粉(MTV 点火药)。就亮度而言,MTV 是很出众的,因为镁粉与 F 的反应热高。就燃烧特征和光发射而言,点火药的粒度具有十分重要的作用[13.65,13.66]。

点火药的反应产物会与推进剂相互作用,具有一定温度的气态物质的作用系通过对流及传导将热传至颗粒表面来实现的。理论说明,由点火器产生和喷射出的多个热质点引燃装药的行为还是比较困难的。一个可能的理论途径是认为传递至装药表面或靠近表面的能量是一个平均能量,但这不可能区别各个粒子及其特征彼此间的差别。不过,热点模型能适当考虑点火药的粒径,特别是金属粉的粒径和点火药紧靠推进剂表面无规位置的能量输入。通常点火药粒子能穿透推进剂表面。有实验表明,在输入主装药的总能量相同的情况下,很多小粒径点火药与一些大粒径点火药相比,前者引发一个稳定燃烧前沿所需时间可能比后者短得多[13.62]。

13.1.5　爆轰

炸药装药可以是铸装、模塑及压装的含能材料,它们含有一种或多种具不同粒度的组分,有的装药也可能具有空隙、空洞或微小的裂纹[13.65~13.76]。炸药装药所含的粒子在纯度、内部缺陷及表面缺陷等方面都是多样的。这些方面并不严重影响所谓理想炸药(如铸装梯恩梯、HMX 和 B 炸药)的能量水平,主要如爆速和 Gurney 能,但它们对塑料粘结炸药、水下爆破用炸药及必须产生高威力爆破用炸药[13.75,13.77,13.78]的影响则是十分明显的。

炸药的非理想性与引爆温度及影响爆轰特征的冲击波和/或及爆轰波相关。引爆感度、引爆能阈值、冲击至爆轰的次数、爆速及炸药的能量水平都受到装药组分的粒子特征的强烈影响[13.72~13.76]。现代采用的含能材料(如 RDX 和 PETN)的亚微米粒子可制得较不敏感的装药配方[13.79]。

爆轰波的发展是由含能材料的化学转变提供能量的。基于热力学所得出的简化理论认为,含能材料的化学反应在爆轰前沿后立即完成,而仅取决于压力(Forest Fire 模型)。有些简化机理,如引燃和成长机理或 JTF 模型,考虑化学反应时,认为反应的贡献取决于转变与一个类似反应级数的参数的关系。如果级数为2/3,则说明反应与三维结晶结构有关(见上文所述粒子的分解)。如上所述的对反应的分析表明,粒径较大的粒子可能会遵循上述的假定。将爆速和爆压的实际测定值与理论估算值比较时,对非均相的猛炸药(非理想炸药)会存在偏差。这些现象解释[13.80~13.82]如下:

• 热点模型,此模型假定受波变形冲击时,装药中的微孔或气泡(或其他缺陷)坍塌释出的能量系用于加热邻近的含能材料以激发快速化学转变。在反应介质中,热点能使化学转变速率比正常燃速高几个数量级,因为热点处温度甚高。根据装药中微孔的分布情况,单个的转变点能集合形成或多或少的平面反应前沿。因此,热转变波能紧随引爆波。

• 由于转变热点产生的球形波的作用,被吸收的能量能转变为引爆波。非均相的装药可作为压力波的球形产生源,而各发射源产生的单个波又可合并为平面波(根据介质的集合构型)而增强引爆波。

• 波传播的微结构模型包括了所有有关的效应,能解决上述问题。此类模型能解释由于装药非均相性引起的各种作用(发射,变形,运动等)和非均相炸药内最初固体反应物向反应产物的转变。但方程的数值解需要采用超级计算机。结果表明,波的产生和传播与炸药组分的粒径及形状有关。发射波的相互干扰可形成高温高压小区,它们可视为热点。

对 HMX 和 RDX 而言,其粒径对炸药性能的影响已为人详细研究过。球形粒子发生爆轰的距离较长,则引发爆轰需较高的冲击波压力。

细粒子的冲击波感度较低,且随粒径的减小而下降。粒子的破碎和弹性变形也对冲击波感度具有重要的影响。粒子受冲击时产生的屈服应力与粒径有关,可由式(13.41)表示[13.83]:

$$\tau = \tau_0 + \tau_p d^{-1/2} \tag{13.41}$$

实验测定,冲击波感度与冲击载荷的关系与 $d^{1/2}$ 成比例。与 RDX 不同,对 HMX,粒径的影响对纳米粒子仍存在[13.79]。当 HMX 的粒径小于 $10\mu m \sim 20\mu m$ 时,其冲击感度增高,但这种影响尚未完全为人所知。一个可能的解释是:HMX 细粒子的相变行为与粗粒子不同,因此,影响其冲击波感度及有关的温度效应。此外,在快速加热时,细粒 HMX 比粗粒 HMX 较易于转变为 $\delta - HMX$。

炸药中的铝粉主要用于提高爆破效应,铝的二次反应对此具有重要的作用。对空气中的爆轰或水中炸药皆如此。用于炸药中的铝粉粒径为 $1\mu m \sim 100\mu m$。在点火药及推进剂中,纳米金属粉,特别是 Alex 铝粉是令人相当感兴趣的,因为超细金属粒子预期对一级反应及爆轰热都会有较大贡献,但实际所得研究结果并未完全证实这一点。很多研究者报道了大量不同组成炸药的实验结果。一些含纳米铝粉的配方的反应速率接近相应的猛炸药[13.83~13.90]。对猛炸药 RDX、HMX 和 CL-20,铝粉对爆速没有可测定的影响,虽然对有些配方也有一些较小的作用(如对最大爆速,但取决于装药直径)。实验结果与理论计算值(用 CHEETAH 程序所得)的比较说明,铝粉的粒径强烈影响 ADN 或 AP 的非理想炸药的爆速[13.76,13.77]。特别是 ADN,它能明显提高爆速及推板实验速度[13.83]。铝粉的反应为燃滴燃烧效应所控制,且以与在爆轰中类似的方式发生。

有关的燃烧时间示于表 13.1。表中数据说明,对 100nm 的铝粉,在跟随爆轰产物流场 0.1mm 后即能完全反应。炸药的爆轰与固体推进剂的燃烧是不同的,推进剂燃烧时,流速估计仅为 $10mm \cdot ms^{-1}$ 数量级,而炸药爆轰的爆速则大于 $5000m \cdot s^{-1}$。故对于炸药的爆轰,铝粉的反应对爆轰波不会有本质上的贡献,而只可能对慢速波的传播有所影响。

表 13.1　铝粉粒径与铝粉完全燃烧距离的关系

(距离为估计值,设铝粉燃烧常数 $K \approx 0.2mm^2 \cdot s^{-1}$)

铝粉粒径 /mm	燃烧时间 /ms	流速/ $mm \cdot ms^{-1}$	距离/mm (按式(13.24))	流 速 /$mm \cdot ms^{-1}$	距离/mm (按式(13.24))
1	5000			10	25000
0.01	0.5	2000	500	10	2.5
0.001	0.005	2000	5	10	0.025
0.0001	0.00005	2000	0.05	10	0.00025

在所有情况下,含能材料中含超细金属粉的混合物或装药,其感度都会增高。热作用及冲击作用两者都能在较低阈值下引发有害的反应。关于热对超细铝粒子作用的详细研究结果已发表了一些文献。热分析方法(如 DSC、TGA、EGA(释出气体分析)等)表明,超细金属粒子本身及含超细金属粒子的混合物,均比常规粒径的金属粉及其混合物具有较高的反应性,发生反应(被空气氧化)的起始温度可下降 100K 甚至更多。此外,ESD(静电放电)感度也明显增高。纳米铝粉粉尘易于发生猛烈爆炸[13.91]。

13.2 炸药粒子缺陷与铸装炸药感度的关系

本节叙述炸药粒子缺陷与铸装炸药感度的关系,且系准确的实验结果,有两个主要的实验结果将重点综述。

- 准确验证了炸药粒子内部和表面缺陷对铸装炸药感度多方面的影响;
- 说明了炸药粒子缺陷对铸装炸药配方感度影响的重要性。

下面两个冲击实验可用于评价铸装炸药的感度:

- 平面冲击波实验是最准确的,它用于研究炸药粒子内部及表面缺陷各方面的影响。此实验可测定炸药细微的感度变化。
- 小型的弹丸冲击实验结果则是最方便用于证明的。此实验可测定铸装炸药的爆轰阈值,它可说明炸药粒子缺陷对铸装炸药感度影响的重要性。

为了校验炸药粒子缺陷的影响需要采用高质量的铸装炸药试样,这类高质量的配方不应带入其他的装药瑕疵,如粘结剂中的残余空隙等。所采用的高质量铸装炸药具有下述特征:

- 极好的均一性,各处的密度差应小于 0.5%;
- 密度应非常接近理论最大密度(＞99.5% TMD),这才能保证装药中无空隙;
- 可采用粒度分布为很窄的单峰分布,为中等粒度的炸药制备装药,且粒径应可在较大范围内选用。

早先的铸装炸药性能系以含 70% 的固体(如 HMX 或 RDX)和 30% 惰性粘结剂(如蜡)配方测得的。采用非高聚物粘结剂可检验装药实际密度与理论最大密度的差别。下文只是叙述主要的实验结果,更详细的内容可见章末引述的参考文献。

13.2.1 炸药粒子内部和表面缺陷的影响

平面冲击波实验用于测定炸药粒子内部和表面缺陷对铸装药感度的影响,实验提供空间 − 时间图上的一个点,记录持续平面入射波在已标定厚度试样上的通过时间。而准确时间的测定则采用了两个 PVDF 精密计时仪,一个测定冲击波进入试样的时间,另一个记录冲击波离开试样的时间。这可检测冲击波通过试样时间的微小变化。测时准确度小于30ns。弹丸由一个45mm火枪发射。试样最大厚度不超过20mm。

13.2.1.1　内部缺陷的影响

该实验采用了两批RDX(批号1+及批号1−),这两个批号都是由同一大批(批号1)以ISL沉−浮法得到的[3.39],这样能保证批号1+及批号1−的粒子具有同样的特征,但内部缺陷数量则有差别。

大批号1的粒径为315μm~800μm。以表观密度为1.7980g·cm^{-3}的液体混合物处理批号1粒子,批号1+粒子由上浮者(上部)选出,再将下沉粒子置于表观密度为1.7990g·cm^{-3}的液体混合物中,又由上浮者(下部)选出批号1−粒子。

图13.10定性地证明批号1+及批号1−的粒子的内部缺陷总数是不同的。批号1+粒子最大内部缺陷大小为50μm~100μm,批号1−粒子内部缺陷平均大小为约10μm。

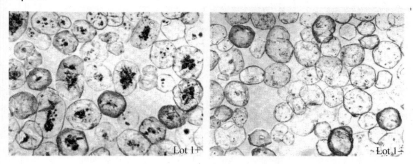

图 13.10　RDX(粒径 315/800μm)的显微镜(具校正折射率)图像

图13.11是三个批号RDX(1,1+,1−)的ISL沉−浮实验的定量结果,图中数据说明了加工批号1+及批号1−RDX粒子的效率。正如所预期的,批号1+的表观密度小于1.7980g·cm^{-3},批号1−的表观密度大于1.7990g·cm^{-3}。

还采用批号1+及批号1−两批RDX,制备了两个类似高质量的铸装炸药(配方为70%RDX及30%蜡),以测定RDX粒子内部缺陷对铸装药冲击感度的局部影响。

图13.12是平面冲击波的实验结果。在4.7GPa下,批号1+RDX为基的配方具有最短的通过时间。这说明,当RDX粒子内部缺陷增高时,装药的冲击波爆轰过渡时间较短。

实验测定,冲击波通过两个试样的时间差约250ns,此差值虽不大,但不失意义。实验的测时误差小于30ns。

炸药粒子内部缺陷可形成引发化学反应的热点。在较低(4.7GPa)的冲击压

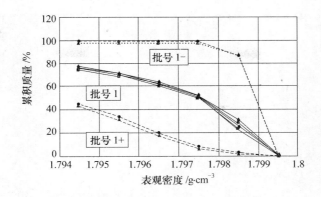

图 13.11　批号 1、1 + 及 1 - RDX 的 ISL 沉 - 浮实验

(批号 1 RDX 的粒径为 $315\mu m/800\mu m$)

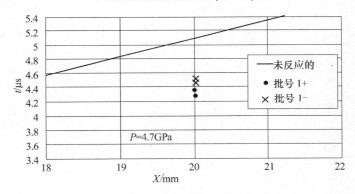

图 13.12　RDX 粒子内部缺陷对铸装药

(70% RDX($315\mu m/800\mu m$) + 30% 蜡)冲击感度的影响

力下,冲击爆轰过渡时间主要是由热点引燃炸药所决定的[13.92]。炸药内部缺陷增加相当于潜在的热点数增多,因而导致炸药冲击感度增高。

13.2.1.2　表面缺陷的影响

用于实验的原料 RDX 是由工业 RDX 筛选得到的(使其粒径为 $150\mu m \sim 200\mu m$),而用于制备实验试样的 RDX 又系将原料 RDX 在热的 RDX 饱和丙酮中搅拌处理后得到的,这样处理的目的是为了改善 RDX 粒子的表面状况。最后,还要将用丙酮处理后 RDX 筛分,以使其粒度分布呈窄范围的单峰分布。

图 13.13 为经处理后 RDX 结晶的扫描电镜图像,由图可定性看出晶体的表面状况。晶体中不存在孪生结晶,且晶体表面平滑。不过,该图不能定量估计晶体的表面性能。这点已于本书的 9.2 节中详细讨论[9.6]。

原料 RDX 与经处理后 RDX 的 ISL 沉 - 浮实验结果(见图 13.14)表明,两者内部缺陷的数量没有任何定量上的变化。

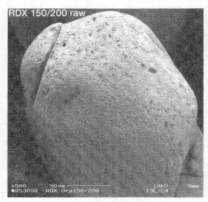
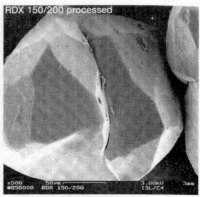

图 13.13　RDX 晶粒的扫描电镜图像

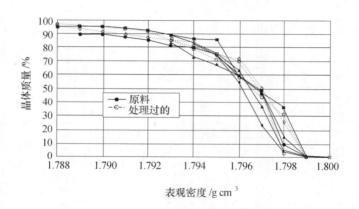

图 13.14　RDX($150\mu m/200\mu m$)的 ISL 沉－浮实验结果

分别用上述的原料 RDX 和处理后的 RDX,制得了两个相似的高质量铸装炸药试样(含 70％RDX 及 30％蜡),以测定粒子表面缺陷对铸装炸药冲击强度的影响。

图 13.15 所示为试样的平面冲击实验结果,即 4.7GPa 下,上述两个试样通过冲击波的最短时间。数据表明,铸装试样的冲击感度随 RDX 晶粒表面缺陷的增多而增高。

与炸药粒子内部缺陷相似,准确的数据说明,粒子表面缺陷也是可引发化学反应的潜在热点。不同试样通过冲击波所需时间的差值是 150ns,此值虽小于晶粒内部缺陷造成的时间差 250ns,但仍具有意义,因为测时误差小于 30ns。

同一试样所得实验结果的分散性表明了低压(4.7GPa)下热点的主导作用。在 4.7GPa 下,被点燃的热点数是有限的,因为它接近炸药配方的引爆阈值。对由

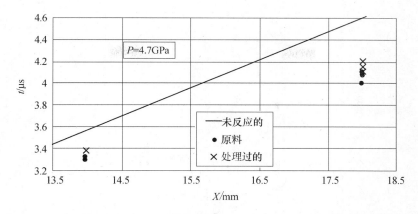

图 13.15　RDX 晶粒表面缺陷对铸装炸药（70％RDX＋30％蜡）冲击感度的影响

有限局部引发点建立的爆轰,用同一试样测得的冲击波通过所需时间的变化应甚小[3.39]。

用较大粒径($400\mu m\sim500\mu m$)RDX 试样进行的类似实验也得到了同样的结果。采用类球形的粒子和减少粒子的表面缺陷,可降低铸装炸药的冲击感度。

13.2.2　炸药粒子缺陷对铸装炸药感度影响的放大实验

上述的实验数据能准确论证炸药粒子内部及表面缺陷对铸装炸药感度的影响,但这些影响不甚明显。本节所述放大缺陷实验的目的是为了证明当炸药粒子的微观结构不同时,是否会引起炸药感度较大的变化。

为此目的实验所用的 HMX 系从工业 HMX 中选取的,共选用了三批,三者的粒度分布均为同样窄的单峰分布,粒径为 $200\mu m/300\mu m$。定性而言,批号 1 及批号 2 的粒子形状及表面性能均相似,但批号 3 具有较多的球形粒子(见图 13.16)。

图 13.16　三批 HMX(粒径 $200\mu m/300\mu m$)的扫描电镜图像

ISL 沉 - 浮实验表明,对这三批 HMX,其内部缺陷总量是很不相同的(见图 13.17)。三者的表观密度曲线类似,但彼此有明显的距离($0.002g\cdot cm^{-3}$),批号 1 的内部缺陷最小,批号 3 最大。定量数据与光学显微镜的定性观测结果相符[9.7]。

以上述三批 HMX 分别制得了三个类似的高质量的铸装炸药(含 70％HMX

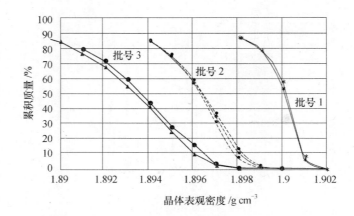

图 13.17　三批 HMX(粒径 $200\mu m/300\mu m$)的 ISL 沉 – 浮实验结果

及 30％蜡),并测定它们的感度。这几个以 HMX 为基的铸装炸药与前文所述的以 RDX 为基的同类炸药是类似的,不过以 HMX 代替了 RDX。

采用小弹丸冲击实验研究铸装炸药的冲击感度,且以引起试样稳定爆轰的冲击速度阈值衡量感度。小弹丸冲击实验的装置见图 13.18。该实验系用一 20mm 火枪发射一直径及长均为 20mm 的平底钢弹丸,而弹丸则射于带有尼龙底板的炸药试样上。在靶子与枪口之间装有一保护壁,以防止爆破效应(靶子与枪口距离为 2m)。在弹丸冲击试样前,用一个双闪光快速 X 射线成像仪测定弹丸冲击速度及冲击质量(弹丸飞行稳定性),如图 13.19 所示。

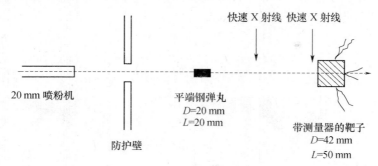

图 13.18　小弹丸冲击实验装置

在试样前侧和后侧,装有简单短接测试表,测定冲击波通过试样的时间,以求得试样发生爆轰的阈值。炸药是否爆轰则可根据试样后侧离子化表的响应来判断。

图 13.20 是冲击波通过试样时间与入射弹丸速度的关系曲线。对于 HMX 铸装药,此曲线显示很陡的变化。与离子化表响应及无爆破碎片残渣相对应,弹丸通过试样时间不再下降时的弹丸速度即是炸药发生爆轰的阈值。

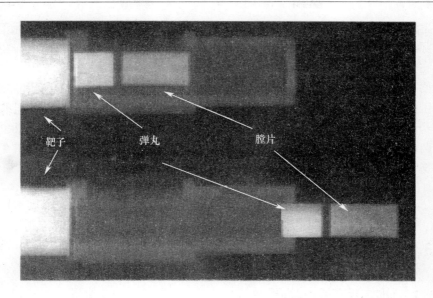

图 13.19 快速 X 射线成像仪记录的 20mm 弹丸飞行轨迹(冲击试样前)

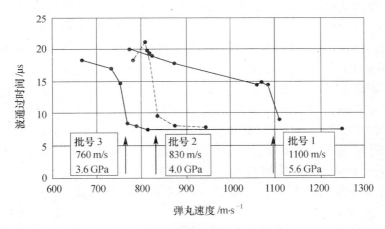

图 13.20 炸药发生爆轰的弹丸速度阈值

上述 HMX 炸药粒子中内部缺陷体积与 HMX 总体积之比(体积分数),批号 3 为 0.45%,批号 1 为 0.1%。使铸装炸药发生爆轰的弹丸速度阈值,对以批号 3 HMX 为基的铸装炸药为 760m·s⁻¹,以批号 1 HMX 为基的铸装药为 1100 m·s⁻¹,即提高约 30%。即是说,HMX 粒子内部缺陷减至 1/4,爆轰阈值(即弹丸速度)可提高 30%。

上述结果对现用的铸装炸药也是适用的。对比研究上述铸装炸药与高固含量 (70%)工业 PBX 炸药,两者所得结果为同一数量级[9.9]。

上述实验数据表明,放大炸药粒子缺陷对铸装炸药冲击感度影响的研究结果对实际应用是很重要和很有意义的。这些很准确的相关实验数据说明了炸药晶粒缺陷在铸装炸药感度上的重要作用。

要很精细地定量控制各种炸药晶体的特征(包括粒度、表面性能及内部缺陷)是很困难的,上述实验结果的主要意义在于提供一个最简单的手段而又能准确地将炸药晶粒的特征与炸药配方冲击感度相关联。还有一些其他的研究结果也证实了炸药晶粒特征对铸装炸药感度的综合影响[13.37,9.4,9.5]。目前,人们还正在下述方面努力以期取得更好的研究结果:

- 采用其他技术手段以准确地将炸药粒子的微观结构定量化;
- 制造无缺陷炸药晶粒,并测定以此炸药制得的含能材料的性能。

13.3 一个新的表征炸药性能的小型实验

13.3.1 研发新实验的必要性

扩大制造新的单质炸药或混合炸药,以生产足够量的试样供测定它们的爆轰性能,是一件耗时而又费钱的事。通常计算的爆轰性能与实测值并不总是相吻合的,而花费大量的时间和资源来测定新含能材料的爆轰性能可能又不易于实现。所以作者研发了一个小型实验方法,此法只需使用几克试样,即可初步测定一种新炸药的爆轰性能。目前已对几个通用炸药进行了测试,这些通用炸药包括 LX-10(含 95% HMX 及 5% Viton A 粘结剂)、LX-16(含 96% PETN 及 4% FPC461 粘结剂)、LX-17(含 92.5% TATB 及 7.5% Kel F800 粘结剂)。测试所得结果与用状态方程计算所得结果十分相符(状态方程是根据圆筒实验结果求得的)[13.93]。另外,还将一种新含能材料的测试结果与上述通用炸药的测试结果直接进行了比较,所用的新含能材料是新近合成的,化学名为 2,6-二氨基-3,5-二硝基吡嗪-1-氧化物,俗称 LLM-105。LLM-105 是一种钝感炸药,但威力比 TATB 高 25%[13.94]。由于它的能量水平和热稳定性都较高,所以对某些应用领域(包括不敏感爆破器和雷管)很有意义。采用作者所研发的新的小型实验装置,只需约 1g 的试样,即可测定炸药爆压和爆速。

13.3.2 实验装置和实验程序

实验装置见图 13.21,试样由一个装有爆炸箔片引发器(EFI)的引爆装置引爆,该装置先引爆一个直径为 6.35mm、厚为 2mm 的 LX-16 片状炸药(此 LX-16 压至密度达 1.7g·cm^{-3}),LX-16 炸药片的爆炸则驱动一直径为 5.0mm、厚为 0.127mm 的铝型片,后者再冲击一直径为 6.35mm、厚为 5.0mm 的试样(通过

1mm 间隙)。此引爆装置提供的激发能足以立即引爆密度达 $1.8g \cdot cm^{-3}$ 的超细 TATB。对于比超细 TATB 更钝感的炸药,则还必须加用 LX-10 或其他 HMX 为基的混合炸药的助爆片。但是,必须注意,对于实验不敏感炸药,有一个临界直径的问题。对临界直径远远大于 6.35mm 的炸药,本实验方法是不适用的,不过可能还可用于筛选目的。

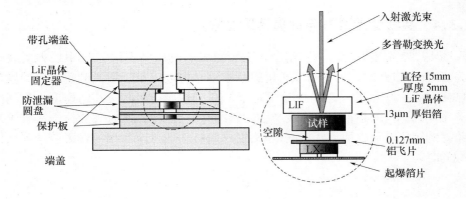

图 13.21　实验装置断面图

　　实验装置为钢制的,包括有可重复使用的端板,后者用螺栓连接,以固定钢片架。从钢片架底算起,第一个钢片用于保护底端板,且有一槽,槽中装有 EFI 及其平状电缆。第二个钢片中心有一孔,装有直径为 6.35mm、厚为 2.03mm 的 LX-16 炸药,并用下一个钢片定位,此钢片厚 1mm,中心有一直径 5.08mm 的孔。再其次是另一个装炸药试样的钢片,一直径为 6.35mm 的炸药试样片即置于此钢片中。此钢片的尺寸是严格规定的,以恰能使炸药试样高出钢片表面约 25μm。

　　实验时,将一片厚 13μm 的铝箔剪成一定的形状,然后用一钢辊柱将铝箔平置于一片玻璃上。将一微滴矿物油滴于 LiF 晶体上,将铝箔置于晶上,再将铝箔挤压于一玻璃罩衬与 LiF 晶体间,以使铝箔平整。移出玻璃罩衬,将 LiF 晶体置于装有试样的钢片上,并将晶体上的铝箔轻轻靠紧凸出钢片的试样表面。用一 O 形环使 LiF 晶体紧贴试样,此 O 形环用最后一钢片压住,而此钢片系用于保护顶端板。

　　用一个 Fabry-Perot 激光测速仪[13.95]测定 13μm 厚铝箔的移动情况。铝箔与 LiF 晶体间形成界面。激光测速仪的测速误差约 1%。在此实验仪器中,激光束系聚焦于 13μm 厚的铝箔。反射光的多普勒位移系用 Fabry-Perot 波长测定仪分析,并用一超高速扫描摄影仪记录。压力波投射入 LiF 晶体的情况可由铝箔移动速度和 LiF 的 Hugoniot 决定。激光测速仪也用于测定 EFI 中 0.051mm 厚卡普纶飞片和 0.127mm 铝飞片(此飞片为 LX-16 炸药爆炸所加速)的速率-时间曲线。Fabry-Perot 波长测定测定仪的记入时间估计约为 10ns,系统的时间分辨率估计约 1ns。

13.3.3 CALE 水力学程序

上述实验装置的轴向对称性,使得其实验结果可采用二维 Hyrocode 模拟。作者比较了实验结果与采用 CALE 程序(二维 ALE Hydrocode)计算所得结果[13.96]。

13.3.4 实验结果及其与计算结果比较

图 13.22 是实验的时间图解。各类现象发生的时间系以 EFI 中桥箔爆裂时间为参考(即以此时间为零),以通用的基准信号将电记录于激光测速仪中的膜记录(film record)相关联。激光测速仪记录 EFI 的快门与铝箔飞片的速度 – 时间曲线。飞片到达时间系以界面速度产生跳跃的时间决定的,此时飞片撞击在置于冲击位置的铝化玻璃表面上。$13\mu m$ 厚铝箔开始移动的时间即视为爆轰波达到试样末端的时间。

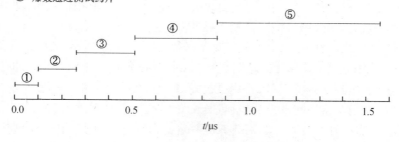

① EFI 桥箔爆炸开始状态
② Slapper 飞行时间
③ 爆轰通过 LX-16
④ 铝飞片飞行时间
⑤ 爆轰通过测试药片

图 13.22　实验的时间图解

评论一种新的含能材料,爆速是一个重要的指标。在作者的实验中,爆轰通过试样的时间可由铝飞片对试样的冲击时间和爆轰在试样中心发生时间这两者的差值决定。假定由 EFI 中桥箔爆裂至铝飞片冲击在试样上的时间是恒定的。当然,由于 EFI 的作用时间和 LX – 16 炸药试样的密度都会有一定的变化(误差),所以总会有一定的时间波动,但估计此波动仅约 $\pm 0.02\mu s$。对于一个爆速 $8km\cdot s^{-1}$ 的炸药,由此引起的爆速的相对误差约 $\pm 3\%$。如测速仪的记录时长为 $1\mu s$,则很容易达到读取约 $\pm 0.01\mu s$ 的时间精度,所以可以认为,对由爆轰通过试样的时间来决定爆速,总的误差约 $\pm 5\%$。

LX – 10 炸药的实验结果示于图 13.23。实验的界面速度数据(以灰线表示)

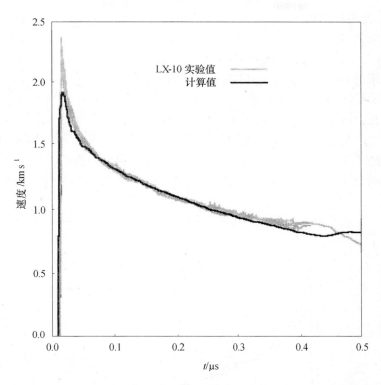

图 13.23　LX - 10 炸药的速度 - 时间曲线(由 6 个不同冲击实验求得)
与用 CALE Hydrocode 模拟计算所得值的比较[13.96]

是由 6 个不同的冲击得到的,曲线的分散性表明测定结果的重现性甚佳。图
13.23 中的黑实线是采用 CALE 水力学程序和 JWL
状态方程所得的计算结果[13.93],状态方程是由圆筒
实验测定的。除了在冲击到达时的爆轰峰值外,实验
结果与计算结果相当吻合。测定的爆速峰值比计算
值较大的原因可能是由于 Von Neumann 尖峰脉冲所
致,此脉冲在通过 0.13mm 厚铝箔时未能完全衰减。
也由于同样的原因,靠近冲击跳跃处的实验数据比较
分散。这将在下面讨论。

　　图 13.24 所示是当冲击波碰撞界面时激光测速
仪的干扰带的高速扫描摄影图。界面速度可由冲击
跳跃时干扰带之间的间距决定,但误差大于估计的实
验整体误差,后者为 1 %。这是因为,在冲击跳跃后,
干扰带宽度迅速减小,而冲击跳跃与有限宽度的干扰

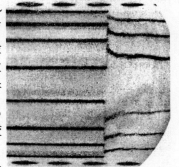

图 13.24　测速仪扫描带
高速扫描摄影
(界面速度由干扰带之间的
间距决定,冲击跳跃时干扰
带的宽度比其他时间更难测定)

带偶合,这使得峰值难于读取。但如能加速扫描,则干扰带的斜度可降低,而使峰值的读取较为容易。

  图 13.25 是由图 13.23 得出的 6 个实验记录,六者在时间上是分离的。头两个实验记录的扫描速率是 $2\mu s$,后 4 个是 $1\mu s$。扫描越快,峰值越高,这是一个一致的趋势。实验时,扫描速度限于 $1\mu s$,因为当时没有能产生时标快于 100ns 的梳形发生器。这意味着,如采用快于 $1\mu s$ 的扫描速度,将不能得出准确的时间,即不能可信地得出与电信号数字转换器记录的交叉定时。在未来的工作中,作者将采用更快速的梳形发生器,而对某些实验,计划采用薄得多的铝反射器,并与具亚纳秒级时间分辨率的 VISAR 测速仪或与填充时间更短的 Fabry − Perot 测速仪联用。

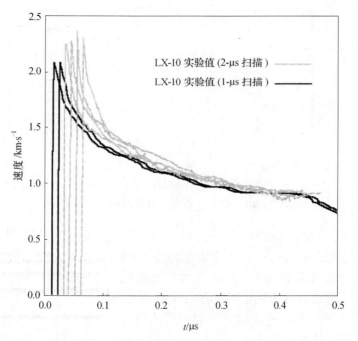

图 13.25   LX − 10 炸药 6 个实验记录
(6 者在时间上是分离的。头两个实验的扫描速度为 $2\mu s$,后 4 个为 $1\mu s$)

  LX − 16 的反应区很小,因此预期它比 LX − 10 更接近理想炸药。图 13.26 比较了 LX − 16 的实验数据(由 3 个爆炸取得)与用 CALE 程序计算所得数据。这里,计算数据实际上是高于预测的峰值,但随后实验值与计算值良好吻合。有一类实验曲线在靠近峰值处有明显的问题,这可能是出于装置的疵病,装置中有小的间隙或气泡。

  最后,图 13.27 是 LX − 17 炸药实验数据与计算数据的比较。LX − 17 是一个

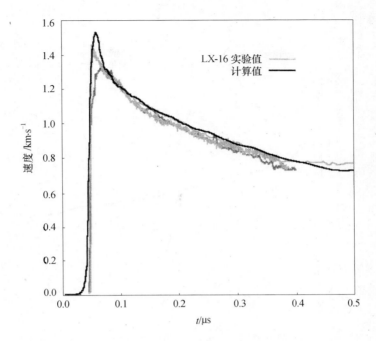

图 13.26　LX－16 的三个实验速度–时间曲线与用
CALE Hydrocode 模拟计算所得曲线比较[13.96]

极不理想的炸药,它以具有很大的反应区而知名。

　　LX－17 不能直接由铝飞片引爆,而必须采用附加的 LX－10 炸药爆破器。实验的模拟也包括 LX－10 爆破器。LX－17 的实验曲线高于计算曲线 0.1μs,这也是与 LX－17 大的反应区相一致的。在后几次实验中,实验曲线通常与计算曲线吻合不好。这一事实说明,LX－17 的爆轰可能未达到稳态,实际上,试样的直径小于 LX－17 的临界直径。

　　对于接近理想炸药的试样,其实验数据与 CALE 模拟计算数据的吻合性表明,上述的实验结果很好地反映了炸药在接近 C–J 状态的高压区(但不是非常靠近爆轰前沿)的爆炸性能,模拟计算的界面速度一般比实测者低,这可能是由于Von Neumann 尖峰脉冲所致,这种尖峰脉冲在模拟计算中是没有考虑的。也正是由于同样的原因,在冲击跳跃时测定的数据可靠性较差,但这可采用扫描速度更高的摄影仪(用于记录测速仪数据)予以改善。对于非理想性炸药 LX－17,其实验数据与模拟计算数据的吻合性明显不佳,LX－17 的反应区很大,这导致较宽的Von Neumann 尖峰脉冲,在接近爆轰前沿,模拟计算值低于预估值。如果 LX－17的爆轰未达到稳态,则随后的实验数据也不完全与模拟数据相一致。

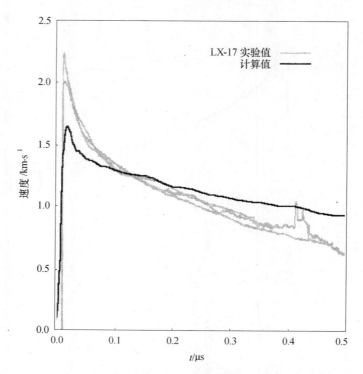

图 13.27 LX-17 炸药的 3 个实验测得的速度-时间曲线与
用 CALE Hydrocode 模拟计算所得曲线比较[13.96]

13.3.5 LLM-105 实验

LLM-105(2,6-二氨基-3,5-二硝基吡嗪-1-氢化物)是在 LLNL 合成的,它有可能是一个不敏感炸药。LLM-105 的威力估计为极不敏感炸药 TATB 的 125%。LLM-105 的能量输出、威力和热稳定性的指标使它在某些应用领域(包括不敏感爆破器和雷管)大有希望。为采用本章所述的新实验评估 LLM-105,制备了约 30g 试样。纯的 LLM-105 不能压制成具有适当力学性能的药片,因此系采用 95% LLM-105 与 5% Viton 配方的混合炸药。作者实验所用的 LLM-105 为针状结晶,这种形态的结晶难于压至高密度,装药密度只达到 92.4% 的理论密度。

图 13.28 是实验测得界面速度与采用 CALE Hydrocode 模拟计算密度为 1.72 g·cm⁻³的纯 LLM-105 所得结果的比较,模拟计算所用的状态方程是用 CHEE-TAH 化学平衡程序得到的[13.97]。实验数据与计算数据的吻合性尚可,这说明作者的新实验是满足实用要求的。

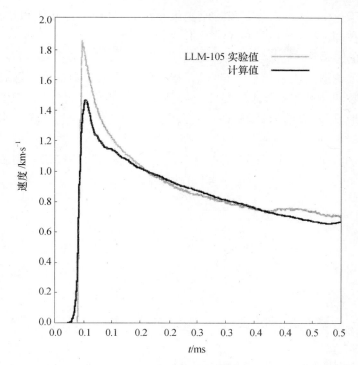

图 13.28 LLM－105 炸药实验测得的速度－时间曲线与用
CALE Hydrocode 模拟计算所得结果比较[13.96]

13.4 含能材料冲击波过程的诊断

13.4.1 前言

随着安全问题在当代含能材料技术中发挥着越来越重要的作用,对暴露于极端环境中的固体猛炸药的相对安全性的关注日益增加。潜在的危险包括冲击波或炸药受到的动载荷,也包括多种外界条件的综合作用,如炸药加热到接近热爆炸的温度,然后被碎片撞击,在热炸药中产生冲击波。本节介绍了作者所在实验室提出的应用于这些条件的实验研究方法,并根据这些实验数据建立了计算机模型,以便于计算难以进行爆炸实验研究的激发条件。由于作者的目的是综述现有技术中已被用于研究炸药冲击载荷的实验技术,所以只介绍了某些冲击波测量技术。本节列出了所选用的文献,以便于读者进一步研究这些技术以及由这些技术得到的数据。

冲击波动态环境下的高速过程实验测量方法要求检测系统具有快速响应和高分辨率。这一要求非常重要,因为人们不仅希望监测冲击中断时的状态突变,而且希望监测由于化学反应、相转变和其他变化导致的温度、压力和体积变化,这些变化可能发生在冲击波过程中,亦或滞后于冲击波发生。

在不同的参数中,利用冲击速度、粒子速度和压力等参数可直接将状态方程与炸药引发的理论研究联系起来,同时得到相对精确的实验测量值。这里叙述的是测量这些参数的几种实验技术。虽然这些技术并非新技术,但是它们已被持续改进和有规律地升级,以使测量更精确、更可靠和接近理想状态。本节强调这些测量技术的操作特点,同时也包括了实验结果的实例。

这里大多数研究是在不稳定的一维冲击波下进行的,这些研究需要对流体运动守恒方程 (见式(13.42)~式(13.44))进行求解:

质量守恒
$$\frac{\partial \rho}{\partial t}\Big)_x + \frac{\partial(\rho u)}{\partial x}\Big)_t = 0 \qquad (13.42)$$

动量守恒
$$\rho\,\frac{\mathrm{d}u}{\mathrm{d}t} + \frac{\partial P}{\partial x}\Big)_t = 0 \qquad (13.43)$$

能量守恒
$$\rho\,\frac{\mathrm{d}E}{\mathrm{d}t} + P\,\frac{\partial u}{\partial x}\Big)_t = 0 \qquad (13.44)$$

式中　ρ——密度;

　　　u——x 方向的流动速度;

　　　P——压力;

　　　E——内能。

大多数实验的典型测量为只测量两个参数,如压力和冲击速度,或者粒子速度和冲击速度。求解这些微分方程需要更多的信息,如未反应炸药的状态方程和已反应炸药的状态方程,它们常常为 JWL(Jones – Wilkins – Lee[13.93])方程,符合 JWL 反应速度法则。实验测量了未反应炸药的绝热[13.98](Hugoniot)冲击波状态方程,同时,为了校正点火和增长速度定律的系数,还测量了反应压力曲线[13.99,13.100]。反应波曲线还给出了从炸药受撞击表面到完全发展成特定输入压力下的爆轰间的距离。反应状态方程需通过其他实验获得,如测量圆柱形铜管中引爆炸药时铜管壁的运动。根据液压平衡对汽缸壁的运动数据进行迭代计算,直到得到一套可精确重复这些实验数据的 JWL 常数。对所有的炸药而言,这些常数在有限范围内改变。JWL 方程见式(13.45):

$$P = A\exp(-R_1 V) + B\exp(-R_2 V) + \omega C_V T/V \qquad (13.45)$$

式中　P——压力(单位为 mbar);

　　　V——相对体积;

　　　T——温度;

　　　ω——Gruneisen 系数;

　　　C_V——体积热容的平均常数;

A,B,R_1,R_2——常数。

点火和冲击引发的增长反应流,以及固体炸药的爆炸已经合并成几种流体动力学计算机程序,由此可解决许多炸药和推进剂安全和性能的问题[13.101~13.107]。此模型运用了两个 JWL 状态方程,一个是未反应炸药的状态方程,另一个是反应产物的状态方程,两者都是温度的函数。从炸药到产物的转化的反应速度定律见式(13.46):

$$\frac{\mathrm{d}F}{\mathrm{d}t}_{(0<F<F_{\max})} = I(1-F)^b\left(\frac{\rho}{\rho_0}-1-a\right)^x + G_1(1-F)^c F^d P^y_{(0<F<FG_{1\max})} + G_2(1-F)^e F^g P^z_{(FG_{2\min}<F<1)}$$

$$(13.46)$$

式中 F——已反应的炸药的百分数;

t——时间;

ρ——扩散流密度;

ρ_0——初始密度;

$I,G_1,G_2,a,b,c,d,e,g,x,y$ 和 z——常数。

此三项式速率方程模拟在非均相固体炸药冲击引发时通常观察到反应的三个阶段。式(13.46)中的第一项代表炸药被冲击波压缩时,由于材料坍塌形成空隙产生热区(热点)而导致的炸药引发。通常,强冲击波引发的炸药量接近于原始空隙体积[13.101]。式(13.46)中的第二项代表从热点到其他固体的增长反应。在冲击波引发时,该项模拟了内在和/或外部引发的爆燃类型的、相对慢速的燃烧扩散反应。式(13.46)中前两项的$(1-F)$幂级项的指数通常为 2/3——代表了球形粒子的表面积/体积比例。式(13.46)中的第三项描述了观察到的爆炸快速转换,当增长的热点开始结合并将大量热量传递到其他未反应的炸药粒子时,导致炸药快速反应。

13.4.2 测试设备

有许多不同的方法可实施材料动态加载。然而,为了恰当描述材料在这种特殊环境中的性质,人们必须对这种环境有精确考虑,并对枪实验的一维冲击荷载条件进行很好的控制。控制冲击强度或特性的方法之一是利用气枪或弹药发射枪加速已知材质和质量的弹头,从而对靶子进行平面撞击。Lawrence Livermore 国家实验室中测试系统中所用枪的枪膛,长 101mm,可使弹头加速到 $0.2\mathrm{mm}\cdot\mu s^{-1}$ ~ $2.7\mathrm{mm}\cdot\mu s^{-1}$,对炸药材料可产生大于 30GPa 的撞击力。图 13.29 所示为弹头离开发射枪后,撞击靶装置前的示意图。

靶装置可制成任意形状,以便能装入各种类型的量规和/或探测器,从而对所测参数进行最佳测量。通常,靶装置由数层试样组成,在试样的层与层之间填入量

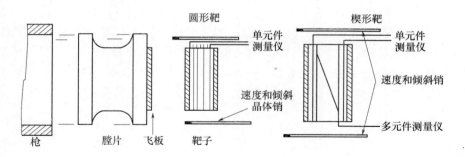

图 13.29　一维应变枪实验示意图

规。有时也采用两个楔形组成的试样作为靶标,在楔形之间有多元量规。量规的每个元件进入试样的深度不一样,深度可通过将各个元件彼此分开和调整元件放置角度进行控制。这样可以消除流体多源挠动,能任意控制测量元件的位置,从而增强测量能力。与此同时,该技术提高了单个实验中的测量元件数目。靶装置中有多个不同长度的晶体探测器,它们被放置在靶装置的四周以便测量撞击飞板的速度,六个平直放置的晶体探测器用于测量在撞击过程中发射弹相对于试样表面的摆动量。

13.4.3　电磁粒子速度量规

电磁粒子速度量规不是新设备,但是由于早期测试结果精度仅勉强合格,使得该设备在很长时期内没有进展,应用受到了限制。Zavoiski 最初于 1948 年研发的量规系根据莫斯科化学物理研究院的 Dremin 及其合作者的研究成果开发出的。多年以后,Dremin 等人[13.108]重新将该技术发展起来,最后在美国的其他实验室也发现了该技术。Edward 等人[13.109]、Hayes 和 Fritz[13.110]则进一步发展了该技术,并提高了该技术的重现性和精确性。

箔粒子速度量规已发展近乎完善,且在作者的实验室内经常使用[13.111],在 Los Alamos 实验室则作为炸药引发和表征的一维应变枪撞击实验的标准诊断特征。需要注意的是,使用电磁粒子速度量规时要求靶装置或撞击器中无金属,因为金属在磁场中的运动将产生电子噪声并导致记录失真。

目前,作者首选的量规类型显示于图 13.30,该量规是作者最偏爱的一维箔粒子流体动力学粒子

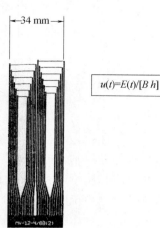

$$u(t)=E(t)/[B\ h]$$

图 13.30　测定粒子速度的单、多电磁测量仪

速度传感器。可根据应用需要以铜或铝制成。需注意的是：虽然铜的冲击阻抗匹配性不是很好，但是比铝更能承受爆炸产物的极端环境。还有一些用来简化数据的简单表达式，其中 $E(t)$ 是电子信号，单位 V；B 是磁场，单位 kG；h 是量规元件的长度，单位 cm；$u(t)$ 是最终粒子速度，单位 mm·μs^{-1}。

　　粒子速度的变化情况对确认理论模型非常有用。多量规实验揭示了产生爆炸的信息和爆炸前沿后释放冲击波的信息。LX-14（质量分数：HMX/聚氨基甲酸乙酯弹性纤维=95.5%/4.5%）中的粒子速度变化情况（典型多量规实验结果）示于图 13.31。这些分布图揭示了反应冲击波扩散通过 LX-14 试样时产生爆炸的情况。

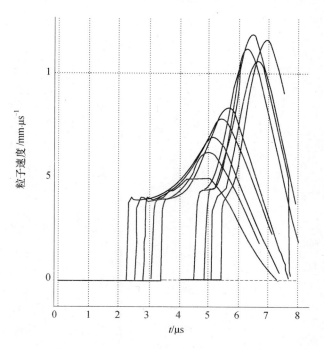

图 13.31　多电磁测量仪测得的 LX-14 炸药粒子的速度

13.4.4　锰铜压力传感器

　　Bridgeman[13.112]首次将锰铜用作流体静力学装置的压力传感器。十多年后，锰铜作为应力传感器应用于惰性材料，并随后作为量规应用于活性材料的冲击引发和各种炸药的泰勒波曲线[13.114~13.116]研究。Weingart 等人[13.117]和 Erickson 等人[13.118,13.119]设计了一种低阻抗量规，该量规由铝箔蚀刻、聚四氟乙烯（PTFE）隔离制得，可用于猛炸药反应和爆炸的原位测量。

锰铜合金非常适合作为压力传感器应用,因为随着压力变化其具有相当高的阻抗系数。阻抗系数为正值,且对压力变化的响应几乎为线性。更重要的是随着温度变化(如由冲击波加热所致),锰铜的阻抗变化几乎为零[13.113,13.120]。

作者使用的锰铜量规由 LLNL 制造,是由厚度为 $25.4\mu m$ 的锰铜箔经退火、并联制得。箔片组成(质量分数)为铜 85.90%、锰 9.5%、镍 4%、铁 0.5% 和硅 0.1%。利用标准技术蚀刻箔片制成传感器,在电芯上镀 $8\mu m \sim 10\mu m$ 铜以降低电芯的电阻。由于量规的电阻低,必须进行四端阻抗测量。标准的量规结构为四芯同时从单侧露出的单一末端集成构造。图 13.32 为这种结构的图解。如此构造为量规在靶装置中的放置提供了更大的适应性。单一末端型量规的活性元件尺寸为 $2.0mm \times 0.7mm \times 0.025mm$,标称电阻为 65mΩ。

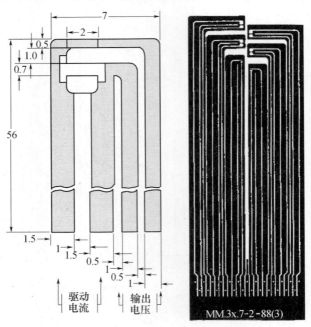

图 13.32 锰铜箔片四线单应力测量仪和多应力测量仪

图 13.32 中的多元件量规可放置于倾斜表面。量规的六个元件彼此间隔 3mm,多元件量规的元件的尺寸是 $0.7mm \times 0.3mm \times 0.25mm$,元件小于单一元件量规中尺寸,但是具有相同的长径比,以保持相同的标称电阻 R_0。如同粒子速度量规中的情况,元件间距可能不同,我们所制量规的间距分别是 2mm、5mm 和 8mm 三种规格。蚀刻量规粘于固定装置上,在固定装置中量规就像三明治一样夹在 PTFE 绝缘层之间。粘结剂为聚氟乙烯-丙烯(FEP),通过在真空夹具中注入"三明治"层实现粘结,并插入预热至熔融温度的 FEP。Erickson 等人[13.118]对此

进行了详细的报道。

实验中,在冲击波到达前施加给量规以恒定电流脉冲(通常为 50A),由此产生环境电压 V_0。冲击波到达后导致电阻升高并产生附加电压 ΔV。同时还测量了量规中的电流值,电阻变化部分与 V_0、ΔV、I 和 R_0 有关,见式(13.47):

$$\frac{\Delta R}{R_0} = \frac{V_0 + \Delta V}{IR_0} \tag{13.47}$$

式中　R_0——测得的量规初始电阻,误差 $\pm 0.01\%$;

　　　V_0——环境电压;

　　　I——通过量规的电流强度;

　　　ΔV——由于压力产生的电压差。

电压记录并非直接转换成压力。锰铜合金受到冲击,在塑性形变过程中产生缺陷,导致永久变化[13.118,13.121~13.124]。Gupta[13.121]推导出一种在塑性流动中引起量规电阻发生滞后的模型,此模型需要通过实验测定滞后系数,以便修正滞后现象。此外,如果测试材料具有高的剪切强度,那么量规中的应力与材料中的应力并不直接相关[13.125]。

对炸药而言,材料的强度非常小,因此,量规中的纵向应力与炸药中的应力非常吻合。Vantine 等人[13.124]利用实验方法对量规的滞后现象进行了合理的修正。他们假定量规中的所有不可逆变化都发生在第一次冲击跃迁过程中。对滞后进行修正时,假定量规中的相对电阻的不可逆变化可用初次冲击压力峰值对应的相对电阻变化的二次多项式表示。在对电阻进行修正的情况下,由双波实验(双冲击或冲击释放至稳定压力)得到稳定压力值,然后将压力值用于拟合修正电阻变化的三次多项式的系数。拟合时,通过推测电阻不可逆变化系数进行迭代计算。重复迭代,直到全部数据与多项式拟合很好,且标准误差在 2% 之内。上述滞后修正并非基于 Gupta's[13.121,13.122]等的固体理论基础,由此确定的压力波动范围为 $\pm 5\%$。利用此多项式确定了相对电阻变化产生的压力。

将并联锰铜量规应用于 PAX - 2A 炸药靶 (质量分数:HMX/BDNPA - F/CAB = 85:79:6)时,由于压力增长过程中在某些点形成爆轰波,因此在测量沿拉格朗日空间坐标的压力方面非常具有价值。图 13.33 表述了这样的一种情况,爆炸时剧变发生在 4.14mm 的厚度(正好在六元件量规的元件 4 和元件 6 之间),值得注意的是量规元件 5 消失了。除了在预爆炸体中精确记录了压力增长以外,量规还提供了爆轰波运动距离的精确信息。

为研究预热和被压缩的炸药,制造了图 13.34 中的结构[13.99,13.126]。利用曲线校正点火和增长模型的系数,得到的新参数可用于计算炸药在被预热和被压缩时的冲击感度。六元件锰铜量规放置于不同深度的炸药圆柱盘之间,以便记录压力变化情况。这种结构给出了放置在炸药盘中的量规元件的精确位置。由于斜量

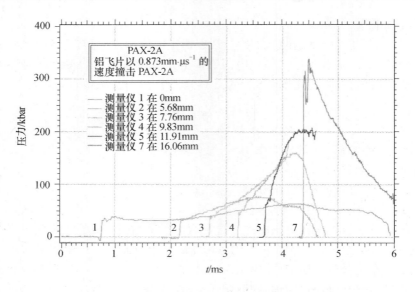

图 13.33　受冲击的 PAX - 2A 的反应压力分布图

规在粘结剂干燥过程中常常产生移动,同时,炸药的线性热膨胀并非精确掌握,所以此处不使用斜量规。前后钢板用多个螺钉固定。每个炸药圆片被松散自由地固定于 10mm 厚、与炸药圆片同样高度的钢环内。

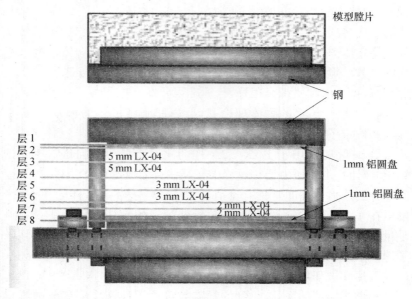

图 13.34　加热的和 304 不锈钢约束的锰铜测量仪的实验布局

　　量规包括热电偶,同时在两层涂覆 0.13mm 厚特氟龙保护层的箔片之间还包含锰铜压力计。量规和热电偶的芯从钢环的侧面引出。扁平螺旋带状加热器放置于靶装置两个侧面的钢板和铝板间(层 1 和层 8 之间)。使用铝板是为了使从装置两侧给炸药加热更快且更为均匀。PZT 探测器面对着靶装置以测量斜率,置于靶装置前 15mm 处是为了测量发射弹速度。X 射线流同时被用于测量发射弹速度。炸药试样以 $1.5℃ \cdot mm^{-1}$ 的升温速率加热。当靶装置的各层温度达到设定值 ±5℃ 以后,枪就击发发射。结合反应流模型导出的引发和增长反应速度模型,图 13.35 给出了加热 LX-04(质量分数:HMX/Viton A=85:15)时的实验波曲线图和计算波曲线图。每个量规的记录都以各自离 LX-04 冲击表面的深度进行标示。利用相同的量规结构进行了外界承压实验,实验时没有进行封闭,没有使用加热器和热电偶。

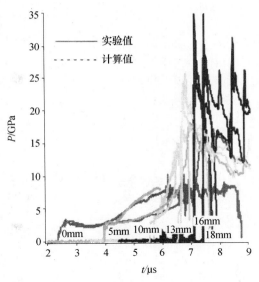

图 13.35　钢约束的 170℃ 下的 LX-04-01 被 $0.535 km \cdot s^{-1}$ 钢飞弹撞击时的压力变化

13.4.5　其他量规

　　各种各样的量规已经在不同的炸药冲击荷载实验中[13.127~13.135]应用。表 13.2 对此进行了总结,并列出了各种量规的标定值。这些量规的压力系数都具有一定程度的温度敏感性。对箔片量规而言,如果整个量规厚 12.5μm,下层的时间分辨率可假定箔片厚 25μm。在箔片的两侧分别有一层 50μm 的绝缘层(即总填充厚度为 125μm)。电阻器量规则在两侧有 12.5μm 厚的胶层。为达到平衡,假定基波和基波的反射波以 5 $km \cdot s^{-1}$ 的额定速率穿过量规元件 5 次(大约为填充厚度的 4.5 倍)。

表 13.2 本实验室选用的用于炸药冲击波实验的其他量规

品名	一般用途	应用的标称范围	特 征	参考文献
锰箔	低压一维实验	$0 \sim 20kb$；$P \pm (5\% \sim 10\%)$；瞬时分辨率一般为 25ns~115ns	压电电阻系数高、灵敏度高；压力释放后的滞后效应大	13.121
碳箔	低压一维实验	$0 \sim 50kb$；$P \pm (8\% \sim 15\%)$；瞬时分辨率一般为 25ns~115ns	辐射环境中使用较好；可测量最大压力；压力释放后的滞后效应大	13.127, 13.128
碳电阻器	低压一维和二维实验	$0 \sim 50kb$；$P \pm (8\% \sim 15\%)$；瞬时分辨率一般为 1.4ns~1.5ns	非常持久并可持续数毫秒；在诸如大颗粒材料等的苛刻环境中使用；能很好的测量最大压力；压力释放后的滞后效应大	13.129~13.131
PVDF箔	中压一维实验	$0 \sim 100kb$（有些达到300kb）；$P \pm (5\% \sim 10\%)$；瞬时分辨率一般为 25ns~115ns	对压电电阻响应非常快，不需要外部能量；电流型记录，可直接推导压力；对横向应变非常敏感	13.132~13.135

13.5 冲压条件下含粒子固体燃料的燃烧诊断

13.5.1 导言

许多实际应用场合会发生反应性的多相流动，如发电站、推进系统、焊接工艺、炭黑的生产工艺、粉末和金属悬浮液等。特别是分散于氧化剂环境或其他环境中的细粒子燃烧，例如，煤粉的燃烧，航空和航天应用的烟火装置和推进系统。对于固体火箭、固体火箭助推器、固体燃料冲压发动机、火箭冲压喷气发动机和固液混合火箭在内的推进系统而言，铝粒子或硼粒子经常用作普遍使用的碳氢化合物粘结剂[13.136~13.139]中的添加剂。由于它们的单位体积燃烧能量比碳氢化合物粘结剂高，它们的使用有利于制造更紧凑小型的飞行器或使飞行器具有更长的飞行时间。正因如此，对于固体燃料，以及凝胶燃料和浆状燃料而言，使用铝粒子或硼粒子作为添加剂也是非常有吸引力的。在未来的应用中，如火星探测取样返回任务，Mg 粒子与 CO_2 燃烧似乎大有希望，这是因为火星周围气体主要为 CO_2，因此可以减少从地球携带氧化剂和燃料的量[13.140]。除了这些燃烧过程以及其他所希望的燃烧（这里未提及）外，有关火焰在粉状介质中的传播以及点燃条件的知识，对工厂、矿山、存储装置等的爆炸危险性评估以及安全装备的设计而言也是非常重要的[13.141]。

迄今为止,与纯气相的燃烧过程相比,人们对在气态载体相中分散的含能材料粒子的燃烧过程了解不多。分散系统本质上是微观非均相的,建立可靠的模型来表征燃烧过程必须同时考虑宏观和微观影响,因此必须对两者进行深入研究。众所周知,燃烧过程是一个反应、热传播和热辐射相互影响的过程[13.142],而在凝聚分散系统中的热辐射比在气态的热辐射更重要,同时也难于以数学计算处理。

此外,许多有机粒子(如煤和淀粉)可生成挥发物,以致于燃烧过程并非单纯固体燃烧,而是气态火焰(挥发物的燃烧)和粒子表面的非均匀燃烧过程的结合。火焰传播速度受氧气和可挥发份的分子流体扩散控制,同时,从热的气体到粒子的热传导也会影响传播速度[13.143]。必须注意的是,加热速度影响挥发物的生成量和组成,比较煤粉体在冲击管中的高温裂解与在其他装置中的裂解即可说明此点[13.144]。

对于与推进剂相关的材料(如铝或硼),燃烧时可能在粒子表面生成液态氧化层,这会阻碍粒子的进一步燃烧。对于 ARIANE5 型发动机而言,这一影响甚至会导致铝粒子在相发展阶段生成超过 $2t$ 重的沉积物[13.145]。必须深入了解金属燃烧过程中,诸如铝粒子形成的氧化层的对称断裂效应或者氧化层的断裂和脱除,因为这对于制造高效率发动机非常重要[13.146]。这里,必须注意到"金属"指的是一组元素,它们对推进器应用非常重要,且在凝聚相有强烈氧化趋势。它们不仅包括在化学上所谓的金属元素,也包括其他的相关元素,如硼和硅等。

为了更好地理解上述内容和本节没有提到的更多内容,以及理解在分散系统中燃烧时复杂的相互作用,需要明确规定的实验和高效的诊断工具。也有必要进行基础研究,以建立依据充分的模型并对它们进行评估。不同类型的实验设施,如平焰燃烧、本生灯燃烧器、束燃烧器等,以及研究单个粒子、粒子族或粒子云等的基本实验装置,分别具有不同的研究目标。因此使用诊断工具的条件是不同的,但是大多数情况下可以相对简单地达到研究目标。当然,在实际的燃烧系统中,燃烧过程相当复杂,从而导致使用诊断工具的程序非常复杂和困难,这是由实验设备和测试池的干扰条件(如噪声、震动和污染等)所引起的。

关于非反应型多相流、反应型单相或多相流、含能粒子和含能材料燃烧的研究,以及利用诊断技术对上述工作进行研究的文献很多。本书引用了由 Eckbreth[13.147]、Taylor[13.148]、Boggs 和 Zinn[13.149]、Kuo 和 Parr[13.150] 以及 Hetsroni[13.151] 等人编写的专著,以详细阐述诊断技术的基本原理和实验装置的应用。要得出实际推进系统或模型燃烧室的定性或者定量结果是困难的,因为一些内部因素,如光密度条件、炭黑、凝聚、粒子粒度分布宽度和凝聚相氧化等,以及测试池所处的外部环境条件,如高声纳水平和光路路径长度等都会影响过程。就作者所知,迄今为止仅有少量出版物且仅限上述几种出版物介绍了利用(激光－)光学诊断工具研究固体燃料喷气发动机中的燃烧过程。

本节介绍位于 Lampoldshausen 的 DLR 空间推进研究院利用某些(激光－)诊断工具以及改进某些"老式"诊断技术对喷气发动机进行研究的情况。这些技术的测量精度和应用限制受到人们特别关注。应该说明的是,这些测量技术除了受到物理限制以外,由于测量系统的部件或组成部分在所用技术的实际状态下不能实现其功能,因而也受到了限制。如果在相关技术领域内取得了足够进展,这些技术在未来几年内也许会得到成功应用。

此外,此节将对过去许多研究者用于研究反应型多相流的诊断技术进行简单分类,并给出非常简短的评论,特别是面向进入该领域的新人。对该技术全部领域的详细描述则不属于本书范围。

13.5.2　诊断技术分类和一般考虑

有关测量多相流和燃烧的众多文献,采用各种系统的分类方案。例如,Hewitt[13.152]列出了两相流测量工具的不同分类形式。他的论述是反应型多相流分类的基础(见表 13.3)。在所有这些可能的方案中,表 13.4 和表 13.5 及下面章节中按照测量方法类别进行描述,这有利于针对测量工具的通用和相似的基本原理、优点、存在的问题等进行描述和讨论。必须指出的是,由于本书的重点放在与推进技术条件有关的反应型多相流上,因此,此处描述的内容并不能覆盖全部已有的技术和可能有用的技术。此外,表 13.4 所列的一些技术有的可归属于多种方法(例如,LDV 既可归属于示踪法又可归属于散射法)。

表 13.3　测量工具的分类方案

分 类 根 据	实 例
所测量的参数	压力;密度;温度;速度
测量方法的类型	光学方法;压电方法;描图方法
对流场和燃烧过程的干扰的程度	插入式;非插入式
流场和燃烧场的条件	稳态;非稳态;脉动;预混;非预混;压缩;非压缩;一维;二维;三维;单相;两相;三相
测量位置	局部;全部;平均;集成;二维平面(例如,光片)
瞬时分辨率	快速响应;瞬间平衡
瞬时响应	在线分析;离线分析;残渣诊断;长管实验诊断工具等

表 13.4　通过方法的类型进行分类

方 法 类 型	实 例
光学方法	
• 辐射传播法 　　——常规光源 　　——激光器	摄影;彩色纹影照相;干涉测量激光条纹照相;全息方法
• 入射辐射扫描(激光器)法	LDV,PIV,微滴或粒子轨迹;全息方法;CARS
• 激光诱导辐射技术(LIE)法	LI(P)F
• 自辐射的观测技术法	散射光谱;测高温学;平面成像(摄影;视频图像;高速摄影等);条痕扫描技术
流分离模型法	抽吸探测器;取样探测器
描图方法	LDV;PIV
传热和传质方法	热通量量规
热电效应(Seebeck 效应)方法(热电偶)	壁温测量实验;具有热电偶的插入式探测器
力,动量和应力实验	壁剪切应力;侧面压力
压力测量方法	气动探测器;皮托管;Prandtl 管;3 孔和 5 孔探测器;壁压测量方法

　　通常,光学方法可分为利用外部辐射源的方法和利用所观测到的燃烧自身辐射的方法。可利用的外部辐射源有多种,如激光、传统 UV、可见光或红外光源、微波、X 射线、γ 射线、β 射线或中子射线。其中,X 射线等高能辐射源在过去常用于两相流、推进剂燃烧和枪膛中的多相流等的研究。其他文献[13.152~13.154]和 Kuo、Parr[13.150]编著的《非插入式燃烧诊断学》专著提供了更详细的信息。在最近几十年来,非插入式光谱技术和基于激光技术的诊断技术取得了重大进步。特别是激光的发明,为完善开发 LDV,PIV,CARS,LI(P)F,LII 等新型的非插入式诊断工具和其他设备奠定了坚实的基础。与高速计算机对在线数据采集与分析一起,光学方法是现今研究工作中普遍使用的技术,甚至已成为工业界重点发展领域的一部分。表 13.4 只列出了大量的新型诊断技术中的一小部分实例,其中基于激光的技术主要归于散射技术和激光诱导辐射(LIE)技术,而入射激光束或入射激光片则可与多相流中的分子或粒子相互作用。这将在表 13.5 或本章的 13.5.6、13.5.7 部分进行描述。

　　多相流分离方法已用于分离部分反应流或进行在线分析。阀动探测器单元在产品加工企业用于生产控制已广为人知。经多孔膜吸入的方法已应用于边界层分离或液膜分离。插入式吸入探测器则可应用于气态物质和凝聚态物质的取样,有关其更详细的情况见 13.5.3.2。

表 13.5　根据光模式对光学技术(在红外线、可见光和紫外线范围)的分类

光调制工艺	方法(实例)	所测量的参数	文献(实例)
吸收	吸收光谱	温度(气相);物种浓度	13.159
弹性散射			
· 通过粒子,Mie,$d/\lambda\approx1$	Fraunhofer 衍射	粒径	13.148(第五章)
	LDV	(示踪剂)粒子速度	13.148(第三章)
	PIV	(示踪剂)粒子速度	13.160
· 通过分子,$d/\lambda\ll1$	Rayleigh 散射	总密度(气相);稳压下的(气相)温度	
消光(=吸收+散射)	DQ 方法	平均粒径;粒子数密度	13.158
折射	影像符号	折射率斜率 $\left(\dfrac{\partial n}{\partial x}\right)$; $\left(\dfrac{\partial \rho_g}{\partial x}\right)$	13.161
	条影摄影	$\left(\dfrac{\partial^2 n}{\partial x^2}\right)$; $\left(\dfrac{\partial^2 \rho_g}{\partial x^2}\right)$	13.161
	LDV	(示踪剂)粒子速度	见上
干涉	全息摄影术	粒子尺寸分布	13.162
	LDV	(示踪剂)粒子速度	见上
消光(非弹性 stattering)	相干反斯托克司(anti-stokes)拉曼光谱(CARS)	(气相)温度;物种浓度	13.147, 13.148(第四章)
	激光诱导荧光(LIF)	物种浓度	13.148(第六章)
	激光诱导白炽光(LII)	烟炱粒子浓度	13.163
综合	摄影:视频图像		

　　在示踪方法中,为获得混合、速度分布等信息,将示踪剂加入到流体中的某一相中,然后对示踪剂注射(或产物)位置的下游点进行取样和检测。通过 LDV 或 PIV 方法测定多相流的速度分布时,许多情况下并不需要加入示踪剂粒子,因为现有小微滴或粒子可用作测量对象。在此,值得一提的是,只有非常小的粒子才能够随着载流气体流动,所以对得到的结果必须认真解释,本书的 13.5.6 给出了更详细信息。放射示踪技术和其他技术(如中子活化技术)在本书中没有介绍。

　　压力量规、插入测量装置、热通量量规和热电偶等"经典"的诊断工具通常应用于测定固体火箭发动机、喷气发动机等的性能特征,对于这些技术,其他文献也进行了大量描述,因此就不在此赘述了。

　　很显然,每个测量工具对流场和燃烧场及相关测量参数的影响应该尽可能降到最低。因此,必须注意测量工具的使用方式和对所得测量结果的解释。例如,为了获得可信的结果,用于测定速度向量的插入式探测器必须根据为人熟知的均相

流进行校准。同时,所谓的"非插入式"(激光)光学方法可能影响流动场,因为激光束聚焦于所测量的区域,因而使测量区域体积内具有很高的能量密度。这可能引起一些不希望发生的结果,如引发,从而改变(或稳定)燃烧器内的燃烧过程和流动过程。另外,为(激光)光学工具提供通道的燃烧器壁上的窗口常常被燃烧残余物所污染,这可导致这些工具不能正常工作。在许多情况下,尤其是对高粒子装填的流体,窗口装置常需额外的保护流[13.156],必须注意这种额外流对工艺控制的影响应尽量小到可以忽略。对非插入技术,在被测量的体积内部和附近不存在测量工具的固体部分。

对于利用外部光源的光学技术,可按照辐射模式进一步细分。表 13.5 列出了按光模式进行分类的各种不同测量方法,以及利用这些方法可以测量的参数。此外,在本章的最后部分列出了一些出版物,这些出版物给出了上述技术的基本原理和详细应用信息。在表 13.5 列出的方法中,有些不只属于一种类型,而可归属于多种类型。例如,LDV 既可归为干涉类型,又可归于散射类型,这主要是因为通过两束相干激光的交叉体积时,散射光粒子可产生干涉图。消光作为单独分类列于表 13.5 中,它是由于光束在粒子流中被吸收和散射所引起的。在 Teorell[13.157] 的研究工作基础上,Witting 和 Lester[13.158]运用此模式处理,通过测定色散份额(DQ 方法)测定了烟炱粒子的平均直径。

激发则细分为分子激发 (例如,CARS 和 LIF)和粒子激发(例如,LII)。本章13.5.7 部分将阐述 CARS。Wooldridge[13.164]对 LIF 和其他诊断工具进行了详细的综述。LII 可测量火焰中的烟炱粒子的浓度。以激光束将粒子加热到接近粒子的蒸发温度时,粒子会散发白炽光。

那些在气态反应型单相流中非常有效的诊断工具,在反应型多相流中应用却面临诸多问题。粒子相的热辐射、热吸收、Mie 散射等常导致低的信噪比。例如,Rayleigh 散射对流场中的微小粒子组分非常敏感,典型的衍射交互部分约为 $10^{-27} cm^2 \cdot sr^{-1}$,而 Mie 散射则为 $10^{-7} cm^2 \cdot sr^{-1} \sim 10^{-13} cm^2 \cdot sr^{-1}$,因此,Rayleigh 散射只能在非常洁净的环境中使用。燃烧室处理工艺研究还存在其他难点,其中燃烧室的条件接近于实际发动机。有时,由于粒子装填度高,在光模糊或半模糊条件下,仅有少数几种光学燃烧诊断方法可成功应用于气态流。此外,(激光)光学诊断工具需要进入燃烧室的通道,这会导致出现新的问题,例如,声压水平高会导致激光器部件和光学装置部件产生振动。因此,对某些诊断工具而言,昂贵的高灵敏度激光器和光学装置部件应被置于被检测目标旁的独立室或保护盒内。而这常常会导致光程变长,并带来其他问题。

除了利用诸如压力量规、插入式测量装置、质量流速量规、热电偶等"经典"诊断工具外,其他工具也有助于更好地理解喷气式推进系统和非喷气式推进系统的燃烧室内的多相燃烧工艺的控制。以下章节介绍了这些技术如取样探测器、彩色纹影照相以及基于激光技术的 LDV、CARS 和 PIV 等在 Lampoldshausen 的 DLR 空间推进研究院的应用经验。

13.5.3　插入式探测器

13.5.3.1　一般述评

插入式探测器也称为物理探测器,在过去的数十年内,作为测量工具应用于反应流和非反应流的许多领域的研究。目前,有大量的出版物对应用插入式探测器测量和测定各种参数进行了描述,如测定速度(皮托管探测器、五孔探测器、热－线风速计等)、温度(热电偶等)、热通量和许多其他参数(尤其是反应型气态流和非反应型气态流的参数)的测定器。插入式探测器由于其简单的操作特性比激光类技术成本低,它们除用于研究外,还用于改进工业部门的测试工作。现在,由于对过程具有更高的检测能力,非插入式激光光学诊断更流行。但令人遗憾的是,这些工具用于燃烧测试装置时难于得到可信的结果,正如前所述,因为燃烧室测试装置内存在着高填充量的粒子。尤其是在光学密集系统中,激光技术和使用传统光源的诊断工具由于吸收、多散射等导致很多严重问题,而插入式探测器却提供了在这种苛刻条件下从燃烧室内部过程获取信息的可能性。但是,很显然,必须注意防止探测器由于使用了冷却液成为吸热设备或者探测器作为火焰稳定器而影响燃烧过程及测量结果。如果可能,有时使用探测器对研究区域进行可视观测往往是测量过程中掌握正确操作条件的有用的方法。

在充满粒子的系统中,必须对粒子相与探测器的相互作用多加关注,引起这些作用的因素包括热辐射、粒子在传感区域的沉积、入口处的堵塞以及分离效应等。充满烟霰的流场中粒子直径常常超过 $1\mu m$,当前在该领域研究中和工业应用中(如活塞发动机的排气管道和发电厂排气管道中的应用)使用插入式探测器非常普遍。在大粒子的反应流中上述问题更加严重。被测量目标的化学和物理性能,如粒子种类、粒度及粒度分布、粒子数密度、速度以及生成凝聚相氧化物的趋势等都会强烈影响探测器的设计和使用。

针对特殊应用已经建立了个别解决方法,如在对流化床燃烧过程的研究过程中,Becker 与合作者[13.165,13.166]设计了不同种类的取样探测器,这将在后面进行论述。此外,他们还用微热电偶探测器来测定气相温度,用氧化锆探测器来测定氧的浓度。Chedaille 和 Braud[13.167]则描述了在充满粒子的流场中使用皮托管探测器和其他探测器测量粒子速度。Becker[13.168]的文献中描述了更多的实例。引入到流场中的光学(插入式)探测器运用光模式处理。如 Danel 和 Delhaye[13.169]发展完善了一种光纤－光学传感器,可用来测定液/气两相流的空隙组分。气体和液体的折射率不同,它们流经玻璃纤维周围时,在纤维壁上的反射行为不同,这在整个玻璃纤维中传递。现在,更多的光学探测器已经得到发展[13.154]。Smeets[13.170]发展完善了一种探测器,用以测定粒子或微滴的速度。如图 13.36 所示,在该探测器中,人们将 Michelson 分光计等光导光学器件集成。Coppalle 和 Joyeux[13.171] 使用了一种探测器系统,这种探测器系统包括两个内部具有玻璃纤维的水冷却探测器,探测器中触点线性间距为 5mm。根据两个探测器的触点间对激光束的吸收可测定烟炱的体积分率和烟炱(表面)温度。必须提及的是,对光学探测器的定义可能有些误解,因为有时某些激光光学工具也称为光学探测器。

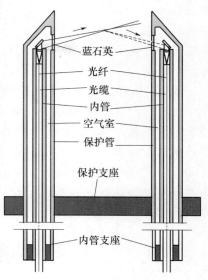

蓝石英
光纤
光缆
内管
空气室
保护管
保护支座
内管支座

图 13.36　麦克逊(Michelson)分光计的具有集成光导器件的 Smeets 探测器[13.170](用于喷雾爆炸)

13.5.3.2　取样探测器

　　近十年来,开发了许多不同类型的探测器用来测定气态物质和固态物质的浓度分布,这在众多文献[13.167,13.168,13.172]中已进行了论述。插入式探测器可对气态物质进行取样,典型过程如下:对流场中的某一确定点进行气体抽吸,气体经过探测器顶端的触点并随后进入内部的导管,这样气体就可以进入在线的气体分析器或者取样瓶,以备随后的检测分析。但是,粒子和凝聚反应产物的取样是运用不同的技术。目前,出版了大量书籍介绍关于熔炉、流化床燃烧设备等中的炭黑和粒子的探测器取样。具有内部过滤装置或附加过滤装置的抽吸探测器仅对粒子充填量相对低的流有用,而对于特殊任务和特殊应用则有特殊的解决方案。例如,Becker 与合作者报道了一种弹簧气阀探测器[13.166],这种探测器可以从流化床燃烧器中捕获一定体积的粒子。Becker 与合作者还发明了不同类型的尘埃取样探测器,这在同一篇报告中做了详尽的描述。

　　就作者所知,对于位于固体燃料冲压式喷气发动机、火箭冲压喷气发动机或固体火箭推进系统的出口喷嘴后面的燃烧室内的取样探测器,公开发行的出版物中并无过多的介绍。对于此,具有空穴的水冷却棒[13.173]或水冷却板[13.174]已用于燃烧凝聚产物的取样。但是,对于用平板等获得的结果必须小心解释。这是因为,一方面所取的燃烧产物样仍保留在热流区域,试样的表面和内部可能发生化学反应;另一方面,较微细粒子更容易在取样设备周围流动,因此粒子相中具有较宽粒度分布的较大粒子可能占试样的多数。

　　在过去,利用抽吸探测器对与推进设备有关的充填粒子燃烧过程开展了数项研究工作。例如,Abbott 等人[13.175]利用一种水冷却探测器研究了喷气机中充填粒子的燃烧过程。Schulte 和 Pein[13.176]则测量了燃烧的 PE 管内部的气态物质浓度分布,用于模拟固体燃料冲压式喷气发动机的内部环境。在高海拔的测试单元中,Girata 和 McGregor[13.177]利用水冷却探测器实现了从固体火箭发动机的排气中取样。对沉积在燃烧室壁上的块状燃料残渣或(炉渣)的取样和分析越来越了解,但本章不做介绍。

理想的取样探测器具有这样的特点,其从燃烧室中抽吸出一定量的充填粒子反应型流时,不扰动流动场和燃烧过程,同时使提取试样流内部的进一步反应立即结束。事实上,正如 Becker[13.168]和 Bilger[13.178]在总结他人研究经验时所说,取样器必须以大约 $1K \cdot \mu s^{-1}$ 的冷却速度使试样温度明显降低(对气相流而言)至约 1000K。为了实现这一目标,使用了不同方法来熄灭试样流的燃烧(见表 13.6),其中部分来源于 Becker 使用的方法[13.168]。表 13.6 就空气动力学、热传递和冷却等方面,对熄火气相流燃烧的三种方法的优点和缺点进行了评述,其中重点关注激烈移除,特别是靠近探测器壁处的移除。

表 13.6　普遍使用的气体取样探测器的基本熄火机理

类型	机　理	图　例
对流型熄火	通过向流经取样管道的外部管的冷冻剂传递热量来冷却试样流	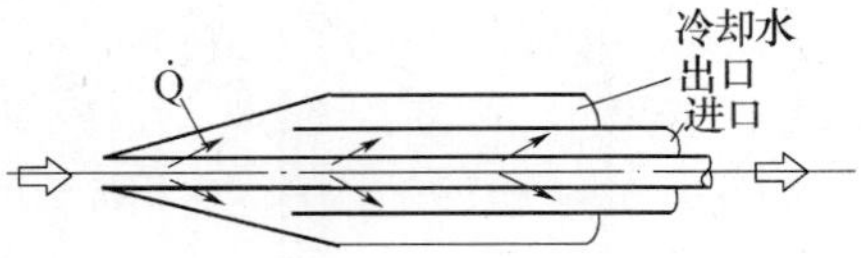
膨胀型熄火	通过快速膨胀来冷却试样流	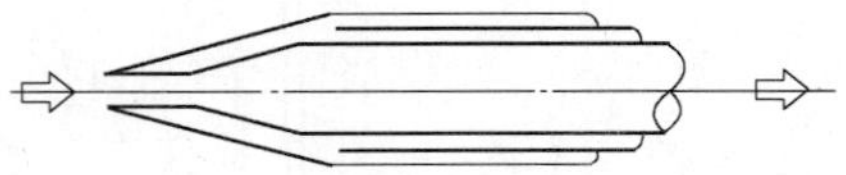
混合型熄火	通过与惰性气体的冷流混合来冷却和稀释试样流	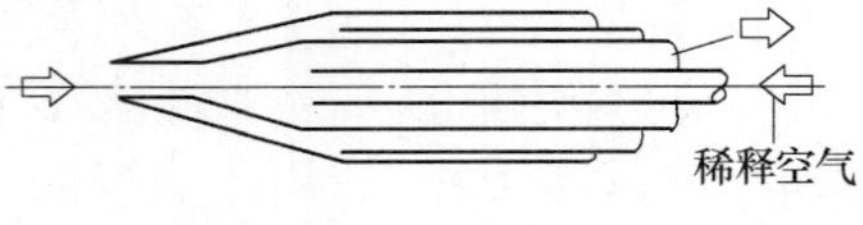

在反应型多相流中,如固体燃料冲压式喷气发动机条件下的燃烧室模型中,还必须考虑那些影响适合熄火工艺选用、以致于影响有效取样探测器设计的因素,这些都将在下面进行详细论述。

理论上,应在不干扰流场和燃烧过程的情况下从流场中取样。在非反应型流中,利用精确定位于上游方向的薄壁探测器取样,这样可实现对流动场的干扰最小化。其中,选择取样速度时,所提取流的直径 d_1 应当与探测器入口直径 d_e 相同,如图 13.37(a)所示。这样可保证入口速度 u_e 与探测器前端的速度 u_1 相同。这种取样被称为等动力取样。实际上,探测器外部直径大于内部直径 d_e,尤其是对反应流而言,为了经受住高温和高的热通量,必须用水进行冷却。因此,取样时常在探测器入口内部的皮托压力与未干扰流场中的皮托压力相同的情况下进行操作。这可利用内部具有一个皮托管的探测器和在探测器附近的流场中附加一个外部皮托管来实现,如图 13.37(a)所示。也可在没有取样探测器的单独实验中利用置于相同测量位置的皮托探测器来实现。更多关于探测器在反应流中和非反应流中进行等动力取样的信息[13.168,13.178]参见其他文献。此外,探测器的外部直径 d_a 和探测器触点角度应尽可能小,以保证降低探测器对流场、燃烧场和取样过程的影响。例如,Lenze[13.179]的研究结论说明了探测头形状对碳氢化合物火焰的浓度分布的影响。

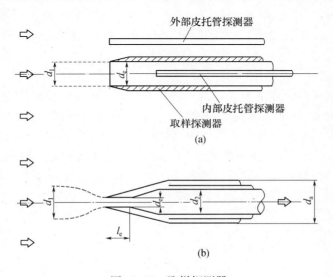

图 13.37　取样探测器

(a) 用于等动力学操作的取样探测器;(b)具有膨胀淬火和冷却夹套的取样探测器。

从湍流和具有明显垂直结构的流中完成取样过程时,应注意如何实现取样过程以及如何解释所获得的测试结果。理论上,低于抽吸区域直径 d_1 的小漩涡可以被完全抽吸进探测器。如果漩涡直径明显大于 d_1,与探测器轴向比较,流场方向会随时间而变化,同时,浓度分布(如混合层内)也会随时间而变化。结果导致在大多数情形下几乎不可能实现等动力取样。但是,如果抽吸时间与漩涡的移动时间相比足够长,且可忽略等动力取样所需时间,试样瓶中试样物质分布的测定值可假定为测量位置处的平均值。也有更多关于湍流和非稳态条件对探测器取样的影响的介绍[13.168]。

在充填粒子的流场中,非等动力取样可导致分离效应,这是因为惯性导致粒子气相流速度、方向持续变化。描述这种现象的最重要的特性参数是粒子斯托克司(Stokes)数,见式(13.48)及式(13.49):

$$St_P = \frac{\tau_P}{\tau_g} \tag{13.48}$$

式中 τ_P——粒子停留时间;

      τ_g——流体时间范围:

$$\tau_P = \frac{\rho_P d_P^2}{18\eta_g} \tag{13.49}$$

式中 τ_P——球形粒子从初始静止状态到利用突然施加的气流获得 $1/e$ 的速度所需要的时间。

Lieberman[13.180]定义 τ_g 为探测器入口直径与所提取流体在探测器前端较远流管中的流速 u_1 的比率,而 u_1 则可假定与非干扰流的流速相同。见式(13.50):

$$\tau_g = \frac{d_e}{u_1} \tag{13.50}$$

很显然,保持抽吸速度和探测器口内的亚声速条件恒定时,随着入口直径 d_e 减小,入口速度 u_e 增加。而这将增大粒子斯托克司数和分离效果。尤其对宽粒度分布,这将导致明显的损耗并产生非典型性结果。引用自 Liberman 研究工作中的图 13.38 指出了 u_1(Liberman 称之为输送管内的风速)与 u_e(Liberman 称之为试样管的速度)的比率对粒子数损耗的影响。可以看出,随着粒子直径增大,粒子数的损耗变得更加显著。探测器入口亚声速条件下的扩散型熄火方法似乎对充满粒

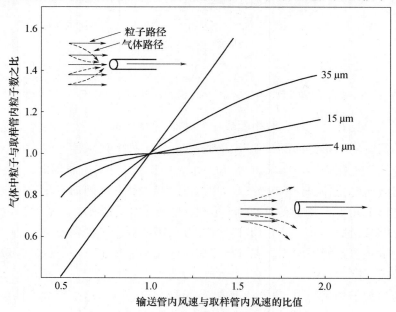

图 13.38 非等动力学取样效应[13.180]

子的反应流有益,如图 13.38 所示,其 u_1/u_e 的数量级为 0.2 或更低。这表明对该取样方法,粒子直径应当是 $1\mu m$ 的数量级或更小。根据 Liberman[13.180] 的研究结果,St_P 应当小于 10,这样可使反斯托克司取样的误差忽略。

　　要注意粒子可能趋向于粘结在取样管内壁上,为了降低因此而导致的损耗,必须减小探测器顶端与分离(或筛选)元件或者凝聚相之间的长度 l_{ts}。同时应选用较大的取样管直径,以使取样管壁面积与取样管内的试样体积的比率较低。应该对冷却流体、整个取样管和分离单元进行加热,以免水从取样管壁上的燃烧产物浓缩导致粒子沉积。此外,增大取样管横断面后,对流冷却时需要增长路径长度,相应地需要更长的时间以使温度降至所期望的 1000K。

　　为了使整个探测器管道在横断面内的温度更快更均匀地降低(尽可能紧跟探测器入口处温度),膨胀型熄火(也称为空气动力学熄火)更为有效。此外,膨胀导致了粒子数降低,因此凝结效应降低。另一方面,要想激烈移除非常困难,因为与对流型熄火相比,膨胀型熄火时粒子与侧壁的碰撞导致粒子数降低。此外,正如前面所述,抽吸过程导致探测器口的试样流的逆流加速,因此必须考虑分离效果。

　　1. 测量精度

　　必须关注流动和燃烧过程,其中观察到的结构是抽吸区域的直径或者更大区域的直径。为了评估抽吸区的流体流动条件及测量设备的空间分辨率,DLR 的平面 RFSC 的典型实验条件可在此作为一个实例,如图 13.39 所示。

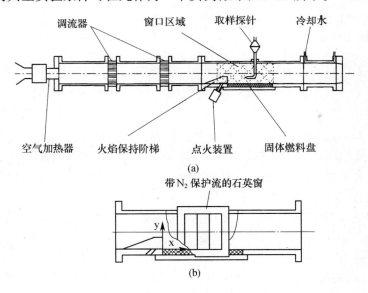

图 13.39　测试设备

(a) 具有分步式燃烧器的测试设备和取样探测器的测试设备;

(b) 安装有窗口(为了激光-光学诊断)的燃烧器区段放大图。

由于平面 RFSC 能很快接近冲压式喷气发动机的固体燃料层,且进气管的温度和气体速度等测试条件对冲压式喷气发动机而言比较典型,所以其已用于基础研究。表 13.7 给出了该测试设备的尺寸、典型的测试条件和大多数的固体燃料层的组分。所使用的无定形硼粒子由 H.C.Starck(德国)制造。用 H_2/O_2 燃烧炉加热气流产生的热空气被两个整流栅和筛网变成均匀状态。燃烧器的出口处没有喷嘴,因此,其内部几乎维持着与环境相同的压力。文献[13.181,13.182]介绍了关于该测试设备和测试条件的更多信息。

表 13.7　平板分步式燃烧器测试设备典型测试条件

尺　寸			固 体 燃 料 层		
燃烧器高度	H	45mm	燃料组分	HTPB	64.1%(质量分数)
燃烧器宽度	W	150mm	IPDI	5.9%(质量分数)	
阶梯高度	h	25mm	硼	30.0%(质量分数)	
固体燃料层长度	L_S	200mm			
固体燃料层宽度	B_S	100mm	硼粒子		
			Sauter 尺寸	$d_{p3,2}$	0.96μm
进气管条件			纯度		>95%
空气质量流速	$\dot{m}_{air}$	0.15kg·s^{-1}	密度	ρ_P	2.34g·cm^{-3}
空气质量通量	$\dot{g}_{air}$	40kg·m^{-2}·s^{-1}			
阶梯上的空气速度	u_{air}	93 m·s^{-1}	燃料衰退		
空气质量流的温度	T_{air}	800K	衰退速度(800K)	0.06mm·s^{-1}	
雷诺数	Re_h	22300	紧靠上层燃料的粒子数密度计算值	2×10^{-4}mm^{-3}	
燃烧器压力	P	1bar	($\dot{r}=0.06$mm·s^{-1})		

在许多研究中已得到应用的典型膨胀熄火探测器(如文献[13.181,13.183])的顶端区域尺寸如下:$d_e=1.5$mm,$l_e=5$mm,$d_2=3$mm,$d_a=7$mm(见图 13.37(b))。顶端管道和扩展区用铜制造,这样的设计可对试样流附加冷却和从试样流中激烈移除。

假定对 RFS 燃烧器流场中测量精度要求较低,则须对试验条件进行简化,即必须使用干空气($R=287$J·kg^{-1}·K^{-1}),且粒子相和湍流成分可被忽略。如图 13.37(b)所示,探测器正好定位于流的上游方向。提取流体的位置 1 位于探测器口的上游,探测器口处的流场所受的干扰可以忽略,并假定此处的条件与外部流动的条件一致。在早期的研究中,燃烧器内部的温度分布和速度分布用 CARS[13.156]和 LDV[13.157]测定,所以固体燃料层在燃烧器区域的典型性位置的数据可假定为:$p_1=10^5$N·mm^{-2},$T_1=2000$K 和 $u_1=50$m·s^{-1}。如果忽略短进口管($l_e/d_e\approx3.5$)

处的边界层厚度以及向管壁的热传递，且压力 p_2 足够低，则在第一个假定中，流经探测器口的质量流近似等于通过声速节流口的质量流。例如，根据 Shapiro[13.185] 给出的方程式见式（13.51）：

$$\dot{m} = \frac{p_0 A_e}{\sqrt{T_0}} \sqrt{\frac{\kappa}{R} \left(\frac{2}{\kappa + 1} \right)^{\frac{\kappa+1}{\kappa-1}}} \tag{13.51}$$

利用对应于温度从"1"降到"e"的平均值 $\kappa = 1.33(800\text{K})$，可测定试样的质量流速 $\dot{m} = 0.16\text{g}\cdot\text{s}^{-1}$。利用式（13.52）及式（13.53）可计算进口管通道的声纳条件：

$$\frac{p_e}{p_0} = \left(\frac{2}{\kappa + 1} \right)^{\frac{\kappa-1}{\kappa}} \tag{13.52}$$

$$\frac{T_e}{T_0} = \frac{2}{\kappa + 1} \tag{13.53}$$

计算出 $p_e = 0.54\text{bar}$，$T_e = 1710\text{K}$，而"1"时的条件可近似等于"0"时的条件，根据质量的流速方程（13.54）：

$$\dot{m} = \rho_{g,e} u_e \frac{\pi}{4} d_e^2 = \rho_{g,1} u_1 \frac{\pi}{4} d_1^2 = 常数 \tag{13.54}$$

以及理想的热力学状态方程（13.55）：

$$p = \rho_g R T \tag{13.55}$$

抽吸区域 A_1 的直径测定值为 $d_1 = 4.8\text{mm}$，说明 d_1 小于探测器外部直径 d_a（$d_a = 7\text{mm}$）。Becker 给出了气体取样探测器空间分辨率的近似值，他定义了以下两个梯度参数，见式（13.56）及式（13.57）：

$$G_{SS} = \frac{d_1}{B} \tag{13.56}$$

$$G_{pt} = \frac{D_{out}}{B} \tag{13.57}$$

这两个梯度参数说明了上游取样管的直径 d_1 及外部取样管顶端处直径 D_{out} 的影响。对锥形探测器头部而言，可假定 D_{out} 等于 d_e。上述两方程式包含了特性空间尺寸，见式（13.58）：

$$B = \frac{\left| \Delta\overline{\Phi} \right|}{\left| \nabla\overline{\Phi} \right|} \tag{13.58}$$

式中　$\nabla\overline{\Phi}$——场 $\overline{\Phi}$ 的局部梯度；

　　　$\Delta\overline{\Phi}$——测量点区域 $\overline{\Phi}$ 的测量范围（坡的高度，即测量点处的斜率为 $\nabla\overline{\Phi}$）。

对边界层类型的流动而言,B 是边界层的厚度[13.168]。

在 RFSC 中,循环区域后部的燃烧过程可认为是边界层燃烧过程。因此,层的厚度就是梯级厚度 h,从而梯度参数 $G_{SS} \approx 0.24$ 和 $G_{pt} \approx 0.075$。如果两个梯度参数尽可能小,且 $G_i < 0.1$,则能保证具有优异的分辨率。在环境条件下得到的 RFSC 内的两个梯度参数测定值可满足研究要求。应当再次说明的是,从探测器入口处直到扩展区域的尾部的样品通道必须用铜制造,只有这样才能保证热对流,以及由于声速在"e"时降低而导致质量流速降低。因此,试样流的直径 d_1 和 G_{ss} 都降低。

当硼粒子初始直径 $d_{p3,2} \approx 0.96 \mu m$ 时,利用方程式(13.48)估计 $St_p \approx 0.076$,而 Sutherland 方程[13.186]用于测定黏度。所收集固体相的 SEM 图说明,SEM 样板上和过滤器上的大多数粒子的直径都大于 $3 \mu m$。应注意的是,燃烧器内的凝聚粒子并不能在 SEM 图像上辨认出来。在本书 13.5.6 节详细论述的 Mie 散射图像显示燃烧器中大部分为更微小的粒子。如果假定大多数粒子或凝聚粒子的直径 d_p 大于 $10 \mu m$,则这些粒子的 St_p 将小于 7.2,很明显,St_p 的值低于上面所述的数值 10。因此,这些粒子的分离效应在 RFSC 的测试条件下不是十分明显。

此外,应当注意的是,探测器顶端相对于局部流方向的指向对分离效应有影响。为降低该因素引起的损耗,应当选择小角度迎角。探测器指向较好时,可用 LDV 和 PIV 测定速度向量,而测试大角度迎角测定的区域时则 LDV 和 PIV 不适用。RFSC 的探测器顶端固定和水平指向时,得到的是小于角度 15°时的测试结果。

2. 取样程序

关于冲压式喷气发动机环境中的反应型多相流中取样探测器的使用,除了上面所论述的基本条件外,本书中还论述了改进型标准取样探测器系统的设计和操作程序。图 13.40 所示的是取样探测器系统,该取样系统用于固体燃料冲压喷气发动机和火箭冲压喷气发动机环境下的各种燃烧器的进气口温度研究。它包含一个水冷却探测器、一个可更换过滤室、一个远程控制阀单元、一个真空泵和一个供分析的可更换取样气缸。取样探测器安放在燃烧器壁上部,这方便水平指向的探测器顶端置于燃烧室内 $\gamma \geqslant 4mm$ 的任何位置。

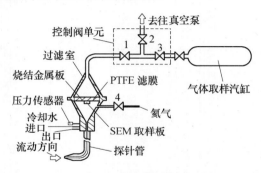

图 13.40　气体和粒子取样探测器系统

取样探测器包含三个薄壁不锈钢质内管和一个外径 $d_a = 7mm$ 的铜质外管,如图 13.41 所示。三个内管用于探测器通水冷却。冷却时由于高的热辐射通量和高温影响,因此必须使用压力水冷却。为了抑制探测器内管中燃烧产物所含的水蒸汽浓缩,可选用进口温度为 80℃ 的冷却水。在过滤室内,用 $0.45\mu m$ 孔径的 PTFE 过滤膜在接近环境温度的条件下,将凝聚相与气相分离开来。为了降低水的凝聚可加热过滤室,但这降低了渗透性以及抽吸速度。装置连接处需要特别关注,因为硼酸可随水蒸汽一起挥发。对这些新实验,选用的过滤室加热温度为 60℃,因为在该温度水平下,取样期内的损耗最低,正如分离实验给出的分析。

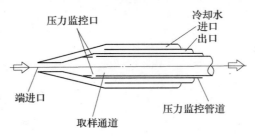

图 13.41　探测器的顶端区域

压力传感器被连接于两个内管的环面处,如图 13.41 所示,压力传感器顶端钻孔进入探测器内管,这样可以即时观测顶端通过小孔扩展区域后的压力。实验过程中对取样管压力连续监控后,可得出如下结论:为了抑制进一步反应需要充分膨胀和降低温度。粒子和凝聚的反应产物会沉积在探测器内管或探测器顶端取样管内部,从而可能导致局部堵塞或完全堵塞,在压力跟踪时则发现压力明显下降。另外,压力跟踪时还可推断过滤元件的局部堵塞,因为此时还伴随取样管通道内部出现极高的压力。这种情况可能导致膨胀不充分以及试样流冷却,从而直接导致错误结果。

粒子填充量很高的流,尤其是粒子中氧化物具有强烈凝聚倾向时,燃烧残渣在探测器口部很快形成堵塞。为了对测试设备启动过程中的探测器顶端进行保护,在取样开始前,在探测器口部外面附加氩保护流是一种非常有效的手段。

下面描述了具有取样系统的 RFSC 的实验程序。如图 13.40 所示,测试开始前,阀 4 开启以使氩保护流通过;接着,空气加热器启动对设备加热 2min;随后,固体燃料层用 H_2/O_2 燃烧器点燃,而 H_2/O_2 燃烧器位于分步式燃烧器测试设备的上层。固体燃料层点火几秒钟后,氩气流阀关闭,与此同时,连接真空泵的阀 1 和阀 2 开启,以抽吸燃烧产物通过探测器和过滤设备。过滤室中,孔径为 $0.45\mu m$ 的 PTFE 过滤膜将环境温度下的凝聚相与气相分离。几秒钟后,连接真空泵的阀 2 关闭,连接取样汽缸的阀 3 开启,取样汽缸在实验开始前就清洁干净。此时,探测器汽缸内的压力上升,直到阀 1 和阀 3 关闭。

　　图 13.42 和图 13.43 所示的是早期取样系统获得的结果[13.181,13.183],其中取样系统并不是全部加热,且取样汽缸内的压力会上升到燃烧器内的压力水平。图 13.42 所示的是在环境温度稳定的情形下,气态中间反应产物体积比率的浓度分布曲线,气态中间反应产物收集于取样汽缸中,并在实验开始后用气相色谱进行分析。测量横断面位于分步式燃烧测试器的 $x = 171mm$ 处。图 13.42 所示为 CO_2、CO、H_2 和 C_2H_2 的降低曲线,它们随燃烧室底部与插入的固体燃料层之间的距离 γ 增大而降低。与之相反,作为同一个参数距离 γ 的函数,O_2 的浓度随着 γ 增大而增大,直到达到外部空气流的浓度。这些曲线图给出了包埋于边界层的扩散火焰的特征。

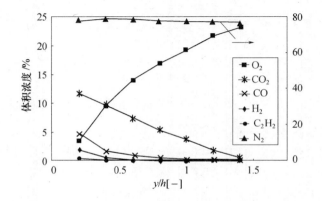

图 13.42　燃烧室底部($x = 170mm$ 横断面处)
气态稳定反应产物浓度与无量纲垂直距离 y/h 的关系

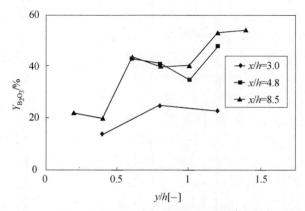

图 13.43　燃烧室底部(三个横断面处)聚集固相硼氧化物含量
(质量分数)与无量纲垂直距离 y/h 的关系

3．收集的凝聚相的分析

实验开始后,利用湿法化学分析技术对收集的凝聚相进行分析,湿法化学分析技术使用著名的甘露醇方法。探测器置于 40℃的温水中处理 15min,选用 40℃的温度是为了避免硼酸损耗,后者会随着水蒸汽挥发。在这些条件下,硼酸和硼氧化物是具溶解性的。随后,加入甘露醇,混合物用稀 NaOH 溶液滴定,酚酞作指示剂。该方法不能区别硼氧化物和硼酸。因此,组分的测量值总和以及计算所获得的结果都是用 B_2O_3 来表示。其他文献对此有更详细的描述[13.187~13.189]。使用该方法时,由于抽吸区域小以及实验操作时间短,取样时间内探测器只能吸取少量的物质,并且只能测定硼氧化物的量。

图 13.43 所示的是分步式燃烧器测试设备的 $x=60mm$、$97mm$ 和 $171mm$ 处,三个横断面测量处收集的凝聚相(固体)硼氧化物的量。随着到燃烧室底部距离 γ 的增大,B_2O_3 含量在所有横断面测量处显示出增大的趋势。这说明随着到燃烧室底部距离 γ 的增大,以及到分步式燃烧器测试设备距离 x 的增大,硼粒子转化成硼氧化物的转化率增加。在 $x=60mm$ 处,B_2O_3 含量在循环流通区域出现一个极大值,这正好位于分步式燃烧器测试设备的后面。

扫描电镜(SEM)可对试样放大观测,并给出了收集粒子的尺寸和形状的信息。例如,Ciezki 和 Schwein[13.183]给出了利用上述水冷却探测器对燃烧中的固体燃料层不同高度处测试所获得的 SEM 图像。图 13.44 所示为试样在离燃烧室底部两种高度时的两张 SEM 图像。图 13.44(a)是从反应型边界流外部区域、$x=171mm$ 和 $\gamma=28mm$(也可参见图 13.47)处得到的图像,所示的主要是平均直径达 $3\mu m$ 的粒子以及直径达 $10\mu m$ 的较大粒子。燃烧室底部正上方 $\gamma=8mm$ 喇叭形区域可以看到硼粒子的表面。这可以解释为液态硼氧化物层残渣在初始点火阶段

——1μm　(V:10000)　　　　——2.5μm　(V:4000)
(a)　　　　　　　　　　　　(b)

图 13.44　含 30％(质量分数)硼的 HTPB/IPDI 固相的 SEM 图像

(a) $x=171mm$,$y=28mm$; (b) $x=171mm$,$y=8mm$。

立即覆盖每个粒子,并阻止进一步燃烧。某些收集到的粒子显示出多孔结构,多孔结构可能由这些粒子在第二次点火阶段时产生,当时硼氧化物层在特定点处断裂,Meiköhn 和 Sprengel 已在理论上指明了这点。

用仪器物理方法可以获得关于单个粒子内部结构的信息以及粒子内部物质分布的信息,这些方法包括俄歇电子波谱(AES)、X 射线光电子能谱(XPS)和 X 射线衍射等。从粒子试样中可获得关于 O、C 和 B 元素的原子浓度的信息,以及与到粒子表面的距离有函数关系的硼氧化物含量的信息,这些粒子试样收集自固体燃料冲压式喷气发动机模型的后燃烧室,以具有多空腔的水冷却棒[13.173]收集。由于每个粒子的变化情况不同,为了得到可信的统计的安全结果,因此需要研究大量的粒子试样。有关这些分析收集凝聚相所用的诊断工具的更多信息可参见其他文献[13.173]。

13.5.4 自发射

在科研领域和工业应用领域已广泛利用照相机、分光计、高温计等仪器观测燃烧过程的自发射。常规速度照相机系统和高速照相机系统普遍应用于火焰结构、火焰位置、燃料衰退速度[13.190]、粒子和碎片的运动[13.191]等的信息收集。经常附加干扰滤波器以选择中间物质(如 OH 和 CH)的自发性发射波段,这样做的目的是为了获得有关这些中间物质在反应区分布的信息。在多相燃烧过程中,可见光和 IR 区的自发射常常被强热散射所叠加。因此,必须仔细严谨地解释得到的结果。例如,Hensel[13.192]利用具有干扰滤波器的双视频照相机在含有硼粒子的 GAP/N100 固体燃料层的燃烧过程中观测到自发性 BO_2 发射。第一个滤波器($\lambda_{m,1} = 5477\text{Å}$,半宽度 FWHM=27Å)允许特定波段的 BO_2 发射通过,第二个滤波器($\lambda_{m,2} = 5309\text{Å}$,FWHM=35Å)允许通过热散射附近波段。整个测量仪器校准后,两个图像的差图即为自发性 BO_2 发射的真实图像。用于测定粒子相表面温度的发射光谱方法和热解仪也已应用于分步式燃烧测试设备[13.193,13.194]。高速照相机与图像差图技术共同使用可以获得分段点燃过程的更详尽信息,正如 Klimov 等人[13.195]给出的填充铝粒子的氢喷射流体在热空气条件下的多相扩散火焰。

13.5.5 彩色纹影技术

纹影技术因能清楚观测流场结构而闻名。密度、温度或浓度的梯度引起沿光线传播方向[13.161,13.196]的折射率梯度,后者可以使光发生偏转。根据 Gladstone-Dale 定律,在均相气态介质中,折射率 n 与密度 ρ 成正比,见式(13.59):

$$n - 1 = K(\lambda)\rho \tag{13.59}$$

式中　K——Gladstone-Dale 常数,是波长的函数。

光束穿过位于 x'_0 和 y'_0 的研究区域时(见图 13.45),根据 Schardin[13.161],当 $\tan\varepsilon_i \ll 1$ 时,偏转角 $\varepsilon_{y'}$ 和 $\varepsilon_{x'}$ 可表示如下:

$$(\varepsilon_{x'})_{x'_0,y'_0} = \int_{z'_1}^{z'_2} \frac{1}{n}\left(\frac{\partial n}{\partial x'}\right)_{x'_0,y'_0} dz' \qquad (13.60)$$

$$(\varepsilon_{y'})_{x'_0,y'_0} = \int_{z'_1}^{z'_2} \frac{1}{n}\left(\frac{\partial n}{\partial y'}\right)_{x'_0,y'_0} dz' \qquad (13.61)$$

假定在 $x'-y'$ 平面中有一个二维流动场,则方程式可表达如式(13.62)及式(13.63):

$$\left(\frac{\partial\rho}{\partial x'}\right)_{x'_0,y'_0} \approx \frac{1+K(\lambda)\rho}{L'\cdot K(\lambda)}\varepsilon_{x'} \qquad (13.62)$$

$$\left(\frac{\partial\rho}{\partial y'}\right)_{x'_0,y'_0} \approx \frac{1+K(\lambda)\rho}{L'\cdot K(\lambda)}\varepsilon_{y'} \qquad (13.63)$$

式中　$L = z'_2 - z'_1$ 表示光线通过所研究区域的长度。

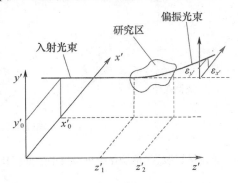

图 13.45　研究区折射率梯度导致的光束偏转

在纹影技术装置中,利用位于截止平面的纹影光圈将偏转光从未受到干涉的光束中分离出来,从而可以观测到折射系数梯度。黑白纹影技术(B/W 影像)或单色纹影技术装置中使用刀刃结构的纹影光圈,而在彩色纹影技术装置中则使用刀口狭缝结构的纹影光圈。如图 13.46 所示,在 Topper Z 装置中,截止平面位于第二个凹透镜的焦平面。利用这种纹影光圈只能观测到垂直于刀刃或刀口的梯度。在黑/白纹影技术中,被研究目标的图像上,通过梯度显示出不同灰色的暗度。充满粒子的流场中则由于粒子相自身的散射、吸收等引起图像上光强度额外减弱。因此,对流场和燃烧过程的黑/白纹影技术图像的解释变得更加困难。

但是,基于 Cords 建立的分解技术[13.197],彩色纹影技术使得在上述条件下进行研究成为可能。有关于彩色纹影技术的更多信息,可以参阅其他文献,如 Settles[13.198]对彩色纹影技术的综述,Settles 的综述总结了 1980 年以前的有关于彩色纹影技术。下例为一种与 Ciezki[13.199,13.200]建立的装置类似的彩色纹影装置,彩色滤波器防护罩位于第一个纹影镜的焦平面,如图 13.46 所示。光源照射于彩色防护罩上,防护罩产生颜色不同的分离光束,而颜色不同的分离光束代表不同的偏转角及不同的折射率梯度。当这些线偏转光束穿过包含粒子的研究区域时,它们的光强度降低了,但是各种颜色并没有变化。因此,纹影图像提供了气相中宏观平均水平的折射率梯度的一次近似。

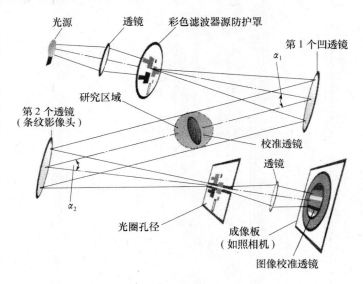

图 13.46   条纹摄影装置(带长焦距透镜校准的剖析技术)

该技术的局限性一方面在于所使用的胶卷材料或者视频或者 CCD 照相机系统对于从纹影彩色防护罩发射出的光束强度、传播介质性能的敏感度;另一方面,散射光的强度分率可能导致颜色在纹影图像的白色光方向上发生变化,这是因为在原始光束方向上发生对称散射,这一现象在多重散射时更明显。

除了上述优点外,特别是对充满粒子(易燃的)流场,加入彩色更容易解释所发生的过程,因为与不同暗度的灰色相比,不同的颜色更容易以肉眼分辨。此外,窗口、镜头等的污染物,胶卷处理和图像产物的干扰或者 CCD 片可能使 B/W - 纹影技术图像的曝光量产生错色或假彩色。但是,在彩色纹影图像上,不同颜色光强仅仅变低,而不会改变,并且还提供了如上所述的关于折射率梯度的信息。因此,彩色纹影技术常常提供信息更多的图像。

为了使彩色纹影装置更有效地工作,必须进一步满足下述要求:

- 为了避免误解,颜色代码应该明确无误。彩色源可满足这一要求。纹影装备按照下述方法校准:绿色表示折射率梯度接近于零。有关文献[13.199]详细描写了这种颜色代码。

- 为了获得色彩质量优异的纹影图像,必须优选光源、色彩滤波器、胶卷材料或 CCD 照相机的光谱灵敏度。实现此目标的最简单途径是改变彩色滤波器防护罩上的滤波段宽度,见 Ciezki[13.199]所述。如图 13.46 所示,具有长焦距的校准透镜位于所研究的区域,代替所研究的目标物体进行校准非常有效。

- 如果可能,应该选用平行光通过研究目标的平面 Z 装置。在该装置中,通过对称设计(即凹透镜的角度 $\alpha_1 = \alpha_2$ 和焦距相等)可以消除慧形失真,通过选用小角度 $\alpha_i < 10°$ 来减少散光。

- 为减少焦距的色差必须采用消色差透镜。

- 窗口应满足纹影品质要求。

与前面所述彩色纹影技术不同,Netzer 和 Andrews 成功使用了另一种彩色纹影技术研究了燃烧的高氯酸铵[13.201]。但是观察其他推进剂的燃烧过程却显得非常困难,因为这些推进剂产生明显的自发射现象。这主要由燃烧室内的炭黑粒子、火花碎片和其他热材料(凝聚或固体)的热散射所引起。Netzer 和 Andrews 认识到他们所使用的闪光源不够强,难以覆盖这种自发光,因此,他们选用激光彩色纹影方法。在研究含硼粒子的固体燃料层的燃烧行为时,Ciezki[13.200]使用了一种闪光时间达 $13\mu s$ 的 $18-J$ 氙闪光源。此外,为了减少燃烧过程中强烈的热散射对纹影图像的影响,于照相机的前部加装一快门装置。该快门装置具有不同的曝光时间,曝光时间最低为 $300\mu s$,由最小曝光时间为 1ms 的传统可变光圈和最小曝光时间为 $300\mu s$ 的液晶快门组成。由于热散射太强烈,以致于关闭的液晶快门不能完全阻挡热散射,因此,必须附加使用可变光圈。

图 13.47(a)所示为不添加硼粒子的 HTPB/IPDI 燃烧过程的纹影图像,测试条件见表 13.7,曝光时间为 1ms。在没有任何保护气流的条件下,通过燃烧器两面侧壁上的石英片可观测燃料层的完整燃烧过程。图 13.47(b)所示的是燃烧过程的特性图,其中包含了 Natan 和 Gany[13.202]在研究固体燃料冲压喷气发动机的边界层的燃烧过程时提出的术语。纹影图像上,在循环区域边界层下游的扩散火焰上方的外部区域可看到大范围的干涉漩涡状结构。在图像的较低区域可以看到黄色灼热带,而这在彩色纹影图像上是不明显的,此处选择的曝光时间比 1ms 要短得多。这表明了此黄色灼热带源于凝聚相(硼,B_2O_3,炭黑等)的热辐射,这对纹影图像产生强烈影响。在实验条件下,由于以炭黑的热散射为主[13.193,13.194],因此可知此灼热带与碳氢化合物的扩散火焰区域有关。

在循环区域的尾部,黄色灼热带和燃烧器底部的距离较小,这是由流场在该区域向下运动所引起的,这可以用 LDV 测量装置进行测试[13.184]。在纹影图像的左侧,即正好位于分步式燃烧测试器后,由于烟炱和燃烧残留物污染了窗口,观察不到燃烧过程的任何信息。

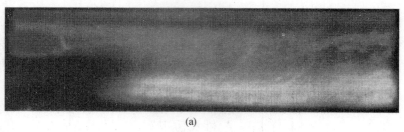

(a)

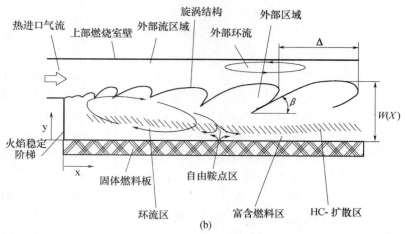

(b)

图 13.47　纹影图像和燃烧特征

(a) 不含硼粒子添加剂的 HTPB/IPDI 的彩色纹影图像[13.200];

(b) LDV 测量法得到的图像(a)中可观测到的流场及燃烧特性。

13.5.6　散射技术测量速度

利用激光－多普勒速度计(LDV)、粒子图像速度计(PIV)及相态多普勒风速表(PDA)可测定流场和燃烧场的速度分布信息。这三种测试方法的原理是利用随流场运动的小粒子发出的散射光来测速。在许多应用中,将示踪粒子加入到气态单相流或液态多相流,利用这些粒子可得到 Mie 散射。但是,在多相流中可使用现有的粒子或微滴作为散射源,当然,这就要求对通过大粒子和宽分布粒子得到的结果进行解释时必须仔细严谨,因为这些粒子随流场惯性流动。此外,用于推进系统的硼粒子和铝粒子具有不规则的外形,因此仅仅限制于球形粒子技术的测试(如PDA),不能在此处用于相应的测试。有关使用散射光测定速度的非插入式方法的文献报道很多,本文仅对 LDV 和 PIV 的基本原理进行简短描述。LDV 始于 1964

年,系 Yeh 和 Cummings 所建立。其中,两束聚焦干涉激光束相交并形成测量空间,经过此空间的粒子引起这些相交光束的光偏转,从而在检波器上产生振荡强度信号,如图 13.48 所示。

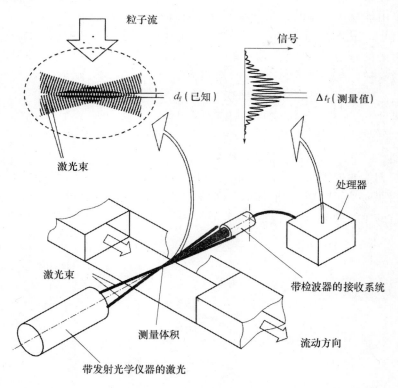

图 13.48　一维 LDV(向前散射)实验装置

此处用干涉图模型来对所发生的过程进行非常简单的解释,其中,两干涉激光束产生了明纹和暗纹相间的图形(或为平面,因为测量空间是三维的)。当粒子经过该干涉图时,散射光的强度发生振荡。所测定的粒子速度 u 等于条纹间隔 d_f 和检波器标称时间间隔 Δt_f(为检测器的固定参数)的比值。而 d_f 是两激光束间夹角 θ 和激光波长 λ 的函数,见式(13.64)及式(13.65)。有关 LDV 基本原理、各种装置和应用的更多详细信息可参见文献[13.204~13.206]。

$$u = \frac{d_f}{\Delta t_f} \tag{13.64}$$

$$d_f = \frac{\lambda}{2\sin(\theta/2)} \tag{13.65}$$

位于 Lampoldshausen 的 DLR 空间推进研究院使用的 LDV 系统由一个 5 - W

氩离子激光器和两个脉冲光谱分析器组成,脉冲光谱分析器用前向散射取样测量速度。一对激光束围绕着 $z-$ 轴旋转 $45°$ 以提高 x 轴和 y 轴方向的分辨率。每个测量点取样数量为 6100 个,引入的 LDV 信号以 5kHz 的频率进行扫描。LDV 安装在一个由计算机控制的三维运动装置上,用标准软件处理数据。

对直径范围 $0.5\mu m \sim 10\mu m$ 的粒子而言,前向散射的优点是,其信号强度高于后向散射的信号强度。但是,对于光密集系统则前向散射的信号强度太低,反而后向散射效果较好。遗憾的是,仅在所检测测试室壁上的窗口附近区域才能用后向散射方法。RFSC 预测试显示,在特定的条件下可利用前向散射。此外,为了获得好的信噪比,必须使用干涉滤波器抑制影响 LDV 信号的热散射。通常情况下,如果流场是结晶化的,LDV 测试中应主要考虑如何获得均匀分布,以及选择合适的光学仪器、数据处理装置和统计参数。

粒子图像速度表(PIV)是非插入式的、二维流场的可视技术[13.207~13.209],流场中的双照射粒子的散射光可通过 CCD 照相机观察并收集到(见图 13.49)。利用可调节的延时激光系统处理两激光脉冲可得到粒子的双重照射。利用分步燃烧

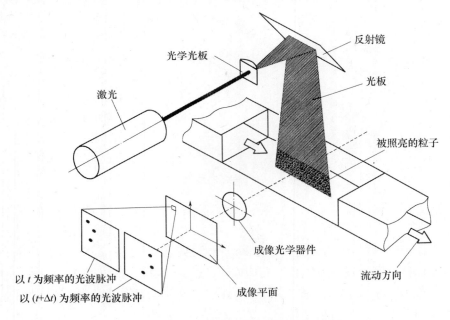

激光 光学光板 反射镜 光板 被照亮的粒子 成像光学器件 成像平面 流动方向 以 t 为频率的光波脉冲 以 $(t+\Delta t)$ 为频率的光波脉冲

图 13.49　粒子图像速度计(PIV)的实验装置

室由两种不同的方法完成了测试[13.210]。第一种方法,每一图像记录一次脉冲,并跟踪两相邻图像间的粒子;第二种方法,每一图像记录两次脉冲,以便在相同的帧内跟踪粒子。第一种情况,对两个单独的图像使用关联技术。在双重曝光的情况下,用自关联技术分析所得到的帧。有关数据分析的更多细节可见其他文

献[13.160,13.209,13.211,13.212]。这一结果考虑了单个粒子移动或粒子族集的两种情况。通过广为人知的两激光脉冲延时技术测量粒子移动,可以获得这些粒子的速度。由分步燃烧测试设备得到的结果主要是利用了关联技术。

比较 LDV 与 PIV 可知,LDV 是对流场的平均结构的单点测量方法,其不能捕获流场的瞬间空间结构,但可以得到湍流统计学的参数,如平均速度、湍流强度、雷诺应力和高次动量。而 PIV 则可用于测定二维平面流的实际结构。从 PIV 图像测定的瞬间速度场集合可以测定平均结构。

在充满粒子或微滴的流场中,如果粒子或微滴的散射光的强度高,足以达到足够的信噪比和数据传输速率,则可利用散射光测得速度。由于大粒子跟随气相流加速的能力受限,必须注意解释所得到的结果。例如,Ruck[13.206] 报告指出,由具有大示踪粒子的非反应型 RFS 流所测得的循环区的长度太短。此外,粒子的粒度分布宽时,大粒子可能改变平均速度值和湍流统计学参数。因此,LDV 系统或 PIV 系统得到的结果仅仅指出了粒子相的运动,如果要求得到的结果适用于气相,必须进一步进行评估。

可以用在 13.5.3 节已论述了的斯托克斯数 St_p 对粒子流动行为进行假定,这是一个简便的方法。粒子松弛时间 τ_p 定义如方程式(13.49)。流场可假定为反应型边界层流,流体时间范围 τ_g 可定义为阶段高度 h 和进气速度 μ_{air} 的比值,见式(13.66):

$$\tau_g = \frac{h}{u_{air}} \tag{13.66}$$

其中,选用反应型边界层 $T = T_{air} = 800K$ 的点对 St_p 进行估计。在此点,出现最高值。这是因为在燃烧器的最热区域,出现了较低的密度和较高的黏度,导致较低的 St_p 值。

用原始硼粒子 Sauter 直径 $d_{3,2}$ 可以计算出斯托克斯数 $St_p = 0.016$。原始硼粒子的粒度分布表明,仅有 10% 的粒子直径 $>5\mu m$,1% 的粒子直径 $>10.7\mu m$。相应的斯托克斯数 $St_p(5\mu m) = 0.42$ 和 $St_p(10.7\mu m) = 1.76$。这表明大多数的原始粒子 St_p 明显大于 1.0,因此能随气相流顺利流动。应当提到的是,LDV 和 PIV 对粒子流动行为的要求比取样探测器严格,因此要求较小的 St_p。不同的课题组对粒子流动行为进行了详细分析,如 Durst 等人[13.213] 探讨了 LDV 湍流中小粒子运动的不同理论。

对于振荡流,已定量计算了其中粒子随流场而流动的能力。湍流场中球形粒子的运动可以用 Basset - Boussinesq - Oseen(BBO)方程进行描述。粒子雷诺数低,如粒子和流场间的相对速度低,则为均相、稳定的湍流,且粒子浓度低。由 BBO 方程式可通过 Fourier 积分计算流动速率。更多的信息可参见其他文献[13.206]。Ruck 及合作者[13.206,13.214] 论述了频率的限制,例如,空气中的水滴可在99%振幅范围内流动。他们发现,频率为10kHz(大多数情况下的最大值)时湍流中微滴液的尺寸小于1μm。

对热的 RFSC 环境内硼粒子的流动行为做了假定,运用简化条件(1bar,1800K,热空气)求解了BBO方程式。图 13.50 表明,粒子随振荡热空气流的频率 f 与粒子直径 d_p 成反比。比值 ε 是附加参数,是振荡粒子振幅与振荡流振幅的比值。图 13.50 提出的结果表明,直径为 1μm 的硼粒子表现出与前述的环境空气中的微滴相同的定量行为。这主要是因为温度上升强烈影响热空气的黏度。假定 LDV 实验的总体误差为 1%,并未进一步考虑粒子惯性的影响。

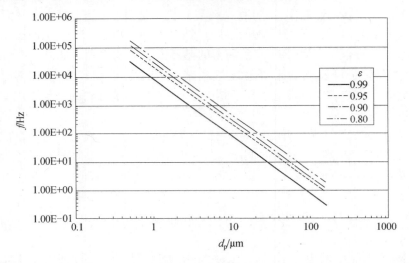

图 13.50　1700K 干空气内的硼粒子在不同振幅比 ε 时粒子频率 f 与粒径 d_p 的关系

对具有 LDV 和 PIV 分步燃烧器的测试设备,研究目的是将固体燃料层喷射出的反应型粒子相的运动可视化。PIV 图像中,小粒子占主导地位,但是也可以观测到较大的粒子或 2mm 尺寸以上的凝聚块,如图 13.51 所示为分步式燃烧器测试

图 13.51　紧靠分步式燃烧器测试设备的 PIV 图像[13.210]

设备后区域的图像。由 PIV 图像进行速度测定,只使用了较小的粒子。此外,Clauss[13.215]和 Ulas 等人[13.216]早期的研究发现硼粒子可能有合适的运动。

利用 LDV 验证时发现,惰性 TiO_2 粒子的运动(原始粒子平均直径 $0.2\mu m$)与硼粒子的运动没有明显差异,如图 13.52 所示。在这些实验中,燃烧的是含硼粒子的固体燃料层和含 TiO_2 粒子的固体燃料层,而非硼粒子。此外,加或不加 TiO_2 外部流种子,可用于区分独立流动区域,如图 13.47 所示。总体而言,对不大于 $30\mu m$ 的小粒子而言,没有发现硼粒子明显的固有运动。但是,较大的粒子和火花碎片表现出了固有运动,这是因为如同 PIV 实验中观测到的惯性使然。

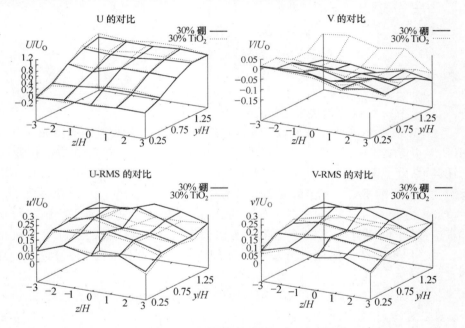

图 13.52　含 30%(质量分数)硼和 30%(质量分数)TiO_2
添加剂的试验燃料在 $x=96mm$ 横断面处测得的速度和 RMS 比较

13.5.7　干涉反斯托克斯拉曼光谱(CARS)

干涉反斯托克斯拉曼光谱(CARS)是著名的用于测量气相燃烧过程中温度和浓度的激光光谱工具。由于空气中 N_2 的含量高,N_2 - 振动 CARS 经常用于对空气燃烧过程进行研究。CARS 是三 - 波混合过程,在其简并形式中,频率为 ω_1 的两个光子(泵激光器)和频率为 ω_2 的一个光子(斯托克司激光器)互相作用,与物质的三阶非线性磁化系数 $\chi^{(3)}$ 发生振荡极化,结果产生干涉辐射,见式(13.67)及式(13.68):

$$I_3(\omega_3) \propto I_1^2(\omega_1) I_2(\omega_2) |\chi^{(3)}|^2 \tag{13.67}$$

$$\chi^{(3)} = \frac{2c^4}{\hbar\omega_2^4}\left(\frac{\mathrm{d}\sigma}{\mathrm{d}\Omega}\right)\frac{\omega_j \cdot \Delta N}{\omega_j^2 - (\omega_1 - \omega_2)^2 - i(\omega_1 - \omega_2)\Gamma_j} + \chi_{\mathrm{NR}} \tag{13.68}$$

式中　I_1——斯托克司激光器的强度(ω_1);

　　　I_2——泵激光器的强度(ω_2);

　　　I_3——CARS 信号的强度[13.147,13.217,13.218];

　　　$\chi^{(3)}$——可由式(13.68)中的单独离析的拉曼线频率 ω_j 测定;

　　　$\dfrac{\mathrm{d}\sigma}{\mathrm{d}\Omega}$——拉曼散射的横断面;

　　　ΔN——拉曼跃迁等状态的粒子总数的差;

　　　Γ_j—— j 层跃迁的拉曼谱线宽度;

　　　c——光速;

　　　$\hbar$——普朗克常数;

　　　χ_{NR}——实数的非共振磁化的色散。

图 13.53 所示为叠合 BOXCARS 方式的光束几何形状和过程的相关方面示意图(实验可能实现的例子)。如果频率差 $\Delta\omega = \omega_1 - \omega_2$ 与所探测物质的拉曼活性跃迁调谐,分子在 $\omega_3 = 2\omega_1 - \omega_2$ 频率时的干涉激光信号共振加强并形成 CARS 信号。共振分子的 CARS 光谱的光谱分布与分子的复数三阶非线性磁化系数 $\chi^{(3)}$ 绝对值的平方有函数关系,见方程式(13.67)。记录光谱后,通过对实验测定的光谱和理论计算的光谱进行比较,并用程序方法最佳拟合(如最小二乘法拟合),从而给出相关温度值。有关该测量方法基本原理的更多信息见文献[13.147,13.219,13.220]。

目前,关于 CARS 技术在实验室装置中的应用已出版了大量的论文、综述和专著。CARS 也已成功应用于实际产品中,如活塞发动机[13.221,13.222]、喷气发动机[13.223]、煤气化器、煤燃烧 MHD 发电机和熔炉。Eckbreth[13.147]列出了 1988 年以前所有关于该技术的出版物。Williams 等人在接近于固体燃料冲压喷气发动机(如在耗净型液体燃料火箭发动机)的应用中,实现了 CARS 光谱测量。Aron 和 Harris[13.226]、Kurtz 等人[13.227]、Stufflebem 和 Eckbreth[13.228]分别在液氢燃料模型燃烧器[13.225]和推进剂火焰测试中使用了 CARS。

在 Lampoldshausen 的 DLR 推进研究中使用的 RFSC 系统[13.156,13.229]由一个双频 Nd:YAG 激光器和斯托克斯激光器组成。双频激光器的脉冲宽度是 8ns。并以 10Hz 频率运行,在双频激光器内从 130mJ 的脉冲能量分离出 70mJ 并泵入到斯托克斯激光器中,斯托克斯激光器是一种传统的宽频染料激光器,具有一个纵向的抽气式放大系统。将硫氰酸胺 101 溶于甲醇,溶液在 670nm 处散射最大。第二个 YAG 束(剩余的 60mJ)和染料激光束形成一 USED(Unstable - Resonator Spatilly

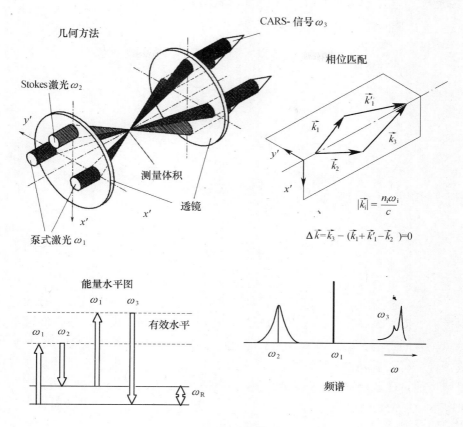

图 13.53 叠合 BOXCARS

Enhanced Detection）- CARS 束,其轮廓的几何形状为染料激光束的环形横断面,
如图 13.54 所示。轮廓的几何形状是可选择的,因为通过光束控制,光束重叠时的
损耗可以最小化。

CARS 系统位于测试池附近的增强室内,其模式单元是可拆卸组装。只有光
导光学器件和聚焦透镜安放在可活动的桌子上,以便使探测电位器易于移动至测
量位置,光纤偶合光学器件的位置非常靠近燃烧室。因此,激光束从 10m 远外被
发射到燃烧室并聚焦、进入位于燃烧室的中心平面上的探测电位器。探测电位器
的长度是 4mm,在聚焦透镜处测得其具有源于 YAG 激光器的 14mJ 脉冲能量和源
于染料激光器的 4mJ 的脉冲能量。CARS 信号通过一系列的反射镜和滤波器从激
光束分离,并最终聚焦进入 $600\mu m$ 的单纤,从而导向光谱记录仪。光纤出口与光
谱记录仪的开口匹配。以上叙述的装置中,微小改变有利于强度但会损失分辨率。
CARS 光谱是用加强的 1024 二极管阵列按顺序记录而成的,二极管阵列在门模式
下运行以抑制炭黑和其他粒子的连续散射。关于 CARS 设备及测量程序等方面的

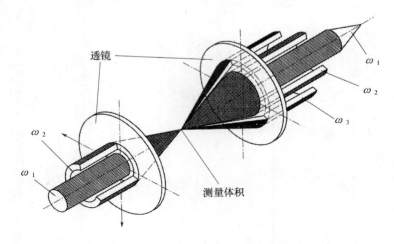

图 13.54 USED-CARS 的波束几何形状

进一步信息可参见其他文献[13.156,13.229]。

图 13.55 给出的是在循环区下游区域得到的两个氮 CARS 光谱。横坐标表示检波器二极管阵列的像素数,它与拉曼偏移成正比。实线表示燃烧室底部上方的测量位置的正常光谱。图 13.47 中,在高热辐射带上方的富含燃料区域,从彩色纹影图像上可以看到,有大量的受干扰光谱。图 13.55 中的虚线表示的是在分步式燃烧器测试设备后 $x = 170mm$ 处和燃烧室底部上方 $y = 4mm$ 处测量点的光谱。此处 N_2 CARS 光谱因该区域内炭黑和炭黑前体物质发生辐射干涉而叠加。据报

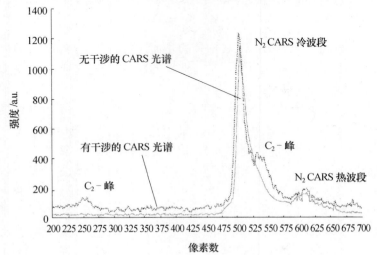

图 13.55 燃烧室底部上方不同高度的 CARS 光谱[13.229]

道[13.229]，这些干涉包括宽带斯托克斯激光器激发的非关联反斯托克斯荧光，以及激光器产生的 C_2 降解到 UV 区导致的干涉散射。干涉散射源于 C_2 的电子放大波－混合过程。非干涉部分系由于斯托克斯激光器处于远离信号光谱区所致，但干涉部分与 532nm 的 CARS 激光的 N_2 CARS 的"冷带"发生干涉。这些辐射干涉主要发生在高热辐射带内和其上方区域，以及循环区域内。由于 CARS 信号不含"热带"，从"热带"计算温度时精确度很低。对于 C_2 辐射干涉已有多人报道，如 Aldén 等人[13.230] 对炭黑火焰，Eckbreth 和 Hall[13.220] 及 Willams 等人[13.224] 对火箭发动机排出烟柱的研究报道。

图 13.56 给出了 $x = 170mm$ 处测量横断面的温度柱状图。由于存在湍流混合过程，因此导致双峰温度分布，在图 13.47 中可以看到大范围的干涉漩涡结构，这在较低区域导致更冷的空气。为从这样的光谱中计算温度，开发了专业软件[13.229]。在降低精确度的前提下，该软件假定只有两个温度，其中一个温度很高而另一个温度相对较低而形成 CARS 信号的光谱图。图 13.57 中，白色符号代表较高的平均温度和较低的平均温度，黑色实心符号代表整个柱状图的平均温度。可以看出，即使在最低测量点 $y = 4mm$ 处，温度达 800K 左右，这类似于外部空气流的温度。有关详细结果已有报道[13.229]。

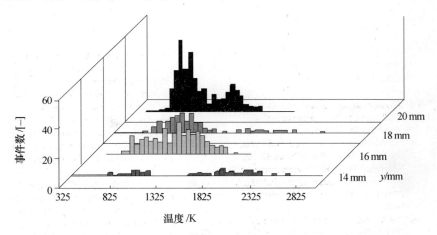

图 13.56　$x = 170mm$ 测量断面处的温度分布图[13.229]

由于上述的 C_2 干涉，以及粒子(硼粒子、炭黑等)数密度高导致的低信噪比，得到的光谱图中仅有少量可用于计算，特别是在燃烧室底部附近和循环区更是如此。为了获得低误差的可信结果，必须采集大量的光谱图，而实现这一点会因为实验运行时间短、燃料表面衰退、测量体积内的高能量密度点燃等而产生更多困难。必须指出的是，在这些苛刻条件下应用 CARS 技术，为得到可信结果，需要大量的时间和经验。不管怎么说，CARS 技术得到的结果非常有助于人们理解燃烧过程。

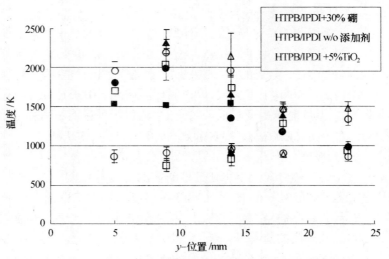

图 13.57　含有不同粒子添加剂的 HTPB/IPDI 的气相温度[13.229]

13.6　参考文献

13.1 Zarko VE, Gusachenko LK, Rychkov AD (1996) Simulation of combustion of melting energetic materials, *Def. Sci. J.* **46**, 425–433.

13.2 Gusachenko LK, Zarko VE, Rychkov AD (1997) Instability of a combustion model with evaporation on a surface and overheat in the condensed phase, *Combust. Explos. Shock Waves* **33**, 320.

13.3 Hermann M (1997) Temperaturverhalten von Ammoniumnitrat, *PhD Thesis*, Wissenschaftliche Schriftenreihe des ICT, p. 15.

13.4 Herrmann M, Engel W, Eisenreich N (1992) Thermal expansion, transitions, sensitivity and burning rates of HMX, *Propell. Explos. Pyrotech.* **17**, 190–195.

13.5 Saw CK (2002) Kinetics of HMX and phase transitions: effects of grain size at elevated temperature, In: *Proc 12th Int. Detonation Symp.*, San Diego, CA.

13.6 Smilowitz L, Henson B, Asay B, Dickson P (2002) A model of the β–δ phase transition in PBX9501, In: *Proc 12th Int. Detonation Symp.*, San Diego, CA.

13.7 Carslaw HS, Jaeger JC (1973) *Conduction of Heat in Solids*, 2nd edn, Clarendon Press, Oxford.

13.8 Schmalzried H (1981) *Solid State Reactions*, Verlag Chemie, Weinheim.

13.9 Opfermann J, Hädrich W (1995) Prediction of the thermal response of hazardous materials during storage using an improved technique, *Thermochim. Acta* **263**, 29–50.

13.10 Sestak J, Berggren G (1971) Study of kinetics of the mechanism of the solid-state reactions at increasing temperature, *Thermochim. Acta* **3**, 1–12.

13.11 Jacobs PWM, Whitehead HM (1969) Decomposition and combustion of ammonium perchlorate, *Chem. Rev.* **69**, 551–590.

13.12 Fizer E, Fritz W (1982) *Technische Chemie*, Springer, Berlin.

13.13 Eisenreich N, Schmid H (1989) Thermoanalytische Untersuchung der Oxidation von Bor, *FhG-Ber.* **2**, 37–40.

13.14 Williams FA (1985) *Combustion Theory*,

2nd edn, Benjamin/Cummings, Menlo Park, CA.

13.15 Kuo KK (1996) *Recent Advances in Spray Combustion, Vol. I: Spray Atomization and Drop Burning Phenomena*, Progress in Astronautics and Aeronautics, Vol. 166, AIAA, New York.

13.16 Kuo KK (1996) *Recent Advances in Spray Combustion, Vol. II: Spray Combustion Measurements and Model Simulation*, Progress in Astronautics and Aeronautics, Volume 171, AIAA, New York.

13.17 Peters N (1999) *Turbulent Combustion*, Cambridge University Press, Cambridge.

13.18 Moriue O, Eigenbrod C, Rath HJ, Sato J, Okai K, Tsue M, Kono M (2000) Effects of dilution by aromatic hydrocarbons on staged ignition behavior of n-decane droplets, *Proc. Combust. Inst.* **28**, 969–975.

13.19 Schnaubelt S, Moriue O, Coordes T, Eigenbrod C, Rath HJ (2000) Detailed numerical simulations of the multistage self-ignition process of n-heptane isolated droplets and their verification by comparison with microgravity experiments, *Proc. Combust. Inst.* **28**, 953–960.

13.20 Marberry M, Ray AK, Leuny K (1981) *Combust. Flame* **57**, 237.

13.21 Barrere M, Moutet H (1956) Etude experimental de la combustion de gouttes de monergol, *Tech. Aero.* **9**, 31.

13.22 Eisenreich N, Krause H (1989) Verbrennung von Flüssigkeiten: Bestimmung der Verdampfungs- und Zeretzungskinetik durch schnelle FTIR-Spektroskopie, *FhG-Ber.* **2**, 32–36.

13.23 Krause H, Eisenreich N, Pfeil A (1989) Kinetics of evaporation and decomposition of isopropyl nitrate by rapid scan IR spectroscopy, *Thermochim. Acta* **149**, 349–356.

13.24 Kubota N (2000) *Propellants and Explosives*, Wiley-VCH, Weinheim.

13.25 Summerfield M, Sutherland GS, Webb WJ, Taback HJ, Hall KP (1960) The burning mechanism of ammonium perchlorate propellants, In: *ARS Progress in Astronautics and Rocketry, Vol. 1, Solid Propellant Rocket Research*, Academic Press, New York, pp. 141–182.

13.26 Miller RR, Hartmann KO, Myers RB (1970) *Prediction of Ammonium Perchlorate Particle Size Effects of Composite Propellant Burning Rate*, CPIA Pub. 196, pp. 567–591.

13.27 Hermance CE (1966) A model of composite propellant combustion including surface heterogeneity and heat generation, *AIAA J.* **4**, 1629–1637.

13.28 Hermance CE (1967) A detailed model of the combustion composite solid propellants, In: *Proc 2nd Solid Propulsion Conf., Anaheim, CA.*

13.29 Beckstead MW, Derr RL, Price CF (1970) A model of composite solid propellant combustion based on multiple flames, *AIAA J.* **8**, 2200–2207.

13.30 Glick RL (1974) On statistical analysis of composite solid propellant combustion, *AIAA J.* **12**, 384–385.

13.31 Blomshield FS (1989) *Nitramine Composite Solid Propellant Modelling*, Naval Weapon Center, China Lake, CA.

13.32 Eisenreich N, Fischer TS, Langer G, Kelzenberg S, Weiser V (2002) Burn rate models for gun propellants, *Propell. Explos. Pyrotech.* **27**, 142–149.

13.33 Ivanov GV, Tepper F (1996) Activated aluminum as a stored energy source for propellants, In: *Proc 4th Int. Symp. Special Topics in Chemical Propulsion, Challenges in Propellants and Combustion 100 Years after Nobel, Stockholm.*

13.34 Weiser V, Eisenreich N, Kelzenberg S (2001) Einfluß der Größe von Metallpartikeln auf die Anzündung und Verbrennung von Energetischen Materialien, In: *Proc. 31st Int. Annual Conf. ICT, Karlsruhe*, p. 34.

13.35 Mench MM, Yeh CL, Kuo KK (1998) Propellant burning rate enhancement and thermal behavior of ultra-fine aluminum powders (ALEX), In: *Proc. 29th Int. Annual Conf. ICT, Karlsruhe*, p. 30.

13.36 Simonenko VN, Zarko VE (1999) Comparative studying the combustion behavior of fine aluminum, In: *Proc. 30th Int. Annual Conf. ICT, Karlsruhe*, p. 21.

13.37 Arkhipov VA, Ivanov GV, Korotkikh AG, Medvedev VV, Surkov VG (2000) Features of ignition and burning of composite propellants with nanosized aluminum powder, In: *Proc. Burning and Gas Dynamics of Dispersion System,*

Mat. 3rd Int. School Inter Chamber Processes, St Petersburg, pp. 80–81.

13.38 Dokhan G, Price EW, Sigman RK, Seitzman JM (2001) The effect of Al particle size on the burning rate and residual oxide in aluminized propellants, In: AIAA/SAE/ASME/ASEE 37th Joint Propulsion Conf., AIAA Paper 2001–3581,

13.39 Bashung B, Grune D, Licht HH, Samirant M (2000) Combustion phenomena of a solid propellant based on aluminum powder, In: Proc. 5th Int. Symp. Special Topics in Chemical Propulsion (5-ISICP), Stresa.

13.40 Lessard P, Beaupré F, Brousseau B (2001) Burn rate studies of composite propellants containing ultra-fine metals, In: Proc. 32nd Int. Annual Conf. ICT, Karlsruhe, p. 88.

13.41 Vorozhtsov A, Arkhipov V, Bondarchuk S, Kuznetsov V, Korotkikh A, Surkov V (2002) Ignition and combustion of solid propellants containing ultrafine aluminum, In: Proc. Rocket Propulsion: Present and Future, Pozzuoli, Naples, pp. 78–79.

13.42 Law CK (1973) Surface reaction model for metal particle combustion, Combust. Sci. Technol. 7, 197–212.

13.43 Weiser V, Roth E, Plitzko Y, Poller S (2002) Experimentelle Untersuchung aluminisierter Kompositetreibstoffe mit nanoPartikel, In: Proc. 32nd Int. Annual Conf. ICT, Karlsruhe, p. 122.

13.44 King MK (1974) Boron particle ignition in hot gas streams, Combust. Sci. Technol. 8, 255–273.

13.45 Natan B, Gany A (1987) Ignition and combustion characteristics of individual boron particles in the flow field of a solid fuel ramjet, In: AIAA/SAE/ASME/ASEE 23rd Joint Propulsion Conf., San Diego, CA, AIAA Paper 87–2034.

13.46 Yeh CL, Kuo KK (1996) Ignition and combustion of boron particles, Prog. Energy Combust. Sci. 22, 511–541.

13.47 Eisenreich N, Liehmann W (1987) Emission spectroscopy of boron ignition and combustion in the range of 0.2 μm to 5.5 μm, Propell. Explos. Pyrotech. 12, 88–91.

13.48 Eisenreich N, Krause HH, Pfeil A, Menke K (1992) Burning behaviour of gas generators with high boron content, Propell. Explos. Pyrotech. 17, 161–163.

13.49 King MK (1974) Boron particle ignition in hot gas streams, Combust. Sci. Technol. 8, 255–273.

13.50 Meinköhn D (2000) Metal combustion modelling, In: Proc. 2nd ONERA-DLR Aerospace Symp., ODAS, Berlin.

13.51 Kuznetsov VT, Marusinl VP, Skorik AI (1974) On a mechanism of ignition in heterogeneous systems, Combust. Explos. Shock Waves 10, 526–529.

13.52 McSpadden HJ (1985) Improvement in particle size and moisture analysis methods for lead nitrate, In: Proc. 16th Int. Annual Conf. ICT, Karlsruhe, p. 74.

13.53 Köhler H (1986) Qualitätskontrolle von Formkörpern aus Anzündmischungen auf Basis Bor/Kaliumnitrat, In: Proc. 17th Int. Annual Conf. ICT, Karlsruhe, p. 74.

13.54 Baier A, Weiser V, Eisenreich N, Halbrock A (1996) IR-Emissionsspektroskopie bei Verbrennungsvorgängen von Treibstoffen und Anzündmitteln, In: Proc. 27th Int. Annual Conf. ICT, Karlsruhe, p. 84.

13.55 Eckl W, Kelzenberg S, Weiser V, Eisenreich N (1998) Einfache Modelle der Anzündung von Festreibstoffen, In: Proc. 29th Int. Annual Conf. ICT, Karlsruhe, p. 154.

13.56 Rochat E, Berger B (1999) Unempfindliche Anzündmittel für moderne Treibladungspulver, In: Proc. 30th Int. Annual Conf. ICT, Karlsruhe, p. 24.

13.57 Eisenreich N, Ehrhard W, Kelzenberg S, Koleczko A, Schmid H (2000) Strahlungsbeeinflussung der Anzündung und Verbrennung von festen Treibstoffen, In: Proc. 31st Int. Annual Conf. ICT, Karlsruhe, p. 139.

13.58 Kosanke KL, Kosanke BJ, Dujay RC (2000) Pyrotechnic particle morphologies – metal fuels, J. Pyrotech. 11.

13.59 Berger B, Haas B, Reinhard G (1996) Einfluß der Korngröße des Reduktionsmittels auf die Reaktionsparameter pyrotechnischer Systeme, In: Proc. 30th Int. Annual Conf. ICT, Karlsruhe, p. 13.

13.60 Weiser V, Kuhn D, Ludwig R, Poth H (1998) Einfluß der Partikelgröße auf das Abbrandverhalten von B/KNO$_3$-Anzündmischungen, In: Proc. 29th Int. Annual Conf. ICT, Karlsruhe, p. 75.

13.61 Weiser V, Koleczko A, Kelzenberg S,

Eisenreich N, Müller D (2000) Ti-Nanopartikel zur Anzündung von Rohrwaffentreibmitteln, In: *Proc. 31st Int. Annual Conf. ICT, Karlsruhe*, p. 146.

13.62 Weiser V, Kelzenberg S, Eisenreich N (2001) Influence of metal particle size on the ignition of energetic materials, *Propell. Explos. Pyrotech*. 26, 284–289.

13.63 Weiser V, Eisenreich N, Kelzenberg S (2001) Einfluß der Größe von Metallpartikeln auf die Anzündung und Verbrennung von Energetischen Materialien, In: *Proc. 32nd Int. Annual Conf. ICT, Karlsruhe*, p. 34.

13.64 Simonenko VN, Zarko VE, Kiskin AB, Sedoi VS, Birukov YA (2001) Effect of ALEX and boron additives on ignition and combustion of Al-KNO₃ mixture, In: *Proc. 32nd Int. Annual Conf. ICT, Karlsruhe*, p. 122.

13.65 Koch EC (2002) Metal-fluorocarbon-pyrolants: III. Development and Application of magnesium/Teflon/Viton (MTV), *Propell. Explos. Pyrotech*. 27, 262–266.

13.66 Kuwahara T, Ochiachi T (1992) Burning rate of Mg/TF-pyrolants, In: *Proc. 18th Int. Pyrotech Seminar, Breckenridge, CO*, pp. 539–549.

13.67 Campell AW, Davis WC, Ramsay JB, Tarver JR (1961) Shock initiation of solid explosives, *Phys. Fluids* 4, 511–521.

13.68 Campell AW, Davis WC, Tarver JR (1961) Shock initiation of detonation in liquid explosives, *Phys. Fluids* 4, 498–510.

13.69 Lindstrom LE (1970) Planar shock initiation of porous tetryl, *J. Appl. Phys.* 41, 337.

13.70 Boyle V, Howe P, Ervin L (1972) Effect of heterogeneity on the sensitivity of high explosives to shock loading, In: *Proc. 14th Annual Explosives Safety Seminar, New Orleans, LA*, p. 841.

13.71 Taylor B, Ervin L (1976) Separation of ignition and buildup to detonation in pressed TNT, In: *Proc. 6th Int. Symp. Detonation, Coronada, CA*, pp. 3–10.

13.72 van der Steen A, Meulenbrugge JJ (1986) Effect of RDX particle shape and size on the shock sensitivity and mechanical properties of PBXs, In. *Proc. 21st Int. Annual Conf. ICT, Karlsruhe*, p. 11.

13.73 Simpson RL, Helm FH, Crawford PC, Kury JW (1989) Particle size effects in the initiation of explosives containing reactive and non-reactive phases, In: *Proc. 9th Int. Symp. Detonation, Portland, OR*, pp. 25–38.

13.74 Bernecker RR, Simpson RL (1997) Further observations on HMX particle size and buildup to detonation, In: *Proc. APS Shock Topical Conf., Boston, MA*.

13.75 Tulis AJ, Austing JL, Dihu RJ, Joyce RP (1999) Phenomenological aspects of detonation in non-ideal heterogeneous explosives, In: *Proc. 30th Int. Annual Conf. ICT, Karlsruhe*, p. 2.

13.76 Moulard H (1989) Particular aspects of the explosives particle size effects on the sensitivity of cast PBX formulations, In: *Proc. 9th Int. Symp. Detonation, Portland, OR*, pp. 18–24.

13.77 Tulis AJ (1986) The influence of particle size on energetic formulations, In: *Proc. 17th Int. Annual Conf. ICT, Karlsruhe*, p. 40.

13.78 Tulis AJ, Sumida WK, Dillon J, Comeyne W, Heberlein DC (1998) Submicron aluminum particle size influence on detonation of dispersed fuel-oxidizer powders, *Arch. Combust.* 18, 157–164.

13.79 Gifford MJ, Chakravarty A, Greenaway M, Watson S, Proud W, Field J (2001) Unconventional properties of ultrafine energetic materials, In: *Proc. 32nd Int. Annual Conf. ICT, Karlsruhe*, p. 100.

13.80 Baer MR, Nunziato JW (1989) Compressive combustion of granular materials induced by low velocity impact, In: *Proc. 9th Int. Symp. Detonation, Portland, OR*, pp. 293–305.

13.81 Leiber CO (2001) Physical model for explosion phenomena – physical substantiation of Kamlet's complaint, *Propell. Explos. Pyrotech.* 26, 302–310.

13.82 Langer G, Eisenreich N (1999) Hot spots in energetic materials, *Propell. Explos. Pyrotech.* 24, 113–118.

13.83 Coffee CS (1997) Initiation by shock or impact, the effect of particle size, In: *Physics of Explosives, Technical Exchange Meeting, Berchtesgaden*, pp. 45–59.

13.84 Miller PJ, Bedford CD, Davis JJ (1998) Effect of metal particle size on the detonation properties of various metallized explosives, In: *Proc. 11th Int. Symp. Detonation, Snowmass, CO.*

13.85 Lefrançois A, Le Gallic C (2001) Expertise of nanometric aluminum powder on the detonation efficiency of explosives, In: *Proc. 32nd Int. Annual Conf. ICT, Karlsruhe,* p. 36.

13.86 Brousseau P, Cliff MD (2001) The effect of ultrafine aluminum powder on the detonation properties of various explosives, In: *Proc. 32nd Int. Annual Conf. ICT, Karlsruhe,* p. 37.

13.87 Ritter H, Braun S (2001) High explosives containing ultrafine aluminum ALEX, *Propell. Explos. Pyrotech.* **26,** 311–314.

13.88 Danen WC, Jorgensen BS, Busse JR, Ferris MJ, Smith BL (2001) Los Alamos Nanoenergetic Metastable Intermolecular Composite (Super Thermite) Program, In: *Proc. 221st ACS National Meeting, San Diego, CA.*

13.89 Ilyin AP, Proskurovskaya LT (1990) Two stage combustion of ultradispersed aluminum powder in air, *Combust. Explos. Shock Waves* **26,** 71–72.

13.90 Beaudin G, Lefrançois A, Bergues D, Bigot J, Champion Y (1998) Combustion of nanophase aluminum in the detonation products of nitromethane, In: *Proc. 11th Int. Symp. Detonation, Snowmass, CO.*

13.91 Jones DEG, Turcotte R, Fouchard RC, Kwok QSM, Turcotte A-M, Abdel-Qader Z (2003) Hazard characterization of aluminum nanopowder compositions, *Propell. Explos. Pyrotech.* **28,** 120–131.

13.92 Moulard H (1989) Particular aspects of the explosive particle size effect on shock sensitivity of cast PBX formulations, In: *Proc. 9th Int. Symp. Detonation, Portland, OR,* pp. 18–24.

13.93 Kury JW, Hornig HC, Lee EL, McDonnel JL, Ornellas DL, Finger M, Strange FM, Wilkins ML (1965) Metal acceleration by chemical explosives, In: *Proc. 4th Int. Symp. Detonation,* Naval Ordnance Laboratory, ACR-126, pp. 3–13.

13.94 Pagoria PF Synthesis and characterization of 2,6-diamino-3,5-dinitropyrozine-1-oxide, *Propell. Explos. Pyrotech.*

13.95 Goosman DR (1979) *Measuring Velocities by Laser Doppler Interferometry,*
Lawrence Livermore National Laboratory Report UCRL-5200-7-3, Lawrence Livermore National Laboratory, Livermore, CA, pp. 17–24.

13.96 Tipton R (1988) *Modeling Flux Compression Generators with a 2-D ALE Code,* Lawrence Livermore National Laboratory Report UCR-99900, Lawrence Livermore National Laboratory, Livermore, CA.

13.97 Fried L (1997) *Improved Detonation Modeling with CHEETAH,* Lawrence Livermore National Laboratory Report UCR-5200-9-11, Lawrence Livermore National Laboratory, Livermore, CA, pp. 21–23.

13.98 Sutherland GT, Forbes JW, Lemar ER, Ashwell KD, Baker RN (1994) Multiple stress-time profiles in a RDX/AP// Al/HTPB plastic bonded explosive, *High-Pressure Science and Technology,* AIP Conf. Proc. 309, New York, pp. 1381–1384.

13.99 Forbes JW, Tarver CM, Urtiew PA, Garcia F (2001) The effects of confinement and temperature on the shock sensitivity of solid explosives, In: *Proc. 11th Int. Symp. Detonation, Snowmass, CO,* pp. 145–152.

13.100 Sheffield SA, Gustavsen RL, Hill LG, Alcon RR (2001) Electromagnetic gauge measurements of shock initiating PBX9501 and PBX9502 explosives, In: *Proc. 11th Int. Symp. Detonation, Snowmass, CO,* pp. 451–458.

13.101 Tarver CM, Hallquist JO, Erickson LM (1985) Modeling short pulse duration shock initiation of solid explosives, In: *Proc. 8th Int. Symp. Detonation, Albuquerque, NM,* Naval Surface Weapons Center, NSWC MP 86–194, pp. 951–959.

13.102 Urtiew PA, Erickson LM, Aldis DF, Tarver CM (1989) Shock inititation of LX-17 as a function of its initial temperature, In: *Proc. 9th Int. Symp. Detonation, Portland, OR,* Office of the Chief of Naval Research, OCNR, pp. 112–122.

13.103 Bahl K, Bloom G, Erickson L, Lee R, Tarver C, von Holle W, Weingart R (1985) Initiation studies on LX-17 explosive, In: *Proc. 8th Int. Symp. Detonation, Albuquerque, NM,* Naval Surface Weapons Center, NSWC MP 86–194, pp. 1045–1056.

13.104 Urtiew PA, Cook TM, Maienschein JL, Tarver CM (1993) Shock sensitivity of IHE at elevated temperatures, In: *Proc. 10th Int. Symp. Detonation, Boston, MA*, Office of Naval Research, ONR 33 395–12, pp. 139–147.

13.105 Urtiew PA, Tarver CM, Maienschein JL, Tao WC (1996) Effect of confinement and thermal cycling on the shock initiation of LX-17, *Combust. Flame* **105**, 43–53.

13.106 Tarver CM (1990) Modeling shock initiation and detonation divergence tests on TATB-based explosives, *Propell. Explos. Pyrotech.* **15**, 132–142.

13.107 Urtiew PA, Tarver CM, Forbes JW, Garcia F (1998) Shock sensitivity of LX-04 at elevated temperatures, In: *Shock Compression of Condensed Matter*, AIP Conf. Proc. 429, Woodbury, NY, pp. 727–730.

13.108 Dremin AN, Pershin SV, Pogorelov VF (1965) Structure of shock waves in KCl and KBr under dynamic compression to 200,000 atmospheres, *Combust. Explos. Shock Waves* **1**, 1–4.

13.109 Edward DJ, Erkman JO, Jacobs SJ (1970) *Electromagnetic Velocity Gauge and Applications to Measure Particle Velocity in PMMA*, Naval Ordnance Laboratory Report, NOLTR-70-79.

13.110 Hayes B, Fritz JN (1970) Measurement of mass motion in detonation products by an axially-symmetric electromagnetic technique, In: *Proc. 5th Int. Symp. Detonation*, Office of Naval Research, pp. 447–464.

13.111 Urtiew PA, Erickson LM, Hayes B, Parker NL (1986) Pressure and particle velocity measurements in solids subjected to dynamic loading, *Combust. Explos. Shock Waves* **22**, 597–614.

13.112 Bridgeman PW (1950) Bakerian Lecture. Physics above 20,000 kg/cm^2, *Proc. R. Soc. London, Ser. A* **203**, 1–16.

13.113 Bernstein D, Keough DD (1964) Piezoresistivity of manganin, *J. Appl. Phys.* **35**, 1471–1474.

13.114 Wackerle J, Johnson JO, Halleck PM (1976) Shock initiation of high density PETN, In: *Proc. 6th Int. Symp. Detona-*

tion, Office of Naval Research, pp. 20–28.

13.115 Kanel GI, Dremin AN (1977) Decomposition of cast TNT in shock waves, *Fiz. Goreniya Vzryva* **13**, 85–92.

13.116 Burrows K, Chivers DK, Gyton R, Lambourn BD, Wallace AA (1976) Determination of detonation pressure using a manganin wire technique, In: *Proc. 6th Int. Symp. Detonation*, Office of Naval Research, pp. 625–636.

13.117 Weingart RC, Barlett R, Cochran S, Erickson LM, Chan J, Janzen J, Lee R, Logan D, Rosenberg JT (1978) Manganin stress gauges in reacting high explosive enviromnent, In: *Proc. Symp. High Dynamic Pressures, Paris*, pp. 451–461.

13.118 Erickson L, Weingart R, Barlett R, Chan J, Elliott G, Janzen J, Vantine H, Lee R, Rosenberg JT (1979) Fabrication of manganin stress gauges for use in detonating high explosives, In: *Proc. 10th Symp. Explosives and Pyrotechnics, San Francisco, CA*, pp. 1–7.

13.119 Vantine H, Chan J, Erickson LM, Janzen J, Lee R, Weingart RC (1980) Precision stress measurements in severe shock-wave enviromnents with low impedance manganin gauges, *Rev. Sci. Instrum.* **51**, 116–122.

13.120 Urtiew PA,. Forbes JW, Tarver CM, Garcia F (2000) Calibration of manganin pressure gauges at 250 °C, In: *Shock Compression of Condensed Matter*, AIP Conf. Proc. 505, pp. 1019–1022.

13.121 Gupta YM (1983) Analysis of manganin and ytterbium gauge data under shock loading, *J. Appl. Phys.* **54**, 6094–6098.

13.122 Gupta S, Gupta YM (1987) Experimental measurements and analysis of the loading and unloading response of longitudinal and lateral gauges shocked to 90 kbar, *J. Appl. Phys.* **62**, 2603–2609.

13.123 Rosenberg Z, Partom Y (1985) Longitudinal dynamic stress measurements with in-material piezoresistive gauges, *J. Appl. Phys.* **58**, 1814–1818.

13.124 Vantine HC, Erickson LM, Janzen J (1980) Hysteresis-corrected calibration of manganin under shock loading, *J. Appl. Phys.* **51**, 1957–1962.

13.125 Gupta YM (1983) Stress measurements using pieozoresistance gauges: modeling the gauge as an elastic inclusion, *J. Appl. Phys.* **54**, 6256–6266.

13.126 Tarver CM, Forbes JW, Urtiew PA, Garcia F (2000) Shock sensitivity of LX-04 at 150 °C, In: *Shock Compression of Condensed Matter*, AIP Conf. Proc. 505, pp. 891–894.

13.127 Charest JA, Keller DB, Rice DA (1972) *Carbon Gauge Calibration*, AFWL TR-7-207.

13.128 Lynch CS (1995) Strain compensated thin film stress gauges for stress measurements in the presence of lateral strain, *Rev. Sci. Instrum.* **66**, 5582–5589.

13.129 Ginsberg MJ, Asay B (1991) Commercial carbon composition resistors as dynamic stress gauges in difficult environments, *Rev. Sci. Instrum.* **62**, 2218–2227.

13.130 Wilson WH (1992) Experimental study of reaction and stress growth in projectile-impacted explosives, In: *Shock Compression of Condensed Matter*, North-Holland, Amsterdam, pp. 671–674.

13.131 Austing JL, Tulis AJ, Hrdina DJ, Baker DE (1991) Carbon resistor gauges for measuring shock and detonation pressures I. Principles of functioning and calibration, *Propell. Explos. Pyrotech.* **16**, 205–215.

13.132 Bauer F (2000) Advances in PVDF shock sensors: applications to polar materials and high explosives, In: *Shock Compression of Condensed Matter*, AIP Conf. Proc. 505, pp. 1023–1028.

13.133 Anderson MU, Graham RA (1996) The new simultaneous PVDF/VISAR measurement technique: applications to highly porous HMX, In: *Shock Compression of Condensed Matter*, AIP Conf. Proc. 370, pp. 1101–1104.

13.134 Bauer F, Moulard H, Graham RA (1996) Piezoelectric response of ferroelectric polymers under shock loading: nanosecond piezoelectric PVDF gauge, In: *Shock Compression of Condensed Matter*, AIP Conf. Proc. 370, pp. 1073–1076.

13.135 Charest JA, Lynch CS (1992) A simple approach to piezofilm stress gauges, In: *Shock Compression of Condensed Matter*, North-Holland, Amsterdam, pp. 897–900.

13.136 Kuo KK, Summerfield M (1984) Fundamentals of solid propellants combustion, In: *Progress in Astronautics and Aeronautics 90*, AIAA, New York, pp. 479–513.

13.137 Timnat YM (1990) Recent developments in ramjets, ducted rockets and scramjets, *Prog. Aerospace Sci.* **27**, 201–235.

13.138 Gany A (1993) Combustion of boron-containing fuels in solid fuel ramjets, In: Kuo KK, Pein R (eds), *Combustion of Boron-based Solid Propellants and Solid Fuels*, CRC Press, Boca Raton, FL, pp. 91–112.

13.139 King MK (1993) A review of studies of boron ignition and combustion phenomena at Atlantic Research Corporation over the past decade, In: Kuo KK, Pein R (eds), *Combustion of Boron-based Solid Propellants and Solid Fuels*, CRC Press, Boca Raton, FL, pp. 1–80.

13.140 Shafirovich EYa, Shiryaev AA, Goldshleger UI. (1993) Magnesium and carbon dioxide: a rocket propellant for Mars missions, *J Propulsion Power* **9**, 197–203.

13.141 Eckhoff RK (1997) *Dust Explosions in the Process Industries*, 2nd edn, Butterworth-Heinemann, Oxford.

13.142 Sarofim AF (1986) Radiative heat transfer in combustion: friend or foe, In: *Proc. 21st Int. Symp. Combustion*, pp. 1–23.

13.143 Mazurkiewicz J, Jarosinski J, Wolanski P (1993) Investigations of burning properties of cornstarch dust-air flame, *Arch. Combust.* **13**, No. 3–4.

13.144 Frieske H-J, Adomeit G, Ciezki H (1985) Das Chemische Stoßwellenrohr als untersuchendes Instrument auf dem Gebiet der Pyrolyse bei hohen Aufheizgeschwindigkeiten, In: *12. Deutscher Flammentag, Karlsruhe*.

13.145 Fabignon F, Marion P (1998) *3ème Colloque R&T Ecoulements Internes en Propulsion Solide, Châtillon*, CNES – Information Scientifique et Publications, Paris.

13.146 Meinköhn D, Sprengel H (1997) Thermo-hydrodynamics of thin surface films in heterogeneous combustion, *J. Eng. Math.* **31**, 235–257.

13.147 Eckbreth AC (1988) *Laser Diagnostics for Combustion Temperature and Species*, Abacus Press, Cambridge, MA.

13.148 Taylor AMKP (1993) *Instrumentation for Flows with Combustion*, Academic Press, London.

13.149 Boggs TL, Zinn BT (1978) Experimental diagnostics, in combustion of solids, In: *Progress in Astronautics and Aeronautics 63*, AIAA, New York.

13.150 Kuo KK, Parr TP (eds) (1994) *Non-Intrusive Combustion Diagnostics*, Begell House, New York.

13.151 Hetsroni G (ed.) (1981) Handbook of Multiphase Systems, Hemisphere, New York.

13.152 Hewitt GF (1981) Measurement techniques, In: Hetsroni G (ed.), *Handbook of Multiphase Systems*, Hemisphere, New York, pp. 10-3–10-8.

13.153 Hewitt GF (1978) *Measurement of Two Phase Flow Parameters*, Academic Press, New York.

13.154 Jones OC (1983) Two-phase flow measurement techniques in gas-liquid systems, In: Goldstein RJ (ed.), *Fluid Mechanics Measurements*, Hemisphere, New York.

13.155 Kehler P (1978) *Two Phase Flow Measurement by Pulsed Neutron Activation Technique*, Report ANL-NUREG-CT-78-17, Argonne National Laboratory, Argonne, IL.

13.156 Clauß W, Vereschagin K, Ciezki HK (1998) Determination of temperature distributions by CARS-thermometry in a planar solid fuel ramjet combustion chamber, In: *Proc. 36th Aerospace Science Meeting, Reno, NV*, AIAA-98-0160.

13.157 Teorell T (1931) Photometrische Messung der Konzentration und Dispersität in kolloidalen Lösungen III, *Kolloid-Z.* **54**, 150–156.

13.158 Lester TW, Wittig SLK (1975) Particle growth and concentration measurements in sooting homogeneous hydrocarbon combustion systems, In: *Proc. 10th Int. Symp. Shock Tubes and Waves*, pp. 632–647.

13.159 Lu YC, Freyman TM, Hernandez G, Kuo KK (1994) Measurement of temperatures and OH concentrations of solid propellant flames using absorption spectroscopy, In: *Proc. 30th AIAA Joint Propulsion Conf., Indianapolis, IN*, AIAA 94–3040.

13.160 Raffel M, Willert C, Kompenhans J (1998) *Particle Image Velocimetry*, Springer, Berlin.

13.161 Schardin H (1942) Die Schlierenverfahren und ihre Anwendungen, *Erg. Exakt. Naturwiss.* **20**, 303–439.

13.162 Briones RA, Wuerker RF (1978) Holography of solid propellant combustion, In: Boggs Th, Zinn BT (eds), *Experimental Diagnostics in Combustion of Solids*, Progress in Astronautics and Aeronautics 63, AIAA, New York, pp. 251–276.

13.163 Vander Wal RL (1998) Soot Precursor carbonization: visualization using LIF and LII and comparison using bright and dark field TEM, *Combust. Flame* **112**, 607–616.

13.164 Wooldridge MS (1998) Gas-phase synthesis of particles, *Prog. Energy Combust. Sci.* **24**, 63–87.

13.165 Becker HA, Code RK, Gogolek PEG, Poirier DJ, Antony EJ (1991) Detailed gas and solids measurements in a pilot scale AFBC with results on gas mixing and nitrous oxide formation, In: *Proc. Int. Conf. Fluidized Bed Combustion*, ASME, Miami, FL, pp. 91–98.

13.166 Becker HA, Code RK, Gogolek PEG, Poirier DJ (1991) *A Study of Fluidized Dynamics in Bubbling Fluidized Bed Combustion – Part of the Federal Panel of Energy R&D (PERD) Program, Final Report*, Technical Report QFBC.TR. 91.2, Queen's Fluidized Bed Combustion Laboratory, Queen's University of Kingston, Kingston, ON.

13.167 Chedaille J, Braud Y (1972) Industrial flames, 1. In: Beér JM, Thring MW (eds), *Measurements in Flames*, Edward Arnold, London.

13.168 Becker HA (1983) Physical probes, In: Taylor AMKP (ed.), *Instrumentation for Flows with Combustion*, Academic Press, London, pp. 53–112.

13.169 Danel F, Delhaye JM (1971) Sonde optique pour mesure du taux de présence local en ecoulement diphasique, *Mes. Regul. Autom.* 99–101.

13.170 Smeets G (1994) Doppler velocimetry

measurements using a phase stabilized Michelson spectrometer, In: Kuo KK, Parr TP (eds), *Non-Intrusive Combustion Diagnostics*, Begell House, New York, pp. 518–531.

13.171 Coppalle A, Joyeux D (1994) Temperature and soot volume fraction in turbulent diffusion flames: measurements on mean and fluctuating values, *Combust. Flame* **96**, 275–285.

13.172 Zinn BT (1977) Experimental diagnostics in gas phase combustion systems, In: *Progress in Astronautics and Aeronautics 53*, AIAA, New York.

13.173 Pein R, Ciezki HK, Eicke A (1995) Instrumental diagnostics of solid fuel ramjet combustor reaction products containing boron, In: *Proc. 31st AIAA Joint Propulsion Conf.*, AIAA-95-3107, San Diego, CA.

13.174 Besser HL, Strecker R (1993) Overview of boron ducted rocket development during the last two decades, In: Kuo KK, Pein R (eds), *Combustion of Boron-Based Solid Propellants and Solid Fuels*, CRC Press, Boca Raton, FL, pp. 133–178.

13.175 Abbott SW, Smoot LD, Schadow K (1972) *Direct Mixing and Combustion Measurements in Ducted Particle-Laden Jets*, AIAA-72-1177.

13.176 Schulte G, Pein R, Högl A (1987) Temperature and concentration measurements in a solid fuel ramjet combustion chamber, *J. Propulsion Power* **3**, 114–120.

13.177 Girata PT, McGregor WK (1984) Particle sampling of solid rocket motor (SRM) exhausts in high altitude test cells, In: Roux JA, McCay TD (eds), *Spacecraft Contamination: Sources and Prevention*, Progress in Astronautics and Aeronautics 91, AIAA, New York, pp. 293–311.

13.178 Bilger RW (1977) Probe measurements in turbulent combustion, In: Zinn BT (ed.), *Experimental Diagnostics in Gas Phase Combustion Systems*, Progress in Astronautics and Aeronautics 53, AIAA, New York, pp. 49–69.

13.179 Lenze B (1979) Probeentnahme und Analyse von Flammengasen, *Chem. Ing. Tech.* **42**, 287–292.

13.180 Lieberman A (1981) Aerosol measurement and analysis, In: Hetsroni G (ed.), *Handbook of Multiphase Systems*, Hemisphere, New York, pp. 10–119–10–165.

13.181 Ciezki HK (1999) Determination of concentration distributions of gaseous and solid intermediate reaction products in a combustion chamber by a water cooled sampling probe, In: *Proc. Sensor 99*, Vol. I, Nürnberg, pp. 327–332.

13.182 Ciezki HK, Sender J, Clauß W, Feinauer A, Thumann A (in press) Combustion of solid fuel slabs containing boron particles in a step combustor, *J. Propulsion Power*.

13.183 Ciezki HK, Schwein B (1996) Investigation of gaseous and solid reaction products in a step combustor using a water-cooled sampling-probe, In: *Proc. 32nd Joint Propulsion Conf., Lake Buena Vista, FL*, AIAA-96-2768.

13.184 Sender J, Ciezki HK (1998) Velocities of reacting boron particles within a solid fuel ramjet combustion chamber, *Def. Sci. J.* **48**, 343–349.

13.185 Shapiro A (1953) *The Dynamics and Thermodynamics of Compressible Fluid Flow*, Vol. I, Wiley, New York.

13.186 Truckenbrodt E (1989) *Fluidmechanik*, Vol. 1, 3rd edn, Springer, Heidelberg.

13.187 Pein R, Vinnemeier F (1992) Swirl and fuel composition effects on boron combustion in solid-fuel ramjets, *J. Propulsion Power* **8**, 609–614.

13.188 Nemodruk AA, Karalova ZK (1965) *Analytical Chemistry of Boron*, Academy of Sciences of the USSR, Series Analytical Chemistry of Elements, Israel Program for Scientific Translations, Jerusalem, distributed by Oldbourne Press, London, pp. 184–185.

13.189 Berens T (1992) Stoffumsetzung und -transportvorgänge bei der Verbrennung fester Brennstoffe für Staustrahlantriebe, *PhD Thesis*, VDI Fortschrittsberichte, Series 6, No. 270, VDI-Verlag, Düsseldorf.

13.190 Zarko VE, Kuo KK (1994) Critical review of methods for regression rate measurements of condensed phase systems, In: Kuo KK, Parr TP (eds), *Non-Intrusive Combustion Diagnostics*, Begell House, New York, pp. 600–623.

13.191 Gany A, Netzer DW (1985) Combustion studies of metallized fuels for solid fuel ramjets, In: *Proc. 21st Joint Propulsion Conf., Monterey, CA*, AIAA-85-1177.

13.192 Hensel C (1995) Spektroskopische Untersuchung des Abbrandverhaltens von Festbrennstoffplatten mit Metallzusatz in einer ebenen Stufenbrennkammer, *Diploma Thesis*, DLR Internal Report IB 645-95/5, DLR, Cologne.

13.193 Blanc A, Ciezki HK, Feinauer A, Liehmann W (1997) Investigation of the combustion behaviour of solid fuels with various contents of metal particles in a planar step combustor by IR-spectroscopic methods, In: *Proc. 33rd Joint Propulsion Conf., Seattle, WA*, AIAA-97-3233.

13.194 Ciezki HK, Hensel C, Liehmann W (1997) Spectroscopic investigation of the combustion behaviour of boron containing solid fuels in a planar step combustor, In: *Proc. 13th Int. Symp. Airbreathing Engines, ISABE, Chattanooga, TX*, pp. 582–590.

13.195 Klimov, V, Ciezki, HK, Gemelli, E (2003) Spectroscopic investigation of the multiphase diffusion flame of an aluminum particle laden hydrogen jet in a hot air environment, In: *Proc. 34th Int. Annual Conf. ICT, Karlsruhe*, p. 152.

13.196 Merzkirch W (1981) *Density Sensitive Flow Visualization*, Methods of Experimental Physics, Vol 18A, Academic Press, London.

13.197 Cords PH (1968) A high resolution, high sensitivity Colour Schlieren method, *SPJE J.* **6**, 85–88.

13.198 Settles GS (1980) Color Schlieren optics – a review of techniques and applications, In: Merzkirch W (ed.), *Flow Visualization*, Hemisphere, New York.

13.199 Ciezki H (1985) Entwicklung eines Farbschlierenverfahrens unter besonderer Berücksichtigung des Einsatzes an einem Stoßwellenrohr, *Diploma Thesis*, Technical University Aachen.

13.200 Ciezki HK (1999) Investigation of the combustion behaviour of solid fuel slabs in a planar step combustor with a Colour Schlieren technique, In: *Proc.*

**35th AIAA Joint Propulsion Conf., Los Angeles, CA*, AIAA-99-2813.

13.201 Netzer DW, Andrews JR (1978) Schlieren studies of solid-propellant combustion, In: Boggs Th, Zinn BT (eds), *Experimental Diagnostics in Combustion of Solids*, Progress in Astronautics and Aeronautics 63, AIAA, New York, pp. 235–250.

13.202 Natan B, Gany A (1991) Ignition and combustion of boron particles in the flowfield of a solid fuel ramjet, *J. Propulsion Power* **7**, 37–43.

13.203 Yeh Y, Cummings HH (1964) Localized fluid flow measurements with a HeNe laser spectrometer, *Appl. Phys. Lett.* **4**, 174–178.

13.204 Heitor MV, Starner SH, Taylor AMKP, Whitelaw JH (1993) Velocity, size and turbulent flux measurements by laser-Doppler velocimetry, In: Taylor AMKP (ed.), *Instrumentation for Flows with Combustion*, Academic Press, London, pp. 113–250.

13.205 Leder A (1992) *Abgelöste Strömungen: Physikalische Grundlagen*, Vieweg, Braunschweig.

13.206 Ruck B (1990) *Lasermethoden in der Strömungsmesstechnik*, AT-Fachverlag, Stuttgart.

13.207 Adrian RJ (1988) Statistical properties of particle image velocimetry measurements in turbulent flow, In: *Laser Anemometry in Fluid Mechanics*, Vol. III, Ladoan-Instituto Tecnico, Lisbon, pp. 115–129.

13.208 Grant I, Smith GH (1988) Modern developments in particle image velocimetry, *Opt. Lasers Eng.* **9**, 245–264.

13.209 Adrian RJ (1991) Particle-imaging techniques for experimental fluid mechanics, *Annu. Rev. Fluid Mech.* **23**, 261–304.

13.210 Thumann A, Ciezki HK (2000) Comparison of PIV and Colour-Schlieren measurements of the combustion process of boron particle containing solid fuel slabs in a rearward facing step combustor, In: *Proc. 5th Int. Symp. Special Topics in Chem Propulsion (5-ISICP), Stresa*.

13.211 Yamamoto F, Uemura T, Koukawa M, Itoh M, Teranishi A (1988) Application of flow visualization and digital image processing techniques to unsteady viscous diffusing free doublet flow, In: *Proc. 2nd Int. Symp. Fluid Control, Measurement, Mechanics and Flow Visualization*, pp. 184–188.

13.212 Jambunathan K, Ju XY, Dobbins BN, Ashforth-Frost S (1995) An improved cross correlation technique for particle image velocimetry, *Meas. Sci. Technol.* 6, 754–768.

13.213 Durst F, Melling A, Whitelaw JH (1981) *Principles and Practice of Laser-Doppler Anemometry*, 2nd edn, Academic Press, New York.

13.214 Schmitt F, Ruck B (1986) Laser-lichtschnittverfahren zur quantitativen Strömungsanalyse, *Laser Optoelektronik* 18, 107–118.

13.215 Clauss W (1988) *Verbrennung von Borstaubwolken in wasserdampfhaltigem Heißgas*, DLR Internal Report, IB 643–88/6, DLR, Cologne.

13.216 Ulas A, Kuo KK, Gotzmer C (2000) Ignition and combustion of boron particles in fluorinated environments: experiment and theory, In: *Proc. 5th Int. Symp. Special Topics in Chemical Propulsion (5-ISICP)*, Stresa.

13.217 Antcliff RR, Jarrett O (1984) Comparison of CARS combustion temperatures with standard techniques, In: McCay TD, Roux JA (eds), *Combustion Diagnostics by Nonintrusive Methods*, Progress in Astronautics and Aeronautics 92, AIAA, New York, pp. 45–57.

13.218 Thumann A (1997) Temperaturbestimmung mittels der Kohärenten-Anti-Stokes-Raman-Streuung (CARS) unter Berücksichtigung des Druckeinflusses und nichteinheitlicher Temperaturverhältnisse im Meßvolumen, *PhD Thesis*, Berichte zur Energie- und Verfahrenstechnik 97.4, ESYTEC, Erlangen.

13.219 Druet SAJ, Taran, J-PE (1981) CARS spectroscopy, *Prog. Quantum Electron.* 7, 1–72.

13.220 Eckbreth AC, Hall RJ (1979) CARS thermometry in a sooting flame, *Combust. Flame* 36, 87–98.

13.221 Kajiyama K, Sajiki K, Kataoka H, Maeda S, Hirose C (1982) N_2 *CARS Thermometry in Diesel Engine*, SAE Paper 82–1038, 3243–3251.

13.222 Lucht RP (1989) Temperature measurements by coherent anti-Stokes Raman scattering in internal combustion engines, In: Durao DFG (ed.), *Instrumentation of Combustion and Flow in Engines*, Kluwer, Dordrecht, pp. 341–353.

13.223 Switzer GL, Goss LP, Trump DD, Reeves CM, Stutrud JS, Bradley RP, Roquemore WM (1985) *CARS Measurements in the Near-Wake Region of an Axisymmetric Bluff-Body Combustor*, AIAA-85-1106.

13.224 Williams DR, McKeown D, Porter FM, Baker CA, Astill AG, Rawley KM (1993) Coherent anti-Stokes Raman spectroscopy (CARS) and laser-induced fluorescence (LIF) measurements in a rocket engine plume, *Combust. Flame* 94, 77–90.

13.225 Smirnov VV, Clauß W, Oschwald M, Grisch F, Bouchardy P (2000) Theoretical and practical issues of CARS application to cryogenic spray combustion, In: *Proc. 4th Int. Symp. Liquid Space Propulsion, Heilbronn*.

13.226 Aron K, Harris LE (1984) CARS probe of RDX decomposition, *Chem. Phys. Lett.* 103, 413–417.

13.227 Kurtz A, Brüggemann D, Giesen U, Heshe S (1994) Quantitative nitric oxide CARS spectroscopy in propellant flames, In: Kuo KK, Parr TP (eds), *Non-Intrusive Combustion Diagnostics*, Begell House, New York, pp. 160–166.

13.228 Stufflebeam JH, Eckbreth AC (1989) CARS diagnostics of solid propellant combustion at elevated pressure, *Combust. Sci. Technol.* 66, 163–179.

13.229 Ciezki HK, Clauß W, Thumann A, Vereschagin K (1999) Untersuchung zur Temperaturverteilung mittels CARS-Thermometrie in einer Modellstaubrennkammer beim Abbrand von Festbrennstoffplatten, In: *Proc. 30th Int. Annual Conf. ICT, Karlsruhe*, p. 31.

13.230 Bengtsson P-E, Aldén M (1991) C_2 Production and excitation in sooting flames using visible laser radiation: implications for diagnostics in sooting flames, *Combust. Sci. Technol.* 77, 307–318.

索　引